소방공무원 승진시험

소방위/소방장 계급 해당

위험물 안전관리법

소방법령 Ⅲ·Ⅳ 공통

김종근 · 이동원 지음

BM 주식회사 도서출판 성안당
www.cyber.co.kr

■ 도서 A/S 안내

성안당에서 발행하는 모든 도서는 저자와 출판사, 그리고 독자가 함께 만들어 나갑니다.

좋은 책을 펴내기 위해 많은 노력을 기울이고 있습니다. 혹시라도 내용상의 오류나 오탈자 등이 발견되면 "좋은 책은 나라의 보배"로서 우리 모두가 함께 만들어 간다는 마음으로 연락주시기 바랍니다. 수정 보완하여 더 나은 책이 되도록 최선을 다하겠습니다.

성안당은 늘 독자 여러분들의 소중한 의견을 기다리고 있습니다. 좋은 의견을 보내주시는 분께는 성안당 쇼핑몰의 포인트(3,000포인트)를 적립해 드립니다.

잘못 만들어진 책이나 부록 등이 파손된 경우에는 교환해 드립니다.

저자 문의 e-mail : ltlee@korea.kr(이동원)

본서 기획자 e-mail : coh@cyber.co.kr(최옥현)

홈페이지 : http://www.cyber.co.kr   전화 : 031) 950-6300

머리말

저자들은 각각 10년 내외의 오랜 기간 동안 중앙부처에서 위험물안전관리법 실무를 담당하면서 위험물 규제의 체계와 시설기준을 정립하고 구)소방법으로터 위험물안전관리법을 분리·제정하였던 경험과 자료를 토대로 위험물안전관리법령의 정확한 해석과 적용의 방법을 쉽게 정리하여 전달하기 위한 목적으로 본 서를 출간하게 되었습니다.

내용면에서는 위험물안전관리법령의 전체적인 체계와 함께 사항별 내용을 이해할 수 있도록 편집하고 규제의 내용과 취지, 원리 등을 충실히 설명함으로써 소방승진 수험서나 대학교재는 물론 실무서로도 충분히 활용할 수 있도록 하였습니다.

전체적으로는 본 서를 기본서로 하여 학습하는 과정에서 학습자 스스로가 위험물안전관리법령의 각 조항을 해석하고 적용하는 능력을 기를 수 있도록 하고자 노력하였습니다.

이 책의 특징

01

본 서는 위험물의 안전 확보에 관한 규제내용을 사항별로 분류하여 각각에 대하여 해설과 "유의"해야 할 점을 기재하고 필요에 따라 관계규정과 관계지침을 사항별로 배열하였습니다.

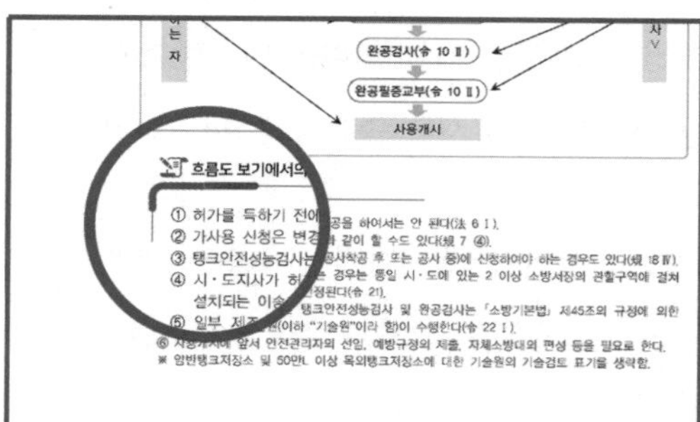

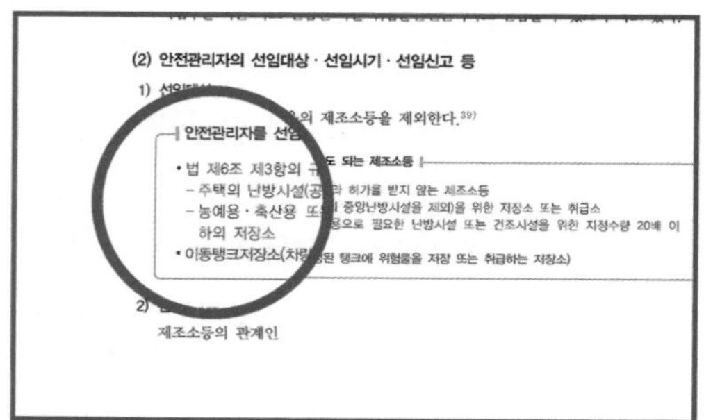

02

각 단락의 시작부분에는 각 사항을 이해하는 데 중요한 것들을 "학습 point"로 정리하여 전체적인 규제의 틀을 조망하면서 세부내용을 학습할 수 있도록 하였습니다.

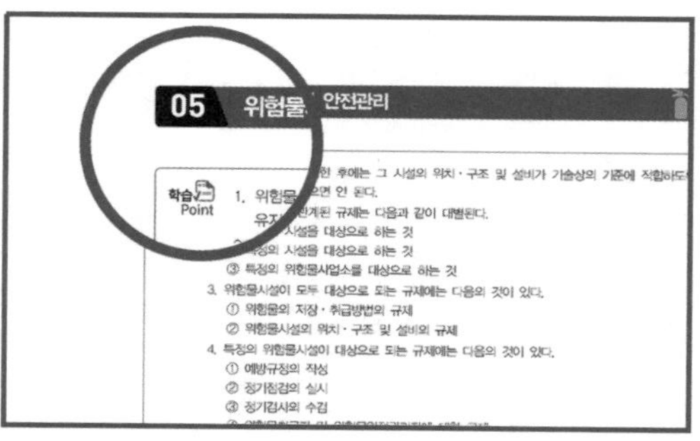

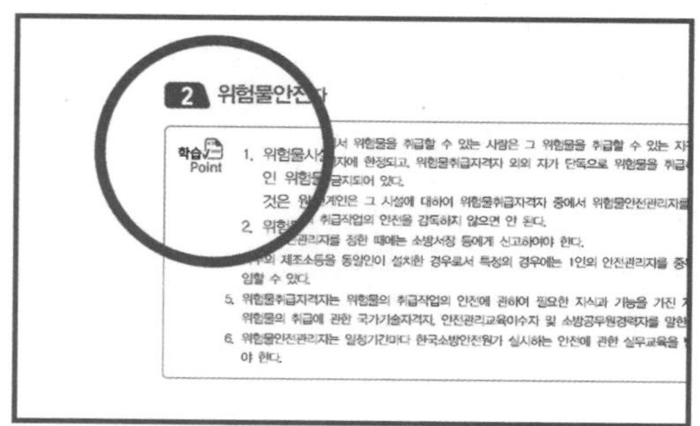

03

중요 단어 및 내용을 색으로 표시하여 어느 부분이 중요한지를 표시하였고 “핵심꼼꼼체크” 등으로 정리하여 학습 중에 핵심내용을 반복해서 복습 및 점검할 수 있게 하였습니다.

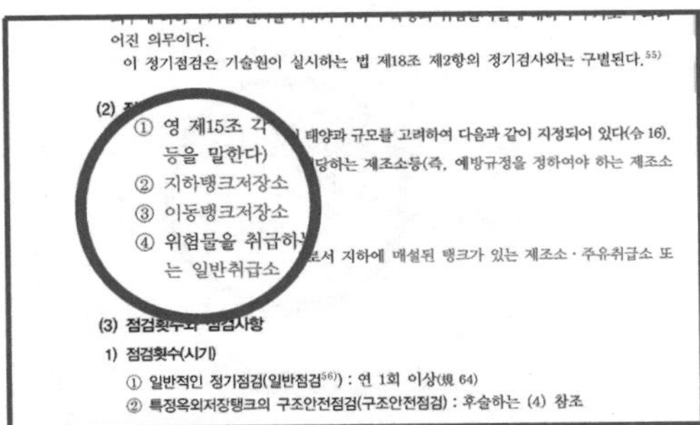

어진 의무이다.

이 정기점검은 기술원이 실시하는 법 제18조 제2항의 정기검사와는 구별된다.[55]

(2) 점

① 영 제15조 각 … 태양과 규모를 고려하여 다음과 같이 지정되어 있다(令 16).
등을 말한다) … 당하는 제조소등(즉, 예방규정을 정하여야 하는 제조소

② 지하탱크저장소

③ 이동탱크저장소

④ 위험물을 취급하 … 로서 지하에 매설된 탱크가 있는 제조소·주유취급소 또는 일반취급소

(3) 점검횟수와 점검사항

1) 점검횟수(시기)

① 일반적인 정기점검(일반점검[56]) : 연 1회 이상(規 64)

② 특정옥외저장탱크의 구조안전점검(구조안전점검) : 후술하는 (4) 참조

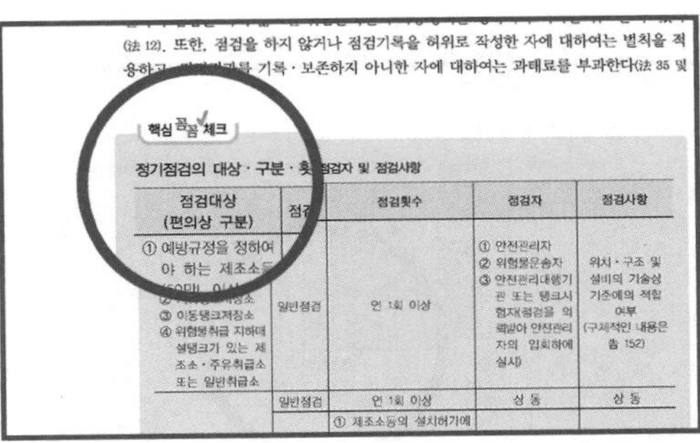

(法 12). 또한, 점검을 하지 않거나 점검기록을 허위로 작성한 자에 대하여는 벌칙을 적용하고 … 기록·보존하지 아니한 자에 대하여는 과태료를 부과한다(法 35 및

핵심꼼꼼체크

정기점검의 대상·구분·횟 점검자 및 점검사항

점검대상(편의상 구분)	점검	점검횟수	점검자	점검사항
① 예방규정을 정하여야 하는 제조소등 … ③ 이동탱크저장소 ④ 위험물취급 지하매설탱크가 있는 제조소·주유취급소 또는 일반취급소	일반점검	연 1회 이상	① 안전관리자 ② 위험물운송자 ③ 안전관리대행기관 또는 탱크시험자(점검을 의뢰받아 안전관리자의 입회하에 실시)	위치·구조 및 설비의 기술상 기준에의 적합 여부 (구체적인 내용은 告 152)
	일반점검	연 1회 이상	상 동	상 동
		① 제조소등의 설치허가에		

04

법령을 체계적으로 이해할 수 있도록 관계조문을 분해하고 각 조문관계가 가급적 한눈에 파악될 수 있도록 하면서, 쉽게 이해하기 어려운 부분은 법령체계에 대한 이해를 돕기 위해 “표”를 이용하여 정리하였고, 그렇지 못한 경우에는 해당 조항을 표기하였습니다. 또한, 실무상 중요한 지침을 관련 규정의 설명자료로 활용하고 지침내용의 이해를 돕기 위하여 “주”를 달아 설명을 붙였습니다.

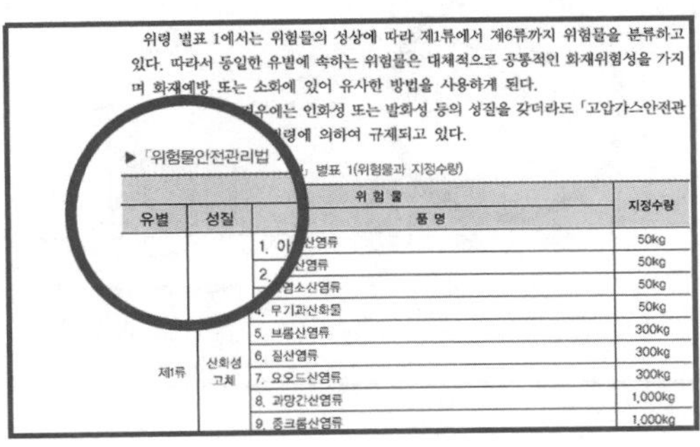

위령 별표 1에서는 위험물의 성상에 따라 제1류에서 제6류까지 위험물을 분류하고 있다. 따라서 동일한 유별에 속하는 위험물은 대체적으로 공통적인 화재위험성을 가지며 화재예방 또는 소화에 있어 유사한 방법을 사용하게 된다.

… 경우에는 인화성 또는 발화성 등의 성질을 갖더라도 「고압가스안전관 … 법령에 의하여 규제되고 있다.

▶ 「위험물안전관리법 시행령」 별표 1(위험물과 지정수량)

위험물			지정수량
유별	성질	품명	
제1류	산화성 고체	1. 아염소산염류	50kg
		2. 염소산염류	50kg
		3. 과염소산염류	50kg
		4. 무기과산화물	50kg
		5. 브롬산염류	300kg
		6. 질산염류	300kg
		7. 요오드산염류	300kg
		8. 과망간산염류	1,000kg
		9. 중크롬산염류	1,000kg

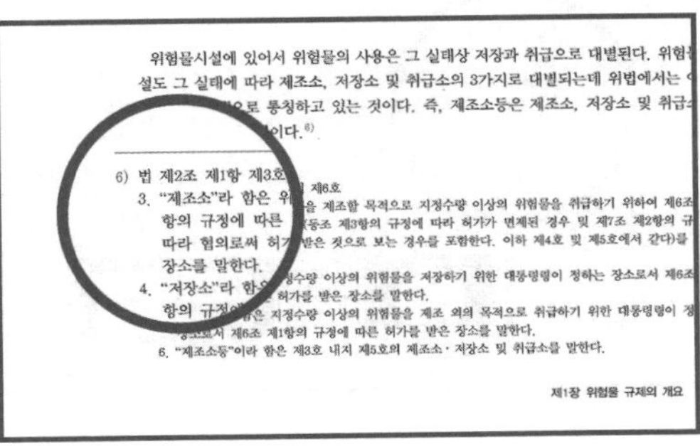

위험물시설에 있어서 위험물의 사용은 그 실태상 저장과 취급으로 대별된다. 위험물시설도 그 실태에 따라 제조소, 저장소 및 취급소의 3가지로 대별되는데 위법에서는 … 으로 통칭하고 있는 것이다. 즉, 제조소등은 제조소, 저장소 및 취급소 … 이다.[6]

6) 법 제2조 제1항 제3호 … 제6호

3. “제조소”라 함은 위험물을 제조할 목적으로 지정수량 이상의 위험물을 취급하기 위하여 제6조 … 항의 규정에 따른 허가(동조 제3항의 규정에 따라 허가가 면제된 경우 및 제7조 제2항의 규정에 따라 협의로써 허가를 받은 것으로 보는 경우를 포함한다. 이하 제4호 및 제5호에서 같다)를 … 장소를 말한다.

4. “저장소”라 함은 지정수량 이상의 위험물을 저장하기 위한 대통령령이 정하는 장소로서 제6조 … 항의 규정에 따른 허가를 받은 장소를 말한다.

… 은 지정수량 이상의 위험물을 제조 외의 목적으로 취급하기 위한 대통령령이 정하는 장소로서 제6조 제1항의 규정에 따른 허가를 받은 장소를 말한다.

6. “제조소등”이라 함은 제3호 내지 제5호의 제조소·저장소 및 취급소를 말한다.

제1장 위험물 규제의 개요

이 책의 특징

05

복잡한 규제와 기술기준의 내용을 "그림자료(圖解)"로 최대한 표현함으로써 글로는 이해하기 어려운 관계규정을 쉽게 이해하면서 요약해 볼 수 있도록 하였습니다. 이는 본 서의 분량이 많아지게 된 원인이지만 이해를 도와 학습시간을 오히려 줄이는 효과가 있습니다.

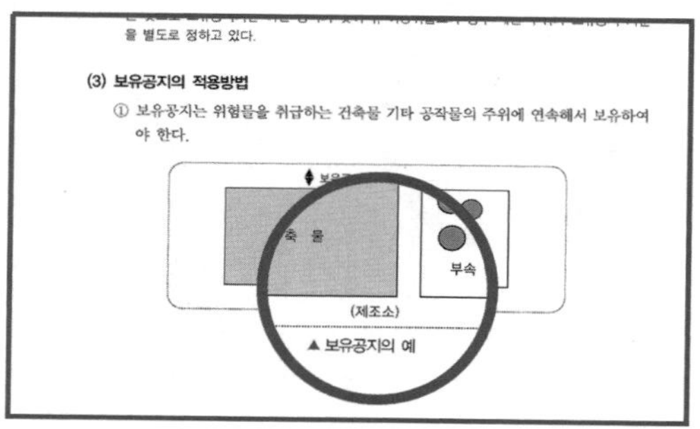

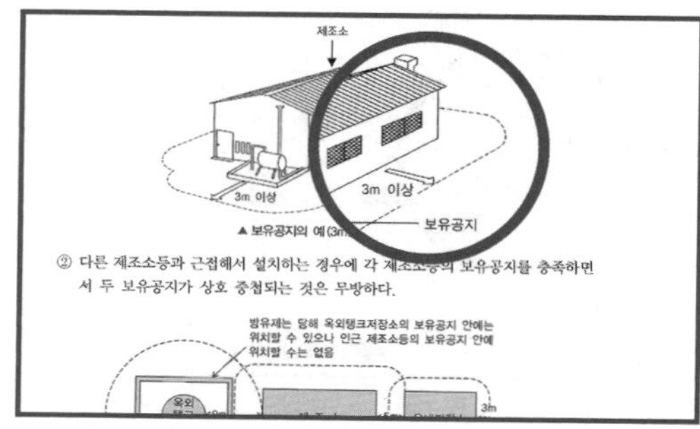

06

본문 학습 시 이해가 안 되는 부분은 "참고"와 "넓게보기"를 삽입하여 내용을 좀 더 자세하게 이해할 수 있도록 구성하였습니다.

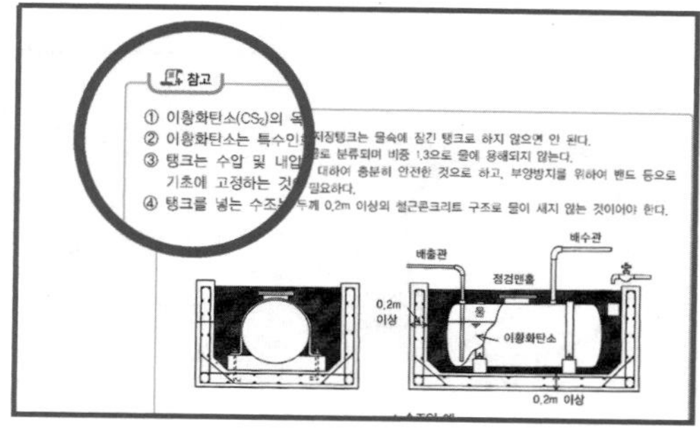

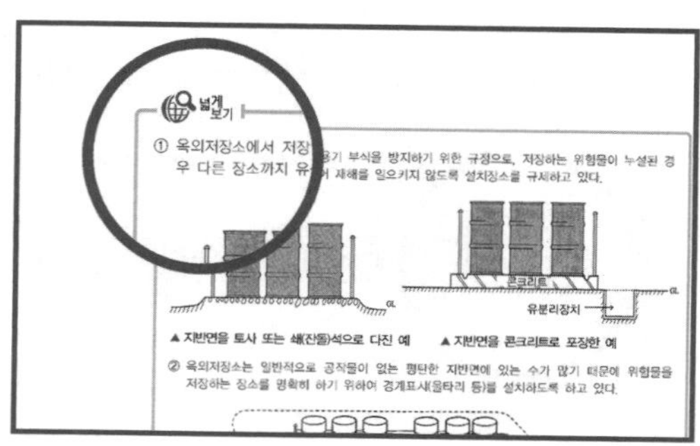

07

각 장과 주요 단락의 학습을 마친 다음에는 "핵심정리문제"를 다루면서 요점을 정리해 볼 수 있도록 하였고, 해설을 자세히 붙여 유사한 문제에 대한 해결능력을 기를 수 있도록 하였습니다. 또한 최근 "기출복원문제"를 수록하여 실전시험에 대비할 수 있도록 하였습니다.

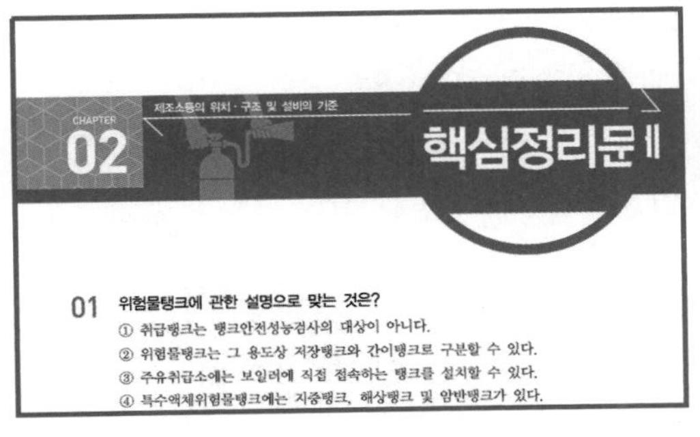

CHAPTER 02 제조소등의 위치 · 구조 및 설비의 기준

핵심정리문제

01 위험물탱크에 관한 설명으로 맞는 것은?

① 취급탱크는 탱크안전성능검사의 대상이 아니다.
② 위험물탱크는 그 용도상 저장탱크와 간이탱크로 구분할 수 있다.
③ 주유취급소에는 보일러에 직접 접속하는 탱크를 설치할 수 있다.
④ 특수액체위험물탱크에는 지중탱크, 해상탱크 및 암반탱크가 있다.

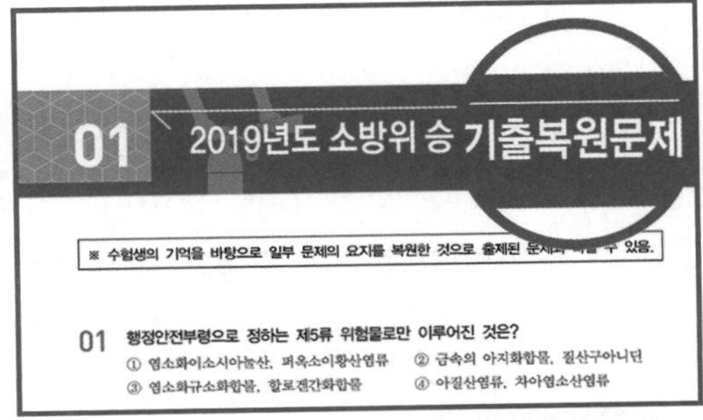

01 2019년도 소방위 승 기출복원문제

※ 수험생의 기억을 바탕으로 일부 문제의 요지를 복원한 것으로 출제된 [illegible] 수 있음.

01 행정안전부령으로 정하는 제5류 위험물로만 이루어진 것은?

① 염소화이소시아눌산, 퍼옥소이황산염류
② 금속의 아지화합물, 질산구아니딘
③ 염소화규소화합물, 할로젠간화합물
④ 아질산염류, 차아염소산염류

이 책의 가이드

01 인용법령의 약칭

인용하는 법령명은 다음과 같이 약칭하여 사용하였습니다.

- 法(또는 법, 위법) … 「위험물안전관리법」(시행 2018. 6. 27./ 법률 제15300호)
- 令(또는 영, 위령) … 「위험물안전관리법 시행령」
  (시행 2020. 1. 6./ 대통령령 제30256호)
- 規(또는 규칙) … 「위험물안전관리법 시행규칙」
  (시행 2019. 1. 3./ 행정안전부령 제88호)
- 告(또는 고시) … 「위험물안전관리에 관한 세부기준」
  (시행 2019. 1. 14./ 제2019-4호)

(주) 인용례

- 法 5Ⅱ① … 「위험물안전관리법」 제5조 제2항 제1호
- 令 15① … 「위험물안전관리법 시행령」 제15조 제1호
- 規 3Ⅰ⑧ … 「위험물안전관리법 시행규칙」 제3조 제1항 제8호
- 規 별표 4Ⅳ② … 「위험물안전관리법 시행규칙」 별표 4 Ⅳ 제2호
- 告 30Ⅱ② … 「위험물안전관리에 관한 세부기준」 제30조 제2항 제2호
- 고시(42Ⅰ①) … 「위험물안전관리에 관한 세부기준」 제42조 제1항 제1호

02 「위험물안전관리법」의 학습범위

소방규제에 있어서 「위험물안전관리법」에 따른 위험물시설 허가는 소방시설법에 따른 건축허가동의와 함께 예방소방행정의 양 수레바퀴와 같은 것이며, 그 외의 각종 규제들은 부수적이라고 할 수 있습니다. 이 중 위험물시설 허가는 소방관서에서 단독으로 완전하게 행하는 규제행정으로는 유일한 것일 뿐만 아니라 보다 전형적인 예방분야*) 임에도 그 동안 충분히 중요하게 취급되지 못한 측면이 있습니다. 그러나 국내 화학산업의 규모와 발전추세 등에 비추어 그 중요성은 더욱 커질 수밖에 없으며, 이에 따라 소방규제와 예방소방행정에서 차지하는 위험물 실무의 비중은 더욱 커질 것으로 예상할 수 있습니다.

위험물의 위험성은 화재가 발생하기 쉽다는 것, 일단 화재가 발생하면 진화가 지극히 어렵다는 것, 그리고 그 피해가 대단히 크고 광범위할 수 있다는 데 있으며, 「위험물안전관리법」은 이러한 위험의 발생을 막거나 경감시키고 위험발생 시의 피해를 최소화하는 데 필요한 기본적인 규제를 담고 있습니다. 위험물의 안전은 결국 안전한 시설과 안전한 행위로서 확보할 수 있기 때문에 「위험물안전관리법」에서도 위험물시설에 대한 규제와 위험물을 저장・취급・운반하는 행위에 대한 규제를 적절히 가하고 있는 것입니다. 결국, 이러한 규제의 틀을 이해하는 가운데 구체적인 규제의 내용을 익히는 것이 「위험물안전관리법」의 학습내용이 될 것입니다.

참고로, 소방장 또는 소방위 승진시험의 과목인 「위험물안전관리법」에는 같은 법 시행령 및 시행규칙만 포함되고 「위험물안전관리에 관한 세부기준」 고시는 포함되지 않습니다.

---

*) 화재를 예방하기 위한 행정수단이라는 측면에서 그러하다. 즉, 위험물 실무분야는 화재를 경보하고 소화하거나 피난하기 위한 설비를 갖추는 것뿐만 아니라 근본적으로 화재가 발생하지 않도록 위험물시설을 갖추고 화재위험요인을 사전적으로 통제하는 측면에서 보다 더 예방적이다.

차 례

제 1 장 위험물 규제의 개요

차 례

제2장 제조소등의 위치 · 구조 및 설비의 기준

차 례

차 례

제3장 제조소등에서의 위험물의 저장 및 취급에 관한 기준

제4장 위험물의 운반에 관한 기준

부록 기출복원문제

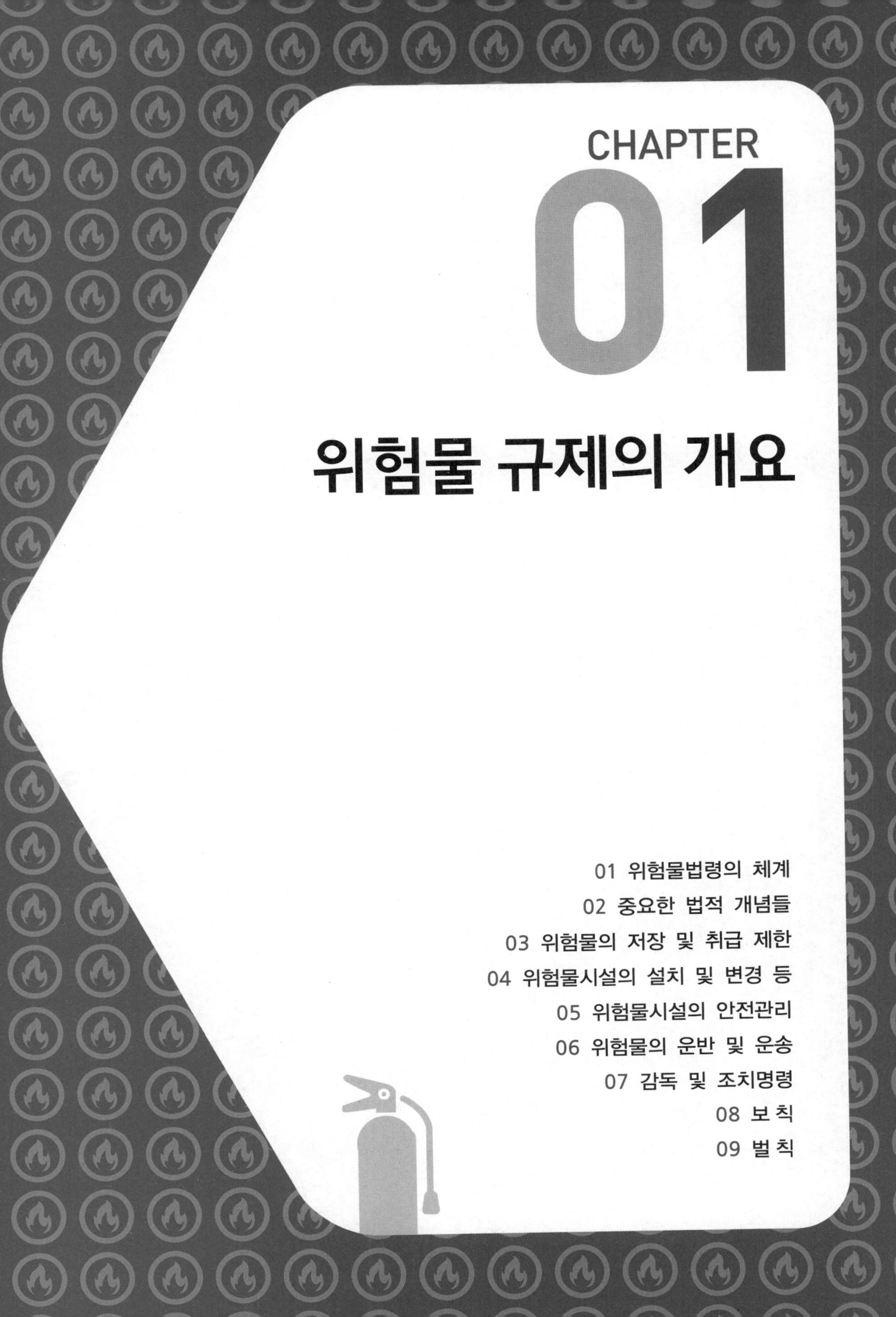

CHAPTER

01

위험물 규제의 개요

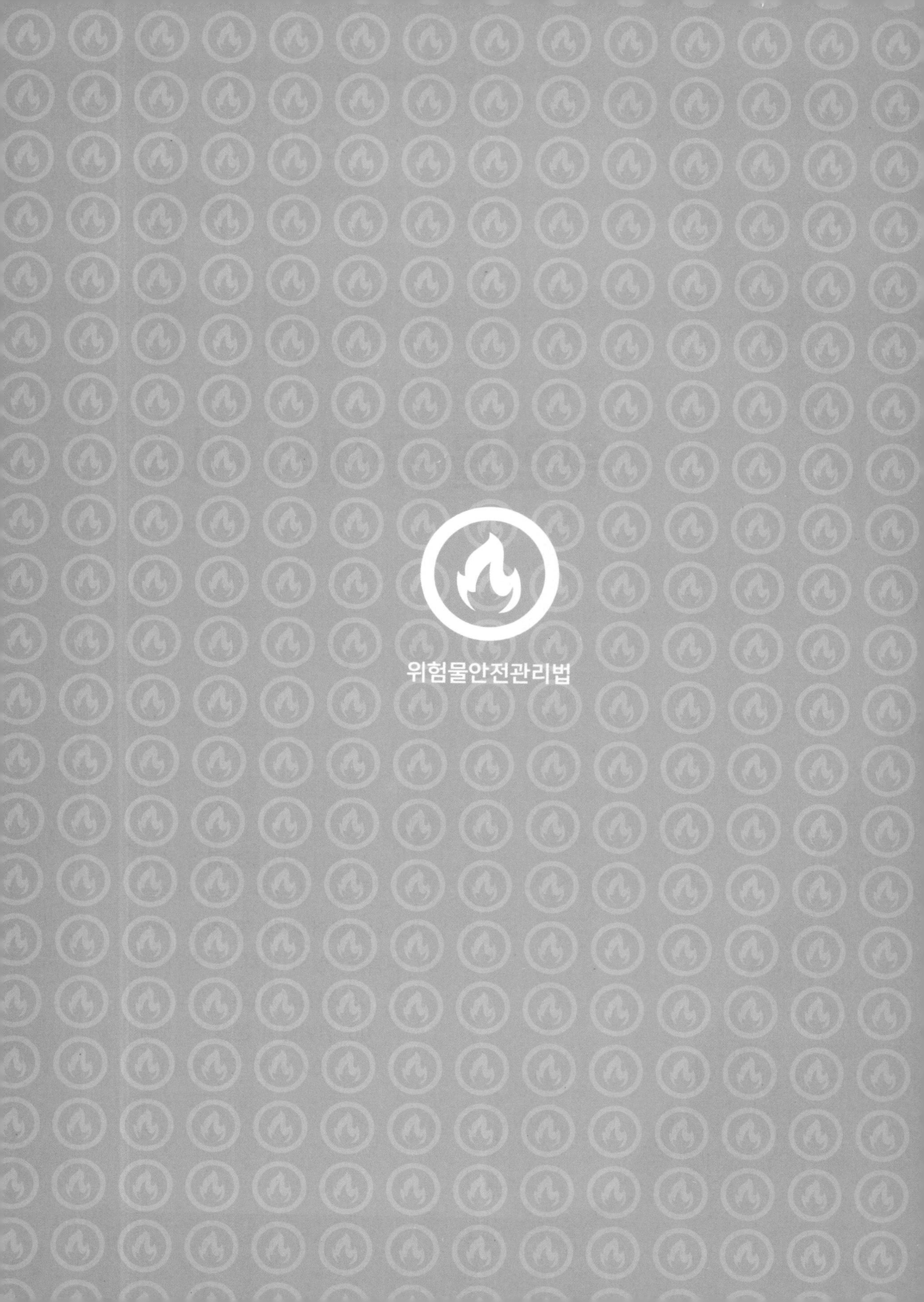
위험물안전관리법

CHAPTER 01

위험물 규제의 개요

01 위험물법령의 체계

위험물은 그 의미가 다양하고 종류가 무수히 많으나 「위험물안전관리법」상의 '위험물'은 일반적인 위험성 물질 중에서 인화성, 발화성 등으로 인하여 화재에 위험한 물품으로, 「위험물안전관리법 시행령」에 의하여 특별히 지정된 것을 의미하며, 그 저장·취급 및 운반 등에 관하여 「위험물안전관리법령」에 의한 규제를 받게 된다.

1 위험물 규제의 체계

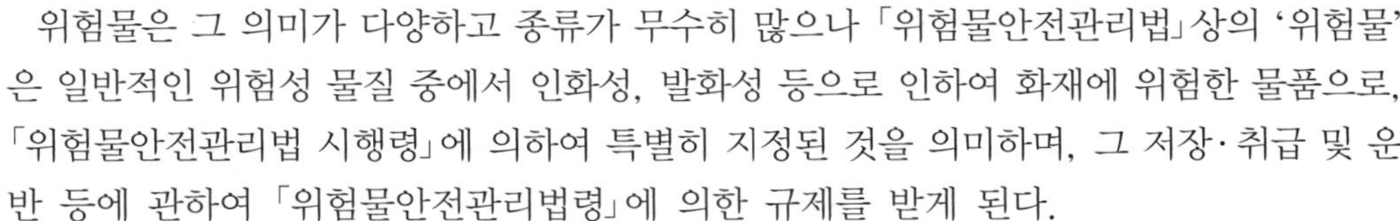

학습 Point

1. 위험물 규제는 위험물의 저장 및 취급의 규제와 운반의 규제로 대별된다.
2. 위험물의 「저장 · 취급의 규제」는 그 저장 또는 취급하는 양에 따라 「위험물안전관리법에 의한 규제」와 「시 · 도 조례에 의한 규제」로 구분된다.
3. 위험물의 운반은 그 수량에 관계없이 「위험물안전관리법」에 의한 운반의 규제를 받는다.
4. 위험물의 저장 · 취급 및 운반에 있어서 「위험물안전관리법」의 적용을 받지 않는 것이 있다.

「위험물안전관리법」에서는 규제의 대상을 위험물을 다루는 사람의 행위를 기준으로 하여 위험물의 저장 및 취급과 운반으로 대별하고 있으며, 행위의 유형과 지정수량에 따른 규제의 법령체계는 다음과 같다.

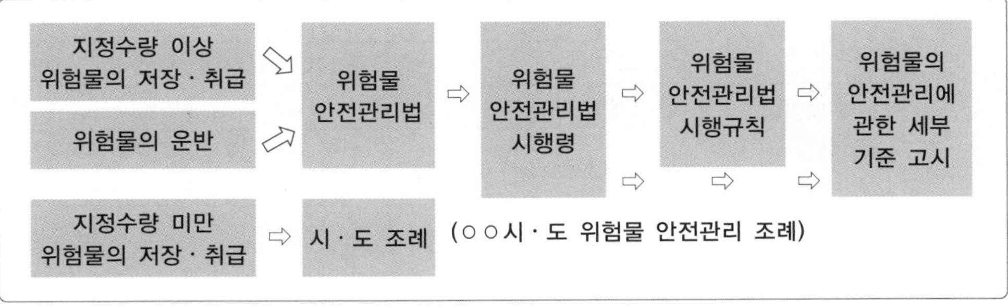

운반에 있어서는 수량에 관계없이 모두 위험물안전관리법령[1]이 적용되는 점에 유의하여야 한다.

2 위험물 규제의 근간

「위험물안전관리법」은 위험물의 사용에 있어서 나타나는 주요한 행위 유형을 저장·취급 및 운반으로 구분하고, 그에 따른 안전관리에 관한 사항을 규율함으로써 위험물로 인한 위해를 방지하며, 나아가서는 공공의 안전을 확보하는 것을 궁극적인 목적으로 하고 있다. 이는 위법(危法)과 위험물 규제의 목적일 뿐만 아니라 위험물안전관리법령 해석의 최고 기준으로 기능하게 된다.

「위험물안전관리법」에 의한 규제의 근간을 간략히 하면 다음 표와 같다.

장 구분	주요 내용	
1. 총칙 (法 1~5)	목적, 정의, 적용범위, 국가의 책무	화재위험이 높은 위험물의 안전 확보
	지정수량 미만 위험물의 저장·취급	시·도의 조례에 위임
	위험물의 저장·취급 제한	허가(승인)장소에서 저장 또는 취급할 것
	저장·취급의 기준	위험물 저장·취급 시 기준 준수(기준은 규칙에 규정)
	위치·구조·설비의 기준	위험물시설의 기준 준수(기준은 규칙에 규정)
2. 위험물시설의 설치 및 변경 (法 6~13)	설치 및 변경	위험물시설의 설치 또는 변경은 허가사항, 군용시설 특례
	품명 등의 변경신고	위험물의 품명·수량 등을 변경하는 경우에는 신고
	탱크검사, 완공검사	시설의 설치 또는 변경 시에는 검사를 받아야 함
	지위승계, 용도폐지	위험물시설을 양수하거나 폐지한 때에는 신고
	허가취소, 사용정지(과징금)	중요의무 위반에 대한 제재
3. 위험물시설의 안전관리 (法 14~19)	위험물시설의 유지·관리	시설주의 유지관리 의무
	위험물안전관리자	안전관리자의 선임·자격·업무·대리, 업무대행 등
	탱크시험자	등록의 요건·결격사유, 등록취소·업무정지 등
	예방규정	자체안전관리규정 작성(대상은 위령, 내용은 규칙에 규정)
	정기점검 및 정기검사	대상은 위령, 방법은 규칙에 규정
	자체소방대	위험물을 많이 취급하는 특정 사업소에 설치
4. 위험물의 운반 등 (法 20, 21)	운반에 관한 규제	운반용기, 적재방법, 운반방법에 관한 기준
	운송에 관한 규제	탱크로리 운전자는 안전교육을 받아야 하고, 위령으로 정하는 일부 위험물의 운송 시에는 운송책임자의 감독도 받아야 함

[1] 법, 영, 규칙 및 고시를 통칭하는 개념으로 사용한다. 그리고 본 서에서는 법, 영 및 규칙을 중심으로 위험물 규제를 서술하되 승진시험 범위에 속하지 않는 고시와 조례는 가급적 그 서술에 필요한 경우에만 한정하여 살피기로 한다.

장 구분	주요 내용	
5. 감독 및 조치명령 (法 22~27)	출입·검사 등 / 사고조사	질문권, 자료제출명령권, 검사권 / 사고조사위원회
	법규위반 등에 대한 명령	탱크시험자에 대한 명령, 무허가위험물 조치명령, 긴급사용정지명령, 저장·취급기준준수명령, 응급조치명령 등
6. 보칙 (法 28~32)	안전교육, 청문, 권한의 위임·위탁	교육 : 안전관리자, 탱크로리운전자 등
	수수료 등, 벌칙 적용 시 공무원 의제	
7. 벌칙 (法 33~39)	벌칙, 양벌 규정, 과태료	위험물의 유출·방출·확산의 죄, 무허가 저장·취급, 저장·취급기준 위반, 신고의무 위반 등

부록

3 위험물안전관리법의 적용 제외

항공기 · 선박(「선박법」 제1조의 2 제1항의 규정에 따른 선박을 말한다) · 철도 및 궤도에 의한 위험물의 저장 · 취급 및 운반은 그 운송수단의 특성에 따라 행하여야 하는 특수성을 고려하여 위법의 적용범위에서 제외하고 있다.[2] 그러나 항공기, 선박, 기차 등에 주유하거나 위험물을 적재하기 위한 시설에 대하여는 그대로 위법이 적용됨을 유의하여야 한다.

02 중요한 법적 개념들

1 위험물

1. 위법에 정하는 위험물은 영 별표 1의 품명란에 규정된 물품으로, 각각의 물품을 분류하는 산화성 고체, 가연성 고체, 자연발화성 물질, 금수성 물질, 인화성 액체, 자기반응성 물질 또는 산화성 고체라는 동표의 성질란에 규정된 성상을 갖는 것을 말한다.
2. 위험물에는 화재에 대한 위험성으로 3가지의 일반적인 공통 성상이 있다.
   ① 화재 발생의 위험성이 크다.
   ② 화재 확대의 위험성이 크다.
   ③ 화재 시 소화 곤란성이 높다.
3. 위험물은 위령 별표 1에서 화재위험의 성상에 따라 6가지의 그룹(류)으로 대분류되며, 위험물로서의 화재위험의 성상을 가지는지 여부는 이러한 각 유별로 그 성상을 판정하기 위한 시험방법이 정하여져 있다.
4. 위험물에는 위험물의 유(類), 품명 및 성상에 따라 수량이 정하여져 있다. 이 수량은 위법에서 「지정수량」이라 정의하고, 위험물을 규제하는 기준치로 사용하고 있다.

---

2) 法 제3조(적용 제외) 이 법은 항공기·선박(「선박법」 제1조의 2 제1항의 규정에 따른 선박을 말한다)·철도 및 궤도에 의한 위험물의 저장·취급 및 운반에 있어서는 이를 적용하지 아니한다.
한편, 「항공안전법」, 「선박안전법」, 「철도안전법」 등의 각 개별법에서 위험물의 안전 확보를 위하여 필요한 규제를 하고 있다.

(1) 위험물의 범위와 위험특성

위험물은 위령으로 정하는 인화성 또는 발화성 등의 성질을 가지는 것으로서 위령으로 정하는 품명에 해당하는 물품으로 정의[3]되며, 구체적인 품명은 위령 별표 1에 지정되어 있다.

위험물은 불이 쉽게 붙는 것, 자연적으로 발화하는 것, 가열·마찰이나 충격으로 폭발하는 것, 물과 접촉하여 발화하는 것과 인화 또는 발화를 촉진 조장하는 것 등 화재발생의 위험성이 매우 크다. 또한 화재발생위험도와 상호작용하여 화재 확대의 위험성이 매우 크다. 더욱이 이러한 위험물은 통상의 물에 의한 소화수단으로는 소화가 불가능할 뿐만 아니라 화재를 확대시키는 등 소화의 곤란성이 매우 높은 것이 많다.
위험물의 분류와 범위의 대강은 다음 표와 같다.

유별	성질	개 요
제1류	산화성 고체	가연물을 격렬하게 연소시키는 고체
제2류	가연성 고체	착화 또는 인화되는 고체
제3류	자연발화성 물질 및 금수성 물질	공기 중에서 또는 물과 반응하여 발화하거나 가연성 가스를 발생하는 물질
제4류	인화성 액체	인화되는 액체
제5류	자기반응성 물질	가열, 충격 등에 의하여 폭발적인 연소를 하는 물질
제6류	산화성 액체	가연물을 격렬하게 연소시키는 액체

(2) 위험물의 조건(판정)

위험물 실무에 있어서 가장 기초적이면서 중요한 학습과제가 위험물의 정의를 확실히 하는 것인데, 영 별표 1에서 정하고 있는 위험물에 해당하는 조건은 다음의 3가지로 요약된다.

- 별표에 정하는 품명에 해당할 것(특수인화물 등)
- 별표에 정하는 성질을 가질 것(산화성, 가연성, 자연발화성 및 금수성, 인화성, 자기반응성)
- 별표에 정하는 일정한 기준을 충족할 것(위험성 정도)

어떤 물품이 위험물에 해당하는지 여부를 판단하는 것은 실제적인 위험물 실무의 시작이다. 이러한 위험물의 판정은 결국 어떤 물품이 위령 별표 1에 게재되어 있는 품명

---

3) "위험물"이라 함은 대통령령이 정하는 인화성 또는 발화성 등의 성질을 가지는 것으로서 대통령령이 정하는 품명에 해당하는 물품을 말한다(法 제2조 제1항 제1호). 위험한 물질이라는 광의의 위험물에는 「위험물안전관리법」에 정한 위험물 외에도 고압가스, 화약류, 유독물, 방사성 물질 등까지 포함되지만, 「위험물안전관리법」상의 위험물은 이러한 광의의 위험물 중 인화성, 발화성 등의 성상에 의하여 화재에 위험한 물품으로서 위령에 의하여 특별히 지정된 것만을 의미하며, 그 저장·취급 및 운반 등에 관하여 「위험물안전관리법」에 의한 규제를 받게 된다.

및 성상을 가지고 있는지 여부에 의하게 된다. 성상을 알 수 없는 경우는 위험물로서의 성상을 가지고 있는지 여부를 시험으로 확인하여야 하며, 이를 흐름도로 나타내면 다음과 같다.

▶위험물 판정흐름

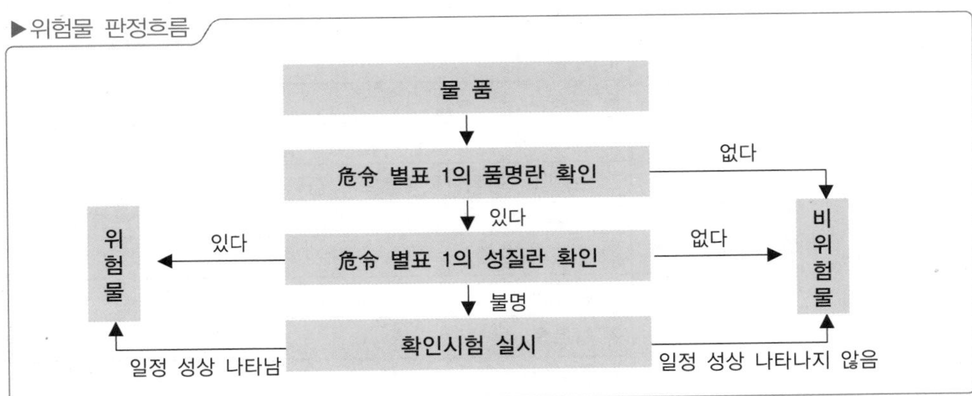

(3) 위험물의 분류와 수량

위령 별표 1에서는 위험물의 성상에 따라 제1류에서 제6류까지 위험물을 분류하고 있다. 따라서 동일한 유별에 속하는 위험물은 대체적으로 공통적인 화재위험성을 가지며 화재예방 또는 소화에 있어 유사한 방법을 사용하게 된다.

그리고 기체의 경우에는 인화성 또는 발화성 등의 성질을 갖더라도 「고압가스안전관리법」 등 가스 관련 법령에 의하여 규제되고 있다.

▶ 「위험물안전관리법 시행령」 별표 1(위험물과 지정수량)

위 험 물			지정수량
유별	성질	품 명	
제1류	산화성 고체	1. 아염소산염류	50kg
		2. 염소산염류	50kg
		3. 과염소산염류	50kg
		4. 무기과산화물	50kg
		5. 브롬산염류	300kg
		6. 질산염류	300kg
		7. 요오드산염류	300kg
		8. 과망간산염류	1,000kg
		9. 중크롬산염류	1,000kg
		10. 그 밖에 행정안전부령으로 정하는 것 : 과요오드산염류 / 과요오드산 / 크롬, 납 또는 요오드의 산화물 / 아질산염류 / 차아염소산염류 / 염소화이소시아눌산 / 퍼옥소이황화산염류 / 퍼옥소붕산염류 11. 제1호 내지 제10호의 1에 해당하는 어느 하나 이상을 함유한 것	50kg, 300kg 또는 1,000kg

위험물				지정수량
유별	성질	품명		
제2류	가연성 고체	1. 황화린		100kg
		2. 적린		100kg
		3. 유황		100kg
		4. 철분		500kg
		5. 금속분		500kg
		6. 마그네슘		500kg
		7. 그 밖에 행정안전부령으로 정하는 것(미정) 8. 제1호 내지 제7호의 1에 해당하는 어느 하나 이상을 함유한 것		100kg 또는 500kg
		9. 인화성 고체		1,000kg
제3류	자연발화성 물질 및 금수성 물질	1. 칼륨		10kg
		2. 나트륨		10kg
		3. 알킬알루미늄		10kg
		4. 알킬리튬		10kg
		5. 황린		20kg
		6. 알칼리금속(칼륨 및 나트륨을 제외한다) 및 알칼리토금속		50kg
		7. 유기금속화합물(알킬알루미늄 및 알킬리튬을 제외한다)		50kg
		8. 금속의 수소화물		300kg
		9. 금속의 인화물		300kg
		10. 칼슘 또는 알루미늄의 탄화물		300kg
		11. 그 밖에 행정안전부령으로 정하는 것 : 염소화규소화합물 12. 제1호 내지 제11호의 1에 해당하는 어느 하나 이상을 함유한 것		10kg, 50kg 또는 300kg
제4류	인화성 액체	1. 특수인화물		50L
		2. 제1석유류	비수용성 액체	200L
			수용성 액체	400L
		3. 알코올류		400L
		4. 제2석유류	비수용성 액체	1,000L
			수용성 액체	2,000L
		5. 제3석유류	비수용성 액체	2,000L
			수용성 액체	4,000L
		6. 제4석유류		6,000L
		7. 동식물유류		10,000L
제5류	자기반응성 물질	1. 유기과산화물		10kg
		2. 질산에스테르류		10kg
		3. 니트로화합물		200kg
		4. 니트로소화합물		200kg
		5. 아조화합물		200kg

위험물			지정수량
유별	성질	품명	
제5류	자기 반응성 물질	6. 디아조화합물	200kg
		7. 히드라진 유도체	200kg
		8. 히드록실아민	100kg
		9. 히드록실아민염류	100kg
		10. 그 밖에 행정안전부령으로 정하는 것 : 금속의 아지화합물/질산구아니딘 11. 제1호 내지 제10호의 1에 해당하는 어느 하나 이상을 함유한 것	10kg, 100kg 또는 200kg
제6류	산화성 액체	1. 과염소산	300kg
		2. 과산화수소	300kg
		3. 질산	300kg
		4. 그 밖에 행정안전부령으로 정하는 것 : 할로겐간화합물	300kg
		5. 제1호 내지 제4호의 1에 해당하는 어느 하나 이상을 함유한 것	300kg

[비고] 1. "산화성 고체"라 함은 고체[액체(1기압 및 섭씨 20도에서 액상인 것 또는 섭씨 20도 초과 섭씨 40도 이하에서 액상인 것을 말한다. 이하 같다) 또는 기체(1기압 및 섭씨 20도에서 기상인 것을 말한다) 외의 것을 말한다. 이하 같다]로서 산화력의 잠재적인 위험성 또는 충격에 대한 민감성을 판단하기 위하여 소방청장이 정하여 고시(이하 "고시"라 한다)하는 시험에서 고시로 정하는 성질과 상태를 나타내는 것을 말한다. 이 경우 "액상"이라 함은 수직으로 된 시험관(안지름 30mm, 높이 120mm의 원통형 유리관을 말한다)에 시료를 55mm까지 채운 다음 당해 시험관을 수평으로 하였을 때 시료액면의 선단이 30mm를 이동하는데 걸리는 시간이 90초 이내에 있는 것을 말한다.

2. "가연성 고체"라 함은 고체로서 화염에 의한 발화의 위험성 또는 인화의 위험성을 판단하기 위하여 고시로 정하는 시험에서 고시로 정하는 성질과 상태를 나타내는 것을 말한다.
3. 유황은 순도가 60중량퍼센트 이상인 것을 말한다. 이 경우 순도측정에 있어서 불순물은 활석 등 불연성 물질과 수분에 한한다.
4. "철분"이라 함은 철의 분말로서 53μm의 표준체를 통과하는 것이 50중량퍼센트 미만인 것은 제외한다.
5. "금속분"이라 함은 알칼리금속・알칼리토류금속・철 및 마그네슘 외의 금속의 분말을 말하고, 구리분・니켈분 및 150μm의 체를 통과하는 것이 50중량퍼센트 미만인 것은 제외한다.
6. 마그네슘 및 제2류 제8호의 물품 중 마그네슘을 함유한 것에 있어서는 다음 각 목의 1에 해당하는 것은 제외한다.
   가. 2mm의 체를 통과하지 아니하는 덩어리 상태의 것
   나. 직경 2mm 이상의 막대모양의 것
7. 황화린・적린・유황 및 철분은 제2호의 규정에 의한 성상이 있는 것으로 본다.
8. "인화성 고체"라 함은 고형 알코올 그 밖에 1기압에서 인화점이 섭씨 40도 미만인 고체를 말한다.
9. "자연발화성 물질 및 금수성 물질"이라 함은 고체 또는 액체로서 공기 중에서 발화의 위험성이 있거나 물과 접촉하여 발화하거나 가연성 가스를 발생하는 위험성이 있는 것을 말한다.
10. 칼륨・나트륨・알킬알루미늄・알킬리튬 및 황린은 제9호의 규정에 의한 성상이 있는 것으로 본다.
11. "인화성 액체"라 함은 액체(제3석유류, 제4석유류 및 동식물유류의 경우 1기압과 섭씨 20도에서 액상인 것만 해당한다)로서 인화의 위험성이 있는 것을 말한다. 다만, 다음 각 목의 어느 하나에 해당하는 것을 법 제20조 제1항의 중요기준과 세부기준에 따른 운반용기를 사용하여 운반하거나 저장(진열 및 판매를 포함한다)하는 경우는 제외한다.
    가. 「화장품법」 제2조 제1호에 따른 화장품 중 인화성 액체를 포함하고 있는 것
    나. 「약사법」 제2조 제4호에 따른 의약품 중 인화성 액체를 포함하고 있는 것
    다. 「약사법」 제2조 제7호에 따른 의약외품(알코올류에 해당하는 것은 제외한다) 중 수용성인 인화성 액체를 50부피퍼센트 이하로 포함하고 있는 것

라. 「의료기기법」에 따른 체외진단용 의료기기 중 인화성 액체를 포함하고 있는 것
마. 「생활화학제품 및 살생물제의 안전관리에 관한 법률」 제3조 제4호에 따른 안전확인대상생활화학제품(알코올류에 해당하는 것은 제외한다) 중 수용성인 인화성 액체를 50부피퍼센트 이하로 포함하고 있는 것

12. **"특수인화물"**이라 함은 이황화탄소, 디에틸에테르 그 밖에 1기압에서 발화점이 섭씨 100도 이하인 것 또는 인화점이 섭씨 영하 20도 이하이고 비점이 섭씨 40도 이하인 것을 말한다.
13. **"제1석유류"**라 함은 아세톤, 휘발유 그 밖에 1기압에서 인화점이 섭씨 21도 미만인 것을 말한다.
14. "알코올류"라 함은 1분자를 구성하는 탄소원자의 수가 1개부터 3개까지인 포화1가 알코올(변성알코올을 포함한다)을 말한다. 다만, 다음 각 목의 1에 해당하는 것은 제외한다.
가. 1분자를 구성하는 탄소원자의 수가 1개 내지 3개의 포화1가 알코올의 함유량이 60중량퍼센트 미만인 수용액
나. 가연성 액체량이 60중량퍼센트 미만이고 인화점 및 연소점(태그개방식 인화점 측정기에 의한 연소점을 말한다. 이하 같다)이 에틸알코올 60중량퍼센트 수용액의 인화점 및 연소점을 초과하는 것
15. **"제2석유류"**라 함은 등유, 경유 그 밖에 1기압에서 인화점이 섭씨 21도 이상 70도 미만인 것을 말한다. 다만, 도료류 그 밖의 물품에 있어서 가연성 액체량이 40중량퍼센트 이하이면서 인화점이 섭씨 40도 이상인 동시에 연소점이 섭씨 60도 이상인 것은 제외한다.
16. **"제3석유류"**라 함은 중유, 클레오소트유 그 밖에 1기압에서 인화점이 섭씨 70도 이상 섭씨 200도 미만인 것을 말한다. 다만, 도료류 그 밖의 물품은 가연성 액체량이 40중량퍼센트 이하인 것은 제외한다.
17. **"제4석유류"**라 함은 기어유, 실린더유 그 밖에 1기압에서 인화점이 섭씨 200도 이상 섭씨 250도 미만의 것을 말한다. 다만, 도료류 그 밖의 물품은 가연성 액체량이 40중량퍼센트 이하인 것은 제외한다.
18. **"동식물유류"**라 함은 동물의 지육 등 또는 식물의 종자나 과육으로부터 추출한 것으로서 1기압에서 인화점이 섭씨 250도 미만인 것을 말한다. 다만, 법 제20조 제1항의 규정에 의하여 행정안전부령으로 정하는 용기기준과 수납・저장기준에 따라 수납되어 저장・보관되고 용기의 외부에 물품의 통칭명, 수량 및 화기엄금(화기엄금과 동일한 의미를 갖는 표시를 포함한다)의 표시가 있는 경우를 제외한다.
19. "자기반응성 물질"이라 함은 고체 또는 액체로서 폭발의 위험성 또는 가열분해의 격렬함을 판단하기 위하여 고시로 정하는 시험에서 고시로 정하는 성질과 상태를 나타내는 것을 말한다.
20. 제5류 제11호의 물품에 있어서는 유기과산화물을 함유하는 것 중에서 불활성 고체를 함유하는 것으로서 다음 각 목의 1에 해당하는 것은 제외한다.
가. 과산화벤조일의 함유량이 35.5중량퍼센트 미만인 것으로서 전분가루, 황산칼슘2수화물 또는 인산1수소칼슘2수화물과의 혼합물
나. 비스(4클로로벤조일)퍼옥사이드의 함유량이 30중량퍼센트 미만인 것으로서 불활성 고체와의 혼합물
다. 과산화지크밀의 함유량이 40중량퍼센트 미만인 것으로서 불활성 고체와의 혼합물
라. 1・4비스(2-터셔리부틸퍼옥시이소프로필)벤젠의 함유량이 40중량퍼센트 미만인 것으로서 불활성 고체와의 혼합물
마. 시크로헥사놀퍼옥사이드의 함유량이 30중량퍼센트 미만인 것으로서 불활성 고체와의 혼합물
21. "산화성 액체"라 함은 액체로서 산화력의 잠재적인 위험성을 판단하기 위하여 고시로 정하는 시험에서 고시로 정하는 성질과 상태를 나타내는 것을 말한다.
22. **과산화수소**는 그 농도가 36중량퍼센트 이상인 것에 한하며, 제21호의 성상이 있는 것으로 본다.
23. **질산**은 그 비중이 1.49 이상인 것에 한하며, 제21호의 성상이 있는 것으로 본다.
24. 위 표의 성질란에 규정된 성상을 2가지 이상 포함하는 물품(이하 이 호에서 **"복수성상물품"**이라 한다)이 속하는 품명은 다음 각 목의 1에 의한다.
가. 복수성상물품이 산화성 고체의 성상 및 가연성 고체의 성상을 가지는 경우 : 제2류 제8호의 규정에 의한 품명
나. 복수성상물품이 산화성 고체의 성상 및 자기반응성 물질의 성상을 가지는 경우 : 제5류 제11호의 규정에 의한 품명
다. 복수성상물품이 가연성 고체의 성상과 자연발화성 물질의 성상 및 금수성 물질의 성상을 가지는 경우 : 제3류 제12호의 규정에 의한 품명
라. 복수성상물품이 자연발화성 물질의 성상, 금수성 물질의 성상 및 인화성 액체의 성상을 가지는 경우 : 제3류 제12호의 규정에 의한 품명
마. 복수성상물품이 인화성 액체의 성상 및 자기반응성 물질의 성상을 가지는 경우 : 제5류 제11호의 규정에 의한 품명

25. 위 표의 지정수량란에 정하는 수량이 복수로 있는 품명에 있어서는 당해 품명이 속하는 유(類)의 품명 가운데 위험성의 정도가 가장 유사한 품명의 지정수량란에 정하는 수량과 같은 수량을 당해 품명의 지정수량으로 한다. 이 경우 위험물의 위험성을 실험·비교하기 위한 기준은 고시로 정할 수 있다.
26. 위 표의 기준에 따라 위험물을 판정하고 지정수량을 결정하기 위하여 필요한 실험은 「국가표준기본법」 제23조에 따라 인정을 받은 시험·검사기관, 「소방산업의 진흥에 관한 법률」 제14조에 따른 한국소방산업기술원, 중앙소방학교 또는 소방청장이 지정하는 기관에서 실시할 수 있다. 이 경우 실험결과에는 실험한 위험물에 해당하는 품명과 지정수량이 포함되어야 한다.

CHAPTER 01
CHAPTER 02
CHAPTER 03
CHAPTER 04
부록

넓게 보기

각 유별로 위험물의 품명을 지정하고 있으며, 품명에는 유황, 칼륨, 황린 등과 같은 단일 품명도 있고 OOO류와 같이 유사한 복수의 화학물질을 묶어 지정한 경우도 있다. 품명의 지정에 대하여 자세히 살펴보면 다음과 같다.

① **품명의 지정**

㉠ **물질의 상태에 따른 지정**

위험물안전관리법상 위험물은 고체와 액체상태의 것만 규제 대상이다. 1기압 20℃에서 기체상태인 것으로서 인화성 및 폭발의 위험이 있는 기체들은 가스관련법에 의하여 규제되므로 중복규제의 방지를 위하여 위험물에서 제외되었다.

㉡ **물리적 성질에 따른 지정**

특수인화물, 석유류 등과 같이 인화점(Flash Point), 발화점(Ignition Point), 비점(Boiling Point), 비중 등의 물리적 성질에 의하여 분류함으로써 비슷한 위험성을 가진 물질은 자동적으로 위험물로 규제 받을 수 있도록 하였다.

㉢ **화학적 조성에 따른 지정**

비슷한 성분과 조성을 가진 화합물은 서로 유사한 성질을 나타내므로 화학적 성질이 유사한 화합물을 묶어 지정하였다. 예를 들면 염소산염류($MClO_3$), 질산염류(MNO_3), 알코올류(ROH) 등이 있다.

㉣ **형태에 따른 지정**

동일한 양의 위험물에 있어서도 그 형태에 따라 위험성에 현저한 차이를 나타내고 있다. 칼륨과 나트륨 등 일부 금속을 제외하고는 대부분 괴상(塊狀)의 금속상태는 규제를 하지 않지만 철분, 마그네슘, 금속분과 같이 분상(粉狀)은 위험물로서 규제의 대상이 된다.

㉤ **농도 및 순도에 따른 지정**

일반적으로 물질은 순수한 화합물이기보다 대부분 혼합물이며, 혼합물에서 성분의 양에 따라 전체적인 성질은 변한다. 위험물도 농도 또는 순도가 낮아지면 위험성이 낮아지며 농도 또는 순도가 높아지면 위험성도 증가한다. 따라서 농도 및 순도는 위험물에 해당 여부를 결정하는 하나의 요인이기도 하다. 예를 들면 과산화수소(H_2O_2)는 농도가 36중량퍼센트 이상인 것을, 유황의 경우는 순도가 60중량퍼센트 이상인 것을 위험물로 본다.

㉥ **사용상태에 따른 지정**

동일 물품이라 하더라도 보관방법 등에 따라 위험물에 해당되지 않는 경우도 있다. 예를 들면 동식물유류의 경우 행정안전부령이 정하는 용기기준과 수납·저장기준에 따라 저장·보관되고 용기의 외부에 물품의 통칭명, 수량 및 화기엄금의 표시가 있는 경우에는 위험물에 해당하지 않는다.

㉦ **기타 요인에 따른 지정**

알코올류와 같이 분자를 구성하는 탄소의 수로 제한하는 경우가 있다. 알코올류는 수백 종이 있지만 「위험물안전관리법」에서 규제하고 있는 것은 1분자를 구성하고 있는 탄소의 수가 1개부터 3개까지인 포화1가 알코올(변성알코올을 포함)만 해당된다.

② **복수성상물품의 분류**

어떤 위험물은 성상이 동시에 2 이상의 유별에 해당하는 것이 있으며 이러한 물품을 복수성상물품이라 한다. 이 경우에는 2가지 위험성 중 특수위험성을 우선하여 유별을 구분하는 것

이 원칙이며 다음 기준에 의하여 분류한다.
대체적으로 위험성의 크기는 제3류 · 제5류 > 제4류 > 제2류 > 제1류 · 제6류 순이다.
㉠ 산화성 고체의 성상 및 가연성 고체의 성상을 가지는 경우 : 제2류 위험물로 분류
㉡ 산화성 고체의 성상 및 자기반응성 물질의 성상을 가지는 경우 : 제5류 위험물로 분류
㉢ 가연성 고체의 성상과 자연발화성 물질의 성상 및 금수성 물질의 성상을 가지는 경우 : 제3류
㉣ 자연발화성 물질의 성상, 금수성 물질의 성상 및 인화성 액체의 성상을 가지는 경우 : 제3류
㉤ 인화성 액체의 성상 및 자기반응성 물질의 성상을 가지는 경우 : 제5류 위험물로 분류. 예컨대, 염소화규소화합물은 인화성 액체의 성상과 자연발화성 및 금수성 물질의 성상을 동시에 가지고 있는 물질이다.

2 지정수량

(1) 지정수량의 의의

지정수량은 위험물의 종류별로 그 위험성을 고려하여 대통령령으로 지정하는 수량으로서 제조소등의 설치 등의 허가 또는 신고에 있어서 최저의 기준이 되는 수량으로 정의[4]된다.

위령 별표 1에서는 각 품명별로 그 위험성에 기초하여 지정수량을 정하고 있는데, 품명이 동일하더라도 위험성에 따라서는 지정수량이 달라지는 경우도 있다.

또한, 지정수량은 그 자체로서 위험성 판단의 기초가 되기 때문에 위험물시설에 관한 기술기준을 설정함에 있어서도 당해 위험물시설에서 저장 또는 취급하는 위험물의 수량이 지정수량의 몇 배수(저장 · 취급하는 위험물의 수량을 당해 위험물의 지정수량으로 나누어 얻는 값)인지가 중요한 관심이 된다. 위험물시설의 위치 · 구조 및 설비에 관한 기술기준을 정하고 있는 규칙에서는 지정수량의 배수에 따라서 기술기준에 관한 규제의 수준을 달리하고 있다.

(2) 지정수량의 환산

"지정수량의 배수"라 함은 저장 · 취급하는 위험물의 수량을 당해 위험물의 지정수량으로 나누어 얻는 값을 말한다. 둘 이상의 위험물을 같은 장소에서 저장 또는 취급하는 경우에 있어서 당해 장소에서 저장 또는 취급하는 각 위험물의 수량을 그 위험물의 지정수량으로 각각 나누어 얻은 수의 합계가 1 이상인 경우 당해 위험물은 지정수량 이상의 위험물로 보게 된다.[5]

4) "지정수량"이라 함은 위험물의 종류별로 위험성을 고려하여 대통령령이 정하는 수량으로서 제조소등의 설치 등의 허가 또는 신고에 있어서 최저의 기준이 되는 수량을 말한다(法 제2조 제1항 제2호).
5) 여기서 유의할 것은 둘 이상의 위험물을 저장 또는 취급하는 같은 장소라는 의미는 하나의 제조소, 저장소 또는 취급소를 말한다는 점이다. 예컨대 위험물을 취급하는 사업장 전체라든지 어떤 부지를 의미하는 것이 아니라, 그 사업장 또는 부지에 있는 하나의 제조소등을 의미한다.

▶ 배수 산정의 예 : 하나의 옥내저장소에 다음과 같이 저장하는 경우

휘발유 1,000L + 경유 1,000L + 중유 1,000L = 1,000/200 + 1,000/1,000 + 1,000/2,000 = 6.5배

- 휘발유 ⇒ 제4류 제1석유류 : 지정수량 200L(* 수용성은 400L)
- 경유 ⇒ 제4류 제2석유류 : 지정수량 1,000L(* 수용성은 2,000L)
- 중유 ⇒ 제4류 제3석유류 : 지정수량 2,000L(* 수용성은 4,000L)

핵심 꼼꼼 체크

① 지정수량은 위령 별표 1에서 각 품명별로 그 위험성에 기초하여 정하는 수량이다.
② 품명이 동일해도 지정수량은 그 위험성에 따라 다를 수 있다.
③ 지정수량 미만의 위험물은 해당 시·도의 조례에서 정하는 바에 따라 저장·취급하되, 운반은 지정수량 미만이더라도 위험물법령에 따라 행하여야 한다.
④ 동일 장소에 품명 또는 지정수량을 달리하는 2 이상의 위험물이 있는 경우에는 각 위험물의 수량을 당해 위험물의 지정수량으로 나누어 얻는 값의 합이 지정수량의 배수가 된다.

3 제조소등

1. 위험물시설은 크게 제조소, 저장소 및 취급소의 3가지로 분류되며, 이들 3자를 통칭하여 “제조소등”이라 한다.
2. 저장소는 위험물을 저장하는 태양에 따라 8가지의 시설로 구분되어 있다.
3. 취급소는 위험물을 취급하는 태양에 따라 4가지 시설로 구분되어 있다.

위험물시설에 있어서 위험물의 사용은 그 실태상 저장과 취급으로 대별된다. 위험물시설도 그 실태에 따라 제조소, 저장소 및 취급소의 3가지로 대별되는데 위법에서는 이들을 “제조소등”으로 통칭하고 있는 것이다. 즉, 제조소등은 제조소, 저장소 및 취급소를 통칭하는 법적 개념이다.[6)]

---

6) 법 제2조 제1항 제3호 내지 제6호
3. “제조소”라 함은 위험물을 제조할 목적으로 지정수량 이상의 위험물을 취급하기 위하여 제6조 제1항의 규정에 따른 허가(동조 제3항의 규정에 따라 허가가 면제된 경우 및 제7조 제2항의 규정에 따라 협의로써 허가를 받은 것으로 보는 경우를 포함한다. 이하 제4호 및 제5호에서 같다)를 받은 장소를 말한다.
4. “저장소”라 함은 지정수량 이상의 위험물을 저장하기 위한 대통령령이 정하는 장소로서 제6조 제1항의 규정에 따른 허가를 받은 장소를 말한다.
5. “취급소”라 함은 지정수량 이상의 위험물을 제조 외의 목적으로 취급하기 위한 대통령령이 정하는 장소로서 제6조 제1항의 규정에 따른 허가를 받은 장소를 말한다.
6. “제조소등”이라 함은 제3호 내지 제5호의 제조소·저장소 및 취급소를 말한다.

(1) 제조소

제조소는 위험물을 제조할 목적으로 지정수량 이상의 위험물을 취급하는 장소(시설)를 말한다.

결국 제조소는 위험물을 제조하는 시설이며, 어떤 위험물시설이 제조소에 해당하는지 여부는 전적으로 시설의 최종공정에서 위험물이 제조되어 나오는지 여부에 달려 있다. 위험물의 제조를 원료와 제품의 관계에서 보면 위험물과 위험물로부터 다른 위험물을 제조하는 경우, 위험물과 비위험물 또는 비위험물과 비위험물로부터 다른 위험물을 제조하는 경우 등이 있다. 또한, 그 제조공정도 혼합·분쇄·용해·가열·냉각·가압·감압·증류 등의 여러 가지 물리적 처리와 화합·축합·중합·분해 등의 화학적 처리 등 다양하게 있다.

이러한 다양한 실태에도 불구하고 위험물제조소는 위험물저장소를 여러 가지 저장방식으로부터 유형적으로 분류하거나 위험물취급소를 여러 가지 위험물 취급방법이나 목적으로부터 유형적으로 분류하는 것과 같은, 그 실태의 분류가 기술적으로 곤란하기 때문에 시설의 최종공정을 통하여 위험물을 제조하는 시설을 법령상 제조소로서 포괄적으로 정의하고 있을 뿐 유형적인 분류는 하지 않고 있다.

한편, 위험물의 제조 원재료로서의 위험물이나 제품으로서의 위험물의 저장시설은 제조소와 일체적인 시설을 구성하는 것으로 인정되지 않는 한 제조소와는 별개의 시설, 즉 저장소가 된다.

(2) 저장소

저장소는 지정수량 이상의 위험물을 저장하기 위한 장소이며, 위령 별표 2에서 그 종류를 구분하고 있는데 다음과 같다.

저장소의 구분	저장소(지정수량 이상의 위험물을 저장하기 위한 장소)의 설명
옥내저장소	1. 옥내(지붕과 기둥 또는 벽 등에 의하여 둘러싸인 곳을 말한다. 이하 같다)에 저장(위험물을 저장하는데 따르는 취급을 포함한다. 이하 이 표에서 같다)하는 장소. 다만, 제3호의 장소를 제외한다.
옥외탱크저장소	2. 옥외에 있는 탱크(제4호 내지 제6호 및 제8호에 규정된 탱크를 제외한다. 이하 제3호에서 같다)에 위험물을 저장하는 장소
옥내탱크저장소	3. 옥내에 있는 탱크에 위험물을 저장하는 장소
지하탱크저장소	4. 지하에 매설한 탱크에 위험물을 저장하는 장소
간이탱크저장소	5. 간이탱크에 위험물을 저장하는 장소
이동탱크저장소	6. 차량(피견인자동차에 있어서는 앞차 축을 갖지 아니하는 것으로서 당해 피견인자동차의 일부가 견인자동차에 적재되고 당해 피견인자동차와 그 적재물의 중량의 상당부분이 견인자동차에 의하여 지탱되는 구조의 것에 한한다)에 고정된 탱크에 위험물을 저장하는 장소

저장소의 구분	저장소(지정수량 이상의 위험물을 저장하기 위한 장소)의 설명
옥외저장소	7. 옥외에 다음 각 목의 1에 해당하는 위험물을 저장하는 장소. 다만, 제2호의 장소를 제외한다. 가. 제2류 위험물 중 유황 또는 인화성 고체(인화점이 0℃ 이상인 것에 한한다) 나. 제4류 위험물 중 제1석유류(인화점이 0℃ 이상인 것에 한한다) · 알코올류 · 제2석유류 · 제3석유류 · 제4석유류 및 동식물유류 다. 제6류 위험물 라. 별표 1의 제2류 위험물 및 제4류 위험물 중 특별시 · 광역시 또는 도의 조례에서 정하는 위험물(「관세법」 제154조의 규정에 의한 보세구역 안에 저장하는 경우에 한한다) 마. 「국제해사기구에 관한 협약」에 의하여 설치된 국제해사기구가 채택한 「국제해상위험물규칙」(IMDG Code)에 적합한 용기에 수납된 위험물
암반탱크저장소	8. 암반 내의 공간을 이용한 탱크에 액체의 위험물을 저장하는 장소

(3) 취급소

취급소는 지정수량 이상의 위험물을 제조 외의 목적으로 취급하기 위한 장소이며, 위령 별표 2에서 그 종류를 구분하고 있는데 다음과 같다. 「소방법」과 비교할 때 판매취급소의 구분이 변경(석유판매취급소 및 특수위험물판매취급소의 구분을 폐지하고 제1종 판매취급소와 제2종 판매취급소로 구분)되었고, 일반취급소의 개념이 확대되면서 저장취급소가 삭제되었다.

취급소의 구분	취급소(위험물을 제조 외의 목적으로 취급하기 위한 장소)의 설명
주유취급소	1. 고정된 주유설비(항공기에 주유하는 경우에는 차량에 설치된 주유설비를 포함한다)에 의하여 자동차 · 항공기 또는 선박 등의 연료탱크에 직접 주유하기 위하여 위험물(「석유 및 석유대체연료사업법」 제29조의 규정에 의한 유사석유제품에 해당하는 물품을 제외한다. 이하 제2호에서 같다)을 취급하는 장소(위험물을 용기에 옮겨 담거나 차량에 고정된 5,000L 이하의 탱크에 주입하기 위하여 고정된 급유설비를 병설한 장소를 포함한다)
판매취급소	2. 점포에서 위험물을 용기에 담아 판매하기 위하여 지정수량의 40배 이하의 위험물을 취급하는 장소
이송취급소	3. 배관 및 이에 부속된 설비에 의하여 위험물을 이송하는 장소. 다만, 다음 각 목의 1에 해당하는 경우의 장소를 제외한다. 가. 「송유관안전관리법」에 의한 송유관에 의하여 위험물을 이송하는 경우 나. 제조소등에 관계된 시설(배관을 제외한다) 및 그 부지가 같은 사업소 안에 있고 당해 사업소 안에서만 위험물을 이송하는 경우 다. 사업소와 사업소의 사이에 도로(폭 2m 이상의 일반교통에 이용되는 도로로서 자동차의 통행이 가능한 것을 말한다)만 있고 사업소와 사업소 사이의 이송배관이 그 도로를 횡단하는 경우 라. 사업소와 사업소 사이의 이송배관이 제3자(당해 사업소와 관련이 있거나 유사한 사업을 하는 자에 한한다)의 토지만을 통과하는 경우로서 당해 배관의 길이가 100m 이하인 경우

취급소의 구분	취급소(위험물을 제조 외의 목적으로 취급하기 위한 장소)의 설명
이송취급소	마. 해상구조물에 설치된 배관(이송되는 위험물이 별표 1의 제4류 위험물 중 제1석유류인 경우에는 배관의 내경이 30cm 미만인 것에 한한다)으로서 당해 해상구조물에 설치된 배관의 길이가 30m 이하인 경우 바. 사업소와 사업소 사이의 이송배관이 다목 내지 마목의 규정에 의한 경우 중 2 이상에 해당하는 경우 사. 「농어촌 전기공급사업 촉진법」에 따라 설치된 자가발전시설에 사용되는 위험물을 이송하는 경우
일반취급소	4. 제1호 내지 제3호 외의 장소(「석유 및 석유대체연료사업법」 제29조의 규정에 의한 가짜 석유제품에 해당하는 위험물을 취급하는 경우의 장소를 제외한다)

핵심 꼼꼼 체크

① 지정수량 이상의 위험물을 저장 또는 취급하는 시설은 허가를 받아 검사에 합격한 후 사용할 수 있다.

② 이 위험물시설은 제조소, 저장소 및 취급소로 구분되고, 저장·취급하는 유형에 따라 다시 세분되며, 각각의 구분에 따라 적합한 기준을 정하게 된다.

※ 시설의 형태에 의하여 기준이 달라지므로 이미 허가를 득한 시설도 다른 방법으로 저장·취급할 경우에는 변경허가를 필요로 하는 경우가 있다. 이상의 제조소등의 구분을 단순화하여 나타내면 다음 표와 같다.

제조소		위험물을 제조하는 시설	플랜트, 정유공장
저장소	옥내저장소	위험물을 용기에 수납하여 건축물 내에 저장	위험물창고
	옥외탱크저장소	옥외에 있는 탱크에 위험물을 저장	저유소, 오일터미널
	옥내탱크저장소	옥내에 있는 탱크에 위험물을 저장	보일러용, 자가발전용
	지하탱크저장소	지하에 매설한 탱크에 위험물을 저장	보일러용, 자가발전용
	간이탱크저장소	간이탱크에 위험물을 저장	600L 이하
	이동탱크저장소	차량에 고정된 탱크에 위험물을 저장	탱크로리
	옥외저장소	옥외의 장소에서 일부 위험물을 용기 등에 저장	제2류와 제4류의 일부, 제6류, 기타
	암반탱크저장소	지하공동(암반탱크)에 위험물을 저장	석유비축기지
취급소	주유취급소	차량, 항공기, 선박 등에 주유	주유소
	판매취급소	용기에 수납한 위험물을 판매	도료점, 엔진오일판매점 (*1종과 2종으로 구분)
	이송취급소	배관으로 위험물을 이송	파이프라인
	일반취급소	상기 3 외의 취급소 전부	보일러, 발전기, 분무도장기

4 기타의 용어

위법에서 따로 정의하지 않은 그 밖의 용어의 정의는 「소방기본법」, 「소방시설법」 및 「소방시설공사업법」이 정하는 바에 따른다.[7] 본래 「위험물안전관리법」의 규율사항과 이들 법률의 규율사항은 모두 종전 「소방법」에 같이 규정되었던 것이고 종전 「소방법」으로부터 분리된 후에도 기본적인 법적 개념을 공통으로 사용하고자 함이다.

03 위험물의 저장 및 취급 제한

1 지정수량 이상 위험물의 저장 · 취급

학습 Point

1. 지정수량 이상의 위험물의 저장 · 취급은 위험물시설 외의 장소에서는 행할 수 없다. 다만, 임시적인 저장 · 취급은 예외적으로 인정된다.
2. 위험물시설에서 위험물을 저장 또는 취급할 때에는 규칙으로 정하는 일정한 기술기준(중요기준 및 세부기준)에 따라야 한다.
3. 임시저장 · 임시취급에는 원칙적으로 관할 소방서장의 승인을 필요로 한다.

(1) 저장 · 취급에 관한 일반적 금지와 원칙

지정수량 이상의 위험물을 저장소가 아닌 장소에서 저장하거나 제조소등이 아닌 장소에서 취급하여서는 아니 된다(法 5 Ⅰ). 이는 위험물 규제에 대한 대원칙, 즉 위험물의 저장 또는 취급에 관한 일반적 금지를 규정한 것으로 제6조의 규정에 의한 허가의 전제가 되기도 하지만 그 자체에 내포하는 의미가 매우 중요하다.

첫째, 지정수량 이상 위험물의 저장은 오직 저장소에서만 하여야 한다는 것이다. 반대로, 제조소 및 취급소에서는 지정수량 이상의 위험물을 저장할 수 없을 뿐이고 지정수량 미만의 위험물을 저장하는 것은 가능하다. 둘째, 지정수량 이상 위험물의 취급은 제조소, 저장소 및 취급소에서 다 할 수 있다는 것이다. 여기서 특이한 것은 저장소에서도 지정수량 이상의 위험물을 취급할 수 있다는 점인데, 취급소와의 관계에서 볼 때 저장소에서의 가능한 취급은 저장하는 위험물을 저장소에 넣고 빼내는 것과 같이 위험물의 저장을 위하여 당연히 필요로 하는 취급에 한정된다. 이러한 해석에 의하여 비로소 저장소에서도 준수하여야 할 취급기준의 문제가 발생하고, 제조소 또는 취급소에서도 허가를 받지 않고 지정수량 미만의 위험물을 저장할 수 있게 되는 것이다. 다만, 제조소 또는 취급소에서 투입 대기 중인 위험물과 반출 대기 중인 위험물은 취급의 범주에 포함되어 취급량에 산입된다.

---

7) 법 제2조(정의) ② 이 법상 용어의 정의는 제1항에서 규정하는 것을 제외하고는 「소방기본법」, 「화재예방, 소방시설 설치 · 유지 및 안전관리에 관한 법률」 및 「소방시설공사업법」이 정하는 바에 따른다.

핵심 꼼꼼 체크

① 지정수량 이상 위험물의 저장은 저장소에서만 할 수 있고, 지정수량 이상 위험물의 취급은 제조소, 저장소 및 취급소에서 모두 할 수 있다.
② 지정수량 미만의 위험물을 제조소·저장소 및 취급소에서 저장하는데 대한 금지는 없다.
※ 그렇다고 하여 지정수량 미만 위험물의 저장 또는 취급이 완전히 자유로운 것은 아니며, 법 제4조의 규정에 의한 시·도의 조례로 정하는 바에 따라야 한다.

(2) 저장 · 취급기준 준수의무

위험물의 안전한 저장 또는 취급을 위해서는 관련 시설을 안전하게 설치하는 것에 더하여 위험물을 다루는 행위도 안전하여야 한다. 이에 위법에서는 지정수량 이상의 위험물을 저장소에서 저장하거나 제조소·저장소 또는 취급소에서 취급할 때에는 규칙으로 정하는 저장·취급의 기준에 따르도록 하고 있다(法 5 Ⅲ). 위험물을 그 성질과 상태를 고려하지 않고 마구 다루거나 공정과정에서 나타날 수 있는 위험에 대비하지 않은 채로 다루는 경우에는 그만큼 화재 등 재해 발생의 위험이 커지기 때문이다.

저장·취급의 기준은 각각 중요기준과 세부기준으로 나뉘어 지는데, 이는 중요기준을 위반한 경우에만 벌칙을 적용하고 세부기준을 위반한 때에는 과태료를 부과함으로써 위반행위와 행정벌 간의 균형을 맞추는 동시에 행정범죄자를 양산하지 않으려는 취지이다. 저장·취급의 기준에 대하여는 제3장에서 따로 다루게 된다.

1) 중요기준

화재 등 위해의 예방과 응급조치에 있어서 큰 영향을 미치거나 그 기준을 위반하는 경우 직접적으로 화재를 일으킬 가능성이 큰 기준을 말한다. 규칙 별표 18의 해당 기준에 "(중요기준)"이라고 표기하고 있다. 이를 위반하면 벌칙을 적용받게 된다.

2) 세부기준

화재 등 위해의 예방과 응급조치에 있어서 중요기준보다 상대적으로 적은 영향을 미치거나 그 기준을 위반하는 경우 간접적으로 화재를 일으킬 수 있는 기준 및 위험물의 안전관리에 필요한 표시와 서류·기구 등의 비치에 관한 기준을 말한다. 규칙 별표 18의 기준 중 중요기준 외의 것은 전부 이에 해당한다. 이를 위반하면 과태료를 부과받게 된다.

(3) 위치 · 구조 및 설비의 기술기준

위험물을 그 성질과 상태에 적합하게 저장 또는 취급하여 안전을 확보하기 위해서는 우선적으로 위험물을 저장 또는 취급하는데 사용하는 위험물시설을 기술적으로 안전하게 갖추지 않으면 안 된다. 이에 법 제5조 제4항에서는 제조소·저장소 및 취급소의 위치·구조 및 설비의 기술기준을 규칙으로 정하도록 하고 있는데, 규칙 별표 4 내지 별표 17의 기준이 그것이다.

유의하여야 할 것은 제조소등에 설치하는 소화설비 · 경보설비 및 피난설비 등의 소방설비[8]도 환기설비, 배출설비, 피뢰설비, 전기설비 등의 다른 설비와 함께 제조소등을 구성하는 하나의 설비이기 때문에 규칙으로 정하는 설비의 기준에는 소화설비 · 경보설비 및 피난설비 등의 소방설비에 관한 기준도 당연히 포함된다는 것과 제조소등에 대한 소방설비의 적용에 관하여는 「소방시설법」이 적용되지 않는다는 것이다. 물론, 동법 제3조에서 이를 명문으로 규정하고 있지만, 규제의 성격에 의하여도 위법에 의한 소방설비의 적용기준이 특별법적 지위에 있기 때문이며, 이는 과거 「소방법」에 있어서도 마찬가지였다.

2 지정수량 이상 위험물의 임시저장 · 취급

(1) 임시저장 · 취급의 의의

법 제5조 제1항의 규정에 불구하고 제조소등이 아닌 장소에서도 지정수량 이상의 위험물을 저장 · 취급할 수 있는 경우가 있는데, 위험물을 임시로 저장 또는 취급하는 경우가 그것이다.

법 제6조 제1항의 규정에 의한 허가를 받는 제조소등과는 규제의 수준에서 상당한 차이가 있다. 임시로 사용하는 위험물시설에 대하여 상시적인 경우와 동일한 수준으로 규제하는 것이 경제적으로 타당하지 않을 수 있기 때문에 일정기간 동안은 어느 정도의 위험을 감수하면서 경제성을 고려하려는 취지로 이해할 수 있다.

(2) 임시로 저장 · 취급할 수 있는 경우

위험물을 임시로 저장 · 취급할 수 있는 경우는 2가지이다(法 5 Ⅱ① ②).

1) 시 · 도의 조례가 정하는 바에 따라 관할 소방서장의 승인을 받아 지정수량 이상의 위험물을 90일 이내의 기간 동안 임시로 저장 또는 취급하는 경우

소방서장의 승인을 받아 90일 이내의 기간 동안 저장 또는 취급하는 경우이며, 여기에서의 승인은 일반적 금지행위를 특정한 경우에 해제하는 행정행위, 즉 허가와 동일한 것이다. 다만, 법 제6조 제1항의 규정에 의한 허가와는 그 심사의 기준과 허가 또는 승인 후의 규제의 수준에서 상당한 차이가 있다.[9]

---

8) 「소방시설법」에서는 소화설비 · 경보설비 및 피난구조설비를 통칭하는 개념을 "소방시설"로 하고 있으나 이들 설비를 통칭하는 개념으로는 소방설비가 옳다고 여겨진다. 시설은 그 자체가 하나의 대상물로서의 독립성을 갖는 경우에 사용할 수 있기 때문이다(예 교육연구시설, 종교시설 등).

9) 임시로 저장 또는 취급하는데 대한 승인을 받음에 있어서 조례에 의한 승인의 기준은 허가의 기준보다 상당부분 완화될 뿐만 아니라 승인을 받은 후에도 허가를 받은 경우에 적용되는 안전관리자의 선임, 예방규정의 작성, 자체소방대의 편성 등 위법(危法)에 의한 주요한 안전규제의 대부분을 적용받지 않는다.

2) 군부대가 지정수량 이상의 위험물을 군사목적으로 임시로 저장 또는 취급하는 경우

소방서장의 승인을 받지 않고도 임시로[10] 저장 또는 취급하는 경우이며, 이는 군부대가 각종 야외훈련을 위하여 난방유, 연료유 등을 저장 또는 취급함에 있어서 그 장소를 단기간 동안에 수시로 변경할 때마다 소방서장의 승인을 받는 것이 현실적으로 어려운 점과 엄격한 지휘체계를 갖는 군부대의 특성상 기본적인 안전관리는 이루어질 수 있는 점을 고려한 것으로 볼 수 있다.

(3) 임시저장 · 취급의 기준

임시로 저장 또는 취급하는 장소에서의 저장 또는 취급의 기준과 임시로 저장 또는 취급하는 장소의 위치 · 구조 및 설비의 기준은 시 · 도의 조례로 정하도록 하고 있다. 지정수량 미만의 위험물에 대한 저장 또는 취급에 관한 기술상의 기준을 시 · 도의 조례로 정하도록 한 것과 같은 취지이다.

3 지정수량 미만 위험물의 저장 · 취급

허가를 받지 않아도 되는 양(지정수량 미만의 양)의 위험물을 저장 또는 취급하는데 필요한 기술상의 기준은 시 · 도의 실정에 맞게 정할 수 있도록 조례에 위임하고 있다.[11] 즉, 시 · 도마다 위험물을 사용하는 지역적인 특성(온도, 위치, 주변환경 등)이 다르고, 이에 따라 화재위험이나 화재피해가 달라질 수 있는 점을 고려하여 적어도 소량의 위험물에 있어서는 각 시 · 도별 특성에 맞는 기술기준을 정할 수 있게 하여 화재를 효과적으로 방지하고 합리적인 규제 수준을 확보하려는 취지이다.

유의하여야 할 것은 위험물의 운반에 있어서는 지정수량 미만의 양이라도 위법에 의한 규제를 그대로 적용받는다는 점인데, 운반에 있어서는 지역적 특성을 고려하는 것이 무의미하기 때문이다.

한편, 「소방법」에서는 공사장에서 위험물을 임시로 저장 또는 취급하는 경우에는 공사가 끝나는 날까지의 기간을 임시의 기간으로 인정함에 따라 어떤 경우가 임시에 해당하는지가 불분명하였을 뿐만 아니라 임시에 해당하는 경우에는 수 년 동안 허가를 받지 않고 안전관리자를 선임하지 않은 상태에서 위험물을 저장 또는 취급하는 것을 허용하는 결과를 초래하였던 문제점이 있었으나 위법에서는 공사장에 대한 예외규정을 삭제함으로써 해결할 수 있게 되었다.

10) 법 제5조 제2항 제2호에서는 "임시"에 대한 기간설정을 하지 않고 있으나 동호가 주로 군부대의 야외훈련을 고려한 규정인 점과 동항 제1호와의 관계를 고려할 때 90일을 초과하여 해석하기는 어려워 보인다. 이는 입법미비에 다름 아니므로 90일 이내의 어떤 기간으로 명시할 필요가 있다.

11) 법 제4조(지정수량 미만인 위험물의 저장 · 취급) 지정수량 미만인 위험물의 저장 또는 취급에 관한 기술상의 기준은 특별시 · 광역시 및 도(이하 "시 · 도"라 한다)의 조례로 정한다.

4 관련 문제(특수가연물의 저장 · 취급)

「소방법」에서는 지정수량 미만의 위험물과 함께 시 · 도의 조례로 정하는 기술상의 기준에 따라 저장 또는 취급하도록 하였던 것을 2004년 「소방법」을 대체하여 4개 법률을 제정하면서 「소방기본법 시행령」으로 정하는 저장 및 취급의 기준에 따르도록 한 물질이 있는데, 특수가연물[12]이 그것이다.

위험물 규제에 관한 사항만을 「위험물안전관리법」으로 제정함에 따라 불가피하게 위법의 규정사항에서 제외되었지만, 실무상으로는 특수가연물의 저장 · 취급에 관한 사항도 예방소방분야이므로 위험물의 성상 또는 위험물시설과 함께 학습하는 것이 바람직하다. 특수가연물의 위험성과 규제의 내용이 위험물의 그것과 유사하여 학습효과를 높일 수 있기 때문이다.

04 위험물시설의 설치 및 변경 등

1. 위험물시설의 규제를 하는 행정청은 소방서장과 시 · 도지사이다. 이 중 시 · 도지사가 행정청이 되는 시설은 2 이상의 소방서장이 관할하는 지역에 걸쳐 설치되는 이송취급소뿐이다.
2. 위험물시설을 설치하는 경우는 원칙적으로 소방서장 등의 허가를 받지 않으면 안 된다.
3. 위험물시설의 설치허가를 받지 않으면 위험물시설을 설치할 수 없다. 완공한 시설을 사용하기 위해서는 완공검사를 받지 않으면 안 된다. 특정의 시설은 탱크안전성능검사를 받아야 한다.
4. 위험물시설의 위치 · 구조 또는 설비를 변경하는 경우는 소방서장 등의 변경허가를 받지 않으면 안 된다.
5. 변경을 완료한 경우에도 변경에 따른 완공검사를 받지 않으면 안 된다. 이 검사를 받기 전에는 시설을 사용할 수 없다. 또한, 특정 시설은 변경에 따른 탱크안전성능검사를 받아야 한다.
6. 변경을 완료하고 변경에 따른 완공검사를 받지 않으면 시설을 사용할 수 없지만, 가사용의 승인을 받는 경우는 완공검사 전이라도 승인을 받은 부분의 시설을 사용할 수 있다.
7. 위험물시설의 위치 · 구조 또는 설비의 변경을 요하지 않는 위험물의 품명, 수량 또는 지정수량의 배수의 변경은 소방서장 등에 대한 신고를 필요로 한다.
8. 위험물시설의 양도 또는 인도가 행하여진 경우는 양수인 또는 인도를 받은 자는 30일 이내에 소방서장 등에게 신고하지 않으면 안 된다.
9. 위험물시설의 관계인(소유자, 점유자 또는 관리자)은 위험물시설의 용도를 폐지한 때는 14일 이내에 소방서장 등에게 신고하지 않으면 안 된다.
10. 특정의 위험물시설에 대한 설치 또는 변경의 허가와 검사에 관계된 특정사항의 심사는 한국소방산업기술원에 위탁되어 있다.

12) 특수가연물은 화재가 발생한 경우에 화재의 확대가 빠른 고무류 · 면화류 · 석탄 및 목탄 등을 말하는 것으로서 그 저장 및 취급에 관하여는 「소방기본법」 제15조로 규정하고 있다.

원칙적으로 지정수량 이상 위험물의 상시적인 저장 또는 취급은 제조소등(제조소, 저장소 또는 취급소)에서 하여야 하고, 제조소등을 설치 또는 변경하고자 하는 자는 위령이 정하는 바에 따라 그 설치장소를 관할하는 시·도지사의 설치허가 또는 변경허가를 받아야 한다(法 5 Ⅰ 및 6 Ⅱ).

1 허가시설을 설치하는 절차

허가를 받아 제조소등을 설치하는 경우의 전반적인 과정을 간략히 흐름도로 나타내면 다음과 같다.

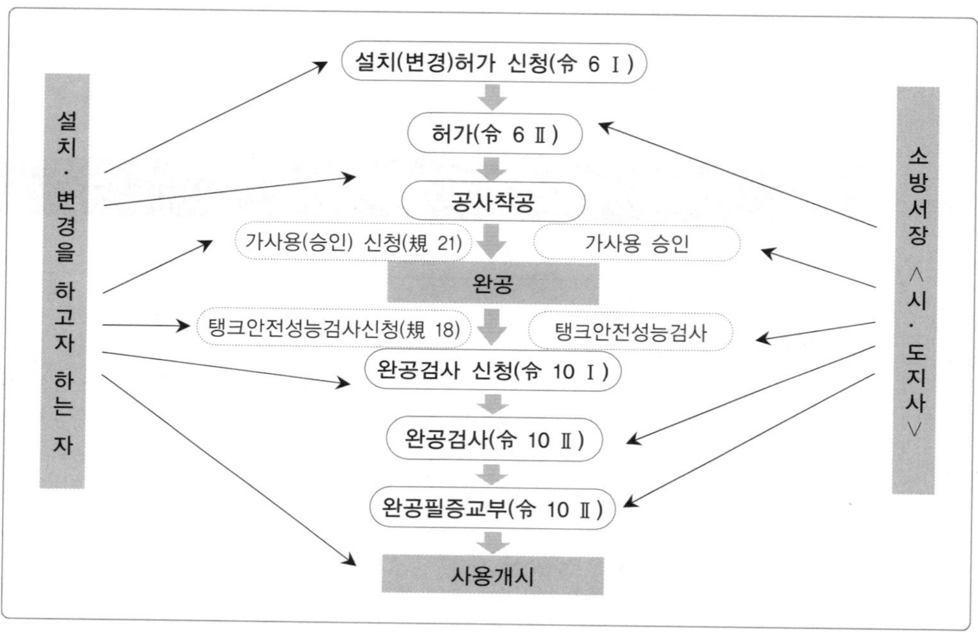

흐름도 보기에서의 유의사항

① 허가를 득하기 전에는 공사착공을 하여서는 안 된다(法 6 Ⅰ).
② 가사용 신청은 변경허가신청과 같이 할 수도 있다(規 7 ④).
③ 탱크안전성능검사는 완공 전(공사착공 후 또는 공사 중)에 신청하여야 하는 경우도 있다(規 18 Ⅳ).
④ 시·도지사가 허가청이 되는 경우는 동일 시·도에 있는 2 이상 소방서장의 관할구역에 걸쳐 설치되는 이송취급소에 한정된다(令 21).
⑤ 일부 제조소등에 대한 탱크안전성능검사 및 완공검사는 「소방기본법」 제45조의 규정에 의한 한국소방산업기술원(이하 "기술원"이라 함)이 수행한다(令 22 Ⅰ).
⑥ 사용개시에 앞서 안전관리자의 선임, 예방규정의 제출, 자체소방대의 편성 등을 필요로 한다.
※ 암반탱크저장소 및 50만L 이상 옥외탱크저장소에 대한 기술원의 기술검토 표기를 생략함.

2 제조소등의 허가 등

제조소등의 허가에는 설치허가와 변경허가가 있다. 설치허가는 제조소등을 최초로 설치할 때 하는 허가를 말하고, 변경허가는 그 제조소등의 위치 · 구조 또는 설비 가운데 규칙으로 정하는 사항을 변경하는 때에 하는 허가를 말한다.

(1) 허가대상

지정수량 이상의 위험물을 상시적으로 저장 또는 취급하기 위한 장소(제조소등)이며, 다음의 장소(제조소등)는 제외된다(法 6 Ⅰ · Ⅲ).

1) 주택의 난방시설(공동주택[13]의 중앙난방시설을 제외한다)을 위한 저장소 또는 취급소(法 6 Ⅲ ①)

2) 농예용 · 축산용 또는 수산용으로 필요한 난방시설 또는 건조시설을 위한 지정수량 20배 이하의 저장소(法 6 Ⅲ ②)
이는 보일러 또는 버너를 이용하여 위험물을 소비하는 특성과 농어촌지역의 입지여건상의 특성으로 인하여 화재위험성이 상대적으로 낮은 점, 농어촌지역에 대한 정책적 배려 등이 두루 고려된 것이라 할 수 있다.[14]
한편, 군사목적 또는 군부대시설을 위한 제조소등은 허가를 받는 대신에 허가청과의 협의를 거쳐 설치 또는 변경하여야 하는데(法 7 Ⅰ), 결과적으로 허가대상과는 별개의 것이라 할 수 있다.

---

13) 「주택법」 제2조, 동법 시행령 제2조 및 「건축법 시행령」 별표 1 : "공동주택"이라 함은 건축물의 벽, 복도, 계단 그 밖의 설비 등의 전부 또는 일부를 공동으로 사용하는 각 세대가 하나의 건축물 안에서 각각 독립된 주거생활을 영위할 수 있는 구조로 된 주택을 말하며, 그 종류와 범위는 다음과 같다.
① 아파트 : 주택으로 쓰이는 층수가 5개층 이상인 주택
② 연립주택 : 주택으로 쓰이는 1개 동의 연면적(지하주차장 면적 제외)이 660m^2를 초과하고, 층수가 4개층 이하인 주택
③ 다세대주택 : 주택으로 쓰이는 1개 동의 연면적(지하주차장 면적 제외)이 660m^2 이하이고, 층수가 4개층 이하인 주택

14) 이러한 측면에서 법 제6조 제3항 제1호의 규정에 의한 저장소 또는 취급소는 특정 주택의 난방시설(공동주택의 중앙난방시설은 제외)을 위하여 당해 주택에 설치된 것에 한정되어야 하며, 불특정 또는 다수의 주택의 난방시설, 예컨대 지역난방시설을 위한 것은 이에 해당하지 않는다. 또한, 동항 제2호의 농예용 · 축산용 또는 수산용의 난방시설 또는 건조시설도 농수산물 등을 직접 생산(1차 산업)하는 과정에서 필요한 난방시설 또는 건조시설(예컨대, 온실이나 축사의 난방시설 · 잎담배 건조시설 · 실내양식장의 난방시설 등)에 한정되어야 하며, 농수산물 등을 가공(2차 산업)하기 위한 난방시설(예컨대, 미역을 건조하여 포장하는 공장이나 통조림공장의 난방시설 등)은 이에 해당하지 않는다고 보아야 한다.

(2) 허가청

제조소등의 설치장소를 관할하는 소방서장 또는 시・도지사이며, 시・도지사가 허가청이 되는 경우는 동일 시・도에 있는 2 이상 소방서장의 관할구역에 걸쳐 설치되는 이송취급소에 한정된다(令 21).

(3) 허가의 신청

제조소등의 설치허가 또는 변경허가를 받고자 하는 자는 당해 허가신청서에 규칙 제6조 또는 제7조에 정하는 서류를 첨부하여 시・도지사 또는 소방서장에게 허가를 신청하여야 한다(規 6 및 7).

(4) 변경허가를 받아야 하는 경우

허가받은 제조소등의 위치・구조 또는 설비 중 아래의 사항을 변경하고자 하는 경우이며, 이때의 허가받은 제조소등에는 착공이나 완공을 하지 않은 제조소등도 포함되므로 착공 전 또는 공사 중에 허가받은 내용을 변경할 때에는 원칙적으로 변경허가를 받아야 한다.

제조소등의 변경허가를 받아야 하는 경우(規 8 및 별표 1의 2)[15]

제조소등의 구분	변경허가를 받아야 하는 경우
1. 제조소 또는 일반취급소	가. 제조소 또는 일반취급소의 위치를 이전하는 경우 나. 건축물의 벽・기둥・바닥・보 또는 지붕을 신설・증설・교체 또는 철거하는 경우 다. 배출설비를 신설하는 경우 라. 위험물취급탱크를 신설・교체・철거 또는 보수(탱크의 본체를 절개하는 경우에 한한다)하는 경우 마. 위험물취급탱크의 노즐 또는 맨홀을 신설하는 경우(노즐 또는 맨홀의 직경이 250mm를 초과하는 경우에 한한다) 바. 위험물취급탱크의 방유제의 높이 또는 방유제 내의 면적을 변경하는 경우 사. 위험물취급탱크의 탱크전용실을 증설 또는 교체하는 경우 아. 300m(지상에 설치하지 아니하는 배관의 경우에는 30m)를 초과하는 위험물배관을 신설・교체・철거 또는 보수(배관을 절개하는 경우에 한한다)하는 경우 자. 불활성 기체의 봉입장치를 신설하는 경우 차. 별표 4 XII 제2호 가목에 따른 누설범위를 국한하기 위한 설비를 신설하는 경우 카. 별표 4 XII 제3호 다목에 따른 냉각장치 또는 보랭장치를 신설하는 경우 타. 별표 4 XII 제3호 마목에 따른 탱크전용실을 증설 또는 교체하는 경우 파. 별표 4 XII 제4호 나목에 따른 담 또는 토제를 신설・철거 또는 이설하는 경우 하. 별표 4 XII 제4호 다목에 따른 온도 및 농도의 상승에 의한 위험한 반응을 방지하기 위한 설비를 신설하는 경우

15) 종래에는 변경허가를 받지 않아도 되는 변경행위를 규칙과 고시로 나열하고 그에 해당하지 않는 변경행위는 모두 변경허가를 받도록 하였으나 2006. 8. 3. 개정령부터는 변경허가를 받아야 하는 변경행위를 위험물시설별로 규정하고 있다.

제조소등의 구분	변경허가를 받아야 하는 경우
1. 제조소 또는 일반취급소	거. 별표 4 XII 제4호 라목에 따른 철이온 등의 혼입에 의한 위험한 반응을 방지하기 위한 설비를 신설하는 경우 너. 방화상 유효한 담을 신설·철거 또는 이설하는 경우 더. 위험물의 제조설비 또는 취급설비(펌프설비를 제외한다)를 증설하는 경우 러. 옥내소화전설비·옥외소화전설비·스프링클러설비·물분무등소화설비를 신설·교체(배관·밸브·압력계·소화전본체·소화약제탱크·포헤드·포방출구 등의 교체는 제외한다) 또는 철거하는 경우 머. 자동화재탐지설비를 신설 또는 철거하는 경우
2. 옥내저장소	가. 건축물의 벽·기둥·바닥·보 또는 지붕을 증설 또는 철거하는 경우 나. 배출설비를 신설하는 경우 다. 별표 5 VIII 제3호 가목에 따른 누설범위를 국한하기 위한 설비를 신설하는 경우 라. 별표 5 VIII 제4호에 따른 온도의 상승에 의한 위험한 반응을 방지하기 위한 설비를 신설하는 경우 마. 별표 5 부표 1 비고 제1호 또는 같은 별표 부표 2 비고 제1호에 따른 담 또는 토제를 신설·철거 또는 이설하는 경우 바. 옥외소화전설비·스프링클러설비·물분무등소화설비를 신설·교체(배관·밸브·압력계·소화전본체·소화약제탱크·포헤드·포방출구 등의 교체는 제외한다) 또는 철거하는 경우 사. 자동화재탐지설비를 신설 또는 철거하는 경우
3. 옥외탱크저장소	가. 옥외저장탱크의 위치를 이전하는 경우 나. 옥외탱크저장소의 기초·지반을 정비하는 경우 다. 별표 6 II 제5호에 따른 물분무설비를 신설 또는 철거하는 경우 라. 주입구의 위치를 이전하거나 신설하는 경우 마. 300m(지상에 설치하지 아니하는 배관의 경우에는 30m)를 초과하는 위험물 배관을 신설·교체·철거 또는 보수(배관을 절개하는 경우에 한한다)하는 경우 바. 별표 6 VI 제20호에 의한 수조를 교체하는 경우 사. 방유제(간막이둑을 포함한다)의 높이 또는 방유제 내의 면적을 변경하는 경우 아. 옥외저장탱크의 밑판 또는 옆판을 교체하는 경우 자. 옥외저장탱크의 노즐 또는 맨홀을 신설하는 경우(노즐 또는 맨홀의 직경이 250mm를 초과하는 경우에 한한다) 차. 옥외저장탱크의 밑판 또는 옆판의 표면적의 20%를 초과하는 겹침보수공사 또는 육성보수공사를 하는 경우 카. 옥외저장탱크의 에뉼러판의 겹침보수공사 또는 육성보수공사를 하는 경우 타. 옥외저장탱크의 에뉼러판 또는 밑판이 옆판과 접하는 용접이음부의 겹침보수공사 또는 육성보수공사를 하는 경우(용접길이가 300mm를 초과하는 경우에 한한다) 파. 옥외저장탱크의 옆판 또는 밑판(에뉼러판을 포함한다) 용접부의 절개보수공사를 하는 경우 하. 옥외저장탱크의 지붕판 표면적 30% 이상을 교체하거나 구조·재질 또는 두께를 변경하는 경우 거. 별표 6 XI 제1호 가목에 따른 누설범위를 국한하기 위한 설비를 신설하는 경우 너. 별표 6 XI 제2호 나목에 따른 냉각장치 또는 보랭장치를 신설하는 경우 더. 별표 6 XI 제3호 가목에 따른 온도의 상승에 의한 위험한 반응을 방지하기 위한 설비를 신설하는 경우 러. 별표 6 XI 제3호 나목에 따른 철이온 등의 혼입에 의한 위험한 반응을 방지하기 위한 설비를 신설하는 경우 머. 불활성 기체의 봉입장치를 신설하는 경우 버. 지중탱크의 누액방지판을 교체하는 경우 서. 해상탱크의 정치설비를 교체하는 경우 어. 물분무등소화설비를 신설·교체(배관·밸브·압력계·소화전본체·소화약제탱크·포헤드·포방출구 등의 교체는 제외한다) 또는 철거하는 경우 저. 자동화재탐지설비를 신설 또는 철거하는 경우

제조소등의 구분	변경허가를 받아야 하는 경우
4. 옥내탱크저장소	가. 옥내저장탱크의 위치를 이전하는 경우 나. 주입구의 위치를 이전하거나 신설하는 경우 다. 300m(지상에 설치하지 아니하는 배관의 경우에는 30m)를 초과하는 위험물 배관을 신설・교체・철거 또는 보수(배관을 절개하는 경우에 한한다)하는 경우 라. 옥내저장탱크를 신설・교체 또는 철거하는 경우 마. 옥내저장탱크를 보수(탱크본체를 절개하는 경우에 한한다)하는 경우 바. 옥내저장탱크의 노즐 또는 맨홀을 신설하는 경우(노즐 또는 맨홀의 직경이 250mm를 초과하는 경우에 한한다) 사. 건축물의 벽・기둥・바닥・보 또는 지붕을 증설 또는 철거하는 경우 아. 배출설비를 신설하는 경우 자. 별표 7 Ⅱ에 따른 누설범위를 국한하기 위한 설비・냉각장치・보랭장치・온도의 상승에 의한 위험한 반응을 방지하기 위한 설비 또는 철이온 등의 혼입에 의한 위험한 반응을 방지하기 위한 설비를 신설하는 경우 차. 불활성 기체의 봉입장치를 신설하는 경우 카. 물분무등소화설비를 신설・교체(배관・밸브・압력계・소화전본체・소화약제탱크・포헤드・포방출구 등의 교체는 제외한다) 또는 철거하는 경우 타. 자동화재탐지설비를 신설 또는 철거하는 경우
5. 지하탱크저장소	가. 지하저장탱크의 위치를 이전하는 경우 나. 탱크전용실을 증설 또는 교체하는 경우 다. 지하저장탱크를 신설・교체 또는 철거하는 경우 라. 지하저장탱크를 보수(탱크본체를 절개하는 경우에 한한다)하는 경우 마. 지하저장탱크의 노즐 또는 맨홀을 신설하는 경우(노즐 또는 맨홀의 직경이 250mm를 초과하는 경우에 한한다) 바. 주입구의 위치를 이전하거나 신설하는 경우 사. 300m(지상에 설치하지 아니하는 배관의 경우에는 30m)를 초과하는 위험물 배관을 신설・교체・철거 또는 보수(배관을 절개하는 경우에 한한다)하는 경우 아. 특수누설방지구조를 보수하는 경우 자. 별표 8 Ⅳ 제2호 나목 및 같은 항 제3호에 따른 냉각장치・보랭장치・온도의 상승에 의한 위험한 반응을 방지하기 위한 설비 또는 철이온 등의 혼입에 의한 위험한 반응을 방지하기 위한 설비를 신설하는 경우 차. 불활성 기체의 봉입장치를 신설하는 경우 카. 자동화재탐지설비를 신설 또는 철거하는 경우 타. 지하저장탱크의 내부에 탱크를 추가로 설치하거나 철판 등을 이용하여 탱크 내부를 구획하는 경우
6. 간이탱크저장소	가. 간이저장탱크의 위치를 이전하는 경우 나. 건축물의 벽・기둥・바닥・보 또는 지붕을 증설 또는 철거하는 경우 다. 간이저장탱크를 신설・교체 또는 철거하는 경우 라. 간이저장탱크를 보수(탱크본체를 절개하는 경우에 한한다)하는 경우 마. 간이저장탱크의 노즐 또는 맨홀을 신설하는 경우(노즐 또는 맨홀의 직경이 250mm를 초과하는 경우에 한한다)
7. 이동탱크저장소	가. 상치장소의 위치를 이전하는 경우(같은 사업장 또는 같은 울 안에서 이전하는 경우는 제외한다) 나. 이동저장탱크를 보수(탱크본체를 절개하는 경우에 한한다)하는 경우 다. 이동저장탱크의 노즐 또는 맨홀을 신설하는 경우(노즐 또는 맨홀의 직경이 250mm를 초과하는 경우에 한한다) 라. 이동저장탱크의 내용적을 변경하기 위하여 구조를 변경하는 경우 마. 별표 10 Ⅳ 제3호에 따른 주입설비를 설치 또는 철거하는 경우 바. 펌프설비를 신설하는 경우

제조소등의 구분	변경허가를 받아야 하는 경우
8. 옥외저장소	가. 옥외저장소의 면적을 변경하는 경우 나. 별표 11 Ⅲ 제1호에 따른 살수설비 등을 신설 또는 철거하는 경우 다. 옥외소화전설비・스프링클러설비・물분무등소화설비를 신설・교체(배관・밸브・압력계・소화전본체・소화약제탱크・포헤드・포방출구 등의 교체는 제외한다) 또는 철거하는 경우
9. 암반탱크저장소	가. 암반탱크저장소의 내용적을 변경하는 경우 나. 암반탱크의 내벽을 정비하는 경우 다. 배수시설・압력계 또는 안전장치를 신설하는 경우 라. 주입구의 위치를 이전하거나 신설하는 경우 마. 300m(지상에 설치하지 아니하는 배관의 경우에는 30m)를 초과하는 위험물 배관을 신설・교체・철거 또는 보수(배관을 절개하는 경우에 한한다)하는 경우 바. 물분무등소화설비를 신설・교체(배관・밸브・압력계・소화전본체・소화약제탱크・포헤드・포방출구 등의 교체는 제외한다) 또는 철거하는 경우 사. 자동화재탐지설비를 신설 또는 철거하는 경우
10. 주유취급소	가. 지하에 매설하는 탱크의 변경 중 다음의 어느 하나에 해당하는 경우 1) 탱크의 위치를 이전하는 경우 2) 탱크전용실을 보수하는 경우 3) 탱크를 신설・교체 또는 철거하는 경우 4) 탱크를 보수(탱크본체를 절개하는 경우에 한한다)하는 경우 5) 탱크의 노즐 또는 맨홀을 신설하는 경우(노즐 또는 맨홀의 직경이 250mm를 초과하는 경우에 한한다) 6) 특수누설방지구조를 보수하는 경우 나. 옥내에 설치하는 탱크의 변경 중 다음의 어느 하나에 해당하는 경우 1) 탱크의 위치를 이전하는 경우 2) 탱크를 신설・교체 또는 철거하는 경우 3) 탱크를 보수(탱크본체를 절개하는 경우에 한한다)하는 경우 4) 탱크의 노즐 또는 맨홀을 신설하는 경우(노즐 또는 맨홀의 직경이 250mm를 초과하는 경우에 한한다) 다. 고정주유설비 또는 고정급유설비를 신설 또는 철거하는 경우 라. 고정주유설비 또는 고정급유설비의 위치를 이전하는 경우 마. 건축물의 벽・기둥・바닥・보 또는 지붕을 증설 또는 철거하는 경우 바. 담 또는 캐노피를 신설 또는 철거(유리를 부착하기 위하여 담의 일부를 철거하는 경우를 포함한다)하는 경우 사. 주입구의 위치를 이전하거나 신설하는 경우 아. 별표 13 Ⅴ 제1호 각 목에 따른 시설과 관계된 공작물(바닥면적이 $4m^2$ 이상인 것에 한한다)을 신설 또는 증축하는 경우 자. 별표 13 ⅩⅥ에 따른 개질장치(改質裝置), 압축기(壓縮機), 충전설비, 축압기(蓄壓器) 또는 수입설비(受入設備)를 신설하는 경우 차. 자동화재탐지설비를 신설 또는 철거하는 경우 카. 셀프용이 아닌 고정주유설비를 셀프용 고정주유설비로 변경하는 경우 타. 주유취급소 부지의 면적 또는 위치를 변경하는 경우 파. 300m(지상에 설치하지 않는 배관의 경우에는 30m)를 초과하는 위험물의 배관을 신설・교체・철거 또는 보수(배관을 자르는 경우만 해당한다)하는 경우 하. 탱크의 내부에 탱크를 추가로 설치하거나 철판 등을 이용하여 탱크 내부를 구획하는 경우
11. 판매취급소	가. 건축물의 벽・기둥・바닥・보 또는 지붕을 증설 또는 철거하는 경우 나. 자동화재탐지설비를 신설 또는 철거하는 경우

제조소등의 구분	변경허가를 받아야 하는 경우
12. 이송취급소	가. 이송취급소의 위치를 이전하는 경우 나. 300m(지상에 설치하지 아니하는 배관의 경우에는 30m)를 초과하는 위험물 배관을 신설·교체·철거 또는 보수(배관을 절개하는 경우에 한한다)하는 경우 다. 방호구조물을 신설 또는 철거하는 경우 라. 누설확산방지조치·운전상태의 감시장치·안전제어장치·압력안전장치·누설검지장치를 신설하는 경우 마. 주입구·토출구 또는 펌프설비의 위치를 이전하거나 신설하는 경우 바. 옥내소화전설비·옥외소화전설비·스프링클러설비·물분무등소화설비를 신설·교체(배관·밸브·압력계·소화전본체·소화약제탱크·포헤드·포방출구 등의 교체는 제외한다) 또는 철거하는 경우 사. 자동화재탐지설비를 신설 또는 철거하는 경우

(5) 허가의 요건

허가청은 설치허가 또는 변경허가의 신청을 받은 때에는 그 신청사항이 다음의 기준에 적합한지 여부를 검토하여 적합한 것으로 인정하는 때에는 이를 허가하여야 한다(令 6 Ⅱ).

1) 제조소등의 위치·구조 및 설비가 법 제5조 제4항의 규정에 의한 기술기준[16)]에 적합할 것

2) 제조소등에서의 위험물의 저장 또는 취급이 공공의 안전유지 또는 재해의 발생 방지에 지장을 줄 우려가 없다고 인정될 것[17)]

3) 다음의 제조소등은 해당 사항에 대하여 기술원의 기술검토를 받고 그 결과가 행정안전부령으로 정하는 기준에 적합한 것으로 인정될 것. 다만, 보수 등을 위한 부분적인 변경으로서 소방청장이 정하여 고시하는 사항(「위험물안전관리에 관한 세부기준」 제24조)에 대해서는 기술원의 기술검토를 받지 아니할 수 있으나 규칙으로 정하는 기준에는 적합하여야 한다.
   ① 지정수량의 3천 배 이상의 위험물을 취급하는 제조소 또는 일반취급소 : 구조·설비에 관한 사항
   ② 옥외탱크저장소(저장용량이 50만L 이상인 것만 해당한다) 또는 암반탱크저장소 : 위험물탱크의 기초·지반, 탱크본체 및 소화설비에 관한 사항

16) 규칙이 정하고 있는 제조소등의 위치·구조 및 설비에 관한 기술기준, 즉 별표 4 내지 별표 17의 해당 기준을 의미한다.
17) 이 요건은 일반적으로 예상할 수 없는 초고온·초고압 등에서 위험물을 취급하는 경우가 있을지도 모르기 때문에 규정된 것이므로 이 규정을 적용하여 허가를 거부하는 것은 매우 신중히 하여야 한다. 이 규정에 의하여 기속행위로서의 본래의 허가의 성격이 재량행위로 변하는 것은 아니기 때문이다.

(6) 심사업무의 일부 위탁(기술검토제도)

1) 제도의 의의

대규모 위험물시설의 허가에 있어서는 전문기관의 기술검토를 받게 하려는 취지로 도입되었는데, 이는 허가청이 특정 대상에 대한 허가를 위한 심사업무의 일부를 외부의 전문기관에 위탁한 결과,[18] 허가에 관한 심사업무를 허가청(소방서장)과 기술원이 나누어 수행하게 된 것이다.

2) 기술검토기관 : 한국소방산업기술원

3) 기술검토의 대상시설 및 내용

① 지정수량의 3천 배 이상 위험물을 취급하는 제조소 또는 일반취급소 : 구조 · 설비에 관한 사항(별표 4 Ⅳ부터 Ⅻ까지의 기준, 별표 16 Ⅰ · Ⅵ · Ⅺ · Ⅻ의 기준 및 별표 17의 관련 규정)

② 옥외탱크저장소(저장용량 50만L 이상의 것) 또는 암반탱크저장소 : 위험물탱크의 기초 · 지반 및 탱크본체에 관한 사항(별표 6 Ⅳ부터 Ⅷ까지, Ⅻ 및 XIII의 기준과 별표 12 및 별표 17 Ⅰ 소화설비의 관련 규정)

4) 기술검토의 절차

기술검토 대상시설에 대한 설치허가 또는 변경허가를 신청하는 자는 그 시설의 설치 또는 변경 계획에 관하여 미리 기술원의 기술검토를 받아 그 결과를 설치허가 또는 변경허가 신청서류와 함께 제출할 수 있다(令 6 Ⅲ). 그리고 기술검토를 미리 받고자 하는 자는 규칙 별지의 신청서(전자문서로 된 신청서를 포함)에 관련서류(전자문서를 포함) 중 해당서류(변경허가 시에는 변경에 관계된 것에 한함)를 첨부하여 기술원에 제출하여야 한다. 이때 첨부서류는 「전자정부법」에 따른 행정정보의 공동이용을 통하여 확인할 수 있는 정보에 관한 것이면 그 확인으로 제출을 갈음할 수 있다(規 9 Ⅰ). 위의 신청이 있는 경우 기술원은 시설의 설치 또는 변경 계획이 관련 규정에 적합하다고 인정되는 때에는 기술검토서를 교부하고, 적합하지 않다고 인정되는 때에는 신청인에게 서면으로 그 사유를 통보하고 보완을 요구하여야 한다.

이외에 허가청에서 기술원에 기술검토를 의뢰하는 방법이 있는데, 허가청 내에서의 처리기간이 신청인이 기술검토서를 첨부하는 경우(3일)보다 길다(규칙 별지 제1호 및 제16호, 설치-5일, 변경-4일).

---

18) 입법례로는 가스시설을 들 수 있는데, 규모에 관계없이 한국가스안전공사에서 모든 가스시설에 대한 기술검토업무를 수행하고 있다.

(7) 군용위험물시설의 설치 및 변경에 관한 협의(허가의제)

1) 협의제도의 도입배경

종래 「소방법」에서 군부대 안에 설치된 위험물시설에 대한 허가와 안전관리를 그 적용범위에서 제외한 적이 없었음에도 불구하고 현실적으로는 군부대 안에 있는 위험물시설에 대하여는 대개의 경우 「소방법」을 집행하지 않았다. 「군사비밀보호법」 등에서 「소방법」의 적용을 받지 아니한다는 특별규정을 두지 않은 상태에서 「소방법」을 적용하지 않은 것은 「소방법」의 집행권자가 법률상 부여된 의무를 해태한 것에 다름 아니었다.

어쨌든, 군부대 안의 위험물시설에 대한 법적 장치와 현실상황을 고려할 때 위험물시설의 안전확보를 위해 법집행을 하더라도 군사시설이 갖는 보안적인 측면을 고려하여 군부대의 위험물시설에 대한 허가와 검사제도를 운용할 필요성이 있었다. 위법에 협의제도를 도입한 이유가 여기에 있다.

2) 협의제도의 내용

군사목적 또는 군부대시설을 위한 제조소등(군용위험물시설)을 설치하거나 그 위치·구조 또는 설비를 변경하고자 하는 군부대의 장으로 하여금 미리 허가청과 협의하도록 하고 협의를 한 경우에는 법 제6조 제1항의 허가를 받은 것으로 의제하고 있다. 또한, 군용위험물시설의 설치 또는 변경에 관한 협의를 한 군부대의 장은 당해 제조소등에 대한 탱크안전성능검사와 완공검사를 자체적으로 실시할 수 있으며, 자체적으로 실시한 검사의 결과를 허가청에 통보하여야 한다(法 7).[19)]

이와 유사한 입법례로는 「건축법」 제25조의 "공용건축물에 대한 특례"가 있다.[20)]

3) 협의절차 등

① 군부대의 장이 제조소등의 설치 또는 변경공사를 착수하기 전에 설계도서와 규칙 제6조 또는 제7조의 규정에 의한 서류를 허가청에 제출하여 협의를 요청한다. 이 때 군부대의 장은 국가안보상 중요하거나 국가기밀에 속하는 제조소등의 공사에

---

19) 협의한 제조소등에 대한 탱크안전성능검사와 완공검사를 자체적으로 실시할 수 있다는 것은 협의제도의 내용이라기보다는 일반적인 탱크안전성능검사와 완공검사의 특례를 정한 것이라 할 수 있는데 편의상 같이 설명하였다.

20) 공용건축물의 건축허가 등을 협의로써 갈음하도록 하고 있으며, 군부대 안의 건축물에 대한 건축허가 등에 관한 현실 불합치 문제를 해결하려는 것이 직접적인 도입 이유인 것으로 알려져 있다.
「건축법」 제25조(공용건축물에 대한 특례) 1991. 5. 31. 신설
① 국가 또는 지방자치단체는 제8조 또는 제9조의 규정에 의한 건축물을 건축 또는 대수선하고자 하는 경우에는 대통령령이 정하는 바에 의하여 미리 건축물의 소재지를 관할하는 허가권자와 협의하여야 한다.
② 국가 또는 지방자치단체가 제1항의 규정에 의하여 건축물의 소재지를 관할하는 허가권자와 협의한 경우에는 제8조 또는 제9조의 규정에 의한 건축허가를 받았거나 신고한 것으로 본다.
③ 제1항의 규정에 의하여 협의한 건축물에 대하여는 제18조 제1항 내지 제3항의 규정을 적용하지 아니한다. 다만, 건축물의 공사가 완료된 경우에는 지체없이 허가권자에게 이를 통보하여야 한다.

관한 설계도서의 제출을 생략할 수 있다(令 7 Ⅰ). 그러나 이는 매우 엄격하게 적용되어야 하는데, 설계도서가 없는 상태에서는 위험물의 안전을 확보하기 위한 심사(협의)가 무의미하기 때문이다.

② 허가청은 제출 받은 설계도서와 관계서류를 검토하여 그 결과를 군부대의 장에게 통지하게 되는데, 군부대의 장이 정당한 이유 없이 설계도서의 제출을 생략한 경우에는 설계도서와 관계서류의 보완요청을 하는 것이 마땅하며, 보완요청을 받은 군부대의 장은 특별한 사유가 없는 한 이에 응하여야 한다(令 7 Ⅱ).

③ 협의를 마친 후 비로소 군부대의 장은 착공하고 탱크안전성능검사와 완공검사를 자체적으로 실시할 수 있다. 완공검사를 자체적으로 실시한 경우에는 지체없이 다음 사항을 허가청에 통보하여야 한다(法 7 Ⅲ 및 規 11 Ⅱ).

㉠ 제조소등의 완공일 및 사용개시일

㉡ 탱크안전성능검사의 결과(영 제8조 제1항의 규정에 의한 탱크안전성능검사의 대상이 되는 위험물탱크가 있는 경우에 한한다)

㉢ 완공검사의 결과

㉣ 안전관리자 선임계획

㉤ 예방규정(영 제15조 각 호의 1에 해당하는 제조소등의 경우에 한한다)

참고

[기존 군용위험물시설에 관한 경과조치]

법 제7조는 그 시행일(2004. 5. 30.) 이후의 군용위험물시설의 설치 또는 변경에 관하여만 적용될 수 있기 때문에 기존에 이미 설치된 군용위험물시설의 처리가 문제된다.

법 부칙 제3조에서는 군용위험물시설에 관한 경과조치를 두고 있는데, 기존 군용위험물시설의 현황을 소방서장에게 제출하도록 하여 그 현황을 제출한 때에는 법 제6조 제1항의 규정에 의한 허가, 제8조의 규정에 의한 탱크안전성능검사 및 제9조의 규정에 의한 완공검사를 받은 것으로 보도록 하는 것이다.

이는 일종의 양성화 조치임에 틀림이 없으나 그 유지관리의 상황까지 전적으로 적법한 것으로 간주하는 것은 아니다. 따라서, 법 제14조 제2항의 규정에 의한 수리·개조 또는 이전의 명령을 통하여 위험물의 안전을 확보할 수 있으며, 그 외에도 제22조의 출입·검사 등, 제25조의 긴급사용정지명령 등, 제26조의 저장·취급기준 준수명령 등과 제27조의 응급조치명령에 관한 규정 등을 그대로 적용하여 소정의 목적을 달성할 수 있다.

(8) 위험물의 품명 · 수량 또는 지정수량 배수의 변경신고

제조소등의 위치·구조 또는 설비의 변경없이 당해 제조소등에서 저장하거나 취급하는 위험물의 품명·수량 또는 지정수량의 배수를 변경하고자 하는 자는 변경하고자 하는 날의 1일 전까지 규칙 제10조의 규정에 따라(신고서 + 완공검사필증) 시·도지사에게 신고하여야 한다(法 6 Ⅱ).[21]

21) 「소방법」에서 위험물의 종류 등을 변경하는 경우에도 허가를 받도록 했던 것을 신고하면 되도록 완

여기서 제조소등이라 함은 법 제6조 제1항의 규정에 의한 허가를 받은 제조소등과 법 제7조 제1항의 규정에 의한 협의를 한 제조소등을 말하며, 허가대상에서 제외되는 주택 난방용·농예용 등의 제조소등은 해당되지 않는다(法 6 Ⅲ).

3 탱크안전성능검사

(1) 의의

위험물을 저장 또는 취급하는 탱크(이하 "위험물탱크"라 함) 중 액체위험물을 저장 또는 취급탱크가 있는 위험물시설은 당해 시설을 완공하기까지의 사이의 법령으로 정하는 공정시기에 액체위험물탱크의 구조 및 설비 중 특정사항이 법령의 기준에 적합한지에 관하여 소방서장 등이 완공검사 전에 행하는 검사를 받아야 하는데(法 8 Ⅰ 전단), 이 검사를 "탱크안전성능검사"라 한다.

한편, 탱크안전성능검사와 구별하여야 하는 개념으로 탱크안전성능시험이 있다. 액체위험물탱크를 설치하는 과정에서 탱크안전성능검사를 실시할 수 있는 권한을 가진 자는 위법상 특정되어 있으며, 탱크의 안전성능을 확인하는 시험이라는 의미에서의 탱크안전성능시험은 원칙적으로 누구든지 할 수 있는 것이다. 다만, 법 제8조 제1항 후단의 규정에서 법 제16조 제1항의 탱크안전성능시험자 또는 기술원으로부터 탱크안전성능시험을 받은 경우에만 당해 탱크안전성능검사의 전부 또는 일부를 면제할 수 있도록 하고 있다(法 8 Ⅰ 후단).

결국 탱크안전성능시험은 탱크안전성능검사의 권한이 없는 자도 실시할 수 있으며, 탱크안전성능검사의 면제제도를 통하여 예외적으로 탱크안전성능검사를 대체하는 효과가 있을 뿐이다.

(2) 성격

탱크안전성능검사는 내용상으로는 위험물시설 완공검사의 일부라고 할 수 있고, 검사의 단계상으로는 중간검사라고 할 수 있으며, 액체위험물탱크에 관한 공사의 공정에 있어서 개별적인 기준 적합성을 확인하는 것이 중요한 사항에 대하여 행하는 검사로서 그 검사를 받은 사항에 대하여는 완공검사를 받을 필요가 없다.

또한, 탱크안전성능검사를 받아야 하는 위험물시설은 탱크안전성능검사에 합격한 후가 아니면 완공검사를 받을 수 없다.

화한 것이다. 위치·구조 또는 설비의 변경을 초래하지 않는 상태에서 위험물의 품명·수량 또는 지정수량배수를 변경하는 경우에는 허가청에서 따로 심사할 내용이 없을 뿐만 아니라 신고절차에 의하여도 품명 등의 변경이 위치·구조 또는 설비의 변경을 초래하는지를 확인할 수 있기 때문이다.

(3) 대상 및 내용

탱크안전성능검사를 받아야 하는 위험물탱크와 공사의 공정, 검사구분 및 검사의 내용은 다음 표와 같다(令 8).[22] 참고로 기초·지반검사와 암반탱크검사를 새로이 도입한 것과 제조소 및 일반취급소의 액체위험물탱크로서 그 용량이 지정수량 미만인 것을 탱크안전성능검사의 대상에서 제외하도록 한 것이 과거 「소방법」의 경우와 다른 점이다.

<table>
<tr><th colspan="2" rowspan="2">탱크안전성능검사를 받아야 하는 위험물시설
(令 8 Ⅰ)</th><th rowspan="2">탱크안전성능검사를 받아야 하는 공사의 공정</th><th colspan="2">필요한 탱크안전성능검사(令 8 Ⅱ 및 별표 4)</th></tr>
<tr><th>검사구분</th><th>검사내용(검사기준)</th></tr>
<tr><td rowspan="2">액체위험물을 저장 또는 취급하는 탱크가 있는 위험물시설(용량이 지정수량 이상인 위험물탱크가 없는 제조소와 일반취급소는 제외)</td><td rowspan="2">100만L 이상의 옥외탱크저장소</td><td>기초 및 지반에 관한 공사의 공정</td><td>기초·지반검사</td><td>[기초·지반검사]
• 특수액체위험물탱크(지중탱크 및 해상탱크) 외의 것 : 탱크의 기초 및 지반의 별표 6 Ⅳ 및 Ⅴ의 해당 기준 적합성
• 지중탱크 : 지반의 규칙 별표 6 XII 제2호 라목 기준 적합성
• 해상탱크 : 정치설비 지반의 규칙 별표 6 XIII 제3호 라목 기준 적합성</td></tr>
<tr><td>탱크에 배관 그 밖의 부속설비를 부착하기 전의 탱크본체에 관한 공사의 공정</td><td>용접부검사 및 충수·수압검사(병행실시)</td><td>[용접부검사]
• 특수액체위험물탱크 외의 것 : 탱크의 규칙 별표 6 Ⅵ 제2호 기준 적합성
• 지중탱크 : 규칙 별표 6 XII 제2호 마목 4) 라)의 용접부 관련 기준 적합성
※ 해상탱크 : "실시하지 않음"
[충수·수압검사]
• 규칙 별표 6 Ⅵ 제1호의 기준(충수시험 또는 수압시험 부분) 적합성</td></tr>
</table>

22) 제8조(탱크안전성능검사의 대상이 되는 탱크 등) ① 법 제8조 제1항 전단의 규정에 의하여 탱크안전성능검사를 받아야 하는 위험물탱크는 제2항에 따른 탱크안전성능검사별로 다음 각 호의 어느 하나에 해당하는 탱크로 한다.
1. 기초·지반검사 : 옥외탱크저장소의 액체위험물탱크 중 그 용량이 100만리터 이상인 탱크
2. 충수(充水)·수압검사 : 액체위험물을 저장 또는 취급하는 탱크. 다만, 다음 각 목의 1에 해당하는 탱크를 제외한다.
   가. 제조소 또는 일반취급소에 설치된 탱크로서 용량이 지정수량 미만인 것
   나. 「고압가스 안전관리법」 제17조 제1항에 따른 특정설비에 관한 검사에 합격한 탱크
   다. 「산업안전보건법」 제34조 제2항에 따른 안전인증을 받은 탱크
3. 용접부검사 : 제1호의 규정에 의한 탱크. 다만, 탱크의 저부에 관계된 변경공사(탱크의 옆판과 관련되는 공사를 포함하는 것을 제외한다) 시에 행하여진 법 제18조 제2항의 규정에 의한 정기검사에 의하여 용접부에 관한 사항이 행정안전부령으로 정하는 기준에 적합하다고 인정된 탱크를 제외한다.
4. 암반탱크검사 : 액체위험물을 저장 또는 취급하는 암반 내의 공간을 이용한 탱크

② 법 제8조 제2항의 규정에 의하여 탱크안전성능검사는 기초·지반검사, 충수·수압검사, 용접부검사 및 암반탱크검사로 구분하되, 그 내용은 별표 4와 같다.

<table>
<tr><th colspan="2" rowspan="2">탱크안전성능검사를 받아야 하는 위험물시설 (令 8 Ⅰ)</th><th rowspan="2">탱크안전성능검사를 받아야 하는 공사의 공정</th><th colspan="2">필요한 탱크안전성능검사(令 8 Ⅱ 및 별표 4)</th></tr>
<tr><th>검사구분</th><th>검사내용(검사기준)</th></tr>
<tr><td rowspan="3">액체위험물을 저장 또는 취급하는 탱크가 있는 위험물시설(용량이 지정수량 이상인 위험물탱크가 없는 제조소와 일반취급소는 제외)</td><td>암반탱크 저장소</td><td>암반탱크의 탱크본체에 관한 공사의 공정</td><td>암반탱크 검사</td><td>• 암반탱크 : 규칙 별표 12 Ⅰ 기준 적합성</td></tr>
<tr><td>100만L 미만의 옥외탱크 저장소</td><td rowspan="2">탱크(제조소 또는 일반취급소에 있어서는 용량이 지정수량 이상인 것)에 배관 그 밖의 부속설비를 부착하기 전의 탱크본체에 관한 공사의 공정</td><td rowspan="2">충수·수압검사 (충수검사 또는 수압검사 중 하나를 실시)</td><td rowspan="2">• 옥외탱크 : 규칙 별표 4 Ⅸ 제1호 가목, 별표 6 Ⅵ 제1호
• 옥내탱크 : 규칙 별표 7 Ⅰ 제1호 마목
• 지하탱크 : 별표 8 Ⅰ 제6호·Ⅱ 제1호·제4호·제6호·Ⅲ
• 간이탱크 : 별표 9 제6호
• 이동탱크 : 별표 10 Ⅱ 제1호·Ⅹ 제1호 가목
• 주유취급소의 탱크 : 별표 13 Ⅲ 제3호
• 일반취급소의 취급탱크 : 별표 16 Ⅰ 제1호의 규정에 의한 기준
* 이상의 기준 중 충수시험·수압시험 및 그 밖의 탱크의 누설·변형에 대한 안전성에 관련된 탱크안전성능시험의 부분에 한함</td></tr>
<tr><td>옥외탱크 저장소 외의 위험물시설</td></tr>
</table>

(4) 검사자

법 제8조 제1항에서는 시·도지사가 탱크안전성능검사를 실시하도록 하고 있으나, 법 제30조·영 제21조 및 제22조의 위임·위탁 규정에 의하여 소방서장과 기술원이 실시할 수 있다. 기술원은 전문적인 기술과 장비를 갖추고 검사를 하여야 하는 액체위험물탱크에 대한 탱크안전성능검사를 위탁받아 실시하는데, 100만L 이상의 액체위험물탱크·암반탱크 및 이중벽탱크[23]가 이에 해당된다. 소방서장은 기술원이 실시하는 탱크를 제외한 나머지 액체위험물탱크에 대하여 안전성능검사를 실시한다.

한편 기술원이 탱크안전성능시험을 실시함에 있어서 해당 시험을 직접 하지 아니하고 엔지니어링기술진흥법에 의한 엔지니어링활동주체 신고자, 탱크안전성능시험자 등이 실시하는 시험의 과정 및 결과를 확인하는 방법으로도 할 수 있는데, 기초·지반검사, 이중벽탱크에 대한 수압검사, 용접부검사 및 암반탱크검사에 대하여는 이를 명시하고 있다(規 12 Ⅴ·13 Ⅱ·14 Ⅱ 및 15 Ⅱ).

23) 지하저장탱크의 외면에 누설을 감지할 수 있는 틈(감지층)이 생기도록 강판 또는 강화플라스틱 등으로 피복한 것을 말하며, 영 제22조 제1항 제1호 다목 및 규칙 제18조 제6항의 규정에 의하여 한국소방산업기술원이 탱크안전성능검사를 수행한다.

(5) 검사의 절차

1) 탱크안전성능검사를 받아야 하는 자는 규칙 별지 제20호 서식의 신청서를 해당 위험물탱크의 설치장소를 관할하는 소방서장 또는 기술원에 제출하여야 한다. 다만, 설치장소에서 제작하지 아니하는 위험물탱크에 대한 탱크안전성능검사(충수·수압검사에 한한다)의 경우에는 별지 제20호 서식의 신청서에 해당 위험물탱크의 구조명세서 1부를 첨부하여 당해 위험물탱크의 제작지를 관할하는 소방서장에게 신청할 수 있다.

2) 법 제8조 제1항 후단의 규정에 따른 탱크안전성능시험을 받고자 하는 자는 규칙 별지 제20호 서식의 신청서에 해당 위험물탱크의 구조명세서 1부를 첨부하여 기술원 또는 탱크시험자에게 직접 신청할 수 있다.

3) 영 제9조 제2항의 규정에 의하여 충수·수압검사를 면제받고자 하는 자는 규칙 별지 제21호 서식의 탱크시험필증에 탱크시험성적서를 첨부하여 소방서장에게 제출하여야 한다.

4) 탱크안전성능검사를 신청하는 시기는 다음과 같다.
   ① 기초·지반검사 : 위험물탱크의 기초 및 지반에 관한 공사의 개시 전
   ② 충수·수압검사 : 위험물을 저장 또는 취급하는 탱크에 배관 그 밖의 부속설비를 부착하기 전
   ③ 용접부검사 : 탱크본체에 관한 공사의 개시 전
   ④ 암반탱크검사 : 암반탱크의 본체에 관한 공사의 개시 전

5) 소방서장 또는 기술원은 탱크안전성능검사를 실시한 결과 규칙 제12조 제1항·제4항, 제13조 제1항, 제14조 제1항 및 제15조 제1항의 규정에 의한 기준에 적합하다고 인정되는 때에는 당해 탱크안전성능검사를 신청한 자에게 규칙 별지 제21호 서식의 탱크검사필증을 교부하고, 적합하지 아니하다고 인정되는 때에는 신청인에게 서면으로 그 사유를 통보하여야 한다.

(6) 탱크안전성능검사의 특례

1) 허가청 외의 행정청에 의한 탱크안전성능검사의 인정

위험물시설의 일부를 이루는 탱크에는 설치지와 제작지를 달리하는 것이 있으며, 이러한 탱크의 안전성능검사 중 제작지에서 실시할 수 있는 충수검사 또는 수압검사에 있어서는 위험물탱크의 제작지를 관할하는 소방서장도 이를 행할 수 있도록 하고 있다(規 18 Ⅰ 단서). 이러한 탱크로는 이동탱크저장소의 탱크, 간이탱크저장소의 탱크 등을 들 수 있다.

2) 탱크안전성능시험에 의한 탱크안전성능검사의 면제

법 제8조 제1항 후단의 규정에 의하여 위험물시설의 허가를 받은 자가 탱크안전성능시험자 또는 기술원으로부터 탱크안전성능시험을 받은 경우에는 위령이 정하는 바에 따라 당해 탱크안전성능검사의 전부 또는 일부를 면제받을 수 있는데, 영 제9조[24]에서는 탱크안전성능시험자 또는 기술원이 실시한 충수시험 또는 수압시험의 결과가 기술기준에 적합하다고 인정되는 경우에 해당 탱크에 대한 충수검사 또는 수압검사를 면제하도록 하고 있다.[25]

3) 타 법률에 의한 검사를 받은 탱크에 대한 탱크안전성능검사의 면제

액체위험물탱크 중에는 「고압가스안전관리법」 또는 「산업안전보건법」에 의한 검사를 받아야 하는 것이 있다. 즉 액체위험물탱크로서 ㉠ 「고압가스안전관리법」 제17조 제1항[26]에 따른 특정설비검사에 합격한 탱크와 ㉡ 「산업안전보건법」 제34조 제2항[27]에 따른 안전인증을 받은 탱크에 대하여는 탱크안전성능검사 중 충수・수압검사에 관계된 규정을 적용하지 않는다(令 8 Ⅰ2).

---

24) 제9조(탱크안전성능검사의 면제) ① 법 제8조 제1항 후단의 규정에 의하여 시・도지사가 면제할 수 있는 탱크안전성능검사는 제8조 제2항 및 [영 별표 4]의 규정에 의한 충수・수압검사로 한다.
② 위험물탱크에 대한 충수・수압검사를 면제받고자 하는 자는 위험물탱크안전성능시험자(이하 "탱크시험자"라 한다) 또는 기술원으로부터 충수・수압검사에 관한 탱크안전성능시험을 받아 법 제9조 제1항의 규정에 의한 완공검사를 받기 전(지하에 매설하는 위험물탱크에 있어서는 지하에 매설하기 전)에 당해 시험에 합격하였음을 증명하는 서류(이하 "탱크시험필증"이라 한다)를 시・도지사에게 제출하여야 한다.
③ 시・도지사는 제2항의 규정에 의하여 제출받은 탱크시험필증과 해당 위험물탱크를 확인한 결과 법 제5조 제4항의 규정에 의한 기술기준에 적합하다고 인정되는 때에는 당해 충수・수압검사를 면제한다.

25) 즉, 위험물탱크의 설치자가 편의에 따라 탱크의 설치에 관한 공사 중에 미리 탱크안전성능시험자 또는 기술원으로부터 충수검사 또는 수압검사에 해당하는 시험을 받은 경우에는 그 결과로써 당해 검사를 갈음할 수 있도록 하는 것이다. 이는 위험물탱크의 설치에 있어서 민간의 시험결과를 일정부분 인정함으로써 절차 진행상의 편리함을 가져오는 장점도 있으나 행정청의 허가업무의 일부를 사실상 민간이 대행하는 결과가 되기 때문에 탱크안전성능시험자 등의 업무수행에 있어서의 공정성 확보가 더욱 중요해질 수밖에 없다.

26) 「고압가스안전관리법」 제17조(용기 등의 검사) ① 용기 등을 제조・수리 또는 수입한 자(외국용기 등 제조자를 포함한다)는 그 용기 등을 판매하거나 사용하기 전에 산업통상자원부장관, 시장・군수 또는 구청장의 검사를 받아야 한다. 다만, 대통령령으로 정하는 용기 등에 대하여는 그 검사의 전부 또는 일부를 생략할 수 있다.

27) 「산업안전보건법」 제34조(안전인증) ② 유해・위험한 기계・기구・설비 등으로서 근로자의 안전・보건에 필요하다고 인정되어 대통령령으로 정하는 것(이하 "안전인증대상 기계・기구 등"이라 한다)을 제조(고용노동부령으로 정하는 기계・기구 등을 설치・이전하거나 주요 구조부분을 변경하는 경우를 포함한다)하거나 수입하는 자는 안전인증대상 기계・기구 등이 안전인증기준에 맞는지에 대하여 고용노동부장관이 실시하는 안전인증을 받아야 한다.

4 완공검사

(1) 완공검사의 의의

위험물시설의 설치허가는 위험물시설의 설치계획에 관한 허가일 뿐, 시설의 사용개시를 인정하는 것은 아니다. 즉, 위험물시설을 완공하여도 허가받은 대로 시설이 실제로 설치되었는지 여부에 대한 검사를 받아 적합하다고 인정받지 않으면 시설을 사용할 수 없는데, 그 적합 여부를 확인하는 검사를 "완공검사"라 한다.

따라서, 설치자는 위험물시설의 설치허가 후에 시설의 설치공사를 행하여 이를 완성한 때에는 소방서장 등에게 완공검사를 신청하여 완공한 시설이 허가받은 계획대로 기준에 적합하게 설치되었는지를 확인하기 위한 검사를 받아야 한다.

(2) 완공검사자(시 · 도지사, 소방서장 및 한국소방산업기술원)

법률상 완공검사는 시・도지사가 행하도록 되어 있으나 시・도지사가 직접 행하는 경우는 이송취급소가 2 이상 소방서장의 관할에 걸쳐 있는 경우에 국한되고, 나머지는 위임・위탁 규정에 의하여 소방서장 또는 기술원에 위임 또는 위탁되고 있다. 이 중 기술원은 지정수량의 3,000배 이상의 위험물을 취급하는 제조소 또는 일반취급소의 완공검사를 위탁받아 실시하게 되어 있으며, 이는 완공검사에 필요한 전문성을 강화하고자 하는 취지이다.

(3) 완공검사의 절차

1) 완공검사의 신청시기(規 20)

제조소등의 완공검사 신청시기는 다음의 구분에 의한다.

① 지하탱크가 있는 제조소등의 경우 : 당해 지하탱크를 매설하기 전

② 이동탱크저장소의 경우 : 이동저장탱크를 완공하고 상치장소를 확보한 후

③ 이송취급소의 경우 : 이송배관 공사의 전체 또는 일부를 완료한 후. 다만, 지하・하천 등에 매설하는 이송배관의 공사의 경우에는 이송배관을 매설하기 전

④ 전체 공사가 완료된 후에는 완공검사를 실시하기 곤란한 경우 : 다음에서 정하는 시기

㉠ 위험물설비 또는 배관의 설치가 완료되어 기밀시험 또는 내압시험을 실시하는 시기

㉡ 배관을 지하에 설치하는 경우에는 시・도지사, 소방서장 또는 기술원이 지정하는 부분을 매몰하기 직전

㉢ 기술원이 지정하는 부분의 비파괴시험을 실시하는 시기

⑤ ① 내지 ④에 해당하지 아니하는 제조소등의 경우 : 제조소등의 공사를 완료한 후

2) 완공검사의 신청(規 19 Ⅰ)

제조소등에 대한 완공검사를 받고자 하는 자는 별지 제22호 서식 또는 별지 제23호 서식의 신청서에 다음의 서류를 첨부하여 시・도지사 또는 소방서장(영 제22조 제1항 제2호의 규정에 의하여 완공검사를 기술원에 위탁하는 제조소등의 경우에는 기술원)에게 제출하여야 한다. 다만, 첨부서류는 완공검사를 실시할 때까지 제출할 수 있다.

① 배관에 관한 내압시험, 비파괴시험 등에 합격하였음을 증명하는 서류(내압시험 등을 하여야 하는 배관이 있는 경우에 한함)

② 소방서장, 기술원 또는 탱크시험자가 교부한 탱크검사필증 또는 탱크시험필증(해당 위험물탱크의 완공검사를 실시하는 소방서장 또는 기술원이 그 위험물탱크의 탱크안전성능검사를 실시한 경우를 제외함)

③ 재료의 성능을 증명하는 서류(이중벽탱크에 한함)

3) 완공검사의 실시 및 완공검사필증의 교부

① **검사실시 후 필증 교부** : 시・도지사, 소방서장 또는 기술원은 법 제6조 제1항의 규정에 따른 허가를 받은 자가 제조소등의 설치를 마쳤거나 그 위치구조 또는 설비의 변경을 마치고 완공검사를 신청하는 때에는 당해 제조소등이 법 제5조 제4항의 규정에 따른 기술기준(탱크안전성능검사에 관련된 것을 제외함)에 적합하다고 인정할 수 있는지를 판단하기 위하여 현장에 출장하여 완공검사를 실시하여, 신청을 받은 날로부터 5일 이내에 그 결과를 통보하여야 하는데, 적합하다고 인정하는 때에는 완공검사필증을 교부하여야 한다(令 10 Ⅰ・Ⅱ).

② **기술원이 완공검사를 실시한 경우의 조치** : 기술원이 완공검사를 실시한 경우(영 제22조 제1항 제2호의 규정에 의하여 지정수량 3천 배 이상의 제조소 또는 일반취급소에 대한 완공검사를 실시하는 경우)에는 ①과 같이 완공검사필증을 교부하는 외에 완공검사결과서를 소방서장에게 송부하고, 검사대상명・접수일시・검사일・검사번호・검사자・검사결과 및 검사결과서 발송일 등을 기재한 완공검사업무대장을 작성하여 10년간 보관하여야 한다(規 19 Ⅱ).

③ **완공검사필증의 재교부 등** : 완공검사필증을 교부받은 자는 완공검사필증을 잃어버리거나 멸실・훼손 또는 파손한 경우에는 이를 교부한 시・도지사, 소방서장 또는 기술원에 재교부를 신청할 수 있다. 완공검사필증을 훼손 또는 파손하여 재교부 신청을 하는 경우에는 신청서에 당해 완공검사필증을 첨부하여야 한다(令 10 Ⅲ・Ⅳ).

만약 완공검사필증을 잃어버려 재교부를 받은 자가 잃어버린 완공검사필증을 발견하는 경우에는 이를 10일 이내에 완공검사필증을 재교부한 시・도지사, 소방서장 또는 기술원에 제출하여야 한다(令 10 Ⅴ).

(4) 변경공사 중의 가사용

위험물시설의 위치・구조 또는 설비를 변경하는 경우에 있어서 변경공사에 착수한 시점부터 완공검사에 의하여 변경허가를 받은 계획대로 기준에 적합하게 설치되었음을 확인하기 전까지의 기간 동안에는 그 사용이 원칙적으로 금지된다(法 9 I 본문). 이 규정에 위반한 경우에는 허가의 취소 또는 시설의 사용정지명령을 받고 벌칙도 적용받게 된다.

이와 같이 변경공사와 관계가 없는 부분까지 일률적으로 사용을 금지하는 것을 피하기 위하여 변경공사와 관계가 없는 부분으로서 안전상 지장이 없는 부분에 대하여는 변경허가 신청 시 화재예방에 관한 조치사항을 기재한 서류를 제출하게 하여 완공검사를 받기 전의 기간 동안에 부분적인 사용(이를 "假使用"이라 한다)을 허용하는 것이다(法 9 I 단서).[28)]

(5) 부분완공검사

완공검사를 받고자 하는 자가 제조소등의 일부에 대한 설치 또는 변경을 마친 후 그 일부를 미리 사용하고자 하는 경우에는 당해 제조소등의 일부에 대하여 완공검사를 받을 수 있도록 하고 있는데(法 9 II), 부분적인 사용이라는 목적은 같지만 완공검사를 받은 후에 사용하는 점에서 앞의 가사용과는 차이가 있다.

(6) 무검사 사용의 금지와 제재

완공검사에 의하여 기준에 적합한 것으로 인정되는 때에는 완공검사필증을 교부하게 되고, 이 완공검사필증을 교부받은 때부터 비로소 그 위험물시설을 사용할 수 있다. 물론, 사용개시 전에 안전관리자를 선임하여야 하고 제조소등에 따라서는 예방규정을 제출하고 자체소방대를 편성하여야 하는 등의 준비도 필요하다.

만일 완공검사를 받지 않고 위험물시설을 사용하는 때에는 허가의 취소 또는 사용의 정지의 처분을 받고, 벌칙도 적용 받게 된다(法 12, 36).

28) 그런데 화재예방에 관한 조치사항을 기재한 서류를 제출하기만 하면 변경공사와 관계가 없는 부분은 완공검사 전에 미리 사용할 수 있도록 되어 있는 것은, 동 규정이 안전상 지장이 없는 범위 안에서 변경공사와 관계 없는 부분의 사용을 허용하고자 하는 취지임을 고려하면 문제가 아닐 수 없다. 화재예방에 관한 조치사항을 검토하여 안전상 지장이 없다고 인정되는 경우에만 사용을 허용할 수 있어야 하는데, 이를 위하여는 승인과정이 있어야 할 것이다.

5 제조소등 설치자의 지위승계

(1) 지위승계의 의의

위험물시설의 양도, 인도 등이 있는 경우에 그 양수인, 인도를 받은 자 등이 위험물시설의 허가를 받은 자의 지위를 승계하는 것으로서, 위험물시설에 관계된 의무도 동시에 승계하게 된다. 뿐만 아니라 양도인의 중요한 위법행위를 이유로 양수인에 대하여 행정제재를 하는 것도 가능하다.[29] 사실, 법 제6조 제1항의 규정에 의한 허가는 오직 물건의 객관적 사정에 착안하여 행정행위가 이루어지는 소위 대물적 행정행위여서 그 기초가 된 물적 사정에 변동이 없는 한 행정행위를 받은 자만이 아니고 그 물건의 양수인 또는 상속인에게 행위의 효과가 미치게 되는 것은 당연한 것이라 할 수 있다.[30]

대인적 행정행위의 효과가 원칙적으로 일신전속적이어서 타인에게 이전 또는 상속될 수 없는 것과 차이가 있다.[31]

(2) 지위승계의 요건(사유)

지위승계의 요건은 법 제10조 제1항과 제2항에 규정되어 있다.

1) 제조소등의 설치자(제6조 제1항의 규정에 따라 허가를 받아 제조소등을 설치한 자를 말한다. 이하 같다)가 사망하거나 그 제조소등을 양도·인도한 때 또는 법인인 제조소등의 설치자의 합병이 있는 때에는 그 상속인, 제조소등을 양수·인수한 자 또는 합병 후 존속하는 법인이나 합병에 의하여 설립되는 법인은 그 설치자의 지위를 승계한다(法 10 Ⅰ).

2) 「민사집행법」에 의한 경매, 「채무자 회생 및 파산에 관한 법률」에 의한 환가, 「국세징수법」·「관세법」 또는 「지방세기본법」에 따른 압류재산의 매각과 그 밖에 이에 준하는 절차에 따라 제조소등의 시설의 전부를 인수한 자는 그 설치자의 지위를 승계한다(法 10 Ⅱ).

---

29) [한국일보] 2004. 6. 11. 10면 : 전 주인의 불법행위에 대해 새 주인을 상대로 영업정지 처분을 내린 것은 타당하다는 판결이 나왔다. 서울행정법원 행정5부는 10일 여관을 인수했다가 전 주인의 불법행위 때문에 영업정지 처분을 받은 라모 씨가 "불법행위로 적발된 사실을 몰랐다"며 서울 강남구청장을 상대로 낸 영업정지처분취소 청구소송에서 원고패소 판결했다. 재판부는 "「공중위생관리법」상 행정제재 처분은 사업자 개인이 아닌 사업 전체에 대한 것으로 양수인에 대해서도 적용할 수 있다"며 "양수인이 양도인의 불법행위를 알았는지 여부와 상관없이 행정제재 처분을 할 수 있다"고 밝혔다. 재판부는 "라 씨는 여관 인수 당시 전 주인에게서 불법행위 적발 사실을 듣지 못했고 구청에서도 이 같은 사실을 알려주지 않은 점은 인정되지만 전 주인의 위반 정도가 무거워 영업정지는 적절하다"고 덧붙였다. 라 씨는 지난해 7월 서울 역삼동의 한 여관을 인수했으나 강남구청이 "인수하기 며칠 전 여관이 윤락행위 장소로 이용되다 적발됐다"며 영업정지 2개월의 처분을 내리자 소송을 냈다.

30) 判) 79누190(1970. 10. 30. 大判), 大判集27 ③ 行51 : 건축허가는 대물적 성질을 가지는 것으로서 그 허가의 효과는 허가대상 건축물에 대한 권리변동에 수반하여 이전되고 별도의 승인처분에 의하여 이전되는 것이 아니다.

31) 金道昶, 一般行政法論(上), 346쪽 參照

참고

① 제조소등의 설치자가 사망한 때, 설치자가 제조소등을 양도·인도한 때 또는 법인인 제조소등의 설치자의 합병이 있는 때는 관계인에게 법률관계 변동을 초래하는 사실의 발생이나 당사자간 의사표시(계약행위)를 사유로 하는 것이고, ② 「민사집행법」에 의한 경매절차 등에 의한 것은 법원 또는 행정기관이 개입된 절차에 의하여 재산의 소유권 귀속이 달라지는 경우이다.
또한 제1항의 요건을 보면 비록 증여, 매매 등의 채권계약에 의한 소유권의 이전을 의미하는 양도가 있지만, 인도도 하나의 요건으로서 대등하게 규정되어 있기 때문에 소유권의 취득을 지위승계의 필요조건으로 볼 수는 없다.
결국, 지위승계 요건의 하나로서 인도의 지위를 인정하기 위해서는 인도는 소유권 이전의 의미를 가진 양도에 얽매이지 않고, 사실상의 시설에 대한 지배가 그 시설을 변경하는 권한의 이동과 함께 이전되는 경우를 의미하는 것으로 보는 것이 옳다. 이러한 해석은 법 제6조 제1항에서 제조소등에 대한 소유권의 보유를 허가요건으로 하지 않고 있는 것과도 부합되는데, 설치허가에 있어서는 허가신청인의 소유자 여부를 묻지 않으면서 이미 허가 받은 제조소등에 대한 설치자의 지위를 승계하고자 하는 자에 대해서만 특별히 소유권 보유를 요구하는 것은 모순이기 때문이다.

CHAPTER 01
CHAPTER 02
CHAPTER 03
CHAPTER 04
부록

(3) 지위승계신고

법 제10조 제1항 또는 제2항의 규정에 따라 제조소등의 설치자의 지위를 승계한 자는 규칙으로 정하는 신고서에 제조소등의 완공검사필증과 지위승계를 증명하는 서류[32)]를 첨부하여 승계한 날부터 30일 이내에 시·도지사(소방본부장) 또는 소방서장에게 그 사실을 신고하지 않으면 안 된다(法 10 Ⅲ 및 規 22).

6 제조소등의 용도폐지

제조소등의 관계인(소유자·점유자 또는 관리자. 이하 같음)은 당해 제조소등의 용도를 폐지(장래에 대하여 위험물시설로서의 기능을 완전히 상실시키는 것을 말한다)한 때에는 규칙 별지 제29호의 신고서에 제조소등의 완공검사필증을 첨부하여 제조소등의 용도를 폐지한 날부터 14일 이내에 시·도지사(소방본부장) 또는 소방서장에게 신고하여야 한다(法 11 및 規 23 Ⅰ).

위험물시설의 소유자 등이 위험물시설의 용도를 폐지하면 위험물시설의 허가를 받은 효력을 상실하는 동시에 허가로 발생하였던 각종 의무로부터도 해방된다. 여기서, 용도를 폐지한다는 것은 일시적인 사용의 휴지가 아니라 장래에 대하여 위험물시설로서의 기

32) 지위승계를 증명하는 서류라 함은 지위승계의 요건이 된 양도, 인도 등을 증명하는 서류이면 된다. 즉, 부동산의 소유권을 증명하는 등본 등의 공문서와 양도인과 양수인이 연명하여 당해 내용을 표시하는 사문서(설치자의 지위를 쌍방간에 변경하였음을 양해사항으로 하는 각서 등)를 모두 포함한다. 다만, 인도를 증명하는 서류로서 단순한 임대차 또는 사용대차 관계만을 나타내는 사문서는 지위승계를 증명하는 서류로는 충분하지 못하므로 설치자의 지위를 쌍방간에 변경하였음을 양해사항으로 하는 내용을 기재하는 것이 필요하다. 대개 그 자체만으로는 지위승계에 관하여 쌍방간의 양해가 있었는지를 알기 어려울 뿐만 아니라, 쌍방간에도 사후 행정상 의무부담 등과 관련하여 명확한 합의가 없는 상태일 수 있기 때문이다.

능을 완전히 상실시키는 것으로 법 제11조에서는 이를 명확히 규정하고 있다. 그렇지 않을 경우에 용도를 폐지하였던 노후된 위험물시설을 이용하여 위험물을 저장 또는 취급함에 따라 발생할 수 있는 위험을 배제하려는 취지로 이해할 수 있다.

용도폐지 신고서를 접수한 시・도지사 또는 소방서장은 당해 제조소등을 확인하여 위험물시설의 철거 등 용도폐지에 필요한 안전조치를 한 것으로 인정하는 경우에는 당해 신고서의 사본에 수리사실을 표시하여 용도폐지신고를 한 자에게 통보하여야 한다. 만약, 용도폐지된 위험물시설에서 지정수량 이상의 위험물을 저장 또는 취급한다면 법 제5조 제1항 및 제6조 제1항의 규정을 위반한 것에 해당된다.

처리결과의 통보(規 24)

① 시・도지사가 영 제7조 제1항의 설치・변경 관련 서류 제출, 제6조의 설치허가신청, 제7조의 변경허가신청, 제10조의 품명 등의 변경신고, 제19조 제1항의 완공검사신청, 제21조의 가사용승인신청, 제22조의 지위승계신고 또는 제23조 제1항의 용도폐지신고를 각각 접수하고 처리한 경우 그 신청서 또는 신고서와 첨부서류의 사본 및 처리결과를 관할 소방서장에게 송부하여야 한다.

② 시・도지사 또는 소방서장이 영 제7조 제1항의 설치・변경 관련 서류 제출, 제6조의 설치허가신청, 제7조의 변경허가신청, 제10조의 품명 등의 변경신고, 제19조 제1항의 완공검사신청, 제22조의 지위승계신고 또는 제23조 제1항의 용도폐지신고를 각각 접수하고 처리한 경우 그 신청서 또는 신고서와 구조설비명세표(설치허가신청 또는 변경허가신청에 한한다)의 사본 및 처리결과를 관할 시장・군수・구청장에게 송부하여야 한다.

7 제조소등의 설치허가 취소와 사용정지 등

1) 허가취소와 사용정지의 의의

위험물의 저장・취급에 있어서 안전을 확보하는데 필요한 각종 규제 중 특별히 중요한 의무를 위반한 경우에 대하여 허가청은 해당 허가를 취소하거나 6월 이내의 기간을 정하여 제조소등의 전부 또는 일부의 사용정지를 명할 수 있다(法 12). 허가취소 또는 사용정지는 그 원인이 되는 위반행위에 대한 행정벌과 병행하여 처분하는 것이 원칙이며, 사용정지명령에 따르지 않는 경우에도 벌칙이 따른다.

2) 허가취소 또는 사용정지의 원인이 되는 위반행위와 행정처분기준

위반행위의 주체는 제조소등의 관계인이며, 위반행위와 처분기준은 다음 표와 같다(法 12 및 規 별표 2).

위반사항	행정처분기준[33]		
	1차	2차	3차
① 법 제6조 제1항의 후단의 규정에 따른 변경허가를 받지 아니하고, 제조소등의 위치·구조 또는 설비를 변경한 때	경고 또는 사용정지 15일	사용정지 60일	허가취소
② 법 제9조의 규정에 따른 완공검사를 받지 아니하고 제조소등을 사용한 때	사용정지 15일	사용정지 60일	허가취소
③ 법 제14조 제2항의 규정에 따른 수리·개조 또는 이전의 명령에 위반한 때	사용정지 30일	사용정지 90일	허가취소
④ 법 제15조 제1항 및 제2항의 규정에 따른 위험물안전관리자를 선임하지 아니한 때	사용정지 15일	사용정지 60일	허가취소
⑤ 법 제15조 제5항을 위반하여 대리자를 지정하지 아니한 때	사용정지 10일	사용정지 30일	허가취소
⑥ 법 제18조 제1항의 규정에 따른 정기점검을 하지 아니한 때	사용정지 10일	사용정지 30일	허가취소
⑦ 법 제18조 제2항의 규정에 따른 정기검사를 받지 아니한 때	사용정지 10일	사용정지 30일	허가취소
⑧ 법 제26조의 규정에 따른 저장·취급기준 준수명령을 위반한 때	사용정지 30일	사용정지 60일	허가취소

위의 처분기준을 적용함에 있어서 다음의 기준에 유의하여야 한다. 이는 이른바 행정처분의 일반기준으로서 규칙 제58조의 규정에 의한 안전관리대행기관에 대한 행정처분과 법 제16조 제5항의 규정에 의한 탱크시험자에 대한 행정처분에 대하여도 공통적으로 적용된다.

① 위반행위가 2 이상인 때에는 그 중 중한 처분기준(중한 처분기준이 동일한 때에는 그 중 하나의 처분기준을 말한다. 이하 이 호에서 같다)에 의하되, 2 이상의 처분기준이 동일한 사용정지이거나 업무정지인 경우에는 중한 처분의 1/2까지 가중처분할 수 있다.

② 사용정지 또는 업무정지의 처분기간 중에 사용정지 또는 업무정지에 해당하는 새로운 위반행위가 있는 때에는 종전의 처분기간 만료일의 다음 날부터 새로운 위반행위에 따른 사용정지 또는 업무정지의 행정처분을 한다.

③ 차수에 따른 행정처분기준은 최근 2년간 같은 위반행위로 행정처분을 받은 경우에 적용한다. 이 경우 기준적용일은 최근의 위반행위에 대한 행정처분일과 그 처분 후에 같은 위반행위를 한 날을 기준으로 한다.

---

33) 이러한 행정처분기준은 직접 국민을 구속하는 법규명령이 아니라 행정기관 내부에만 효력이 미치는 행정규칙에 해당한다는 것이 법원의 입장이므로 구체적인 처분에 있어서 처분을 통하여 얻고자 하는 공익과 처분으로 인하여 제조소등의 관계인이 입는 불이익을 비교형량하여 그 수위를 결정할 필요가 있다.

④ 사용정지 또는 업무정지의 처분기간이 완료될 때까지 위반행위가 계속되는 경우에는 사용정지 또는 업무정지의 행정처분을 다시 한다.

⑤ 사용정지 또는 업무정지에 해당하는 위반행위로서 위반행위의 동기・내용・횟수 또는 그 결과 등을 고려할 때 위의 기준을 적용하는 것이 불합리하다고 인정되는 경우에는 그 처분기준의 1/2기간까지 경감하여 처분할 수 있다.

3) 사용정지처분에 갈음하는 과징금

① **과징금 제도의 의의 :** 현재 여러 법률에서 과징금처분 제도를 운용하고 있다.[34)] 법 제13조에서도 2)의 위반행위에 따른 제조소등에 대한 사용의 정지가 그 이용자에게 심한 불편을 주거나 그 밖에 공익을 해칠 우려가 있는 때에는 사용정지처분에 갈음하여 2억 원 이하의 과징금을 부과할 수 있도록 하고 있다. 이는 위험물의 저장・취급에 있어서 안전을 확보하는 데 필요한 법률상의 의무위반에 따른 사용정지처분에 갈음하여 일정한 금전적 이익을 박탈함으로써 의무이행을 확보하고자 하는 취지이다.[35)]

예컨대, 과징금 제도는 국가기간산업인 석유화학산업 등의 생산활동을 지속하게 하면서 의무이행을 확보할 수 있는 장점이 있으므로 공익 확보에 보다 적합한 의무이행수단이 될 수 있다.

② **과징금의 금액 :** 과징금을 부과하는 위반행위의 종류와 위반 정도 등에 따른 과징금의 금액은 다음의 구분에 따른 기준에 따라 산정한다(規 26).

㉠ 2016. 2. 1.부터 2018. 12. 31.까지의 기간 중에 위반행위를 한 경우 : 별표 3

㉡ 2019. 1. 1. 이후에 위반행위를 한 경우 : 별표 3의 2[2019. 1. 1. 시행]

③ **과징금의 징수**

㉠ 징수절차에 관하여는 「국고금관리법 시행규칙」을 준용한다(規 27).

㉡ 시・도지사(소방본부장 또는 소방서장)는 과징금을 납부하여야 하는 자가 납부기한까지 이를 납부하지 아니한 때에는 「지방세 외 수입금의 징수 등에 관한 법률」에 따라 징수한다(法 13 Ⅲ).

4) 청문

제조소등의 설치허가 취소처분을 하고자 하는 경우에는 청문을 실시하여야 한다(法 29).

---

34) 「석유 및 석유대체연료 사업법」, 「대기환경보전법」, 「수질환경보전법」, 「먹는물관리법」, 「도시가스사업법」, 「관광진흥법」, 「식품위생법」, 「액화석유가스의 안전관리 및 사업법」, 「여객자동차 운수사업법」, 「전기공사업법」, 「건설산업기본법」, 「고압가스 안전관리법」, 「공중위생법」 등이 있다.

35) 사용정지처분과 과징금처분의 선택문제 : 과징금은 의무위반자가 사용정지의 기간 동안에 사업을 영위함으로써 얻게 되는 이익의 범위 내에서 부과하는 것이므로 의무위반자에게 추가적인 부담을 주는 것은 아니다. 물론, 사용정지처분을 감수하고자 한다면 과징금처분은 하지 않는 게 타당하다고 보는데, 허가청이 다른 공익상의 목적을 이유로 위험물시설의 관계인에게 경제활동을 강제할 수 있다고 볼 수는 없기 때문이다. 그러나 의무위반자의 선택에 따라 언제나 허가청이 사용정지처분에 갈음하여 과징금처분을 할 수 있는 것은 아니라고 보아야 한다. 현존하는 급박한 위험이 있음에도 과징금처분을 하는 것은 이미 법의 목적을 벗어난 것이기 때문이다. 따라서, 과징금처분은 원칙적으로 의무위반자가 의무위반상태를 해소한 경우에 할 수 있다고 해석된다.

05 위험물시설의 안전관리

학습 Point

1. 위험물시설을 설치한 후에는 그 시설의 위치·구조 및 설비가 기술상의 기준에 적합하도록 유지관리하지 않으면 안 된다.
2. 위험물시설에 관계된 규제는 다음과 같이 대별된다.
   ① 전체의 시설을 대상으로 하는 것
   ② 특정의 시설을 대상으로 하는 것
   ③ 특정의 위험물사업소를 대상으로 하는 것
3. 위험물시설이 모두 대상으로 되는 규제에는 다음의 것이 있다.
   ① 위험물의 저장·취급방법의 규제
   ② 위험물시설의 위치·구조 및 설비의 규제
4. 특정의 위험물시설이 대상으로 되는 규제에는 다음의 것이 있다.
   ① 예방규정의 작성
   ② 정기점검의 실시
   ③ 정기검사의 수검
   ④ 위험물취급자 및 위험물안전관리자에 대한 규제
   ⑤ 위험물의 운송에 관한 감독·지원
5. 특정의 위험물사업소가 대상으로 되는 규제에는 자체소방대의 설치가 있다.

1 위험물시설의 유지·관리

(1) 유지·관리 의무

제조소등의 관계인은 당해 제조소등의 위치·구조 및 설비가 제5조 제4항의 규정에 따른 기술기준에 적합하도록 유지·관리하여야 한다(法 14 Ⅰ).

위험물시설은 단지 완공검사 시에만 기술상의 기준에 적합하면 되는 것이 아니라 시설의 설치 후에도 그 위치·구조 및 설비를 항상 적절하게 유지관리하지 않으면 시설의 안전 확보에 지장을 초래한다. 요컨대, 위험물시설의 위치·구조 및 설비의 기준은 위험물시설에 관한 사고의 발생 및 확대를 방지하는데 최소한으로 필요한 것을 규제하는 것이기 때문에 이 기준에 적합하게 유지한다는 것은 최소한의 안전을 유지한다는 의미가 된다.

그리고 위험물시설의 유지·관리 의무는 시설의 태양이나 규모에 관련되는 것이 아니라 전체의 시설에 대하여 부과되는 것이다.

(2) 유지관리와 그 상황의 확인

위험물시설의 유지관리는 그 시설의 태양·규모 및 시설의 사용상황 등에 따라 점검·정비·개수 등을 일상적으로 행하는 경우, 정기적으로 행하는 경우, 수시로 행하는 경우 등이 있겠지만, 어쨌든 계획적으로 행할 필요가 있다. 이 의무는 위험물시설의 관계인이 지는 것으로 되어 있다(法 14 Ⅰ).

또한, 유지관리상황의 적부는 위험물시설의 위치·구조 및 설비가 기술상의 기준에 적합한 상황으로 있는지 여부에 의하여 결정되며, 그 상황의 적부에 대한 확인은 위험물시설의 소유자 등 시설의 관계자의 판단에 의한 경우와 소방서장 등의 판단에 의한 경우가 있다. 전자의 경우를 "점검"이라 하고, 후자의 경우를 "검사"라 한다.

(3) 관계인에 의한 확인

위험물시설의 소유자 등 시설의 관계인에 의한 경우는 그 관계인의 자주적인 판단에 의하여 행하여지는 것으로, 다음의 경우가 해당된다.

① 위험물시설의 전체에 대한 유지·관리 의무를 이행하기 위하여 확인하는 경우
② 특정의 위험물시설에 대한 정기점검(법령으로 정하는 시기에 하지 않으면 안 되는 점검. 法 18 Ⅰ)으로 확인하는 경우
③ 이송취급소에서 이송개시 전 및 이송 중에 시설의 안전점검(規 별표 18 Ⅵ ⑤ 사)을 하는 경우
④ 이동탱크저장소에 의한 위험물의 운송개시 전에 설비 등의 점검(規 별표 21 ② 가)을 하는 경우

(4) 소방서장 등에 의한 확인

소방서장, 시·도지사(소방본부장) 등에 의한 위험물시설의 유지관리상황의 확인은 검사에 의하여 행하여지며, 이에는 시설에의 출입검사(소방서장 등이 화재방지상 필요가 있다고 인정하여 위험물시설 등에 출입하여 행하는 검사. 法 22)에 의한 경우와 정기검사(특정의 위험물시설에 있어서 정기적으로 검사를 받도록 의무가 부여된 검사. 法 18 Ⅱ)에 의한 경우가 있다.

이러한 검사 중 출입검사에 의하여 유지관리상황이 부적합한 것으로 인정된 경우에는 필요한 조치명령을, 정기검사에 의하여 부적합으로 인정된 경우에는 검사불합격의 처분을 각각 받게 된다. 또한, 정기검사에 불합격으로 된 경우에는 기술상의 기준에 적합하도록 하는 개수를 위하여 변경허가를 받아 개수조치를 강구하는 것이 필요하게 된다.

(5) 의무위반에 대한 조치명령

위험물시설의 유지·관리 의무 위반에 대하여는 이를 시정하기 위한 각종의 조치로서 소방서장 등에 의한 시설의 사용정지명령 또는 허가취소(法 12), 적합유지명령(法 14 Ⅱ)이 있으며, 이러한 의무를 위반하는 경우에는 벌칙이 따른다.

2 위험물안전관리자

학습 Point

1. 위험물시설에 있어서 위험물을 취급할 수 있는 사람은 그 위험물을 취급할 수 있는 자격자인 위험물취급자격자에 한정되고, 위험물취급자격자 외의 자가 단독으로 위험물을 취급하는 것은 원칙적으로 금지되어 있다.
2. 위험물시설의 관계인은 그 시설에 대하여 위험물취급자격자 중에서 위험물안전관리자를 정하여 위험물의 취급작업의 안전을 감독하지 않으면 안 된다.
3. 위험물안전관리자를 정한 때에는 소방서장 등에게 신고하여야 한다.
4. 다수의 제조소등을 동일인이 설치한 경우로서 특정의 경우에는 1인의 안전관리자를 중복선임할 수 있다.
5. 위험물취급자격자는 위험물의 취급작업의 안전에 관하여 필요한 지식과 기능을 가진 자로, 위험물의 취급에 관한 국가기술자격자, 안전관리교육이수자 및 소방공무원경력자를 말한다.
6. 위험물안전관리자는 일정기간마다 한국소방안전원이 실시하는 안전에 관한 실무교육을 받아야 한다.

(1) 위험물안전관리자와 위험물취급자격자제도

1) 의의

제조소등(허가를 받지 않는 제조소등과 이동탱크저장소를 제외)의 관계인은 위험물의 안전관리에 관한 직무를 수행하게 하기 위하여 제조소등마다 위험물취급자격자를 위험물안전관리자로 선임하여야 하고, 그 안전관리자를 해임하거나 안전관리자가 퇴직[36]한 때에는 해임하거나 퇴직한 날부터 30일 이내에 다시 안전관리자를 선임하여야 한다(法 15 Ⅰ · Ⅱ).

이러한 위험물안전관리자의 선임제도는 위험물의 안전 확보를 위하여 인적 측면에서의 안전관리체제를 구축하기 위한 것이지만, 위험물취급자격자제도[37]의 바탕 위에서 비로소 성립된 것이다.

2) 위험물취급자격자의 구분

법 제15조 제1항 본문의 규정에 의하여 영 별표 5로 정하는 위험물취급자격자의 자격과 취급할 수 있는 위험물의 종류는 다음과 같다.

---

36) 안전관리자를 다시 선임하여야 하는 경우로서 안전관리자의 해임 외에 "안전관리자가 퇴직한 때"를 별도로 규정하고 있는데, 이는 안전관리자가 퇴직한 경우를 안전관리자를 해임한 경우에 포함할 수 없고 따라서 해임 후의 재선임 의무만을 규정하였던 「소방법」하에서는 안전관리자가 퇴직하더라도 위험물시설의 관계인에게 안전관리자를 다시 선임할 의무가 발생하지 않는다는 취지의 판례가 나옴에 따른 입법미비를 해결하기 위함이다.

37) 원칙적인 의미는 "제조소 · 저장소 및 취급소에 있어서 위험물취급자격자 외의 자는 위험물취급자격자가 입회하지 않으면 위험물을 취급할 수 없다"는 것인데, 위법에서는 약간 다르게 규정하고 있다.

<table>
<tr><th colspan="2">위험물취급자격자의 구분</th><th>취급할 수 있는 위험물</th></tr>
<tr><td rowspan="3">1. 국가기술자격법에 따라 위험물의 취급에 관한 자격을 취득한 자</td><td>위험물기능장</td><td rowspan="3">令 별표 1의 모든 위험물</td></tr>
<tr><td>위험물산업기사</td></tr>
<tr><td>위험물기능사</td></tr>
<tr><td colspan="2">2. 안전관리자교육이수자(법 제28조 제1항에 따라 소방청장이 실시하는 안전관리자교육을 이수한 자를 말함)</td><td>令 별표 1의 위험물 중 제4류 위험물</td></tr>
<tr><td colspan="2">3. 소방공무원경력자(소방공무원으로 근무한 경력이 3년 이상인 자를 말함)</td><td>令 별표 1의 위험물 중 제4류 위험물</td></tr>
</table>

한편, 법 제15조 제1항 단서에서는 위령이 정하는 바에 따라 다른 법률에 의하여 안전관리업무를 하는 자로 선임된 자를 위험물안전관리자로 선임할 수 있도록 하고 있다.[38)]

(2) 안전관리자의 선임대상 · 선임시기 · 선임신고 등

1) 선임대상

제조소등. 다만, 다음의 제조소등을 제외한다.[39)]

안전관리자를 선임하지 않아도 되는 제조소등

- 법 제6조 제3항의 규정에 따라 허가를 받지 않는 제조소등
  - 주택의 난방시설(공동주택의 중앙난방시설을 제외)을 위한 저장소 또는 취급소
  - 농예용·축산용 또는 수산용으로 필요한 난방시설 또는 건조시설을 위한 지정수량 20배 이하의 저장소
- **이동탱크저장소(차량에 고정된 탱크에 위험물을 저장 또는 취급하는 저장소)**

2) 선임의무자

제조소등의 관계인

38) 다른 법령에 의한 안전관리자가 제조소등의 안전관리자를 겸직할 수 있도록 하여 제조소등의 관계인의 의무고용 부담을 경감하기 위한 취지를 이해할 수는 있으나 위험물취급자격자제도의 원칙과 위험물의 안전 확보라는 측면에서는 바람직한 것은 아니다.

39) 「소방법」과 달리 위법에서는 이동탱크저장소는 안전관리자를 선임하여야 하는 대상에서 제외하고 있다. 이동탱크저장소의 탱크에 위험물을 싣거나 탱크로부터 위험물을 내리는 장소가 대부분(가정용 난방유 탱크에 주입하는 경우 등은 제외) 허가를 받은 곳이어서 위험물 취급작업을 감독할 안전관리자가 있는 점과 제21조 제1항에서 위험물운송자의 자격(국가기술자격자 또는 안전교육이수자)을 제한하고 있는 점에서 그 이유를 찾을 수 있다. 위험물의 운송 중 사고를 방지하고 사고 시에 필요한 응급조치를 할 사람은 운송자 밖에 없으므로 운송자의 자격기준을 마련한 것은 오히려 실질적인 조치라고 할 수 있다.

3) 선임시기(기한)

① 제조소등을 설치(완공)한 때 : 위험물을 저장 또는 취급하기 전까지(명문의 규정은 없으나 안전관리자는 위험물을 취급하는 작업을 하는 때에는 작업자에게 안전관리에 관한 필요한 지시를 하는 등 위험물의 취급에 관한 안전관리와 감독을 하는 것을 기본업무로 하므로 이러한 해석이 가능하다)

② 선임한 안전관리자를 해임한 때 : 해임한 날부터 30일 이내

③ 안전관리자가 퇴직한 때 : 퇴직한 날부터 30일 이내

CHAPTER 01
CHAPTER 02
CHAPTER 03
CHAPTER 04
부록

4) 선임신고

제조소등의 관계인은 안전관리자를 선임한 경우에는 선임한 날부터 14일 이내에 신고서에 다음의 서류를 첨부하여 소방본부장 또는 소방서장에게 제출하여야 한다(法 15 Ⅲ, 規 53 Ⅰ). 다만, 국가기술자격증(그 사본을 말함)은 필수적인 첨부서류가 아니며, 신고를 받은 담당 공무원이 「전자정부법」 제36조 제1항에 따른 행정정보의 공동이용을 통하여 확인하는 것에 동의하지 않을 경우에만 제출하면 된다(規 53 Ⅱ).

선임신고서에 첨부하는 서류

- 위험물안전관리업무대행계약서 (규칙 제57조 제1항의 안전관리대행기관에 한한다)
- 위험물안전관리교육수료증 (안전관리자 강습교육을 받은 자에 한한다)
- 위험물안전관리자를 겸직할 수 있는 관련 안전관리자로 선임된 사실을 증명할 수 있는 서류 「기업활동 규제 완화에 관한 특별조치법」(이하 "「기특법」"이라 함) 제29조 제1항 제1호부터 제3호까지 및 제3항에 해당하는 안전관리자 또는 위령 제11조 제3항 각 호의 어느 하나에 해당하는 사람으로서 위험물의 취급에 관한 국가기술자격자가 아닌 사람으로 한정한다.
- 소방공무원 경력증명서 (소방공무원경력자에 한한다)

* 신고를 받은 담당 공무원이 행정정보의 공동이용을 통하여 확인하여야 할 정보
- 국가기술자격증 (위험물의 취급에 관한 국가기술자격자에 한함)
- 국가기술자격증 (「기특법」 제29조 제1항 및 제3항에 해당하는 국가기술자격자에 한함)

5) 해임 · 퇴직 사실 확인

제조소등의 관계인이 안전관리자를 해임하거나 안전관리자가 퇴직한 경우 신고할 의무는 없으며, 현실적 필요를 감안하여 그 관계인 또는 안전관리자로 하여금 소방본부장이나 소방서장에게 그 사실을 알려 해임되거나 퇴직한 사실을 확인받을 수 있도록 하고 있다(法 15 Ⅳ).

(3) 제조소등의 종류 및 규모에 따른 안전관리자의 자격(法 15 Ⅸ 및 令 별표 6)

① 다음 표의 왼쪽란의 제조소등의 종류 및 규모에 따라 오른쪽란에 규정된 안전관리자의 자격이 있는 위험물취급자격자는 별표 5에 따라 해당 제조소등에서 저장 또는 취급하는 위험물을 취급할 수 있는 자격이 있어야 한다.

<table>
<tr><th colspan="3">제조소등의 종류 및 규모</th><th>안전관리자의 자격</th></tr>
<tr><td rowspan="2">제조소</td><td colspan="2">1. 제4류 위험물만을 취급하는 것으로서 지정수량 5배 이하의 것</td><td>위험물기능장, 위험물산업기사, 위험물기능사, 안전관리자교육이수자 또는 소방공무원경력자</td></tr>
<tr><td colspan="2">2. 제1호에 해당하지 아니하는 것</td><td>위험물기능장, 위험물산업기사 또는 2년 이상의 실무경력이 있는 위험물기능사</td></tr>
<tr><td rowspan="13">저장소</td><td rowspan="2">1. 옥내저장소</td><td>제4류 위험물만을 저장하는 것으로서 지정수량 5배 이하의 것</td><td rowspan="12">위험물기능장, 위험물산업기사, 위험물기능사, 안전관리자교육이수자 또는 소방공무원경력자</td></tr>
<tr><td>제4류 위험물 중 알코올류 · 제2석유류 · 제3석유류 · 제4석유류 · 동식물유류만을 저장하는 것으로서 지정수량 40배 이하의 것</td></tr>
<tr><td rowspan="2">2. 옥외탱크저장소</td><td>제4류 위험물만 저장하는 것으로서 지정수량의 5배 이하의 것</td></tr>
<tr><td>제4류 위험물 중 제2석유류 · 제3석유류 · 제4석유류 · 동식물유류만을 저장하는 것으로서 지정수량 40배 이하의 것</td></tr>
<tr><td rowspan="2">3. 옥내탱크저장소</td><td>제4류 위험물만을 저장하는 것으로서 지정수량의 5배 이하의 것</td></tr>
<tr><td>제4류 위험물 중 제2석유류 · 제3석유류 · 제4석유류 · 동식물유류만을 저장하는 것</td></tr>
<tr><td rowspan="2">4. 지하탱크저장소</td><td>제4류 위험물만을 저장하는 것으로서 지정수량 40배 이하의 것</td></tr>
<tr><td>제4류 위험물 중 제1석유류 · 알코올류 · 제2석유류 · 제3석유류 · 제4석유류 · 동식물유류만을 저장하는 것으로서 지정수량 250배 이하의 것</td></tr>
<tr><td colspan="2">5. 간이탱크저장소로서 제4류 위험물만을 저장하는 것</td></tr>
<tr><td colspan="2">6. 옥외저장소 중 제4류 위험물만을 저장하는 것으로서 지정수량의 40배 이하의 것</td></tr>
<tr><td colspan="2">7. 보일러, 버너 그 밖에 이와 유사한 장치에 공급하기 위한 위험물을 저장하는 탱크저장소</td></tr>
<tr><td colspan="2">8. 선박주유취급소, 철도주유취급소 또는 항공기주유취급소의 고정주유설비에 공급하기 위한 위험물을 저장하는 탱크저장소로서 지정수량의 250배(제1석유류의 경우에는 지정수량의 100배) 이하의 것</td></tr>
<tr><td colspan="2">9. 제1호 내지 제8호에 해당하지 아니하는 저장소</td><td>위험물기능장, 위험물산업기사 또는 2년 이상의 실무경력이 있는 위험물기능사</td></tr>
</table>

<table>
<tr><th colspan="3">제조소등의 종류 및 규모</th><th>안전관리자의 자격</th></tr>
<tr><td rowspan="8">취급소</td><td colspan="2">1. 주유취급소</td><td rowspan="7">위험물기능장, 위험물산업기사, 위험물기능사, 안전관리자교육이수자 또는 소방공무원경력자</td></tr>
<tr><td>2. 판매취급소</td><td>제4류 위험물만을 취급하는 것으로서 지정수량 5배 이하의 것
제4류 위험물 중 제1석유류・알코올류・제2석유류・제3석유류・제4석유류・동식물유류만을 취급하는 것</td></tr>
<tr><td colspan="2">3. 제4류 위험물 중 제1석유류・알코올류・제2석유류・제3석유류・제4석유류・동식물유류만을 지정수량 50배 이하로 취급하는 일반취급소(제1석유류・알코올류의 취급량이 지정수량의 10배 이하인 경우에 한한다)로서 다음 각 목의 어느 하나에 해당하는 것
가. 보일러, 버너 그 밖에 이와 유사한 장치에 의하여 위험물을 소비하는 것
나. 위험물을 용기 또는 차량에 고정된 탱크에 주입하는 것</td></tr>
<tr><td colspan="2">4. 제4류 위험물만을 취급하는 일반취급소로서 지정수량 10배 이하의 것</td></tr>
<tr><td colspan="2">5. 제4류 위험물 중 제2석유류・제3석유류・제4석유류・동식물유류만을 취급하는 일반취급소로서 지정수량 20배 이하의 것</td></tr>
<tr><td colspan="2">6. 「농어촌 전기공급사업 촉진법」에 따라 설치된 자가발전시설에 사용되는 위험물을 취급하는 이송취급소</td></tr>
<tr><td colspan="2">7. 제1호 내지 제6호에 해당하지 아니하는 취급소</td><td>위험물기능장, 위험물산업기사 또는 2년 이상의 실무경력이 있는 위험물기능사</td></tr>
</table>

[비고] 위험물기능사의 실무경력 기간은 위험물기능사 자격을 취득한 이후 위험물안전관리자로 선임된 기간 또는 위험물안전관리자를 보조한 기간을 말한다.

② 법 제15조 제1항 단서에서는 다른 법령에 의한 안전관리업무를 하는 자로 선임된 자 중에서 일정한 요건을 충족하는 경우에는 위험물안전관리자로 선임할 수 있도록 하고 있다. 이는 위험물취급자격자제도의 원칙에 맞지 않기 때문에 그 요건을 매우 한정적으로 규정하고 있다. 다음의 2가지 경우이다.

타 법률에 의한 안전관리자를 위험물안전관리자로 선임할 수 있는 제조소등의 요건(숙 11 Ⅱ)	타 법률에 의한 안전관리자의 자격요건(숙 11 Ⅲ)
1. 제조소등에서 저장・취급하는 위험물이 「화학물질관리법」 제2조 제2호에 따른 유독물질에 해당하는 경우	「화학물질관리법」 제32조 제1항에 따라 해당 제조소등의 유해화학물질관리자로 선임된 자로서 법 제28조 또는 「화학물질관리법」 제33조에 따라 유해화학물질 안전교육을 받은 자

타 법률에 의한 안전관리자를 위험물안전관리자로 선임할 수 있는 제조소등의 요건(令 11 Ⅱ)	타 법률에 의한 안전관리자의 자격요건 (令 11 Ⅲ)
2. 「소방시설법」 제2조 제1항 제3호에 따른 특정소방대상물의 난방·비상발전 또는 자가발전에 필요한 위험물을 저장·취급하기 위하여 설치된 저장소 또는 일반취급소가 해당 특정소방대상물 안에 있거나 인접하여 있는 경우	「소방시설법」 제20조 제2항 또는 공공기관의 방화관리에 관한 규정 제5조에 따라 소방안전관리자로 선임된 자로서 법 제15조 제9항에 따른 위험물안전관리자의 자격이 있는 자

(4) 안전관리자의 대리자

안전관리자를 선임한 제조소등의 관계인은 안전관리자가 일시적으로 직무를 수행할 수 없는 경우 등에 있어서 일정한 자격이 있는 자를 안전관리자의 대리자로 지정하여 그 직무를 대행하게 하여야 한다. 이 경우 직무대행 기간은 30일을 초과할 수 없다(法 15 Ⅴ). 이는 안전관리자가 30일 이내의 기간 동안 부재하는 경우에 적어도 그 대리자를 지정하여 안전관리업무를 대행하게 하기 위함이다.

1) 대리자를 지정하여야 하는 경우

① 안전관리자가 여행·질병 등의 사유로 일시적으로 직무를 수행할 수 없는 경우
② 안전관리자의 해임 또는 퇴직과 동시에 다른 안전관리자를 선임하지 못하는 경우

2) 직무대행기간

30일 이내(30일을 초과하게 된다면 새로운 안전관리자를 선임하여야 한다)

3) 대리자의 자격(規 54)[40]

① 국가기술자격법에 의한 위험물의 취급에 관한 자격취득자
② 위험물 안전에 관한 기본지식과 경험이 있는 자로서 다음의 어느 하나에 해당하는 자
㉠ 법 제28조 제1항에 따른 안전교육을 받은 자
㉡ 제조소등의 위험물안전관리업무에 있어서 안전관리자를 지휘·감독하는 직위에 있는 자

(5) 안전관리자의 업무(책무)

법 제15조 제6항을 보면 안전관리자의 업무는 위험물을 취급하는 작업자에게 필요한 지시를 하는 등 위험물의 취급에 관한 안전관리와 감독을 하는 것에서부터 출발한다. 하지만, 동조 제1항에서 "위험물의 안전관리에 관한 직무를 수행하게 하기 위하여"라

40) 안전관리자가 부재 중인 경우에도 다른 위험물취급자격자로 하여금 그 업무를 대행하도록 하는 것이 위험물취급자격제도에 부합함에도 위험물취급자격자가 아닌 자도 안전관리자의 대리자로 지정될 수 있도록 하고 있는데, 일시적으로 안전관리자를 미선임한 상태가 되어 벌칙을 적용 받는 데 따른 기업의 부담을 경감하고자 도입하면서 비롯된 모순점이라고 하겠다.

고 위험물안전관리자의 선임목적을 명시하고 있는 데에서 위험물안전관리자의 업무는 위험물의 안전 확보 전반에 관한 사항임을 알 수 있다. 특히, 안전관리자는 위험물의 취급에 관한 안전관리와 감독에 관한 다음 업무를 성실하게 행하여야 한다(規 55).

① 위험물의 취급작업에 참여하여 당해 작업이 법 제5조 제3항의 규정에 의한 저장 또는 취급에 관한 기술기준과 법 제17조의 규정에 의한 예방규정에 적합하도록 해당 작업자(당해 작업에 참여하는 위험물취급자격자를 포함한다)에 대하여 지시 및 감독하는 업무

② 화재 등의 재난이 발생한 경우 응급조치 및 소방관서 등에 대한 연락업무

③ 위험물시설의 안전을 담당하는 자를 따로 두는 제조소등의 경우에는 그 담당자에게 다음의 규정에 의한 업무의 지시, 그 밖의 제조소등의 경우에는 다음의 규정에 의한 업무[41]

㉠ 제조소등의 위치·구조 및 설비를 법 제5조 제4항의 기술기준에 적합하도록 유지하기 위한 점검과 점검상황의 기록·보존

㉡ 제조소등의 구조 또는 설비의 이상을 발견한 경우 관계자에 대한 연락 및 응급조치

㉢ 화재가 발생하거나 화재발생의 위험성이 현저한 경우 소방관서 등에 대한 연락 및 응급조치

㉣ 제조소등의 계측장치·제어장치 및 안전장치 등의 적정한 유지·관리

㉤ 제조소등의 위치·구조 및 설비에 관한 설계도서 등의 정비·보존 및 제조소등의 구조 및 설비의 안전에 관한 사무의 관리

④ 화재 등의 재해의 방지와 응급조치에 관하여 인접하는 제조소등과 그 밖의 관련되는 시설의 관계자와 협조체제의 유지

⑤ 위험물의 취급에 관한 일지의 작성·기록

⑥ 그 밖에 위험물을 수납한 용기를 차량에 적재하는 작업, 위험물설비를 보수하는 작업 등 위험물 취급과 관련된 작업의 안전에 관하여 필요한 감독의 수행

(6) 관계인 등의 의무

① 제조소등의 관계인과 그 종사자는 안전관리자의 위험물 안전관리에 관한 의견을 존중하고 그 권고에 따라야 할 법적 의무가 있다(法 15 Ⅵ).[42]

---

41) 위험물안전관리자의 본래의 업무는 위험물을 직접 취급하거나 위험물 취급현장에 참여하여 필요한 지시를 하는 것이고 위험물시설의 점검이나 유지보수 등이 아니다. 이러한 이유에서 동 규정에서는 위험물시설의 안전관리에 관한 업무를 위험물시설안전원에게 지시하거나 위험물시설안전원이 없는 경우에는 직접 당해 업무를 하도록 하고 있다. 과거의 「소방법」에서 특정 제조소등에는 위험물시설안전원을 두도록 하였지만 「기업활동 규제 완화에 관한 특별조치법」에 의하여 임의고용제도로 완화되어 사실상 폐지된 상태로 있다.

42) 안전관리자가 안전관리에 관한 의견을 합리적으로 제시하더라도 안전관리자를 고용하고 있는 관계인

② 제조소등에 있어서 위험물취급자격자가 아닌 자는 안전관리자 또는 안전관리자의 대리자가 참여한 상태에서 위험물을 취급하여야 한다(法 15 Ⅶ).[43)]
무자격자가 안전관리자 등의 입회가 없는 상태에서 위험물의 취급을 행하면 벌칙이 따른다.

(7) 안전관리자의 중복선임

다수의 제조소등을 동일인이 설치한 경우에는 법 제15조 제1항의 규정에 불구하고 관계인은 위령이 정하는 바에 따라 1인의 안전관리자를 중복하여 선임할 수 있다.[44)] 이 경우 위령이 정하는 제조소등의 관계인은 안전관리자의 대리자의 자격이 있는 자를 각 제조소등별로 지정하여 안전관리자를 보조하게 하여야 한다(法 15 Ⅷ).

1) 1인의 안전관리자를 중복하여 선임할 수 있는 경우(令 12 Ⅰ)

① 보일러·버너 또는 이와 비슷한 것으로서 위험물을 소비하는 장치로 이루어진 7개 이하의 일반취급소와 그 일반취급소에 공급하기 위한 위험물을 저장하는 저장소[일반취급소 및 저장소가 모두 동일 구내(같은 건물 안 또는 같은 울 안을 말한다)에 있는 경우에 한한다]를 동일인이 설치한 경우

이 비용부담 등을 이유로 이를 수용하지 아니할 경우 안전관리업무가 적절하게 이루어질 수 없는 점을 고려한 것이다. 그러나 관계인이 안전관리자의 권고를 수용하지 않는데 대한 직접적인 제재는 없는데, 피고용인의 의견 여하에 따라 고용인이 처벌을 받는 것은 노동관계법상 문제가 될 수 있다는 주장을 고려한 것이다.

43) 즉, 무자격자는 안전관리자 또는 그 대리자의 참여하에 위험물을 취급하도록 하고 있는데, 여기서의 참여는 그 사전적 의미(참여하여 관계함)를 떠나 입회(현장에 가서 지켜 봄)로 이해하는 것이 정확하다. 무자격자가 위험물의 취급작업을 행하는 경우에 안전관리자가 감독자적 입장에서 위험물의 취급작업에 종사하는 자가 법령에 정하는 저장취급의 기준을 준수하도록 감독하고 필요한 지시를 할 수 있는 상태에 있어야 하기 때문이다.
무자격자가 제조소등에서 위험물을 취급할 수 있는 경우는 안전관리자 또는 그 대리자가 참여한 경우에 한정되는데, 위험물취급자격자의 참여하에서도 취급할 수 있도록 하는 것이 타당하다. 위험물취급자격자가 위험물의 취급에 필요한 지식과 기능을 가진 자인 이상 위험물취급작업에 대한 참여에 관하여 안전관리자와 구별할 이유가 없기 때문이다.

44) 제15조 제1항 본문에서는 제조소등의 관계인으로 하여금 제조소등마다 안전관리자를 선임하도록 하고 있다. 여기서 1인의 안전관리자가 다수의 제조소등에 중복하여 선임될 수 있는지가 문제된다. 위험물의 취급현장에 입회하는 것을 기본업무로 하는 안전관리자 업무의 특성상 각 제조소등에 선임하는 안전관리자를 동일인으로 하는 것은 곤란하다. 그러므로 1인의 안전관리자는 하나의 제조소등에만 선임되어야 한다는 해석이 있을 수 있고, 다른 한편으로는 각 제조소등에 선임하는 안전관리자를 각각 다른 사람으로 하여야 한다는 규정이 없다. 그러므로 위험물의 취급현장에 입회하는 업무를 포함한 안전관리자의 업무를 원활히 수행할 수 있는 범위 내에서는 1인의 안전관리자가 다수의 제조소등에 선임될 수 있다는 해석도 가능하므로 논란이 있을 수 있다.
과거 「소방법」하에서는 1인이 다수 사업장의 안전관리자로 선임되는 것은 인정하지 않았으나 하나의 사업장에 있는 다수의 제조소등에 중복하여 선임되는 것은 관행적으로 인정되었는데 1인으로는 안전관리자의 업무를 원활히 수행할 수 없는 대규모 사업장에 있어서는 위험물의 안전 확보에 큰 지장이 되었다. 법 제15조 제8항은 이러한 문제점을 해결하기 위한 방안으로서 새로이 규정된 것이다.

▶ 동일인이 동일 구내에 설치한 위험물시설의 예

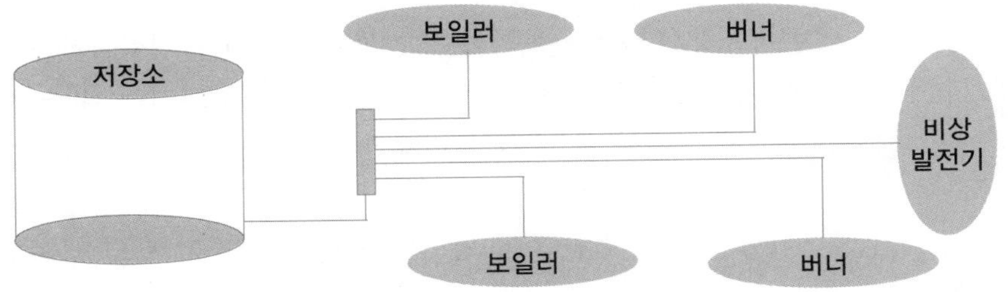

② 위험물을 차량에 고정된 탱크 또는 운반용기에 옮겨 담기 위한 5개 이하의 일반취급소[일반취급소 간의 거리(보행거리를 말한다. ③ 및 ④에서 같다)가 300m 이내인 경우에 한한다]와 그 일반취급소에 공급하기 위한 위험물을 저장하는 저장소를 동일인이 설치한 경우

③ 동일 구내에 있거나 상호 100m 이내의 거리에 있는 저장소로서 그 규모, 저장하는 위험물의 종류 등이 다음(規 56 Ⅰ)과 같은 저장소를 동일인이 설치한 경우

㉠ 10개 이하의 옥내저장소
㉡ 30개 이하의 옥외탱크저장소
㉢ 옥내탱크저장소
㉣ 지하탱크저장소
㉤ 간이탱크저장소
㉥ 10개 이하의 옥외저장소
㉦ 10개 이하의 암반탱크저장소

④ 다음의 기준에 모두 적합한 5개 이하의 제조소등을 동일인이 설치한 경우

㉠ 각 제조소등이 동일 구내에 위치하거나 상호 100m 이내의 거리에 있을 것
㉡ 각 제조소등에서 저장 또는 취급하는 위험물의 최대수량이 지정수량의 3천 배 미만일 것. 다만, 저장소의 경우에는 그러하지 아니하다.

⑤ 선박주유취급소의 고정주유설비에 공급하기 위한 위험물을 저장하는 저장소와 당해 선박주유취급소를 동일인이 설치한 경우(令 12 Ⅰ 및 規 56 Ⅱ)

2) 1인의 안전관리자를 중복하여 선임하는 경우의 안전관리 보조자

1인의 안전관리자를 중복하여 선임하더라도 다음의 제조소등에는 안전관리자의 대리자의 자격이 있는 자를 각 제조소등별로 지정하여 안전관리자를 보조하게 하여야 한다(法 15 Ⅷ 및 令 12 Ⅱ).[45]

---

45) 이 경우의 안전관리 보조자는 법 제15조 제5항에 따른 안전관리자의 부재 시에 지정하는 안전관리대리자와 그 자격은 동일하나 안전관리자가 있는 상태에서 안전관리자를 보조한다는 면에서 차이가 있다.

① 제조소
② 이송취급소
③ 일반취급소. 다만, 인화점이 38℃ 이상인 제4류 위험물만을 지정수량의 30배 이하로 취급하는 일반취급소로서 다음의 1에 해당하는 것을 제외한다.
㉠ 보일러·버너 또는 이와 비슷한 것으로서 위험물을 소비하는 장치로 이루어진 일반취급소
㉡ 위험물을 용기에 옮겨 담거나 차량에 고정된 탱크에 주입하는 일반취급소

(8) 안전관리자 관련 교육

안전관리자와 관련한 교육의 과정·대상자·시간·시기 및 내용은 다음과 같다. 교육의 실시는 한국소방안전원에 위탁되어 있다(規 별표 24 및 令 22 Ⅱ).

교육과정	교육대상자	교육시간	교육시기	교과목에 포함할 사항
강습교육	안전관리자가 되고자 하는 자	24시간	신규 종사 전	• 제4류 위험물의 품명별 일반성질, 화재예방 및 소화의 방법·연소 및 소화에 관한 기초이론 • 모든 위험물의 유별 공통성질과 화재예방 및 소화의 방법 • 위험물안전관리법령 및 위험물의 안전관리에 관계된 법령
실무교육	안전관리자	8시간 이내	신규 종사 후 2년마다 1회	–

3 안전관리대행기관

(1) 안전관리대행제도의 개요

1) 개념

「위험물안전관리법」 제15조에 따른 위험물안전관리자의 업무를 「기특법」 제40조[46)]

46) 제40조 (안전관리 등의 외부위탁) ① 사업자는 다음 각 호의 법률에도 불구하고 다음 각 호의 어느 하나에 해당하는 사람의 업무를 관계중앙행정기관의 장 또는 시·도지사가 지정하는 관리대행기관에 위탁할 수 있다.
1. 「산업안전보건법」 제15조에 따라 사업주가 두어야 하는 안전관리자
2. 「산업안전보건법」 제16조에 따라 사업주가 두어야 하는 보건관리자
3. 「위험물안전관리법」 제15조에 따라 제조소등의 관계인이 선임하여야 하는 위험물안전관리자
4. 「총포·도검·화약류 등의 안전관리에 관한 법률」 제27조에 따라 화약류 제조업자 또는 화약류판매업자·화약류저장소설치자 및 화약류사용자가 선임하여야 하는 화약류 제조보안책임자 및 화약류관리보안책임자
5. 「에너지 이용 합리화법」 제40조에 따라 검사대상기기설치자가 선임하는 검사대상기기조종자
6. 「유해화학물질 관리법」 제25조 제1항에 따라 임명하여야 하는 유독물관리자
7. 「대기환경보전법」 제40조에 따라 사업자가 임명하여야 하는 환경기술인

제1항에 따른 외부의 관리대행기관에 위탁할 수 있도록 하는 제도이며, 제조소등의 관계인이 안전관리자의 업무를 대행기관에 위탁하게 되면 그 대행기관이 위험물안전관리자의 업무를 수행하게 되므로 위험물안전관리자를 선임한 것으로 인정된다. 「기특법」 제40조 제3항에 따라 안전관리 관리대행기관의 지정요건, 지정신청 절차, 지정의 취소, 업무의 정지 등에 관하여 필요한 사항은 규칙 제57조 내지 제59조에서 정하고 있다.

2) 도입배경

각종 의무고용제도 중 국민의 안전 및 환경의 보호와 밀접한 관련이 없는 부분은 폐지하거나 완화함으로써 기업의 경쟁력을 강화한다는 취지로 도입('97. 4. 10. 「기특법」 개정)되었으며, 이때 (구)「소방법」상의 위험물시설안전원 선임제도가 사실상 폐지[47] 되었다.

(2) 안전관리대행기관의 지정 등(規 57)

1) 지정 및 지도 · 감독권자

소방청장은 안전관리대행기관을 지정하고, 필요한 지도 · 감독을 하여야 한다.

2) 지정을 받을 수 있는 자

① 법 제16조 제2항의 규정에 의한 탱크시험자로 등록한 법인
② 다른 법령에 의하여 안전관리업무를 대행하는 기관으로 지정 · 승인 등을 받은 법인

---

8. 「수질 및 수생태계 보전에 관한 법률」 제47조에 따라 사업자가 임명하여야 하는 환경기술인
② 제1항에서 "관계중앙행정기관의 장 또는 시 · 도지사"란 다음 각 호의 중앙행정기관의 장 또는 시 · 도지사를 말한다.
1. 제1항 제1호 및 제2호에 따른 사람의 업무를 수탁(受託)하는 관리대행기관의 경우에는 고용노동부장관
2. 제1항 제3호에 따른 사람의 업무를 수탁하는 관리대행기관의 경우에는 소방청장
3. 제1항 제4호에 따른 사람의 업무를 수탁하는 관리대행기관의 경우에는 행정안전부장관
4. 제1항 제5호에 따른 사람의 업무를 수탁하는 관리대행기관의 경우에는 산업통상자원부장관
5. 제1항 제6호부터 제8호까지의 규정에 따른 사람의 업무를 수탁하는 관리대행기관의 경우에는 시 · 도지사
③ 제1항에 따른 관리대행기관의 지정요건, 지정신청 절차, 지정의 취소, 업무의 정지 등에 관하여 필요한 사항은 다음 각 호의 구분에 따라 각각 해당 부령으로 정한다.
2. 제1항 제3호 및 제4호에 따른 사람의 업무를 수탁하는 관리대행기관에 관한 사항은 행정안전부령

47) 기업이 의무적으로 채용하여야 하는 자격자 중 국민의 안전이나 환경의 보호와 관련이 없거나 관련이 적은 자격자를 선정(산업보건의 등 13종)하여 그 고용(선임)제도를 폐지하고 기업이 자율적으로 채용 여부를 결정할 수 있도록 하였는데, 여기에 위험물시설안전원을 포함시킨 것은 문제가 있다. 위험물시설안전원은 위험물안전관리자의 지시를 받아 위험물시설의 구조 및 설비에 관한 안전점검, 유지보수 등의 업무를 수행하는 자로서 별도의 국가기술자격이 필요하지 않았기 때문에 위험물시설안전원이 안전과 관련이 없거나 적다고 할 수 없을 뿐만 아니라 기업에 대하여 실질적인 고용부담을 주는 것도 아니었기 때문이다.

3) 지정기준(기술인력 · 시설 및 장비)

기술인력	시 설	장 비
1. 위험물기능장 또는 위험물산업기사 1인 이상 2. 위험물산업기사 또는 위험물기능사 2인 이상 3. 기계분야 및 전기분야의 소방설비기사 1인 이상	전용 사무실	① 절연저항계 ② 접지저항측정기(최소눈금 0.1Ω 이하) ③ 가스농도측정기(탄화수소계 가스의 농도측정이 가능할 것) ④ 정전기 전위측정기 ⑤ 토크렌치 ⑥ 진동시험기 ⑦ (삭제, 2016. 8. 27.) ⑧ 표면온도계(−10 ~ 300℃) ⑨ 두께측정기(1.5 ~ 99.9mm) ⑩ (삭제, 2016. 8. 27.) ⑪ 안전용구(안전모, 안전화, 손전등, 안전로프 등) ⑫ 소화설비점검기구(소화전밸브압력계, 방수압력측정계, 포콜렉터, 헤드렌치, 포컨테이너)

[비고] 기술인력란의 각 호에 정한 2 이상의 기술인력을 동일인이 겸할 수 없다.

4) 지정신청 및 지정서 발급

① 안전관리대행기관으로 지정받고자 하는 자는 지정기준을 갖추고 규칙 별지 제33호 서식의 신청서(전자문서로 된 신청서를 포함한다)에 다음의 서류(전자문서를 포함한다)를 첨부하여 소방청장에게 제출하여야 한다.

㉠ 기술인력 연명부 및 기술자격증

㉡ 사무실의 확보를 증명할 수 있는 서류

㉢ 장비보유명세서

② ①의 신청서를 제출받은 경우에 담당 공무원은 법인 등기사항증명서를 제출받는 것에 갈음하여 그 내용을 「전자정부법」 제36조 제1항에 따른 행정정보의 공동이용을 통하여 확인하여야 한다(이 규정은 대행기관의 영업소의 소재지, 법인명칭 또는 대표자의 변경에 따른 신고서를 제출받은 경우에도 그대로 적용된다).

③ 이 지정신청을 받은 소방청장은 자격요건 · 기술인력 및 시설 · 장비보유현황 등을 검토하여 적합하다고 인정하는 때에는 위험물안전관리대행기관지정서를 발급하고, 제출받은 기술인력의 기술자격증에는 그 자격자가 안전관리대행기관의 기술인력자임을 기재하여 교부하여야 한다.

(3) 지정사항 변경 · 휴업 · 재개업 또는 폐업의 신고

안전관리대행기관은 지정받은 사항의 변경이 있는 때에는 그 사유가 있는 날부터 14일 이내에 휴업 · 재개업 또는 폐업을 하고자 하는 때에는 휴업 · 재개업 또는 폐업하고자 하는 날의 14일 전에 별지 신고서(전자문서로 된 신고서를 포함한다)에 다음의 구분에 의한 해당 서류(전자문서를 포함한다)를 첨부하여 소방청장에게 제출하여야 한다.

변경사항 등	신고서에 첨부할 서류
1. 영업소의 소재지, 법인명칭 또는 대표자	• 위험물안전관리대행기관지정서
2. 기술인력	• 기술인력자의 연명부 • 변경된 기술인력자의 기술자격증
3. 휴업·재개업 또는 폐업	• 위험물안전관리대행기관지정서

(4) 안전관리대행기관의 지정취소 등(規 58)

소방청장은 안전관리대행기관이 다음 표의 좌란(위반사항)에 해당하는 때에는 우란(행정처분기준)의 기준에 따라 그 지정을 취소하거나 6월 이내의 기간을 정하여 그 업무의 정지를 명하거나 시정하게 할 수 있다. 다만, 다음 표의 ① 내지 ③의 어느 하나에 해당하는 때에는 그 지정을 취소하여야 한다.

위반사항	근거 법규	행정처분기준		
		1차	2차	3차
① 허위 그 밖의 부정한 방법으로 지정을 받은 때	규칙 제58조	지정취소	–	–
② 탱크시험자의 등록 또는 다른 법령에 의하여 안전관리 업무를 대행하는 기관의 지정·승인 등이 취소된 때	규칙 제58조	지정취소	–	–
③ 다른 사람에게 지정서를 대여한 때	규칙 제58조	지정취소	–	–
④ 별표 22의 안전관리대행기관의 지정기준에 미달되는 때	규칙 제58조	업무정지 30일	업무정지 60일	지정취소
⑤ 제57조 제4항의 규정에 의한 소방청장의 지도·감독에 정당한 이유 없이 따르지 아니한 때	규칙 제58조	업무정지 30일	업무정지 60일	지정취소
⑥ 제57조 제5항의 규정에 의한 변경·휴업 또는 재개업의 신고를 연간 2회 이상 하지 아니한 때	규칙 제58조	경고 또는 업무정지 30일	업무정지 90일	지정취소
⑦ 안전관리대행기관의 기술인력이 제59조의 규정에 의한 안전관리업무를 성실하게 수행하지 아니한 때	규칙 제58조	경고	업무정지 90일	지정취소

소방청장은 안전관리대행기관의 지정·업무정지 또는 지정취소를 한 때에는 이를 관보에 공고하여야 하고, 안전관리대행기관의 지정을 취소한 때에는 지정서를 회수하여야 한다.

(5) 안전관리대행기관의 업무수행

1) 제조소등에 대한 안전관리자 지정

안전관리대행기관이 안전관리자의 업무를 위탁받는 경우에는 영 제13조 및 영 별표 6의 규정에 적합한 소속 기술인력을 당해 제조소등의 안전관리자로 지정하여 안전관리자의 업무를 하게 하여야 한다(規 59 Ⅰ). 이로써 제조소등의 관계인은 그 기술인력을 안전관리자로 선임한 것으로 되며, 해당 기술인력을 안전관리자로 신고하여야 한다.

2) 안전관리자의 중복지정

① 중복지정의 기준 : 안전관리대행기관도 소속 기술인력을 안전관리자로 지정함에 있어서 1인의 기술인력을 다수 제조소등의 안전관리자로 중복하여 지정할 수 있는데 다음의 2가지 방법이 있다.

㉠ 영 제12조 제1항 및 규칙 제56조의 규정에 적합하게 지정하는 방법(일반 안전관리자를 중복선임하는 경우와 같다)

㉡ 안전관리자의 업무를 성실히 대행할 수 있는 범위 내에서 관리하는 제조소등의 수가 25를 초과하지 아니하도록 지정하는 방법

② 중복지정에 따른 관계인의 조치(안전관리원 지정) : ①에 따라 중복지정을 하는 경우 각 제조소등(지정수량의 20배 이하를 저장하는 저장소는 제외)의 관계인은 당해 제조소등마다 위험물의 취급에 관한 국가기술자격자 또는 법 제28조 제1항에 따른 안전교육을 받은 자를 안전관리원으로 지정하여 대행기관이 지정한 안전관리자의 업무를 보조하게 하여야 한다.

3) 안전관리대행기관의 기술인력 또는 지정 안전관리원의 책무

안전관리자로 지정된 안전관리대행기관의 기술인력 또는 안전관리원으로 지정된 자는 위험물의 취급작업에 참여하여 법 제15조 및 규칙 제55조에 따른 안전관리자의 책무를 성실히 수행하여야 하며, 기술인력이 위험물의 취급작업에 참여하지 아니하는 경우에 기술인력은 규칙 제55조(안전관리자의 책무) 제3호 가목에 따른 점검 및 동조 제6호에 따른 감독을 매월 4회(저장소의 경우에는 매월 2회) 이상 실시하여야 한다.

4) 안전관리대행기관은 안전관리자로 지정된 안전관리대행기관의 기술인력이 여행·질병 그 밖의 사유로 인하여 일시적으로 직무를 수행할 수 없는 경우에는 안전관리대행기관에 소속된 다른 기술인력을 안전관리자로 지정하여 안전관리자의 책무를 계속 수행하게 하여야 한다.[48)]

4 위험물탱크안전성능시험자

(1) 탱크시험자의 지위

법 제16조 제1항에서는 "시·도지사 또는 제조소등의 관계인은 안전관리업무를 전문적이고 효율적으로 수행하기 위하여 탱크안전성능시험자로 하여금 이 법에 의한 검사

48) 이때 안전관리자 선·해임신고가 다시 필요한가에 대하여 명문의 규정은 없으나, 제조소등의 관계인이 직접 선임하는 안전관리자의 경우와 비교할 때, 기술인력의 일시적인 부재에 따른 새로운 안전관리자의 지정에 대하여는 신고가 필요없다고 해석된다.

또는 점검의 일부를 실시하게 할 수 있다"라고 하여 탱크시험자의 지위를 명확히 하고 있다.

요컨대, 탱크시험자는 국가과제의 이행에 적극 개입할 수 있는 권한을 가진 자가 아니라는 점에서 위험물시설의 안전에 관한 국가과제를 위탁받아 수행할 목적으로 설립된 특수공법인인 기술원과는 그 법적 지위에서 완전히 구별된다.[49]

(2) 탱크시험자의 등록 등

1) 등록제도의 의의

국가가 탱크안전성능시험자로 하여금 법에 의한 검사 또는 점검의 일부를 무조건적으로 실시할 수 있게 하는 것은 문제가 된다. 우선 위험물시설의 안전성 확보라는 법의 목적을 달성할 수 있어야 한다. 그리고 기술력 또는 준법의식이 부족한 민간인이 탱크안전성능시험 업무를 수행하여 소비자인 위험물시설의 관계인에게 피해를 주는 것도 방지하여야 하기 때문이다. 이에 탱크안전성능시험을 업으로 하는 자에게 일정한 기술능력·시설 및 장비를 갖출 것을 요구하게 되며, 탱크시험자의 등록제도로 구현하고 있다.

2) 탱크시험자의 등록

① 등록기준 : 탱크시험자가 되고자 하는 자는 다음의 기술능력·시설 및 장비를 갖추어 시·도지사에게 등록하여야 한다(法 16 Ⅱ 및 令 별표 7).

기술능력		시 설	장 비
필수 인력	필요한 경우에 두는 인력		
1. 위험물기능장·위험물산업기사 또는 위험물기능사 중 1명 이상 2. 비파괴검사기술사 1명 이상 또는 초음파비파괴검사·자기비파괴검사 및 침투비파괴검사별로 기사 또는 산업기사 각 1명 이상	1. 충·수압시험, 진공시험, 기밀시험 또는 내압시험의 경우 : 누설비파괴검사 기사, 산업기사 또는 기능사 2. 수직·수평도 시험의 경우 : 측량 및 지형공간정보 기술사, 기사, 산업기사 또는 측량기능사 3. 방사선투과시험의 경우 : 방사선비파괴검사 기사 또는 산업기사	전용 사무실	1. 필수장비 : 자기탐상시험기, 초음파두께측정기 및 다음 ① 또는 ② 중 어느 하나 ① 영상초음파탐상시험기 ② 방사선투과시험기 및 초음파탐상시험기 2. 필요한 경우에 두는 장비 ① 충·수압시험, 진공시험, 기밀시험 또는 내압시험의 경우 ㉠ 진공능력 53kPa 이상의 진공누설시험기 ㉡ 기밀시험장치(안전장치가 부착된 것으로서 가압능력 200kPa 이상, 감압의 경우에는 감압능력 10kPa 이상·

49) 위험물시설의 안전 확보는 민간에 이양할 수 없는 국가 본연의 과제이므로 국가는 이 과제를 민간인에게 이전하지는 못하지만, 이를 수행하기 위하여 민간인의 기술을 이용할 수 있다(이종영 외, 위험물시설의 설치허가 및 안전관리제도 개선방안에 관한 연구, 한국공법학회, 230쪽).

기술능력		시 설	장 비
필수 인력	필요한 경우에 두는 인력		
	4. 필수 인력의 보조 : 방사선비파괴검사·초음파비파괴검사·자기비파괴검사 또는 침투비파괴검사 기능사	전용 사무실	감도 10Pa 이하의 것으로서 각각의 압력 변화를 스스로 기록할 수 있는 것) ② 수직·수평도 시험의 경우 : 수직·수평도 측정기

② 등록신청 및 등록

㉠ 탱크시험자로 등록하고자 하는 자는 별지 제36호 서식의 신청서(전자문서로 된 신청서를 포함한다)에 다음의 서류(전자문서를 포함한다)를 첨부하여 시·도지사에게 제출하여야 한다(規 60 Ⅰ).

ⓐ 기술능력자 연명부 및 기술자격증

ⓑ 안전성능시험장비의 명세서

ⓒ 보유장비 및 시험방법에 대한 기술검토를 기술원으로부터 받은 경우에는 그에 대한 자료

ⓓ 「원자력법」에 따른 방사성동위원소이동사용허가증 또는 방사선발생장치 이동사용허가증의 사본 1부

ⓔ 사무실의 확보를 증명할 수 있는 서류

㉡ ㉠의 신청서를 제출받은 경우에 담당 공무원은 법인 등기사항증명서를 제출받는 것에 갈음하여 그 내용을 「전자정부법」 제36조 제1항에 따른 행정정보의 공동이용을 통하여 확인하여야 한다(規 60 Ⅱ). [이는 아래 ㉢의 변경신고서를 제출받은 경우에도 또한 같다(規 61 Ⅱ)].

㉢ 시·도지사는 ㉠의 신청서를 접수한 때에는 15일 이내에 그 신청이 영 제14조 제1항의 규정에 의한 등록기준에 적합하다고 인정하는 때에는 별지 제37호 서식의 위험물탱크안전성능시험자 등록증을 교부하고, 제출된 기술인력자의 기술자격증에 그 기술인력자가 당해 탱크시험기관의 기술인력자임을 기재하여 교부하여야 한다(規 60 Ⅲ).

3) 등록사항 변경신고

등록한 사항 가운데 다음 표의 좌란(변경사항)의 중요사항을 변경한 경우에는 규칙 별지 제38호 서식의 신고서에 우란(첨부서류)의 해당 서류를 첨부하여 변경한 날부터 30일 이내에 시·도지사에게 변경신고를 하여야 한다(法 16 Ⅲ 및 規 61 Ⅰ).

변경사항	첨부서류
1. 영업소 소재지의 변경	사무소의 사용을 증명하는 서류와 위험물탱크안전성능시험자 등록증
2. 기술능력의 변경	변경하는 기술인력의 자격증과 위험물탱크안전성능시험자 등록증
3. 대표자의 변경	위험물탱크안전성능시험자 등록증
4. 상호 또는 명칭의 변경	위험물탱크안전성능시험자 등록증

시・도지사는 변경신고서를 수리한 때에는 등록증을 새로 교부하거나 제출된 등록증에 변경사항을 기재하여 교부하고, 기술자격증에는 그 변경된 사항을 기재하여 교부하여야 한다(規 61 Ⅲ).

4) 등록결격 및 종업제한 사유

탱크시험자 등록제도에 있어서 특이한 것은 일정한 행위무능력자와 소방관련 법령을 위반한 범죄경력자는 탱크시험자로 등록하거나 탱크시험자의 업무에 종사할 수 없도록 하고 있는데, 다른 소방관련 영업의 등록제도에서 이에 관한 규정을 두고 있지 않는 것과 비교된다. 이는 법 제8조 제1항 후단의 규정에 의하여 탱크시험자가 실시한 탱크안전성능시험으로써 허가청이 실시하는 탱크안전성능검사의 전부 또는 일부를 갈음할 수 있도록 한 결과 위험물시설의 설치 또는 변경과정에서 탱크시험자가 사실상 허가청의 업무를 일부 대행하는 지위에 있게 되는 점을 고려하여 높은 수준의 준법성을 요구하는 것이다. 다만, 구 「소방법」에서 탱크시험자의 결격사유가 되는 범죄경력을 모든 법률을 위반한 범죄경력으로 하고 있었던 것에 비하여 대폭 축소되었다.[50)]
다음의 어느 하나에 해당하는 자는 탱크시험자로 등록하거나 탱크시험자의 업무에 종사할 수 없다(法 16 Ⅳ).

① 피성년후견인 또는 피한정후견인
② 이 법, 「소방기본법」, 「소방시설법」 또는 「소방시설공사업법」에 따른 금고 이상의 실형의 선고를 받고 그 집행이 종료(집행이 종료된 것으로 보는 경우를 포함한다)되거나 집행이 면제된 날부터 2년이 지나지 아니한 자
③ 이 법, 「소방기본법」, 「소방시설법」 또는 「소방시설공사업법」에 의한 금고 이상의 형의 집행유예 선고를 받고 그 유예기간 중에 있는 자
④ 탱크시험자의 등록이 취소(허위 그 밖의 부정한 방법으로 등록을 하여 취소된 경우는 제외한다)된 날부터 2년이 지나지 아니한 자
⑤ 법인으로서 그 대표자가 ① 내지 ④의 1에 해당하는 경우

50) 참고로, 구 「소방법」에서 다른 법률을 위반한 경우의 범죄경력까지 결격사유로 하였던 것에 대하여 우리 헌법상 보장된 직업선택의 자유 등을 과도하게 제한하는 것이 아니냐는 논란이 있었는데, 실제로 이에 대한 헌법소원에 대하여 헌법재판소에서는 탱크시험자에게는 높은 수준의 준법성이 요구됨을 이유로 기각한 바 있다.
99 헌바 94(2001. 5. 31. 결정) : 위험물 안전관리체계의 핵심이 되는 위험물탱크안전성능시험 및 안전유지점검 업무를 소방행정기관에 갈음하여 대행하는 위험물탱크안전성능시험자의 경우, 단순히 소화활동상 필요한 소방시설에만 관여하는 위(소방시설공사업자 등) 면허 및 등록 대상 자격과 비교할 때, 더 한층 높은 수준의 준법의식을 확보할 당위성이 있다. 그러므로 이 법률조항 등이 위험물탱크안전성능시험자에게 상대적으로 폭넓은 자격취득의 결격사유 및 필요적 취소사유를 설정하였다 하더라도 그 차별은 합리적이고 정당한 것이다.

5) 등록의 취소 등

시・도지사는 탱크시험자가 다음 표의 좌란(위반사항)에 해당하는 경우에는 우란(행정처분기준)으로 정하는 바에 따라 그 등록을 취소하거나 6월 이내의 기간을 정하여 업무의 정지를 명할 수 있다. 다만, 다음 표 ① 내지 ③에 해당하는 경우에는 그 등록을 취소하여야 한다(法 16 V 및 規 별표 2).

위반사항	행정처분기준		
	1차	2차	3차
① 허위 그 밖의 부정한 방법으로 등록을 한 경우	등록취소	–	–
② 법 제16조 제4항 각 호의 어느 하나의 등록의 결격사유에 해당하게 된 경우	등록취소	–	–
③ 등록증을 다른 자에게 빌려 준 경우	등록취소	–	–
④ 법 제16조 제2항의 규정에 따른 등록기준에 미달하게 된 경우	업무정지 30일	업무정지 60일	등록취소
⑤ 탱크안전성능시험 또는 점검을 허위로 하거나 이 법에 의한 기준에 맞지 아니하게 탱크안전성능시험 또는 점검을 실시하는 경우 등 탱크시험자로서 적합하지 아니하다고 인정하는 경우	업무정지 30일	업무정지 90일	등록취소

한편, 시・도지사는 법 제16조 제2항의 규정에 의하여 탱크시험자의 등록을 받거나 법 제16조 제5항의 규정에 의하여 등록의 취소 또는 업무의 정지를 한 때에는 이를 시・도의 공보에 공고하여야 하고, 탱크시험자의 등록을 취소한 때에는 등록증을 회수하여야 한다(規 62 Ⅱ・Ⅲ).

6) 탱크시험자의 성실의무

탱크시험자는 위법 또는 위법에 의한 명령에 따라 탱크안전성능시험 또는 점검에 관한 업무를 성실히 수행하여야 한다(法 16 Ⅵ). 탱크시험자는 법에 의한 검사 또는 점검의 일부를 실시할 수 있는 지위에 있을 뿐이지만, 수행하는 시험이 전문기술적인 내용이고 그 시험의 적정한 수행 여부가 위험물시설의 안전을 확보하는데 미치는 영향이 크기 때문에 성실의무와 그 위반에 따른 벌칙을 특별히 규정한 것이다.

5 예방규정

> **학습 Point** 특정의 위험물시설의 관계인은 그 시설에 대하여 예방규정을 정하여 소방서장 등에게 제출하지 않으면 안 된다. 또한, 예방규정을 변경한 때에도 제출하여야 한다.

(1) 예방규정의 의의

예방규정은 화재예방을 위하여 위험물시설의 구체적인 태양에 따라 정하는 위험물의 저장 또는 취급에 관한 구체적인 안전기준이라는 것에 그 본질이 있으며, 그 내용을 관계인이 스스로 정하게 되므로 자체안전기준이라고 할 수 있다. 즉, 예방규정은 위험물시설의 화재를 예방하기 위하여 위험물시설에 있어서 안전유지상 필요한 사항을 구체적으로 정한 자체안전유지규정이라 말할 수 있다. 특정한 위험물시설의 관계인은 이를 작성하여 시·도지사(소방본부장 또는 소방서장)에게 제출하여야 하고, 또한 예방규정을 변경한 때에도 시·도지사에게 제출하여야 한다(法 17 Ⅰ). 이 예방규정은 자체안전유지규정의 성격을 띠는 것이지만, 위험물시설의 안전유지에 철저를 기하기 위한 규정으로서 그 작성의무가 부과된 것이기 때문에 이를 단지 작성만하고 시·도지사에게 제출하지 않는다면 법적으로는 예방규정을 정한 것으로 인정될 수 없다.

CHAPTER 01
CHAPTER 02
CHAPTER 03
CHAPTER 04
부록

참고

[예방규정의 제출이유와 입법론]

구 「소방법」하에서 예방규정은 시·도지사의 인가를 받도록 되어 있었으나 규제개혁위원회의 의결에 따라 위법에서는 제출하면 되도록 완화되었는데, 자체안전유지규정인 예방규정을 시·도지사에게 단순히 제출하는 것으로 그친다면 의미가 없다. 즉, 예방규정을 시·도지사에게 제출하도록 하는 것은 시·도지사의 심사를 받기 위한 것으로 볼 수밖에 없으므로, 구 「소방법」에서와 같이 인가를 받도록 하는 제도로 환원되어야 옳다고 본다.

(2) 예방규정을 정하여야 하는 시설(令 15)

위험물시설의 태양과 규모에 기초하여 지정되어 있으며, 다음 표와 같다.[51)]

시설의 구분		시설의 규모(지정수량의 배수) 등
제조소		지정수량의 **10배** 이상의 위험물을 취급하는 것
저장소	옥외저장소	지정수량의 **100배** 이상의 위험물을 저장하는 것
	옥내저장소	지정수량의 **150배** 이상의 위험물을 저장하는 것
	옥외탱크저장소	지정수량의 **200배** 이상의 위험물을 저장하는 것
	암반탱크저장소	전체
취급소	이송취급소	전체
	일반취급소	지정수량의 **10배** 이상의 위험물을 취급하는 것. 다만, 제4류 위험물(특수인화물을 제외한다)만을 지정수량의 50배 이하로 취급하는 일반취급소(제1석유류·알코올류의 취급량이 지정수량의 10배 이하인 경우에 한한다)로서 다음의 어느 하나에 해당하는 것을 제외한다. • 보일러·버너 또는 이와 비슷한 것으로서 위험물을 소비하는 장치로 이루어진 일반취급소 • 위험물을 용기에 옮겨 담거나 차량에 고정된 탱크에 주입하는 일반취급소

51) 예방규정을 작성하여야 하는 대상시설 중 암반탱크저장소와 이송취급소는 각각 1997년 9월 27일과 2002년 3월 30일의 구 「소방법 시행령」의 개정으로 위험물시설로 규제되기 시작하였다.

(3) 예방규정의 작성 및 제출

1) 예방규정의 작성단위

예방규정을 의무적으로 작성하여야 하는 시설은 令 제15조 각 호에 정하는 제조소등이므로 당해 각각의 제조소등별로 예방규정을 작성하는 것은 당연히 가능하다. 그렇지만 재해발생의 관련성과 기업의 유기적·일체적 운영을 충분히 고려하여 오히려 사업소 단위로 하나의 예방규정을 집약하여 당해 사업소의 위험물시설을 망라하여 규정하는 것이 보다 적당하다.

2) 예방규정의 내용과 구체성 정도

예방규정의 기재사항은 편의상 기본적 사항과 세부적 사항으로 구분할 수 있다.

① **예방규정에 포함되어야 할 사항(기본적 사항)** : 기본적 사항은 예방규정 작성의 목적을 달성할 수 있는 최소한도의 내용에 충실하여야 하며, 다음과 같이 규칙 제63조에서는 이를 예방규정에 포함되어야 할 사항으로 규정하고 있는데, 일부 세부적 사항까지 포함하고 있다.

㉠ 위험물의 안전관리업무를 담당하는 자의 직무 및 조직에 관한 사항
㉡ 안전관리자가 여행·질병 등으로 인하여 그 직무를 수행할 수 없을 경우 그 직무의 대리자에 관한 사항
㉢ 영 제18조의 규정에 의하여 자체소방대를 설치하여야 하는 경우에는 자체소방대의 편성과 화학소방자동차의 배치에 관한 사항
㉣ 위험물의 안전에 관계된 작업에 종사하는 자에 대한 안전교육 및 훈련에 관한 사항
㉤ 위험물시설 및 작업장에 대한 안전순찰에 관한 사항
㉥ 위험물시설·소방시설 그 밖의 관련시설에 대한 점검 및 정비에 관한 사항
㉦ 위험물시설의 운전 또는 조작에 관한 사항
㉧ 위험물 취급작업의 기준에 관한 사항
㉨ 이송취급소에 있어서는 배관공사 현장책임자의 조건 등 배관공사 현장에 대한 감독체제에 관한 사항과 배관 주위에 있는 이송취급소 시설 외의 공사를 하는 경우 배관의 안전 확보에 관한 사항
㉩ 재난 그 밖의 비상시의 경우에 취하여야 하는 조치에 관한 사항
㉪ 위험물의 안전에 관한 기록에 관한 사항
㉫ 제조소등의 위치·구조 및 설비를 명시한 서류와 도면의 정비에 관한 사항
㉬ 그 밖에 위험물의 안전관리에 관하여 필요한 사항

② **세부적 사항** : 세부적 사항은 화재 기타 재해를 방지하기 위하여 관계인이 임의로 기재하는 안전상의 준수사항과 기본적 사항에 부수하는 사항을 말한다.[52)]

---

52) 예방규정의 구체성 정도 : 예방규정의 내용은 가급적 구체적으로 기재하는 것이 바람직하지만, 구체성의 정도는 관계인에게 위임되어 있다고 할 수 있다. 다만, 위험물시설의 태양에 따라 복잡하면서

3) 다른 안전관리규정과의 통합 작성

예방규정에 위험물시설 외의 시설에 관한 내용을 기재하는 것도 가능하며, 다른 법률에 의한 안전관리규정과 같이 작성하는데 대하여도 제한을 두지 않고 있다. 그럼에도 규칙 제63조 제2항에서는 안전보건관리규정(「산업안전보건법」 제20조)과 통합 작성할 수 있음을 명시하고 있는데, 이는 확인적(예시적) 성격의 규정일 뿐이다. 한편, 「기특법」 제55조의 6[53]에서는 (고압가스)안전관리규정에 예방규정에 관한 사항을 포함하여 작성하면 위법에 의한 예방규정을 작성한 것으로 보도록 하고 있다.

4) 예방규정의 제출

영 제15조 각 호의 어느 하나에 해당하는 제조소등의 관계인은 예방규정을 제정하거나 변경한 경우에는 별지 제39호 서식의 예방규정제출서에 제정 또는 변경한 예방규정 1부를 첨부하여 시・도지사 또는 소방서장에게 제출하여야 한다(規 63 Ⅲ).

(4) 예방규정의 반려와 변경명령

시・도지사 또는 소방서장은 예방규정이 법 제5조 제3항의 규정에 따른 위험물의 저장・취급기준에 적합하지 아니하거나 화재예방이나 재해발생 시의 비상조치를 위하여 필요하다고 인정하는 때에는 이를 반려하거나 그 변경을 명할 수 있다(法 17 Ⅱ).[54]

구 「소방법」에서의 예방규정의 변경명령은 예방규정의 인가 후에 위험물시설의 변경, 위험물의 저장・취급방법의 변경 등에 의하여 인가한 예방규정이 화재예방상 적절

규모가 큰 것은 보다 구체적이고 상세한 내용으로 작성하도록 할 필요가 있는데, 이 경우에 있어서도 각각의 작업에 관한 기준과 방재계획 등까지 기재하도록 하는 것은 예방규정을 지극히 번잡하게 할 수 있기 때문에 필요한 경우에는 종업원 등에 대하여 화재예방상 지침으로 한 사항을 개괄적으로 기재하도록 하면 될 것이다. 만약, 구체적인 세목과 계획이 필요하다면 법 제22조의 규정에 의한 자료제출권 또는 질문권에 의하여 파악하는 것이 바람직하리라 본다.

53) 제55조의 6(안전관리규정 등의 통합 작성) 「고압가스 안전관리법」 제13조의 2 제1항에 따라 안전성향상 계획을 제출하여야 하는 자가 같은 법 제11조 제1항에 따른 안전관리규정에 다음 각 호의 사항을 포함하여 작성한 경우에는 그가 「위험물안전관리법」에 따른 예방규정을 정하거나 「산업안전보건법」에 따른 안전보건관리규정을 작성한 것으로 본다.
1. 「위험물안전관리법」 제17조에 따른 예방규정에 관한 사항
2. 「산업안전보건법」 제20조에 따른 안전보건관리규정에 관한 사항

54) 구 「소방법」상의 예방규정 인가제도는 폐지되었지만, 위법에서도 예방규정이 제5조 제3항의 규정에 따른 기준에 적합하지 아니하거나 화재예방이나 재해발생 시의 비상조치를 위하여 필요하다고 인정하는 때에는 이를 반려하거나 그 변경을 명할 수 있도록 하고 있다. 이 규정은 일견 예방규정의 반려나 변경명령은 시・도지사 또는 소방서장의 재량에 속하는 것으로 보일 수 있지만, 시・도지사 또는 소방서장은 예방규정을 제출받은 때에는 이를 검토하여 필요하다고 인정되는 경우에는 예방규정의 반려 또는 변경명령을 적극적으로 하지 않으면 안 된다. 그렇지 않고는 기업의 자체안전유지규정을 굳이 제출 받을 이유가 없기 때문이다. 요컨대, 예방규정의 기본적 사항이 명확하지 아니할 때, 예방규정에 규칙으로 정하는 저장・취급기준에 위반하는 사항이 있을 때, 그리고 그 밖의 화재예방상 부적당하다고 인정되는 사항이 있을 때 등의 경우에는 예방규정을 변경하도록 하는 명령을 적극적으로 행사하여야 한다.

하지 않은 경우에 그 변경을 명하는 것이었으나 위법에 있어서는 인가제도 자체가 폐지되었기 때문에 시 · 도지사는 신규 예방규정을 제출 받은 때부터 변경을 명할 수 있다.

한편, 위법에서는 제출 받은 예방규정을 아예 반려할 수 있도록 하였는데, 이는 예방규정의 인가제를 폐지하는 데 따른 문제점을 보완한 것으로서 예방규정의 형식이나 내용이 전반적으로 부적합한 경우에는 다시 작성하게 하기 위한 것이다.

(5) 예방규정 준수의무

예방규정을 정하여야 하는 제조소등의 관계인과 그 종업원은 예방규정을 충분히 잘 익히고 준수하여야 한다(法 17 Ⅲ). 예방규정을 준수하지 않는다면 그 목적을 달성할 수 없기 때문에 예방규정에 관계된 위험물시설의 관계인은 물론이거니와 그 종업원에 대하여도 예방규정을 준수하도록 하는 의무를 부과하고 있는 것이다.

그러나 이에 위반한 경우에 대한 직접적인 처벌규정이 없어 문제가 된다. 반면, 예방규정의 작성과 제출에 관한 규정을 위반하여 위험물을 저장 · 취급한 자 또는 변경명령을 위반한 자에 대하여는 벌칙이 따른다.

핵심 꼼꼼 체크

위험물의 저장 · 취급과 관련한 각종 신청 등

종류 \ 내용	절 차	근 거	비 고
임시저장 · 취급	소방서장의 승인(군용은 제외)	法 5	저장 · 취급 전
제조소등의 설치 또는 변경	시 · 도지사(소방서장)의 허가 (군용위험물시설은 협의)	法 6	공사착공 전
위험물의 품명, 수량 또는 지정수량의 배수 변경	시 · 도지사(소방서장)에게 신고	法 6	위치, 구조, 설비의 변경을 수반하지 않는 경우에 한하여, 변경 1일 전
탱크안전성능검사	소방서장 또는 기술원의 검사	法 8	완공검사 전의 소정의 시기
완공검사	시 · 도지사(소방서장 등)의 검사	法 9	사용개시 전의 소정의 시기
제조소등 설치자의 지위승계	시 · 도지사(소방서장)에게 신고	法 10	양도 · 인도를 받은 자가 30일 이내
제조소등의 폐지	시 · 도지사(소방서장)에게 신고	法 11	폐지 후 14일 이내
안전관리자 선임	소방본부장 또는 소방서장에게 신고	法 15	선임 후 14일 이내
탱크시험자 등록사항 변경신고	시 · 도지사에게 변경신고	法 16	등록사항 변경 후 30일 이내
예방규정 제출	시 · 도지사(소방서장)에게 제출	法 17	위험물시설 사용개시 전
안전관리대행기관 변경신고 등	소방청장에게 변경신고	規 57	지정사항 변경 후 14일 이내 변경신고 휴 · 폐업, 재개업은 14일 전에 신고

6 정기점검

학습 Point 특정의 위험물시설은 정기적으로 점검을 행하고 점검기록을 작성하여 일정기간 이를 보존하지 않으면 안 된다.

(1) 정기점검의 의의

정기점검은 곧 자체정기점검 내지 정기적인 자체점검이라 풀이할 수 있는데, 특정의 위험물시설의 소유자 등이 자체적으로 또한 정기적으로 해당 위험물시설을 점검하여 점검기록을 작성하고 이를 보존하는 것이 의무로 되어 있다(法 18 Ⅰ). 법 제14조 제1항의 규정에 의하여 모든 위험물시설은 그 태양이나 규모에 관계없이 그 위치·구조 및 설비가 기술상의 기준에 적합하도록 유지관리할 의무가 부과되어 있지만, 정기점검은 그 의무에 더하여 거듭 철저를 기하기 위하여 특정의 위험물시설에 대하여 추가로 부과되어진 의무이다.

이 정기점검은 기술원이 실시하는 법 제18조 제2항의 정기검사와는 구별된다.[55)]

(2) 정기점검의 대상

정기점검 대상시설은 시설의 태양과 규모를 고려하여 다음과 같이 지정되어 있다(令 16).

① 영 제15조 각 호의 1에 해당하는 제조소등(즉, 예방규정을 정하여야 하는 제조소등을 말한다)
② 지하탱크저장소
③ 이동탱크저장소
④ 위험물을 취급하는 탱크로서 지하에 매설된 탱크가 있는 제조소·주유취급소 또는 일반취급소

(3) 점검횟수와 점검사항

1) 점검횟수(시기)

① 일반적인 정기점검(일반점검[56)]) : 연 1회 이상(規 64)
② 특정옥외저장탱크의 구조안전점검(구조안전점검) : 후술하는 (4) 참조

---

55) 제18조(정기점검 및 정기검사) ① 대통령령이 정하는 제조소등의 관계인은 그 제조소등에 대하여 행정안전부령이 정하는 바에 따라 제5조 제4항의 규정에 따른 기술기준에 적합한지의 여부를 정기적으로 점검하고 점검결과를 기록하여 보존하여야 한다.
② 제1항의 규정에 따른 정기점검의 대상이 되는 제조소등의 관계인 가운데 대통령령이 정하는 제조소등의 관계인은 행정안전부령이 정하는 바에 따라 소방본부장 또는 소방서장으로부터 당해 제조소등이 제5조 제4항의 규정에 따른 기술기준에 적합하게 유지되고 있는지의 여부에 대하여 정기적으로 검사를 받아야 한다.

56) 위험물법령에서는 정기점검의 한 종류로 구조안전점검을 규정하고 있을 뿐 구조안전점검에 대응하는 일반적인 정기점검에 대한 개념을 따로 정의하지 않고 있어, 두 가지의 서로 다른 정기점검을 인용하는데 혼란이 있기에 고시 제152조의 예에 따라 일반적인 정기점검을 "일반점검"이라 칭하였다.

2) 점검사항

대상시설의 위치・구조 및 설비가 기술상의 기준에 적합한지 여부

* 규칙 제66조(정기점검의 내용 등) 제조소등의 위치・구조 및 설비가 법 제5조 제4항의 기술기준에 적합한지를 점검하는데 필요한 정기점검의 내용・방법 등에 관한 기술상의 기준과 그 밖의 점검에 관하여 필요한 사항은 소방청장이 정하여 고시한다. (→ 告 152 및 153)

(4) 구조안전점검(50만L 이상 옥외탱크저장소에 실시하는 특수한 정기점검)

1) 구조안전점검의 개요

특정・준특정옥외탱크저장소(옥외탱크저장소 중 저장 또는 취급하는 액체위험물의 최대수량이 50만L 이상인 것을 말한다)에 대하여는 연 1회 이상 일반점검을 실시하는 외에 원칙적으로 다음의 어느 하나에 해당하는 기간 이내에 1회 이상 옥외저장탱크의 구조 등에 관한 안전점검을 하여야 하는데, 이 안전점검을 "구조안전점검"이라 한다.

① 제조소등의 설치허가에 따른 완공검사필증을 교부받은 날부터 12년
② 법 제18조 제2항의 규정에 의한 최근의 정기검사를 받은 날부터 11년
③ 특정・준특정옥외저장탱크에 안전조치[57)]를 한 후 기술원에 구조안전점검시기 연장신청을 하여 안전조치의 적정성을 인정받은 경우에는 법 제18조 제2항의 규정에 의한 최근의 정기검사를 받은 날부터 13년

2) 구조안전점검시기의 연장

1)의 ① 내지 ③의 기간 내에 구조안전점검을 실시하기가 곤란하거나 옥외저장탱크의 사용을 중단한 경우에는 규칙 별지 39호의 2서식에 따라 관할 소방서장에게 구조안전점검의 실시기간 연장신청을 하여, 1년(옥외저장탱크의 사용을 중지한 경우에는 사용중지기간)의 범위 안에서 당해 기간을 연장할 수 있다(規 65 Ⅰ단서).

(5) 정기점검의 실시자

안전관리자(구조안전점검은 고시로 정하는 지식 및 기능 보유자) 또는 위험물운송자(이동탱크저장소에 한한다)가 실시하는 것이 원칙이며, 옥외탱크저장소에 대한 구조안전점검을 위험물안전관리자가 직접 실시하는 경우에는 점검에 필요한 영 별표 7의 인력 및 장비를 갖추어서 하여야 한다. 다만, 제조소등의 관계인은 안전관리대행기관(규칙 제65조에 따른 특정옥외탱크저장소의 정기점검은 제외) 또는 탱크시험자에게 정기점검을 의뢰하여 실시할 수 있는데, 이 경우에는 당해 제조소등의 안전관리자는 점검현장에 입회하여야 한다(規 67).

---

57) "안전조치"라 함은 특정・준특정옥외저장탱크의 부식 등에 대한 안전성을 확보하는데 필요한 조치를 말하며, 규칙으로 정하는 특정・준특정옥외저장탱크의 부식방지 등의 상황에 관한 요건 또는 위험물의 저장관리 등의 상황에 관한 요건 중 어느 하나의 요건을 만족하면 13년의 주기로 점검을 실시할 수 있다(規 65 Ⅱ).

(6) 정기점검의 기록 · 보존

제조소등의 관계인은 정기점검 후 점검을 실시한 제조소등의 명칭, 점검의 방법 및 결과, 점검연월일 및 점검을 한 안전관리자 또는 점검을 한 탱크시험자와 점검에 입회한 안전관리자의 성명을 기록하여 점검을 행한 날로부터 3년(구조안전점검에 있어서는 25년 또는 30년)간 보존하여야 한다(規 68).

(7) 정기점검 의무 위반

정기점검은 자체적인 점검이지만 안전 확보 상황을 확인하기 위한 것으로서 이를 위반하여 점검을 하지 않으면 위험물시설의 사용정지를 명하거나 허가를 취소할 수 있다(法 12). 또한, 점검을 하지 않거나 점검기록을 허위로 작성한 자에 대하여는 벌칙을 적용하고, 점검결과를 기록 · 보존하지 아니한 자에 대하여는 과태료를 부과한다(法 35 및 法 39).

핵심 꼼꼼 체크

정기점검의 대상 · 구분 · 횟수 · 점검자 및 점검사항

점검대상 (편의상 구분)	점검구분	점검횟수	점검자	점검사항
① 예방규정을 정하여야 하는 제조소등(50만L 이상 옥외탱크저장소 제외) ② 지하탱크저장소 ③ 이동탱크저장소 ④ 위험물취급 지하매설탱크가 있는 제조소 · 주유취급소 또는 일반취급소	일반점검	연 1회 이상	① 안전관리자 ② 위험물운송자 ③ 안전관리대행기관 또는 탱크시험자(점검을 의뢰받아 안전관리자의 입회하에 실시)	위치 · 구조 및 설비의 기술상 기준에의 적합 여부 (구체적인 내용은 告 152)
특정 · 준특정 옥외탱크저장소 (50만L 이상 옥외탱크저장소)	일반점검	연 1회 이상	상 동	상 동
	구조안전점검	① 제조소등의 설치허가에 따른 완공검사필증을 교부받은 날로부터 12년, ② 최근의 정기검사를 받은 날로부터 11년, 또는 ③ 특정 · 준특정옥외저장탱크에 안전조치를 한 후 기술원에 구조안전점검시기 연장신청을 하여 안전조치의 적정성을 인정받은 경우에는 최근의 정기검사를 받은 날로부터 13년 이내에 1회 이상	① 안전관리자 ② 탱크시험자(점검을 의뢰받아 안전관리자의 입회하에 실시)	옥외저장탱크의 구조 등에 관한 안전성(구체적인 내용은 告 153)

7 정기검사

> 학습 Point　특정의 위험물시설은 한국소방산업기술원이 행하는 정기검사를 받지 않으면 안 된다.

(1) 정기검사의 의의

1) 개념

정기검사는 본래 위험물시설의 유지관리 상황을 허가청(소방본부장 또는 소방서장)이 검사에 의하여 확인하는 것으로, 구조 및 설비의 유지기준 적합 상황을 정기적으로 확인하는 검사라고 말할 수 있다.[58)]

2) 정기점검과의 구분

모든 위험물시설의 소유자 등은 그 시설의 위치·구조 및 설비가 기술상의 기준에 적합하도록 상시적으로 유지관리를 하여야 하는 의무를 부담하는 외에, 특정의 위험물시설에 있어서는 일정기간에 시설의 유지관리를 위한 정기점검을 하여야 하는 의무를 지고 있다(法 14 Ⅰ 및 18 Ⅰ). 이러한 의무는 모두 위험물시설의 소유자 등이 스스로 행하는 자체관리에 속하는 것으로서 스스로 그 적부를 판단하게 되지만, 정기검사는 허가청이 유지관리의 적부를 직접 판단하는 점에서 분명히 구별된다.

(2) 검사기관 : 한국소방산업기술원(令 22 Ⅰ)

제18조 제2항의 규정에 의한 소방본부장 또는 소방서장의 정기검사의 권한은 법 제30조 제2항 및 영 제22조 제1항에 따라 기술원에 위탁되었으므로 기술원이 검사자가 된다. 이는 정기검사를 위한 비파괴시험 등에 전문기술이 필요하여 소방본부장 또는 소방서장이 직접 실시하기 어렵기 때문에 전문기술인력과 장비를 확보할 수 있는 특수공법인에 위탁한 것으로 이해할 수 있다.

---

58) 그러나 내용면으로는 보안검사 또는 안전검사라고 하는 것이 더 정확하다. 실제 규칙 제70조에서도 특정옥외탱크저장소의 설치허가에 따른 완공검사필증을 교부받은 날부터 12년이 경과하기 전의 기간 또는 최근의 정기검사를 받은 날부터 10년이 되는 날의 전후 1년 이내의 기간에 정기검사를 받는 것을 원칙으로 하면서, "재난 그 밖의 비상사태의 발생, 안전유지상의 필요 또는 사용상황 등의 변경으로 당해 시기에 정기검사를 실시하는 것이 적당하지 아니하다고 인정되는 때에는 소방서장의 직권 또는 관계인의 신청에 의하여 소방서장이 따로 지정하는 시기에 정기검사를 받을 수 있다"라고 하여 정기검사가 반드시 정기적으로 이루어지지 않을 수도 있음을 예정하고 있기도 하다. 또한, 일반적인 감독을 위하여 제22조 제1항의 규정에 의한 출입·검사를 정기적으로 실시할 경우의 당해 검사와 구별하기 위하여도 그러하다. 따라서, 입법론으로는 정기검사를 보안검사 또는 안전검사로 명칭을 변경하고 그 검사의 시기에 따라 예컨대, 정기보안검사와 임시보안검사로 구분하여 실시하는 방안을 검토할 필요가 있다.

(3) 검사대상

특정・준특정옥외탱크저장소(액체위험물을 저장・취급하는 50만L 이상 옥외탱크저장소)(令 17)

(4) 검사시기(規 70)

① 특정・준특정옥외탱크저장소의 설치허가에 따른 완공검사필증을 교부받은 날부터 12년 또는 최근의 정기검사를 받은 날부터 11년이 경과하기 전의 기간(다만, 재난 그 밖의 비상사태의 발생, 안전유지상의 필요 또는 사용 상황 등의 변경으로 당해 시기에 정기검사를 실시하는 것이 적당하지 아니하다고 인정되는 때에는 소방서장의 직권 또는 관계인의 신청에 의하여 소방서장이 따로 지정하는 시기에 정기검사를 받을 수 있다)

② 위 ①에 불구하고 정기검사를 규칙 제65조 제1항의 규정에 의한 구조안전점검을 실시하는 때에 함께 받을 수도 있다. 이에 의하게 되면 정기검사의 시기를 구조안전점검의 시기로 연기하게 되는 경우가 생길 수 있다.

(5) 검사의 신청 등(規 71)

① 특정・준특정옥외탱크저장소의 관계인은 규칙 별지 제44호 서식의 신청서에 소정의 서류(구조설비명세표, 위치・구조・설비에 관한 도면, 완공검사필증, 밑판・옆판・지붕판 및 개구부의 보수이력서)를 첨부하여 기술원에 제출하고 수수료를 기술원에 납부하여야 한다. 다만, 도면 및 보수이력서류는 정기검사를 실시하는 때에 제출하여도 된다.

② 규칙 제65조 제1항 제3호의 규정에 의한 기간(최근의 정기검사를 받은 날부터 13년) 이내에 구조안전점검을 받고자 하는 자는 별지 제40호 서식 또는 별지 제41호 서식의 신청서를 ①에 따른 신청 시에 함께 제출하여야 한다.

③ 규칙 제70조 제1항 단서의 규정에 의하여 정기검사 시기를 변경하고자 하는 자는 별지 제45호 서식의 신청서에 정기검사 시기의 변경을 필요로 하는 사유를 기재한 서류를 첨부하여 소방서장에게 제출하여야 한다.

④ 기술원은 정기검사를 실시한 결과 특정・준특정옥외저장탱크의 수직도・수평도에 관한 사항(지중탱크에 대한 것을 제외한다), 특정・준특정옥외저장탱크의 밑판(지중탱크에 있어서는 누액방지판)의 두께에 관한 사항, 특정・준특정옥외저장탱크의 용접부에 관한 사항 및 특정・준특정옥외저장탱크의 지붕・옆판・부속설비의 외관이 규칙 제72조 제4항에 따라 고시로 정하는 기술상의 기준(告 156)에 적합한 것으로 인정되는 때에는 검사종료일부터 10일 이내에 별지 제46호 서식의 정기검사필증을 관계인에게 교부하고 그 결과보고서를 작성하여 소방서장에게 제출하여야 한다.

⑤ 기술원은 정기검사를 실시한 결과 부적합한 경우에는 개선하여야 하는 사항을 신청자에게 통보하고 개선할 사항을 통보받은 관계인은 개선을 완료한 후 정기검사 신청서를 기술원에 다시 제출하여야 한다.

⑥ 정기검사를 받은 제조소등의 관계인과 정기검사를 실시한 기술원은 정기검사필증 등 정기검사에 관한 서류를 당해 제조소등에 대한 차기 정기검사 시까지 보관하여야 한다.

(6) 검사의 방법(規 72)

① 정기검사는 특정・준특정옥외탱크저장소의 위치・구조 및 설비의 특성을 감안하여 안전성 확인에 적합한 검사방법으로 실시하여야 한다.

② 특정・준특정옥외탱크저장소의 관계인이 규칙 제65조 제1항에 의한 구조안전점검 시에 제71조 제4항의 규정에 의한 사항을 미리 점검한 후에 정기검사를 신청하는 때에는 그 사항에 대한 정기검사는 전체의 검사범위 중 임의의 부위를 발췌하여 검사하는 방법으로 실시한다.

③ 특정・준특정옥외탱크저장소의 변경허가에 따른 탱크안전성능검사의 기회에 정기검사를 같이 실시하는 경우에 있어서 검사범위가 중복되는 때에는 당해 검사범위에 대한 어느 하나의 검사를 생략한다.

④ ① 내지 ③의 규정에 의한 검사방법과 판정기준 그 밖의 정기검사의 실시에 관하여 필요한 사항은 고시(155 및 156)로 정하고 있다.

8 자체소방대

> **학습 Point** 특정의 위험물사업소의 관계인은 그 사업소에 자체소방대를 설치하지 않으면 안 된다.

자체소방대라 함은 소정의 소화기능을 갖춘 화학소방자동차와 인원으로 편성된 조직으로서 자기의 시설에 화재사고가 발생한 경우 공설 소방대가 도착하기까지의 사이에 신속히 기동적으로 재해 확대의 억제활동을 하기 위한 자위조직이며, 법 제19조에서는 특정의 대규모 위험물사업소에 설치하도록 하고 있다.

(1) 자체소방대의 설치단위 : 사업소

각 제조소등의 단위별로 각각 설치하는 것이 아니라 제4류 위험물을 취급하는 제조소 또는 일반취급소가 있는 하나의 사업소를 단위로 설치한다. 따라서, 동일 사업소에 여러 개의 제조소 또는 일반취급소가 있는 경우 각 제조소 또는 일반취급소에서 취급하는 제4류 위험물의 수량을 합산한 수량을 기준으로 자체소방대의 설치대상 해당 여부와 필요한 화학소방자동차 및 자체소방대원의 수를 판단하여야 한다.

* 개별 제조소등이 아니라 사업소에 있는 제조소와 해당 일반취급소의 취급량을 합산한 전체 수량을 기준으로 설치대상 해당 여부를 판단하여야 한다.

(2) 자체소방대를 설치하여야 하는 사업소(令 18 Ⅰ · Ⅱ 및 規 73)

제4류 위험물을 취급하는 제조소 또는 일반취급소가 있는 동일 사업소로서 당해 제조소와 일반취급소에서 지정수량 3,000배 이상의 제4류 위험물을 취급하는 사업소이다. 즉, 다음의 2개 기준에 모두 해당되면 자체소방대를 설치하여야 한다.

1) 동일 사업소에 제4류 위험물을 취급하는 제조소 또는 일반취급소가 있을 것. 다만, 다음의 일반취급소를 제외한다. 이하 2)에서 같다.

① 보일러, 버너 그 밖에 이와 유사한 장치로 위험물을 소비하는 일반취급소
② 이동저장탱크 그 밖에 이와 유사한 것에 위험물을 주입하는 일반취급소
③ 용기에 위험물을 옮겨 담는 일반취급소
④ 유압장치, 윤활유순환장치 그 밖에 이와 유사한 장치로 위험물을 취급하는 일반취급소
⑤ 「광산보안법」의 적용을 받는 일반취급소

2) 동일 사업소에 있는 제조소 또는 일반취급소에서 취급하는 제4류 위험물의 최대수량(합계)이 지정수량의 3천 배 이상일 것

(3) 자체소방대의 편성기준

1) 자체소방대에 두는 화학소방자동차 및 인원의 기준(令 별표 8 및 規 75)

사업소의 구분	화학소방자동차	자체소방대원의 수
① 제조소 또는 일반취급소에서 취급하는 제4류 위험물의 최대수량의 합이 지정수량의 12만 배 미만인 사업소	1대	5인
② 제조소 또는 일반취급소에서 취급하는 제4류 위험물의 최대수량의 합이 지정수량의 12만 배 이상 24만 배 미만인 사업소	2대	10인
③ 제조소 또는 일반취급소에서 취급하는 제4류 위험물의 최대수량의 합이 지정수량의 24만 배 이상 48만 배 미만인 사업소	3대	15인
④ 제조소 또는 일반취급소에서 취급하는 제4류 위험물의 최대수량의 합이 지정수량의 48만 배 이상인 사업소	4대	20인

[비고] 1. 화학소방자동차(내폭화학차 및 제독차를 포함한다)에는 규칙 별표 23이 정하는 소화능력 및 설비를 갖추어야 하고, 소화활동에 필요한 소화약제 및 기구(방열복 등 개인장구를 포함한다)를 비치하여야 한다(令 별표 8, 規 75 Ⅰ).
2. 포수용액을 방사하는 화학소방자동차의 대수는 전체 화학소방자동차 대수의 2/3 이상으로 하여야 한다(規 75 Ⅱ).

2) 자체소방대 편성의 특례(令 18 Ⅲ, 規 74)

2 이상의 사업소가 상호 응원에 관한 협정을 체결하고 있는 경우에는 당해 모든 사업소를 하나의 사업소로 보고 제조소 또는 취급소에서 취급하는 제4류 위험물을 합산한 양을 하나의 사업소에서 취급하는 제4류 위험물의 최대수량으로 간주하여 동항 본문의 규정에 의한 화학소방자동차의 대수 및 자체소방대원을 정할 수 있다. 이 경우 상호 응원에 관한 협정을 체결하고 있는 각 사업소의 자체소방대에는 1)의 기준에 의한 화학소방차 대수의 1/2 이상의 대수와 화학소방자동차마다 5인 이상의 자체소방대원을 두어야 한다.

3) 화학소방자동차에 갖추어야 하는 소화능력 및 설비의 기준(規 75 Ⅰ · 별표 23)

화학소방자동차의 구분	소화능력 및 설비의 기준
포수용액 방사차	포수용액의 방사능력이 매분 2,000L 이상일 것
	소화약액탱크 및 소화약액혼합장치를 비치할 것
	10만L 이상의 포수용액을 방사할 수 있는 양의 소화약제를 비치할 것
분말 방사차	분말의 방사능력이 매초 35kg 이상일 것
	분말탱크 및 가압용 가스설비를 비치할 것
	1,400kg 이상의 분말을 비치할 것
할로겐화합물 방사차	할로겐화합물의 방사능력이 매초 40kg 이상일 것
	할로겐화합물탱크 및 가압용 가스설비를 비치할 것
	1,000kg 이상의 할로겐화합물을 비치할 것
이산화탄소 방사차	이산화탄소의 방사능력이 매초 40kg 이상일 것
	이산화탄소저장용기를 비치할 것
	3,000kg 이상의 이산화탄소를 비치할 것
제독차	가성소다 및 규조토를 각각 50kg 이상 비치할 것

06 위험물의 운반 및 운송

1 운반규제

위험물의 운반은 운반용기, 적재방법, 운반방법에 관하여 규제되고 있다.

(1) 개요

"위험물의 운반"이란 위험물을 일정 장소에서 다른 장소로 이동시킬 목적으로 옮기는 것을 말하며, 그 수단(인력 또는 동력)이나 그 양의 다소에 관계없이 위험물안전관리 법령에 의한 규제를 받는다(法 20).

위험물의 운반규제의 내용이 되는 운반용기, 적재방법 및 운반방법은 위험물의 유별(類別)·품명·종류 또는 용도와 위험등급(위험물의 위험성상에 따라 위험등급 Ⅰ에서 위험등급 Ⅲ까지 3가지로 구분. 規 별표 19 Ⅴ)에 따라 다르게 정해져 있다.

또한 위험물의 운반규제에는 위험물의 운반량의 차이에서 오는 잠재적 위험에 대응하여, 지정수량의 1/10을 초과하는 위험물의 적재방법과 지정수량 이상의 위험물의 운반방법에 대하여 각각 부가적인 규제가 있다.

지정수량의 1/10을 초과하는 것에 부가적으로 적용되는 적재방법은 유별을 달리하는 위험물 상호간의 혼재를 금지하는 규제인데, 위험물 상호간의 혼촉에 의한 발화 등의 위험성이 있는 것에 대하여 혼재를 금지하는 것이다(規 별표 19 부표 2).

지정수량 이상의 것에 부가적으로 적용되는 위험물의 운반방법은 위험물차량에 소정의 「위험물」 표지의 게시, 운반하는 위험물에 적응하는 소화기 등의 비치, 위험물의 옮겨 담기와 휴게·고장 등의 시기에 있어서의 안전 확보 의무에 관한 규제가 있다.

(2) 운반기준의 구분

운반용기·적재방법 및 운반방법에 관한 위험물의 운반기준은 다음의 기준에 따라 위반 시 벌칙이 적용되는 중요기준과 위반 시 과태료가 부과되는 세부기준으로 분류된다(法 20 Ⅰ).

1) 중요기준

화재 등 위해의 예방과 응급조치에 있어서 큰 영향을 미치거나 그 기준을 위반하는 경우 직접적으로 화재를 일으킬 가능성이 큰 기준으로서 규칙이 정하는 기준이며, 규칙 별표 19의 해당 기준에 "중요기준"이라고 표기하고 있다.

2) 세부기준

화재 등 위해의 예방과 응급조치에 있어서 중요기준보다 상대적으로 적은 영향을 미치거나 그 기준을 위반하는 경우 간접적으로 화재를 일으킬 수 있는 기준 및 위험물의 안전관리에 필요한 표시와 서류·기구 등의 비치에 관한 기준으로서 규칙이 정하는 기준이며, 규칙 별표 19의 기준에서 중요기준에 해당하지 않는 기준을 말한다.

(3) 운반용기검사

위법상의 운반용기검사에는 제작자 등이 필요에 따라 받는 검사와 운반용기의 사용 또는 유통을 위하여 꼭 받아야 하는 검사가 있다.

검사기관은 기술원(시·도지사가 위탁)이다(法 22 Ⅰ).

1) 제작자 등의 신청에 따른 검사

① 기계에 의하여 하역하는 구조로 된 용기가 아닌 것은 원칙적으로 검사를 받을 의무가 없으나 이러한 용기도 일정한 안전성능을 확보하여야 할 의무는 있기 때문에 성능을 공인받을 수 있도록 하는 취지에서 용기 제작자나 수입자 등이 검사를 신청할 수 있도록 하고 신청이 있을 때 검사를 실시할 수 있도록 하고 있다(法 20 Ⅱ 본문).

② 이 운반용기의 안전기준 및 시험기준은 규칙 별표 19 Ⅰ 및 고시 제143조에 규정되어 있다.

2) 제작자 등의 의무로 된 검사

① 규칙 별표 20에서 정하고 있는 기계에 의하여 하역하는 구조로 된 대형의 운반용기를 제작하거나 수입한 자 등은 당해 용기를 사용하거나 유통시키기 전에 기술원으로부터 운반용기에 대한 검사를 받아야 한다(法 20 Ⅱ 단서, 規 51 Ⅰ).

② 운반용기의 검사를 받고자 하는 자는 규칙 별지 제30호 서식의 신청서에 용기의 설계도면과 재료에 관한 설명서를 첨부하여 기술원에 제출하여야 한다. 다만, UN의 위험물 운송에 관한 권고(RTDG, Recommendations on the Transport of Dangerous Goods)에서 정한 기준에 따라 관련 검사기관으로부터 검사를 받은 때에는 그러하지 아니하다(規 51 Ⅱ).

③ 기술원은 운반용기가 규칙 별표 19 Ⅰ 및 고시 제145조의 기준에 적합하고 위험물의 운반상 지장이 없다고 인정되는 때에는 용기검사필증을 교부하게 된다(規 51 Ⅲ).

2 이동탱크저장소에 의한 위험물 운송 시의 안전유지

1. 이동탱크저장소로 위험물을 운송하는 위험물운송자(운송책임자 또는 이동탱크저장소 운전자)는 당해 위험물을 취급할 수 있는 국가기술자격자 또는 법 제28조 제1항의 안전교육을 받은 자로 하지 않으면 안 된다.
2. 특정의 위험물의 운송에 있어서는 운송책임자(위험물 운송의 감독 또는 지원을 하는 자)의 감독 또는 지원을 받아 이를 운송하여야 한다.
3. 위험물운송자가 이동탱크저장소에 의하여 위험물을 운송하는 때에는 규칙으로 정하는 운송기준을 준수하는 등 운송 중 위험물의 안전 확보에 세심한 주의를 기울여야 한다.

(1) 위험물 운송규제의 의의

이동탱크저장소는 도로를 이동하는 위험물시설로서 만일 사고 등이 발생하는 경우에는 공공의 안전 여하에 대한 영향이 직접적이고 위험 확대성이 크기 때문에 그 운송 중의 안전 확보를 위하여 이동탱크저장소에 의한 위험물의 운송에는 일정한 자격이 있는 위험물운송자를 승차하도록 하고 있다(法 21 Ⅰ).

또한 그 위험성이 지대한 특정의 위험물을 운송하는 경우에는 운송책임자를 두어 위험물 운송에 대한 감독 또는 지원을 받도록 하는 규제를 부가하고 있다(法 21 Ⅱ).

(2) 위험물운송자

위험물 운송책임자(위험물 운송의 감독 또는 지원을 하는 자)와 이동탱크저장소 운전자를 말하며, 일반적인 경우의 위험물운송자는 운송하는 위험물을 취급할 수 있는 국가기술자격자 또는 법 제28조 제1항의 규정에 의한 안전교육을 받은 자로 하면 되나, 알킬알루미늄등을 운송함에 있어서 운송에 대한 감독·지원을 하는 운송책임자의 자격은 다음과 같이 강화되어 있다(法 21 Ⅰ, 令 19, 規 52).

1) 당해 위험물의 취급에 관한 국가기술자격을 취득하고 관련 업무에 1년 이상 종사한 경력이 있는 자

2) 법 제28조 제1항의 규정에 의한 위험물의 운송에 관한 안전교육을 수료하고 관련 업무에 2년 이상 종사한 경력이 있는 자

(3) 위험물의 운송에 관계된 의무자

위험물의 운송에 있어서 이동탱크저장소에 자격이 있는 위험물운송자를 승차시킬 의무는 위험물의 운송행위에 관하여 책임이 있는 자로서, 일반적으로 이동탱크저장소의 관계인과 운전자가 해당한다.

(4) 운전자와 위험물운송자와의 관계

위험물운송자의 승차에 있어서 운전자 자신이 위험물운송자의 자격이 있는 경우에는 다른 위험물운송자를 승차시킬 필요가 없지만, 운전자가 위험물운송자의 자격이 없는 경우에는 자격이 있는 위험물운송자를 승차시켜야 한다.

(5) 운송책임자의 감독 · 지원

1) 운송책임자의 감독 · 지원을 받아 운송하여야 하는 위험물(令 19)

알킬알루미늄, 알킬리튬 및 알킬알루미늄 또는 알킬리튬을 함유하는 위험물

2) 운송책임자의 감독 또는 지원의 방법

운송책임자는 알킬알루미늄등의 운송에 관한 감독 또는 지원을 다음의 ①, ② 중의 방법으로 할 수 있다(規 별표 21 ①).

① 운송책임자가 이동탱크저장소에 동승하여 운송 중인 위험물의 안전 확보에 관하여 운전자에게 필요한 감독 또는 지원을 하는 방법. 다만, 운전자가 운송책임자의 자격이 있는 경우에는 운송책임자의 자격이 없는 자가 동승할 수 있다.

② 운송의 감독 또는 지원을 위하여 마련한 별도의 사무실에 운송책임자가 대기하면서 다음의 사항을 이행하는 방법

㉠ 운송경로를 미리 파악하고 관할 소방관서 또는 관련 업체(비상대응에 관한 협력을 얻을 수 있는 업체를 말한다)에 대한 연락체계를 갖추는 것

㉡ 이동탱크저장소의 운전자에 대하여 수시로 안전 확보 상황을 확인하는 것

㉢ 비상시의 응급처치에 관하여 조언을 하는 것

㉣ 그 밖에 위험물의 운송 중 안전 확보에 관하여 필요한 정보를 제공하고 감독 또는 지원하는 것

(6) 운송 중의 준수사항

이동탱크저장소에 의한 위험물의 운송 시에 준수하여야 하는 기준은 다음과 같다(規 별표 21 ②). 유의하여야 할 점은 위험물운송자가 이동탱크저장소로 위험물을 운송할 때 이러한 기준을 준수하여야 하는 동시에 저장·취급기준(規 별표 18)의 적용도 그대로 받는 점과 위험물의 운송 중에는 운송 중의 위험물의 안전 확보에 주의를 기울일 의무가 병과되어 있다는 것이다(法 5 Ⅲ 및 法 21 Ⅲ).

1) 위험물운송자는 운송의 개시 전에 이동저장탱크의 배출밸브 등의 밸브와 폐쇄장치, 맨홀 및 주입구의 뚜껑, 소화기 등의 점검을 충분히 실시할 것

2) 위험물운송자는 장거리(고속국도에 있어서는 340km 이상, 그 밖의 도로에 있어서는 200km 이상을 말한다)에 걸치는 운송을 하는 때에는 2명 이상의 운전자로 할 것. 다만, 다음의 어느 하나에 해당하는 경우에는 그러하지 아니 하다.

① 알킬알루미늄등의 운송을 감독 또는 지원하기 위한 운송책임자를 동승시킨 경우

② 운송하는 위험물이 제2류 위험물·제3류 위험물(칼슘 또는 알루미늄의 탄화물과 이것만을 함유한 것에 한한다) 또는 제4류 위험물(특수인화물을 제외한다)인 경우

③ 운송 도중에 2시간 이내마다 20분 이상씩 휴식하는 경우

3) 위험물운송자는 이동탱크저장소를 휴식·고장 등으로 일시 정차시킬 때에는 안전한 장소를 택하고 당해 이동탱크저장소의 안전을 위한 감시를 할 수 있는 위치에 있는 등 운송하는 위험물의 안전 확보에 주의할 것

4) 위험물운송자는 이동저장탱크로부터 위험물이 현저하게 새는 등 재해발생의 우려가 있는 경우에는 재난을 방지하기 위한 응급조치를 강구하는 동시에 소방관서 그 밖의 관계기관에 통보할 것

5) 위험물(제4류 위험물에 있어서는 특수인화물 및 제1석유류에 한한다)을 운송하게 하는 자는 규칙 별지 제48호 서식의 위험물안전카드(운송하게 하는 위험물의 취급

방법 및 응급조치요령을 알기 쉽게 기록한 카드)를 위험물운송자로 하여금 휴대하게 할 것

6) 위험물운송자는 위험물안전카드를 휴대하고 당해 카드에 기재된 내용에 따를 것. 다만, 재난 그 밖의 불가피한 이유가 있는 경우에는 당해 기재된 내용에 따르지 아니할 수 있다.

(7) 의무위반에 대한 조치

위험물운송자의 자격 없이 위험물을 운송하거나 알킬알루미늄등을 운송책임자의 감독 또는 지원을 받지 않고 운송하는 경우에는 벌칙이 따르고(法 37), 운송기준 준수의무를 위반한 경우에는 과태료가 부과된다(法 39). 한편, 법 제22조 제2항에 따른 소방공무원 또는 국가경찰공무원의 정지지시를 거부하거나 국가기술자격증, 교육수료증·신원확인을 위한 증명서의 제시 요구 또는 신원확인을 위한 질문에 응하지 아니한 사람에게도 벌칙이 따른다(法 36).

07 감독 및 조치명령

학습 Point 위험물의 저장·취급에 있어서는 안전 확보를 위한 각종 규제가 있고, 그 의무위반자 등에 대하여도 여러 가지의 조치명령이 있다.

1 위험물의 저장·취급 장소에 대한 감독(法 22 Ⅰ, Ⅲ, Ⅳ, Ⅵ)

(1) 감독권자(法 22 Ⅰ)

소방청장(중앙119구조본부장 및 그 소속기관의 장을 포함), 시·도지사, 소방본부장 또는 소방서장

(2) 감독시기(法 22 Ⅰ)

위험물의 저장 또는 취급에 따른 화재의 예방 또는 진압대책을 위하여 필요한 때

(3) 감독대상(法 22 Ⅰ)

위험물을 저장 또는 취급하고 있다고 인정되는 장소의 관계인

* 정차 중인 이동탱크저장소의 관계인을 포함한다.

(4) 감독의 방법

① 필요한 보고의 징수(보고징수명령)(法 22 Ⅰ)
② 자료제출명령(法 22 Ⅰ)
③ 관계공무원의 출입검사(法 22 Ⅰ)
　㉠ 출입검사의 내용(法 22 Ⅰ)
　　ⓐ 당해 장소의 위치·구조·설비 및 위험물의 저장·취급상황에 대한 검사
　　ⓑ 관계인에 대한 질문
　　ⓒ 시험에 필요한 최소한의 위험물 또는 위험물로 의심되는 물품의 수거
　㉡ 출입검사의 대상 제한 : 개인의 주거는 관계인의 승낙을 얻은 경우 또는 화재발생의 우려가 커서 긴급한 필요가 있는 경우가 아니면 출입할 수 없다(法 22 Ⅰ).
　㉢ 출입검사의 시간 제한 : 관계인의 승낙을 얻은 경우 또는 화재발생의 우려가 커서 긴급한 필요가 있는 경우 외에는 다음에 정하는 시간 내에 행하여야 한다(法 22 Ⅲ).
　　ⓐ 당해 장소의 공개시간(예 유흥업소, 백화점, 여관, 음식점 등)
　　ⓑ 당해 장소의 근무시간(예 공장, 사업장 등 다수인이 근무하는 장소)
　　ⓒ 해가 뜬 후부터 해가 지기 전까지의 시간(ⓐ, ⓑ에 해당하지 않는 그 밖의 장소)

(5) 업무방해금지, 비밀누설금지 및 권한표시 증표 제시(法 22 Ⅳ)

출입·검사 등을 행하는 관계공무원은 관계인의 정당한 업무를 방해하거나 출입·검사 등을 수행하면서 알게 된 비밀을 다른 자에게 누설하여서는 안 된다.

(6) 출입검사권한 표시증표 제시의무(法 22 Ⅵ)

출입·검사 등을 하는 관계공무원은 그 권한을 표시하는 증표를 지니고 관계인에게 이를 내보여야 한다.

2 주행 중 이동탱크저장소의 정지(法 22 Ⅱ)

소방공무원 또는 국가경찰공무원은 위험물의 운송자격을 확인하기 위하여 필요하다고 인정하는 경우에는 주행 중의 이동탱크저장소를 정지시켜 당해 이동탱크저장소에 승차하고 있는 자에 대하여 위험물의 취급에 관한 국가기술자격증 또는 교육수료증의 제시를 요구할 수 있고, 국가기술자격증 또는 교육수료증을 제시하지 아니한 경우에는 주민등록증, 여권, 운전면허증 등 신원확인을 위한 증명서를 제시할 것을 요구하거나 신원확인을 위한 질문을 할 수 있다. 이 직무를 수행하는 경우에 있어서 소방공무원과 국가경찰공무원은 긴밀히 협력하여야 한다(法 22 Ⅱ).

업무방해금지 및 비밀누설금지와 출입검사권한 표시증표 제시의무는 위험물의 저장·취급장소에 대한 경우와 동일하다(法 22 Ⅳ·Ⅵ).

한편, 상치되어 있거나 주·정차 중인 이동탱크저장소에 대한 출입검사는 법 제22조 제1항에 따라 실시할 수 있다.

3 위험물 누출 등의 사고 조사(法 22의 2)

소방청장(중앙119구조본부장 및 그 소속기관의 장을 포함), 소방본부장 또는 소방서장은 위험물의 누출·화재·폭발 등의 사고가 발생한 경우 사고의 원인 및 피해 등을 조사하여야 한다. 필요한 경우 사고조사위원회를 둘 수 있으며, 이 조사에 관하여는 법 제22조 제1항·제3항·제4항 및 제6항을 준용한다.

CHAPTER 01
CHAPTER 02
CHAPTER 03
CHAPTER 04
부록

4 탱크시험자에 대한 감독

(1) 탱크시험자에 대한 출입검사(法 22 Ⅴ, Ⅵ)

시·도지사, 소방본부장 또는 소방서장은 탱크시험자에 대하여 필요한 보고 또는 자료제출을 명하거나 관계공무원으로 하여금 당해 사무소에 출입하여 업무의 상황·시험기구·장부·서류와 그 밖의 물건을 검사하게 하거나 관계인에게 질문하게 할 수 있다. 이때 출입검사를 하는 관계공무원은 그 권한을 표시하는 증표를 지니고 관계인에게 내보여야 한다.

(2) 탱크시험자에 대한 명령(法 23)

시·도지사, 소방본부장 또는 소방서장은 탱크시험자에 대하여 당해 업무를 적정하게 실시하게 하기 위하여 필요하다고 인정하는 때에는 감독상 필요한 명령을 할 수 있다.

5 무허가시설 등에 대한 조치명령

시·도지사, 소방본부장 또는 소방서장은 위험물에 의한 재해를 방지하기 위하여 제6조 제1항의 규정에 의한 허가를 받지 아니하고 지정수량 이상의 위험물을 저장 또는 취급하는 자(제6조 제3항의 규정에 따라 허가를 받지 아니하는 자를 제외)에 대하여 그 위험물 및 시설의 제거 등 필요한 조치[59]를 명할 수 있다(法 24). 이를 위반한 자에게는 벌칙이 따른다.

---

59) 필요한 조치 : 현실의 위험성을 배제하는데 필요한 시설의 철거, 취급의 제한 또는 금지 등의 조치를 말하며, 이에 관한 명령에 위반한 때에는 「행정대집행법」에 의한 대집행을 행할 수 있다.
「행정대집행법」 제2조(대집행과 그 비용징수) : 법률에 의하여 직접 명령되었거나 또는 법률에 의거한 행정청의 명령에 의한 행위로서 타인이 대신하여 행할 수 있는 행위를 의무자가 이행하지 아니하는 경우 다른 수단으로써 그 이행을 확보하기 곤란하고 또한 그 불이행을 방치함이 심히 공익을 해할 것으로 인정될 때에는 당해 행정청은 스스로 의무자가 하여야 할 행위를 하거나 또는 제삼자로 하여금 이를 하게 하여 그 비용을 의무자로부터 징수할 수 있다.

한편, 무허가시설의 적발은 법 제22조 제1항의 규정에 의한 감독방법으로 행하게 되는 바, 보고징수명령·자료제출명령 및 출입검사는 무허가시설 및 무허가로 지정수량 이상의 위험물을 저장·취급하고 있다고 인정되는 장소에 대하여도 행할 수 있다.

6 제조소등에 대한 긴급 사용정지 또는 사용제한 명령

시·도지사, 소방본부장 또는 소방서장은 공공의 안전을 유지하거나 재해의 발생을 방지하기 위하여 긴급한 필요가 있다고 인정되는 때에는 제조소등의 관계인에 대하여 당해 제조소등의 사용을 일시정지하거나 그 사용을 제한할 것을 명할 수 있다(法 25).

이는 위험하게 된 원인이 당해 제조소등에 있는지 여부와 관계없이 제조소등이 위험하게 된 경우에는 그 사용을 일시정지하거나 제한할 수 있는 점에서 법 제12조의 규정에 의한 사용정지명령이 위험의 원인이 당해 위험물시설에 있을 때에만 발동될 수 있는 것과 차이가 있다.

이 명령에 위반하는 경우에는 벌칙이 적용된다.

7 저장·취급기준 준수명령

시·도지사, 소방본부장 또는 소방서장은 제조소등에서의 위험물의 저장 또는 취급이 법 제5조 제3항의 규정에 의한 저장·취급기준(規 별표 18)에 위반된다고 인정하는 때에는 당해 제조소등의 관계인에 대하여 동항의 기준에 따라 위험물을 저장 또는 취급하도록 명할 수 있다(法 26 Ⅰ).

시·도지사, 소방본부장 또는 소방서장은 관할하는 구역에 있는 이동탱크저장소에서의 위험물의 저장 또는 취급이 제5조 제3항의 규정에 의한 저장·취급기준(規 별표 18)에 위반된다고 인정되는 때에는 당해 이동탱크저장소의 관계인에 대하여 동항의 기준에 따라 위험물을 저장 또는 취급하도록 명할 수 있으며, 이동탱크저장소의 관계인에 대하여 명령을 한 경우에는 규칙 제77조의 규정에 따라 당해 이동탱크저장소의 허가를 한 시·도지사, 소방본부장 또는 소방서장에게 신속히 그 취지를 통지하여야 한다(法 26 Ⅱ·Ⅲ).

제조소등의 하나인 이동탱크저장소에 관하여 별도의 저장·취급기준 준수명령을 규정한 이유는 이동탱크저장소의 이동적 특성을 감안하여 허가청이 아닌 행정청도 필요한 감독을 할 수 있도록 하기 위함이다.

8 긴급 시 응급조치의무와 응급조치명령 등

제조소등의 관계인은 제조소등에서 위험물의 유출 그 밖의 사고가 발생한 때에는 즉시 그리고 지속적으로 위험물의 유출 및 확산의 방지, 유출된 위험물의 제거 그 밖에 재해의 발생방지를 위한 응급조치를 강구하여야 하며(法 27 Ⅰ), 소방본부장 또는 소방서장은 관계인이 이러한 응급조치를 강구하지 아니 하였다고 인정하는 때에는 응급조치를 강구하도록 명할 수 있다(法 27 Ⅲ). 이 명령의 대상시설이 이동탱크저장소인 경우에 있어서의 명령권자는 당해 이동탱크저장소가 있는 구역을 관할하는 소방본부장 또는 소방서장으로 하고 있다(法 27 Ⅳ). 이는 전술한 이동탱크저장소에 관한 저장 · 취급기준 준수명령과 동일한 취지로 규정된 것이다.

응급조치명령에 위반하는 경우에는 벌칙이 따르며, 상술한 사태를 발견한 자는 즉시 그 사실을 소방서, 경찰서 또는 기타 관계기관에 통보할 의무가 있다(法 27 Ⅱ).

08 보 칙

1 안전교육

(1) 교육대상자 · 교육시간 · 교육시기 · 교육기관 등

법 제28조 제1항 및 위령 제20조의 규정에 의하여 안전교육을 받아야 하는 교육대상자를 중심으로 교육과정별 교육시간 · 교육시기 등으로 정리하면 다음과 같다(規 별표 24). 교육기관은 탱크시험자의 기술인력에 대한 교육은 기술원이고, 나머지 교육대상자에 대한 교육은 한국소방안전원이다.

<table>
<tr><th>교육과정</th><th>교육대상자</th><th>교육시간</th><th>교육시기</th><th colspan="2">교과목에 포함할 사항</th></tr>
<tr><td rowspan="2">강습교육</td><td>안전관리자가 되고자 하는 자</td><td>24시간</td><td>신규 종사 전</td><td>• 제4류 위험물의 품명별 일반성질, 화재예방 및 소화의 방법</td><td rowspan="2">• 연소 및 소화에 관한 기초이론
• 모든 위험물의 유별 공통성질과 화재예방 및 소화의 방법
• 위험물안전관리법령 및 위험물의 안전관리에 관계된 법령</td></tr>
<tr><td>위험물운송자가 되고자 하는 자</td><td>16시간</td><td>신규 종사 전</td><td>• 이동탱크저장소의 구조 및 설비작동법
• 위험물운송에 관한 안전기준</td></tr>
<tr><td rowspan="3">실무교육</td><td>안전관리자</td><td>8시간 이내</td><td>신규 종사 후 2년마다 1회</td><td colspan="2">–</td></tr>
<tr><td>위험물운송자</td><td>8시간 이내</td><td>신규 종사 후 3년마다 1회</td><td colspan="2">–</td></tr>
<tr><td>탱크시험자의 기술인력</td><td>8시간 이내</td><td>① 신규 종사 후 6개월 이내
② ①에 따른 교육 후 2년마다 1회</td><td colspan="2">–</td></tr>
</table>

(2) 교육을 받게 할 의무와 교육미이수자에 대한 제재

교육대상자도 해당 업무에 관한 능력의 습득 또는 향상을 위하여 교육을 받아야 할 의무가 있지만(法 28 Ⅰ), 제조소등의 관계인도 교육대상자에 대하여 안전교육을 받게 할 의무가 있다(法 28 Ⅱ).

또한, 시・도지사, 소방본부장 또는 소방서장은 법 제28조 제1항의 규정에 의한 교육대상자가 교육을 받지 아니한 때에는 그 교육대상자가 교육을 받을 때까지 위법의 규정에 의하여 그 자격으로 행하는 행위를 제한할 수 있다(法 28 Ⅳ).

2 청문

시・도지사, 소방본부장 또는 소방서장은 제조소등 설치허가의 취소(法 12) 또는 탱크시험자의 등록취소(法 16 Ⅴ)의 처분을 하고자 하는 경우에는 청문을 실시하여야 한다.

청문의 절차는 「행정절차법」에 의한다.

3 권한의 위임・위탁

(1) 권한의 위임

법률상 시・도지사의 권한으로 되어 있는 다음의 1에 해당하는 권한은 법 제30조 제1항 및 위령 제21조의 규정에 의하여 소방서장에게 위임되었으므로 소방서장의 권한에 속한다. 다만, 동일한 시・도에 있는 2 이상 소방서장의 관할구역에 걸쳐 설치되는 이송취급소에 관련된 권한은 위임대상에서 제외되어 있으므로 그대로 시・도지사의 권한으로 유지된다.

① 법 제6조 제1항의 규정에 의한 제조소등의 설치허가 또는 변경허가
② 법 제6조 제2항의 규정에 의한 위험물의 품명・수량 또는 지정수량의 배수의 변경신고의 수리
③ 법 제7조 제1항의 규정에 의하여 군사목적 또는 군부대시설을 위한 제조소등을 설치하거나 그 위치・구조 또는 설비의 변경에 관한 군부대의 장과의 협의
④ 법 제8조 제1항의 규정에 의한 탱크안전성능검사(영 제22조 제1항 제1호의 규정에 의하여 기술원에 위탁하는 것을 제외한다)
⑤ 법 제9조의 규정에 의한 완공검사(영 제22조 제1항 제2호의 규정에 의하여 기술원에 위탁하는 것을 제외한다)
⑥ 법 제10조 제3항의 규정에 의한 제조소등의 설치자의 지위승계신고의 수리
⑦ 법 제11조의 규정에 의한 제조소등의 용도폐지신고의 수리
⑧ 법 제12조의 규정에 의한 제조소등의 설치허가의 취소와 사용정지
⑨ 법 제13조의 규정에 의한 과징금처분
⑩ 법 제17조의 규정에 의한 예방규정의 수리・반려 및 변경명령

(2) 업무의 위탁

1) 한국소방산업기술원의 업무

법률상 소방청장, 시・도지사, 소방본부장 또는 소방서장의 권한으로 되어 있는 다음의 어느 하나에 해당하는 권한은 법 제30조 제1항 및 영 제22조 제1항의 규정에 의하여 기술원에 위탁되었으므로 기술원의 업무에 속한다.

① 법 제8조 제1항의 규정에 의한 시・도지사의 탱크안전성능검사 중 다음의 어느 하나에 해당하는 탱크에 대한 탱크안전성능검사
　㉠ 용량이 100만L 이상인 액체위험물을 저장하는 탱크
　㉡ 암반탱크
　㉢ 이중벽탱크

② 법 제9조 제1항에 따른 시・도지사의 완공검사에 관한 권한 중 다음의 어느 하나에 해당하는 완공검사
　㉠ 지정수량의 3천 배 이상의 위험물을 취급하는 제조소 또는 일반취급소의 설치 또는 변경(사용 중인 제조소 또는 일반취급소의 보수 또는 부분적인 증설을 제외한다)에 따른 완공검사
　㉡ 옥외탱크저장소(저장용량이 50만L 이상인 것만 해당) 또는 암반탱크저장소의 설치 또는 변경에 따른 완공검사

③ 법 제18조 제2항의 규정에 의한 소방본부장 또는 소방서장의 정기검사

④ 법 제20조 제2항에 따른 시・도지사의 운반용기검사

⑤ 법 제28조 제1항의 규정에 의한 소방청장의 안전교육에 관한 권한 중 탱크시험자의 기술인력으로 종사하는 자에 대한 안전교육

2) 한국소방안전원의 업무

법률상 소방청장의 권한으로 되어 있는 안전교육 중 안전관리자와 위험물운송자를 위한 안전교육은 법 제30조 제2항 및 영 제22조 제2항의 규정에 의하여 한국소방안전원에 위탁되었으므로 안전원의 업무에 속한다.

4 수수료 및 교육비

위험물의 저장・취급 또는 운반에 관련된 다음의 어느 하나에 해당하는 승인・허가・검사 또는 교육 등을 받고자 하거나 등록 또는 신고를 하고자 하는 자는 규칙 별표 25에 정하는 수수료 또는 교육비를 납부하여야 한다(法 31).

수수료 또는 교육비는 당해 허가 등의 신청 또는 신고 시에 당해 허가 등의 업무를 직접 행하는 기관(허가청, 기술원 또는 안전원)에 납부하되, 시・도지사 또는 소방서장에게 납부하는 수수료는 당해 시・도의 수입증지로 납부하여야 한다. 다만, 시・도지사 또는

소방서장은 정보통신망을 이용하여 전자화폐 · 전자결제 등의 방법으로 이를 납부하게 할 수 있다(規 79).

① 법 제5조 제2항 제1호의 규정에 따른 임시저장 · 취급의 승인
② 법 제6조 제1항의 규정에 따른 제조소등의 설치 또는 변경의 허가
③ 법 제8조의 규정에 따른 제조소등의 탱크안전성능검사
④ 법 제9조의 규정에 따른 제조소등의 완공검사
⑤ 법 제10조 제3항의 규정에 따른 설치자의 지위승계신고
⑥ 법 제16조 제2항의 규정에 따른 탱크시험자의 등록
⑦ 법 제16조 제3항의 규정에 따른 탱크시험자의 등록사항 변경신고
⑧ 법 제18조 제2항의 규정에 따른 정기검사
⑨ 법 제20조 제2항의 규정에 따른 운반용기의 검사
⑩ 법 제28조의 규정에 따른 안전교육

5 벌칙 적용 시 공무원으로 의제되는 자

위탁규정 등에 의하여 다음의 공공업무를 수행하는 기술원, 탱크시험자 및 한국소방안전원의 임 · 직원이 해당 업무에 있어서 제3자적 공정성을 유지하도록 하기 위하여 형법 제129조 내지 제132조[60]의 적용을 받도록 하고 있다(法 32).

① 법 제8조 제1항 후단의 규정에 따른 검사업무에 종사하는 기술원의 담당 임원 및 직원
② 법 제16조 제1항의 규정에 따른 탱크시험자의 업무에 종사하는 자
③ 법 제30조 제2항의 규정에 따라 위탁받은 업무에 종사하는 안전원 및 기술원의 담당 임원 및 직원

09 벌 칙

위험물을 유출 · 방출 · 확산

법 제33조 【벌칙】
① 제조소등에서 위험물을 유출 · 방출 또는 확산시켜 사람의 생명 · 신체 또는 재산에 대하여 위험을 발생시킨 자는 1년 이상 10년 이하의 징역에 처한다.
② 제1항의 규정에 따른 죄를 범하여 사람을 상해(傷害)에 이르게 한 때에는 무기 또는 3년 이상의 징역에 처하며, 사망에 이르게 한 때에는 무기 또는 5년 이상의 징역에 처한다.

60) 수뢰죄 · 사전수뢰죄, 제3자뇌물제공죄, 수뢰후부정 처사죄 · 사후수뢰죄 및 알선수뢰죄에 관한 규정이다.

현행 형법이 가스, 폭발물의 유출, 방출 등에 의한 범죄를 규정하고 있으나 위험물의 유출, 방출에 의한 범죄는 규정하지 않고 있기 때문에 제34조와 함께 위법에 규정된 처벌규정이다.

제1항은 제조소등에서 고의로 위험물을 유출, 방출 또는 확산시켜 사람 또는 재산에 대하여 위험을 발생시킨 자를 처벌하는 규정이다.

제2항은 위험물을 유출, 방출 또는 확산시켜 사람을 상해 또는 사망에 이르게 함으로써 성립하는 결과적 가중범을 규정하고 있다. 치상죄는 상해의 결과에 대하여 과실이 있는 경우뿐만 아니라 고의가 있는 때에도 성립하는 부진정결과적 가중범이지만 치사죄는 과실이 있는 때에만 성립하는 진정결과적 가중범이다. 과실이란 통상 결과발생에 대하여 상당한 주의를 기울이면 인식할 수 있음에도 주의태만으로 인식하지 못하거나 결과를 방지하지 못하는 것을 의미한다.

업무상 과실로 위험물을 유출 · 방출 · 확산

법 제34조 【벌칙】

① 업무상 과실로 제조소등에서 위험물을 유출 · 방출 또는 확산시켜 사람의 생명 · 신체 또는 재산에 대하여 위험을 발생시킨 자는 7년 이하의 금고 또는 7천만 원 이하의 벌금에 처한다.

② 제1항의 죄를 범하여 사람을 사상(死傷)에 이르게 한 자는 10년 이하의 징역 또는 금고나 1억 원 이하의 벌금에 처한다.

제1항은 제조소등에서 업무상 과실로 위험물을 유출, 방출 또는 확산시켜 사람 또는 재산에 대하여 위험을 발생시킨 경우에 성립하는 범죄(과실범, 구체적 위험범)이다. 범죄가 성립하려면 위험물의 유출, 방출 또는 확산에 대하여 업무상 과실이 있어야 한다. 그런데 여기서 업무상 과실이란 위험한 업무를 수행함으로써 일반인 이상의 주의의무가 요구되는 자가 그 주의의무를 태만히 하는 것을 말한다. 업무와 관계없는 일반인의 과실은 처벌하지 않는다.

제2항은 제조소등에서 업무상 과실로 위험물을 유출, 방출 또는 확산시킨 결과, 사람을 상해 또는 사망에 이르게 한 경우 처벌하는 결과적 가중범에 관한 규정이다.

허가 없이 제조소등 설치 / 저장소 또는 제조소등이 아닌 장소에서 저장 또는 취급

법 제34조의 2 【벌칙】

제6조 제1항 전단을 위반하여 제조소등의 설치허가를 받지 아니하고 제조소등을 설치한 자는 5년 이하의 징역 또는 1억 원 이하의 벌금에 처한다. [본조 신설 2017. 3. 21.]

법 제34조의 3 【벌칙】

제5조 제1항을 위반하여 저장소 또는 제조소등이 아닌 장소에서 지정수량 이상의 위험물을 저장 또는 취급한 자는 3년 이하의 징역 또는 3천만 원 이하의 벌금에 처한다. [본조 신설 2017. 3. 21.]

종전에는 위의 위반행위에 대하여 위법 제35조에서 1년 이하의 징역 또는 1천만 원 이하의 벌금에 처하도록 하고 있었으나 위험물로 인한 공공의 위해를 방지하고 공공의 안전을 확보하려는 취지를 강화하고자 각각 벌칙의 법정형이 상향되어 따로 규정된 것이다.

1년 이하 징역 또는 1천만 원 이하 벌금

법 제35조 【벌칙】

다음 각 호의 어느 하나에 해당하는 자는 1년 이하의 징역 또는 1천만 원 이하의 벌금에 처한다.

1. 삭제 〈2017. 3. 21.〉
2. 삭제 〈2017. 3. 21.〉
3. 제16조 제2항의 규정에 따른 탱크시험자로 등록하지 아니하고 탱크시험자의 업무를 한 자
4. 제18조 제1항의 규정을 위반하여 정기점검을 하지 아니하거나 점검기록을 허위로 작성한 관계인으로서 제6조 제1항의 규정에 따른 허가(제6조 제3항의 규정에 따라 허가가 면제된 경우 및 제7조 제2항의 규정에 따라 협의로써 허가를 받은 것으로 보는 경우를 포함한다. 이하 제5호·제6호, 제36조 제6호·제7호·제10호 및 제37조 제3호에서 같다)를 받은 자
5. 제18조 제2항의 규정을 위반하여 정기검사를 받지 아니한 관계인으로서 제6조 제1항의 규정에 따른 허가를 받은 자
6. 제19조의 규정을 위반하여 자체소방대를 두지 아니한 관계인으로서 제6조 제1항의 규정에 따른 허가를 받은 자
7. 제20조 제2항 단서의 규정을 위반하여 운반용기에 대한 검사를 받지 아니하고 운반용기를 사용하거나 유통시킨 자
8. 제22조 제1항(제22조의 2 제2항에서 준용하는 경우를 포함)의 규정에 따른 명령을 위반하여 보고 또는 자료제출을 하지 아니하거나 허위의 보고 또는 자료제출을 한 자 또는 관계공무원의 출입·검사 또는 수거를 거부·방해 또는 기피한 자
9. 제25조의 규정에 따른 제조소등에 대한 긴급 사용정지·제한명령을 위반한 자

1천500만 원 이하 벌금

법 제36조 【벌칙】

다음 각 호의 어느 하나에 해당하는 자는 1천500만 원 이하의 벌금에 처한다.

1. 제5조 제3항 제1호의 규정에 따른 위험물의 저장 또는 취급에 관한 중요기준에 따르지 아니한 자
2. 제6조 제1항 후단의 규정을 위반하여 변경허가를 받지 아니하고 제조소등을 변경한 자
3. 제9조 제1항의 규정을 위반하여 제조소등의 완공검사를 받지 아니하고 위험물을 저장·취급한 자
4. 제12조의 규정에 따른 제조소등의 사용정지명령을 위반한 자
5. 제14조 제2항의 규정에 따른 수리·개조 또는 이전의 명령에 따르지 아니한 자
6. 제15조 제1항 또는 제2항의 규정을 위반하여 안전관리자를 선임하지 아니한 관계인으로서 제6조 제1항의 규정에 따른 허가를 받은 자
7. 제15조 제5항을 위반하여 대리자를 지정하지 아니한 관계인으로서 제6조 제1항의 규정에 따른 허가를 받은 자
8. 제16조 제5항의 규정에 따른 업무정지명령을 위반한 자
9. 제16조 제6항의 규정을 위반하여 탱크안전성능시험 또는 점검에 관한 업무를 허위로 하거나 그 결과를 증명하는 서류를 허위로 교부한 자
10. 제17조 제1항 전단의 규정을 위반하여 예방규정을 제출하지 아니하거나 동조 제2항의 규정에 따른 변경명령을 위반한 관계인으로서 제6조 제1항의 규정에 따른 허가를 받은 자
11. 제22조 제2항에 따른 정지지시를 거부하거나 국가기술자격증, 교육수료증·신원확인을 위한 증명서의 제시 요구 또는 신원확인을 위한 질문에 응하지 아니한 사람

12. 제22조 제5항의 규정에 따른 명령을 위반하여 보고 또는 자료제출을 하지 아니하거나 허위의 보고 또는 자료제출을 한 자 및 관계공무원의 출입 또는 조사・검사를 거부・방해 또는 기피한 자
13. 제23조의 규정에 따른 탱크시험자에 대한 감독상 명령에 따르지 아니한 자
14. 제24조의 규정에 따른 무허가장소의 위험물에 대한 조치명령에 따르지 아니한 자
15. 제26조 제1항・제2항 또는 제27조의 규정에 따른 저장・취급기준 준수명령 또는 응급조치명령을 위반한 자

1천만 원 이하 벌금

법 제37조【벌칙】

다음 각 호의 어느 하나에 해당하는 자는 1천만 원 이하의 벌금에 처한다.

1. 제15조 제6항을 위반하여 위험물의 취급에 관한 안전관리와 감독을 하지 아니한 자
2. 제15조 제7항을 위반하여 안전관리자 또는 그 대리자가 참여하지 아니한 상태에서 위험물을 취급한 자
3. 제17조 제1항 후단의 규정을 위반하여 변경한 예방규정을 제출하지 아니한 관계인으로서 제6조 제1항의 규정에 따른 허가를 받은 자
4. 제20조 제1항 제1호의 규정을 위반하여 위험물의 운반에 관한 중요기준에 따르지 아니한 자
5. 제21조 제1항 또는 제2항의 규정을 위반한 위험물운송자
6. 제22조 제4항(제22조의 2 제2항에서 준용하는 경우를 포함)의 규정을 위반하여 관계인의 정당한 업무를 방해하거나 출입・검사 등을 수행하면서 알게 된 비밀을 누설한 자

양벌규정

법 제38조【양벌규정】

① 법인의 대표자나 법인 또는 개인의 대리인, 사용인, 그 밖의 종업원이 그 법인 또는 개인의 업무에 관하여 제33조 제1항의 위반행위를 하면 그 행위자를 벌하는 외에 그 법인 또는 개인을 5천만 원 이하의 벌금에 처하고, 같은 조 제2항의 위반행위를 하면 그 행위자를 벌하는 외에 그 법인 또는 개인을 1억 원 이하의 벌금에 처한다. 다만, 법인 또는 개인이 그 위반행위를 방지하기 위하여 해당 업무에 관하여 상당한 주의와 감독을 게을리하지 아니한 경우에는 그러하지 아니하다.

② 법인의 대표자나 법인 또는 개인의 대리인, 사용인, 그 밖의 종업원이 그 법인 또는 개인의 업무에 관하여 제34조부터 제37조까지의 어느 하나에 해당하는 위반행위를 하면 그 행위자를 벌하는 외에 그 법인 또는 개인에게도 해당 조문의 벌금형을 과(科)한다. 다만, 법인 또는 개인이 그 위반행위를 방지하기 위하여 해당 업무에 관하여 상당한 주의와 감독을 게을리하지 아니한 경우에는 그러하지 아니하다.

과태료

법 제39조【과태료】

① 다음 각 호의 1에 해당하는 자는 200만 원 이하의 과태료에 처한다.

1. 제5조 제2항 제1호의 규정에 따른 승인을 받지 아니한 자
2. 제5조 제3항 제2호의 규정에 따른 위험물의 저장 또는 취급에 관한 세부기준을 위반한 자
3. 제6조 제2항의 규정에 따른 품명 등의 변경신고를 기간 이내에 하지 아니하거나 허위로 한 자
4. 제10조 제3항의 규정에 따른 지위승계신고를 기간 이내에 하지 아니하거나 허위로 한 자
5. 제11조의 규정에 따른 제조소등의 폐지신고 또는 제15조 제3항의 규정에 따른 안전관리자의 선임신고를 기간 이내에 하지 아니하거나 허위로 한 자

6. 제16조 제3항의 규정을 위반하여 등록사항의 변경신고를 기간 이내에 하지 아니하거나 허위로 한 자
7. 제18조 제1항의 규정을 위반하여 점검결과를 기록·보존하지 아니한 자
8. 제20조 제1항 제2호의 규정에 따른 위험물의 운반에 관한 세부기준을 위반한 자
9. 제21조 제3항의 규정을 위반하여 위험물의 운송에 관한 기준을 따르지 아니한 자

② 제1항의 규정에 따른 과태료는 대통령령이 정하는 바에 따라 시·도지사, 소방본부장 또는 소방서장(이하 "부과권자"라 한다)이 부과·징수한다.

③ ④ ⑤ 삭제 〈2014. 12. 30.〉

⑥ 제4조 및 제5조 제2항 각 호 외의 부분 후단의 규정에 따른 조례에는 200만 원 이하의 과태료를 정할 수 있다. 이 경우 과태료는 부과권자가 부과·징수한다.

⑦ 삭제 〈2014. 12. 30.〉

- 제1항 : 위법상의 신고의무 불이행 등 법질서를 위반한 사람은 과태료에 처하도록 하고 있다.
- 제2항 : 과태료의 부과기준을 영에 위임하고 있다.
- 제6항 : 시·도의 조례로도 과태료를 부과할 수 있도록 하는 근거를 규정하고 있다.
  - 지정수량 미만의 위험물의 저장 또는 취급에 관한 기술상의 기준 위반
  - 위험물을 임시로 저장 또는 취급하는 장소에서의 저장 또는 취급의 기준과 임시로 저장 또는 취급하는 장소의 위치·구조 및 설비의 기준

영 제23조 【과태료 부과기준】

법 제39조 제1항에 따른 과태료의 부과기준은 별표 9와 같다.

영 별표 9 【과태료의 부과기준 및 금액】

1. 일반기준

가. 과태료 부과권자는 다음의 어느 하나에 해당하는 경우에는 제2호의 개별기준에 따른 과태료 금액의 2분의 1까지 그 금액을 줄일 수 있다. 다만, 과태료를 체납하고 있는 위반행위자에 대해서는 그러하지 아니하다.

1) 위반행위자가 「질서위반행위규제법 시행령」 제2조의 2 제1항 각 호의 어느 하나에 해당하는 경우
2) 위반행위자가 처음 위반행위를 한 경우로서 3년 이상 해당 업종을 모범적으로 경영한 사실이 인정되는 경우
3) 위반행위가 사소한 부주의나 오류 등 과실로 인한 것으로 인정되는 경우
4) 위반행위자가 같은 위반행위로 다른 법률에 따라 과태료·벌금·영업정지 등의 처분을 받은 경우
5) 위반행위자가 위법행위로 인한 결과를 시정하거나 해소한 경우
6) 그 밖에 위반행위의 정도, 위반행위의 동기와 그 결과 등을 고려하여 과태료를 줄일 필요가 있다고 인정되는 경우

나. 위반행위의 횟수에 따른 과태료의 부과기준은 최근 1년간 같은 위반행위로 과태료 부과처분을 받은 경우에 적용한다. 이 경우 위반횟수는 과태료 부과처분을 한 날과 같은 위반행위를 또 적발한 날을 각각 기준으로 하여 계산한다.

2. 개별기준

위반행위	해당 법조문	과태료 (만 원)
가. 법 제5조 제2항 제1호의 규정에 의한 승인을 받지 아니한 자	법 제39조 제1항 제1호	
(1) 승인기한(임시저장 또는 취급 개시일의 전날)의 다음 날을 기산일로 하여 30일 이내에 승인을 신청한 자		50
(2) 승인기한(임시저장 또는 취급 개시일의 전날)의 다음 날을 기산일로 하여 31일 이후에 승인을 신청한 자		100
(3) 승인을 받지 아니한 자		200

위반행위	해당 법조문	과태료 (만 원)
나. 법 제5조 제3항 제2호의 규정에 의한 위험물의 저장 또는 취급에 관한 세부기준을 위반한 자	법 제39조 제1항 제2호	
(1) 1차 위반 시		50
(2) 2차 위반 시		100
(3) 3차 이상 위반 시		200
다. 법 제6조 제2항에 따른 품명 등의 변경신고를 기간 이내에 하지 아니하거나 허위로 한 자	법 제39조 제1항 제3호	
(1) 신고기한(변경하고자 하는 날의 1일 전날)의 다음 날을 기산일로 하여 30일 이내에 신고한 자		30
(2) 신고기한(변경하고자 하는 날의 1일 전날)의 다음 날을 기산일로 하여 31일 이후에 신고한 자		70
(3) 허위로 신고한 자		200
(4) 신고를 하지 아니한 자		200
라. 법 제10조 제3항에 따른 지위승계신고를 기간 이내에 하지 아니하거나 허위로 한 자	법 제39조 제1항 제4호	
(1) 신고기한(지위승계일의 다음 날을 기산일로 하여 30일이 되는 날)의 다음 날을 기산일로 하여 30일 이내에 신고한 자		30
(2) 신고기한(지위승계일의 다음 날을 기산일로 하여 30일이 되는 날)의 다음 날을 기산일로 하여 31일 이후에 신고한 자		70
(3) 허위로 신고한 자		200
(4) 신고를 하지 아니한 자		200
마. 법 제11조의 규정에 의한 폐지신고를 기간 이내에 하지 아니하거나 허위로 한 자	법 제39조 제1항 제5호	
(1) 신고기한(폐지일의 다음 날을 기산일로 하여 14일이 되는 날)의 다음 날을 기산일로 하여 30일 이내에 신고한 자		30
(2) 신고기한(폐지일의 다음 날을 기산일로 하여 14일이 되는 날)의 다음 날을 기산일로 하여 31일 이후에 신고한 자		70
(3) 허위로 신고한 자		200
(4) 신고를 하지 아니한 자		200
바. 법 제15조 제3항에 따른 안전관리자의 선임신고를 기간 이내에 하지 아니하거나 허위로 한 자	법 제39조 제1항 제5호	
(1) 신고기한(선임한 날의 다음 날을 기산일로 하여 14일이 되는 날)의 다음 날을 기산일로 하여 30일 이내에 신고한 자		30
(2) 신고기한(선임한 날의 다음 날을 기산일로 하여 14일이 되는 날)의 다음 날을 기산일로 하여 31일 이후에 신고한 자		70
(3) 허위로 신고한 자		200
(4) 신고를 하지 아니한 자		200
사. 법 제16조 제3항을 위반하여 등록사항의 변경신고를 기간 이내에 하지 아니하거나 허위로 한 자	법 제39조 제1항 제6호	
(1) 신고기한(변경일의 다음 날을 기산일로 하여 30일이 되는 날)의 다음 날을 기산일로 하여 30일 이내에 신고한 자		30
(2) 신고기한(변경일의 다음 날을 기산일로 하여 30일이 되는 날)의 다음 날을 기산일로 하여 31일 이후에 신고한 자		70
(3) 허위로 신고한 자		200
(4) 신고를 하지 아니한 자		200
아. 법 제18조 제1항을 위반하여 점검결과를 기록하지 않거나 보존하지 않은 경우	법 제39조 제1항 제7호	
(1) 1차 위반 시		50
(2) 2차 위반 시		100
(3) 3차 이상 위반 시		200

위반행위	해당 법조문	과태료 (만 원)
자. 법 제20조 제1항 제2호의 규정에 의한 위험물의 운반에 관한 세부 기준을 위반한 자 (1) 1차 위반 시 (2) 2차 위반 시 (3) 3차 이상 위반 시	법 제39조 제1항 제8호	 50 100 200
차. 삭제 〈2015. 12. 15.〉 국가기술자격증 또는 교육수료증 미휴대		
카. 법 제21조 제3항의 규정을 위반하여 위험물의 운송에 관한 기준을 따르지 아니한 자 (1) 1차 위반 시 (2) 2차 위반 시 (3) 3차 이상 위반 시	법 제39조 제1항 제9호	 50 100 200

* 「**질서위반행위규제법**」: 과태료의 부과·징수, 재판 및 집행 등의 절차에 관하여는 「질서위반행위규제법」에 규정하고 있으며, 위법에서 정하지 아니한 이들 사항에 대하여는 이 법에 따라야 한다. 그리고 과태료의 부과·징수, 재판 및 집행 등의 절차에 관한 다른 법률(조례를 포함)의 규정 중 이 법의 규정에 저촉되는 것은 이 법으로 정하는 바에 따라야 한다(제5조).

CHAPTER 01

위험물 규제의 개요

핵심정리문제

01 **위험물 규제의 체계에 관한 설명으로 틀린 것은?**

① 위험물 규제는 위험물의 저장 및 취급의 규제와 운반의 규제로 대별할 수 있다.
② 지정수량 미만 위험물의 저장·취급 및 운반은 시·도의 조례에 의한 규제를 받는다.
③ 위험물의 「저장·취급의 규제」는 그 취급량에 따라 「위험물안전관리법에 의한 규제」와 「시·도 조례에 의한 규제」로 구분할 수 있다.
④ 위험물의 저장·취급 및 운반에 있어서 「위험물안전관리법」의 적용을 받지 않는 경우도 있다.

해설 위험물의 운반은 그 양의 다소에 관계없이 「위험물안전관리법」에 의한 운반의 규제를 받는다.

02 **「위험물안전관리법」이 적용되는 것은?**

① 선박에 설치한 탱크에 위험물을 저장하는 행위
② 위험물을 수납한 용기를 항공기로 운반하는 행위
③ 철도부지 내에서 위험물을 저장 또는 취급하는 행위
④ 위험물을 저장한 탱크컨테이너를 철도차량에 실어 운반하는 행위

해설 항공기·선박(「선박법」 제1조의 2의 규정에 따른 선박)·철도 및 궤도에 의하여 직접 위험물의 저장·취급 및 운반하는 경우에만 「위험물안전관리법」이 적용되지 않는다. 또한 항공기·선박·기차 등에 주유하거나 위험물을 적재하기 위한 시설 등은 「위험물안전관리법」의 적용을 받는다.

03 **「위험물안전관리법」상의 위험물에 관한 설명으로 틀린 것은?**

① 위험물의 상태는 고체 또는 액체로만 되어 있다.
② 화재위험의 성상에 따라 크게 6가지 그룹으로 분류된다.
③ 영 별표 1의 품명란에 규정된 품명에 해당하는 물품은 전부 위험물이다.
④ 일반적인 공통성상은 화재발생 위험성, 화재확대 위험성 및 소화 곤란성이다.

해설 위험물은 위령으로 정하는 인화성 또는 발화성 등의 성질을 가지는 것으로서 위령으로 정하는 품명에 해당하는 물품으로 정의된다. 위령으로 정한 품명에 해당하는 물품이더라도 당해 물품에 대응하는 성상(인화성, 발화성 등)이 있어야 한다.

01 ② 02 ③ 03 ③ 정답

04 위험물 유별과 대표적 성질이 잘못 연결된 것은?

① 제1류 위험물 – 산화성 액체
② 제2류 위험물 – 가연성 고체
③ 제3류 위험물 – 자연발화성 물질 및 금수성 물질
④ 제5류 위험물 – 자기반응성 물질

해설 제1류 위험물은 산화성 고체이며, 제6류 위험물은 산화성 액체이다.

05 각 위험물의 판정기준에 관한 설명으로 바르지 않은 것은?

① "제1석유류"라 함은 아세톤, 휘발유 그 밖에 1기압에서 인화점 21℃ 미만인 것을 말한다.
② 유황은 순도가 60중량퍼센트 이상인 것을 말한다.
③ "철분"이라 함은 철의 분말로서 50마이크로미터의 표준체를 통과하는 것이 50중량퍼센트 미만인 것은 제외한다.
④ "인화성 고체"라 함은 고형 알코올 그 밖에 1기압에서 인화점이 40℃ 미만인 고체를 말한다.

해설 철분이라 함은 철의 분말로서 53마이크로미터의 표준체를 통과하는 것이 50중량퍼센트 미만인 것은 제외한다. 「위험물안전관리법」이 제정되기 전 소방법령에서는 50마이크로미터였으므로 혼돈하지 말아야 한다.

06 위험물의 성상이 2가지 이상의 유별에 해당되는 복수성상물품의 경우 분류방법이 잘못된 것은?

① 산화성 고체의 성상 및 가연성 고체의 성상을 가지는 경우 : 제2류 위험물
② 산화성 고체의 성상 및 자기반응성 물질의 성상을 가지는 경우 : 제5류 위험물
③ 가연성 고체의 성상과 자연발화성 물질의 성상 및 금수성 물질의 성상을 가지는 경우 : 제3류 위험물
④ 인화성 액체의 성상과 자기반응성 물질의 성상을 가지는 경우 : 제4류 위험물

해설 복수성상물품은 위험물 분류 시 위험성이 더 높은 유별(3류, 5류)의 위험물로 분류된다.

07 위험물의 지정수량에 관한 설명으로 틀린 것은?

① 동일한 품명에 속하는 물품의 지정수량은 언제나 동일하다.
② 위험물의 종류별로 위험성을 고려하여 대통령령으로 정하는 수량이다.
③ 제조소등의 설치 등의 허가 또는 신고에 있어서 최저의 기준이 되는 수량이다.
④ 동일 장소에 품명 또는 지정수량을 달리하는 2 이상의 위험물이 있는 경우에는 각 위험물의 수량을 당해 위험물의 지정수량으로 나누어 얻는 값의 합이 지정수량의 배수가 된다.

정답 04 ① 05 ③ 06 ④ 07 ①

해설 품명이 동일해도 지정수량은 그 위험성에 따라 다를 수 있다(예 제2석유류 중 비수용성은 1,000L, 수용성은 2,000L).

08 **하나의 옥내저장소에 휘발유 800L, 경유 1,000L 및 중유 2,000L를 같이 저장하는 경우 이들 위험물의 총량을 지정수량의 배수로 환산하면?**

① 4배
② 5배
③ 6배
④ 6.5배

해설 위험물의 수량을 그 위험물의 지정수량으로 각각 나누어 얻은 수의 합계를 구하면 된다.
800/200(휘발유) + 1,000/1,000(경유) + 2,000/2,000(중유) = 4 + 1 + 1 = 6배

09 **제조소등의 개념에 관한 설명으로 틀린 것은?**

① 「송유관안전관리법」에 의한 송유관은 이송취급소에 해당하지 않는다.
② 제조소는 1일에 지정수량 이상의 위험물을 제조하는 시설을 말한다.
③ 저장하는 위험물의 종류가 제한되는 저장소는 옥외저장소가 유일하다.
④ 주유취급소와 일반취급소에서는 유사석유제품에 해당하는 위험물을 취급할 수 없다.

해설 제조소는 위험물을 제조할 목적으로 지정수량 이상의 위험물을 취급하는 장소로, 전적으로 시설의 최종 공정에서 위험물이 제조되는 시설을 말하며, 제조하는 위험물의 수량과는 관계가 없다.

10 **지정수량 이상 위험물의 저장·취급에 관한 설명으로 바른 것은?**

① 지정수량 이상의 위험물은 제조소등에서만 저장 또는 취급할 수 있다.
② 위험물시설 중 저장소에서는 지정수량 이상의 위험물을 취급할 수 없다.
③ 위험물을 임시로 저장·취급하려면 관할 소방서장에게 신고하여야 한다.
④ 위험물시설 중 지정수량 이상의 위험물을 저장할 수 있는 곳은 저장소뿐이다.

해설 ①, ③ 임시저장·취급을 위한 승인을 받으면 당해 장소에서도 지정수량 이상의 위험물을 저장 또는 취급할 수 있다.
②, ④ 지정수량 이상 위험물의 저장은 오직 저장소에서만 할 수 있고, 지정수량 이상 위험물의 취급은 제조소·저장소 및 취급소에서 할 수 있다.

08 ③ 09 ② 10 ④ 정답

11 지정수량 이상의 위험물을 임시로 저장 또는 취급하는 경우에 대한 설명으로 틀린 것은?

① 임시저장·취급에 관한 기술상의 기준은 시·도의 조례로 정하게 되어 있다.
② 임시저장·취급이 가능하도록 하는 소방서장의 승인은 허가와 같은 성격이다.
③ 군부대에서 군사목적으로 저장 또는 취급하는 경우에는 소방서장의 승인을 받을 필요가 없다.
④ 임시저장·취급의 기간은 90일 이내가 원칙이지만 공사장의 경우에는 공사가 끝나는 날까지의 기간이다.

해설 구 「소방법」에서는 공사장에 대한 기간의 예외를 두었지만 위법에서는 해당 규정을 삭제하였다.

12 지정수량 미만 위험물의 저장·취급 또는 운반에 관한 설명으로 틀린 것은?

① 지정수량 미만의 위험물은 제조소와 취급소에서도 저장할 수 있다.
② 지정수량 미만 위험물의 운반은 시·도의 조례로 정하는 기준에 따라 행하여야 한다.
③ 지정수량 미만 위험물의 저장·취급에 관한 기술상의 기준은 시·도마다 다를 수 있다.
④ 지정수량 미만 위험물의 저장·취급은 시·도의 조례로 정하는 기준에 따라 행하여야 한다.

해설 위험물의 운반은 위험물의 수량에 관계없이 위험물법령에 의한 기준에 따라 행하여야 한다.

13 제조소등의 설치허가 또는 변경허가에 관한 설명으로 틀린 것은?

① 제조소등의 설치 또는 변경의 허가청은 시·도지사 또는 소방서장이다.
② 허가를 받아야 하는 대상은 지정수량 이상의 위험물을 상시적으로 저장·취급하는 장소이다.
③ 제조소등의 위치·구조·설비 또는 위험물의 종류를 변경하고자 하는 경우에는 항상 변경허가를 받아야 한다.
④ 동일 시·도에 있는 2 이상 소방서장의 관할구역에 걸쳐 설치되는 이송취급소의 허가청은 시·도지사이다.

해설 제조소등의 위치·구조 또는 설비 중 규칙으로 정하는 (중요)사항을 변경할 경우 변경허가를 받아야 하고, 위험물의 품명, 지정수량 또는 지정수량 배수의 변경만 있는 때에는 신고로 족하다.

14 제조소등의 설치허가 또는 변경허가의 요건(심사기준)에 관련된 설명으로 틀린 것은?

① 제조소등의 위치·구조 및 설비가 기술기준에 적합하여야 한다.
② ③의 요건에 근거하여 허가청은 허가 여부에 대하여 재량권을 갖는다.
③ 제조소등에서의 위험물의 저장·취급이 공공의 안전유지 또는 재해의 발생방지에 지장을 줄 우려가 없어야 한다.
④ 용량 50만L 이상의 옥외탱크저장소에 있어서는 기술원에 의한 기술검토를 통하여 기술기준에 적합한 것으로 인정되어야 한다.

정답 11 ④ 12 ② 13 ③ 14 ②

해설 ③의 요건은 일반적으로 예상할 수 없는 초고온·초고압 등에서 위험물을 취급하는 경우에 대비하여 규정된 것이므로 동 요건을 적용하여 허가를 거부하는 것은 매우 신중히 하여야 한다. 동 요건에 의하여 기속행위로서의 허가의 성격이 재량행위로 변하는 것은 결코 아니기 때문이다.

15 군용위험물시설의 설치 및 변경에 관한 협의제도에 대한 설명으로 틀린 것은?

① 군부대장과 허가청 간에 협의가 있으면 제조소등의 허가를 받은 것으로 간주된다.
② 협의를 한 군부대장은 탱크안전성능검사와 완공검사를 자체적으로 실시할 수도 있고 허가청에 대하여 당해 검사를 신청할 수도 있다.
③ 협의를 신청하는 군부대장이 국가기밀에 속하는 제조소등에 관한 설계도서의 제출을 생략하면 허가청은 설계도서의 보완요청을 할 수 없다.
④ 협의를 한 군부대장이 완공검사를 자체적으로 실시한 경우에는 완공일, 사용개시일, 탱크안전성능검사결과, 완공검사결과 등을 허가청에 통보하여야 한다.

해설 허가청은 군부대장의 협의신청에 대한 검토결과를 통지하기 전에 설계도서와 관계서류의 보완요청을 할 수 있고, 보완요청을 받은 군부대장은 특별한 사유가 없는 한 응하여야 한다.

16 탱크안전성능검사에 관한 설명으로 틀린 것은?

① 검사대상은 지정수량 이상의 액체위험물탱크이다.
② 위험물탱크가 있는 제조소등의 완공검사 전에 실시한다.
③ 검사자는 소방서장, 기술원 또는 탱크안전성능시험자이다.
④ 탱크안전성능검사 시에 검사를 받은 사항에 대하여는 완공검사를 받을 필요가 없다.

해설 탱크안전성능검사는 위험물탱크의 종류에 따라 소방서장 또는 기술원이 실시하며, 탱크안전성능시험자는 탱크안전성능시험을 실시한다. 탱크안전성능시험을 받은 탱크는 예외적으로 탱크안전성능검사를 면제받는 경우가 있을 뿐이며, 탱크시험자는 탱크안전성능검사자라 할 수 없다.

17 탱크안전성능검사의 종류에 해당하지 않는 것은?

① 기밀검사
② 용접부검사
③ 암반탱크검사
④ 기초·지반검사

해설 탱크안전성능검사에는 기초·지반검사, 용접부검사, 충수·수압검사(충수검사 또는 수압검사) 및 암반탱크검사가 있다.

15 ③ 16 ③ 17 ① 정답

18 기술원으로부터 탱크안전성능검사를 받아야 하는 위험물탱크가 아닌 것은?

① 암반탱크
② 이중벽탱크
③ 50만L의 옥외저장탱크
④ 100만L의 지하저장탱크

해설 액체위험물탱크 중 암반탱크, 이중벽탱크 및 100만L 이상 위험물탱크에 대한 탱크안전성능검사는 한국소방산업기술원만 실시할 수 있다.

19 위험물탱크에 대한 탱크안전성능검사(충수 · 수압검사에 한함)를 면제하는 경우에 해당하지 않는 것은?

① 「산업안전보건법」에 의한 안전인증을 받은 경우
② 「고압가스안전관리법」에 의한 특정설비검사에 합격한 경우
③ 한국소방산업기술원이 실시한 수압시험에서 기술기준에 적합하다고 인정되는 경우
④ 제조소 또는 일반취급소의 지하에 있는 위험물취급탱크

해설 제조소 또는 일반취급소에 있는 액체위험물탱크는 용량이 지정수량 미만인 것만 안전성능검사대상에서 제외되며, 지정수량 이상이면 탱크의 위치(옥외, 옥내, 지하)에 관계없이 안전성능검사를 받아야 한다.

보충 종전에는 (국제수송용 탱크컨테이너를 위험물탱크로 보고) 국제해상위험물규칙의 수압시험 기준에 적합하다는 표시가 있으면 수압검사를 면제하는 규정을 두고 있었으나, 개정령(2006. 5. 25.)에서는 이를 삭제하였다. 이는 국제수송용 탱크컨테이너를 탱크가 아니라 위험물 운반용기로 보고 위험물법령을 적용한다는 것을 의미한다.

20 제조소등의 완공검사에 관한 설명으로 틀린 것은?

① 제조소등을 사용하려면 먼저 완공검사에 합격하지 않으면 안 된다.
② 완공검사는 형태나 규모에 따라 시 · 도지사, 소방서장 또는 기술원이 실시한다.
③ 지하탱크가 있는 제조소등의 완공검사는 지하탱크를 매설하기 전에 신청해야 한다.
④ 검사자는 완공검사결과 기술기준에 적합하다고 인정되면 제조소등 설치허가증을 교부한다.

해설 완공검사결과 기술기준에 적합하다고 인정되면 완공검사필증을 교부하게 되며, 제조소등 설치허가증을 따로 교부하지는 않는다.

21 제조소등의 허가취소 또는 사용정지의 원인이 되는 위반행위에 해당하지 않는 것은?

① 위험물안전관리자의 대리자를 지정하지 아니한 때
② 정기점검을 하지 않거나 정기검사를 받지 아니한 때
③ 탱크안전성능검사를 받지 아니하고 완공검사를 신청한 때
④ 변경허가를 받지 않고, 제조소등의 위치 · 구조 또는 설비를 변경한 때

정답 18 ③ 19 ④ 20 ④ 21 ③

해설 탱크안전성능검사를 받지 않고는 완공검사를 신청할 수 없도록 하고 있으므로 ③을 허가취소나 사용정지의 사유로 규정할 필요가 없다.

22 「위험물안전관리법」상의 과징금에 관한 설명으로 바른 것은?

① 과징금의 징수절차는 「국고금관리법 시행규칙」을 준용한다.
② 제조소등 관계인의 행정의무이행을 확보하기 위한 직접적 강제수단이다.
③ 제조소등의 설치허가취소 또는 사용정지 처분에 갈음하여 징수하는 금전부담이다.
④ 제조소등의 관계인이 사용정지처분에 갈음하여 과징금처분을 희망하는 경우에는 과징금처분을 하여야 한다.

해설 ② 행정상 의무이행확보수단으로서 행정벌, 과징금・가산금 징수, 공급거부, 명단・사실의 공표, 수익행위의 거부・취소・철회, 부관에 의한 철회권 유보 등은 모두 간접적 강제수단에 해당한다. 직접적 강제수단에는 행정상 강제집행이 있다.
③ 취소처분에 갈음하여 과징금처분을 할 수는 없다.
④ 과징금처분은 제조소등의 사용정지가 그 이용자에게 심한 불편을 주거나 기타 공익을 해칠 우려가 있을 때에 할 수 있으며, 의무위반자가 희망하는 대로 할 수 있는 것은 아니다.

23 위험물시설의 유지관리에 관한 설명으로 틀린 것은?

① 제조소등의 위치・구조 및 설비가 기술기준에 적합하도록 유지관리하는 것을 말한다.
② 시・도지사, 소방본부장, 소방서장 등은 검사를 통하여 유지관리상황을 확인하게 된다.
③ 유지관리상황에 대한 확인은 시・도지사, 소방본부장, 소방서장 또는 기술원만 할 수 있다.
④ 유지관리상황이 부적합하더라도 곧바로 허가취소나 사용정지 처분을 하거나 벌칙을 적용할 수는 없다.

해설 유지관리상황의 확인은 시설의 관계인이 하는 경우(점검)와 소방서장 등이 하는 경우(검사)로 나눌 수 있으며, 유지관리의 상황이 부적합할 때에는 먼저 적합유지 명령(수리・개조 또는 이전 명령)을 하게 된다.

24 위험물취급자격자에 관한 설명으로 틀린 것은?

① 소방공무원경력자는 제4류 위험물만을 취급할 수 있다.
② 위험물산업기사는 위법상의 모든 위험물을 취급할 수 있다.
③ 안전관리자교육이수자는 제4류 및 제6류의 위험물을 취급할 수 있다.
④ 위험물의 취급에 관한 국가기술자격자, 안전관리자교육이수자 및 소방공무원경력자로 대별할 수 있다.

해설 안전관리자교육이수자와 소방공무원경력자는 제4류 위험물만을 취급할 수 있다.

정답 22 ① 23 ③ 24 ③

25 위험물안전관리자의 선임 등에 관한 설명으로 바른 것은?

① 모든 제조소등의 관계인은 안전관리자를 선임하여야 한다.
② 타 법령에 의한 안전관리자를 위험물안전관리자로 선임할 수 있는 제조소등도 있다.
③ 제조소등을 설치한 때에는 완공한 날로부터 30일 이내에 안전관리자를 선임하여야 한다.
④ 서로 인접하고 있는 2개 제조소등의 관계인들은 상호간의 협의로 1명의 안전관리자를 중복 선임할 수 있다.

해설 ① 허가가 면제된 제조소등과 이동탱크저장소는 안전관리자 선임대상이 아니다.
② 유해화학물질관리자와 소방안전관리자 중에서 가능한 경우가 있다.
③ 신설 제조소등은 위험물의 저장・취급을 개시하기 전까지 선임하여야 한다.
④ 1명의 안전관리자를 중복선임할 수 있는 제조소등의 기본적인 전제조건은 설치자가 동일인이어야 한다는 점이다.

26 위험물시설에 관계된 규제에 대한 설명으로 틀린 것은?

① 안전관리자에 관한 규제는 특정의 위험물시설을 대상으로 한다.
② 위치・구조 및 설비의 규제는 전체의 위험물시설을 대상으로 한다.
③ 예방규정의 작성에 관한 규제는 특정의 위험물사업소를 대상으로 한다.
④ 정기점검과 정기검사에 관한 규제는 특정의 위험물시설을 대상으로 한다.

해설 예방규정의 작성은 특정의 위험물시설을 대상으로 하는 규제이고, 특정의 위험물사업소를 대상으로 하는 규제로는 자체소방대의 설치가 있다.

27 위험물의 저장・취급과 관련한 신청이나 신고에 관한 설명으로 맞는 것은?

① 제조소등의 폐지신고는 폐지 후 14일 이내에 하여야 한다.
② 임시저장・취급은 소방본부장 또는 소방서장에게 신고하여야 한다.
③ 품명, 수량 또는 지정수량 배수의 변경신고는 변경 후 7일 이내에 하여야 한다.
④ 제조소등 설치자의 지위승계신고는 양도인 또는 인도인이 30일 이내에 하여야 한다.

해설 ② 임시저장・취급은 승인사항이며, 승인자는 소방서장이다.
③ 품명 등의 변경신고는 변경 1일 전까지 하여야 한다.
④ 지위승계신고는 양수인 또는 인도를 받은 사람이 하여야 한다.

정답 25 ② 26 ③ 27 ①

28 예방규정을 작성하여야 하는 대상시설에 관한 설명으로 틀린 것은?

① 제조소는 지정수량의 10배 이상의 것을 대상으로 한다.
② 암반탱크저장소와 이송취급소는 전체를 대상으로 한다.
③ 저장소 중 옥외저장소, 옥내저장소 및 옥외탱크저장소는 일정 규모 이상의 것만 해당된다.
④ 일반취급소는 지정수량의 10배 이상의 것을 대상으로 하되, 특수인화물을 제외한 제4류 위험물만을 지정수량의 50배 이하로 취급하는 것은 전부 제외된다.

해설 제4류 위험물(특수인화물을 제외)만을 지정수량의 50배 이하로 취급하는 일반취급소(제1석유류·알코올류의 취급량이 지정수량의 10배 이하인 경우에 한함)로서 보일러·버너 또는 이와 비슷한 것으로서 위험물을 소비하는 장치로 이루어진 것과 위험물을 용기에 옮겨 담거나 차량에 고정된 탱크에 주입하는 것이 제외될 뿐이다.

29 정기점검 또는 정기검사에 관한 설명으로 틀린 것은?

① 정기점검은 탱크시험자가, 정기검사는 한국소방산업기술원이 각각 실시한다.
② 예방규정을 작성하여야 하는 제조소등은 모두 정기점검의 대상에 해당된다.
③ 특정옥외탱크저장소는 정기점검의 대상시설이면서 정기검사의 대상시설이기도 하다.
④ 지하탱크저장소 또는 위험물을 취급하는 지하매설탱크가 있는 제조소등은 정기점검 대상시설이다.

해설 정기점검은 안전관리자 또는 위험물운송자가 실시하거나 안전관리자의 입회하에 안전관리대행기관 또는 탱크시험자에게 의뢰하여 실시할 수 있다.

30 자체소방대의 편성대상과 편성기준에 관한 설명으로 맞는 것은?

① 편성대상은 제4류 위험물을 취급하는 제조소 또는 일반취급소이다.
② 제독차도 화학소방자동차로 인정되지만 제독차만으로는 자체소방대를 편성할 수 없다.
③ 편성대상이 되는 하나의 제조소 또는 일반취급소는 제4류 위험물의 취급량이 지정수량의 3,000배 이상이다.
④ 어느 하나의 사업소가 화학소방차를 충분히 보유한 다른 사업소로부터 응원을 받기로 협정을 체결하는 경우 그 사업소에는 화학소방차를 두지 않을 수 있다.

해설 ①, ③ 편성대상은 제4류 위험물을 취급하는 제조소 또는 일반취급소가 있는 위험물사업소이다.
② 포수용액을 방사하는 화학소방차의 대수가 전체 화학소방차의 2/3 이상이어야 하므로 제독차만으로는 자체소방대를 편성할 수 없다.
④ 응원협정을 체결하여도 기본 대수의 1/2 이상을 두어야 하므로 화학소방차가 1대도 없는 경우는 있을 수 없다.

정답 28 ④ 29 ① 30 ②

31 위험물의 운반규제에 관한 설명으로 틀린 것은?

① 운반규제의 내용은 운반용기, 적재방법 및 운반방법이다.

② 지정수량의 1/10을 초과하는 위험물을 운반할 때에는 혼촉위험이 있는 위험물의 혼재가 금지된다.

③ 지정수량 미만의 위험물을 운반하는데 적용되는 규제와 지정수량 이상의 위험물을 운반하는데 적용되는 기준은 동일하다.

④ 운반기준은 중요기준과 세부기준으로 구분되고 중요기준 위반 시에는 벌칙이, 세부기준 위반 시에는 과태료가 각각 적용된다.

해설 ② 규칙 [별표 19] 위험물의 운반에 관한 기준 [부표 2] 비고 3

③ 지정수량 이상의 위험물 운반에는 위험물 차량에 「위험물」 표지의 게시, 운반하는 위험물에 적응하는 소화기 등의 비치, 위험물의 옮겨담기와 휴게·고장 등의 시기에 있어서의 안전 확보 의무에 관한 규제가 부가된다.

32 이동탱크저장소에 의한 위험물의 운송에 대한 규제에 관한 설명으로 틀린 것은?

① 이동탱크저장소의 운전자와 알킬알루미늄등에 관한 운송책임자의 자격은 동일하다.

② 알킬알루미늄등을 운송할 때에는 운송책임자의 감독 또는 지원을 받아서 하여야 한다.

③ 위험물의 운송은 위험물취급에 관한 국가기술자격자 또는 위험물운송자교육을 받은 자가 하여야 한다.

④ 위험물운송자가 이동탱크저장소로 위험물을 운송할 때 해당 운송자격증을 휴대하지 않으면 과태료를 부과받는다.

해설 알킬알루미늄등의 운송을 감독·지원하는 운송책임자의 범위는 일반 위험물운송자 중에서 일정한 경력이 있는 자로 한정(강화)되어 있다(국가기술자격 취득 후 1년 이상 경력 또는 운송교육 수료 후 2년 이상 경력).

33 위험물의 저장·취급과 관련한 각종 조치명령에 관한 설명으로 틀린 것은?

① 이동탱크저장소에 관한 저장·취급기준 준수명령 또는 응급조치명령은 허가청이 아닌 소방서장 등도 할 수 있다.

② 저장·취급기준 준수명령은 제조소등에서의 위험물의 저장·취급이 저장·취급기준에 위반될 때 그 관계인에 대하여 발동하는 명령이다.

③ 무허가장소의 위험물에 대한 조치명령은 허가 없이 지정수량 이상의 위험물을 저장·취급하는 자에 대하여 그 위험물 및 시설의 제거 등 필요한 조치를 명하는 것을 말한다.

④ 긴급사용정지명령이나 긴급사용제한명령은 공공의 안전유지나 재해의 발생방지를 위하여 긴급하다고 인정되고 그 위험의 원인이 당해 제조소등에 있을 때에 할 수 있는 명령이다.

정답 31 ③ 32 ① 33 ④

해설 긴급사용정지(제한)명령은 그 원인이 되는 위험이 당해 제조소등에 있는지 여부와 관계없이 제조소등이 위험하게 된 경우에는 그 사용을 일시 정지하거나 제한할 수 있는 점에서 법 제12조의 규정에 의한 사용정지명령과 차이가 있다.

34 과태료처분 대상자에 해당하지 않는 위반자는?

① 예방규정을 제출하지 않은 자
② 품명 등의 변경신고를 하지 않은 자
③ 정기점검결과를 기록·보존하지 아니한 자
④ 위험물의 임시저장·취급에 관한 승인을 받지 않은 자

해설 예방규정을 제출하지 않은 관계인에 대하여는 1천500만 원 이하의 벌금에 처한다.

35 위험물안전관리자의 선임에 관한 설명으로 맞는 것은?

① 제조소등을 설치한 때에는 완공한 날부터 30일 이내에 선임하여야 한다.
② 선임한 때에는 30일 이내에 소방본부장 또는 소방서장에게 신고하여야 한다.
③ 안전관리자를 해임한 때에는 해임한 날부터 30일 이내에 새로운 안전관리자를 선임하여야 한다.
④ 안전교육이수자인 안전관리자가 퇴직한 때에는 제조소등의 관계인은 소방서장에게 선임연기 신청을 하여 다음 번의 강습교육시기까지 선임을 연기할 수 있다.

해설 ① 최초의 선임은 위험물을 저장 또는 취급하기 전까지 하여야 하는 것으로 해석된다.
② 신고기간은 14일이다.
③ 안전관리자를 해임하였거나 안전관리자가 퇴직한 때에는 그 날로부터 30일 이내에 새로운 안전관리자를 선임하면 된다.

36 제조소등의 정기점검결과의 기록·보존에 관한 설명으로 틀린 것은?

① 정기점검결과의 기록·보존의무는 제조소등의 안전관리자에게 있다.
② 옥외저장탱크의 구조안전점검에 관한 기록은 25년간 보존함이 원칙이다.
③ 점검을 한 안전관리자 또는 점검을 한 탱크시험자와 점검에 입회한 안전관리자의 성명도 기록사항이다.
④ 최근의 정기검사일로부터 13년만에 구조안전점검을 한 경우에는 30년간 그 점검결과를 기록·보존한다.

해설 제조소등의 관계인은 정기점검 후 점검을 실시한 제조소등의 명칭, 점검의 방법 및 결과, 점검연월일 및 점검을 한 안전관리자 또는 점검을 한 탱크시험자와 점검에 입회한 안전관리자의 성명을 기록하여 점검을 행한 날로부터 3년(구조안전점검에 있어서는 25년 또는 30년)간 보존하여야 한다(規 68).

34 ① 35 ③ 36 ① 정답

37 **위험물의 저장 · 취급과 관련한 다음의 신청 · 신고 등을 함에 있어서 신청서 등에 제조소등의 완공필증을 첨부하지 않아도 되는 것은?**

① 변경허가 신청
② 지위승계 신고
③ 안전관리자 선임신고
④ 특정옥외탱크저장소에 대한 정기검사의 신청

해설 안전관리자의 선임신고서에는 위험물의 취급에 관한 국가기술자격증 등 해당 안전관리자의 자격을 증명하는 서류를 첨부하면 된다.

보충 완공검사필증을 첨부하여야 하는 신청 · 신고 등은 변경허가 신청, 품명 등의 변경신고, 지위승계 신고, 용도폐지 신고 및 특정옥외탱크저장소에 대한 정기검사의 신청이다.

38 **위험물의 저장 · 취급과 관련한 다음의 신청 · 신고 등에서 전자문서로 된 신청서 · 신고서 등도 같이 사용할 수 있는 것은?**

① 임시저장 · 취급의 승인신청　② 예방규정의 제출
③ 정기점검의 신청　④ 기술검토의 신청

해설 규칙에서 대부분의 신청서 · 신고서 등은 전자문서로 된 것을 포함하도록 하고 있으나, 임시저장 · 취급의 승인신청, 예방규정의 제출 등에 관하여는 따로 규정하지 않고 있다. 한편, 정기점검에 있어서는 점검의 주체가 제조소등의 관계인이므로 허가청에 대한 신청이 불필요하다.

보충 전자문서로 된 신청서 · 신고서 등을 사용할 수 있도록 된 신청 · 신고 등은 제조소등의 설치허가의 신청(規 6), 제조소등의 변경허가의 신청(規 7), 기술검토의 신청(規 9), 품명 등의 변경신고(規 10), 탱크안전성능검사의 신청(規 18), 완공검사의 신청(規 19), 변경공사 중 가사용의 신청(規 21), 지위승계의 신고(規 22), 용도폐지의 신고(規 23), 운반용기의 검사신청(規 51), 안전관리자의 선임신고(規 53), 안전관리대행기관의 지정신청과 휴업 · 재개업 또는 폐업의 신고(規 57), 탱크시험자의 등록신청(規 60), 탱크시험자의 변경사항의 신고(規 61), 구조안전점검의 실시기간 연장신청(規 65) 및 정기검사의 신청(規 71)이다.

정답 37 ③　38 ④

CHAPTER

02

제조소등의 위치·구조 및 설비의 기준

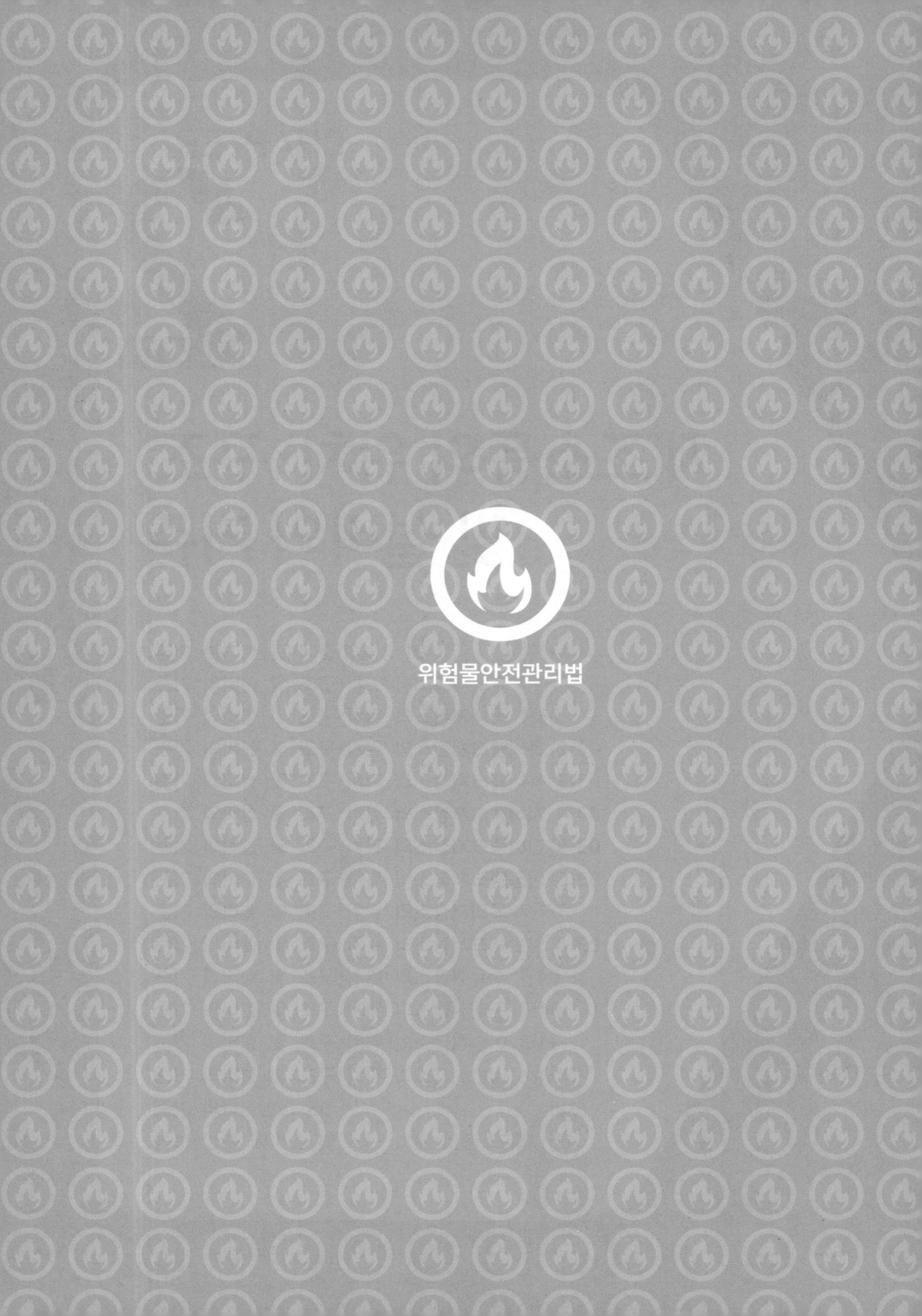
위험물안전관리법

CHAPTER 02

제조소등의 위치·구조 및 설비의 기준

제조소등의 위치 · 구조 및 설비에 관한 기술상의 기준은 「위험물안전관리법 시행규칙」 제28조부터 제48조까지 및 별표 4부터 별표 17까지에서 규정하고 있으며, 그 내용이 상당히 많을 뿐만 아니라 매우 기술적이어서 누구나 어렵게 느끼는 부분이다.

그러나 안전거리, 보유공지, 표시 · 게시판, 소방설비 등과 같이 각 제조소등에 공통적으로 적용되는 부분이 적지 않고, 하나하나의 기술기준도 위험물시설의 특성이나 저장 · 취급하는 위험물의 성상에 따라 일정한 원리하에 안전을 확보하기 위한 조치로서 규정되어 있으므로, 공통적인 기준 및 그 밖의 각 기준들의 원리를 이해하는 것부터 시작한다면 학습의 재미도 느낄 수 있고 암기할 내용도 대폭 줄일 수 있을 것이다.

제조소등의 위치 · 구조 및 설비에 관한 기술기준의 체계는 다음과 같다.

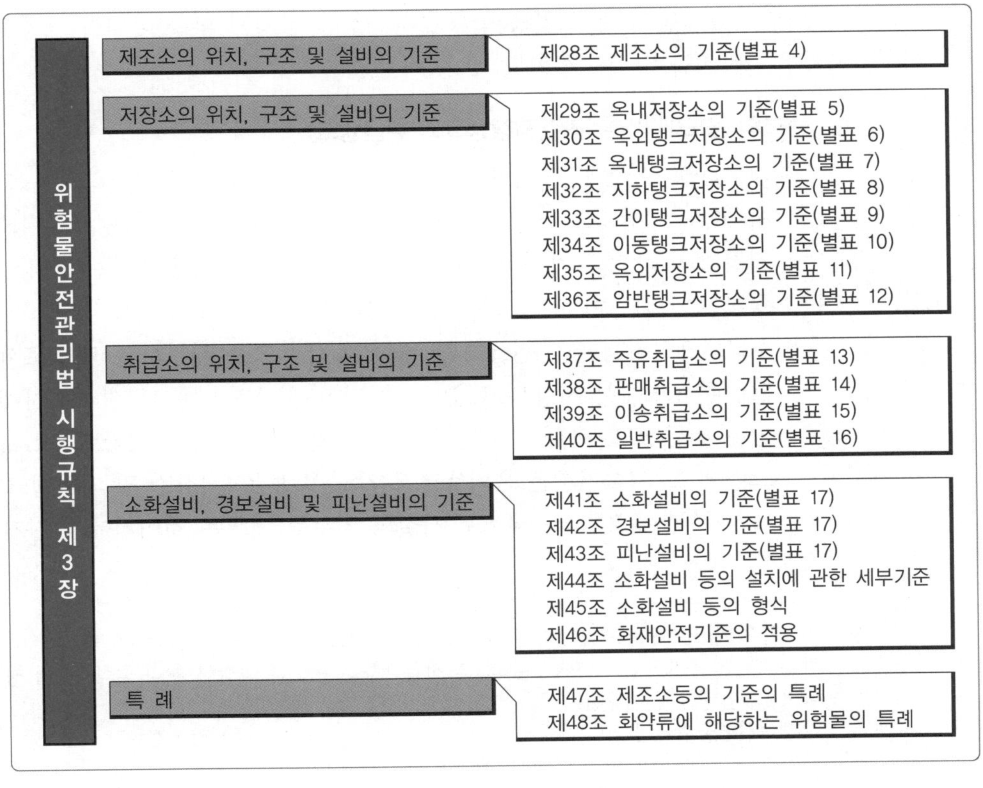

위험물안전관리법 시행규칙 제3장	구분	조문
	제조소의 위치, 구조 및 설비의 기준	제28조 제조소의 기준(별표 4)
	저장소의 위치, 구조 및 설비의 기준	제29조 옥내저장소의 기준(별표 5) 제30조 옥외탱크저장소의 기준(별표 6) 제31조 옥내탱크저장소의 기준(별표 7) 제32조 지하탱크저장소의 기준(별표 8) 제33조 간이탱크저장소의 기준(별표 9) 제34조 이동탱크저장소의 기준(별표 10) 제35조 옥외저장소의 기준(별표 11) 제36조 암반탱크저장소의 기준(별표 12)
	취급소의 위치, 구조 및 설비의 기준	제37조 주유취급소의 기준(별표 13) 제38조 판매취급소의 기준(별표 14) 제39조 이송취급소의 기준(별표 15) 제40조 일반취급소의 기준(별표 16)
	소화설비, 경보설비 및 피난설비의 기준	제41조 소화설비의 기준(별표 17) 제42조 경보설비의 기준(별표 17) 제43조 피난설비의 기준(별표 17) 제44조 소화설비 등의 설치에 관한 세부기준 제45조 소화설비 등의 형식 제46조 화재안전기준의 적용
	특 례	제47조 제조소등의 기준의 특례 제48조 화약류에 해당하는 위험물의 특례

01 기술기준에 관한 기본 개념

제조소등의 위치·구조 및 설비에 관한 기술기준을 정확히 이해하고 해석하려면 먼저 기술기준 전체를 관통하는 주요한 개념들을 정리할 필요가 있다.

1 위험물탱크

위험물시설에 있어서 위험물탱크는 위험물(주로 액체위험물)을 저장·취급하는 가장 중요하고 일반적인 설비이기 때문에 규칙에서도 다양한 형태의 위험물탱크에 대하여 자세한 기술기준을 정하고 있다. 지정수량 이상의 액체위험물탱크를 설치하거나 변경하는 경우에는 원칙적으로 탱크안전성능검사를 받아야 한다.

(1) 탱크의 구분

1) 제조소등의 구분에 따른 구분

위험물탱크는 옥외탱크저장소, 옥내탱크저장소, 지하탱크저장소, 이동탱크저장소, 암반탱크저장소 등의 각종의 탱크저장소에 설치될 뿐만 아니라 제조소, 주유취급소 및 일반취급소에도 설치될 수 있다.

2) 탱크의 용도에 따른 구분(저장탱크와 취급탱크)

① **저장탱크** : 위험물을 저장하기 위한 목적으로 설치하는 탱크로서 옥외탱크저장소, 옥내탱크저장소, 지하탱크저장소, 간이탱크저장소, 이동탱크저장소 및 암반탱크저장소의 각 탱크가 이에 해당하며, 각각 옥외저장탱크, 옥내저장탱크 등으로 지칭하고 있다. 이들 탱크는 각 탱크저장소를 구성하는 중심요소가 된다.

② **취급탱크** : 위험물을 취급하기 위한 목적[61]으로 설치하는 탱크로서 제조소 또는 일반취급소에서 사용되고 있다. 이러한 취급탱크는 그 설치위치에 따라 옥외에 있는 취급탱크, 옥내에 있는 취급탱크 및 지하에 있는 취급탱크로 구분되고 있다. 그런데 그 기술기준은 옥외탱크저장소, 옥내탱크저장소 및 지하탱크저장소의 기준을 대부분 준용하되, 제조소 시설의 일부를 이루는 것이기에 안전거리, 보유공지,

---

61) 위험물을 일시적으로 저장 또는 체류시키는 탱크로서 위험물의 물리량(수량, 유속, 압력 등)을 조정하는 탱크, 물리적 조작(혼합, 분리)을 하는 탱크, 단순한 화학적 처리(중화, 숙성 등)를 하는 탱크가 위험물취급탱크에 해당한다.
한편, 위험물취급탱크에 해당하지 않는 유사한 설비로는 증류탑·정류탑·분류탑·흡수탑·추출탑, 반응조, 분리기·여과기·탈수기·열교환기·증발기·응축기, 공작기계 등과 일체로 된 구조의 유압용탱크·절삭유탱크·작동유탱크, 기능상 항상 개방하여 사용하거나 이동할 목적으로 사용하는 설비 등이 있는데, 이러한 설비에 대하여는 탱크저장소의 기준이 적용되지 않을 뿐만 아니라 규칙에서는 자세한 기준을 두지 않고 있다.

표지 및 게시판에 관한 기준은 준용하지 않고 있다. 또한 옥외 또는 옥내에 있는 취급탱크는 방유제 또는 방유턱의 용량기준에서 탱크저장소와 차이가 있다.

3) 주유취급소 탱크의 구분

주유취급소에는 전용탱크, 폐유탱크 등 및 간이탱크가 있다. 이러한 탱크도 취급탱크의 일종이다.

① **전용탱크**
   ㉠ 자동차 등에 주유하기 위한 고정주유설비에 직접 접속하는 50,000L(고속도로 주유취급소는 60,000L) 이하의 것
   ㉡ 고정급유설비에 직접 접속하는 전용탱크로서 50,000L(고속도로 주유취급소는 60,000L) 이하의 것
   ㉢ 보일러 등에 직접 접속하는 전용탱크로서 10,000L 이하의 것

② **폐유탱크 등** : 자동차 등을 점검·정비하는 작업장 등(주유취급소 안에 설치된 것에 한한다)에서 사용하는 폐유·윤활유 등의 위험물을 저장하는 탱크로서 용량(2 이상 설치하는 경우에는 각 용량의 합계를 말한다)이 2,000L 이하인 탱크를 말한다.

③ **간이탱크** : 고정주유설비 또는 고정급유설비에 직접 접속하는 3기 이하의 간이탱크를 말한다.

4) 법령에 의한 그 밖의 탱크 구분

① **특수액체위험물탱크** : 지중탱크와 해상탱크를 말하며, 옥외저장탱크의 일종이다. 지중탱크는 저부가 지반면 아래에 있고 상부가 지반면 이상에 있으며 탱크 내 위험물의 최고액면이 지반면 아래에 있는 원통종형식의 위험물탱크를 말하고, 해상탱크는 해상의 동일 장소에 정치(定置)되어 육상에 설치된 설비와 배관 등에 의하여 접속된 위험물탱크를 말한다.

② **특정옥외저장탱크와 준특정옥외저장탱크** : 옥외탱크저장소 중 그 저장 또는 취급하는 액체위험물의 최대수량이 100만L 이상의 것을 "특정옥외탱크저장소"라 하고 특정옥외탱크저장소의 탱크를 "특정옥외저장탱크"라 한다. 그리고 그 저장 또는 취급하는 액체위험물의 최대수량이 50만L 이상 100만L 미만의 것을 "준특정옥외탱크저장소"라 하고 준특정옥외탱크저장소의 탱크를 "준특정옥외저장탱크"라 한다. 모두 입법기술상 선택한 약어이다.

③ **이중벽탱크** : 지하저장탱크의 외면에 누설을 감지할 수 있는 틈(감지층)이 생기도록 강판 또는 강화플라스틱 등으로 피복한 지하탱크를 말하며, 저장탱크 및 피복의 재질에 따라 다음과 같이 구분할 수 있다.

- 강제 이중벽탱크(S-S Tank)
- 강제 강화플라스틱제 이중벽탱크(S-F Tank)
- 강화플라스틱제 이중벽탱크(F-F Tank)

5) 탱크의 형상에 따른 구분(법령상의 구분은 아님)

① 종치형

- 부상지붕탱크(플로팅루프탱크) : 휘발성이 강한 액체위험물의 저장에 많이 사용
- 산(傘)형 지붕탱크(콘루프탱크) : 휘발성이 약한 액체위험물의 저장에 많이 사용
- 반구지붕탱크(돔루프탱크)
- 기타 탱크(고정지붕 부착 부상지붕탱크 등)

② 횡치형

- 원통형 탱크
- 각형 탱크
- 기타 탱크

③ 원형 탱크(Ball Tank) : 압력탱크로 많이 사용

(2) 탱크의 용량 산정

1) 탱크의 용량 = 탱크의 내용적 – 탱크의 공간용적(規 5)

위험물을 저장 또는 취급하는 탱크의 용량은 당해 탱크의 내용적에서 공간용적을 뺀 용적으로 한다. 이 경우 이동저장탱크의 용량은 자동차 및 자동차 부품의 성능과 기준에 관한 규칙에 의한 최대적재량 이하로 하여야 한다.

예외

제조소 또는 일반취급소의 위험물을 취급하는 탱크 중 특수한 구조 또는 설비를 이용함에 따라 당해 탱크 내의 위험물의 최대량이 상기의 기준에 의한 용량 이하인 경우에는 당해 최대량을 용량으로 한다.

2) 탱크의 내용적 : 다음의 계산방법에 의한다(告 25).

① 타원형 탱크의 내용적

㉠ 양쪽이 볼록한 것

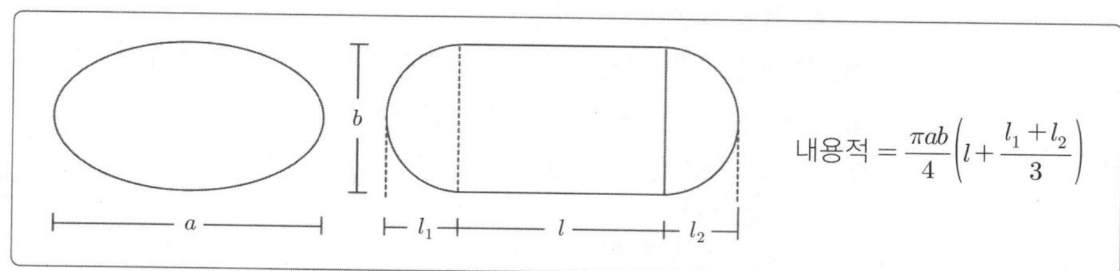

㉡ 한쪽은 볼록하고, 다른 한쪽은 오목한 것

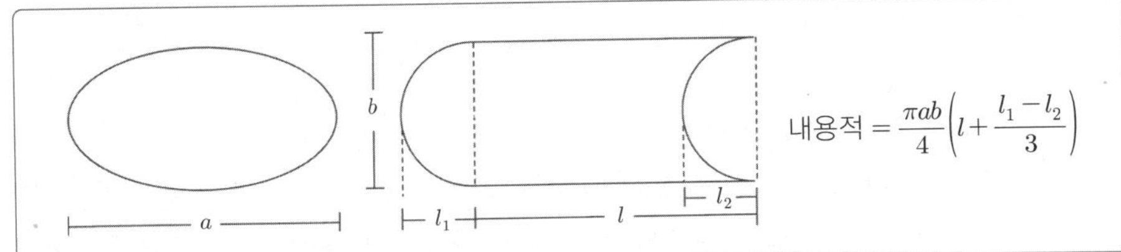

② 원통형 탱크의 내용적

㉠ 횡으로 설치한 것

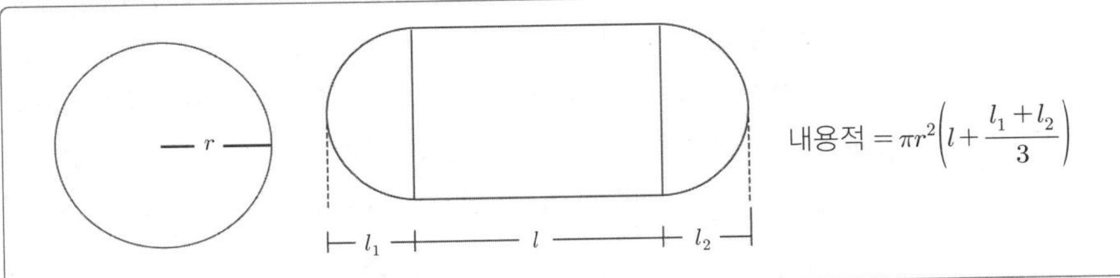

㉡ 종으로 설치한 것

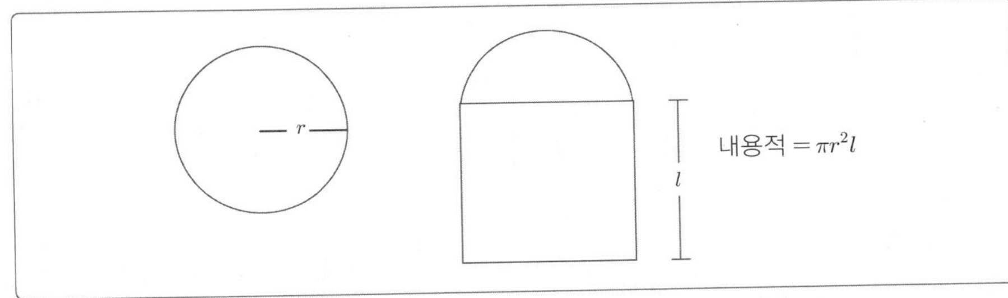

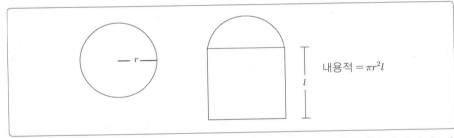

③ **그 밖의 탱크** : 통상의 수학적 계산방법에 의하되, 쉽게 그 내용적을 계산하기 어려운 탱크에 있어서는 당해 탱크의 내용적의 근사계산에 의할 수 있다.

① 타원형 탱크 및 횡치원통형 탱크는 경판 부분을 근사계산에 의하도록 정하고 있다.

② 종치원통형 탱크는 보통의 우산형의 지붕탱크를 주요한 대상으로 한 것이지만 지붕의 부분은 위험물을 수용하지 않으므로 이 부분을 빼고 계산한다.

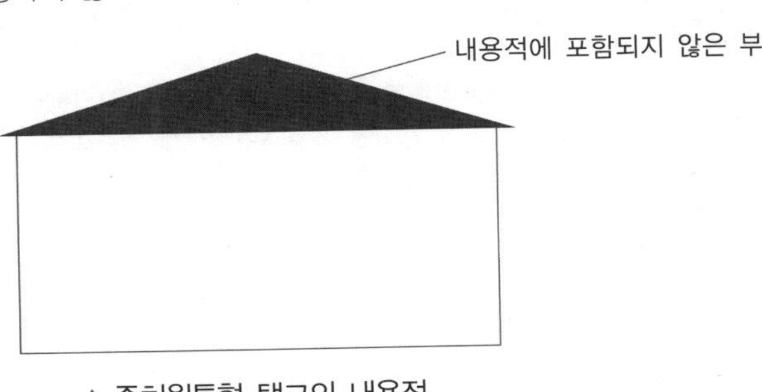

▲ 종치원통형 탱크의 내용적

③ 위 ①, ② 외의 탱크에 대하여서는 계산상의 상식에 따른 근사계산 또는 통상의 계산방법에 의해 계산한다.

3) 탱크의 공간용적(告 25)

탱크의 내부에 여유로 두는 공간으로서 위험물의 과주입이나 체적팽창에 대비하는데 의미가 있다. 공간용적이 너무 작으면 넘침방지나 위험저감이라는 본래 기능을 다할 수 없고, 너무 크면 저장용량이 줄어들게 되어 비경제적이다.

① **일반적인 탱크의 공간용적(= 탱크 내용적 × 0.05 ~ 0.1) :** 탱크의 공간용적은 탱크 내용적의 5/100 이상 10/100 이하의 용적으로 한다.

② **소화설비(소화약제 방출구를 탱크 안의 윗부분에 설치하는 것)를 설치한 탱크의 공간용적 :** 소화설비의 소화약제 방출구 아래의 0.3m 이상 1m 미만 사이의 액면을 기준으로 하여 그 윗부분의 용적으로 한다.

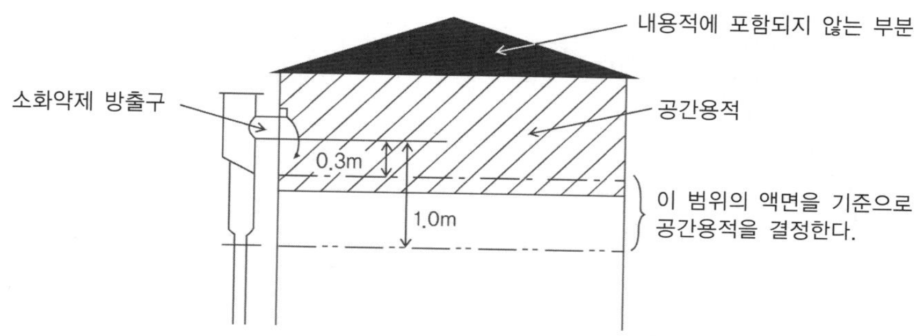

▲ 소화설비를 설치한 탱크의 공간용적

③ **암반탱크 :** 다음 중 큰 용적으로 한다.

㉠ 탱크 내에 용출하는 7일간의 지하수의 양에 해당하는 용적

㉡ 내용적의 1%에 해당하는 용적(탱크 내용적×0.01)

4) 탱크의 용량과 허가량

탱크의 용량은 법령상 최대로 저장・취급할 수 있는 위험물의 양, 즉 허가량이 된다.

부상지붕탱크의 용량

탱크의 형태상 지붕면과 위험물이 맞닿기 때문에 고정지붕탱크와 같은 공간용적을 가질 수 없는 부상지붕(플로팅루프)탱크의 용량은 부상지붕이 제 기능을 유지할 수 있는 최고 위치에 있을 때의 부상지붕 밑면 아래의 당해 탱크의 용적 이하의 용적으로 하여야 하지만, 「부상지붕이 제 기능을 유지할 수 있는 최고부의 위치」에는 다음과 같은 제한이 있다.

① 소화설비의 설치기준으로부터 소화제방사구와 부상식 지붕 상부와는 포적판(泡積板, 0.9m 이상) 이상의 거리를 확보할 필요가 있다.

② 지진 시의 액면요동에 의해 저장액이 측판 최상단을 넘어 탱크 밖으로 흘러 넘치지 않도록 계산에 의해 측판 최상단으로부터 부상식 지붕까지의 거리 HC를 일정 높이 이상으로 할 필요가 있다.

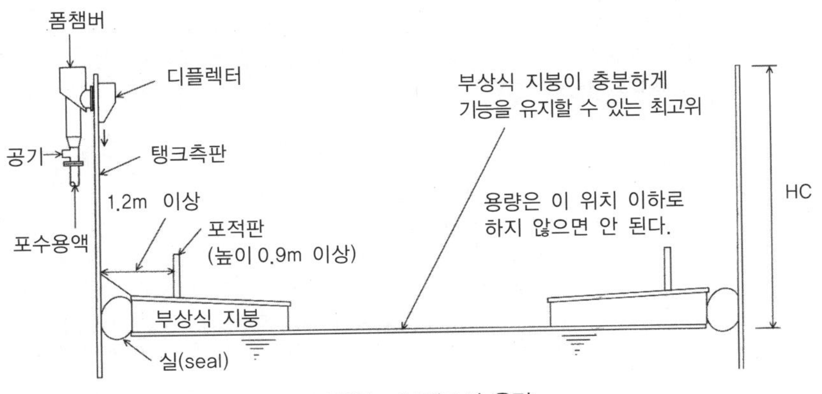

▲ 부상식 지붕탱크의 용량

2 안전거리

(1) 개념

안전거리란 위험물시설과 방호대상물(보호대상물)로 지정된 건축물 등과의 사이에 확보하여야 하는 수평거리를 말하며, 수평거리를 재는 기산점은 위험물시설 또는 방호대상물의 외벽 또는 이에 상당하는 공작물의 외측이다.

안전거리는 제조소등의 종류, 제조소등에서 저장·취급하는 위험물의 종류와 수량 및 방호대상물 종류에 따라 다르게 규제된다. 일부 방호대상물(주택, 학교·병원·극장 등, 유형문화재·기념물 중 지정문화재)과의 안전거리는 불연재료로 된 방화상 유효한 담 또는 벽을 설치하는 경우에는 일정한 기준에 의하여 안전거리를 단축하는 것이 허용된다.

(2) 안전거리 규제를 받는 위험물시설과 방호대상물별 안전거리

안전거리 규제를 받는 위험물시설	안전거리 규제를 받는 방호대상물 및 해당 안전거리	안전거리 규제를 받지 않는 위험물시설
제조소	① 주거용도 건축물 등(제조소등이 있는 부지 내의 것을 제외) : 10m 이상 ② 학교·병원·극장 그 밖에 다수인을 수용하는 시설로서 다음의 어느 하나에 해당하는 것 : 30m 이상 ㉠ 학교(「초·중등교육법」 및 「고등교육법」) ㉡ 병원급 의료기관(「의료법」) ㉢ 공연장(「공연법」), 영화상영관(영화 및 비디오물의 진흥에 관한 법률) 그 밖에 이와 유사한 시설로서 3백 명 이상의 인원을 수용할 수 있는 것 ㉣ 아동복지시설(「아동복지법」), 노인복지시설(「노인복지법」), 장애인복지시설(「장애인복지법」), 한부모가족복지시설(「한부모가족지원법」), 어린이집(「영유아보육법」), 성매매피해자 등을 위한 지원시설(성매매 방지 및 피해자 보호 등에 관한 법률),	
옥내저장소 옥외탱크저장소 옥외저장소		옥내탱크저장소 지하탱크저장소 간이탱크저장소 이동탱크저장소 암반탱크저장소
일반취급소		주유취급소 판매취급소 이송취급소

안전거리 규제를 받는 위험물시설	안전거리 규제를 받는 방호대상물 및 해당 안전거리	안전거리 규제를 받지 않는 위험물시설
일반취급소	정신보건시설(「정신보건법」), 보호시설(가정폭력 방지 및 피해자 보호 등에 관한 법률) 그 밖에 이와 유사한 시설로서 20명 이상의 인원을 수용할 수 있는 것 ③ 유형문화재와 기념물 중 지정문화재(「문화재보호법」) : 50m 이상 ④ 고압가스, 액화석유가스 또는 도시가스를 저장 또는 취급하는 시설로서 다음의 1에 해당하는 것 : 20m 이상(단, 당해 시설의 배관 중 제조소등이 있는 부지 내의 것은 제외) ㉠ 「고압가스 안전관리법」의 규정에 의하여 허가를 받거나 신고를 하여야 하는 고압가스제조시설(용기에 충전하는 것을 포함한다) 또는 고압가스사용시설로서 1일 $30m^3$ 이상의 용적을 취급하는 시설이 있는 것 ㉡ 「고압가스 안전관리법」의 규정에 의하여 허가를 받거나 신고를 하여야 하는 고압가스저장시설 ㉢ 「고압가스 안전관리법」의 규정에 의하여 허가를 받거나 신고를 하여야 하는 액화산소소비시설 ㉣ 「액화석유가스의 안전관리 및 사업법」의 규정에 의하여 허가를 받아야 하는 액화석유가스제조시설 및 액화석유가스저장시설 ㉤ 「도시가스사업법」 제2조 제5호의 규정에 의한 가스공급시설 ⑤ 사용전압이 7,000V 초과 35,000V 이하의 특고압가공전선 : 3m 이상 ⑥ 사용전압이 35,000V를 초과하는 특고압가공전선 : 5m 이상	

※ 이 표에서 안전거리 규제를 받는 위험물시설이란 공통적인 보호대상물로부터 이격거리 규제를 적용받는 것을 말하며. 이동탱크저장소의 상치장소 또는 이송취급소의 경우 별도의 안전거리 이격 규제가 있다.

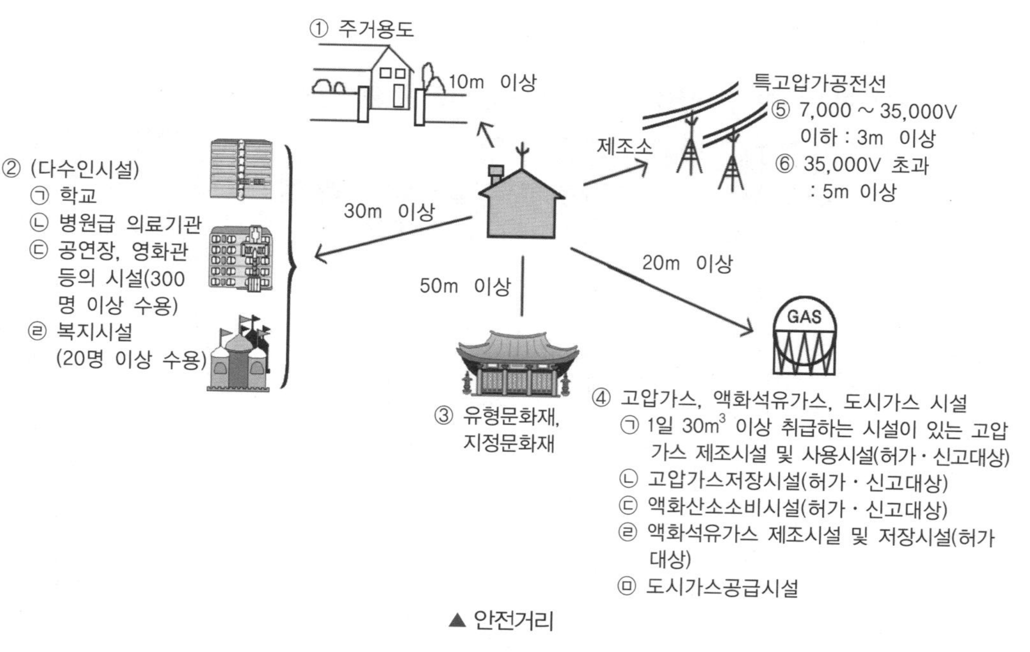

▲ 안전거리

(3) 안전거리의 기산점

안전거리를 재는 기산점은 안전거리 규제를 받는 위험물시설의 외벽 또는 이에 상당하는 공작물의 외측과 방호대상물의 외벽 또는 이에 상당하는 공작물의 외측이다. 그리고 위험물시설과 방호대상물의 사이에 안전거리의 적용을 받지 않는 건축물이나 공작물이 위치하는 것도 가능하다.

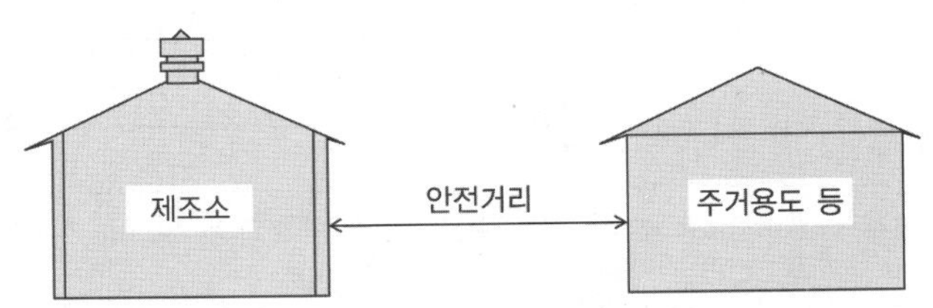

* 안전거리의 기산점은 제조소와 주거시설의 외벽이며 처마가 아님.

(4) 안전거리의 단축 적용

특정의 방호대상물은 별표 4의 부표의 기준에 의하여 불연재료로 된 방화상 유효한 담 또는 벽을 설치하는 방법으로 앞 (2)의 안전거리를 단축하여 적용할 수 있다.

1) 안전거리를 단축할 수 있는 방호대상물

① 주거용도의 건축물 등(10m 이상 대상)
② 학교 · 병원 · 극장 그 밖에 다수인을 수용하는 시설(30m 이상 대상)
③ 유형문화재와 기념물 중 지정문화재(50m 이상 대상)

2) 안전거리 단축의 조건(불연재료로 된 방화상 유효한 담의 설치)

방화상 유효한 담은 높이와 길이 및 재료 및 구조에 대한 기준을 만족하여야 한다.

① **방화상 유효한 담의 높이** : 방화상 유효한 담의 높이는 다음에 의하여 산정한 높이 이상으로 한다.

㉠ $H \leq pD^2 + a$인 경우 : $h = 2$

㉡ $H > pD^2 + a$인 경우 : $h = H - p(D^2 + d^2)$

㉢ ㉠ 및 ㉡에서 D, H, a, d, h 및 p는 다음과 같다.

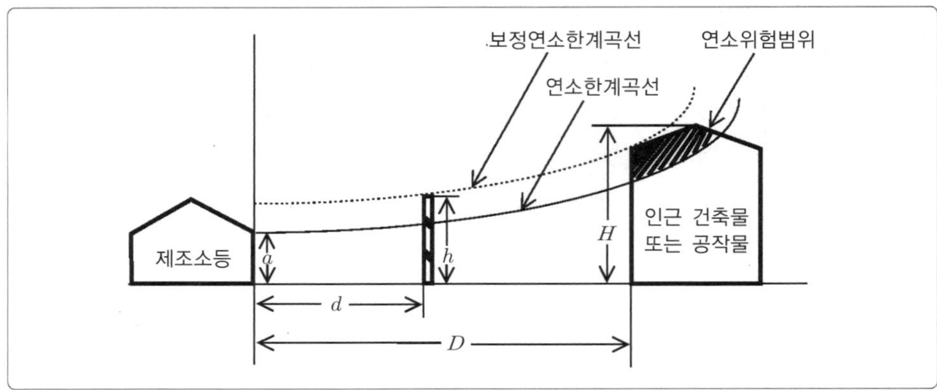

여기서, D : 제조소등과 인근 건축물 또는 공작물과의 거리(m)
H : 인근 건축물 또는 공작물의 높이(m)
a : 제조소등의 외벽의 높이(m)
d : 제조소등과 방화상 유효한 담과의 거리(m)
h : 방화상 유효한 담의 높이(m)
p : 상수

ⓐ 제조소등의 높이(a)는 다음에 의한다.

구 분	제조소등의 높이(a)	비 고
제조소 · 일반취급소 · 옥내저장소	a	벽체가 내화구조로 되어 있고, 인접축에 면한 개구부가 없거나, 개구부에 갑종방화문이 있는 경우
	a	벽체가 내화구조이고, 개구부에 갑종방화문이 없는 경우
	$a=0$	벽체가 내화구조 외의 것으로 된 경우
	a	옮겨 담는 작업장 그 밖의 공작물
옥외탱크저장소	a 방유제	옥외에 있는 종형 탱크
	a	옥외에 있는 횡형 탱크. 다만, 탱크 내의 증기를 상부로 방출하는 구조로 된 것은 탱크의 최상단까지의 높이로 한다.
옥외저장소	경계표시 $a=0$	–

ⓑ p의 값은 연소의 우려가 있는 인접 건축물의 구분에 따라 다음과 같다.

연소의 우려가 있는 인접 건축물의 구분	p의 값
① 학교 · 주택 · 문화재 등의 건축물이 목조인 경우 ② 학교 · 주택 · 문화재 등의 건축물이 방화구조 또는 내화구조이고, 제조소등에 면한 부분의 개구부에 방화문이 설치되지 아니한 경우	0.04
① 학교 · 주택 · 문화재 등의 건축물이 방화구조인 경우 ② 학교 · 주택 · 문화재 등의 건축물이 방화구조 또는 내화구조이고, 제조소등에 면한 부분의 개구부에 을종방화문이 설치된 경우	0.15
학교 · 주택 · 문화재 등의 건물이 내화구조이고, 제조소등에 면한 개구부에 갑종방화문이 설치된 경우	∞

㉣ ㉠ 또는 ㉡에 의하여 산출된 수치가 2 미만일 때에는 벽의 높이를 2m로, 4 이상일 때에는 벽의 높이를 4m로 하되, 다음의 소화설비를 보강하여야 한다.

ⓐ 당해 제조소등이 소형소화기 설치대상인 것에 있어서는 대형소화기를 1개 이상 증설할 것

ⓑ 당해 제조소등이 대형소화기 설치대상인 것에 있어서는 대형소화기 대신 옥내소화전설비 · 옥외소화전설비 · 스프링클러설비 · 물분무소화설비 · 포소화설비 · 이산화탄소소화설비 · 할로겐화합물소화설비 · 분말소화설비 중 적응소화설비를 설치할 것

ⓒ 당해 제조소등이 옥내소화전설비 · 옥외소화전설비 · 스프링클러설비 · 물분무소화설비 · 포소화설비 · 이산화탄소소화설비 · 할로겐화합물소화설비 또는 분말소화설비 설치대상인 것에 있어서는 반경 30m마다 대형소화기 1개 이상을 증설할 것

② **방화상 유효한 벽의 길이** : 방화상 유효한 벽의 길이는 제조소등의 외벽의 양단(a_1, a_2)을 중심으로 규칙 별표 4 Ⅰ 제1호 각 목에 정한 건축물 또는 공작물("인근 건축물 등")에 따른 안전거리를 반지름으로 한 원을 그려서 당해 원의 내부에 들어오는 인근 건축물 등의 부분 중 최외측 양단(p_1, p_2)을 구한 다음, a_1과 p_1을 연결한 선분(L_1)과 a_2와 p_2를 연결한 선분(L_2) 상호간의 간격(L)으로 한다.

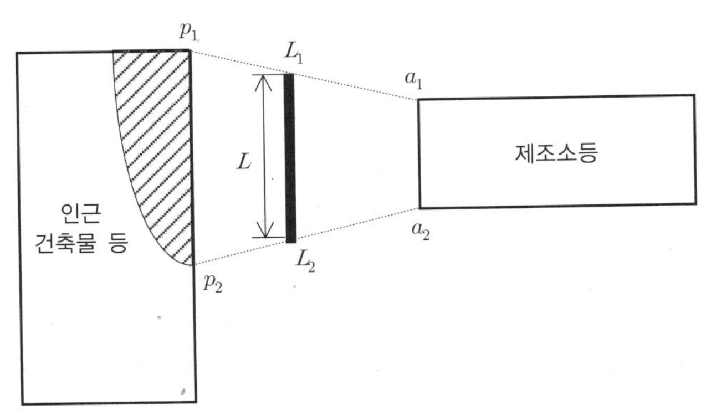

③ **방화상 유효한 벽의 구조 및 재료** : 방화상 유효한 담은 제조소등으로부터 5m 미만의 거리에 설치하는 경우에는 내화구조로, 5m 이상의 거리에 설치하는 경우에는 불연재료로 하고, 제조소등의 벽을 높게 하여 방화상 유효한 담을 갈음하는 경우에는 그 벽을 내화구조로 하고 개구부를 설치하여서는 아니 된다.

3) 방화상 유효한 벽을 설치한 경우의 안전거리는 다음 표와 같다.

구 분	취급하는 위험물의 최대수량 (지정수량의 배수)	안전거리(m 이상)		
		주거용 건축물	학교·유치원 등	문화재
제조소·일반취급소 (취급하는 위험물의 양이 주거지역에서는 30배, 상업지역에서는 35배, 공업지역에서는 50배 이상인 것을 제외)	10배 미만 10배 이상	6.5 7.0	20 22	35 38
옥내저장소 (취급하는 위험물의 양이 주거지역에서는 지정수량의 120배, 상업지역에서는 150배, 공업지역에서는 200배 이상인 것을 제외)	5배 미만 5배 이상 10배 미만 10배 이상 20배 미만 20배 이상 50배 미만 50배 이상 200배 미만	4.0 4.5 5.0 6.0 7.0	12.0 12.0 14.0 18.0 22.0	23.0 23.0 26.0 32.0 38.0
옥외탱크저장소 (취급하는 위험물의 양이 주거지역에서는 지정수량의 600배, 상업지역에서는 700배, 공업지역에서는 1,000배 이상인 것을 제외)	500배 미만 500배 이상 1,000배 미만	6.0 7.0	18.0 22.0	32.0 38.0
옥외저장소 (취급하는 위험물의 양이 주거지역에서는 지정수량의 10배, 상업지역에서는 15배, 공업지역에서는 20배 이상인 것을 제외)	10배 미만 10배 이상 20배 미만	6.0 8.5	18.0 25.0	32.0 44.0

3 보유공지

(1) 개념

보유공지는 위험물을 저장 또는 취급하는 건축물 그 밖의 시설(위험물을 이송하기 위한 배관 그 밖에 이와 유사한 시설을 제외한다)의 주위에 그 저장·취급하는 위험물의 최대수량 등에 따라 보유하여야 하는 공지를 말한다.

보유공지는 위험물을 저장 또는 취급하는 시설에 화재가 난 경우 또는 그 주위의 건축물 등에 화재가 난 경우에 상호 연소를 저지하고 소방활동을 하기 위한 공간이다. 그 밖에 점검 및 보수와 피난을 위한 공간으로도 일부 기능한다고 할 수 있다. 따라서, 보유공지는 수평의 탄탄한 지반이어야 하고 당해 공지의 지반면 및 윗부분에는 원칙적으로 다른 물건 등이 없어야 한다. 또한 보유공지도 제조소등의 구성부분이기 때문에 원칙적으로 당해 시설의 관계인이 소유권, 지상권, 임차권 등의 권원을 가지고 있어야 한다. 안전거리와의 차이점은 다음 표와 같다.

안전거리	보유공지
보호대상물의 존재를 전제로 함	보호대상물의 존재를 전제로 하지 않음
보호대상물과의 거리 개념	위험물시설 주위의 공간 개념(공터 및 그 상공)

(2) 보유공지 규제를 받는 위험물시설

제조소등의 구분	해당 규정	보유공지의 폭
제조소	規 별표 4 Ⅱ	지정수량의 10배 미만의 것은 3m 이상, 10배 이상의 것은 5m 이상
옥내저장소	規 별표 5 Ⅰ ②	형태, 배수, 건물구조에 따라 각각 다름
옥외탱크저장소	規 별표 6 Ⅱ	
옥외에 설치된 간이탱크저장소	規 별표 9 ④	탱크의 주위에 1m 이상
옥외저장소	規 별표 11 Ⅰ ① 라	경계주위에 위험물의 배수에 따라 확보
일반취급소	規 별표 16 Ⅰ	제조소에 준하나 형태에 따라 다름

* 보유공지 기준은 제조소등의 종류, 저장·취급하는 위험물의 종류·최대수량 또는 건축물의 구조 등에 따라 달라진다. 한편, 주유취급소의 주유공지는 차량의 출입 및 주유작업에 필요한 것으로 보유공지와는 다른 성격의 것이며, 이송취급소의 경우 배관 주위의 보유공지 기준을 별도로 정하고 있다.

(3) 보유공지의 적용방법

① 보유공지는 위험물을 취급하는 건축물 기타 공작물의 주위에 연속해서 보유하여야 한다.

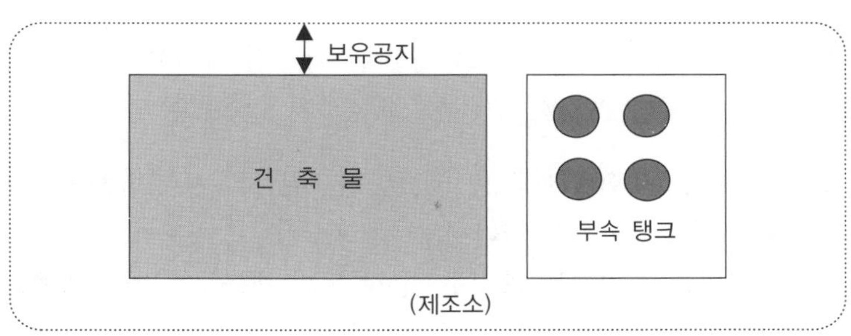

▲ 보유공지의 예

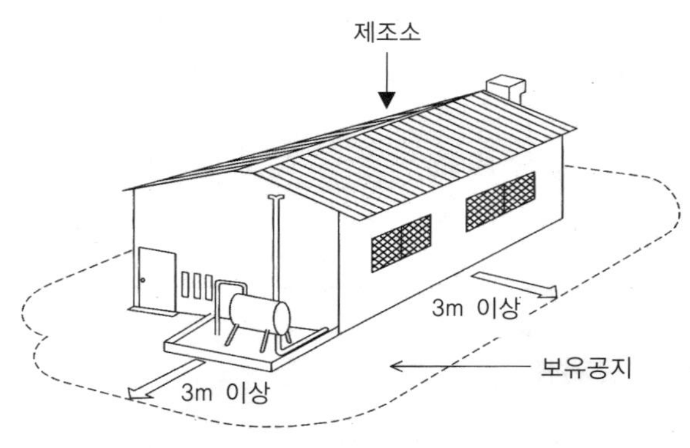

▲ 보유공지의 예(3m인 경우)

② 다른 제조소등과 근접해서 설치하는 경우에 각 제조소등의 보유공지를 충족하면서 두 보유공지가 상호 중첩되는 것은 무방하다.

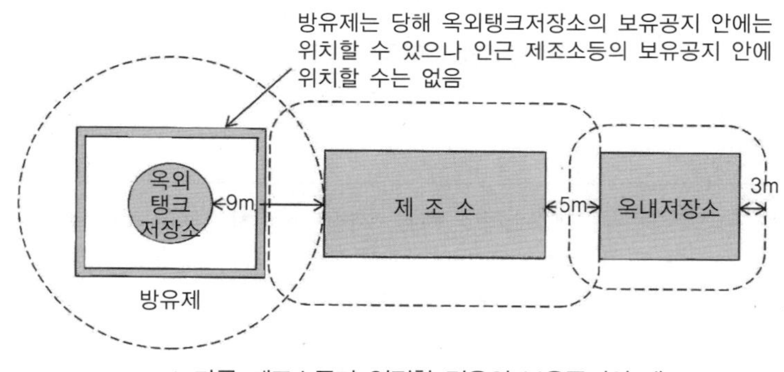

▲ 다른 제조소등과 인접한 경우의 보유공지의 예

(4) 다른 작업장과의 사이에 공지를 두지 않을 수 있는 경우와 그 조건[62)]

제조소의 작업공정이 다른 작업장의 작업공정과 연속되어 있어 제조소의 건축물 그 밖의 공작물의 주위에 공지를 두게 되면 그 제조소의 작업에 현저한 지장이 생길 우려가 있는 경우에는, 당해 제조소와 다른 작업장 사이에 다음의 기준에 따라 방화상 유효한 격벽을 설치함으로써 공지를 보유하지 않을 수 있다.

① 방화벽은 내화구조로 할 것. 다만, 취급하는 위험물이 제6류 위험물인 경우에는 불연재료로 할 수 있다.

② 방화벽에 설치하는 출입구 및 창 등의 개구부는 가능한 한 최소로 하고, 출입구 및 창에는 자동폐쇄식의 갑종방화문을 설치할 것

③ 방화벽의 양단 및 상단이 외벽 또는 지붕으로부터 50cm 이상 돌출하도록 할 것

62) 이 규정은 제조소 외에 일반취급소의 보유공지에 대하여 일반적으로 준용되지만, 일반취급소의 다양한 특례기준에 의하여 보유공지 기준이 적용되지 않는 경우와는 구별하여야 한다.

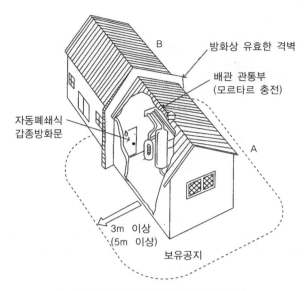

▲ 격벽 및 갑종방화문으로 구획된 예

A공장(제조소)에 원칙에 따라 보유공지를 두면 B공장(일반건물)과 1개 동으로 설치할 수 없지만, 보유공지를 두어 별개의 동으로 설치하면 제품의 변질을 가져올 우려가 있거나 또는 현저하게 작업능률을 저하시키는 등과 같은 작업공정상의 이유가 있는 경우에는 A공장과 B공장의 사이에 보유하여야 하는 공지를 면제함으로써 1개 동으로 설치할 수 있는 효과를 얻게 된다.

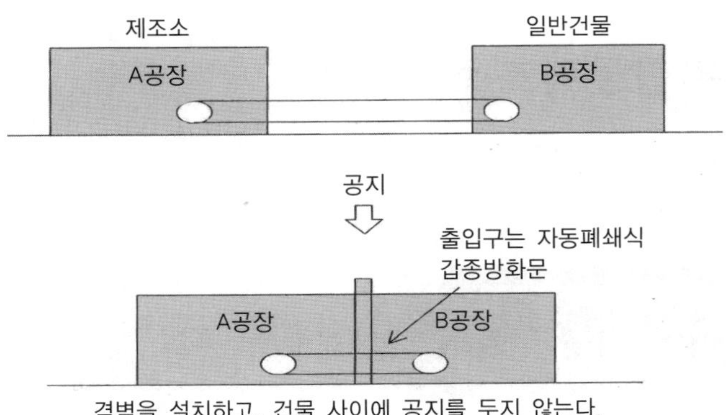

격벽을 설치하고, 건물 사이에 공지를 두지 않는다.

4 표지 및 게시판

제조소등에는 보기 쉬운 곳에 당해 제조소등을 표시하는 표지와 방화에 관하여 필요한 사항을 기재한 게시판을 설치하여야 한다. 게시판에는 방화에 관하여 필요한 사항을 기재하는 게시판과 탱크주입구 및 펌프설비의 게시판이 있다.

표지 및 게시판은 위험물시설에 출입하는 사람들의 눈에 띄기 쉬운 장소에 확실히 보이도록 설치한다.

재질은 내구성이 있는 것으로 하고 또한 그 문자는 빗물에 의해 쉽게 오손되거나 지워지지 않는 것으로 한다. 시설 외벽 등에 직접 기재할 수도 있다.

(1) 표지

표지는 어떤 위험물시설이 존재한다는 것을 알리고 방화상의 주의를 환기시키기 위해 설치하는 것으로 제조소등별 표지의 규격 등은 다음과 같다.

1) 이동탱크저장소(規 별표 10 Ⅴ)

☞ 바탕 : 흑색
문자 : 황색(반사성)
규격 : 0.3m 이상×0.6m 이상의 횡형 사각형
※ 차량의 전면 및 후면의 상단

이동탱크저장소에는 "위험물" 표지 외에 UN의 RTDG(Recommendations on the Transport of Dangerous Goods, 위험물 운송에 관한 권고)에 따른 UN번호 및 그림문자를 부착하여야 하며, 이에 관한 기준은 「위험물 운송・운반 시의 위험성 경고표지에 관한 기준」에 정하고 있다.

2) 이동탱크저장소 외의 제조소등

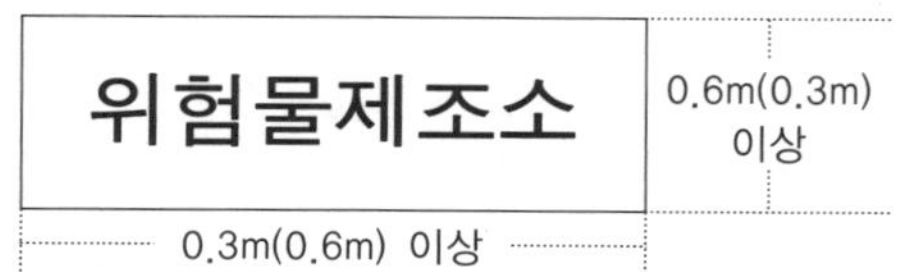

☞ 바탕 : 백색
문자 : 흑색
규격 : 0.3m 이상×0.6m 이상의 직사각형
※ 문자는 각각 「위험물 옥내저장소」, 「위험물 주유취급소」 등

※ 지정수량 이상 위험물 운반차량의 표지(規 별표 19 Ⅲ)

☞ 바탕 : 흑색
문자 : 황색(반사성)
규격 : 0.3m 이상×0.6m 이상의 횡형 사각형
※ 지정수량 이상의 위험물을 운반하는 차량의 전면 및 후면의 보기 쉬운 위치

넓게 보기

① 위험물을 수납한 용기를 적재하여 운반하는 차량은 위험물 제조소등에는 속하지 않으나 지정수량 이상의 양을 운반하는 경우에는 이동탱크저장소에 준하여 표지를 부착하도록 하고 있다.
② 지정수량 이상 위험물 운반차량에는 "위험물" 표지 외에 UN의 RTDG에 따른 UN번호 및 그림문자를 부착하여야 하며, 이에 관한 기준은 「위험물 운송・운반 시의 위험성 경고표지에 관한 기준」에 정하고 있다.

(2) 게시판

게시판에는 방화에 관하여 필요한 사항을 기재하는 게시판과 탱크주입구 및 펌프설비의 게시판이 있다. 방화상 필요한 사항을 기재하는 게시판에는 당해 시설에서 취급하는 위험물의 유별·품명, 최대저장수량(최대취급수량), 위험물안전관리자 성명 및 위험물에 대한 주의사항을 기재한다. 방화상 필요한 사항을 기재한 게시판은 내용상 시설개요의 게시판과 주의사항의 게시판으로 구분할 수 있다.

1) 시설개요 게시판

제조소등(이동탱크저장소 제외)에는 다음과 같이 제조소등의 시설개요에 관한 사항을 기재한 게시판을 설치하여야 한다.

0.6m(0.3m) 이상

유별·품명 저장(취급)최대수량 지정수량의 배수 안전관리자의 성명 또는 직명	0.3m(0.6m) 이상

- 바탕 : 백색
- 문자 : 흑색
- 규격 : 0.3m 이상×0.6m 이상의 직사각형

(실례)

위험물의 유별 : 제4류 위험물의 품명 : 제1석유류(휘발유) 저장최대수량 : 5,000L 위험물안전관리자 : 홍길동

넓게 보기

① 이동탱크저장소의 게시판은 UN의 RTDG에 따른 UN번호 및 그림문자로써 갈음한다.
② 도로 운송 중에 발생한 사고에 효과적으로 대응하기 위하여 최소한의 간단명료한 정보만 게시하도록 한 것이다. 종전에 게시하던 위험물의 유별·품명·최대수량 및 적재중량은 화재예방 측면에 치중한 정보였다.
③ 또한, 게시판은 아니지만 이동탱크저장소의 탱크외부에는 告示 제109조의 규정에 따라 도장 등을 하여 쉽게 식별할 수 있도록 하고, 보기 쉬운 곳에 그 상치장소의 위치를 표시하여야 한다.

2) 주의사항 게시판

제조소등(이동탱크저장소 제외)에는 저장 또는 취급하는 위험물에 따라 다음과 같이 주의사항을 표시한 게시판을 설치하여야 한다.

게시판	색상	대상
물기엄금	바탕 : 청색 글자 : 백색	제1류 위험물 중 알칼리금속의 과산화물(이를 함유한 것 포함) 또는 제3류 위험물 중 금수성 물질의 제조소등
화기주의	바탕 : 적색 글자 : 백색	제2류 위험물(인화성 고체는 제외)의 제조소등
화기엄금	바탕 : 적색 글자 : 백색	제2류 위험물 중 인화성 고체, 제3류 위험물 중 자연발화성 물질, 제4류 위험물 또는 제5류 위험물의 제조소등
주유중엔진정지	바탕 : 황색 글자 : 흑색	주유취급소

3) 탱크주입구 및 펌프설비의 게시판

인화점이 21℃ 미만인 위험물을 저장하는 몇몇 탱크저장소의 탱크주입구와 인화점이 21℃ 미만인 위험물을 취급하는 펌프설비에는 보기 쉬운 곳에 다음의 기준에 의한 게시판을 설치하여야 한다. 다만, 소방본부장 또는 소방서장이 화재예방상 당해 게시판을 설치할 필요가 없다고 인정하는 경우에는 설치하지 않을 수 있다. 또한 이와 유사한 것으로서 주유취급소의 펌프실 등에 설치하여야 하는 표지와 게시판이 있다.

○○저장탱크 주입구 유별 · 품명 주의사항	0.3m (0.6m) 이상	○○저장탱크 펌프설비 유별 · 품명 주의사항

0.6m(0.3m) 이상

〈색상〉
바탕 : 백색
문자 : 흑색
주의사항 : 적색
[내용은 2)와 같음]

〈설치대상〉
옥외탱크저장소, 옥내탱크저장소 및 지하탱크저장소의 탱크주입구 및 펌프설비에 설치

※ 인화점 21℃ 미만의 것에 한함

5 소방설비

학습 Point

1. 소화설비는 제조소등의 구분, 위험물의 품명 · 최대수량 등에 따라 「소화난이도 등급 Ⅰ」, 「소화난이도 등급 Ⅱ」 및 「소화난이도 등급 Ⅲ」의 3가지 등급으로 나누어지고 각각의 구분에 따라 기준이 정해져 있다(規 41 및 별표 17).
2. 지정수량의 10배 이상의 위험물을 저장 또는 취급하는 제조소등에는 화재가 발생한 경우에 이를 알릴 수 있는 경보설비를 설치하여야 한다(規 42 Ⅰ).
3. 위험물시설 중 일부 주유취급소에는 피난설비로서 유도등을 설치하여야 한다(規 42 Ⅱ).

여기에서는 소화설비, 경보설비 및 피난설비 기준의 대강만을 설명하고, 규칙 별표 17의 규정에 의한 자세한 기준은 뒤에서 다시 설명하기로 한다.

(1) 소화설비

제조소등에는 화재발생 시 소화가 곤란한 정도에 따라 그 소화에 적응성이 있는 소화설비를 설치하여야 한다.

소화가 곤란한 정도는 제조소등의 규모, 저장 또는 취급하는 위험물의 품명 및 최대수량 등에 따라 「소화난이도 등급 Ⅰ」, 「소화난이도 등급 Ⅱ」 및 「소화난이도 등급 Ⅲ」으로 구분되며, 각 소화난이도 등급에 따라 요구되는 소화설비 중 소화적응성이 있는 것을 설치하여야 한다(規 41 및 별표 17).

넓게 보기

① 위험물제조소등의 소방시설의 규제는 「위험물안전관리법」을 적용하며, 「화재예방, 소방시설 설치·유지 및 안전관리에 관한 법률」을 적용하지 않는다. 이는 두 법률이 특별법과 일반법의 관계이기 때문이다. 「화재예방, 소방시설 설치·유지 및 안전관리에 관한 법률」 제3조에서도 이를 명시하고 있다.
② 「위험물안전관리법 시행규칙」 제46조에 같은 규칙에 규정된 것 외에는 「화재예방, 소방시설 설치·유지 및 안전관리에 관한 법률」에 따른 화재안전기준을 준용하도록 하고 있다. 따라서 「위험물안전관리법 시행규칙」에 규정된 내용과 상충되지 않는 범위 내에서 공통적인 기준은 화재안전기준을 적용하는 것이다.

소화난이도 구분	해당하는 제조소등의 예	설치하여야 하는 소화설비
소화난이도 등급 Ⅰ	연면적 1,000m^2 이상의 제조소 또는 일반취급소	옥내소화전설비, 옥외소화전설비, 스프링클러설비 또는 물분무등소화설비 (+ 대형수동식소화기 + 소형수동식소화기)
소화난이도 등급 Ⅱ	연면적 600m^2 이상의 제조소 또는 일반취급소	대형수동식소화기 + 소형수동식소화기
소화난이도 등급 Ⅲ	지하탱크저장소 이동탱크저장소	소형수동식소화기 2개

(2) 경보설비

지정수량의 10배 이상의 위험물을 저장 또는 취급하는 제조소등(이동탱크저장소를 제외)에는 화재발생 시 이를 알릴 수 있는 경보설비를 설치하여야 한다.

1) 경보설비의 종류

① 자동화재탐지설비
② 비상경보설비(비상벨장치 또는 경종 포함)
③ 확성장치(휴대용확성기 포함)
④ 비상방송설비

2) 자동화재탐지설비를 설치하여야 하는 제조소등

지정수량의 배수가 10 이상의 것으로서 다음과 같은 것(예)이 있다.

① 연면적이 500m^2 이상인 제조소 및 일반취급소
② 지정수량의 100배 이상을 취급하는 옥내에 있는 제조소(고인화점 위험물만을 100℃ 미만으로 취급하는 것은 제외)
③ 처마높이가 6m 이상인 단층건물의 옥내저장소
④ 단층건물 외의 건축물에 설치된 옥내탱크저장소로서 소화난이도 등급 Ⅰ에 해당하는 것
⑤ 옥내주유취급소

3) **자동화재탐지설비, 비상경보설비, 확성장치 또는 비상방송설비 중 어느 하나 이상을 설치하여야 하는 제조소등**

자동화재탐지설비 설치대상인 제조소등 외의 것으로서 지정수량의 10배 이상인 것 (이동탱크저장소 및 이송취급소는 제외)

(3) 피난설비

주유취급소 중 건축물의 2층 이상의 부분을 점포·휴게음식점 또는 전시장의 용도로 사용하는 것과 옥내주유취급소에는 피난설비로 유도등을 설치하여야 한다.

02 제조소의 위치·구조 및 설비의 기준

학습 Point

위험물을 제조하는 시설은 옥외에 설치되어 "플랜트"라고 불리는 시설을 형성하는 것, 옥외 및 옥내에 설치된 설비·장치·탑조류를 일체로 한 상태로 시설을 형성하는 것, 옥내에 설치된 설비·장치·탑조류로서 건축물 상태로 시설을 형성하는 것 등이 있다.
이 다양한 실태로부터 제조소의 위치·구조 및 설비의 기술상 기준은 건축물과 그 밖의 공작물을 포괄적으로 파악하는 기준으로서 건축물, 설비, 탑조류 등에 관계된 것을 정할 필요가 있게 된다.

〈일반기준〉

제조소에 관한 위치·구조 및 설비의 기준 중 주요한 사항은 다음과 같다.

1. 위치에 관한 것 : 안전거리의 확보 및 보유공지의 보유
2. 제조소의 건축물의 구조에 관한 것
3. 위험물의 취급안전상 건축물에 설치하여야 하는 설비에 관한 것
4. 위험물을 취급하는 설비·장치 등의 안전상 설치하여야 하는 설비·장치에 관한 것
5. 위험물을 취급하는 각종 탱크 및 배관의 위치·구조 및 설비에 관한 것
6. 위험물 취급의 규모, 태양 등에 따라 설치하여야 하는 소화설비 및 경보설비에 관한 것

〈특례기준〉

소정의 제조소에 대하여는 위치·구조 및 설비의 기준(規 별표 4 Ⅰ~Ⅹ)에 대하여 특례를 정하고 있는데, 이 특례의 대상으로 된 제조소와 특례기준은 다음 표와 같다. 이 중 ①의 기준은 본칙에 정한 기준의 완화특례, ②의 기준은 본칙에 정한 기준의 강화특례이다.

	시설의 태양	특례기준	비 고
①	고인화점 위험물(인화점이 100℃ 이상인 제4류 위험물)을 100℃ 미만의 온도에서 취급하는 제조소	規 별표 4 ⅩⅠ	완화특례
②	알킬알루미늄등, 아세트알데히드등 또는 히드록실아민등을 취급하는 제조소	規 별표 4 ⅩⅡ	강화특례

1 제조소의 개념

제조소란 최초에 이용하는 원료가 위험물 또는 비위험물의 여부에 관계없이 여러 공정을 거쳐 제조한 최종물품이 위험물인 시설로서 1일 위험물 취급량이 지정수량 이상인 것을 말한다. 따라서 1일 제조량이 지정수량 이상일 것을 요하지 않는다.

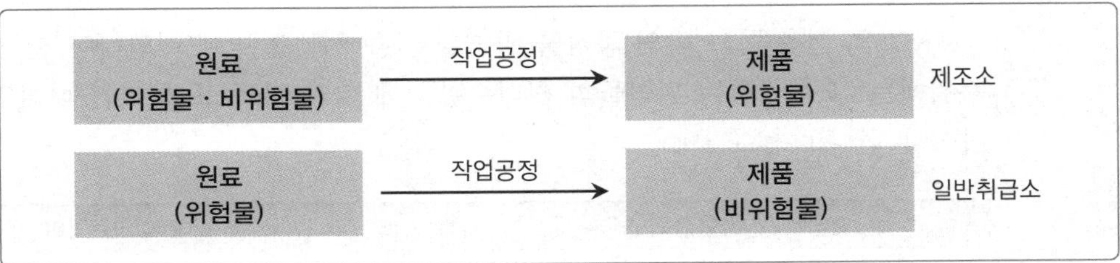

2 규제범위

원칙적으로 건물 내에 설치하는 것에 있어서는 1동(棟), 옥외에 설치하는 경우에 있어서는 일련의 공정을 하나의 허가단위로 한다. 그리고 다음 그림에서와 같이 건축물 그 밖의 공작물, 공지 및 부속설비를 모두 포함한다. 반면에, 그림의 빗금부분의 바깥은 제조소가 있는 사업소의 부지일 뿐이지 제조소의 구성부분은 아님을 유의하여야 한다.

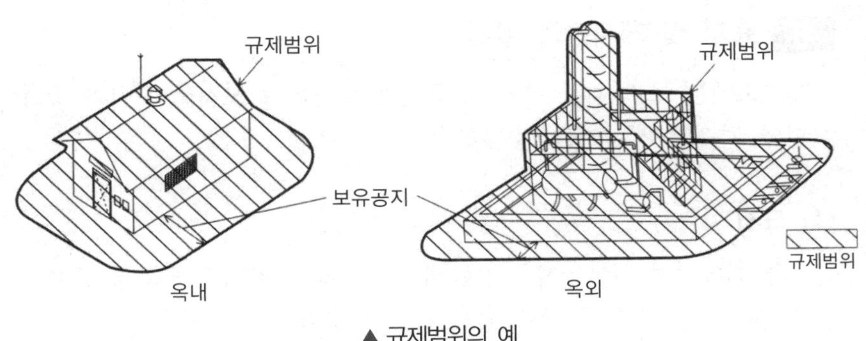

▲ 규제범위의 예

3 안전거리의 확보

제조소와 방호(보호)대상물로 지정된 건축물 등과의 사이에는 그 대상물에 대하여 소정의 거리를 확보하여야 하는데, 방호대상물인 건축물 등에 대하여 확보하여야 하는 안전거리는 앞에서 살펴보았지만 참고적으로 간략히 하면 다음 표와 같다(規 별표 4 Ⅰ).

방호대상물인 건축물 등	안전거리
주택 등 주거용도로 사용하는 건축물 등	10m 이상
학교·병원·극장·아동복지시설 등 다수인 수용시설	30m 이상
유형문화재 등	50m 이상

방호대상물인 건축물 등	안전거리
고압가스시설 등 특고압가공전선	20m 이상 3～5m 이상

4 공지의 보유(보유공지)

제조소의 건축물 그 밖의 공작물(위험물 이송배관 그 밖에 이와 유사한 시설을 제외)의 주위에는 그 취급하는 위험물의 최대수량[63]에 따라 다음 표에 의한 너비의 공지를 보유하여야 한다(規 별표 4 Ⅱ).

취급하는 위험물의 최대수량	공지의 너비
지정수량의 10배 이하	3m 이상
지정수량의 10배 초과	5m 이상

제조소의 작업공정이 다른 작업장의 작업공정과 연속되어 있어 제조소의 건축물 그 밖의 공작물의 주위에 공지를 두게 되는 경우 그 제조소의 작업에 현저한 지장이 생길 우려가 있는 경우에는 당해 제조소와 다른 작업장 사이에 소정의 방화상 유효한 격벽을 설치함으로써 위의 공지를 보유하지 아니할 수 있다.

5 표지 및 게시판의 설치

제조소에는 보기 쉬운 곳에 "위험물제조소"라고 표시한 표지와 방화에 관하여 필요한 사항을 기재한 게시판을 설치하여야 한다(規 별표 4 Ⅲ).

(1) 표지

표지는 어떤 위험물시설이 존재한다는 것을 알리고 방화상의 주의를 환기시키기 위해 설치하는 것으로 규격 등은 다음과 같다.

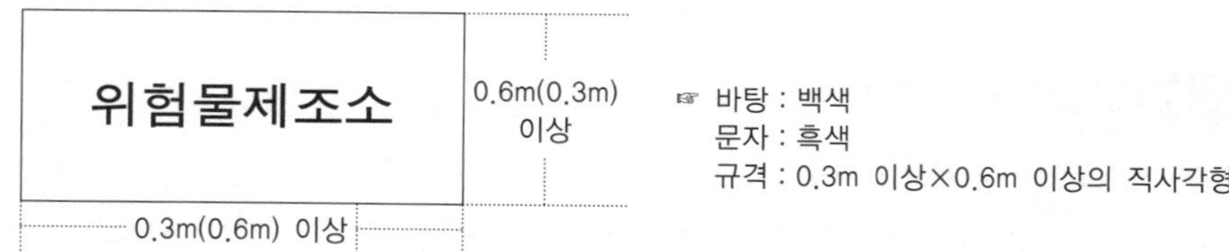

63) 위험물의 취급수량 및 배수(倍數)의 산정은 제조되는 위험물의 품명, 수량 등에 따라 제조공정이 단순한 것부터 복잡한 것, 제조일수가 수일에 걸치는 것 등 여러 가지 경우가 있고 형식화할 수 없기 때문에 취급실태에 따라서 구체적으로 산정할 필요가 있다. 이에 관하여는 관련 지침이 마련되어 있다.

(2) 게시판

방화에 관하여 필요한 사항을 기재하는 게시판에는 당해 시설에서 취급하는 위험물의 유별·품명, 최대취급수량, 위험물안전관리자 성명 및 위험물에 대한 주의사항을 기재한다. 이 방화에 관하여 필요한 사항을 기재한 게시판은 내용상 시설개요의 게시판과 주의사항의 게시판으로 구분할 수 있다.

1) 시설개요 게시판

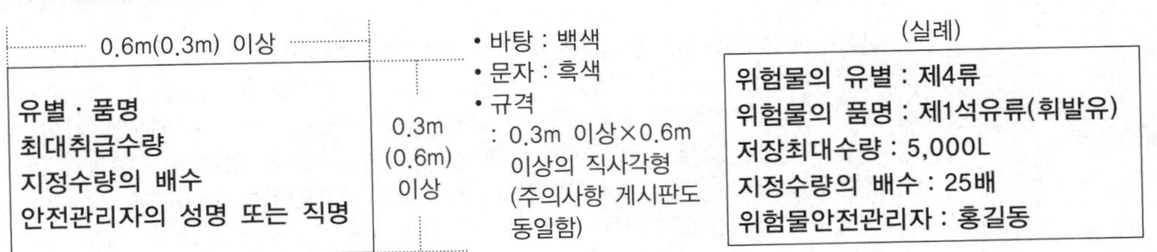

2) 주의사항 게시판

취급하는 위험물에 따라 다음과 같이 주의사항을 표시한 게시판을 설치하여야 한다.

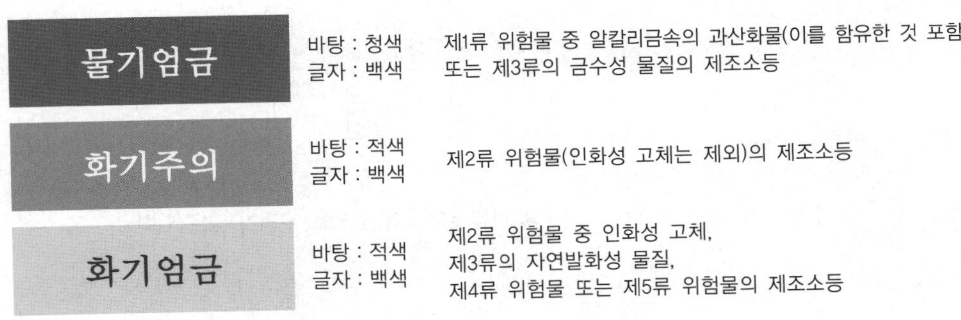

6 건축물의 구조 등(規 별표 4 Ⅳ)

위험물을 취급하는 건축물의 구조는 다음의 기준(지하층 제한, 주요 구조부 구조, 방화문 설치, 망입유리 사용 및 위험물취급장소의 바닥처리)에 적합하여야 한다.

(1) 지하층의 제한

제조소의 건축물은 지하층이 없도록 하여야 한다.[64] 다만, 위험물을 취급하지 아니하는 지하층으로서 위험물의 취급장소에서 새어나온 위험물 또는 가연성의 증기가 흘러 들어갈 우려가 없는 구조로 된 경우에는 그러하지 아니하다.

64) 지하층은 가연성 증기가 체류하기 쉬워 화재위험이 증대되고 화재 시에도 피난과 소방활동이 곤란하기 때문에 설치를 금지하고 있다. 여기서 지하층이란 순수하게 지하층만이 아니라 바닥면에서 지면까지의 높이가 바닥면에서 외벽 상부의 처마까지의 높이의 1/3 이상일 때에도 지하층으로 간주된다.

(2) 주요 구조부의 구조

1) 벽 · 기둥 · 바닥 · 보 · 서까래 및 계단을 불연재료로 하고, 연소(延燒)의 우려가 있는 외벽은 출입구 외의 개구부가 없는 내화구조의 벽으로 하여야 한다. 제6류 위험물을 취급하는 건축물에 있어서 위험물이 스며들 우려가 있는 부분에 대하여는 아스팔트 그 밖에 부식되지 아니하는 재료로 피복하여야 한다.

참고

건축물의 벽에 있어서 연소 우려가 있는 외벽은 내화구조로 하여야 하고 기타의 외벽은 불연재료로 할 수 있는데, 여기서 "연소의 우려가 있는 외벽"이라 함은 다음의 1에 정한 선을 기산점으로 하여 3m(2층 이상의 층에 대해서는 5m) 이내에 있는 제조소등의 외벽을 말한다. 다만, 방화상 유효한 공터, 광장, 하천, 수면 등에 면한 외벽은 제외한다(告 41). 여기서 연소란 불에 타는 것(燃燒)을 의미하는 것이 아니라 불이 옮겨 붙는 것(延燒)을 의미한다. 즉, 인근의 화재로부터 제조소등이 어느 정도 영향을 받을 수 있는지의 문제이다.

① 제조소등의 부지경계선
② 제조소등에 접한 도로의 중심선
③ 제조소등의 외벽과 동일부지 내의 다른 건축물의 외벽 간의 중심선

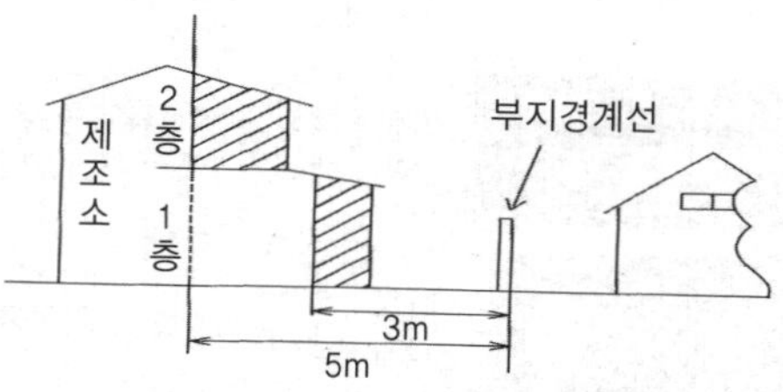

▲ 인접 경계선에서 연소 우려가 있는 외벽

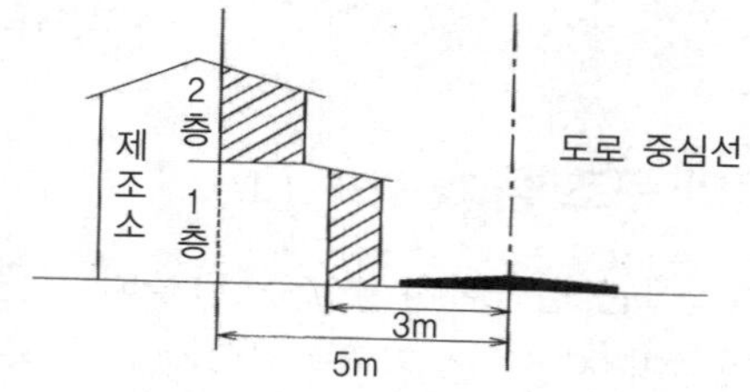

▲ 도로 중심선에서 연소 우려가 있는 외벽

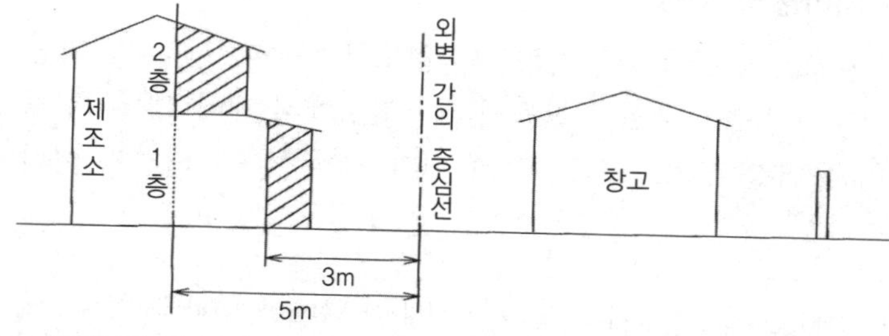

▲ 동일부지 내 다른 건축물의 외벽 간 중심선에서 연소 우려가 있는 외벽

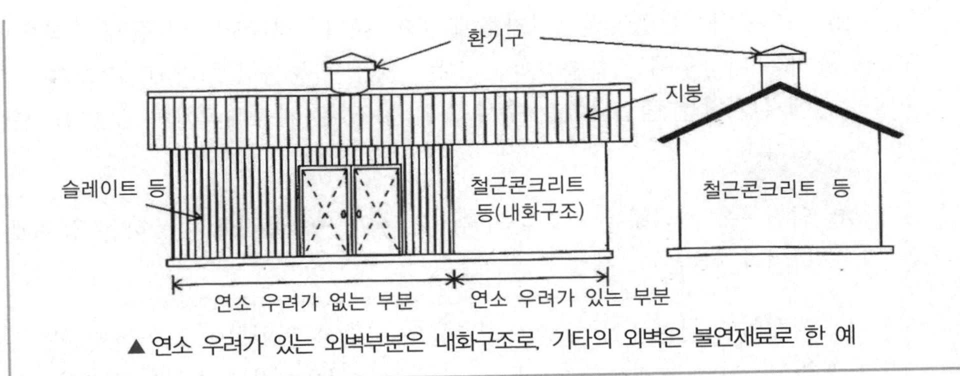

▲ 연소 우려가 있는 외벽부분은 내화구조로, 기타의 외벽은 불연재료로 한 예

2) 지붕(작업공정상 제조기계시설 등이 2층 이상에 연결되어 설치된 경우에는 최상층의 지붕을 말함)은 폭발력이 위로 방출될 정도의 가벼운 불연재료로 덮어야 한다. 다만, 위험물을 취급하는 건축물이 다음의 어느 하나에 해당하는 경우에는 그 지붕을 내화구조로 할 수 있다.[65]

① 제2류 위험물(분상의 것과 인화성 고체를 제외한다), 제4류 위험물 중 제4석유류·동식물유류 또는 제6류 위험물을 취급하는 건축물인 경우

② 다음의 기준에 적합한 밀폐형 구조의 건축물인 경우

㉠ 발생 가능한 내부의 과압(過壓) 또는 부압(負壓)에 견딜 수 있는 철근콘크리트조일 것

㉡ 외부화재에 90분 이상 견딜 수 있는 구조일 것

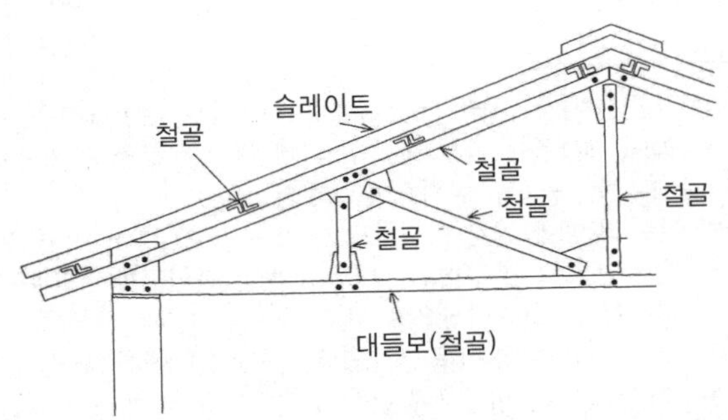

▲ 지붕단면도(지붕을 구성하는 모든 재료는 불연재료)

65) 위험물을 취급하는 건축물에 화재 등의 사고가 발생한 경우에는 위험물이 폭발적으로 연소할 수 있기 때문에 그 압력을 상부로 방출시켜 주위에 끼치는 영향을 최소화하기 위한 목적으로 규정하고 있다. 이때 지붕을 지지하는 구조물(서까래 등)을 포함하여 지붕을 구성하는 모든 재료가 불연재료이어야 한다. 다만, 폭발할 위험성이 적은 위험물을 취급하는 제조소[①의 경우]와 소정의 안전조치를 하는 경우 [②의 경우]에 있어서는 예외적으로 지붕을 내화구조로 하는 것을 인정하고 있는 것이다.

3) 출입구와 「산업안전보건기준에 관한 규칙」 제17조[66]의 규정에 의하여 설치하여야 하는 비상구에는 갑종방화문 또는 을종방화문을 설치하되, 연소의 우려가 있는 외벽에 설치하는 출입구에는 수시로 열 수 있는 자동폐쇄식의 갑종방화문을 설치하여야 한다.[67]

4) 위험물을 취급하는 건축물의 창 및 출입구에 유리를 이용하는 경우에는 망입유리로 하여야 한다.[68]

5) 액체의 위험물을 취급하는 건축물의 바닥은 위험물이 스며들지 못하는 재료를 사용하고, 적당한 경사를 두어 그 최저부에 집유설비를 하여야 한다. 이는 위험물이 흘러나온 경우에 그 바닥면에 위험물이 침투하는 것을 방지함과 동시에 흘러나온 위험물이 확산하는 것을 막고 쉽게 회수하기 위함이다.

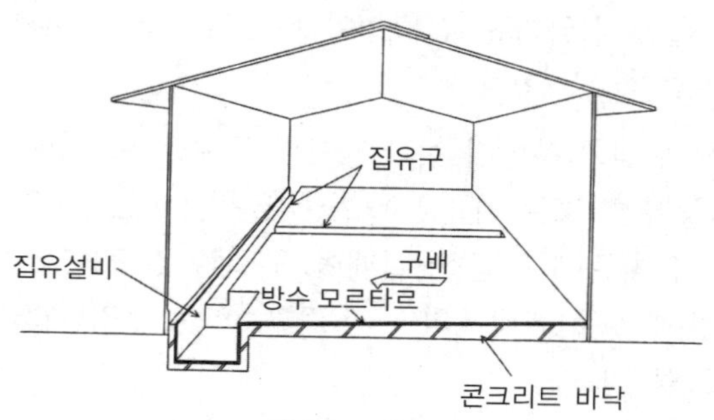

▲ 바닥의 구조 등

---

66) 제17조(비상구의 설치) ① 사업주는 별표 1에 규정된 위험물질을 제조·취급하는 작업장과 그 작업장이 있는 건축물에 제11조에 따른 출입구 외에 안전한 장소로 대피할 수 있는 비상구 1개 이상을 다음 각 호의 기준에 맞는 구조로 설치하여야 한다.
1. 출입구와 같은 방향에 있지 아니하고, 출입구로부터 3m 이상 떨어져 있을 것
2. 작업장의 각 부분으로부터 하나의 비상구 또는 출입구까지의 수평거리가 50m 이하가 되도록 할 것
3. 비상구의 너비는 0.75m 이상으로 하고, 높이는 1.5m 이상으로 할 것
4. 비상구의 문은 피난 방향으로 열리도록 하고, 실내에서 항상 열 수 있는 구조로 할 것
② 사업주는 제1항에 따른 비상구에 문을 설치하는 경우 항상 사용할 수 있는 상태로 유지하여야 한다.

67) 위험물을 취급하는 건축물은 화재 위험성이 크기 때문에 당해 건축물의 출입구도 내화구조 등 방화성능을 갖는 벽체와 같이 연소방지의 목적을 달성해야 하기 때문에 갑종방화문 또는 을종방화문을 설치하도록 하고 있다. 특히 연소 우려가 있는 외벽에 설치하는 출입구에는 수시로 개방할 수 있는 자동폐쇄식 갑종방화문으로 해야 한다.
방화문에는 스틸셔터, 철재문, 편도개방철재문, 망입유리 등 여러 가지 형태의 것이 있으므로 방화효과, 이용형태, 설치위치 등을 고려해서 적절한 것은 선정해야 한다. 방화문의 자세한 기준은 「건축물의 피난·방화구조 등에 관한 기준에 관한 규칙」 제26조 참조

68) 망입유리는 유리 중에 금속의 망이 들어 있는 유리를 말하며, 망의 형상에 따라 크로스와이어형과 마름모와이어형이 있고 이에는 불투명한 것과 투명한 것이 있다. 창 및 출입구에 이용하는 망입유리는 화재 시에 파열되더라도 쉽게 불꽃이 통과할 틈새가 없어야 하며 폭발 시 유리 파편이 비산되지 않아야 한다.

7 채광 · 조명 및 환기설비(規 별표 4 V)

위험물을 취급하는 건축물에는 다음의 기준에 따라 위험물을 취급하는데 필요한 채광·조명 및 환기의 설비를 설치하여야 한다. 이는 밝고 환기가 충분한 장소에서 위험물을 취급하도록 하여 위험물 취급 중의 사고를 방지하기 위한 것이다.

(1) 채광설비

채광설비는 불연재료로 연소의 우려가 없는 장소에 설치하되 채광면적을 최소로 하여야 한다. 다만, 조명설비가 설치되어 유효하게 조도가 확보되는 건축물에는 채광설비를 하지 아니할 수 있다.

(2) 조명설비

조명설비는 다음의 기준에 적합하게 설치하여야 한다.

① 가연성 가스 등이 체류할 우려가 있는 장소의 조명등은 방폭등으로 할 것
② 전선은 내화·내열전선으로 할 것
③ 점멸스위치는 출입구 바깥부분에 설치할 것. 다만, 스위치의 스파크로 인한 화재·폭발의 우려가 없는 경우에는 그러하지 아니하다.

(3) 환기설비

환기설비는 다음의 기준에 적합하게 설치하여야 한다. 다만, 배출설비가 설치되어 유효하게 환기가 되는 건축물에는 환기설비를 하지 아니할 수 있다.

① 환기는 자연배기방식으로 할 것
② 급기구는 당해 급기구가 설치된 실의 바닥면적 150m^{2}마다 1개 이상으로 하되, 그 크기는 800cm^2 이상으로 할 것. 다만, 바닥면적이 150m^2 미만인 경우에는 다음의 크기로 하여야 한다.

바닥면적	급기구의 면적
60m^2 미만	150cm^2 이상
60m^2 이상 90m^2 미만	300cm^2 이상
90m^2 이상 120m^2 미만	450cm^2 이상
120m^2 이상 150m^2 미만	600cm^2 이상

③ 급기구는 낮은 곳에 설치하고 가는 눈의 구리망 등으로 인화방지망을 설치할 것
④ 환기구는 지붕 위 또는 지상 2m 이상의 높이에 회전식 고정벤틸레이터 또는 루프팬방식으로 설치할 것

환기설비는 옥내의 공기를 바꾸는 것으로 환기구는 지붕 위 등 높은 장소에 설치하도록 하고 있다.

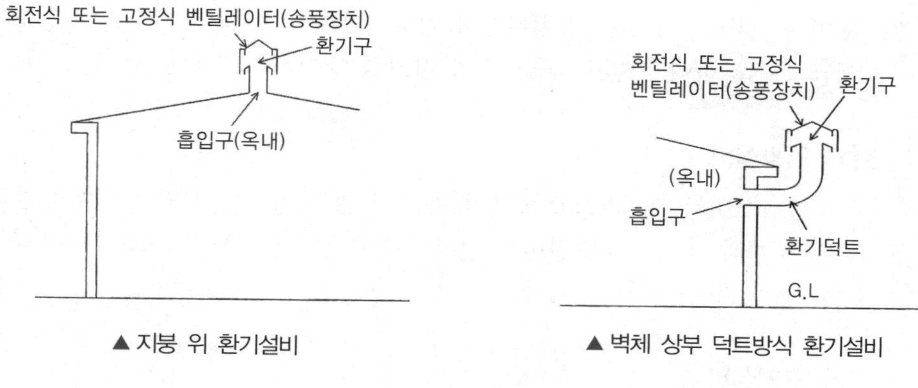

▲ 지붕 위 환기설비

▲ 벽체 상부 덕트방식 환기설비

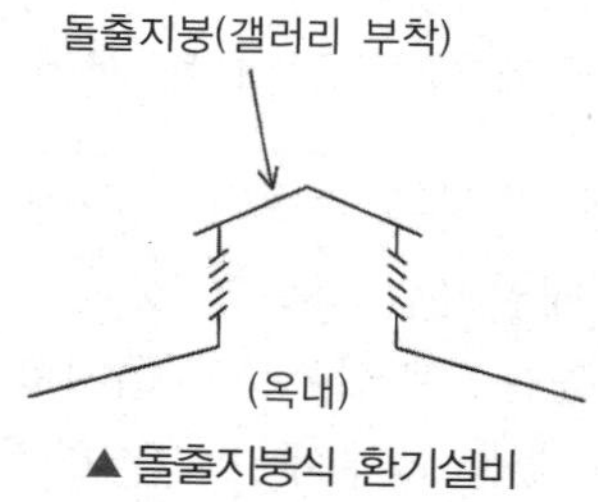

▲ 돌출지붕식 환기설비

8 배출설비(規 별표 4 Ⅵ)

위험물을 취급하는 건축물에는 환기설비를 설치해야 하지만, 당해 건축물에 가연성 증기 또는 가연성의 미분이 체류할 우려[69]가 있으면 그 증기 또는 미분을 옥외의 높은 장소로 강제적으로 배출하는 배출설비도 다음 기준에 따라 설치하여야 한다.

1) 배출설비는 국소방식으로 하여야 한다. 다만, 다음의 어느 하나에 해당하는 경우에는 전역방식으로 할 수 있다.
   ① 위험물취급설비가 배관이음 등으로만 된 경우
   ② 건축물의 구조·작업장소의 분포 등의 조건에 의하여 전역방식이 유효한 경우

2) 배출설비는 배풍기·배출덕트·후드 등을 이용하여 강제적으로 배출하는 것으로 하여야 한다.

3) 배출능력은 1시간당 배출장소 용적의 20배 이상인 것으로 하여야 한다. 다만, 전역방식의 경우에는 바닥면적 $1m^2$당 $18m^3$ 이상으로 할 수 있다.

---

69) 가연성 증기 또는 가연성 미분이 체류할 우려가 있는 건축물(당해 위험물을 취급하고 있는 부분이 벽에 의해 구획되어 있는 경우는 당해 구획된 부분)이란 인화점 40℃ 미만의 위험물 또는 인화점 이상의 온도로 있는 위험물을 대기에 노출한 상태로 취급하고 있는 것 또는 가연성 미분을 대기에 노출한 상태로 취급하고 있는 것을 말한다(행정자치부 해석).

4) 배출설비의 급기구 및 배출구는 다음의 기준에 의하여야 한다.

① 급기구는 높은 곳에 설치하고, 가는 눈의 구리망 등으로 인화방지망을 설치할 것
② 배출구는 지상 2m 이상으로서 연소의 우려가 없는 장소에 설치하고, 배출덕트가 관통하는 벽부분의 바로 가까이에 화재 시 자동으로 폐쇄되는 방화댐퍼를 설치할 것

5) 배풍기는 강제배기방식으로 하고, 옥내덕트의 내압이 대기압 이상이 되지 아니하는 위치에 설치하여야 한다.

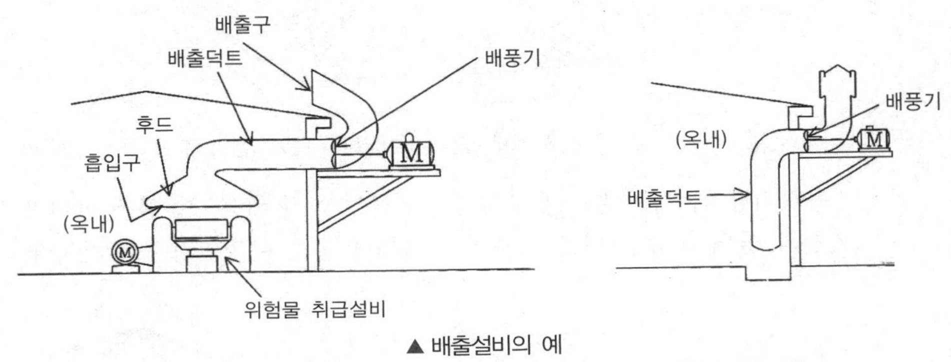

▲ 배출설비의 예

9 옥외설비의 바닥(規 별표 4 Ⅶ)

액체위험물을 취급하는 옥외설비에서 위험물이 누설한 경우에는 광범위하게 유출 확산될 가능성이 크기 때문에 이것을 방지하기 위하여 옥외에서 액체위험물을 취급하는 설비의 바닥은 다음의 기준에 의하도록 하고 있다.

① 바닥의 둘레에 높이 0.15m 이상의 턱을 설치하는 등 위험물이 외부로 흘러나가지 아니하도록 하여야 한다.[70)]
② 바닥은 콘크리트 등 위험물이 스며들지 아니하는 재료로 하고, ①의 턱이 있는 쪽이 낮게 경사지도록 하여야 한다.
③ 바닥의 최저부에 집유설비를 하여야 한다.
④ 비수용성 위험물(온도 20℃의 물 100g에 용해되는 양이 1g 미만인 것)[71)]을 취급

70) 유출을 방지하기 위한 턱(방유턱)은 화재 등이 발생한 경우에도 기능을 유지해야 하므로 콘크리트, 두꺼운 철판 등으로 만들어야 한다. 방유턱을 대신할 수 있는 것으로는 위험물 취급설비 주위의 지반면에 유효한 배수구 등을 설치하는 경우, 위험물 취급설비의 구조물 등에 유효한 울타리(담)를 설치하는 경우 등을 생각할 수 있다.
위험물을 취급하는 옥외설비의 주위에 높이 0.15m 이상의 방유턱을 설치함에 있어서 당해 위험물설비가 지반면에 접하고 있는 경우뿐만 아니라 구조물 위에 설치되어 있는 경우도 있기 때문에 설비와의 간격 등을 고려해 누설 등이 있는 경우에는 확실하게 안전을 확보할 수 있도록 하여야 한다.

71) 「위험물안전관리법」상 수용성 여부의 판단기준은 유분리장치의 설치와 관련된 것 외에 위험물 성상과 관련된 것(告 13) 및 포소화약제와 관련된 것(告 133)이 있음을 유의하여야 한다.

하는 설비에 있어서는 당해 위험물이 직접 배수구에 흘러 들어가지 아니하도록 집유설비에 유분리장치를 설치하여야 한다.

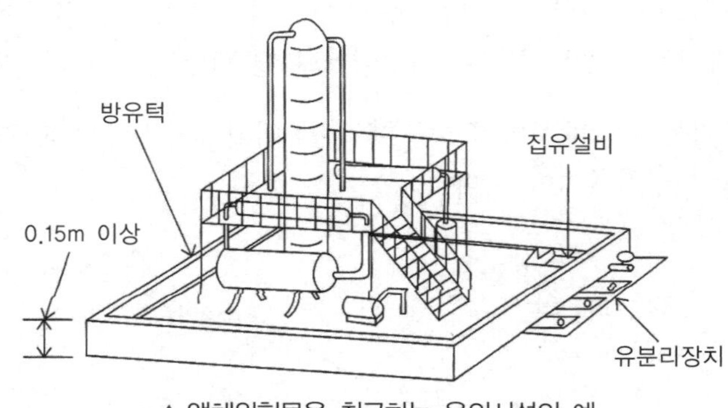

▲ 액체위험물을 취급하는 옥외시설의 예

유분리장치는 집유설비에 유입된 위험물이 직접 배수구에 흘러 들어가지 아니하도록 기름과 물의 비중 차이를 이용해서 기름과 물을 분리시키는 장치이다.

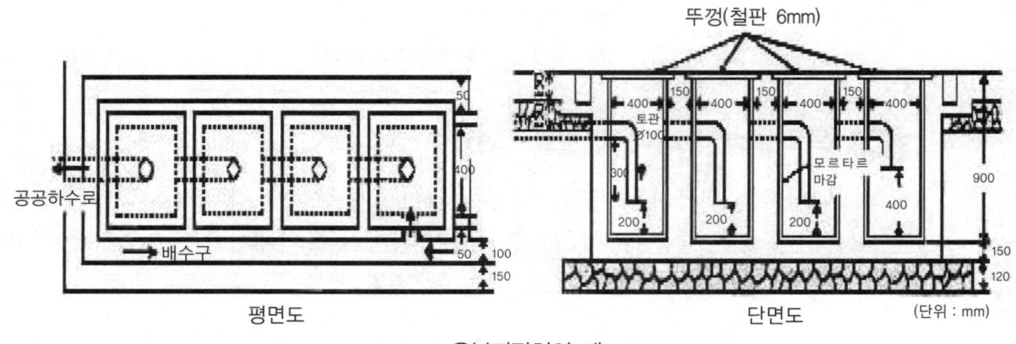

▲ 유분리장치의 예

10 기타 설비(規 별표 4 Ⅷ)

(1) 누출 · 비산 방지구조

위험물을 취급하는 기계 · 기구 그 밖의 설비는 위험물이 새거나 넘치거나 비산하는 것을 방지할 수 있는 구조로 하여야 한다. 다만, 당해 설비에 위험물의 누출 등으로 인한 재해를 방지할 수 있는 부대설비를 한 때에는 그러하지 아니하다.

「위험물이 새거나 넘치거나 비산하는 것을 방지할 수 있는 구조」로서는 당해 기계 · 기구 기타의 설비가 각각 통상의 사용조건에 대하여 충분히 여유가 있는 용량 · 강도 · 성능 등을 갖도록 설계되어 있는 것 등이 해당한다.

「위험물의 누출 등으로 인한 재해를 방지할 수 있는 부대설비」로서는 탱크 · 펌프 등의 되돌림관, 수막, 플로트스위치, 혼합장치, 교반장치 등의 덮개, 받침대, 방유턱 등이 해당한다.

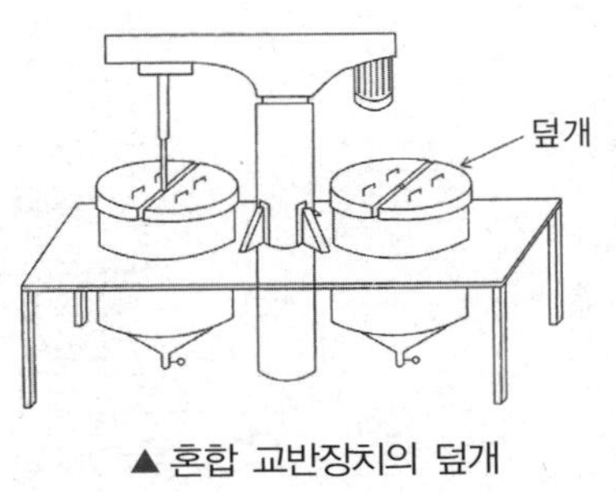

▲ 혼합 교반장치의 덮개

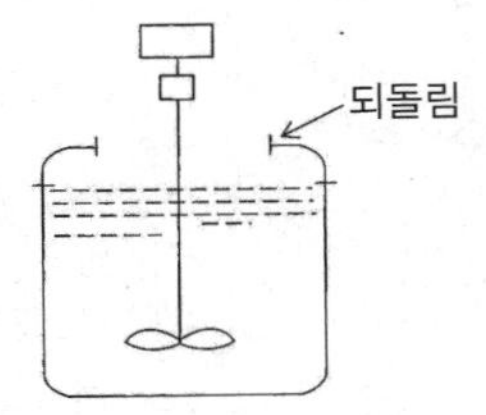

▲ 순환기능 부착 교반장치의 예

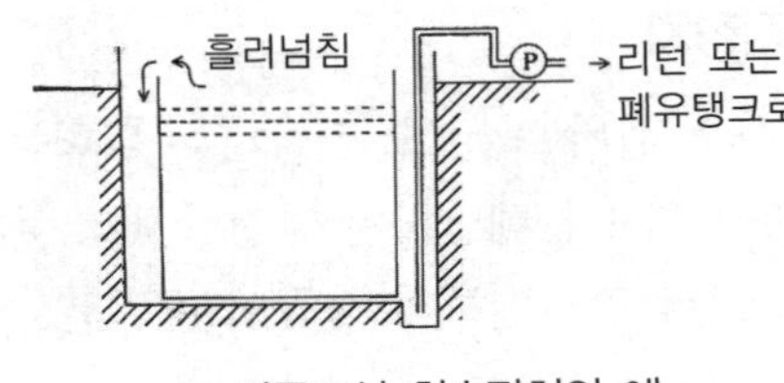

▲ 이중조식 회수장치의 예

(2) 온도측정장치

위험물을 가열하거나 냉각하는 설비 또는 위험물의 취급에 수반하여 온도변화가 생기는 설비에는 온도측정장치를 설치하여야 한다.[72)]

(3) 가열건조설비

위험물을 가열 또는 건조하는 설비는 직접 불을 사용하지 아니하는 구조로 하여야 한다. 다만, 당해 설비가 방화상 안전한 장소에 설치되어 있거나 화재를 방지할 수 있는 부대설비를 한 때에는 그러하지 아니하다.[73)]

직화 외의 방법에 의한 가열・건조방법에는 스팀, 열매체(熱媒体), 열풍 등을 이용하는 방법이 있다.

---

72) 위험물의 가열・냉각설비와 위험물의 혼합・반응 등의 취급에 따라 온도변화가 일어나는 설비에 있어서는 그 온도변화를 항상 정확하게 파악하여 온도변화에 따른 적절한 조치를 강구하지 않으면 위험물의 분출・발화・폭발 등의 재해를 일으킬 위험성이 있기 때문에 규정하고 있다. 온도측정장치는 바이메탈, 금속팽창 혹은 수격은팽창식 등의 서머스위치가 많지만 지시 또는 기록을 필요로 하는 경우에는 팽창식 온도계(현장부착형), 열전대식, 저항식(원표시)이 널리 이용되고 있다.

73) 직화(直火)에 의한 위험물의 가열, 건조는 발화 등의 원인이 될 우려가 있고, 위험물의 일부분 가열을 일으키기 쉽기 때문에 원칙적으로 금지하고 있다. 직화에는 가연성 액체, 가연성 기체 등을 연료로 하는 화기, 니크롬선을 이용한 전열기 등이 있다.

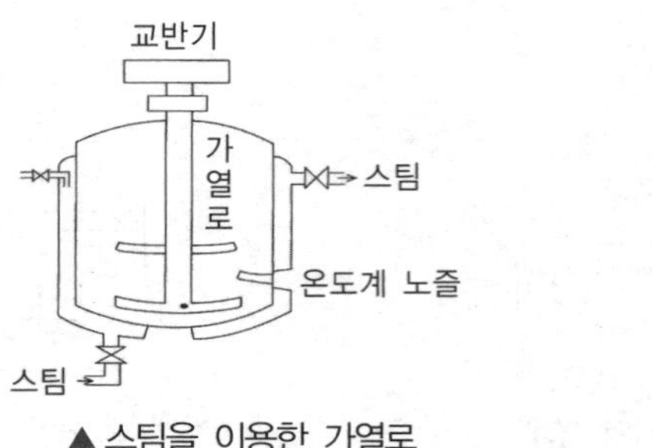

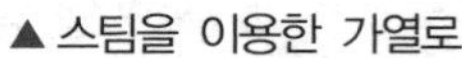

▲ 스팀을 이용한 가열로

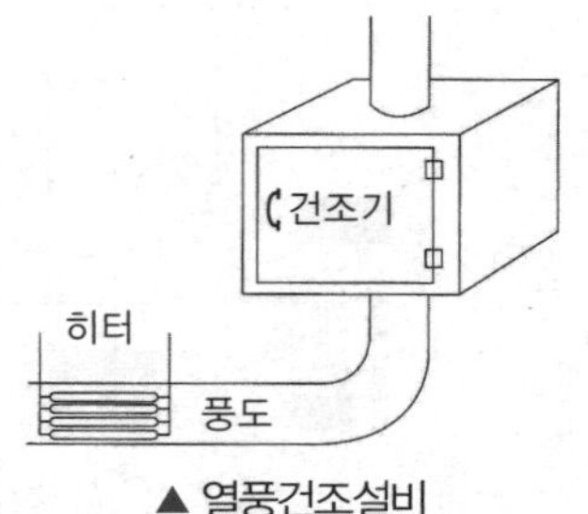

▲ 열풍건조설비

(4) 압력계 및 안전장치

위험물을 가압하는 설비 또는 그 취급하는 위험물의 압력이 상승할 우려가 있는 설비에는 압력계 및 다음의 1에 해당하는 안전장치를 설치하여야 한다. 다만, ④의 파괴판은 위험물의 성질에 따라 안전밸브의 작동이 곤란한 가압설비에 한하여 설치가 가능하다.

① 자동적으로 압력의 상승을 정지시키는 장치
(예 안전밸브, 자동제어방식에 의한 가압동력원 정지장치)
② 감압측에 안전밸브를 부착한 감압밸브
③ 안전밸브를 병용하는 경보장치
④ 파괴판

(5) 전기설비

제조소에 설치하는 전기설비는 「전기사업법」에 의한 「전기설비기술기준」에 의하여야 한다.

위험물설비는 가연성 증기가 발생하고 체류할 우려가 있기 때문에 전기설비가 점화원이 되지 않도록 하는 것이다.[74]

(6) 정전기 제거설비

위험물을 취급함에 있어서 정전기가 발생할 우려가 있는 설비에는 다음의 1에 해당하는 방법으로 정전기를 유효하게 제거할 수 있는 설비를 설치하여야 한다.[75]

---

74) 「전기설비기술기준」 중 관련되는 주요 내용은 인화성 위험물의 증기가 새거나 체류할 우려가 있는 장소에는 방폭구조의 전기기계기구를 설치하도록 하는 것이다. 인화성 위험물의 증기가 새고 또는 체류할 우려가 있는 경우란 다음의 경우로 해석된다.
① 인화점이 40℃ 미만의 위험물을 저장 또는 취급하는 경우
② 인화점이 40℃ 이상의 가연성 액체 위험물을 당해 인화점 이상의 상태로 저장 또는 취급하는 경우
③ 가연성 미분이 체류할 우려가 있는 경우

75) 가연성 액체, 가연성 미분 등의 위험물을 취급하는 설비에 있어서는 당해 위험물의 유동마찰 등에 의해 정전기가 발생한다. 그리고 이것의 방전불꽃에 의하여 위험물에 착화할 위험성이 있기 때문에 이러한 설비에는 축적되는 정전기를 유효하게 제거하기 위한 장치를 설치하도록 하는 것이다. 일반적으

① 접지에 의한 방법
② 공기 중의 상대습도를 70% 이상으로 하는 방법
③ 공기를 이온화하는 방법

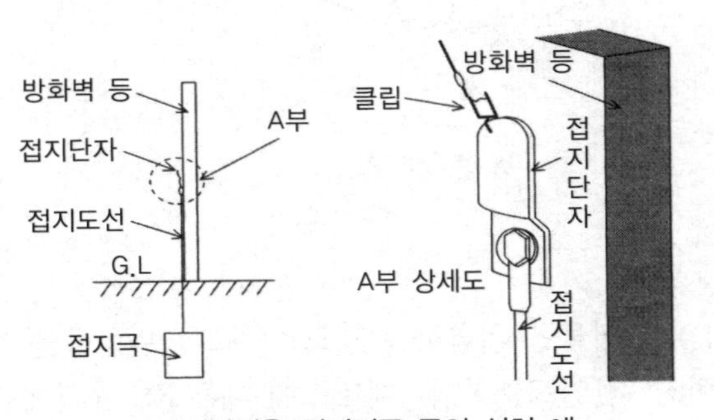

▲ 대전방지용 접지전극 등의 설치 예

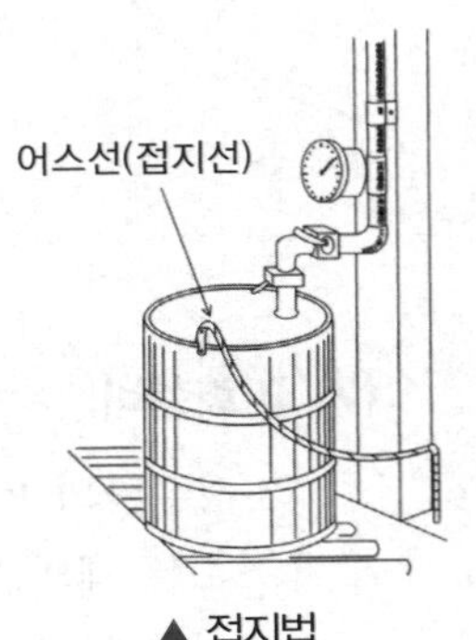

▲ 접지법

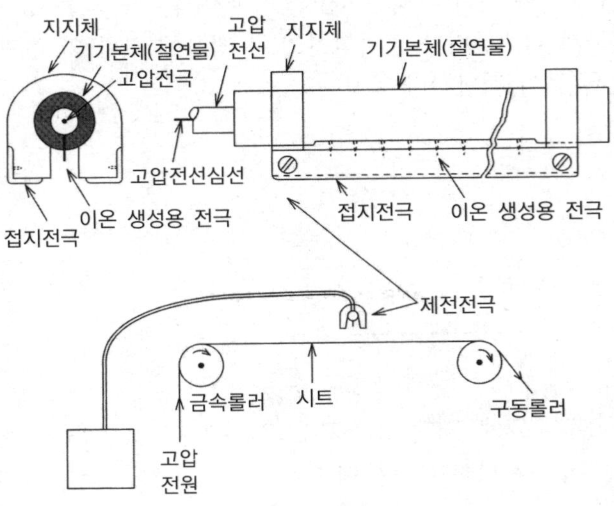

▲ 공기이온화법

로 접지하는 방법을 사용하고 있지만 취급하는 물질 및 작업형태 등에 따라 단독 또는 여러 가지 대책을 조합해서 이용하게 된다. 규칙에 정한 방법 외의 정전기 대책으로 폭발성 분위기의 회피(불활성 가스에 의한 봉인 등), 전도성 구조로 하는 것(유동하거나 분출하고 있는 액체는 일반적으로 전도율에 관계없이 접지에 의해서 대전을 방지할 수 없다), 액체 전도율의 증가(첨가제 등), 유속제한, 인체의 대전방지 등이 있다.

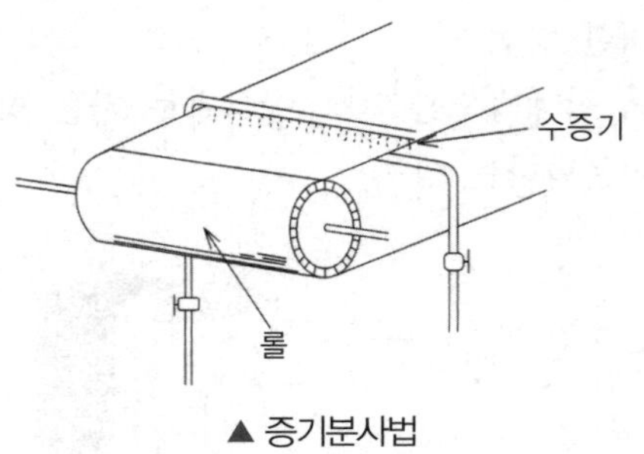

▲ 증기분사법

(7) 피뢰설비

지정수량의 10배 이상의 위험물을 취급하는 제조소(제6류 위험물을 취급하는 위험물 제조소는 제외)에는 피뢰침(「산업표준화법」 제12조에 따른 KS 규격에 적합한 것)을 설치하여야 한다. 다만, 제조소의 주위의 상황에 따라 안전상 지장이 없는 경우에는 피뢰침을 설치하지 아니할 수 있다.

주위 상황에 따라 피뢰설비를 설치하지 않아도 되는 경우는 주위에 자기소유의 시설(적법하게 피뢰설비가 설치되어 있는 경우에 한함)의 피뢰설비의 보호범위에 들어 있는 경우 등이 적당하다.

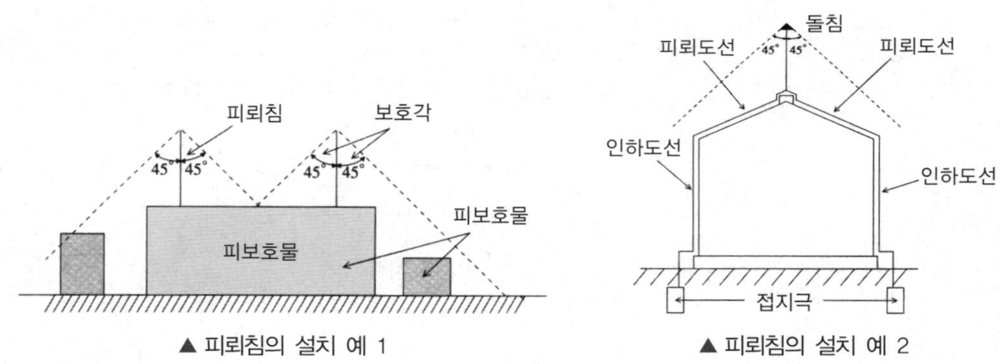

▲ 피뢰침의 설치 예 1

▲ 피뢰침의 설치 예 2

(8) 전동기 · 펌프 등

전동기 및 위험물을 취급하는 설비의 펌프 · 밸브 · 스위치 등은 화재예방상 지장이 없는 위치에 부착하여야 한다. 화재예방상 지장이 없는 위치는 화기사용장소 · 가열설비 등에서의 거리 · 오조작방지 · 작업관리상의 위치와 보수 등을 고려하여 선정하고, 위험물 등의 누설로 잠기지 않도록 할 필요가 있다.

11 위험물취급탱크(規 별표 4 Ⅸ)

위험물을 취급하는 탱크(위험물취급탱크)도 제조소의 구성설비로서 그 위치 · 구조 및 설비에 관한 규제를 받는다.

(1) 위험물취급탱크의 범위

법령상의 정의는 없으나 위험물취급탱크란 위험물을 일시적으로 저장 또는 체류시키는 탱크라고 할 수 있으며, 그 사용실태에서 다음의 3가지로 구분할 수 있다.

① 위험물의 물리량을 조정하는 탱크
② 물리적 조작을 하는 탱크
③ 단순한 화학적 처리를 하는 탱크

그러나 위험물취급탱크에 해당하는지를 판단하는 데에는 유의할 사항이 있다.[76)]

(2) 위험물취급탱크의 위치 · 구조 및 설비

위험물제조소에 있는 위험물취급탱크(용량이 지정수량의 1/5 미만인 것을 제외)는 그 설치형태에 따라 옥외에 있는 탱크, 옥내에 있는 탱크 및 지하에 있는 탱크로 구별되고 그 위치 · 구조 및 설비는 각각 옥외탱크저장소 · 옥내탱크저장소 및 지하탱크저장소의 규정의 일부가 준용되는 외에 옥내 또는 옥외에 있는 취급탱크에 있어서는 방유제 또는 방유턱의 설치규정이 있다.

76) ① 취급탱크 해당 여부의 판단에 있어서 탱크의 명칭, 형상 또는 부속설비(교반기, 재킷 등)의 유무는 관계가 없으며, 또한 탱크의 설치위치가 지상 또는 구조물의 상부 등에 있는지 여부로 판단하는 것이 아니다.
② 위험물을 일시적으로 저장 또는 체류시키는 탱크란 공정 중에 있어서 위험물을 저장 또는 체류시키는 경우로서 옥외저장탱크, 옥내저장탱크 등과 유사한 형태 및 위험성을 갖는 것을 말한다. 따라서 체류하더라도 위험물의 끓는점을 초과하는 고온상태에서 위험물을 취급하는 것은 일반적으로 취급탱크에 포함되지 않는다.
③ 물리량을 조정하는 탱크란 유량, 유속, 압력 등의 조정을 목적으로 한 것을 말하며, 회수탱크, 계량탱크, 서비스탱크, 유압탱크(공작기계 등과 일체로 한 구조의 것을 제외) 등이 해당된다.
④ 물리적 조작을 하는 탱크란 혼합, 분리 등의 조작을 목적으로 한 것을 말하며, 혼합(용해를 포함)탱크, 정치(靜置)분리탱크 등이 해당된다.
⑤ 단순한 화학적 처리를 하는 탱크란 중화, 숙성 등의 목적으로 저장 또는 체류상태에 있어서 현저한 발열을 동반하지 않는 처리를 실시하는 것을 말하며, 중화탱크, 숙성탱크 등이 해당된다.
※ 취급탱크에 해당하지 않는 설비의 예로는 다음과 같은 것들이 있다. 이들 취급탱크에 해당하지 않는 설비 등에 대해서도 당해 설비의 사용압력, 사용온도 등을 고려하여 재료, 판의 두께, 안전대책 등을 확인할 필요가 있다.
- 증류탑, 정류탑, 분류탑, 흡수탑, 추출탑
- 반응탱크
- 분리기, 여과기, 탈수기, 열교환기, 증발기, 응축기
- 공작기계 등과 일체(내장된)로 한 구조의 유압용 탱크, 절삭유 탱크 및 작동유(作動油) 탱크
- 기능상 상시 개방해서 사용하는 설비
- 기능상 이동할 목적을 사용하는 설비

1) 옥외에 있는 위험물취급탱크

① **구조 및 설비** : 규칙 별표 6의 옥외탱크저장소의 기준 중 다음의 규정을 준용한다.

㉠ Ⅵ ① (재질 · 판의 두께 및 구조) (특정 · 준특정 옥외저장탱크와 관련되는 부분을 제외)

㉡ Ⅵ ③ (내진 · 내풍압구조 및 지주의 내화성능)

㉢ Ⅵ ④ (방폭구조)

㉣ Ⅵ ⑤ (녹방지 도장)

㉤ Ⅵ ⑥ (밑판 외면의 부식방지조치)

㉥ Ⅵ ⑦ (통기관 또는 안전장치의 설치)

㉦ Ⅵ ⑧ (액량자동계량장치의 설치)

㉧ Ⅵ ⑨ (주입구의 위치 · 구조 및 게시판)

㉨ Ⅵ ⑪ (밸브의 재질 · 구조)

㉩ Ⅵ ⑫ (배수관의 설치)

㉪ Ⅵ ⑬ (부상지붕이 있는 옥외저장탱크의 지진 등에 대한 보호조치)

㉫ Ⅵ ⑭ (배관) (배관과 탱크와의 결합부분 손상방지를 포함)

㉬ XⅣ (충수시험의 특례)

② **방유제의 설치** : 옥외에 있는 위험물취급탱크로서 액체위험물(이황화탄소 제외)을 취급하는 것의 주위에는 다음의 기준에 적합하게 방유제를 설치하여야 한다.

㉠ 방유제의 용량

ⓐ 하나의 취급탱크 주위에 설치하는 방유제의 용량 : 당해 탱크용량의 50% 이상

ⓑ 2 이상의 취급탱크 주위에 하나의 방유제를 설치하는 경우 그 방유제의 용량 : 당해 탱크 중 용량이 최대인 것의 50%에 나머지 탱크용량 합계의 10%를 가산한 양 이상

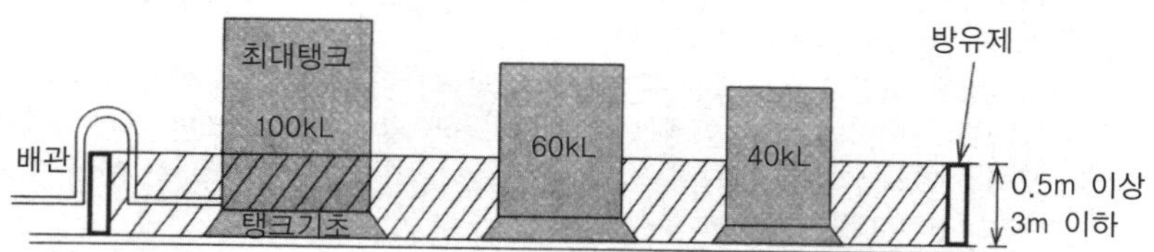

※ 방유제의 용량으로 산정되는 부분을 사선으로 표시하고 있다.
필요한 방유제의 용량은 60kL 이상이다. (100kL×1/2+(60kL+40kL)×1/10)

▲ 방유제 용량의 산정

㉡ 방유제의 구조 및 설비 : 규칙 별표 6 Ⅸ 제1호의 옥외저장탱크 방유제의 기준 중 다음 규정을 준용한다.

ⓐ 나목 (방유제의 높이)

ⓑ 사목 (방유제의 구조)

ⓒ 차목 (배관의 관통)
ⓓ 카목 (배수구 및 개폐밸브)
ⓔ 파목 (계단의 설치)

2) 옥내에 있는 위험물취급탱크

① **구조 및 설비** : 규칙 별표 7 Ⅰ 제1호의 옥내저장탱크의 구조 및 설비의 기준 중 다음 규정을 준용한다.
㉠ 마목 (재질 · 판의 두께 및 구조, 충수시험의 특례)
㉡ 바목 (녹방지 도장)
㉢ 사목 (통기관 또는 안전장치의 설치)
㉣ 아목 (액량자동계량장치의 설치)
㉤ 자목 (주입구의 위치 · 구조 및 게시판)
㉥ 카목 (밸브의 재질 · 구조)
㉦ 타목 (배수관의 설치)
㉧ 파목 (배관) (배관과 탱크와의 결합부분 손상방지를 포함)

② **방유턱 등의 설치** : 옥내에 있는 위험물취급탱크의 주위에는 턱("방유턱")을 설치하는 등 위험물이 누설된 경우에 그 유출을 방지하기 위한 조치를 한다. 방유턱은 일반적인 예시이며 지하 수용조 등 다른 방법도 가능하다. 또한 당해 탱크에 수납하는 위험물의 양(하나의 방유턱 안에 2 이상의 탱크가 있는 경우는 당해 탱크 중 실제로 수납하는 위험물의 양이 최대인 탱크의 양)을 전부 수용할 수 있도록 하여야 한다.

3) 지하에 있는 위험물취급탱크

위치 · 구조 및 설비는 규칙 별표 8 Ⅰ 내지 Ⅲ의 지하저장탱크의 기준 중 다음의 규정을 준용한다.

① **일반 지하탱크저장소의 기준 중 준용규정**(제5호 · 제11호 및 제14호를 제외한 규정)
㉠ Ⅰ① (탱크의 설치장소)
㉡ Ⅰ② (탱크와 탱크실 간의 간격 및 마른 모래 등 채우기)
㉢ Ⅰ③ (매설깊이)
㉣ Ⅰ④ (탱크상호간격)
㉤ Ⅰ⑥ (재질 · 두께 및 구조)
㉥ Ⅰ⑦ (탱크의 외면보호)
㉦ Ⅰ⑧ (통기관 또는 안전장치의 설치)
㉧ Ⅰ⑨ (액량자동계량장치)
㉨ Ⅰ⑩ (주입구의 위치 · 구조 및 게시판)
㉩ Ⅰ⑫ (배관)

㉠ Ⅰ⑬ (배관 부착 위치)
ⓔ Ⅰ⑮ (누설검사관)
㉢ Ⅰ⑯ (탱크실의 구조)
㉣ Ⅰ⑰ (과충전방지장치)
㉤ Ⅰ⑱ (맨홀 설치)

② **이중벽탱크의 지하탱크저장소의 기준 중 준용규정 :** Ⅱ(Ⅰ의 제5호 · 제11호 및 제14호를 적용하도록 하는 부분을 제외)의 규정 준용

③ **특수누설방지구조의 지하탱크저장소의 기준 중 준용규정 :** Ⅲ(Ⅰ의 제5호 · 제11호 및 제14호를 적용하도록 하는 부분을 제외)의 규정 준용

* 규칙 별표 8 Ⅰ의 제5호 · 제11호 및 제14호 규정은 순서대로 (표지 및 게시판), (펌프설비) 및 (전기설비)에 관한 기준이다.

12 배관(規 별표 4 Ⅹ)

위험물제조소 내의 위험물을 취급하는 배관은 다음의 기준에 적합하여야 한다.

(1) 배관의 재질

배관의 재질은 강관 그 밖에 이와 유사한 금속성으로 하여야 한다. 다만, 다음의 기준에 적합한 경우(지하매설 이중배관)에는 예외로 한다.

① 배관의 재질은 한국산업규격의 유리섬유강화플라스틱 · 고밀도폴리에틸렌 또는 폴리우레탄으로 할 것

② 배관의 구조는 내관 및 외관의 이중으로 하고, 내관과 외관의 사이에는 틈새공간을 두어 누설 여부를 외부에서 쉽게 확인할 수 있도록 할 것. 다만, 배관의 재질이 취급하는 위험물에 의해 쉽게 열화될 우려가 없는 경우에는 그러하지 아니하다.

③ 국내 또는 국외의 관련 공인시험기관으로부터 안전성에 대한 시험 또는 인증을 받을 것

④ 배관은 지하에 매설할 것. 다만, 화재 등 열에 의하여 쉽게 변형될 우려가 없는 재질이거나 화재 등 열에 의한 악영향을 받을 우려가 없는 장소에 설치되는 경우에는 그러하지 아니하다.

(2) 배관의 구조(수압시험 등)

배관에 걸리는 최대상용압력의 1.5배 이상의 압력으로 수압시험(불연성의 액체 또는 기체를 이용하여 실시하는 시험을 포함한다)을 실시하여 누설 그 밖의 이상이 없는 것으로 하여야 한다.

참고

① 신설 배관의 수압시험은 최대상용압력의 1.5배 이상의 압력으로 실시하도록 되어 있지만 시험시간에 대해서는 규정이 없고 배관 모든 개소를 시험하는 사이 가압해 둘 필요가 있다. 또한 물 외의 불연성 액체로서는 수계(水系)의 부동액 등이 있고 불연성 기체로는 질소가 많이 사용된다.

② 배관의 수압시험 등은 배관이음의 종별에 관계없이 위험물이 통과(일시적으로 통과하는 것도 포함한다)하고 또는 체류하는 모든 배관에 대해서 실시할 필요가 있다.

③ 다음 그림은 수압에 의한 배관의 시험방법으로 ⓔ의 플랜지 사이에 철판을 넣어서 폐쇄하고 시험예정의 배관 내에 물을 충만시켜 ⓐ의 수압펌프로 물을 압입시켜 소정의 압력으로 올려 ⓒ의 밸브를 잠근다. 이 경우 배관의 시공방법에 의해 배관 내의 공기가 빠지지 않고 물이 충만하지 않는 경우가 있기 때문에 두 번째 그림과 같이 배관의 높은 위치에 ⓕ의 공기배출을 위한 콕을 설치할 필요도 있다. 배관부는 마른수건 등으로 수분을 완전히 닦아 내어 누수가 잘 판명되도록 해 둔다. 시험 후에는 반드시 플랜지 사이의 철판을 닦아 내고 배관 내의 수분을 압축기 등을 사용하여 완전히 제거하고 개스킷을 부착해 접속한다.

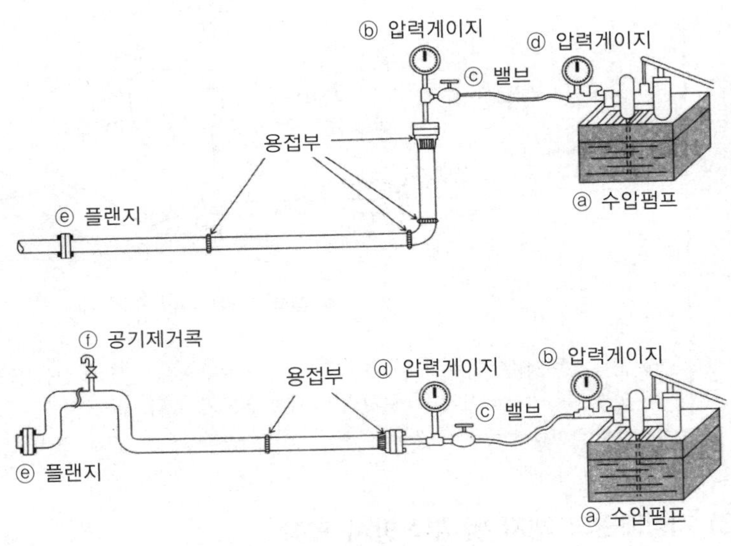

▲ 수압시험의 예

④ 다음 그림은 배관 신설공사의 경우에 흔히 사용되는 방법이지만 기름을 통과하는 배관에는 실시해서는 안 된다. 배관이 굵고 긴 경우로 컴프레서 탱크 내의 공기량으로는 장시간이 걸리는 경우에는 컴프레서 앞에 압력탱크를 설치하고 사전에 공기를 축적해 배관을 접속해 실시하는 경우도 있다.
수압시험과 같이 ⓖ의 플랜지 사이에 철판을 넣어 폐쇄하고 컴프레서에서 공기를 압입하여 소정의 압력으로 가압한다. 가압 후는 ⓔ의 밸브를 완전히 잠궈 고무호스를 떼어 낸다. 시험방법은 용접부를 가볍게 치면서 외관검사를 실시해 용접의 불량개소 등을 확인한 후 비눗물로 누설시험을 실시한다. 시험 후에는 압력게이지의 감압상황을 확인한 후 플랜지 사이에 철판을 꺼내고 개스킷을 넣어서 접속을 실시한다.

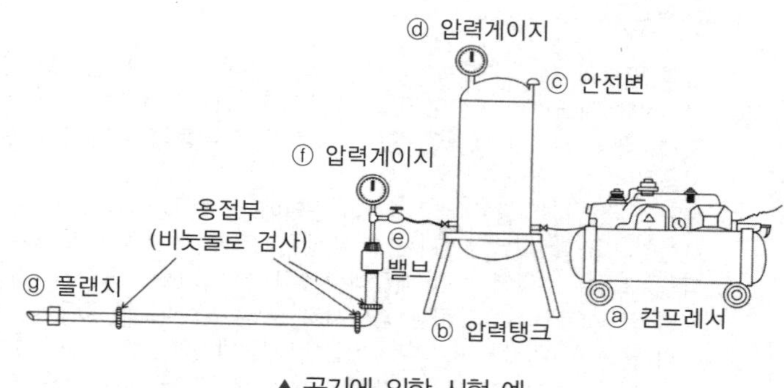

▲ 공기에 의한 시험 예

⑤ 다음 그림은 질소가스에 의한 시험방법으로 기름을 통과시킨 배관에도 사용되어 진다. 질소가스 저장용기에는 반드시 감압밸브를 설치한다. 시험방법은 ④와 같은 방법으로 실시한다.

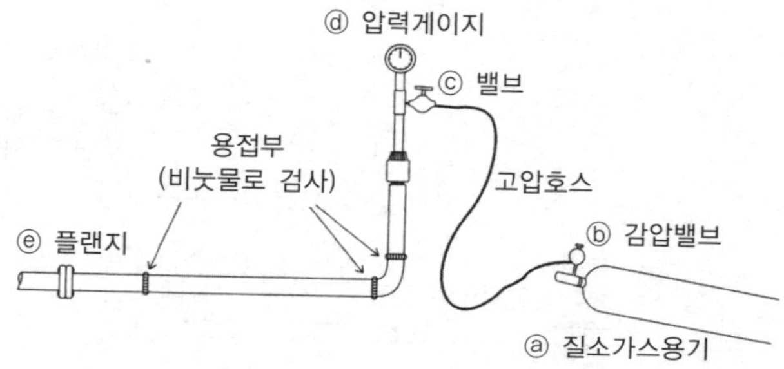

▲ 질소가스에 의한 시험 예

⑥ 압력계는 적은 압력의 변화도 확인할 수 있는 최소단위의 저압용의 것을 사용하고, 도장(塗裝) 등을 실시하기 전에 검사를 실시할 필요가 있다.

(3) 지상배관의 지지 및 부식방지 도장

배관을 지상에 설치하는 경우에는 지진·풍압·지반침하 및 온도변화에 안전한 구조의 지지물에 설치하되, 지면에 닿지 아니하도록 하고 배관의 외면에 부식방지를 위한 도장을 하여야 한다. 다만, 불변강관의 경우에는 부식방지를 위한 도장을 아니할 수 있다.

지상설치 배관은 점검, 재도장 등의 작업성을 고려해 지반면에서 거리를 설정할 필요가 있으며, 외면의 부식을 방지하기 위한 도장을 강구해야 한다. 다만, 지상배관 중 아연도금강관 및 스테인리스강관 등 부식 우려가 현저히 적은 것에 있어서는 도장을 실시하지 않을 수 있다.

(4) 배관의 지하매설

배관을 지하에 매설하는 경우에는 다음의 기준에 적합하게 하여야 한다.

① 금속성 배관의 외면에는 부식방지를 위하여 도복장·코팅 또는 전기방식 등의 필요한 조치를 할 것[77]
② 배관의 접합부분(용접에 의한 접합부를 제외한다)에는 위험물의 누설 여부를 점검할 수 있는 점검구를 설치할 것
③ 지면에 미치는 중량이 당해 배관에 미치지 아니하도록 보호할 것

한편, 지하에 설치하는 배관 중 지하실 내의 가공배관 및 피트 내의 배관(피트 내 유입하는 토사, 물 등에 의해 부식할 우려가 있는 것을 제외한다)은 지상에 설치하는 배관으로 간주할 수 있다.

(5) 배관의 가열·보온설비

배관에 가열 또는 보온을 위한 설비를 설치하는 경우에는 화재예방상 안전한 구조로 하여야 한다.

13 고인화점 위험물의 제조소의 특례(規 별표 4 XI)

고인화점 위험물만을 100℃ 미만의 온도에서 취급하는 제조소가 소정의 조치요건에 적합한 경우에는 전술한 일반 제조소의 기준(본칙) 중 일부 규정을 적용하지 않는다.

(1) 특례대상

고인화점 위험물(인화점이 100℃ 이상인 제4류 위험물)만을 100℃ 미만의 온도에서 취급하는 제조소를 그 대상으로 한다.

(2) 적용이 제외되는 규정

고인화점 위험물 제조소에 대하여는 본칙(일반 제조소의 기준)의 Ⅰ, Ⅱ, Ⅳ 제1호, Ⅳ 제3호 내지 제5호, Ⅷ 제6호·제7호 및 Ⅸ 제1호 나목 2)에 의하여 준용되는 별표 6 Ⅸ 제1호 나목의 규정을 적용하지 않는다. 이 중 조치요건과 중복되는 기준을 제외하고 실제로 완화되는 기준을 정리하면 다음과 같다.

---

77) 동 규정에서는 도복장, 코팅 또는 전기방식을 선택할 수 있도록 하고 있다. 하지만 기술적으로는 지하에 매설하는 경우의 배관 중 전기적 부식의 우려가 있는 장소에 설치하는 것에 있어서는 도복장 또는 코팅 및 전기방식을, 기타 배관에 있어서는 도복장 또는 코팅을 하는 것이 옳다.

규칙 별표 4 중 적용 제외기준	실제 완화되는 내용
Ⅰ(안전거리)	고압가스시설 중 불활성 가스만을 저장·취급하는 시설 및 특고압가공전선에 대한 안전거리는 적용하지 않음
Ⅱ(보유공지)	위험물의 수량에 관계없이 3m 이상의 공지를 보유하면 됨
Ⅳ ① (지하층 제한), ③ (지붕), ④ (출입구·비상구) 및 ⑤ (망입유리)	전부(단, 지붕은 불연재료로는 하여야 하지만 가벼운 것으로 하여야 하는 것은 아님)
Ⅷ ⑥ (정전기제거설비) 및 ⑦ (피뢰설비)	전부 미적용
Ⅸ ① 나목 2)에 의한 별표 6 Ⅸ ① 나목 (취급탱크 방유제의 구조 및 설비 중 높이)	방유제 높이를 0.5m 이상 3m 이하로 하도록 한 규정을 미적용

(3) 적용이 제외되기 위한 조치요건

제조소의 위치 및 구조가 다음의 기준에 모두 적합하여야 한다.

1) 안전거리의 확보

다음 표의 건축물 등의 외벽 또는 이에 상당하는 외측으로부터 당해 제조소의 외벽 또는 이에 상당하는 공작물의 외측까지의 사이에 안전거리를 두어야 한다. 다만, 다음 표의 ① 내지 ③의 건축물 등에 규칙 별표 4 부표의 기준에 따라 불연재료로 된 방화상 유효한 담 또는 벽을 설치하여 소방본부장 또는 소방서장이 안전하다고 인정하는 거리로 할 수 있다.

방호대상 건축물 등	안전거리
① 주거용 건축물 등(제조소와 동일부지 내에 있는 것을 제외)	10m 이상
② 학교, 병원 등, 공연장 등, 아동복지시설 등(규칙 별표 4 Ⅰ 제1호 나목 1) 내지 4)의 시설)	30m 이상
③ 유형문화재와 기념물 중 지정문화재	50m 이상
④ 고압가스시설 등(불활성 가스만을 저장 또는 취급하는 것을 제외) (규칙 별표 4 Ⅰ 제1호 라목의 시설)	20m 이상

2) 공지의 보유

위험물을 취급하는 건축물 그 밖의 공작물(위험물을 이송하기 위한 배관 그 밖에 이에 준하는 공작물은 제외)의 주위에 3m 이상의 너비의 공지를 보유하여야 한다. 다만, 규칙 별표 4 Ⅱ 제2호 각 목의 규정에 의하여 방화상 유효한 격벽을 설치하는 경우에는 그러하지 아니하다.

3) 지붕

위험물을 취급하는 건축물은 그 지붕을 불연재료로 하여야 한다.

4) 창 및 출입구

위험물을 취급하는 건축물의 창 및 출입구에는 을종방화문 · 갑종방화문 또는 불연재료나 유리로 만든 문을 달고, 연소의 우려가 있는 외벽에 두는 출입구에는 수시로 열 수 있는 자동폐쇄식의 갑종방화문을 설치하여야 한다.

5) 유리

위험물을 취급하는 건축물의 연소의 우려가 있는 외벽에 두는 출입구에 유리를 이용하는 경우에는 망입유리로 하여야 한다.

14 위험물의 성질에 따른 제조소의 특례(規 별표 4 XII)

알킬알루미늄등 · 아세트알데히드등 · 히드록실아민등의 제조소

특별한 위험성이 있는 위험물을 취급하는 제조소에 대하여 추가로 적용하여야 하는 기준을 규정한 특례이다.

(1) 특례대상

다음의 1에 해당하는 위험물을 취급하는 제조소에 있어서는 규칙 별표 4 I 내지 VIII의 규정에 의한 기준에 의하는 외에 당해 위험물의 성질에 따라 필요한 기준을 추가로 적용하여야 한다.

특례대상 위험물의 명칭	특례대상 위험물의 범위
알킬알루미늄등	제3류 위험물 중 알킬알루미늄 · 알킬리튬 또는 이 중 어느 하나 이상을 함유하는 것
아세트알데히드등	제4류 특수인화물의 아세트알데히드 · 산화프로필렌 또는 이 중 어느 하나 이상을 함유하는 것
히드록실아민등	제5류 위험물 중 히드록실아민 · 히드록실아민염류 또는 이 중 어느 하나 이상을 함유하는 것

(2) 강화기준

1) 알킬알루미늄등을 취급하는 제조소의 특례

① 알킬알루미늄등을 취급하는 설비의 주위에는 누설범위를 국한하기 위한 설비와 누설된 알킬알루미늄등을 안전한 장소에 설치된 저장실에 유입시킬 수 있는 설비를 갖출 것[78)]

78) 알킬알루미늄등은 공기와 접촉하면 산화반응을 일으켜서 자연발화하고 일단 발화하면 효과적인 소화약제가 없기 때문에 재해를 국한하기 위하여 누설된 위험물을 안전한 장소에 설치한 용기에 유입되도록 할 필요가 있다.

② 알킬알루미늄등을 취급하는 설비에는 불활성 기체를 봉입하는 장치를 갖출 것[79]

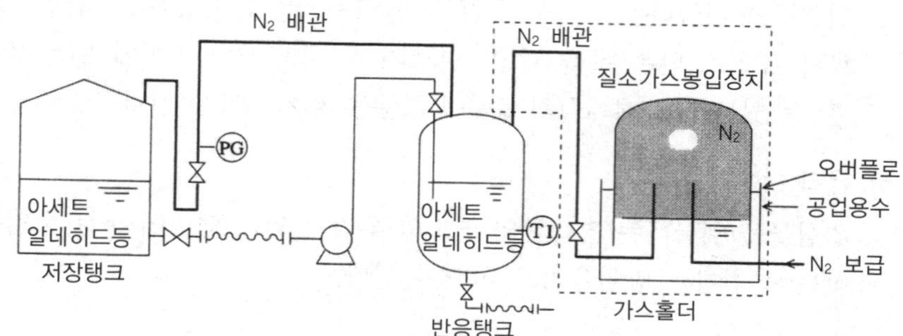

▲ 불활성 기체 봉입장치의 예

2) 아세트알데히드등을 취급하는 제조소의 특례

① 아세트알데히드등을 취급하는 설비는 은·수은·동·마그네슘 또는 이들을 성분으로 하는 합금으로 만들지 아니할 것[80]

② 아세트알데히드등을 취급하는 설비에는 연소성 혼합기체의 생성에 의한 폭발을 방지하기 위한 불활성 기체 또는 수증기를 봉입하는 장치를 갖출 것[81]

③ 아세트알데히드등을 취급하는 탱크(옥외에 있는 탱크 또는 옥내에 있는 탱크로서 그 용량이 지정수량의 1/5 미만의 것을 제외한다)에는 냉각장치 또는 저온을 유지하기 위한 장치(이하 "보랭장치"라 한다) 및 연소성 혼합기체의 생성에 의한 폭발을 방지하기 위한 불활성 기체를 봉입하는 장치를 갖출 것. 다만, 지하에 있는 탱크가 아세트알데히드등의 온도를 저온으로 유지할 수 있는 구조인 경우에는 냉각장치 및 보랭장치를 갖추지 아니할 수 있다.[82]

④ ③의 냉각장치 또는 보랭장치는 2 이상 설치하여 하나의 냉각장치 또는 보랭장치가 고장난 때에도 일정 온도를 유지할 수 있도록 하고, 다음의 기준에 적합한 비상전원을 갖출 것

---

79) 알킬알루미늄등은 자연발화성이 있어 공기와 접촉하면 폭발적으로 연소하기 때문에 취급할 때에는 사전에 당해 설비 내를 불활성 가스로 치환해 두는 것은 물론이고 긴급 시 불활성 가스를 봉입할 수 있는 장치를 설치할 필요가 있다. 한편, 알킬알루미늄등은 물과 접촉하면 현저하게 반응하기 때문에 수증기 봉입설비는 인정되지 않는다(아세트알데히드등에는 인정).

80) 아세트알데히드등을 취급하는 설비에 동, 마그네슘, 은, 수은 또는 이러한 것을 성분으로 하는 합금을 사용하면 당해 위험물이 이러한 금속 등과 반응하여 폭발성 화합물을 만들 우려가 있기 때문에 제한한다.

81) 아세트알데히드등은 휘발성이 강하면서 끓는점 및 인화점도 매우 낮고 증기는 공기와 혼합하면 광범위한 폭발성 혼합기체를 만든다. 그리고 가압하에 있을 때는 폭발성의 과산화물을 생성할 우려가 있는 등 위험성이 매우 높기 때문에 위험물을 취급할 경우 사전에 당해 설비 내를 불활성 가스로 치환해 두는 것은 물론이고 긴급 시에 불활성 가스를 봉입하는 장치를 설치할 필요가 있다.

82) 아세트알데히드등은 끓는점이 낮고 끓는점 이상의 온도가 된 경우에는 다량의 폭발성 기체를 발생시키기 때문에 취급하는 탱크에는 보랭장치를 설치하여야 하며, 그 온도는 아세트알데히드와 그 함유물에 있어서는 15℃ 이하, 산화프로필렌과 그 함유물에 있어서는 30℃ 이하로 유지하여야 한다.

㉠ 상용전력원이 고장인 경우에 자동으로 비상전원으로 전환되어 가동되도록 할 것
㉡ 비상전원의 용량은 냉각장치 또는 보랭장치를 유효하게 작동할 수 있는 정도일 것

⑤ 아세트알데히드등을 취급하는 탱크를 지하에 매설하는 경우에는 당해 탱크를 탱크전용실에 설치할 것

3) 히드록실아민등을 취급하는 제조소의 특례

① 히드록실아민등의 위험성과 특례
㉠ 히드록실아민등은 상온에서도 스스로 열분해를 일으켜 폭발하는 위험성이 있고 피해범위가 넓다.
㉡ 이 때문에 온도상승 등에 의하여 위험한 반응(열분해)이 일어나지 않도록 하는 장치를 하도록 하고, 폭발 시의 피해를 줄이기 위하여 안전거리를 강화하며, 저장·취급시설의 주위에 담 또는 토제를 설치하도록 하고 있다.

② 안전거리 강화 : 규칙 별표 4 Ⅰ 제1호 가목 내지 라목의 규정(주거용 건축물 등, 학교·병원·극장 등 다수인수용시설, 문화재 및 가스시설에 대한 안전거리)에 불구하고 지정수량 이상의 히드록실아민등을 취급하는 제조소는 Ⅰ 제1호 가목 내지 라목의 규정에 의한 건축물의 벽 또는 이에 상당하는 공작물의 외측으로부터 당해 제조소의 외벽 또는 이에 상당하는 공작물의 외측까지의 사이에 다음 식에 의하여 요구되는 거리 이상의 안전거리를 둘 것

$$D = 51.1\sqrt[3]{N}$$

여기서, D : 거리(m)
N : 취급하는 히드록실아민등의 지정수량의 배수

③ 제조소의 주위에는 다음에 정하는 기준에 적합한 담 또는 토제(土堤)를 설치할 것

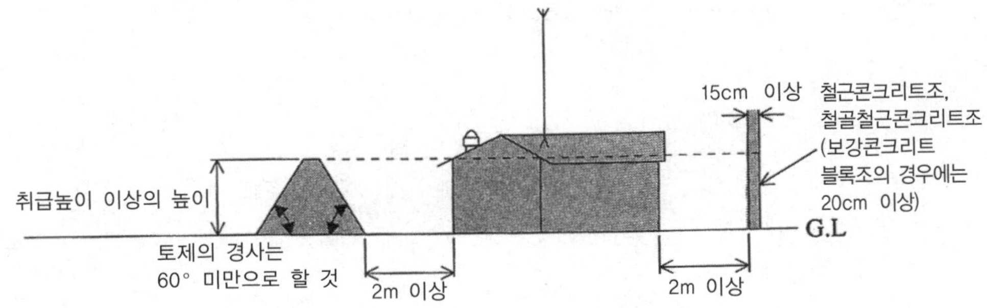

▲ 히드록실아민등을 취급하는 제조소의 주위에 설치하는 담 또는 토제

㉠ 담 또는 토제는 당해 제조소의 외벽 또는 이에 상당하는 공작물의 외측으로부터 2m 이상 떨어진 장소에 설치할 것

㉡ 담 또는 토제의 높이는 당해 제조소에 있어서 히드록실아민등을 취급하는 부분의 높이 이상으로 할 것

㉢ 담은 두께 15cm 이상의 철근콘크리트조·철골철근콘크리트조 또는 두께 20cm 이상의 보강콘크리트블록조로 할 것

㉣ 토제의 경사면의 경사도는 60° 미만으로 할 것

④ 히드록실아민등을 취급하는 설비에는 히드록실아민등의 온도 및 농도의 상승에 의한 위험한 반응을 방지하기 위한 조치를 강구할 것

⑤ 히드록실아민등을 취급하는 설비에는 철이온 등의 혼입에 의한 위험한 반응을 방지하기 위한 조치를 강구할 것

참고

[알킬알루미늄등의 위험성]

① 공기 중에 노출되면 곧바로 자연발화
② 물과 접촉하면 격렬하게 반응하며 에탄을 생성하고 폭발
③ 화재가 발생하면 효과적인 소화약제가 없음

[아세트알데히드등의 위험성]

① 구리·마그네슘 등과 폭발적으로 반응
② 휘발성이 강하고 인화점이 극도로 낮음(-39℃)
③ 증기는 공기와 혼합하여 광범위하게 폭발성 기체 형성

물품명	끓는점	인화점	발화점	관리온도
아세트알데히드	20℃	-39℃	175℃	15℃ 이하
산화프로필렌	35℃	-37℃	449℃	30℃ 이하

[히드록실아민등의 위험성]

① 일정량(100～300ppm)의 철이온을 함유한 것은 상온에서 열분해를 일으키며, 순수한 것도 140℃에서 열분해를 일으킴
② 농도 80% 정도의 것은 열분해하여 음속을 초과하는 속도로 폭발할 수 있음
③ 충격, 마찰 또는 열에 노출되면 폭발할 수도 있음
④ 고인화성이며 공기에 노출되면 자연발화할 수 있음

핵심정리문제

01 위험물탱크에 관한 설명으로 맞는 것은?

① 취급탱크는 탱크안전성능검사의 대상이 아니다.
② 위험물탱크는 그 용도상 저장탱크와 간이탱크로 구분할 수 있다.
③ 주유취급소에는 보일러에 직접 접속하는 탱크를 설치할 수 있다.
④ 특수액체위험물탱크에는 지중탱크, 해상탱크 및 암반탱크가 있다.

해설 ① 지정수량 이상의 취급탱크는 탱크안전성능검사를 받아야 한다.
② 위험물탱크는 그 용도상 저장탱크와 취급탱크로 구분할 수 있다.
④ 특수액체위험물탱크에는 지중탱크와 해상탱크가 있다.

02 탱크의 용량 산정에 관한 설명으로 맞는 것은?

① 탱크의 내용적은 수학적 방법으로 정확하게 계산하여야 한다.
② 종치원통형 탱크의 옆판 상부의 공간도 내용적에 포함하여야 한다.
③ 일반적인 탱크의 용량은 내용적에서 공간용적을 뺀 용적으로 한다.
④ 소화약제 방출구를 탱크 안의 윗부분에 두는 소화설비를 설치한 탱크의 공간용적은 소화약제 방출구 아래의 0.3m 이상 1m 미만 사이의 용적으로 한다.

해설 ① 통상의 수학적 계산방법에 의하되 어려운 경우에는 근사계산에 의할 수 있다.
② 옆판과 지붕판 사이의 공간은 위험물을 수용하지 않는 부분이므로 내용적에서 제외한다.
④ 소화약제 방출구 아래의 0.3m 이상 1m 미만 사이의 면으로부터 윗부분의 용적으로 한다.

03 안전거리에 관한 설명으로 틀린 것은?

① 학교와의 안전거리는 학교의 담까지와의 사이에 확보하여야 한다.
② 위험물시설과 방호대상물의 사이에 확보하여야 하는 수평거리이다.
③ 안전거리 내에 방호대상물 외의 다른 건축물 등이 위치하는 것은 가능하다.
④ 유형문화재 등 일부 방호대상물과의 안전거리는 방화상 유효한 담을 설치하는 방법으로 단축할 수 있다.

해설 안전거리의 기산점은 위험물시설 또는 방호대상물인 건축물의 외벽 또는 이에 상당하는 공작물의 외측이다.

정답 01 ③ 02 ③ 03 ①

04 보유공지에 관한 설명으로 틀린 것은?

① 보유공지 규제를 적용받지 않는 위험물시설도 있다.

② 위험물을 저장 · 취급하는 건축물 등의 주위에 보유하여야 하는 공지이다.

③ 보유공지의 지반면과 윗부분에는 원칙적으로 다른 물건 등이 없어야 한다.

④ 위험물을 저장 · 취급하는 건축물 등의 주위에 있는 공공도로도 보유공지로 할 수 있다.

해설 보유공지도 제조소등의 구성부분이므로 당해 시설의 관계인이 소유권, 지상권, 임차권 등의 권원을 가지고 있어야 한다. 공공도로는 원칙적으로 보유공지로 할 수 없다.

05 보유공지의 적용방법에 관한 설명으로 틀린 것은?

① 위험물을 저장 · 취급하는 건축물 기타 공작물의 주위에 연속해서 보유하여야 한다.

② 옥외탱크저장소의 보유공지 내에 당해 옥외탱크저장소의 방유제를 설치하는 것은 가능하다.

③ 다른 제조소등과 근접해서 설치하는 경우 그 상호간에는 각 제조소등의 보유공지를 합한 공지의 폭을 보유하여야 한다.

④ 제조소의 작업공정이 다른 작업장의 작업공정과 연속되어 있어 공지를 둘 경우, 그 제조소의 작업에 현저한 지장이 생길 우려가 있는 때에는, 당해 제조소와 다른 작업장 사이에 방화상 유효한 격벽을 설치하는 방법으로 공지를 보유하지 않을 수 있다.

해설 다른 제조소등과 근접해서 설치하는 경우에 그 상호간에 확보하여야 할 보유공지는 그 중 넓은 공지를 보유하는 것으로 충분하다(제조소등 간의 보유공지가 중첩되는 것은 가능함).

06 제조소등에 설치하는 표지 및 게시판에 관한 설명으로 틀린 것은?

① 표지에는 제조소등(이동탱크저장소는 제외)의 명칭을 흑색문자로 표시한다.

② 이동탱크저장소의 표지에는 황색의 반사성 도료로 "위험물"이라고 표시한다.

③ 방화상 필요한 사항을 기재하는 게시판에는 시설개요를 기재하는 것과 주의사항을 기재하는 것이 있다.

④ 인화점 21℃ 미만의 위험물을 저장하는 지하탱크저장소, 암반탱크저장소 등의 주입구와 펌프설비에는 그 주입구 또는 펌프설비라는 표시와 위험물의 유별 · 품명 및 주의사항을 표시한다.

해설 주입구 또는 펌프설비에 게시판을 설치하여야 하는 제조소등은 인화점 21℃ 미만의 위험물을 저장하는 옥외탱크저장소, 옥내탱크저장소 및 지하탱크저장소이다.

정답 04 ④ 05 ③ 06 ④

07 제조소등에 설치하여야 하는 주의사항 게시판과 그 설명으로 틀린 것은?

	〈주의사항〉	〈게시판의 색〉	〈해당 게시판을 설치하여야 하는 제조소등〉
①	물기엄금	바탕 : 청색 글자 : 백색	제1류 위험물 중 알칼리금속의 과산화물(이를 함유한 것 포함) 또는 제3류 위험물 중 금수성 물질의 제조소등
②	화기주의	바탕 : 적색 글자 : 백색	제2류 위험물(인화성 고체는 제외)의 제조소등
③	화기엄금	바탕 : 적색 글자 : 백색	제2류 위험물 중 인화성 고체, 제3류 위험물 중 자연발화성 물질, 제4류 위험물 또는 제5류 위험물의 제조소등
④	주유 중 엔진정지	바탕 : 황색 글자 : 백색	주유취급소

해설 "주유 중 엔진정지"의 글자색은 흑색이다.

08 제조소의 정의와 규제범위에 관한 설명으로 틀린 것은?

① 제조소란 원료의 위험물 여부에 관계없이 위험물을 제조하는 시설을 말한다.
② 건물 내에 설치하는 것에 있어서는 원칙적으로 1동(棟) 단위로 규제된다.
③ 옥외에 설치하는 경우에 있어서는 원칙적으로 일련의 공정 단위로 규제된다.
④ 제조소의 규제범위는 건축물 그 밖의 공작물, 부속설비 및 해당 사업소의 부지를 모두 포함한다.

해설 제조소가 있는 사업소의 부지는 제조소의 규제범위에 해당하지 않으며, 보유공지까지만 포함한다.

09 제조소와 방호대상물 사이에 확보하여야 하는 안전거리 기준으로 틀린 것은?

〈방호대상물인 건축물 등〉 〈안전거리〉

① 유형문화재 ········· 70m 이상
② 고압가스시설 ········· 20m 이상
③ 주택 등 주거용도로 사용하는 건축물 등 ········· 10m 이상
④ 학교・병원・극장・아동복지시설 등 다수인 수용시설 ········· 30m 이상

해설 유형문화재와 기념물 중 지정문화재에 대한 안전거리는 50m 이상이며, 70m 이상을 요하는 대상은 없다.

07 ④ 08 ④ 09 ① 정답

10 제조소의 건축물의 구조 등에 관한 설명으로 틀린 것은?

① 건축물은 지하층이 없도록 하여야 한다.

② 지붕은 가벼운 불연재료로 덮어야 한다.

③ 연소의 우려가 있는 외벽에 설치하는 출입구에는 갑종방화문 또는 을종방화문을 설치하여야 한다.

④ 벽·기둥·바닥·보·서까래 및 계단을 불연재료로 하되, 연소(延燒)의 우려가 있는 외벽은 개구부가 없는 내화구조의 벽으로 하여야 한다.

해설 연소의 우려가 있는 외벽에 설치하는 출입구에는 수시로 열 수 있는 자동폐쇄식의 갑종방화문을 설치하여야 한다.

11 제조소의 채광·조명 및 환기설비에 관한 설명으로 틀린 것은?

① 환기는 자연배기방식 또는 강제배기방식으로 한다.

② 채광설비에 있어서 채광면적은 가급적 작게 하여야 한다.

③ 배출설비가 설치되어 유효하게 환기가 되는 건축물에는 환기설비를 하지 않을 수 있다.

④ 조명설비에 의하여 유효하게 조도가 확보되는 건축물에는 채광설비를 하지 않을 수 있다.

해설 환기는 자연배기방식으로 하도록 하고 있다.

12 제조소의 환기설비에 대한 기준으로 틀린 것은?

① 급기구의 크기는 800cm^2 이상으로 한다.

② 환기구는 회전식 고정벤틸레이터 또는 루프팬 방식으로 설치한다.

③ 가연성 증기는 공기보다 무거우므로 급기구와 환기구는 낮은 곳에 설치한다.

④ 급기구는 당해 급기구가 설치된 실의 바닥면적 150m^{2}마다 1개소 이상으로 한다.

해설 환기구는 지붕 위 또는 지상 2m 이상의 높이에 설치하여야 한다.

13 제조소에 설치하는 배출설비에 관한 설명으로 틀린 것은?

① 국소방식으로 하는 것이 원칙이다.

② 배풍기·배출덕트·후드 등으로 구성된다.

③ 급기구는 낮은 곳에 설치하고, 가는 눈의 구리망 등으로 인화방지망을 설치한다.

④ 위험물을 취급하는 건축물에 가연성 증기 또는 가연성의 미분이 체류할 우려가 있을 때 설치한다.

해설 가연성 증기가 낮은 곳에 체류하는 점을 고려하여 급기구를 높은 곳에 설치하도록 하고 있다.

정답 10 ③ 11 ① 12 ③ 13 ③

14 제조소의 안전유지를 위한 각종 설비에 관한 설명으로 틀린 것은?

① 온도측정장치는 위험물을 가열하거나 냉각하는 설비에만 설치하면 된다.

② 위험물을 가열·건조하는 설비는 스팀, 열매체(熱媒体), 열풍 등을 이용하는 구조로 한다.

③ 액체위험물을 취급하는 옥외설비의 바닥의 둘레에 방유턱을 설치하는 경우에는 그 높이를 0.15m 이상으로 한다.

④ 위험물의 가압설비에 안전장치로 파괴판을 설치하는 경우는 위험물의 성질로 인하여 안전밸브로 작동이 곤란한 경우에 한한다.

해설 온도측정장치는 위험물을 가열하거나 냉각하는 설비를 포함하여 위험물의 취급에 수반하여 온도변화가 생기는 설비에 모두 설치하여야 한다.

15 제조소의 위험물취급탱크에 대한 규제내용으로 틀린 것은?

① 저장탱크와 달리 표지와 게시판은 설치하지 않아도 된다.

② 용량이 지정수량의 1/5 이상인 것만 규제대상으로 하고 있다.

③ 옥외에 있는 취급탱크의 주위에는 옥외저장탱크에 준하여 보유공지를 두어야 한다.

④ 옥외에 있는 취급탱크의 주위에는 방유제를, 옥내에 있는 취급탱크의 주위에는 방유턱을 설치하여야 한다.

해설 제조소 전체시설의 주위에 공지를 두면 되고, 취급탱크의 주위에 공지를 따로 보유할 의무는 없다.

16 제조소의 배관에 대한 기준으로 틀린 것은?

① 재질은 강관 그 밖에 이와 유사한 금속성으로 한다.

② 지하에 매설하는 배관의 접합부분(용접부를 포함한다)에는 누설점검구를 설치한다.

③ 지상에 설치하는 배관은 지면에 닿지 않도록 하고 그 외면에 부식방지 도장을 한다.

④ 배관에 걸리는 최대상용압력의 1.5배 이상의 압력으로 수압시험을 실시하여 이상이 없어야 한다.

해설 누설점검구를 설치하여야 하는 접합부분에서 용접에 의한 접합부는 제외된다.

14 ① 15 ③ 16 ② 정답

17 고인화점 위험물 제조소의 특례에 대한 설명으로 틀린 것은?

① 안전거리를 확보하지 않아도 된다.

② 정전기제거설비와 피뢰설비의 규제를 적용하지 않는다.

③ 보유공지의 폭은 취급위험물의 수량에 관계없이 3m 이상으로 할 수 있다.

④ 인화점이 100℃ 이상인 제4류 위험물만을 100℃ 미만의 온도에서 취급하는 제조소를 대상으로 한다.

해설 고압가스시설 중 불활성 기체만을 저장·취급하는 시설 및 특고압가공전선에 대한 안전거리 규제만 적용하지 않는다.

18 위험물의 성질에 따른 제조소의 특례에 대한 설명으로 틀린 것은?

① 일반 제조소의 기준에서 적용이 제외되는 규정은 없고 강화되는 기준만 있다.

② 특례대상 위험물인 알킬알루미늄등은 제3류 위험물 중 알킬알루미늄·알킬리튬 또는 이 중 어느 하나 이상을 함유하는 것을 말한다.

③ 특례대상 위험물인 아세트알데히드등은 제4류의 특수인화물 중 아세트알데히드 또는 아세트알데히드를 함유하는 것을 말한다.

④ 특례대상 위험물인 히드록실아민등은 제5류 위험물 중 히드록실아민·히드록실아민염류 또는 이 중 어느 하나 이상을 함유하는 것을 말한다.

해설 아세트알데히드등은 제4류의 특수인화물 중 아세트알데히드·산화프로필렌 또는 이 중 어느 하나 이상을 함유하는 것을 말한다.

19 알킬알루미늄등 또는 아세트알데히드등을 취급하는 제조소의 특례기준으로서 옳은 것은?

① 알킬알루미늄등을 취급하는 설비에는 불활성 기체 또는 수증기를 봉입하는 장치를 설치한다.

② 알킬알루미늄등을 취급하는 설비는 은·수은·동·마그네슘을 성분으로 하는 것으로 만들지 않는다.

③ 아세트알데히드등을 취급하는 탱크에는 냉각장치 또는 보랭장치 및 불활성 기체 봉입장치를 설치한다.

④ ③의 냉각장치 또는 보랭장치를 하나만 설치할 때에는 비상전원을 갖추어야 한다.

해설 ① 아세트알데히드등에 관한 기준이며, 알킬알루미늄등의 취급설비에 수증기 봉입장치는 불가하다(금수성).

② 아세트알데히드등에 관한 기준이다.

④ 냉각장치 또는 보랭장치를 2set 이상 설치하도록 하고 있다.

정답 17 ① 18 ③ 19 ③

20 **히드록실아민등을 취급하는 제조소의 특례에 대한 설명으로 틀린 것은?**

① 모든 방호대상물에 대하여 안전거리 규제가 강화된다.

② 히드록실아민등은 제5류 위험물 중 히드록실아민·히드록실아민염류 또는 이 중 어느 하나 이상을 함유하는 것을 말한다.

③ 제조소의 주위에는 당해 제조소의 외벽 또는 이에 상당하는 공작물의 외측으로부터 2m 이상 떨어진 장소에 담 또는 토제(土堤)를 설치하여야 한다.

④ 히드록실아민등을 취급하는 설비에는 히드록실아민등의 온도·농도의 상승 또는 철이온 등의 혼입에 의한 위험한 반응을 방지하기 위한 조치를 강구하여야 한다.

해설 특고압가공전선에 대한 안전거리는 강화되지 않는다.

21 **제조소의 구조 또는 설비에 관한 설명으로 맞는 것은?**

① 환기설비의 급기구는 높은 곳에 설치하여야 한다.

② 배출설비는 전역방식으로 하되 배출덕트가 관통하는 배관부분은 국소방식으로 한다.

③ 지붕을 가벼운 불연재료로 하는 것은 폭발 시 압력이 지붕 위로 방출되도록 하기 위함이다.

④ 조명설비가 설치되어 유효하게 조도가 확보되는 건축물에도 정전에 대비하여 채광설비를 하여야 된다.

해설 지붕을 가벼운 불연재료로 하는 것은 위험물을 취급하는 건축물에 화재 등의 사고가 발생한 경우에는 위험물이 폭발적으로 연소할 수 있기 때문에 그 압력을 윗방향으로 방출시켜 주변의 피해를 최소화하기 위함이다. 이때 지붕을 지지하는 구조물(서까래 등)을 포함하여 지붕을 구성하는 모든 재료가 불연재료이어야 한다. 다만, 폭발할 위험성이 적은 위험물을 취급하는 경우와 소정의 안전조치를 하는 경우에 있어서는 예외적으로 지붕을 내화구조로 할 수 있다.

정답 20 ① 21 ③

03-1 옥내저장소의 위치 · 구조 및 설비의 기준

학습 Point

"옥내저장소"는 위험물을 용기에 수납하여 저장창고에서 저장하는 시설을 말하는 것으로, 소위 위험물 창고라 말할 수 있다.

옥내저장소에 있어서 위험물의 저장량은 저장창고의 크기에 달려 있지만, 저장창고에 대하여는 그 건축물의 면적, 층수 및 처마높이를 제한하는 등에 의하여 위험물의 저장에 수반되는 위험성의 증대를 억제하고 있다.

옥내저장소의 저장창고는 독립 전용의 단층건물로 하는 것을 기본으로 하되, 비교적 위험성이 낮다고 인정되는 위험물의 저장에 한하여 단층건물 외의 저장창고를, 또한 소규모 저장의 옥내저장소에 한하여 건축물 내의 부분설치를 인정하여 필요한 기준을 정하고 있다. 이러한 관계를 표로 정리하면 다음과 같다.

옥내저장소의 태양	필수요건	관계 규정
독립 전용 단층건물의 저장창고	–	規 별표 5 Ⅰ
독립 전용 다층건물의 저장창고	제2류 또는 제4류 위험물(인화성 고체 및 인화점 70℃ 미만의 제4류 위험물은 제외)만을 저장하는 것	規 별표 5 Ⅱ
건축물 내 부분설치의 저장창고	지정수량의 20배 이하의 것	規 별표 5 Ⅲ

〈일반기준〉

옥내저장소에 관한 위치 · 구조 및 설비의 기준 중 주요한 사항은 다음과 같다.

1. 위치에 관한 것(부분설치의 옥내저장소를 제외한다) : 안전거리 및 보유공지
2. 저장창고의 구조에 관한 것
3. 저장창고의 수납장에 관한 것
4. 위험물 저장의 안전상 저장창고에 설치하여야 하는 설비에 관한 것
5. 위험물 취급의 규모, 태양 등에 따라 설치하여야 하는 소화설비 및 경보설비에 관한 것

〈특례기준〉

소정의 옥내저장소에 대하여는 위치 · 구조 및 설비의 기준에 대하여 특례를 정하고 있는데, 이 특례의 대상이 되는 옥내저장소와 특례기준은 다음 표와 같다. 이 표에서 ① 및 ②의 ㉠ 기준은 규칙 별표 5 Ⅰ에 정한 기준(단층건물의 옥내저장소에 적용하는 기준)의 완화특례이고, ②의 ㉡ 기준은 규칙 별표 5 Ⅱ에 정한 기준(다층건물의 옥내저장소에 적용하는 기준)의 완화특례이며, ③의 기준은 규칙 별표 5 Ⅰ에 정한 기준의 강화특례이다.

시설의 태양			특례기준
①	저장위험물이 지정수량의 50배 이하인 옥내저장소(단층건물의 것)		規 별표 5 Ⅳ
②	고인화점 위험물(인화점 100℃ 이상 제4류 위험물)만 저장하는 옥내저장소	㉠ 저장창고가 단층건물인 것	規 별표 5 Ⅴ
		㉡ 저장창고가 다층건물인 것	規 별표 5 Ⅵ
		㉢ 저장위험물이 지정수량의 50배 이하인 것(단층건물의 것)	規 별표 5 Ⅶ
③	지정과산화물의 옥내저장소		規 별표 5 Ⅷ ②
	알킬알루미늄등의 옥내저장소		規 별표 5 Ⅷ ③
	히드록실아민등의 옥내저장소		規 별표 5 Ⅷ ④

1 단층건물의 옥내저장소의 기준(規 별표 5 I)

위험물 저장을 전용으로 하는 독립된 단층건물에 설치하는 옥내저장소의 위치 · 구조 및 설비의 기준은 다음과 같다.

(1) 안전거리의 확보

제조소의 안전거리 기준(規 별표 4 I)에 준하여 안전거리를 두어야 한다. 다만, 다음의 어느 하나에 해당하는 옥내저장소는 안전거리를 두지 아니할 수 있다.

1) 제4석유류 또는 동식물유류의 위험물을 저장 또는 취급하는 옥내저장소로서 그 최대수량이 지정수량의 20배 미만인 것

2) 제6류 위험물을 저장 또는 취급하는 옥내저장소

3) 지정수량의 20배(하나의 저장창고의 바닥면적이 150m^2 이하인 경우에는 50배) 이하의 위험물을 저장 또는 취급하는 옥내저장소로서 다음의 기준에 적합한 것
   ① 저장창고의 벽 · 기둥 · 바닥 · 보 및 지붕이 내화구조일 것
   ② 저장창고의 출입구에 수시로 열 수 있는 자동폐쇄방식의 갑종방화문이 설치되어 있을 것
   ③ 저장창고에 창을 설치하지 아니할 것

(2) 공지의 보유(보유공지)

옥내저장소의 주위에는 그 저장 또는 취급하는 위험물의 최대수량[83)]에 따라 다음 표에 의한 너비의 공지를 보유하여야 한다. 다만, 지정수량의 20배를 초과하는 옥내저장소와 동일한 부지 내에 있는 다른 옥내저장소와의 사이에는 동 표에 정하는 공지의 너비의 1/3(당해 수치가 3m 미만인 경우에는 3m)의 공지를 보유할 수 있다.

저장 또는 취급하는 위험물의 최대수량	공지의 너비	
	벽 · 기둥 및 바닥이 내화구조로 된 건축물	그 밖의 건축물
지정수량의 5배 이하	-	0.5m 이상
지정수량의 5배 초과 10배 이하	1m 이상	1.5m 이상
지정수량의 10배 초과 20배 이하	2m 이상	3m 이상
지정수량의 20배 초과 50배 이하	3m 이상	5m 이상
지정수량의 50배 초과 200배 이하	5m 이상	10m 이상
지정수량의 200배 초과	10m 이상	15m 이상

83) 옥내저장소에 있어서 위험물의 저장수량은 창고의 바닥면적 등에 관계없이 실제로 저장되는 위험물의 양에 의한다. 또한 지정수량의 배수 산정도 이 저장수량을 근거로 행한다.

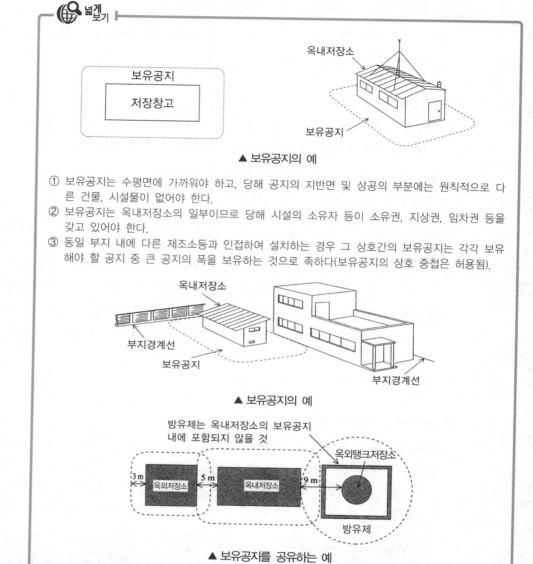

넓게 보기

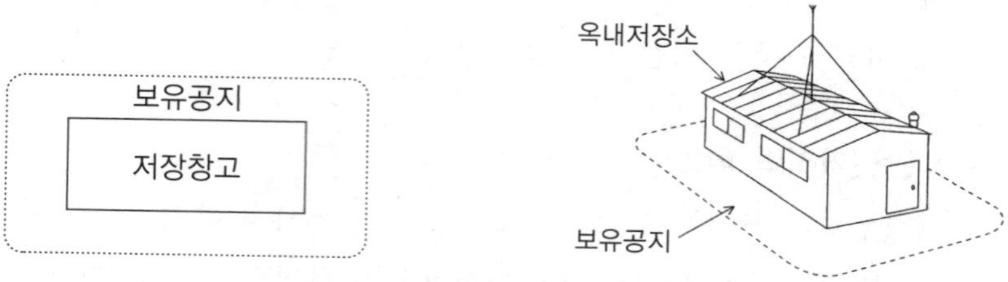

▲ 보유공지의 예

① 보유공지는 수평면에 가까워야 하고, 당해 공지의 지반면 및 상공의 부분에는 원칙적으로 다른 건물, 시설물이 없어야 한다.
② 보유공지는 옥내저장소의 일부이므로 당해 시설의 소유자 등이 소유권, 지상권, 임차권 등을 갖고 있어야 한다.
③ 동일 부지 내에 다른 제조소등과 인접하여 설치하는 경우 그 상호간의 보유공지는 각각 보유해야 할 공지 중 큰 공지의 폭을 보유하는 것으로 족하다(보유공지의 상호 중첩은 허용됨).

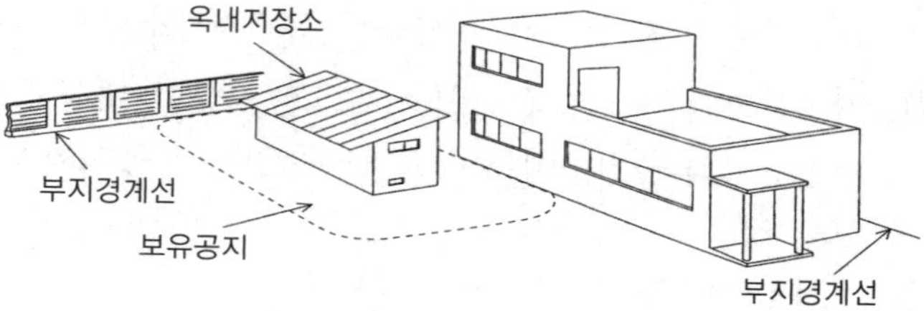

▲ 보유공지의 예

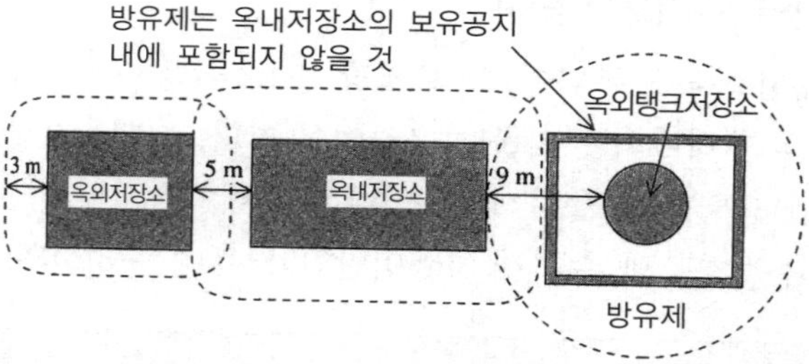

▲ 보유공지를 공유하는 예

(3) 표지 및 게시판의 설치

옥내저장소에는 규칙 별표 4 Ⅲ 제1호의 기준에 따라 보기 쉬운 곳에 "위험물 옥내저장소"라는 표시를 한 표지와 동표 Ⅲ 제2호의 기준에 따라 방화에 관하여 필요한 사항을 게시한 게시판을 설치하여야 한다.

① 표지

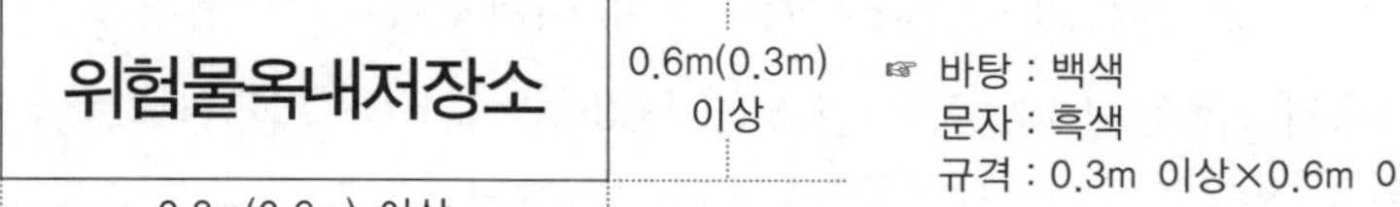

☞ 바탕 : 백색
문자 : 흑색
규격 : 0.3m 이상×0.6m 이상의 직사각형

② 게시판은 제조소의 경우와 동일하다.

(4) 저장창고의 구조 및 설비

1) 저장창고는 위험물의 저장을 전용으로 하는 독립된 건축물로 하여야 한다.

2) 저장창고는 단층건물로서 지면에서 처마까지의 높이("처마높이")가 6m 미만이어야 하고, 바닥은 지반면보다 높아야 한다.[84)]

예외

제2류 또는 제4류의 위험물만을 저장하는 창고로서 다음의 기준에 적합한 창고의 경우에는 20m 이하로 할 수 있다.
① 벽・기둥・보 및 바닥을 내화구조로 할 것
② 출입구에 갑종방화문을 설치할 것
③ 피뢰침을 설치할 것. 다만, 주위상황에 의하여 안전상 지장이 없는 경우에는 그러하지 아니하다.

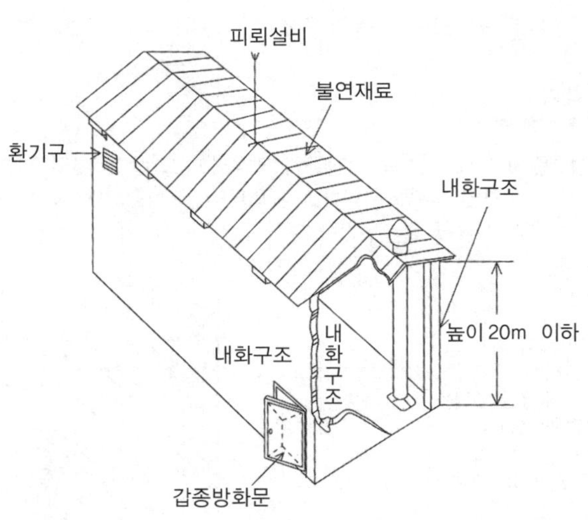

▲ 고층창고의 예
(제2류, 제4류 위험물만을 저장하는 단층건물의 위험물 창고는
시설기준을 강화하여 처마높이를 20m 이하까지 허용)

84) 저장창고는 화재가 발생하면 위험물 화재의 특성상 초기진화가 곤란하므로, 층고 6m 미만의 단층건물을 원칙으로 한다. 단층건물로 하여야 화재 등의 사고가 발생한 경우에 그 압력 등을 상부로 방출, 인근건물 등에 대한 영향을 적게 할 수 있다. 또, 그 바닥을 지반면 이상으로 하는 것은 가연성 증기의 체류에 의한 인화, 소화활동의 곤란, 홍수 등에 의한 침수를 고려한 것이다.

3) 하나의 저장창고의 바닥면적(2 이상의 구획된 실이 있는 경우에는 각 실의 바닥면적의 합계)은 다음의 구분에 의한 면적 이하로 하여야 한다.

① **다음의 위험물을 저장하는 창고** : 1,000m^2 이하[다음의 위험물과 ②의 위험물을 같은 저장창고에 저장하여도 1,000m^2 이하]

㉠ 제1류 위험물 중 아염소산염류, 염소산염류, 과염소산염류, 무기과산화물 그 밖에 지정수량이 50kg인 위험물

㉡ 제3류 위험물 중 칼륨, 나트륨, 알킬알루미늄, 알킬리튬 그 밖에 지정수량이 10kg인 위험물 및 황린

㉢ 제4류 위험물 중 특수인화물, 제1석유류 및 알코올류

㉣ 제5류 위험물 중 유기과산화물, 질산에스테르류 그 밖에 지정수량이 10kg인 위험물

㉤ 제6류 위험물

② **①에 해당하지 않는 위험물을 저장하는 창고** : 2,000m^2 이하

③ **①과 ②의 위험물을 내화구조의 격벽으로 완전히 구획된 실에 각각 저장하는 창고** : 1,500m^2 이하. 이 경우 ①의 위험물을 저장하는 실의 면적은 500m^2를 초과할 수 없다.

4) 저장창고의 주요 구조부

① 벽 · 기둥 및 바닥 : 내화구조

예외

지정수량의 10배 이하의 위험물의 저장창고 또는 제2류와 제4류의 위험물(인화성 고체 및 인화점이 70℃ 미만인 제4류 위험물을 제외)만의 저장창고에 있어서는 연소의 우려가 없는 벽 · 기둥 및 바닥은 불연재료로 할 수 있다.

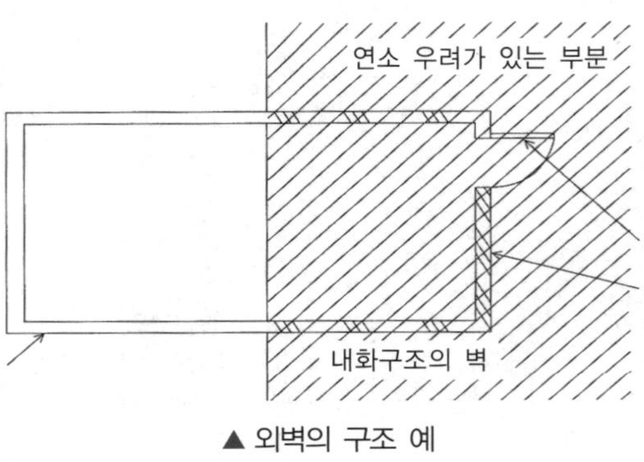

▲ 외벽의 구조 예

② 보 및 서까래 : 불연재료

③ **지붕** : 폭발력이 위로 방출될 정도의 가벼운 불연재료

예외(내화구조로 할 수 있는 경우)

제2류 위험물(분상의 것과 인화성 고체를 제외)과 제6류 위험물만의 저장창고

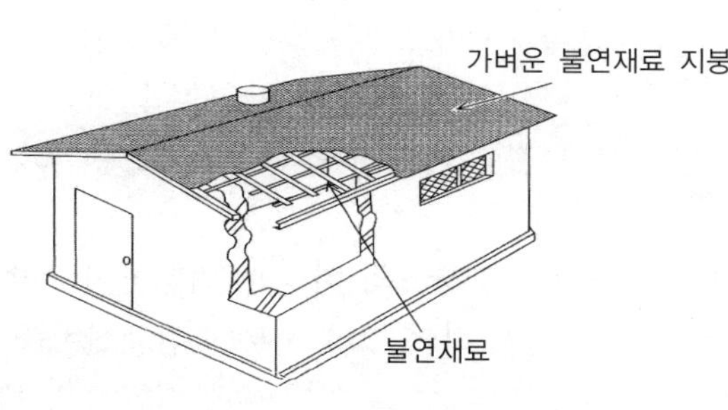

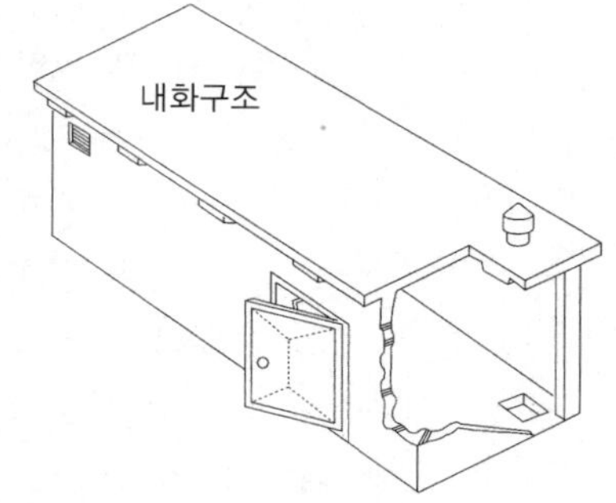

▲ 가벼운 불연재료 지붕(원칙)과 내화구조 지붕(예외)의 예

④ 천장 설치 금지

예외

제5류 위험물만의 저장창고에 있어서는 당해 저장창고 내의 온도를 저온으로 유지하기 위하여 난연재료 또는 불연재료로 된 천장을 설치할 수 있다.

⑤ 저장창고의 창 또는 출입구

㉠ 방화문 설치 : 출입구에는 갑종방화문 또는 을종방화문을 설치하되, 연소의 우려가 있는 외벽에 있는 출입구에는 수시로 열 수 있는 자동폐쇄식의 갑종방화문을 설치하여야 한다.

㉡ 망입유리 : 창 또는 출입구에 유리를 이용하는 경우에는 망입유리로 하여야 한다.

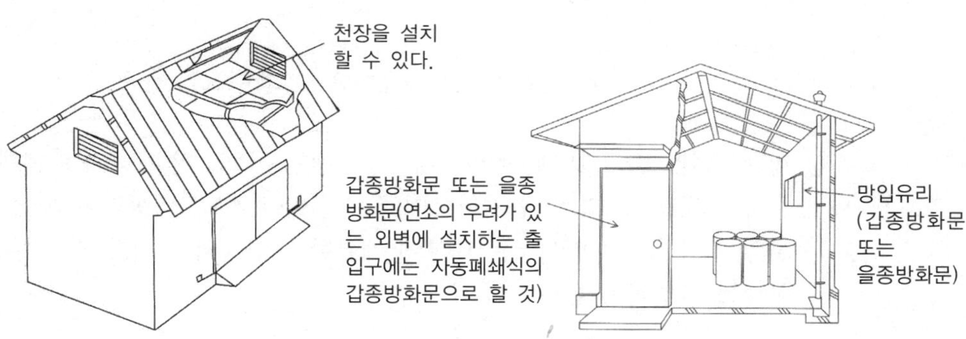

▲ 제5류 저장창고(좌)와 창 및 출입구(우)의 예

⑥ **저장창고의 바닥**

㉠ 불투수성 구조 : 다음 위험물 창고의 바닥은 물이 스며 나오거나 스며들지 아니하는 구조

ⓐ 제1류 위험물 중 알칼리금속의 과산화물 또는 이를 함유하는 것

ⓑ 제2류 위험물 중 철분 · 금속분 · 마그네슘 또는 이 중 어느 하나 이상을 함유하는 것

ⓒ 제3류 위험물 중 금수성 물질

ⓓ 제4류 위험물

㉡ 집유설비 등 : 액상의 위험물의 저장창고의 바닥은 위험물이 스며들지 아니하는 구조로 하고, 적당하게 경사지게 하여 그 최저부에 집유설비를 하여야 한다.

⑦ **저장창고의 수납장** : 선반 등의 수납장은 다음의 기준에 적합하게 하여야 한다.

㉠ 수납장은 불연재료로 만들어 견고한 기초 위에 고정할 것

㉡ 수납장은 당해 수납장 및 그 부속설비의 자중, 저장하는 위험물의 중량 등의 하중에 의하여 생기는 응력에 대하여 안전한 것으로 할 것

㉢ 수납장에는 위험물을 수납한 용기가 쉽게 떨어지지 아니하게 하는 조치를 할 것

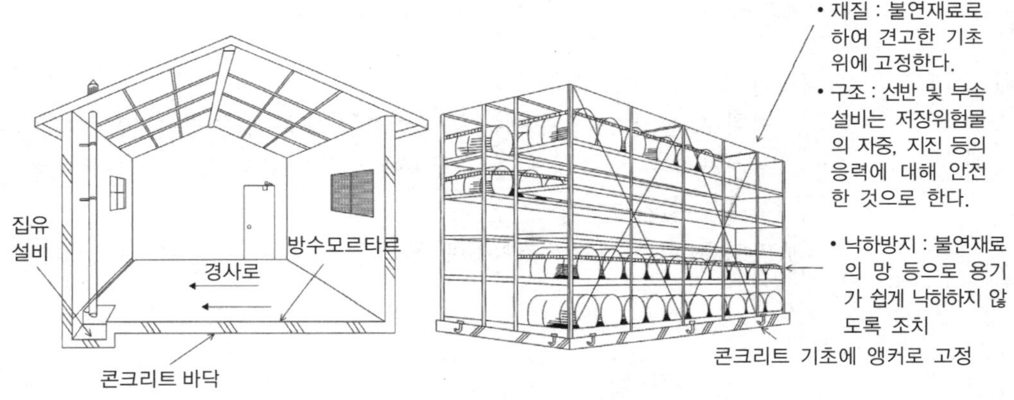

▲ 저장창고의 집유설비(좌)와 선반의 구조(우) 예

⑧ **채광 · 조명 · 환기 및 배출설비** : 저장창고에는 제조소의 기준(규칙 별표 4 V 및 Ⅵ)에 준하여 채광 · 조명 및 환기의 설비를 갖추어야 하고, 인화점이 70℃ 미만인 위험물의 저장창고에 있어서는 내부에 체류한 가연성의 증기를 지붕 위로 배출하는 설비를 갖추어야 한다.

참고

① 채광·조명·환기설비에 대하여는 제조소의 채광·조명·환기설비를 참조할 것
② 저장창고에 저장되는 위험물은 규칙 별표 18 Ⅲ 제4호의 규정에 의하여 괴상의 유황을 제외하고 용기에 수납하여 저장되어 있으므로 비교적 증기 등의 체류는 적지만 제4류의 특수인화물, 제1석유류 및 제2석유류를 저장할 경우에는 가연성 증기가 체류할 우려가 있으므로 회전식 벤틸레이터, 배출덕트 등으로 된 설비를 설치할 필요가 있다.
③ 배출설비의 방출덕트의 하단은 집유설비의 상부에서 또한 바닥면으로부터 대략 0.1m의 간격을 갖도록 하는 것이 바람직하다.

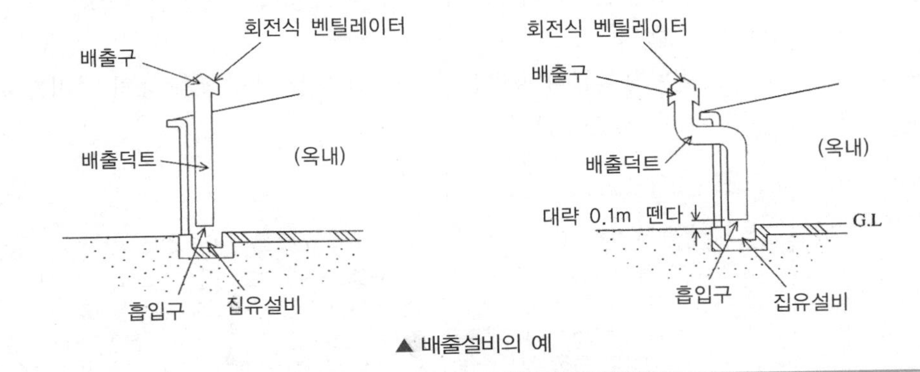

▲ 배출설비의 예

⑨ **전기설비** : 저장창고에 설치하는 전기설비는 「전기사업법」에 의한 「전기설비기술기준」에 의하여야 한다.

⑩ **피뢰설비** : 지정수량의 10배 이상의 저장창고(제6류 위험물의 저장창고를 제외한다)에는 피뢰침을 설치하여야 한다. 다만, 저장창고의 주위의 상황에 따라 안전상 지장이 없는 경우에는 피뢰침을 설치하지 아니할 수 있다.
주위의 상황에 따라 안전상 지장이 없는 경우로는 자기소유 시설에 설치된 피뢰설비의 보호범위 내에 포함되어 있는 경우 등이 해당한다.

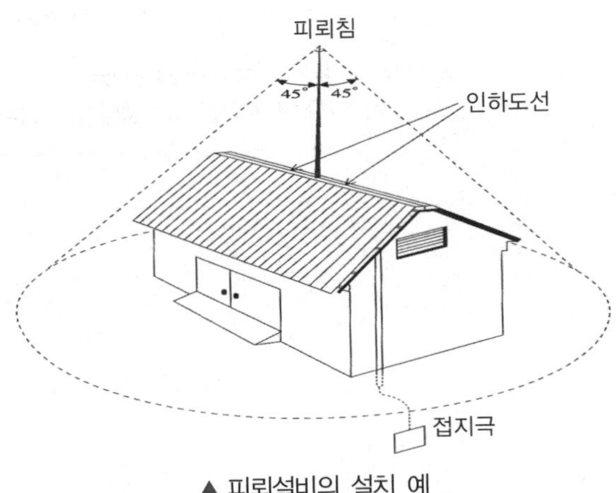

▲ 피뢰설비의 설치 예

⑪ 안전온도 유지조치

㉠ 조치대상 : 제5류 위험물 중 셀룰로이드 그 밖에 온도의 상승에 의하여 분해·발화할 우려가 있는 것의 저장창고

㉡ 조치방법 : 당해 위험물이 발화온도에 달하지 아니하는 온도를 유지하는 구조로 하거나 다음의 기준에 적합한 비상전원을 갖춘 통풍장치 또는 냉방장치 등의 설비를 2 이상 설치하여야 한다.

ⓐ 상용전력원이 고장인 경우에 자동으로 비상전원으로 전환되어 가동되도록 할 것

ⓑ 비상전원의 용량은 통풍장치 또는 냉방장치 등의 설비를 유효하게 작동할 수 있는 정도일 것

참고

① 제5류의 저장창고는 창고 내의 온도를 적당하게 유지하기 위해 천장을 설치할 수 있으며, 외기 온도 등의 영향을 막기 위하여 벽체를 내화구조로 하는 것이 바람직하다.

② 저장창고는 제5류(셀룰로이드 등)의 발화점에 달하지 않는 온도를 유지하기 위한 구조로 하며, 될 수 있는 한 통풍이 좋은 건조한 냉암소 또는 당해 위험물의 안전상 필요한 온도로 저장하기 위하여 통풍장치·냉방장치 등을 설치할 필요가 있다. 또한 창고 내 온도는 30℃ 이하를 유지하는 것이 바람직하다.

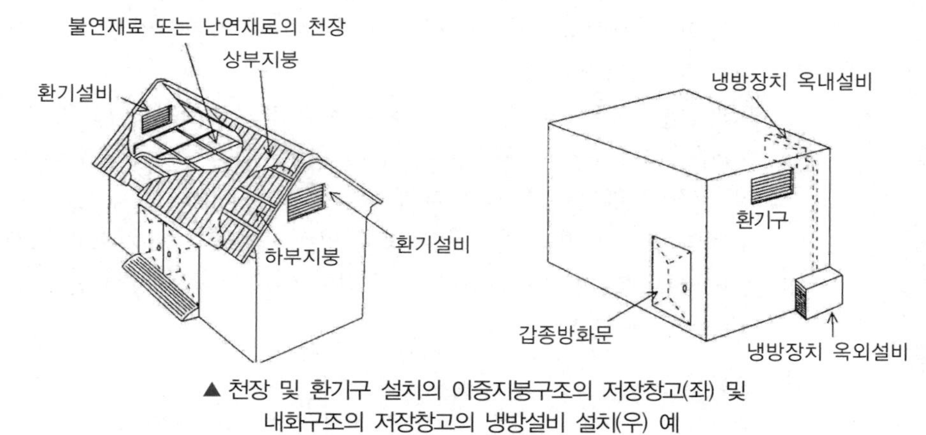

▲ 천장 및 환기구 설치의 이중지붕구조의 저장창고(좌) 및 내화구조의 저장창고의 냉방설비 설치(우) 예

2 다층건물의 옥내저장소의 기준(規 별표 5 Ⅱ)

다층건물의 옥내저장소는 위험물의 저장을 전용으로 하는 독립된 옥내저장소라는 점에서는 독립전용의 단층건물 옥내저장소와 같지만, 저장창고가 단층이 아니라 다층이라는 점에 차이가 있다. 이 옥내저장소에 저장할 수 있는 위험물의 종류가 제한되며, 각 층의 바닥면적의 합계를 제한함으로써 과도한 층수의 저장창고의 설치를 억제하고 있다.

(1) 저장 · 취급할 수 있는 위험물

① 제2류 위험물(인화성 고체는 제외)
② 제4류 위험물(인화점이 70℃ 미만인 위험물은 제외)

(2) 위치 · 구조 및 설비의 기준

1) 독립전용 단층건물의 옥내저장소 기준 중 적용기준(규칙 별표 5 Ⅰ①~④ 및 ⑧~⑯)

① 안전거리, 보유공지, 표지 및 게시판(①~③)
② 전용독립건물(④)
③ 저장창고의 지붕 · 출입구(⑧, ⑨)
④ 창과 출입구의 유리(⑩)
⑤ 바닥구조(⑪, ⑫)
⑥ 수납장(⑬)
⑦ 채광 · 조명 및 환기설비, 배출설비(⑭)
⑧ 전기설비(⑮)
⑨ 피뢰설비(⑯)

2) 그 밖의 기준

① **저장창고의 바닥높이 및 층고** : 각 층의 바닥은 지면보다 높게, 바닥면으로부터 상층의 바닥(상층이 없는 경우에는 처마)까지의 높이("층고")는 6m 미만으로 하여야 한다.
② **저장창고의 면적 제한** : 하나의 저장창고의 바닥면적 합계는 1,000m^2 이하로 하여야 한다.
③ **저장창고의 주요 구조**
㉠ 벽 · 기둥 · 바닥 및 보 : 내화구조
㉡ 계단 : 불연재료
㉢ 연소의 우려가 있는 외벽 : 출입구 외에는 개구부 설치금지

㉣ 2층 이상의 층의 바닥 : 개구부 설치금지(**예외** 내화구조의 벽과 갑종방화문 또는 을종방화문으로 구획된 계단실에는 설치 가능)

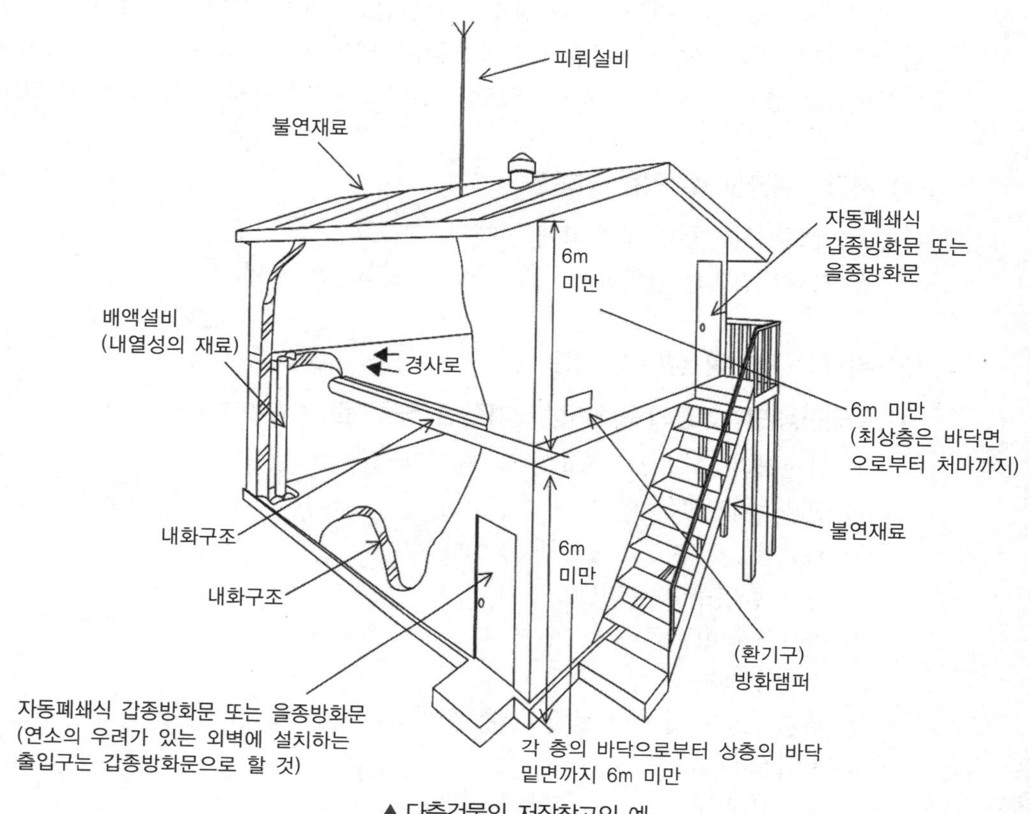

▲ 다층건물의 저장창고의 예

3 복합용도 건축물의 옥내저장소의 기준(規 별표 5 Ⅲ) (= 다른 용도 건축물의 일부에 설치하는 옥내저장소)

(1) 개념

다른 용도로 사용하는 부분이 있는 건축물의 일부에 지정수량의 20배 이하의 위험물 저장창고를 설치한 옥내저장소를 말한다. 건축물의 층수에는 제한이 없으나 저장창고를 설치할 수 있는 층, 저장창고의 바닥면적 등에 대하여 제한이 있다.

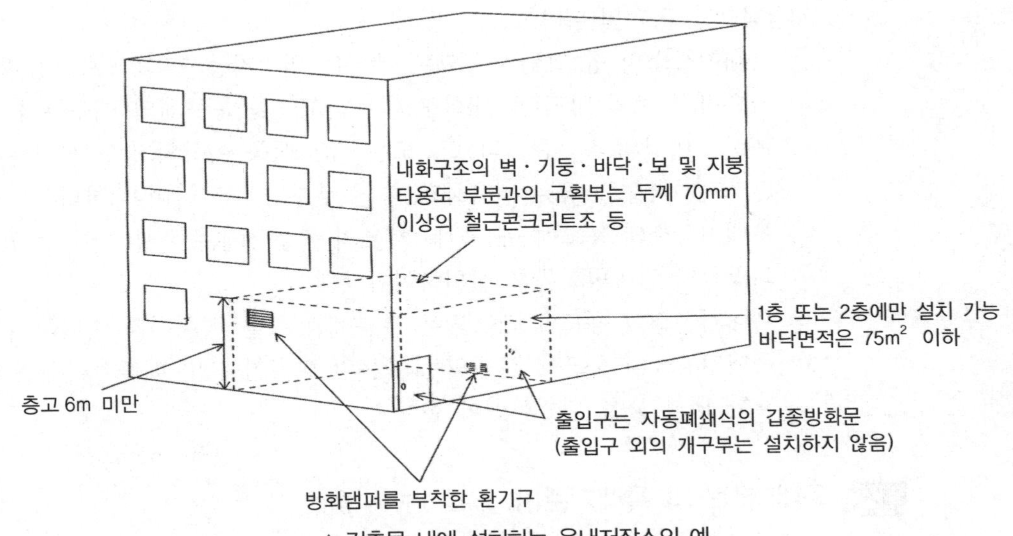

▲ 건축물 내에 설치하는 옥내저장소의 예

(2) 위치 · 구조 및 설비의 기준

1) 독립전용 단층건물의 옥내저장소 기준 중 적용기준(규칙 별표 5 Ⅰ③ 및 ⑪ 내지 ⑰)

① 표지 및 게시판(③)	② 바닥구조(⑪, ⑫)
③ 수납장(⑬)	④ 채광 · 조명 및 환기설비, 배출설비(⑭)
⑤ 전기설비(⑮)	⑥ 피뢰설비(⑯)
⑦ 안전온도유지조치(⑰)	

* 안전거리 및 보유공지는 적용되지 않음.

건축물 내 부분설치의 전제조건

① 보유공지 규제가 없어야 한다.
② 안전거리 규제가 없거나 건축물 내 방호대상물이 없어야 한다.

2) 그 밖의 기준

① 건축물의 구조 : 벽 · 기둥 · 바닥 및 보가 내화구조이어야 한다.
② 저장창고의 층 : ①의 건축물의 1층 또는 2층 중 하나의 층에만 설치할 수 있다.[85)]
③ 저장창고의 바닥 및 층고 : 바닥은 지면보다 높고, 층고는 6m 미만이어야 한다.
④ 저장창고의 바닥면적 : 옥내저장소로 사용되는 부분의 바닥면적은 $75m^2$ 이하이어야 한다.

85) 하나의 층에 2 이상의 옥내저장소를 설치할 수 있는지에 대하여는 규정이 없으나 서로 인접하지 않게 설치하는 경우에 한해 가능하다고 본다(소방방재청 해석).

⑤ 저장창고의 구조 및 설비

㉠ 옥내저장소의 용도에 사용되는 부분은 벽·기둥·바닥·보 및 지붕(상층이 있으면 상층의 바닥)을 내화구조로 하고, 출입구 외의 개구부가 없는 두께 70mm 이상의 철근콘크리트조 또는 이와 동등 이상의 강도가 있는 구조의 바닥 또는 벽으로 당해 건축물의 다른 부분과 구획하여야 한다.

㉡ 옥내저장소의 용도에 사용되는 부분의 출입구에는 수시로 열 수 있는 자동폐쇄방식의 갑종방화문을 설치하여야 한다.

㉢ 옥내저장소의 용도에 사용되는 부분에는 창을 설치하지 아니하여야 한다.

㉣ 옥내저장소의 용도에 사용되는 부분의 환기설비 및 배출설비에는 방화상 유효한 댐퍼 등을 설치하여야 한다.

4 옥내저장소의 특례기준(規 별표 5 Ⅳ ~ Ⅷ)

전술한 세 가지의 유형은 옥내저장소의 일반형에 해당하며, 이러한 일반 옥내저장소의 기준 중 일부를 적용하지 않을 수 있거나 일반 옥내저장소의 기준 외에 다른 기준을 추가로 적용하여야 하는 옥내저장소가 있다. 내용상 전자는 완화특례, 후자는 강화특례이다.

완화특례에 해당하는 것으로는 소규모 옥내저장소와 고인화점 위험물의 옥내저장소가 있고, 강화특례에 해당하는 것으로는 지정과산화물·알킬알루미늄등 및 히드록실아민등의 옥내저장소가 있다.

(1) 소규모 옥내저장소의 특례(規 별표 5 Ⅳ)

1) 특례대상 옥내저장소

지정수량 50배 이하의 위험물 옥내저장소(소규모 옥내저장소)

2) 특례의 내용 및 기준

저장창고의 처마높이에 따라 달리하고 있다.

① 저장창고의 처마높이가 6m 미만인 소규모 옥내저장소 : 소규모 옥내저장소의 저장창고가 다음의 ㉠ 내지 ㉤의 기준에 적합하면 규칙 별표 5 Ⅰ의 규정에 의한 일반 옥내저장소의 기준 중 제1호·제2호 및 제6호 내지 제9호의 규정은 적용하지 않는다.

규칙 별표 5 Ⅰ의 규정 중 적용하지 않는 기준	규칙 별표 5 Ⅰ의 규정 중 적용하는 기준
안전거리(1), 보유공지(2), 저장창고의 바닥면적(6)·주요 구조(7)·지붕(8) 및 출입구(9)	표지·게시판(3), 전용독립건물(4), 저장창고의 처마높이(5), 망입유리(10), 바닥구조(11, 12), 수납장(13), 채광·조명·환기 및 배출설비(14), 전기설비(15), 피뢰설비(16), 안전온도유지조치(17)

㉠ 저장창고의 주위에는 다음 표에 정하는 너비의 공지를 보유할 것

저장 또는 취급하는 위험물의 최대수량	공지의 너비
지정수량의 5배 이하	필요 없음
지정수량의 5배 초과 20배 이하	1m 이상
지정수량의 20배 초과 50배 이하	2m 이상

㉡ 하나의 저장창고 바닥면적은 $150m^2$ 이하로 할 것

㉢ 저장창고는 벽・기둥・바닥・보 및 지붕을 내화구조로 할 것

㉣ 저장창고의 출입구에는 수시로 개방할 수 있는 자동폐쇄방식의 갑종방화문을 설치할 것

㉤ 저장창고에는 창을 설치하지 아니할 것

② **저장창고의 처마높이가 6m 이상인 소규모 옥내저장소** : 소규모 옥내저장소의 저장창고가 규칙 별표 5 Ⅳ 제1호 나목 내지 마목의 규정(위 ①의 ㉡ 내지 ㉤의 기준)에 적합하면 규칙 별표 5 Ⅰ의 일반 옥내저장소의 기준 중 제1호 및 제6호 내지 제9호의 규정은 적용하지 않는다.

* 저장창고의 처마높이가 6m 미만의 것의 경우와 달리 보유공지 규제가 그대로 적용된다.

(2) 고인화점 위험물 옥내저장소의 특례(規 별표 5 Ⅴ ~ Ⅶ)

고인화점 위험물 옥내저장소의 특례에는 단층건물 옥내저장소에 대한 특례, 다층건물 옥내저장소에 대한 특례 및 소규모 옥내저장소에 대한 특례가 있다(3가지).

1) 고인화점 위험물의 단층건물 옥내저장소의 특례(規 별표 5 Ⅴ)

① **특례대상 옥내저장소** : 고인화점 위험물만을 저장 또는 취급하는 단층건물의 옥내저장소(고인화점 위험물의 단층건물 옥내저장소)

② **특례의 내용 및 기준** : 저장창고의 처마높이에 따라 달리하고 있다.

㉠ 저장창고의 처마높이가 6m 미만인 고인화점 위험물의 단층건물 옥내저장소 : 옥내저장소의 위치 및 구조가 다음의 ⓐ 내지 ⓔ의 기준에 적합하면 규칙 별표 5 Ⅰ의 일반 옥내저장소의 기준 중 제1호・제2호・제8호 내지 제10호 및 제16호의 규정은 적용하지 않는다.

규칙 별표 5 Ⅰ의 규정 중 적용하지 않는 기준	규칙 별표 5 Ⅰ의 규정 중 적용하는 기준
안전거리(1), 보유공지(2), 지붕(8) 및 출입구(9), 망입유리(10), 피뢰설비(16)	표지・게시판(3), 전용독립건물(4), 저장창고의 처마높이(5), 저장창고의 바닥면적(6), 주요 구조(7), 바닥구조((11), (12)), 채광・조명・환기 및 배출설비(14), 전기설비(15), 피뢰설비(16), 안전온도유지조치(17)

ⓐ 지정수량의 20배를 초과하는 옥내저장소에는 제조소의 기준(規 별표 4 XI 제1호)에 준하여 안전거리를 둘 것

ⓑ 저장창고의 주위에는 다음 표에 정하는 너비의 공지를 보유할 것

저장 또는 취급하는 위험물의 최대수량	공지의 너비	
	당해 건축물의 벽·기둥 및 바닥이 내화구조로 된 경우	왼쪽란에 정하는 경우 외의 경우
20배 이하	필요 없음	0.5m 이상
20배 초과 50배 이하	1m 이상	1.5m 이상
50배 초과 200배 이하	2m 이상	3m 이상
200배 초과	3m 이상	5m 이상

ⓒ 저장창고는 지붕을 불연재료로 할 것

ⓓ 저장창고의 창 및 출입구에는 방화문 또는 불연재료나 유리로 된 문을 달고, 연소의 우려가 있는 외벽에 두는 출입구에는 수시로 열 수 있는 자동폐쇄방식의 갑종방화문을 설치할 것

ⓔ 저장창고의 연소의 우려가 있는 외벽에 설치하는 출입구에 유리를 이용하는 경우에는 망입유리로 할 것

㉡ 저장창고의 처마높이가 6m 이상인 고인화점 위험물의 단층건물 옥내저장소 : 고인화점 위험물만을 저장 또는 취급하는 단층건물의 옥내저장소 중 저장창고의 처마높이가 6m 이상인 것으로서 그 위치가 규칙 별표 5 Ⅴ 제1호 가목의 규정(위 ㉠의 ⓐ 기준)에 적합한 것은 규칙 별표 5 Ⅰ 제1호의 규정(단층건물 옥내저장소의 안전거리 기준)은 적용하지 않는다.

2) 고인화점 위험물의 다층건물 옥내저장소의 특례(規 별표 5 Ⅵ)

① **특례대상 옥내저장소** : 고인화점 위험물만을 저장 또는 취급하는 다층건물의 옥내저장소(고인화점 위험물의 다층건물 옥내저장소)

② **특례의 내용 및 기준** : 그 위치 및 구조가 다음의 기준에 적합한 것에 대하여는 규칙 별표 5 Ⅱ의 규정에서 적용하도록 한 Ⅰ 제1호 내지 제4호 및 제8호 내지 제16호의 규정 중 제1호·제2호·제8호 내지 제10호 및 제16호와 별표 5 Ⅱ 제3호의 규정은 적용하지 않는다.

규칙 별표 5 Ⅱ의 규정에 의한 기준 중 적용하지 않는 기준	규칙 별표 5 Ⅱ의 규정에 의한 기준 중 적용하는 기준
별표 5 Ⅰ의 기준 중 안전거리(1), 보유공지(2), 지붕(8) 및 출입구(9), 망입유리(10), 피뢰설비(16)	별표 5 Ⅰ의 기준 중 표지·게시판(3), 전용독립건물(4), 바닥구조((11), (12)), 수납장(13), 채광·조명·환기 및 배출설비(14), 전기설비(15)

규칙 별표 5 Ⅱ의 규정에 의한 기준 중 적용하지 않는 기준	규칙 별표 5 Ⅱ의 규정에 의한 기준 중 적용하는 기준
별표 5 Ⅱ의 기준 중 저장창고의 주요 구조부의 내화구조화 등(3)	별표 5 Ⅱ의 기준 중 저장창고의 바닥높이와 층고(1), 바닥면적(2), 바닥 개구부 금지(4)

㉠ 규칙 별표 5 Ⅴ 제1호 각 목의 기준(위 1) ② ㉠의 각 목의 기준)에 적합할 것

㉡ 저장창고는 벽・기둥・바닥・보 및 계단을 불연재료로 만들고, 연소의 우려가 있는 외벽은 출입구 외의 개구부가 없는 내화구조의 벽으로 할 것

* 고인화점 위험물의 단층건물(처마높이 6m 미만) 옥내저장소의 기준에 위 ㉡의 기준이 추가되어 있다.

3) 고인화점 위험물의 소규모 옥내저장소의 특례(規 별표 5 Ⅶ)

① 특례대상 옥내저장소 : 고인화점 위험물만을 지정수량의 50배 이하로 저장 또는 취급하는 옥내저장소(고인화점 위험물의 소규모 옥내저장소)

② 특례의 내용 및 기준 : 저장창고의 처마높이에 따라 달리하고 있다.

㉠ 저장창고의 처마높이가 6m 미만인 고인화점 위험물의 소규모 옥내저장소 : 고인화점 위험물의 소규모 옥내저장소의 저장창고가 규칙 별표 5 Ⅳ 제1호 나목 내지 마목[위 (1) 2) ①의 ㉡ 내지 ㉤의 규정에 의한 기준에 적합한 것에 대하여는 규칙 별표 5 Ⅰ 제1호・제2호・제6호 내지 제9호 및 제16호의 규정은 적용하지 않는다.

* 일반 소규모 옥내저장소에 적용하는 보유공지(완화된 것)를 아예 면제하고, 피뢰설비 기준을 적용 제외 규정에 포함시키고 있다.

규칙 별표 5 Ⅰ의 규정 중 적용하지 않는 기준	규칙 별표 5 Ⅰ의 규정 중 적용하는 기준
안전거리(1), 보유공지(2), 저장창고의 바닥면적(6)・주요 구조(7)・지붕(8) 및 출입구(9), 피뢰설비(16)	표지・게시판(3), 전용독립건물(4), 저장창고의 처마높이(5), 망입유리(10), 바닥구조((11) 및 (12)), 수납장(13), 채광・조명・환기 및 배출설비(14), 전기설비(15), 안전온도유지조치(17)

㉡ 저장창고의 처마높이가 6m 이상인 고인화점 위험물의 소규모 옥내저장소 : 고인화점 위험물의 소규모 옥내저장소의 저장창고가 규칙 별표 5 Ⅳ 제1호 각 목[위의 (1) 2) ①의 ㉠ 내지 ㉤]의 규정에 의한 기준에 적합한 것에 대하여는 규칙 별표 Ⅰ 제1호・제2호 및 제6호 내지 제9호의 규정은 적용하지 않는다.

* 처마높이가 6m 이상인 경우에는 완화된 보유공지 기준을 적용하고, 피뢰설비도 설치하도록 하고 있다.

(3) 위험물의 성질에 따른 옥내저장소의 특례(規 별표 5 Ⅷ)

지정과산화물 · 알킬알루미늄등 및 히드록실아민등의 옥내저장소의 특례

1) 개요

지정과산화물, 알킬알루미늄등 또는 히드록실아민등을 저장 또는 취급하는 옥내저장소는 규칙 별표 5 Ⅰ 내지 Ⅳ 중의 옥내저장소의 기준에 의하는 외에, 당해 위험물의 특별한 위험성 때문에 요구되는 강화기준이 있다.

2) 지정과산화물 옥내저장소의 특례

① **지정과산화물** : 제5류 위험물 중 유기과산화물 또는 이를 함유하는 것으로서 지정수량이 10kg인 것을 말한다.

② 지정과산화물을 저장 또는 취급하는 옥내저장소에 강화되는 기준은 다음과 같다.

㉠ 안전거리의 강화

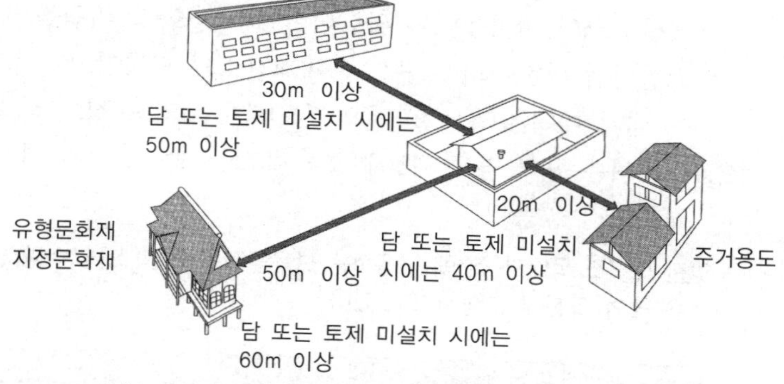

▲ 지정수량 10배 이하 지정과산화물 옥내저장소의 안전거리의 예

ⓐ 강화대상 안전거리 : 규칙 별표 4 Ⅰ 제1호 가목 내지 다목의 방호대상물에 대한 안전거리가 강화된다. 즉, 주거용도의 건축물 등, 학교 · 병원 · 극장 등 다수인수용시설 및 문화재에 대한 안전거리만 강화되고, 동호의 라목 내지 바목의 방호대상물(고압가스시설 등 및 특고압가공전선)에 대한 안전거리는 해당 규정의 안전거리가 그대로 적용된다.

ⓑ 강화되는 안전거리 : 규칙 별표 5의 부표 1에 정하는 안전거리를 두어야 한다. 저장 · 취급하는 위험물의 최대수량과 저장창고의 주위여건(담 또는 토제의 유무)에 따라 다르게 정하고 있다.

㉡ 보유공지의 강화 : 옥내저장소의 저장창고 주위에는 규칙 별표 5의 부표 2에 정하는 너비의 공지를 보유하여야 한다. 다만, 2 이상의 옥내저장소를 동일한 부지 내에 인접하여 설치하는 때에는 당해 옥내저장소의 상호간 공지의 너비를 동표에 정하는 공지 너비의 2/3로 할 수 있다.

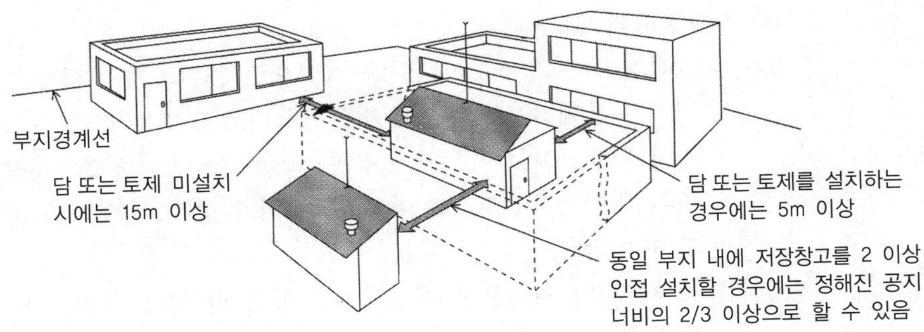

▲ 지정수량의 5배 초과 10배 이하 지정과산화물 옥내저장소의 보유공지의 예

참고

[안전거리 또는 보유공지 단축을 위해 저장창고의 주위에 설치하는 담 또는 토제의 기준]

① 담 또는 토제는 다음에 적합한 것으로 하여야 한다. 다만, 지정수량의 5배 이하인 지정과산화물의 옥내저장소에 대하여는 당해 옥내저장소의 저장창고의 외벽을 두께 30cm 이상의 철근콘크리트조 또는 철골철근콘크리트조로 만드는 것으로써 담 또는 토제에 대신할 수 있다.

㉠ 담 또는 토제는 저장창고의 외벽으로부터 2m 이상 떨어진 장소에 설치할 것. 다만, 담 또는 토제와 당해 저장창고와의 간격은 당해 옥내저장소의 공지 너비의 1/5을 초과할 수 없다.

㉡ 담 또는 토제의 높이는 저장창고의 처마높이 이상으로 할 것

㉢ 담은 두께 15cm 이상의 철근콘크리트조나 철골철근콘크리트조 또는 두께 20cm 이상의 보강콘크리트블록조로 할 것

㉣ 토제의 경사면의 경사도는 60° 미만으로 할 것

② 지정수량의 5배 이하인 지정과산화물의 옥내저장소에 당해 옥내저장소의 저장창고의 외벽을 위 ① 단서의 규정에 의한 구조로 하고 주위에 ①의 각 목의 규정에 의한 담 또는 토제를 설치하는 때에는 규칙 별표 4 I 제1호 가목에 정하는 건축물 등까지의 사이의 안전거리를 10m 이상으로 할 수 있다.

③ 지정수량의 5배 이하인 지정과산화물의 옥내저장소에 당해 옥내저장소의 저장창고의 외벽을 ①의 단서의 규정에 의한 구조로 하고 주위에 ①의 각 목의 규정에 의한 담 또는 토제를 설치하는 때에는 그 공지의 너비를 2m 이상으로 할 수 있다.

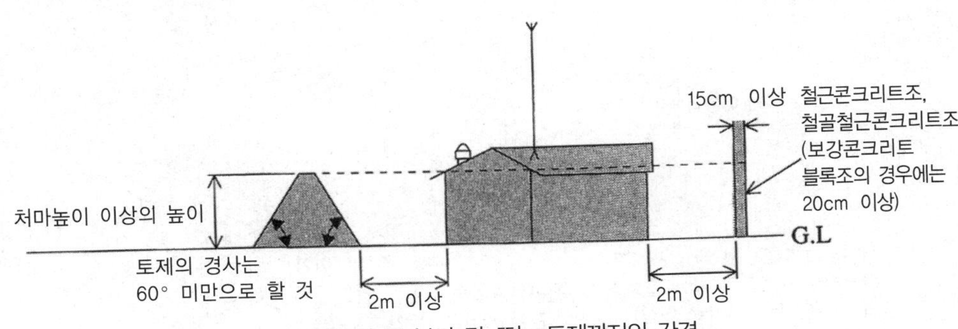

▲ 저장창고로부터 담 또는 토제까지의 간격

㉢ 저장창고의 강화

ⓐ 저장창고는 150m^2 이내마다 격벽으로 완전하게 구획할 것. 이 경우 당해 격벽은 두께 30cm 이상의 철근콘크리트조 또는 철골철근콘크리트조로 하거나 두께 40cm 이상의 보강콘크리트블록조로 하고, 당해 저장창고의 양측의 외벽으로부터 1m 이상, 상부의 지붕으로부터 50cm 이상 돌출하게 하여야 한다.

ⓑ 저장창고의 외벽은 두께 20cm 이상의 철근콘크리트조나 철골철근콘크리트조 또는 두께 30cm 이상의 보강콘크리트블록조로 할 것

ⓒ 저장창고의 지붕은 다음의 1에 적합할 것

- 중도리 또는 서까래의 간격은 30cm 이하로 할 것
- 지붕의 아래쪽 면에는 한 변의 길이가 45cm 이하의 환강(丸鋼)·경량형강(輕量型鋼) 등으로 된 강제(鋼製)의 격자를 설치할 것
- 지붕의 아래쪽 면에 철망을 쳐서 불연재료의 도리·보 또는 서까래에 단단히 결합할 것
- 두께 5cm 이상, 너비 30cm 이상의 목재로 만든 받침대를 설치할 것

ⓓ 저장창고의 출입구에는 갑종방화문을 설치할 것

ⓔ 저장창고의 창은 바닥면으로부터 2m 이상의 높이에 두되, 하나의 벽면에 두는 창의 면적의 합계를 당해 벽면의 면적의 1/80 이내로 하고, 하나의 창의 면적을 0.4m^2 이내로 할 것

㉣ 규칙 별표 5의 Ⅱ 내지 Ⅳ의 규정의 적용 배제 : 결국, 독립전용 단층건물의 옥내저장소의 형태로만 설치하여야 한다.

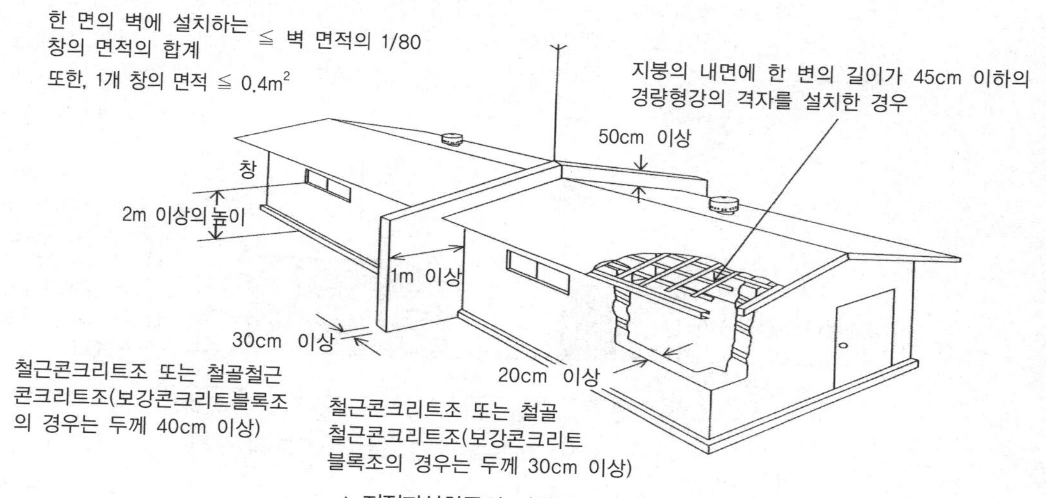

▲ 지정과산화물의 저장창고 구조의 예

3) 알킬알루미늄등 옥내저장소의 특례

① 알킬알루미늄등 : 제3류 위험물 중 알킬알루미늄, 알킬리튬 또는 이 중 어느 하나 이상을 함유한 것

② 알킬알루미늄등을 저장 또는 취급하는 옥내저장소에 강화되는 기준은 다음과 같다.

㉠ 옥내저장소에는 누설범위를 국한하기 위한 설비 및 누설한 알킬알루미늄등을 안전한 장소에 설치된 조(槽)로 끌어들일 수 있는 설비를 설치하여야 한다.

㉡ 규칙 별표 5 Ⅱ 내지 Ⅳ의 규정은 적용하지 않는다.

4) 히드록실아민등 옥내저장소의 특례

① 히드록실아민등 : 제5류 위험물 중 히드록실아민, 히드록실아민염류 또는 이 중 어느 하나 이상을 함유한 것

② 히드록실아민등을 저장 또는 취급하는 옥내저장소에 강화되는 기준은 히드록실아민등의 온도의 상승에 의한 위험한 반응을 방지하기 위한 조치를 강구하는 것이다.

(4) 수출입 하역장소의 옥내저장소의 특례(規 별표 5 Ⅸ)

1) 개요

「관세법」 제154조에 따른 보세구역, 「항만법」 제2조 제1호에 따른 항만 또는 같은 조 제7호에 따른 항만배후단지에 설치하는 옥내저장소에 대해서는 보유공지 기준을 완화하여 적용하는 것이다. 이는 수출입 하역장소의 부지 여건상 보유공지를 확보하는데 애로가 있는 점을 감안한 것이기도 하지만 수출입 하역장소의 옥내저장소에 저장되는 위험물 용기는 상대적으로 안전성이 높고 위험물의 취급형태도 운반과정 중의 대기에 국한되기 때문이다.

2) 특례의 내용(보유공지의 완화)

저장 또는 취급하는 위험물의 최대수량	공지의 너비	
	벽·기둥 및 바닥이 내화구조로 된 건축물	그 밖의 건축물
지정수량의 5배 이하	–	0.5m 이상
지정수량의 5배 초과 10배 이하	1m 이상	1.5m 이상
지정수량의 10배 초과 20배 이하	2m 이상	3m 이상
지정수량의 20배 초과 50배 이하	3m 이상	3.3m 이상
지정수량의 50배 초과 200배 이하	3.3m 이상	3.5m 이상
지정수량의 200배 초과	3.5m 이상	5m 이상

03-2 옥외탱크저장소의 위치 · 구조 및 설비의 기준

옥외탱크저장소는 옥외에 있는 탱크(지하저장탱크, 간이저장탱크, 이동저장탱크, 암반탱크를 제외)에 위험물을 저장하는 시설을 말하는 것으로, 위험물 저장시설 중 다량의 위험물을 저장하는데 가장 많이 사용되고 있다.

이에 위험물 저장의 안전 확보를 위하여 액체위험물을 저장하는 100만L 이상의 옥외탱크저장소(특정옥외탱크저장소)와 50만L 이상 100만L 미만의 옥외탱크저장소(준특정옥외탱크저장소)는 다른 옥외탱크저장소에 비하여 위치 · 구조 및 설비를 상세하고 엄격하게 하고 있다.

또한, 옥외탱크저장소에는 일반적인 형태의 탱크 외에 특수한 형태의 탱크로서 지중탱크(탱크저부가 지면 아래에 있고 탱크 윗부분이 지면 위에 있는 탱크)와 해상탱크(해상에 떠 있지만 동시에 동일 장소에 정치하는 조치를 하고 육상에 설치한 제 설비와 배관 등에 접속한 탱크)가 있다. 이 특수한 형태의 탱크에 대하여는 일반적인 탱크와는 다른 위치 · 구조 및 설비의 기준을 정하고 있다.

〈일반기준〉

옥외탱크저장소에 관한 위치 · 구조 및 설비의 기준 중 주요한 사항은 다음과 같다.

1. 위치에 관한 것 : 안전거리 및 보유공지
2. 탱크의 기초 · 지반에 관한 것
3. 탱크의 구조에 관한 것
4. 탱크의 용접부 시험에 관한 것
5. 탱크에 의한 위험물 저장의 안전상 옥외저장탱크에 설치하여야 하는 설비 등에 관한 것
6. 탱크에 부속하여 설치하는 배관 · 펌프 그 밖의 설비의 위치 · 구조 및 설비에 관한 것
7. 탱크의 방유제에 관한 것
8. 위험물의 저장규모 등에 따라 설치하여야 하는 소화설비에 관한 것

〈특례기준〉

소정의 옥외탱크저장소에 대하여는 위치 · 구조 및 설비의 기준에 대하여 특례를 정하고 있는데, 이 특례의 대상이 되는 옥외탱크저장소와 특례기준은 다음 표와 같다. 이 표에서, ①의 기준은 규칙 별표 6 Ⅰ 내지 Ⅸ에 정한 기준(일반 옥외탱크저장소에 적용하는 기준)의 완화특례이고, ②의 기준은 일반 옥외탱크저장소 기준의 강화특례이며, ③의 기준은 일반 옥외탱크저장소 기준과는 별개의 특례이다.

	시설의 태양		특례기준
①	고인화점 위험물(인화점 100℃ 이상 제4류 위험물)만을 100℃ 미만의 온도로 저장하는 옥외탱크저장소		規 별표 6 Ⅹ
②	특정 위험물의 옥외탱크저장소 (위험물의 성질에 따른 옥외탱크저장소)	알킬알루미늄등의 옥외탱크저장소	規 별표 6 ⅩⅠ
		아세트알데히드등의 옥외탱크저장소	規 별표 6 ⅩⅠ
		히드록실아민등의 옥외탱크저장소	規 별표 6 ⅩⅠ
③	지중탱크에 관계된 옥외탱크저장소		規 별표 6 ⅩⅡ
	해상탱크에 관계된 옥외탱크저장소		規 별표 6 ⅩⅢ

1 옥외탱크저장소의 개요

(1) 개념(범위)

옥외탱크저장소는 옥외에 있는 탱크(지하저장탱크, 간이저장탱크, 이동저장탱크 및 암반탱크를 제외함)에 위험물을 저장하는 시설을 말하며, 탱크만을 의미하지 않고 건축물 그 밖의 공작물과 공지 등을 포함한다.

(2) 구분

1) 탱크용량에 따른 옥외탱크저장소의 구분(법령상 구분)

옥외탱크저장소는 그 용량에 따라 특정옥외탱크저장소(100만L 이상), 준특정옥외탱크저장소(50만L 이상 100만L 미만) 및 특정·준특정옥외탱크저장소 외의 옥외탱크저장소(50만L 미만)로 구분된다.

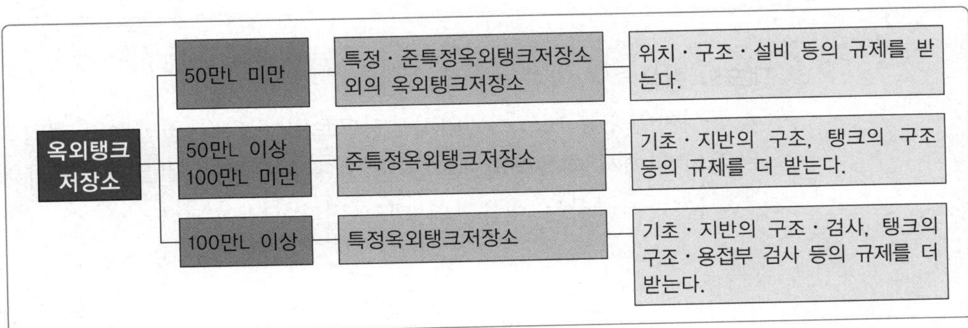

2) 탱크형상 및 지붕형식 등에 따른 옥외저장탱크의 구분(외형상 구분) 참고

옥외탱크저장소를 구성하는 옥외저장탱크를 탱크의 형상과 지붕의 형식에 따라 다음과 같이 구분하기도 하는데, 이는 법령상의 구분이라기보다는 외형상의 구분이라 할 수 있다.

① **탱크의 형상, 지붕의 형식 등** : 옥외저장탱크는 탱크의 형상, 지붕의 형식 등에 의해 다음과 같이 크게 구별된다.

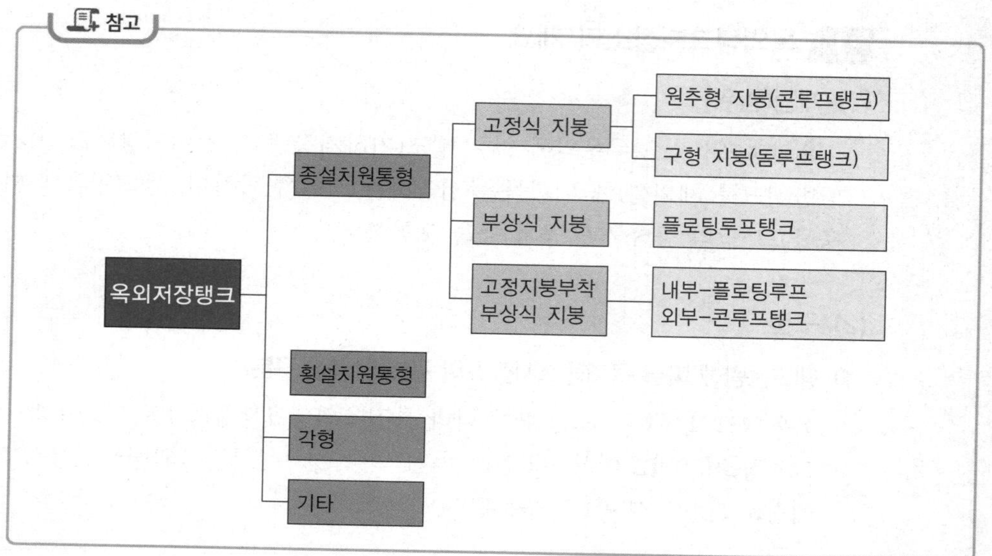

② 탱크의 형상

㉠ 종설치원통형 탱크 : 옥외저장탱크로서는 가장 일반적인 형상의 탱크로 소용량의 것에서 대용량의 것까지 폭넓게 사용된다. 플로팅루프의 것은 휘발성 위험물을 저장하는 대용량의 탱크로 많이 사용된다.

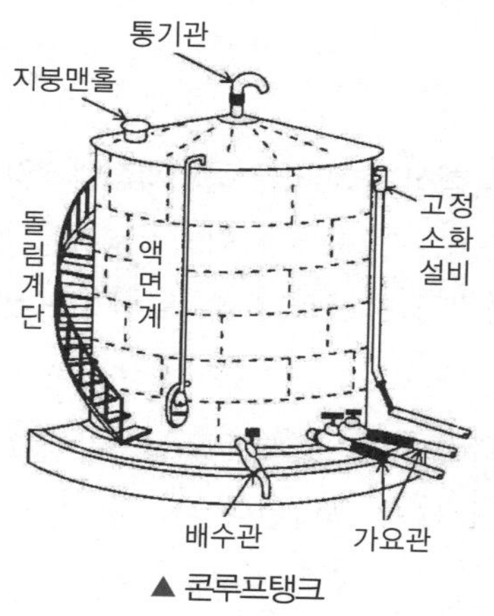

▲ 콘루프탱크

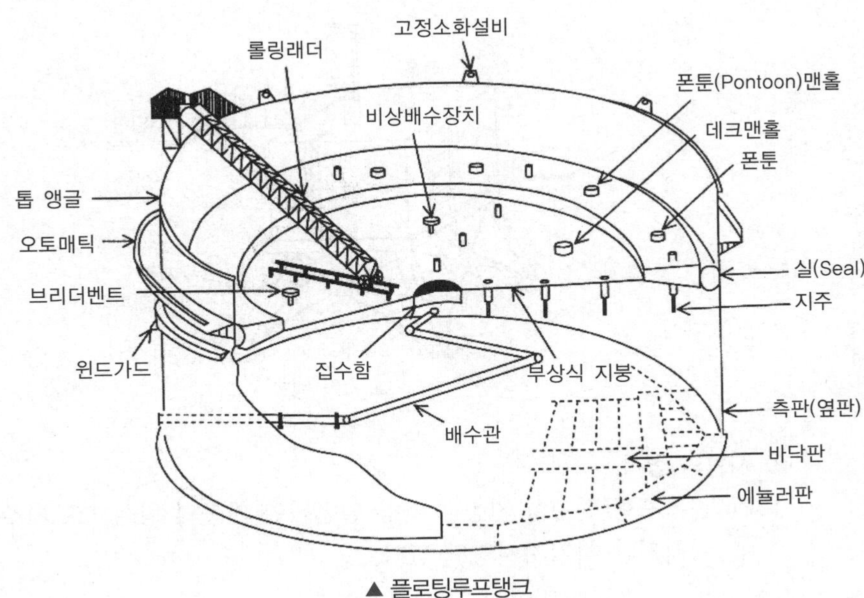

▲ 플로팅루프탱크

㉡ 횡설치원통형 탱크 : 내압에 강하여 압력탱크로 사용되기도 한다.

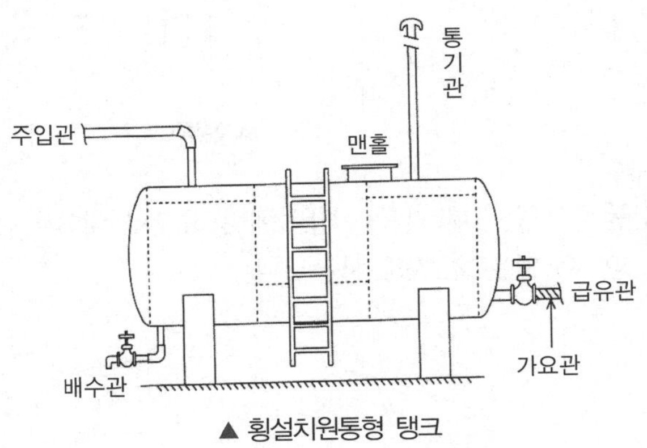

▲ 횡설치원통형 탱크

㉢ 각형 탱크 : 각형 탱크는 주로 서비스탱크 등으로 사용되며, 지주 등을 사용하여 높은 장소에 설치하는 수가 많다. 용량이 큰 것은 구조상 강도적으로 불리한 점이 많아 별로 사용되지 않는다.

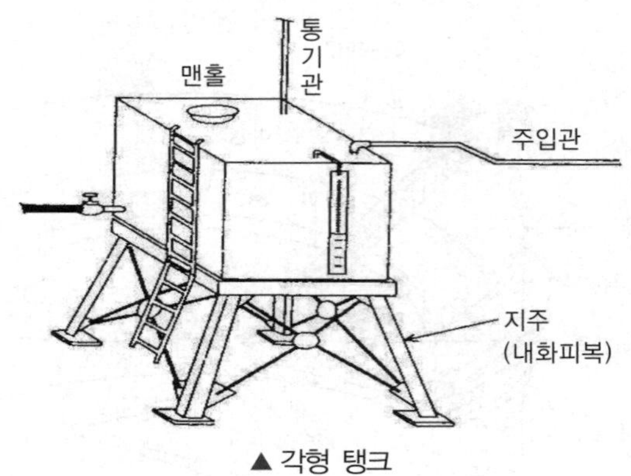

▲ 각형 탱크

③ 지붕의 형식

㉠ 콘루프형(원추형 지붕) : 가장 일반적인 지붕의 형식으로 지주가 대부분 복수형이지만 자기지지형도 있다.

▲ 콘루프형

㉡ 돔루프형(구형 지붕) : 압력에 강하므로 내압이 걸리는 경우 또는 지주를 설치할 수 없는 경우에 사용된다.

▲ 돔루프형

㉢ 플로팅루프형(부상식 지붕형) : 플로팅루프 타입의 지붕은 지붕과 액면과의 공간부분이 거의 없기 때문에 주로 휘발성이 높은 석유류를 저장하는 대형 탱크에 사용되며 싱글데크형(폰툰형)과 더블데크형이 있다.

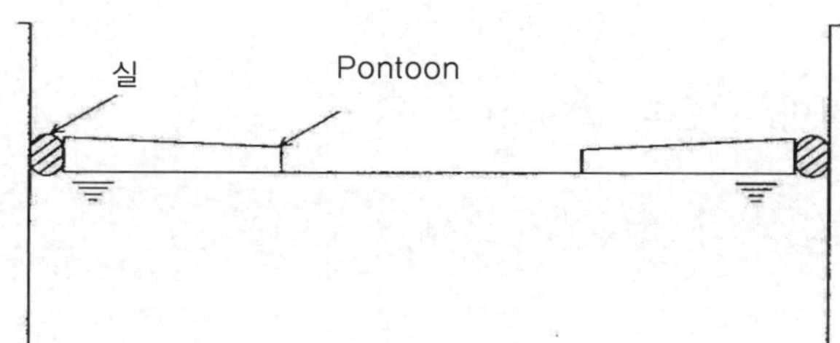

부상식 지붕은 지붕판 Pontoon의 파손 및 지붕 위의 체수 등에 의해 침하지지 않도록 해야 한다.

- 실(Seal)장치는 탱크의 지붕과 측판과의 틈 사이를 밀봉하기 위한 것으로 실 및 웨더실드에 의해 구성된다.
- 구조적으로 메커니컬실과 고무실로 크게 구분되지만 현재에는 메커니컬실은 별로 사용되지 않는다.
- 고무실의 대표적인 것으로 아래 그림과 같은 것이 있다.

▲ 플로팅루프형

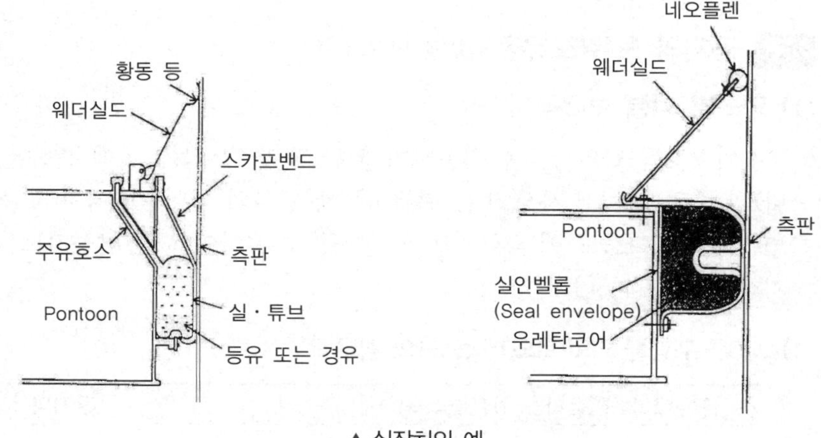

▲ 실장치의 예

㉣ 고정지붕 부착 부상식 지붕형 : 플로팅루프 타입의 탱크에 고정지붕을 설치한 형식의 것으로 실부분에서의 빗물 등의 침입을 방지할 수 있다.

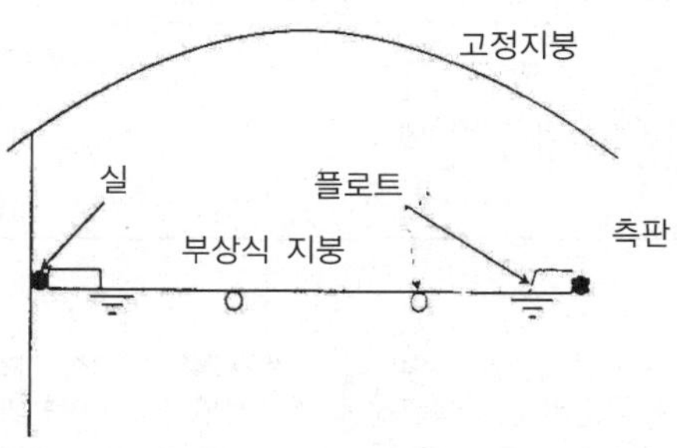

▲ 고정지붕 부착 부상식 지붕형

(3) 위험물의 저장수량

탱크의 용적을 말하며, 다음과 같이 산정한다.[86)]

> 탱크용적 = 탱크 내용적 - 공간용적

2 안전거리의 확보

위험물을 저장 또는 취급하는 옥외탱크("옥외저장탱크")는 규칙 별표 4 Ⅰ의 규정에 준하여 안전거리를 두어야 한다(規 별표 6 Ⅰ). 즉, 제조소의 안전거리 기준을 그대로 준용하게 된다.

3 공지의 보유(보유공지)(規 별표 6 Ⅱ)

(1) 탱크별 기본 보유공지[87)]

옥외저장탱크(위험물을 이송하기 위한 배관 그 밖에 이에 준하는 공작물을 제외한다)의 주위에는 그 저장 또는 취급하는 위험물의 최대수량에 따라 옥외저장탱크의 측면으로부터 다음 표에 의한 너비의 공지를 보유하여야 한다(공지보유의무, 공지측정의 기산점, 공지의 너비).[88)]

1) 제6류 위험물 외의 옥외저장탱크의 경우

저장 또는 취급하는 위험물의 최대수량	공지의 너비
지정수량의 500배 이하	3m 이상
지정수량의 500배 초과 1,000배 이하	5m 이상
지정수량의 1,000배 초과 2,000배 이하	9m 이상
지정수량의 2,000배 초과 3,000배 이하	12m 이상
지정수량의 3,000배 초과 4,000배 이하	15m 이상
지정수량의 4,000배 초과	당해 탱크의 수평단면의 최대지름(횡형인 경우에는 긴 변)과 높이 중 큰 것과 같은 거리 이상. 단, 30m 초과의 경우에는 30m 이상으로 할 수 있고, 15m 미만의 경우에는 15m 이상으로 하여야 한다.

---

86) 자세한 산정방법은 규칙 제5조 및 고시 제25조와 제2장 제1절 중 위험물탱크 참조

87) 기본 보유공지란 후술하는 단축규정을 적용하지 않고 탱크별로 최대수량에 따라 보유하여야 공지를 의미하는 용어로 사용한다. 법조항의 인용에 따른 설명의 복잡함을 피하기 위함이며, 법적 개념은 아니다.

88) ① 보유공지는 위험물을 저장하는 탱크 또는 그 주위의 건축물 등에 화재가 발생된 경우에 상호간 연소를 방지하기 위한 공지이며 또한 소방활동에 사용하기 위한 공지이다.
② 보유공지는 수평에 가까워야 하고, 당해 공지의 지반면 및 윗부분에 물건 등이 방치되지 않아야 한다.
③ 보유공지는 옥외탱크저장소의 구성부분이므로 당해 시설의 소유자 등이 확보하여야 한다.

2) 제6류 위험물의 옥외저장탱크의 경우

제6류 위험물을 저장 또는 취급하는 옥외저장탱크는 위 표에 의한 보유공지의 1/3 이상의 너비로 할 수 있다. 이 경우 보유공지의 너비는 1.5m 이상이 되어야 한다.

(2) 인접탱크 간의 보유공지

1) 제6류 위험물 외의 옥외저장탱크의 경우(지정수량의 4,000배를 초과하는 것을 제외함)

제6류 위험물 외의 위험물을 저장 또는 취급하는 옥외저장탱크를 동일한 방유제 안에 2개 이상 인접하여 설치하는 경우 그 인접하는 방향의 보유공지는 기본 보유공지의 1/3 이상의 너비로 할 수 있다. 이 경우 보유공지의 너비는 3m 이상이 되어야 한다.

2) 제6류 위험물의 옥외저장탱크의 경우

제6류 위험물을 저장 또는 취급하는 옥외저장탱크를 동일 구내에 2개 이상 인접하여 설치하는 경우 그 인접하는 방향의 보유공지는 기본 보유공지[위의 (1)의 2)에 의하여 산출된 너비]의 1/3 이상의 너비로 할 수 있다. 이 경우 보유공지의 너비는 1.5m 이상이 되어야 한다.

(3) 기본 보유공지의 단축(지정수량의 4,000배를 초과하는 옥외저장탱크 포함)

1) 단축 가능한 탱크

원칙적으로 모든 옥외저장탱크이나 보유공지를 단축하는 경우에도 3m 이상으로 하여야 하므로 한계가 있다. 또한, 지정수량의 4,000배를 초과하는 옥외저장탱크는 물분무설비에 의해서만 단축이 가능하다. 공지를 단축하기 위하여 아래 3)의 조치를 하는 옥외저장탱크를 특별히 "공지단축 옥외저장탱크"라 한다.

2) 단축범위

기본 보유공지의 1/2(최소 3m 이상)

3) 공지단축을 위한 조치(물분무설비의 설치)

① 공지단축 옥외저장탱크에 다음 기준에 적합한 물분무설비로 방호조치를 하여야 한다.

㉠ 탱크의 표면에 방사하는 물의 양은 원주길이 1m에 대하여 분당 37L 이상으로 할 것

㉡ 수원의 양은 ㉠의 규정에 의한 수량으로 20분 이상 방사할 수 있는 수량으로 할 것

㉢ 탱크에 보강링이 설치된 경우에는 보강링의 아래에 분무헤드를 설치하되, 분무헤드는 탱크의 높이 및 구조를 고려하여 분무가 적정하게 이루어 질 수 있도록 배치할 것

㉣ 그 밖의 기준은 물분무소화설비의 설치기준에 준할 것

② 공지단축 옥외저장탱크에 인접한 옥외저장탱크에 대한 조치 : 공지단축 옥외저장탱크의 화재 시 $1m^2$당 20kW 이상의 복사열에 노출되는 표면을 갖는 인접한 옥외저장탱크가 있으면 당해 표면에도 ①의 기준에 적합한 물분무설비로 방호조치를 함께 하여야 한다.

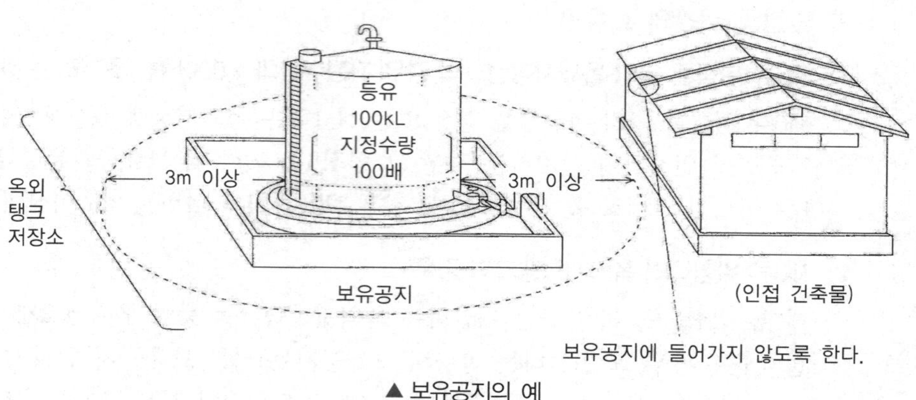

▲ 보유공지의 예

4 표지 및 게시판(規 별표 6 Ⅲ)

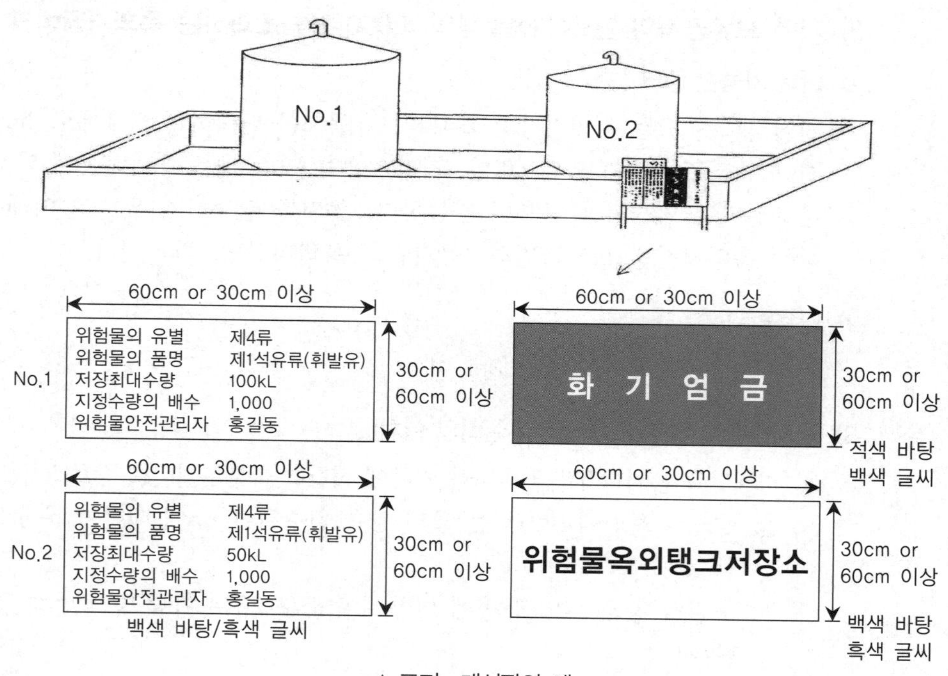

▲ 표지 · 게시판의 예

옥외탱크저장소에는 별표 4 Ⅲ 제1호의 기준에 따라 보기 쉬운 곳에 "위험물 옥외탱크저장소"라는 표시를 한 표지와 동표 Ⅲ 제2호의 기준에 따라 방화에 관하여 필요한 사항을 게시한 게시판을 설치하여야 한다.

탱크의 군(群)에 있어서는 표지 및 게시판을 그 의미 전달에 지장이 없는 범위 안에서 보기 쉬운 곳에 일괄하여 설치할 수 있다. 이 경우 게시판과 각 탱크가 대응될 수 있도록 하는 조치를 강구하여야 한다.

5 옥외저장탱크의 외부구조 및 설비(規 별표 6 Ⅵ)

(1) 탱크의 재료 및 구조

1) 특정 · 준특정옥외저장탱크 외의 옥외저장탱크

① 재료 : 두께 3.2mm 이상의 강철판 또는 고시[89]하는 규격에 적합한 재료로 틈이 없게 제작하여야 한다.

② 구조 : 압력탱크(최대상용압력이 대기압을 초과하는 탱크) 외의 탱크는 충수시험, 압력탱크는 최대상용압력의 1.5배의 압력으로 10분간 실시하는 수압시험에서 각각 새거나 변형되지 않아야 한다.

2) 특정옥외저장탱크 및 준특정옥외저장탱크

① 재료 : 고시(64 Ⅰ)로 정하는 규격에 적합한 강철판 또는 이와 동등 이상의 기계적 성질 및 용접성이 있는 재료로 틈이 없도록 제작하여야 한다.

② 구조

㉠ 충수시험(압력탱크 외의 탱크) 또는 수압시험(압력탱크)에서 새거나 변형되지 않아야 한다.

㉡ 특정옥외저장탱크의 용접부는 고시(64 Ⅱ)로 정하는 바에 따라 실시하는 방사선투과시험, 진공시험 등의 비파괴시험에 있어서 고시 기준에 적합한 것이어야 한다.

(2) 내진(耐震) · 내풍압(耐風壓)구조

1) 특정 · 준특정옥외저장탱크 외의 옥외저장탱크

특정옥외저장탱크 및 준특정옥외저장탱크 외의 탱크는 다음 기준에 정하는 바에 따라 지진 및 풍압에 견딜 수 있는 구조로 한다. 그 지주는 철근콘크리트조, 철골콘크리트조 그 밖에 이와 동등 이상의 내화성능이 있는 것으로 하여야 한다.

---

89) 제98조(옥외저장탱크의 탱크재료 등) 규칙 별표 6 Ⅵ 제1호의 규정에 따른 특정옥외저장탱크 및 준특정옥외저장탱크 외의 옥외저장탱크의 재료는 스테인리스강 및 알루미늄합금강으로 하며 그 구조는 「강제석유저장탱크의 구조(전체 용접제)」(KS B 6225)(최소두께는 밑판 4.76mm, 옆판 3.42mm, 지붕 3.42mm로 한다)에 의한다. 다만, 재료별 설계인장응력은 다음 표와 같다.

재료의 구분	설계인장응력의 수치
스테인리스강	인장강도의 1/3.5의 수치
알루미늄합금강	인장강도와 내력의 합의 1/5의 수치와 내력의 2/3의 수치 중 작은 것

① 지진동에 의한 관성력 또는 풍하중에 의한 응력이 옥외저장탱크의 옆판 또는 지주의 특정한 점에 집중하지 아니하도록 당해 탱크를 견고한 기초 및 지반 위에 고정할 것

② ①의 지진동에 의한 관성력 및 풍하중의 계산방법은 고시 제74조에 의할 것

참고

[告 제74조(옥외저장탱크의 지진동에 의한 관성력 및 풍하중의 계산방법)]

규칙 별표 6 Ⅵ 제3호 나목의 규정에 의한 지진동에 의한 관성력 및 풍하중의 계산방법은 다음에 의한다.

① 지진동에 의한 관성력은 탱크의 자중과 당해 탱크에 저장하는 위험물의 중량의 합에 설계수평진도를 곱하여 구할 것. 이 경우에 설계수평진도는 다음 식에 의하여 구한다.

$Kh'_1 = 0.15\nu_1 \cdot \nu_2$

여기서, Kh'_1 : 설계수평진도

ν_1 : 지역별 보정계수(고시 제60조 제2항 제1호 가목을 준용한다)

ν_2 : 지반별 보정계수(고시 제60조 제2항 제1호 나목을 준용한다)

② 풍하중은 제59조 제1항에 의할 것

2) 특정 · 준특정옥외저장탱크

특정옥외저장탱크 및 준특정옥외저장탱크는 규칙(별표 6 Ⅶ 및 Ⅷ)의 규정에 정하는 바에 따라 지진 및 풍압에 견딜 수 있는 구조로 하고, 그 지주는 철근콘크리트조, 철골콘크리트조 그 밖에 이와 동등 이상의 내화성능이 있는 것으로 하여야 한다.

(3) 이상내압의 상부방출구조

옥외저장탱크는 위험물의 폭발 등에 의하여 탱크 내의 압력이 비정상적으로 상승하는 경우에 내부의 가스 또는 증기를 상부로 방출할 수 있는 구조로 하여야 한다.

1) 옥외저장탱크는 주위로부터의 가열, 탱크 내 화재 등에 의한 가스발생으로 탱크 내의 내압이 이상 상승한 경우에 방치하면 탱크의 파괴를 초래하게 된다. 이때 탱크의 바닥판 또는 측판이 파괴되면 그 피해가 막대하기 때문에 이를 방지하기 위하여 그 압력을 탱크 윗방향으로 방출할 수 있는 구조로 하여야 한다.

2) 일반적으로 종설치원통형 탱크에 있어서는 측판 상부의 톱앵글과 지붕판과의 접합부를 탱크의 다른 접합부보다도 약하게 하는 수가 많다. 이 경우 지붕판과 라프터와는 용접하여서는 안 된다. 기타 탱크의 경우에는 일정의 내압이 되면 상부로 방출하도록 파괴판 등의 방식을 생각할 수 있다.

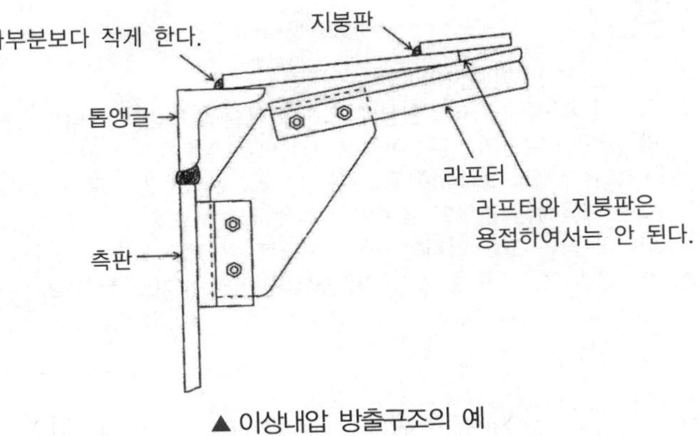

▲ 이상내압 방출구조의 예

(4) 외면도장

옥외저장탱크의 외면에는 녹을 방지하기 위한 도장을 하여야 한다.

(5) 밑판 외면의 부식방지조치

옥외저장탱크의 밑판을 지반면에 접하게 설치하는 경우에는 다음의 1의 기준에 따라 밑판 외면의 부식을 방지하기 위한 조치를 강구하여야 한다.

① 탱크의 밑판 아래에 밑판의 부식을 유효하게 방지할 수 있도록 아스팔트샌드 등의 방식재료를 댈 것
② 탱크의 밑판에 전기방식의 조치를 강구할 것
③ ① 또는 ②에 의한 것과 동등 이상으로 밑판의 부식을 방지할 수 있는 조치를 강구할 것

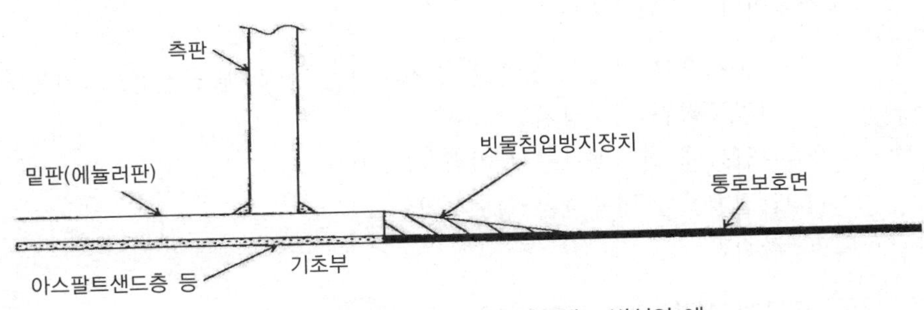

▲ 빗물침입방지조치 및 아스팔트샌드 방식의 예

참고

① 밑판은 곧 바닥판을 의미한다.
② 탱크의 밑판은 그 배열형상에 의하여 에뉼러 타입과 바닥판 타입으로 분류할 수 있다.
③ 에뉼러판 : 옆판의 바로 아래에 링상으로 설치하는 판을 말한다. 특정옥외저장탱크의 옆판의 최하단 두께가 15mm를 초과하는 경우, 내경이 30m를 초과하는 경우 또는 옆판을 고장력강으로 사용하는 경우에 옆판의 직하에 설치하도록 하고 있다. 따라서 모든 탱크에 에뉼러판이 있어야 하는 것은 아니며 바닥판만으로 된 것도 있다.
④ 바닥판과 에뉼러판을 통칭하여 저부(판)이라 하기도 한다(고시).

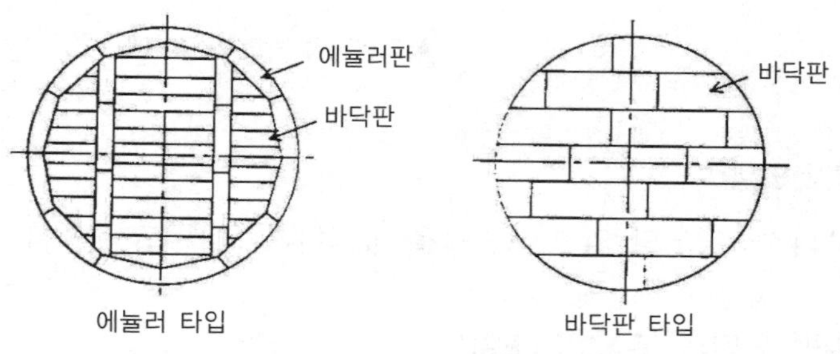

▲ 바닥판의 배열

(6) 통기관 또는 안전장치의 설치

옥외저장탱크에는 다음의 기준에 따라 통기관 또는 안전장치를 설치하여야 한다.

1) 압력탱크(최대상용압력이 부압 또는 정압 5kPa을 초과하는 탱크)

압력탱크에는 규칙 별표 4 Ⅷ 제4호의 규정에 의한 안전장치를 설치하여야 한다. 압력계 및 다음의 어느 하나에 해당하는 안전장치를 설치하여야 한다. 다만, ④의 파괴판은 위험물의 성질에 따라 안전밸브의 작동이 곤란한 가압설비에 한하여 설치가 가능하다.

① 자동적으로 압력의 상승을 정지시키는 장치(예 안전밸브, 자동제어방식에 의한 가압동력원 정지장치)
② 감압측에 안전밸브를 부착한 감압밸브
③ 안전밸브를 병용하는 경보장치
④ 파괴판

2) 비압력탱크(압력탱크 외의 탱크)

비압력탱크 중 제4류 위험물의 옥외저장탱크에는 밸브 없는 통기관 또는 대기밸브부착 통기관을 다음의 기준에 따라 설치하여야 한다.

① 밸브 없는 통기관
㉠ 직경은 30mm 이상일 것

ⓛ 선단은 수평면보다 45° 이상 구부려 빗물 등의 침투를 막는 구조로 할 것
ⓒ 가는 눈의 구리망 등으로 인화방지장치를 할 것. 다만, 인화점 70℃ 이상의 위험물만을 해당 위험물의 인화점 미만의 온도로 저장 또는 취급하는 탱크에 설치하는 통기관에 있어서는 그러하지 아니하다.
ⓔ 가연성의 증기를 회수하기 위한 밸브를 통기관에 설치하는 경우에 있어서는 당해 통기관의 밸브는 저장탱크에 위험물을 주입하는 경우를 제외하고는 항상 개방되어 있는 구조로 하는 한편, 폐쇄하였을 경우에 있어서는 10kPa 이하의 압력에서 개방되는 구조로 할 것. 이 경우 개방된 부분의 유효단면적은 777.15mm^2 이상이어야 한다(※ 지하저장탱크의 통기관 부분 참조).

② 대기밸브부착 통기관
ⓐ 5kPa 이하의 압력차이로 작동할 수 있을 것
ⓛ ①의 ⓒ의 기준에 적합할 것

참고

① 옥외저장장소탱크에는 위험물의 출입 및 직사일광 등을 받을 때에 생기는 내압의 변화를 안전하게 조정하기 위하여 통기관 또는 안전장치를 설치하여야 한다.
② 제4류 위험물을 저장하는 옥외저장탱크의 통기관의 구조는 규칙에 정해져 있지만, 제4류 외의 위험물일 경우에는 특별히 규정되어 있지 않다. 따라서 구조 등에 대하여 특별히 규제되는 것은 없지만 충분한 안전을 확보할 수 있는 것이라야 한다.
③ 밸브 없는 통기관
ⓐ 통상 Open Vent라 불리는 것으로 그 직경은 30mm 이상으로 되어 있다. 이것은 이물질에 의한 막힘 등을 고려한 최소한의 것으로 실제로는 저장탱크의 상황(구조, 용량, 위험물의 출입속도 등)에 의해 직경이나 필요 개수가 결정된다.
ⓛ 통기관의 구조는 빗물의 침입을 막기 위해 선단을 아래방향으로 굽게 하고 동망(銅網), 프레임어레스터(Flame Arrester) 등의 인화방지장치를 설치해야 한다.
④ 대기밸브부착 통기관 : 휘발성이 비교적 높은 위험물에 사용되며 5kPa 이하의 압력차에서 작동하지 않으면 안 된다.

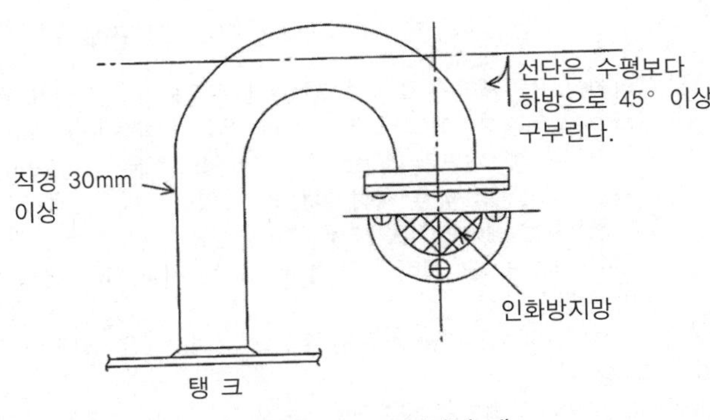

▲ 밸브 없는 통기관의 예

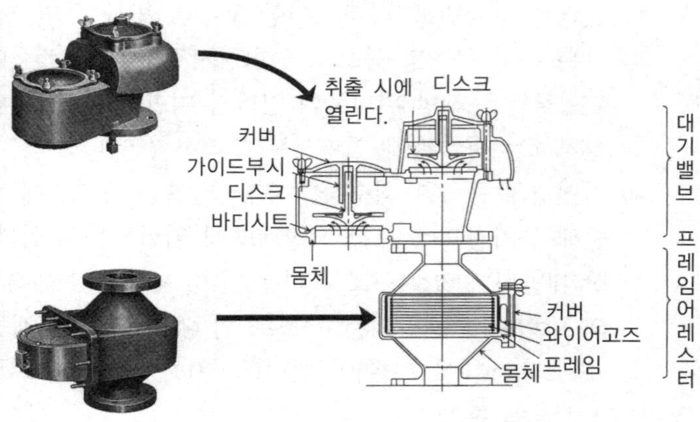

▲ 대기밸브, 프레임어레스터

⑤ 안전장치

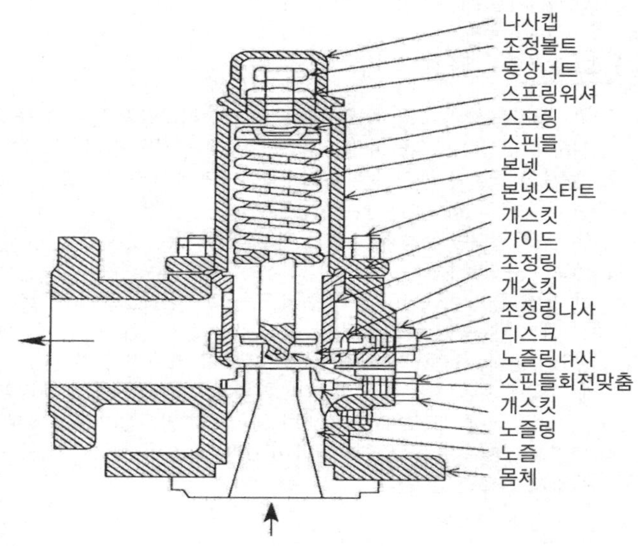

▲ 안전밸브의 구조 예

㉠ 안전장치는 규칙 별표 4 Ⅷ 제4호에 규정되어 있지만 어떤 장치를 설치하는가에 대해서는 그 설치대상설비에 따라서 적절한 것을 선정해야만 한다. 그리고 옥외저장탱크의 경우에는 주로 안전밸브가 사용된다. 또한, 파괴판은 위험물의 성질에 의해 안전밸브의 작동이 곤란한 가압설비에 한하여 설치할 수 있다.

㉡ 안전장치는 상승한 압력을 유효하게 방출할 수 있는 능력을 갖춘 것이어야 하지만 설치개수에 대하여서는 설비의 규모, 취급하는 위험물의 성상을 고려하여 적정한 수를 설치하여야 한다.

㉢ 안전장치의 압력방출구 등은 주위에 불씨가 없는 안전한 장소에 설치할 필요가 있다.

⑥ 기타 통기장치

㉠ 부상지붕식 탱크의 통기장치 : 부상식 지붕식 탱크에는 통상 오토매틱 브리더벤트(부상식 지주가 바닥에 부착된 상태에서 위험물을 배출할 때 부상식 지붕과 액의 사이가 진공상태가 되고 액의 분출이 불가능하게 된다든지 또는 위험물 주입 시 동 공간부가 가압이 되어 지붕이 파손된다든지 하는 것을 방지한다)와 림벤트(실의 하부에 모이는 베이퍼를 배출한다)가 있다.

폰툰(Pontoon)
측판
웨더실
(Weather Seal)
Seal
베이퍼
(Vapor 증기)
저판

▲ 오토매틱 브리더벤트와 림벤트

ⓛ 고정지붕부착 부상지붕식 탱크의 통기장치 : 고정지붕부착 부상식 탱크에는 통상 톱벤트(고정지붕의 중앙부), 루프벤트(고정지붕의 외주부), 오토매틱 브리더벤트(부상식 지붕 위) 및 쉘 벤트(shell vent)가 있다. "쉘 벤트"란 측판의 최상부에 설치되는 개구부로 그 구조의 일례는 다음 그림과 같다. 이 쉘 벤트나 루프벤트를 통하여 환기를 하며, 부상식 지붕과 고정지붕 간의 가스농도를 폭발하한계 이하로 유지한다.

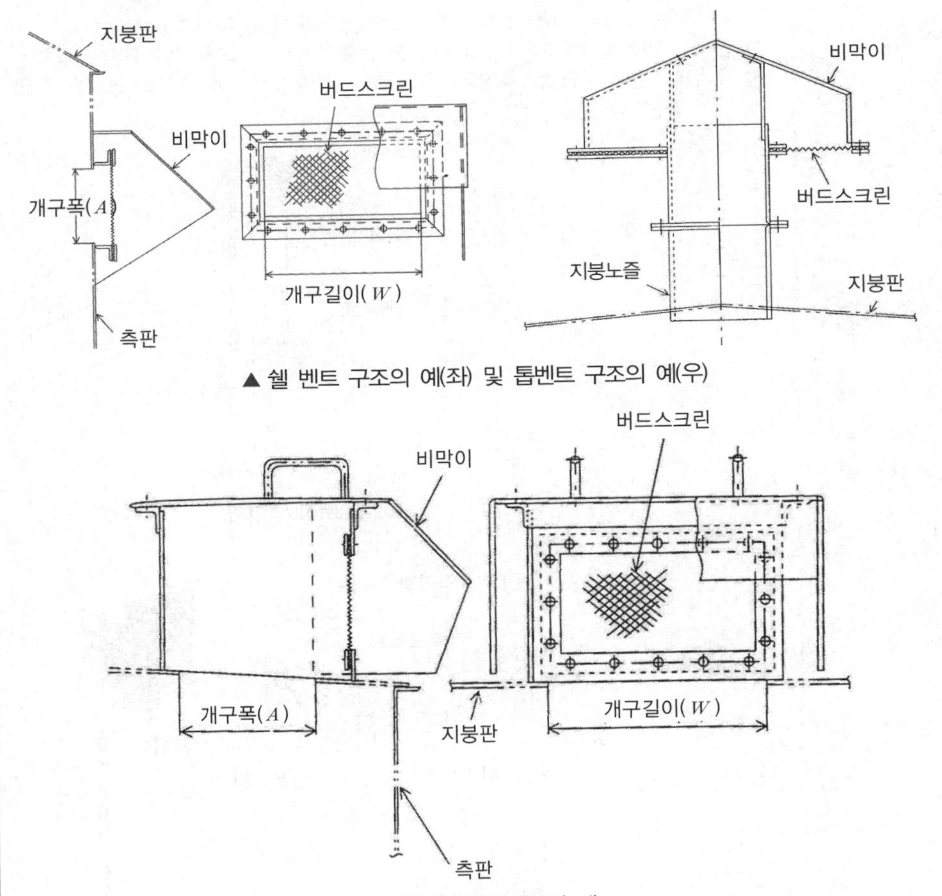

▲ 쉘 벤트 구조의 예(좌) 및 톱벤트 구조의 예(우)

▲ 루프벤트의 구조의 예

(7) 액량자동계량장치의 설치

액체위험물의 옥외저장탱크에는 위험물의 양을 자동적으로 표시할 수 있도록 다음 중의 계량장치를 설치하여야 한다.

① 기밀부유식 계량장치
② 증기가 비산하지 아니하는 구조의 부유식 계량장치
③ 전기압력자동방식의 계량장치
④ 방사성동위원소를 이용한 방식의 계량장치
⑤ 유리게이지(금속관으로 보호된 경질유리 등으로 되어 있고, 게이지가 파손되었을 때 위험물의 유출을 자동적으로 정지할 수 있는 장치가 되어 있는 것에 한한다)

참고

① **플로트식 액면계(부유식 액면계)** : 플로트식 액면계는 탱크 내 액면에 위치한 플로트의 변위를 와이어와 테이프를 매개로 탱크 외부로 유도된 지시계에 액면을 표시한다.
② **디스플레이어식** : 디스플레이어식 액면계는 액 중에 위치한 디스플레이어에 작동하는 부력을 토크튜브(torque tube)의 돌림의 각도에서 검출하며, 지시계에 표시한다.
③ **압력식 액면계** : 다이어프램을 내장한 검출부에서 검출된 것이 지시계에 표시된다.
④ **유리게이지식 액면계** : 경질유리관에 보호관을 설치하여 액면의 변위를 직접 보는 것으로 안전상 좋은 것은 아니다.

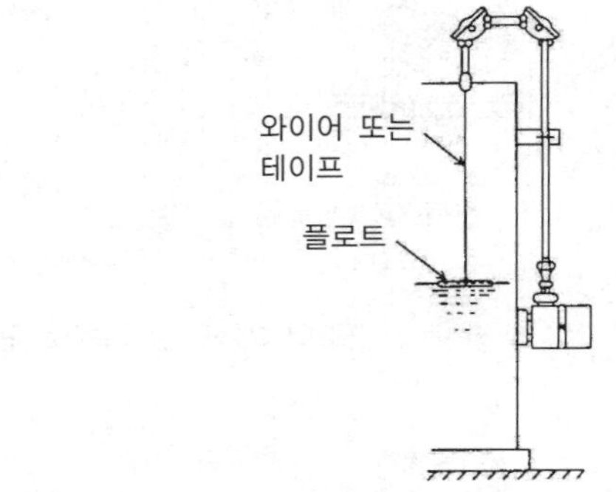

▲ 플로트식 액면계

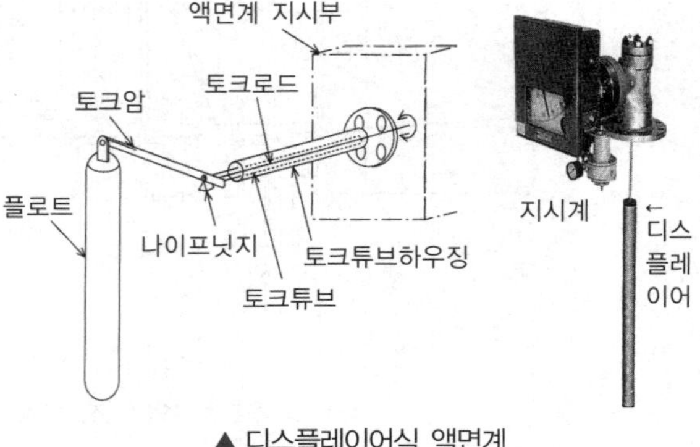

▲ 디스플레이어식 액면계

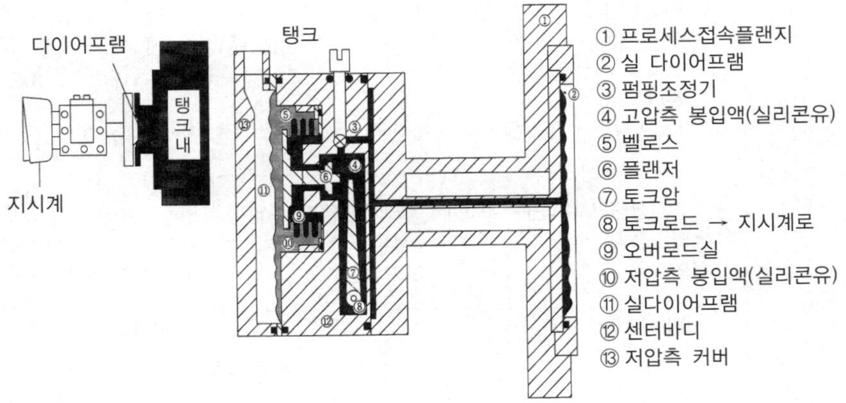

▲ 압력식 액면계

(8) 주입구의 기준

액체위험물의 옥외저장탱크의 주입구는 다음의 기준에 의하여야 한다.

① 화재예방상 지장이 없는 장소에 설치할 것
② 주입호스 또는 주입관과 결합할 수 있고, 결합하였을 때 위험물이 새지 아니할 것
③ 주입구에는 밸브 또는 뚜껑을 설치할 것
④ 휘발유, 벤젠 그 밖에 정전기에 의한 재해가 발생할 우려가 있는 액체위험물의 옥외저장탱크의 주입구 부근에는 정전기를 유효하게 제거하기 위한 접지전극을 설치할 것
⑤ 인화점이 21℃ 미만인 위험물의 옥외저장탱크의 주입구에는 보기 쉬운 곳에 다음의 기준에 의한 게시판을 설치할 것. 다만, 소방본부장 또는 소방서장이 화재예방상 당해 게시판을 설치할 필요가 없다고 인정하는 경우에는 그러하지 아니하다.
  ㉠ 게시판은 한 변이 0.3m 이상, 다른 한 변이 0.6m 이상인 직사각형으로 할 것
  ㉡ 게시판에는 "옥외저장탱크 주입구"라고 표시하는 것 외에 취급하는 위험물의 유별, 품명 및 규칙 별표 4 Ⅲ 제2호 라목의 규정에 준하여 주의사항을 표시할 것
  ㉢ 게시판은 백색바탕에 흑색문자(별표 4 Ⅲ 제2호 라목의 주의사항은 적색문자)로 할 것

참고

① 옥외저장탱크의 주입구는 위험물의 성질이나 주위의 상황을 고려하여 증기가 체류할 우려가 있는 구멍, 구덩이, 계단, 드라이에어리어(Dry Area) 등을 피하고 화재예방상 안전한 장소이어야 한다.
② 주입구는 견고하게 연결할 수 있는 것으로 하며 이물의 혼입이나 탱크로부터 역류하는 경우를 고려하며, 밸브 또는 뚜껑을 설치한다.
③ 주입구의 주위에는 누설한 위험물이 비산하지 않도록 필요에 따라 집유설비를 설치한다.

④ 인화점이 21℃ 미만의 옥외저장탱크의 주입구에는 위험성을 명시하기 위한 게시판을 설치하며, 주입구가 한 장소에 군집하는 경우, 당해 주입구군에 하나의 게시판으로 할 수 있다. 또 표시할 위험물의 품명은 당해 주입군에 있어서 취급되는 위험물 품명을 표시하는 것만으로도 좋다.

※ 게시판은 화재예방상 불필요하다고 인정된 경우 생략할 수 있다.

○○저장탱크 주입구 유별 · 품명 주의사항	0.3m (0.6m) 이상	옥외저장탱크 주입구 제4류 제1석유류 화기엄금

0.6m(0.3m) 이상

바탕 : 백색
문자 : 흑색
주의사항 : 적색

[비고]
옥외탱크저장소, 옥내탱크저장소 및 지하탱크저장소의 탱크 주입구 및 펌프설비에 설치

※ 인화점 21℃ 미만의 것에 한함.

▲ 게시판

⑤ 하나의 주입구에서 둘 이상의 탱크에 위험물을 이송할 경우, 당해 주입구를 어떤 탱크에 부속시키는가 하는 것은 다음의 순위에 의한다. **참고**
㉠ 저장하는 위험물의 인화점이 낮은 탱크
㉡ 용적이 큰 탱크
㉢ 주입구와의 거리가 가까운 탱크

⑥ 탱크용량 이상의 주입을 방지하기 위해 주입구 부근에 있어서 탱크의 자동표시장치를 눈으로 확인할 수 없는 것은 주입구 부근에 탱크 내의 위험물의 양을 쉽게 확인할 수 있는 장치, 위험물의 양이 탱크용량에 달한 경우에 경보를 발하는 장치 또는 통보장치를 설치할 필요가 있다. **참고**

⑦ 「기타 정전기에 의한 화재가 발생할 우려가 있는 액체의 위험물」이란 특수인화물, 제1석유류, 제2석유류 등이다. **참고**

⑧ 접지전극은 다음에 의하여 설치할 필요가 있다. **참고**
㉠ 접지저항치는 대략 1,000Ω 이하가 되도록 설계한다.
㉡ 접지단자와 접지도선의 접속은 납땜 등에 의해 완전하게 접속한다.
㉢ 접지도선은 기계적으로 충분한 강도를 갖는 크기로 한다.
㉣ 접지단자는 이동저장탱크의 접지도선 등과 유효하게 접지를 할 수 있는 구조로 하며, 부착장소는 인화성 위험물의 증기가 누설 또는 체류할 우려가 있는 장소 외로 한다.
㉤ 접지단자의 재질은 전도성이 좋은 금속(동, 알루미늄등)을 사용한다.
㉥ 접지단자의 부착장소에는 적색의 도료 등에 의해 「옥외저장탱크접지단자」로 표시한다.

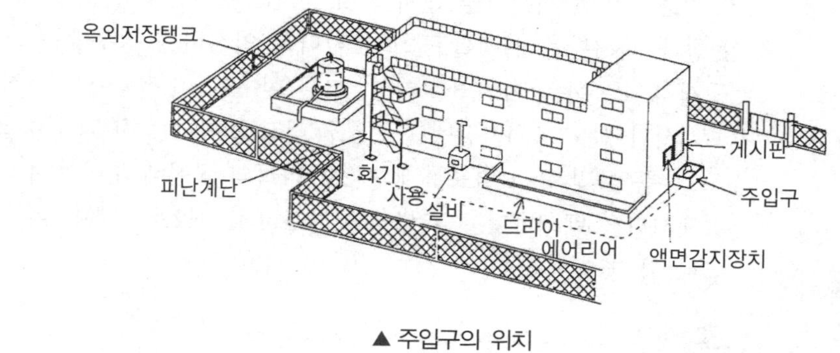

▲ 주입구의 위치

(9) 펌프설비의 기준

옥외저장탱크의 펌프설비(펌프 및 이에 부속하는 전동기를 말하며, 당해 펌프 및 전동기를 위한 건축물 그 밖의 공작물을 설치하는 경우에는 당해 공작물을 포함한다. 이하 같다)는 다음 기준에 의하여야 한다.

① 펌프설비의 주위에는 너비 3m 이상의 공지를 보유할 것. 다만, 다음의 경우에는 펌프설비의 주위에 보유공지를 두지 않을 수 있다.[90]
  ㉠ 방화상 유효한 (내화구조의) 격벽을 설치하는 경우
  ㉡ 제6류 위험물 또는 지정수량의 10배 이하 위험물의 옥외저장탱크의 펌프설비의 경우

② 펌프설비로부터 옥외저장탱크까지의 사이에는 당해 옥외저장탱크의 보유공지 너비의 1/3 이상의 거리를 유지할 것

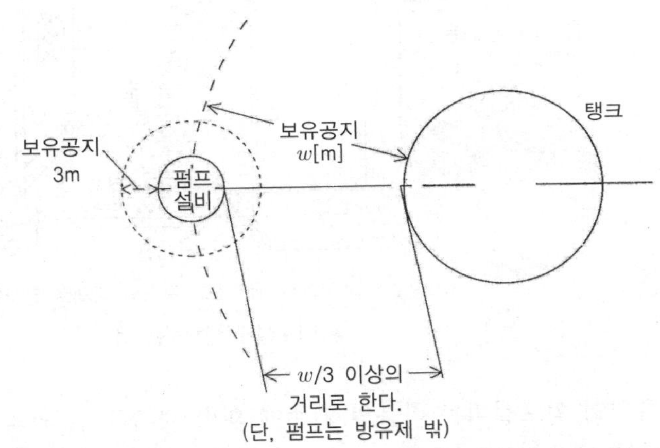
탱크
보유공지
w[m]
보유공지
3m
펌프
설비
← w/3 이상의 →
거리로 한다.
(단, 펌프는 방유제 밖)
• 옥외저장탱크와 펌프설비의 간격만을 고려하면 펌프설비가 방유제 내에 위치할 수 있을 것으로 보이지만, 옥외저장탱크의 위험물 누출 시를 고려하면 펌프설비를 방유제 내에 설치해서는 안 된다.

▲ 펌프설비의 보유공지

③ 펌프설비는 견고한 기초 위에 고정할 것

④ **펌프실은 다음의 기준에 의할 것(펌프실을 두는 경우)** : 펌프 및 이에 부속하는 전동기를 위한 건축물 그 밖의 공작물을 "펌프실"이라 하며, 다음의 기준에 적합하게 하여야 한다.
  ㉠ 벽 · 기둥 · 바닥 및 보는 불연재료로 할 것
  ㉡ 지붕은 폭발력이 위로 방출될 정도의 가벼운 불연재료로 할 것
  ㉢ 창 및 출입구에는 갑종방화문 또는 을종방화문을 설치할 것

90) 펌프설비는 원칙적으로 옥외탱크저장소의 부속설비이지만, 다량의 위험물을 취급하는 설비로서 탱크와 떨어진 위치에 설치되는 수가 많기 때문에 그 주위에 공지를 두도록 하고 있다.

㉣ 창 및 출입구에 유리를 이용하는 경우에는 망입유리로 할 것
㉤ 바닥의 주위에는 높이 0.2m 이상의 턱을 만들고 바닥은 콘크리트 등 위험물이 스며들지 아니하는 재료로 적당히 경사지게 하여 그 최저부에는 집유설비를 설치할 것
㉥ 채광, 조명 및 환기의 설비를 설치할 것
㉦ 가연성 증기가 체류할 우려가 있는 펌프실에는 그 증기를 옥외의 높은 곳으로 배출하는 설비를 설치할 것

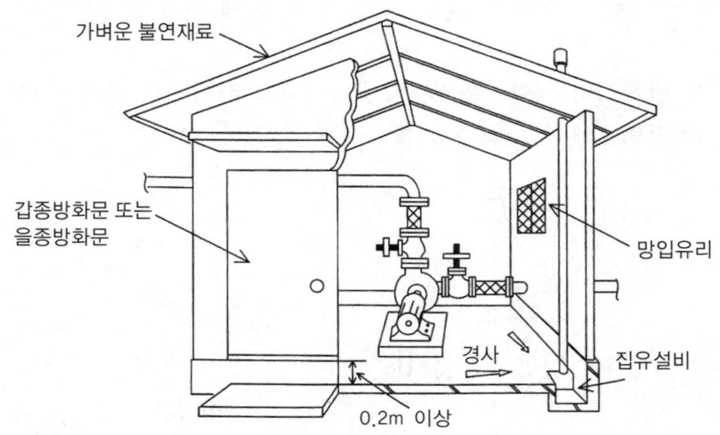

• 펌프실의 구조는 제조소의 구조와 대체로 유사하다.

▲ 펌프실에 설치하는 예

⑤ 옥외의 펌프설비는 다음의 기준에 의할 것(펌프실 외의 장소에 설치하는 펌프설비에 적용)
㉠ 펌프설비 직하의 지반면의 주위에 높이 0.15m 이상의 턱을 만들 것
㉡ 당해 지반면은 콘크리트 등 위험물이 스며들지 아니하는 재료로 적당히 경사지게 하여 그 최저부에는 집유설비를 할 것
㉢ 제4류 위험물(온도 20℃의 물 100g에 용해되는 양이 1g 미만인 것에 한한다)을 취급하는 펌프설비에 있어서는 당해 위험물이 직접 배수구에 유입하지 아니하도록 집유설비에 유분리장치를 설치할 것

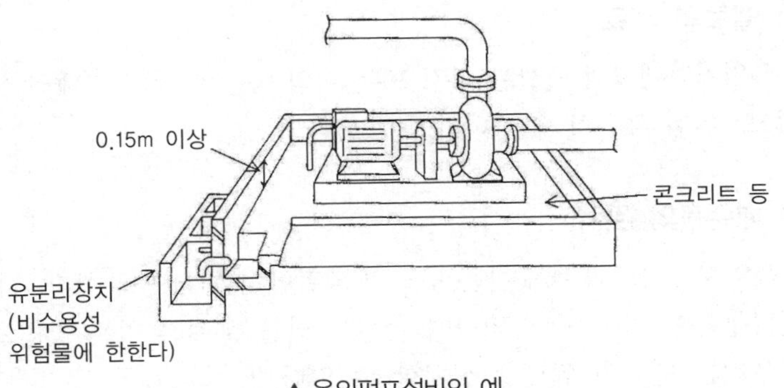

▲ 옥외펌프설비의 예

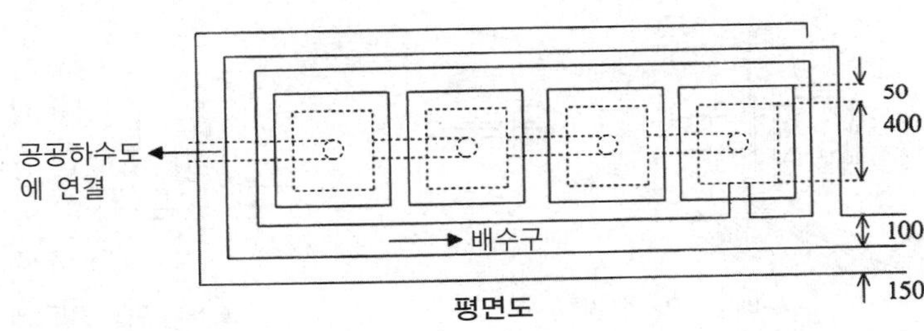

평면도

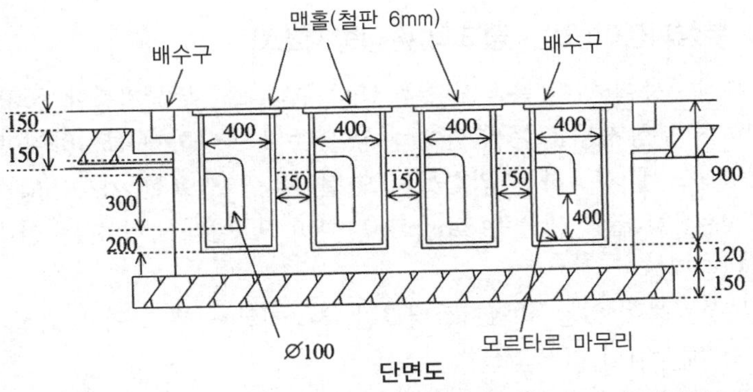

단면도

• 제4류 위험물 중 비수용성 위험물을 취급하는 펌프설비에는 유분리장치가 필요하다.

▲ 유분리장치의 예

⑥ 인화점이 21℃ 미만인 위험물을 취급하는 펌프설비에는 보기 쉬운 곳에 주입구의 예에 따라 "옥외저장탱크 펌프설비"라는 표시와 방화에 관하여 필요한 사항을 게시한 게시판을 설치할 것. 다만, 소방본부장 또는 소방서장이 화재예방상 당해 게시판을 설치할 필요가 없다고 인정하는 경우에는 그러하지 아니하다.

○○저장탱크 펌프설비 **유별 · 품명** **주의사항**	0.3m (0.6m) 이상	**옥외저장탱크 펌프설비** **제4류 제1석유류** **화기엄금**
0.6m(0.3m) 이상		

바탕 : 백색
문자 : 흑색
주의사항 : 적색

[비고]
옥외탱크저장소, 옥내탱크저장소 및 지하탱크저장소의 탱크 주입구 및 펌프설비에 설치

※ 인화점 21℃ 미만의 것에 한함.

(10) 밸브의 재료

옥외저장탱크의 밸브는 주강 또는 이와 동등 이상의 기계적 성질이 있는 재료로 되어 있고, 위험물이 새지 아니하여야 한다.[91)]

(11) 배수관의 위치

옥외저장탱크의 배수관은 탱크의 옆판에 설치하여야 한다. 다만, 탱크와 배수관과의 결합부분이 지진 등에 의하여 손상을 받을 우려가 없는 방법으로 배수관을 설치하는 경우에는 탱크의 밑판에 설치할 수 있다.[92)]

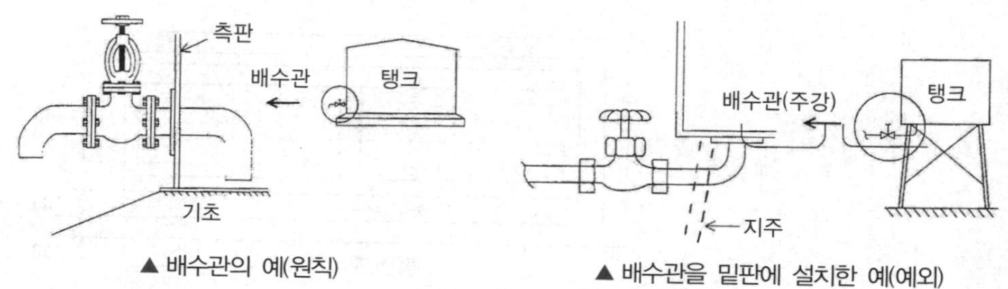

▲ 배수관의 예(원칙)　　▲ 배수관을 밑판에 설치한 예(예외)

(12) 부상지붕이 있는 탱크의 손상방지조치

부상지붕이 있는 옥외저장탱크의 옆판 또는 부상지붕에 설치하는 설비는 지진 등에 의하여 부상지붕 또는 옆판에 손상을 주지 아니하게 설치하여야 한다. 다만, 당해 옥외저장탱크에 저장하는 위험물의 안전관리에 필요한 가동(可動)사다리, 회전방지기구, 검척관(檢尺管), 샘플링(Sampling)설비 및 이에 부속하는 설비에 있어서는 그러하지 아니하다.

부상지붕이 있는 옥외저장탱크란 부상지붕식 탱크 외에 고정지붕부착 부상지붕식 탱크도 해당한다.

부상지붕이 있는 탱크는 지진 시의 스로싱 등에 의하여 부상지붕이 측판에 무너지는 경우가 예상되기 때문에 부상지붕 및 측판에 부착된 부속품이 부상식 지붕 및 측판에 손상을 주지 않도록 설치할 필요가 있다. 고정지붕부착 부상지붕식 탱크의 경우에는 액이 가득찰 때 부상지붕 부분이 고정지붕에 접촉하여 발생되는 손상도 예상되기 때문에 주의하는 것이 필요하다.

---

91) 옥외저장탱크의 밸브는 화재 등의 경우에 가열급랭 등으로 매우 위험한 상황에 놓이기 때문에 비상사태의 상황에 있어서도 용융, 균열, 파손 등이 발생하지 않도록 강도상의 신뢰성을 고려하여 주강제의 것을 사용하는 것이 좋다.

92) 옥외탱크는 탱크의 구조, 저장하는 위험물의 종류 및 이송방법 등에 따라 탱크 저부에 물이 고이는 수가 있다. 이를 배수하기 위하여 설치하는 것이 배수관이며, 필요에 따라 설치할 수 있는 것이다. 배수관을 설치하는 경우 그 위치는 원칙적으로 탱크 측판이어야 한다. 배수관을 탱크 바닥부분에 설치할 경우에는 지진이나 지반침하 시 탱크를 파손할 우려가 있기 때문이다.
지진 등에 의해 손상을 받을 우려가 없는 경우로는 가대 위에 설치하는 탱크 등을 생각할 수 있다.

(13) 배관

① 액체위험물을 이송하기 위한 옥외저장탱크의 배관은 지진 등에 의하여 당해 배관과 탱크와의 결합부분에 손상을 주지 아니하게 설치하여야 한다.

② 옥외저장탱크의 배관의 위치·구조 및 설비는 ①에 의하는 외에 규칙 별표 4 X의 규정에 의한 제조소의 배관의 기준을 준용하여야 한다.

참고

탱크에 접속하는 이송배관은 탱크와의 접합부분에 손상을 주지 않도록 완충성을 가진 것으로 하도록 되어 있는데, 일반적으로 배관 자체를 굴곡시킨 방법이나 가요관 이음을 사용하는 방법을 취하고 있다.

① 배관을 굴곡시킨 방법은 내압 등의 면에서의 신뢰성은 높지만 배관의 지름이 비교적 작고 주위에 굴곡에 필요한 충분한 공간이 확보될 수 있는 경우에 사용되고 있다.

② 가요관(可撓管) 이음을 사용하는 경우에는 다음과 같은 주의가 필요하다.
  ㉠ 최대상용압력이 10kg/cm^2 이하인 배관으로 사용한다.
  ㉡ 설치 시 압축, 신장 및 뒤틀림 등이 발생하지 않게 조립한다.
  ㉢ 온도변화 등에 의해 배관 내 압력이 현저하게 변동하는 부분에는 설치하지 않는다.
  ㉣ 플렉시블미터호스, 유니버설식 벨로스형 신축관 이음 등 축방향의 허용 변위량이 극히 작은 것은 배관의 가요성을 고려한 배치방법과 조합 등을 통하여 축방향 변위량을 흡수할 수 있도록 설치한다.

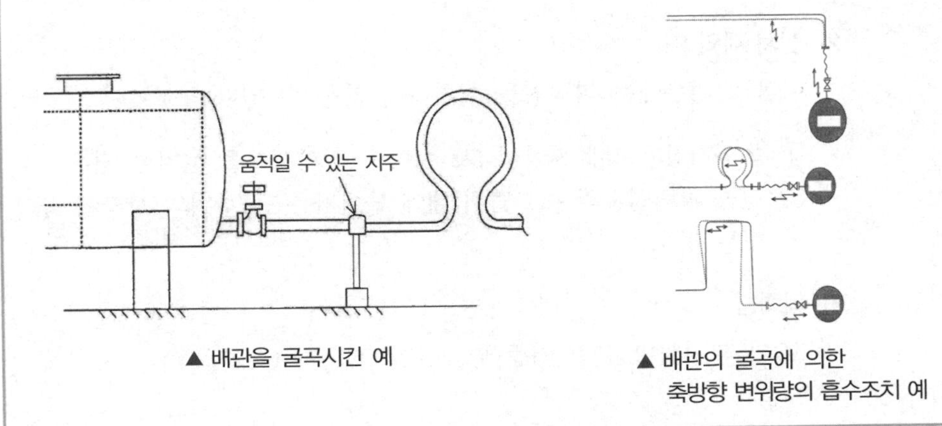

▲ 배관을 굴곡시킨 예

▲ 배관의 굴곡에 의한 축방향 변위량의 흡수조치 예

(14) 전기설비

옥외저장탱크에 설치하는 전기설비는 「전기사업법」에 의한 「전기설비기술기준」에 의하여야 한다.

(15) 피뢰설비

지정수량의 10배 이상인 옥외탱크저장소(제6류 위험물의 옥외탱크저장소 제외)에는 규칙 별표 4 Ⅷ 제7호의 규정에 준하여 피뢰침을 설치하여야 한다. 다만, 옥외탱크저장

소의 지붕과 벽이 모두 3.2mm 이상의 금속재로 되어 있고, 탱크에 한국산업규격에 적합한 접지시설을 설치한 경우에는 그러하지 아니하다.

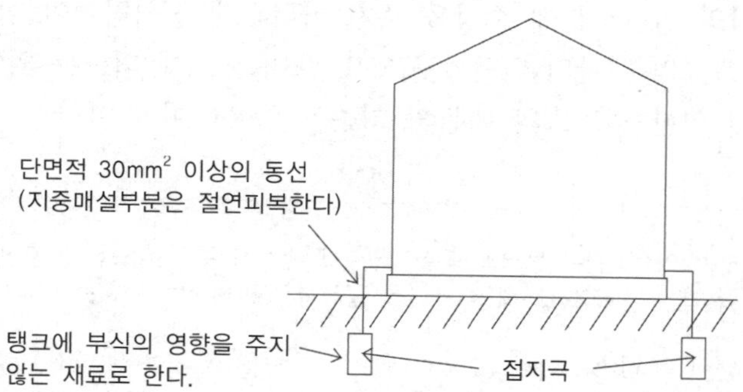

• 접지극은 종래 동(銅)접지극이 폭넓게 사용되고 있지만 접지극을 탱크에 가깝게 매설하면 접지극과 탱크 상호간에 부식전류가 발생, 탱크의 부식원인이 되는 수가 있기 때문에 접지극의 선정 및 시공에 있어서는 충분한 주의를 요한다.

▲ 간략법에 의한 접지의 예

1) 설치대상

지정수량의 10배 이상인 옥외탱크저장소(제6류 위험물의 옥외탱크저장소 제외)

2) 설치 제외

다음의 경우에는 피뢰침을 설치하지 않을 수 있다.

① 옥외저장탱크에 저항이 5Ω 이하인 접지시설을 설치한 경우
② 인근 피뢰설비의 보호범위 내에 들어가는 등 주위의 상황에 따라 안전상 지장이 없는 경우

3) 피뢰침

KS의 피뢰설비 관련 기준에 적합할 것

(16) 방유제

액체위험물의 옥외저장탱크의 주위에는 다음의 기준에 따라 위험물이 새었을 경우에 그 유출을 방지하기 위한 방유제를 설치하여야 한다(規 별표 6 Ⅵ ⑱ · Ⅸ).

1) 인화성 액체위험물의 옥외저장탱크의 방유제

인화성 액체위험물(이황화탄소[93])를 제외)의 옥외저장탱크 주위에는 다음의 기준에 따라 방유제를 설치하여야 한다.

---

93) 이황화탄소에 대하여는 규칙 별표 6 Ⅵ 제20호에서 방유제를 대신하는 설비(수조)를 설치하도록 하고 있으므로 방유제의 설치대상에서 제외하고 있다.

① 방유제의 용량

㉠ 방유제 안에 설치된 탱크가 하나인 때에는 그 탱크용량의 110% 이상

㉡ 방유제 안에 설치된 탱크가 2기 이상인 때에는 그 탱크 중 용량이 최대인 것의 용량의 110% 이상으로 할 것

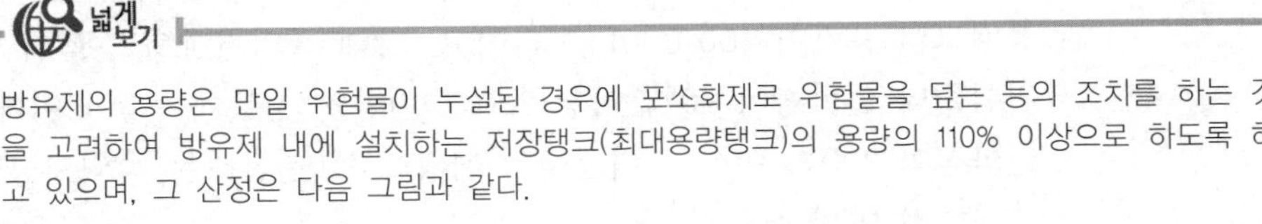

넓게 보기

방유제의 용량은 만일 위험물이 누설된 경우에 포소화제로 위험물을 덮는 등의 조치를 하는 것을 고려하여 방유제 내에 설치하는 저장탱크(최대용량탱크)의 용량의 110% 이상으로 하도록 하고 있으며, 그 산정은 다음 그림과 같다.

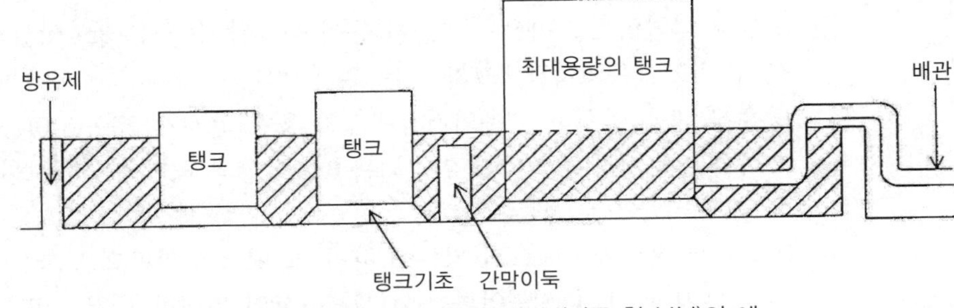

▲ 방유제 용량으로 산정되는 부분(빗금 친 부분)의 예

방유제의 면적, 탱크 수의 제한 등에 관한 기준을 정리하면 다음과 같다.

방유제 안의 면적(8만m^2 이하)

방유제 내의 탱크수
- 원칙 : 10기 이하
- 전체 탱크가 20만L 이하이고, 70℃ ≦ f_p < 200℃일 때 20기 이하
- 전체 탱크가 f_p≧ 200℃일 때 : 제한 없음(* f_p : 인화점)

구내도로(소방활동을 고려하여 탱크에 직접 연결하도록 설치한 도로)
- 원칙 : 방유제 외면의 1/2 이상은 자동차 등이 통행 가능한 노면폭 3m 이상의 구내도로에 접하여야 함.
- 전체 탱크용량 합계가 20만L 이하이고 소방활동상 지장이 없다고 인정될 때 : 일반도로 또는 공지에 접하는 것도 가능

탱크와 방유제와의 거리
- D < 15m일 때 : 탱크높이의 1/3 이상 거리
- D ≧ 15m일 때 : 탱크높이의 1/2 이상 거리

간막이둑
- 대상 : 1,000만L 이상 옥외저장탱크의 주위에 설치하는 방유제
- 높이 : 0.3m 이상(방유제 내 탱크의 용량 합계가 2억L를 넘는 방유제는 1m 이상)으로 하되, 방유제보다 0.2m 이상 낮게 한다.
- 재료 : 흙 또는 철근콘크리트
- 용량 : 둑 안에 설치된 탱크용량의 10% 이상

D

방유제

▲ 방유제 안의 면적 등

② 방유제는 높이 0.5m 이상 3m 이하, 두께 0.2m 이상, 지하매설깊이 1m 이상으로 할 것. 다만, 방유제와 옥외저장탱크 사이의 지반면 아래에 불침윤성(不浸潤性) 구조물을 설치하는 경우에는 지하매설깊이를 해당 불침윤성 구조물까지로 할 수 있다.

③ 방유제 내의 면적은 80,000m^2 이하로 할 것

④ 방유제 내에 설치하는 옥외저장탱크의 수는 10(방유제 내에 설치하는 모든 옥외저장탱크의 용량이 200,000L 이하이고, 당해 옥외저장탱크에 저장 또는 취급하는 위험물의 인화점이 70℃ 이상 200℃ 미만인 경우에는 20) 이하로 할 것. 다만, 인화점이 200℃ 이상인 위험물을 저장 또는 취급하는 옥외저장탱크에 있어서는 그러하지 아니하다.

⑤ 방유제 외면의 1/2 이상은 자동차 등이 통행할 수 있는 3m 이상의 노면폭을 확보한 구내도로(옥외저장탱크가 있는 부지 내의 도로)에 직접 접하도록 할 것. 다만, 방유제 내에 설치하는 옥외저장탱크의 용량 합계가 200,000L 이하인 경우에는 소화활동에 지장이 없다고 인정되는 3m 이상의 노면폭을 확보한 도로 또는 공지에 접하는 것으로 할 수 있다.

⑥ 방유제는 옥외저장탱크의 지름에 따라 그 탱크의 옆판으로부터 다음에 정하는 거리를 유지할 것. 다만, 인화점 200℃ 이상의 위험물을 저장 또는 취급하는 것에 있어서는 그러하지 아니하다.

㉠ 지름이 15m 미만인 경우에는 탱크 높이의 1/3 이상

㉡ 지름이 15m 이상인 경우에는 탱크 높이의 1/2 이상

⑦ 방유제는 철근콘크리트로 하고, 방유제와 옥외저장탱크 사이의 지표면은 불연성과 불침윤성이 있는 구조(철근콘크리트 등)로 할 것. 다만, 누출된 위험물을 수용할 수 있는 전용유조(專用油槽) 및 펌프 등의 설비를 갖춘 경우에는 방유제와 옥외저장탱크 사이의 지표면을 흙으로 할 수 있다.

⑧ 용량이 1,000만L 이상인 옥외저장탱크의 주위에 설치하는 방유제에는 다음의 규정에 따라 당해 탱크마다 간막이둑을 설치할 것

㉠ 간막이둑의 높이는 0.3m(방유제 내에 설치되는 옥외저장탱크의 용량의 합계가 2억L를 넘는 방유제에 있어서는 1m) 이상으로 하되, 방유제의 높이보다 0.2m 이상 낮게 할 것

㉡ 간막이둑은 흙 또는 철근콘크리트로 할 것

㉢ 간막이둑의 용량은 간막이둑 안에 설치된 탱크 용량의 10% 이상일 것

⑨ 방유제 내에는 당해 방유제 내에 설치하는 옥외저장탱크를 위한 배관(당해 옥외저장탱크의 소화설비를 위한 배관을 포함한다), 조명설비 및 계기시스템과 이들에 부속하는 설비 그 밖의 안전 확보에 지장이 없는 부속설비 외에는 다른 설비를 설치하지 아니할 것

⑩ 방유제 또는 간막이둑에는 해당 방유제를 관통하는 배관을 설치하지 아니할 것.

다만, 위험물을 이송하는 배관의 경우에는 배관이 관통하는 지점의 좌우방향으로 각 1m 이상까지의 방유제 또는 간막이둑의 외면에 두께 0.1m 이상, 지하매설깊이 0.1m 이상의 구조물을 설치하여 방유제 또는 간막이둑을 이중구조로 하고, 그 사이에 토사를 채운 후 관통하는 부분을 완충재 등으로 마감하는 방식으로 설치할 수 있다.

⑪ 방유제에는 그 내부에 고인 물을 외부로 배출하기 위한 배수구를 설치하고 이를 개폐하는 밸브 등을 방유제의 외부에 설치할 것

⑫ 용량이 100만L 이상인 위험물을 저장하는 옥외저장탱크에 있어서는 ⑪의 밸브 등에 그 개폐상황을 쉽게 확인할 수 있는 장치를 설치할 것

⑬ 높이가 1m를 넘는 방유제 및 간막이둑의 안팎에는 방유제 내에 출입하기 위한 계단 또는 경사로를 약 50m마다 설치할 것

⑭ 용량이 50만L 이상인 옥외탱크저장소가 해안 또는 강변에 설치되어 방유제 외부로 누출된 위험물이 바다 또는 강으로 유입될 우려가 있는 경우에는 해당 옥외탱크저장소가 설치된 부지 내에 전용유조(專用油槽) 등 누출위험물 수용설비를 설치할 것

2) 인화성이 없는 액체위험물의 옥외저장탱크의 방유제

1)의 ①·② 및 ⑦ 내지 ⑬의 규정은 인화성이 없는 액체위험물의 옥외저장탱크의 주위에 설치하는 방유제의 기술기준에 대하여 준용한다. 이 경우에 있어서 1)의 기준 중 "110%"는 "100%"로 본다.

* 인화성 액체위험물의 옥외저장탱크의 방유제 기준 중 방유제의 용량, 높이, 재질·유출방지구조, 간막이둑, 방유제 내 부속설비, 배관의 관통, 개폐확인장치 및 계단(경사로)에 관한 기준을 준용하되, 방유제의 용량은 탱크 또는 최대용량탱크의 100% 이상으로 할 수 있도록 하고 있다. 인화성 액체위험물의 경우 방유제 용량을 누출 예상 위험물 용량의 110%로 하는 이유는 방유제 내부에 누출된 위험물에 화재가 발생한 경우에 포수용액을 수용할 용적이 필요하기 때문이며 비인화성 액체위험물의 경우는 이것이 필요 없기 때문이다.

(17) 고체의 금수성 물질의 탱크

제3류 위험물 중 고체의 금수성 물질의 옥외저장탱크에는 방수성 불연재료로 만든 피복설비를 설치하여야 한다. 방수성의 불연재료로 만든 지붕 또는 캐노피와 유사한 것을 설치하는 것이다.

(18) 이황화탄소 저장탱크

이황화탄소의 옥외저장탱크는 벽 및 바닥의 두께가 0.2m 이상이고 누수가 되지 않는 철근콘크리트의 수조에 넣어 보관하여야 한다. 이 경우 보유공지·통기관 및 자동계량장치는 생략할 수 있다.

참고

① 이황화탄소(CS_2)의 옥외저장탱크는 물속에 잠긴 탱크로 하지 않으면 안 된다.
② 이황화탄소는 특수인화물로 분류되며 비중 1.3으로 물에 용해되지 않는다.
③ 탱크는 수압 및 내압에 대하여 충분히 안전한 것으로 하고, 부양방지를 위하여 밴드 등으로 기초에 고정하는 것이 필요하다.
④ 탱크를 넣는 수조는 두께 0.2m 이상의 철근콘크리트 구조로 물이 새지 않는 것이어야 한다.

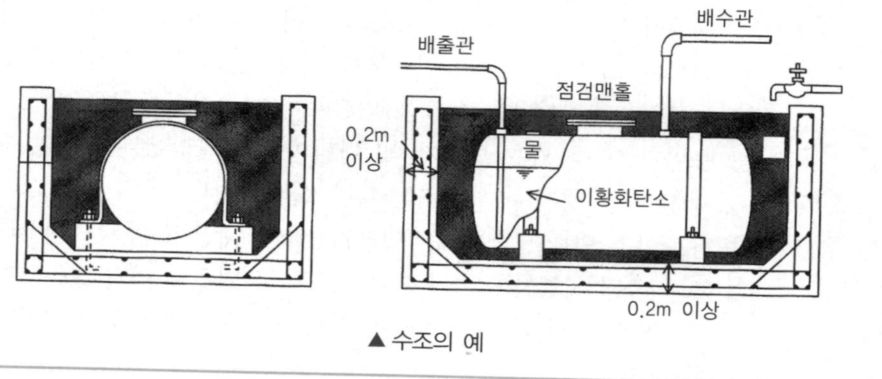

▲ 수조의 예

6 특정 · 준특정옥외저장탱크의 기초 · 지반 및 구조(規 별표 6 Ⅳ · Ⅴ · Ⅷ 및 Ⅸ)

여기서의 기초 · 지반에 관한 기준은 특정 · 준특정옥외저장탱크에 대하여만 적용되는 규제이며, 구조에 관한 기준은 옥외저장탱크에 공통되는 구조 및 설비에 관한 기준 외에 특정 · 준특정옥외저장탱크에 대하여 추가로 적용되는 규제이다.

특정옥외저장탱크란 특정옥외탱크저장소의 옥외저장탱크를 말하며, 특정옥외탱크저장소는 옥외탱크저장소 중 그 저장 또는 취급하는 액체위험물의 최대수량이 100만L 이상의 것을 말한다.

또한, 준특정옥외저장탱크란 준특정옥외탱크저장소의 옥외저장탱크를 말하며, 준특정옥외탱크저장소는 옥외탱크저장소 중 그 저장 또는 취급하는 액체위험물의 최대수량이 50만L 이상 100만L 미만의 것을 말한다.

이와 같이 특정 · 준특정옥외탱크저장소가 다량의 위험물을 저장하는 점 때문에 위험물 법령에서는 다른 옥외탱크저장소에 비하여 그 위치 · 구조 및 설비를 상세하고 엄격하게 하고 있다. 또, 허가과정에서는 기초 · 지반 및 탱크본체에 관한 사항이 기술기준에 적합한지에 대하여 한국소방산업기술원의 기술검토를 거치도록 하고 그 탱크안전성능검사(특정옥외저장탱크에 한함)를 한국소방산업기술원에 위탁하고 있다.

(1) 특정옥외저장탱크의 기초 및 지반(規 별표 6 Ⅳ)

1) 특정옥외저장탱크의 기초 및 지반은 당해 기초 및 지반상에 설치하는 특정옥외저장탱크 및 그 부속설비의 자중, 저장하는 위험물의 중량 등의 하중("탱크하중")에 의하여 발생하는 응력[94]에 대하여 안전한 것으로 하여야 한다.

* 옥외저장탱크의 기초와 지반은 다음 그림과 같이 구분된다.

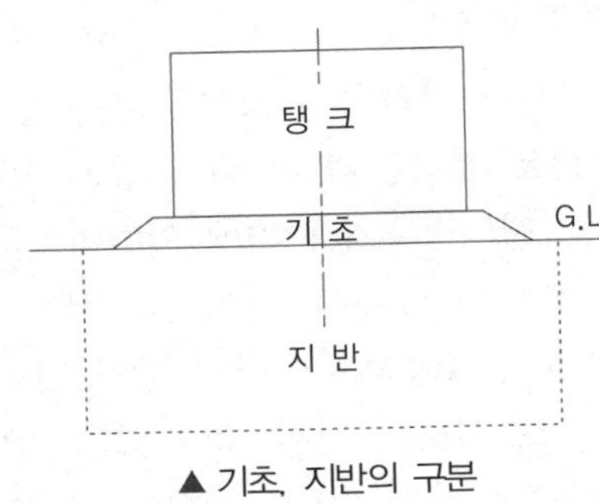

▲ 기초, 지반의 구분

2) 기초 및 지반은 다음의 기준에 적합하여야 한다.

① 지반은 암반의 단층, 절토 및 성토에 걸쳐 있는 등 활동(滑動)을 일으킬 우려가 있는 경우가 아닐 것(Ⅳ ② 가)

* 활동(滑動)을 일으킬 우려가 있는 경우의 지반의 예는 다음 그림과 같다.

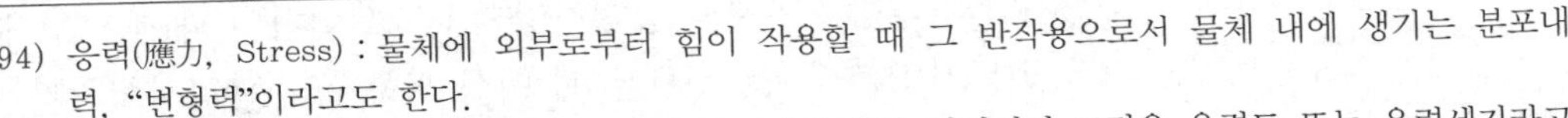

94) 응력(應力, Stress) : 물체에 외부로부터 힘이 작용할 때 그 반작용으로서 물체 내에 생기는 분포내력, "변형력"이라고도 한다.
응력의 크기는 단위면적에 작용하는 내력의 크기에 따라 정의되며 그것을 응력도 또는 응력세기라고 하는데, 일반적으로는 응력도를 가리켜 단순히 응력이라 하고, 다음의 해설에서도 응력이라 하는 경우에는 단위면적당 응력을 가리키기로 한다.
따라서, 응력의 단위는 <힘÷면적>의 차원을 가진 kgf/cm^2, kgf/mm^2이 많이 쓰이고, 영국·미국 등 야드·파운드법을 사용하는 나라에서는 psi(1b/in)가 사용된다. 국제단위계(SI)에서는 N/m^2 또는 파스칼($Pa=N/m^2$)을 사용한다.
물체의 최소 구성단위를 원자로 생각할 때, 원자는 원자 사이의 힘 등의 결합력에 의해 서로 결합되어 물체 속의 평형위치에 있다. 물체에 외력이 작용하면 원자의 평형위치에 변위가 생기고 이것에 따라 물체 내의 여러 곳에서 결합력이 변한다. 이 결합력의 변화가 분포내력, 즉 응력으로 나타난다. 또한 이때 물체에는 외형의 변화 또는 크기의 변화가 나타난다. 단위길이 또는 단위부피당의 변형량을 변형(Strain)이라 하고, 응력과 변형 사이에는 밀접한 관계가 있다. 응력은 물체의 변형이나 파괴에 대한 세기를 나타내는데 필요한 양으로, 재료역학에서는 중요한 개념이다. 재료는 형태나 크기에 따르지 않는 고유한 세기를 가지고 있으며 그것을 나타내는 데는 힘 자체보다도 힘의 면밀도(綿密度), 즉 응력을 사용하는 것이 적절하다고 생각하기 때문이다.

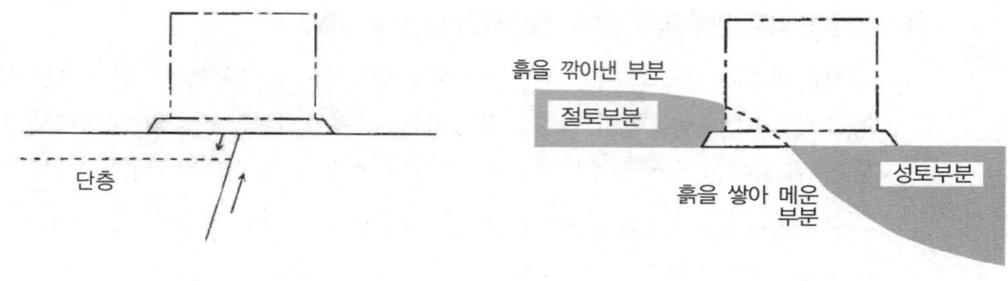

▲ 단층 위의 탱크　　　　▲ 절토, 성토한 부분에 걸친 탱크

② 지반은 다음의 어느 하나에 적합할 것

㉠ 고시(42 Ⅰ)로 정하는 범위 내에 있는 지반이 표준관입시험(標準貫入試驗) 및 평판재하시험(平板載荷試驗)에 의하여 각각 표준관입시험치가 20 이상 및 평판재하시험치[5mm 침하 시에 있어서의 시험치(K30치)로 한다. 이하 4)에서 같다]가 $1m^3$당 100MN 이상의 값일 것

㉡ 고시(42 Ⅱ)로 정하는 범위 내에 있는 지반이 다음의 기준에 적합할 것

ⓐ 탱크하중에 대한 지지력 계산에 있어서의 지지력 안전율 및 침하량 계산에 있어서의 계산 침하량이 고시(43)로 정하는 값일 것

ⓑ 기초[고시(44)로 정하는 것에 한함. 이 호에서 같음]의 표면으로부터 3m 이내의 기초직하의 지반부분이 기초와 동등 이상의 견고성이 있고, 지표면으로부터의 깊이가 15m까지의 지질(기초의 표면으로부터 3m 이내의 기초직하의 지반부분을 제외한다)이 고시(45, 46)로 정하는 것 외의 것일 것

ⓒ 점성토 지반은 압밀도 시험에서, 사질토 지반은 표준관입시험에서 각각 압밀하중에 대하여 압밀도가 90%[미소한 침하가 장기간 계속되는 경우에는 10일간(이하 이 호에서 "미소침하측정기간"이라 한다) 계속하여 측정한 침하량의 합의 1일당 평균침하량이 침하의 측정을 개시한 날부터 미소침하측정기간의 최종일까지의 총침하량의 0.3% 이하인 때에는 당해 지반에서의 압밀도가 90%인 것으로 본다] 이상 또는 표준관입시험치가 평균 15 이상의 값일 것

㉢ ㉠ 또는 ㉡과 동등 이상의 견고함이 있을 것

③ 지반이 바다, 하천, 호수와 늪 등에 접하고 있는 경우에는 활동에 관하여 고시(47)로 정하는 안전율이 있을 것

④ 기초는 사질토 또는 이와 동등 이상의 견고성이 있는 것을 이용하여 고시(48)로 정하는 바에 따라 만드는 것으로서, 평판재하시험의 평판재하시험치가 $1m^3$당 100MN 이상의 값을 나타내는 것(이하 "성토"라 한다) 또는 이와 동등 이상의 견고함이 있는 것으로 할 것

⑤ 기초(성토인 것에 한한다. 이하 ⑥에서 같다)는 그 윗면이 특정옥외저장탱크를 설치하는 장소의 지하수위와 2m 이상의 간격을 확보할 것

⑥ 기초 또는 기초의 주위에는 고시(49)로 정하는 바에 따라 당해 기초를 보강하기 위한 조치를 강구할 것

3) 1) 및 2)에 정하는 것 외에 기초 및 지반에 관하여 필요한 사항은 고시(50 ~ 53)로 정하고 있다.

4) 특정옥외저장탱크의 기초 및 지반은 앞의 2) ② ㉠[Ⅳ 2 나 1)]의 표준관입시험 및 평판재하시험, 앞의 2) ② ㉡ ⓒ[Ⅳ 2 나 2) 다)]의 압밀도시험 또는 표준관입시험, 앞의 2) ④[Ⅳ 2 라]의 평판재하시험 및 그 밖에 고시(54)하는 시험을 실시하였을 때 당해 시험과 관련되는 규정에 의한 기준에 적합하여야 한다.

(2) 준특정옥외저장탱크의 기초 및 지반(規 별표 6 Ⅴ)

1) 준특정옥외저장탱크의 기초 및 지반은 2) 및 3)에서 정하는 바에 따라 견고하게 하여야 한다.

2) 기초 및 지반은 탱크하중에 의하여 발생하는 응력에 대하여 안전한 것으로 하여야 한다.

3) 기초 및 지반은 다음에 정하는 기준에 적합하여야 한다.

① 지반은 암반의 단층, 절토 및 성토에 걸쳐 있는 등 활동을 일으킬 우려가 없을 것
② 지반은 다음의 어느 하나에 적합할 것
㉠ 고시(65)하는 범위 내에 있는 지반이 암반 그 밖의 견고한 것일 것
㉡ 고시(66)하는 범위 내에 있는 지반이 다음의 기준에 적합할 것
ⓐ 당해 지반에 설치하는 준특정옥외저장탱크의 탱크하중에 대한 지지력 계산에 있어서의 지지력 안전율 및 침하량 계산에 있어서의 계산 침하량이 고시(67)로 정하는 값일 것
ⓑ 고시(68)하는 지질 외의 것일 것[기초가 고시(69)로 정하는 구조인 경우를 제외]
㉢ ㉡과 동등 이상의 견고함이 있을 것
③ 지반이 바다, 하천, 호수와 늪 등에 접하고 있는 경우에는 활동에 관하여 고시(70)로 정하는 안전율이 있을 것
④ 기초는 사질토 또는 이와 동등 이상의 견고성이 있는 것을 이용하여 고시(71)로 정하는 바에 따라 만들거나 이와 동등 이상의 견고함이 있는 것으로 할 것
⑤ 기초(사질토 또는 이와 동등 이상의 견고성이 있는 것을 이용하여 고시(71)로 정하는 바에 따라 만드는 것에 한한다)는 그 윗면이 준특정옥외저장탱크를 설치하는 장소의 지하수위와 2m 이상의 간격을 확보할 것

4) 2) 및 3)에 규정하는 것 외에 기초 및 지반에 관하여 필요한 사항은 고시로 정한다.

(3) 특정옥외저장탱크의 구조(規 별표 6 Ⅶ)

1) 특정옥외저장탱크는 고시(64 Ⅰ)로 정하는 규격에 적합한 강철판 또는 이와 동등 이상의 기계적 성질 및 용접성이 있는 재료로 틈이 없도록 제작하여야 한다.

2) 특정옥외저장탱크는 주하중 및 종하중에 의하여 발생하는 응력 및 변형에 대하여 안전한 것으로 하여야 한다.

① 주하중 : 탱크하중, 탱크와 관련되는 내압, 온도변화의 영향 등에 의한 하중
② 종하중 : 적설하중, 풍하중, 지진의 영향 등에 의한 하중

3) 특정옥외저장탱크의 구조는 다음의 기준에 적합하여야 한다.

① 주하중과 주하중 및 종하중의 조합에 의하여 특정옥외저장탱크의 본체에 발생하는 응력은 각각 고시(55)로 정하는 허용응력 이하일 것
② 특정옥외저장탱크의 보유수평내력(保有水平耐力)은 지진의 영향에 의한 필요보유수평내력(必要保有水平耐力) 이상일 것. 이 경우에 있어서의 보유수평내력 및 필요보유수평내력의 계산방법은 고시(56)로 정한다.
③ 옆판, 밑판 및 지붕의 최소두께와 에뉼러판의 너비(옆판 외면에서 바깥으로 연장하는 최소길이, 옆판 내면에서 탱크 중심부로 연장하는 최소길이를 말한다) 및 최소두께는 고시(57)로 정하는 기준에 적합할 것
④ 압력탱크(최대상용압력이 대기압을 초과하는 탱크) 외의 탱크는 충수시험, 압력탱크는 최대상용압력의 1.5배의 압력으로 10분간 실시하는 수압시험에서 각각 새거나 변형되지 않을 것
⑤ 탱크의 용접부는 고시(64 Ⅱ)로 정하는 바에 따라 실시하는 방사선투과시험, 진공시험 등의 비파괴시험에 있어서 고시로 정하는 기준에 적합한 것일 것

4) 특정옥외저장탱크의 용접(겹침보수 및 육성보수와 관련되는 것을 제외한다)방법은 다음에 정하는 바에 의한다. 이러한 용접방법은 고시(62)로 정하는 용접시공방법확인시험의 방법 및 기준에 적합한 것이거나 이와 동등 이상의 것임이 미리 확인되어 있어야 한다.

① 옆판의 용접은 다음에 의할 것
㉠ 세로이음 및 가로이음은 완전용입 맞대기용접으로 할 것
㉡ 옆판의 세로이음은 단을 달리하는 옆판의 각각의 세로이음과 동일선상에 위치하지 아니하도록 할 것. 이 경우 당해 세로이음 간의 간격은 서로 접하는 옆판 중 두꺼운 쪽 옆판의 두께의 5배 이상으로 하여야 한다.
② 옆판과 에뉼러판(에뉼러판이 없는 경우에는 밑판)과의 용접은 부분용입 그룹용접 또는 이와 동등 이상의 용접강도가 있는 용접방법으로 용접할 것. 이 경우에 있어서 용접 비드(Bead)는 매끄러운 형상을 가져야 한다.

③ 에뉼러판과 에뉼러판은 뒷면에 재료를 댄 맞대기용접으로 하고, 에뉼러판과 밑판 및 밑판과 밑판의 용접은 뒷면에 재료를 댄 맞대기용접 또는 겹치기용접으로 용접할 것. 이 경우에 에뉼러판과 밑판이 접하는 면 및 밑판과 밑판이 접하는 면은 당해 에뉼러판과 밑판의 용접부의 강도 및 밑판과 밑판의 용접부의 강도에 유해한 영향을 주는 흠이 있어서는 아니 된다.

④ 필렛용접의 사이즈(부등 사이즈가 되는 경우에는 작은 쪽의 사이즈를 말한다)는 다음 식에 의하여 구한 값으로 할 것

$$t_1 \geqq S \geqq \sqrt{2t_2} \quad (단,\ S \geqq 4.5)$$

여기서, t_1 : 얇은 쪽의 강판의 두께(mm)
t_2 : 두꺼운 쪽의 강판의 두께(mm)
S : 사이즈(mm)

5) 1) 내지 4)에 하는 것 외의 특정옥외저장탱크의 구조에 관하여 필요한 사항은 고시로 정한다.

(4) 준특정옥외저장탱크의 구조(規 별표 6 Ⅷ)

1) 특정옥외저장탱크는 고시(64 Ⅰ)로 정하는 규격에 적합한 강철판 또는 이와 동등 이상의 기계적 성질 및 용접성이 있는 재료로 틈이 없도록 제작하여야 한다.

2) 준특정옥외저장탱크는 주하중 및 종하중에 의하여 발생하는 응력 및 변형에 대하여 안전한 것으로 하여야 한다.

3) 준특정옥외저장탱크의 구조는 다음의 기준에 적합하여야 한다.

① 두께가 3.2mm 이상일 것
② 준특정옥외저장탱크의 옆판에 발생하는 상시의 원주방향 인장응력은 고시(72)로 정하는 허용응력 이하일 것
③ 준특정옥외저장탱크의 옆판에 발생하는 지진 시의 축방향 압축응력은 고시(72)로 정하는 허용응력 이하일 것
④ 압력탱크(최대상용압력이 대기압을 초과하는 탱크) 외의 탱크는 충수시험, 압력탱크는 최대상용압력의 1.5배의 압력으로 10분간 실시하는 수압시험에서 각각 새거나 변형되지 않을 것

4) 준특정옥외저장탱크의 보유수평내력은 지진의 영향에 의한 필요보유수평내력 이상이어야 한다. 이 경우에 있어서의 보유수평내력 및 필요보유수평내력의 계산방법은 고시(73)로 정한다.

5) 3) 및 4)에 정하는 것 외의 준특정옥외저장탱크의 구조에 관하여 필요한 사항은 고시(미정)로 정한다.

7 옥외탱크저장소의 특례기준(規 별표 6 X)

전술한 옥외탱크저장소의 기준은 일반적인 옥외탱크저장소의 기준이라 할 수 있다. 이에 반하여, 일반 옥외탱크저장소의 기준 중 일부를 적용하지 않을 수 있는 경우(완화특례), 일반 옥외탱크저장소의 기준 외에 다른 기준을 추가로 적용하여야 하는 경우(강화특례) 및 일반 옥외탱크저장소의 기준과는 다른 별개의 기준을 적용하는 경우의 옥외탱크저장소가 있다.

- 고인화점 위험물의 옥외탱크저장소의 특례(완화특례)
- 위험물의 성질에 따른 옥외탱크저장소의 특례(강화특례)
  (알킬알루미늄등·아세트알데히드등 및 히드록실아민등의 옥외탱크저장소의 특례)
- 지중탱크에 관계된 옥외탱크저장소의 특례(별개의 특례)
- 해상탱크에 관계된 옥외탱크저장소의 특례(별개의 특례)

(1) 고인화점 위험물의 옥외탱크저장소의 특례(規 별표 6 X)

1) 특례대상 옥외탱크저장소

고인화점 위험물만을 100℃ 미만의 온도로 저장 또는 취급하는 옥외탱크저장소(고인화점 위험물의 옥외탱크저장소)

2) 특례의 내용

고인화점 위험물의 옥외탱크저장소의 위치·구조 및 설비가 3)의 기준에 적합한 경우에는 규칙 별표 6의 Ⅰ·Ⅱ·Ⅵ 제3호(지주와 관련되는 부분에 한한다)·제10호·제17호 및 제18호의 규정은 적용하지 않는다.

규칙 별표 6의 규정 중 적용하지 않는 기준	규칙 별표 6의 규정 중 적용하는 기준
안전거리(Ⅰ), 보유공지(Ⅱ), 탱크 지주의 내화성능(Ⅵ ③), 펌프설비(Ⅵ ⑩), 피뢰설비(Ⅵ ⑰), 방유제(Ⅵ ⑱, Ⅸ)	표지·게시판(Ⅲ), 특정옥외저장탱크의 기초·지반(Ⅳ), 준특정옥외저장탱크의 기초·지반(Ⅴ), 탱크의 외부구조·설비(Ⅵ ①, ②, ④~⑨, ⑪~⑯, ⑲, ⑳), 특정옥외저장탱크의 구조(Ⅶ), 준특정옥외저장탱크의 구조(Ⅷ), 충수시험의 특례(XⅣ)

* 결국, 피뢰설비만 완전히 적용이 면제되고 그 밖의 기준(보유공지 등)은 완화될 뿐이다.

3) 특례의 기준

① 옥외탱크저장소는 규칙 별표 4 XI 제1호의 규정에 준하여 안전거리를 둘 것

② 옥외저장탱크(위험물을 이송하기 위한 배관 그 밖에 이에 준하는 공작물을 제외한다)의 주위에 다음의 표에 정하는 너비의 공지를 보유할 것

저장·취급하는 위험물의 최대수량	공지의 너비
지정수량의 2,000배 이하	3m 이상
지정수량의 2,000배 초과 4,000배 이하	5m 이상

저장 · 취급하는 위험물의 최대수량	공지의 너비
지정수량의 4,000배 초과	당해 탱크의 수평단면의 최대지름(횡형인 경우에는 긴 변)과 높이 중 큰 것의 1/3과 같은 거리 이상. 다만, 5m 미만으로 하여서는 아니 된다.

③ 옥외저장탱크의 지주는 철근콘크리트조, 철골콘크리트구조 그 밖에 이와 동등 이상의 내화성능이 있을 것. 다만, 하나의 방유제 안에 설치하는 모든 옥외저장탱크가 고인화점 위험물만을 100℃ 미만의 온도로 저장 · 취급하는 경우에는 지주를 불연재료로 할 수 있다.

④ 옥외저장탱크의 펌프설비는 규칙 별표 6 Ⅵ 제10호(가목 · 바목 및 사목을 제외한다)의 규정에 준하는 것 외에 다음의 기준에 의할 것

㉠ 펌프설비의 주위에 1m 이상의 너비의 공지를 보유할 것. 다만, 내화구조로 된 방화상 유효한 격벽을 설치하는 경우 또는 지정수량의 10배 이하의 위험물을 저장하는 옥외저장탱크의 펌프설비에 있어서는 그러하지 아니하다.

㉡ 펌프실의 창 및 출입구에는 갑종방화문 또는 을종방화문을 설치할 것. 다만, 연소의 우려가 없는 외벽에 설치하는 창 및 출입구에는 불연재료 또는 유리로 만든 문을 달 수 있다.

㉢ 펌프실의 연소의 우려가 있는 외벽에 설치하는 창 및 출입구에 유리를 이용하는 경우는 망입유리를 이용할 것

⑤ 옥외저장탱크의 주위에는 위험물이 새었을 경우에 그 유출을 방지하기 위한 방유제를 설치할 것

⑥ 규칙 별표 6 Ⅸ 제1호 가목 내지 다목 및 사목 내지 파목의 규정은 ⑤의 방유제의 기준에 대하여 준용한다. 이 경우에 있어서 동호 가목 중 "110%"는 "100%"로 본다.

* 별표 6 Ⅸ 제1호 중에서 준용하는 기준은 방유제의 용량 · 높이 · 면적 · 구조, 간막이둑, 방유제 내 타 설비 설치제한, 배관의 관통제한, 배수구 · 개폐밸브 및 출입계단에 관한 것이다.

(2) 위험물의 성질에 따른 옥외탱크저장소의 특례(規 별표 6 XI)

1) 특례대상 옥외탱크저장소

알킬알루미늄등, 아세트알데히드등 및 히드록실아민등을 저장 또는 취급하는 옥외탱크저장소

2) 특례의 내용

알킬알루미늄등, 아세트알데히드등 및 히드록실아민등을 저장 또는 취급하는 옥외탱크저장소는 규칙 별표 6 Ⅰ 내지 Ⅸ에 의하는 것은 물론 당해 위험물의 성질에 따른 다음의 기준에도 적합하여야 한다.

① 알킬알루미늄등의 옥외탱크저장소

㉠ 옥외저장탱크의 주위에는 누설범위를 국한하기 위한 설비 및 누설된 알킬알루

미늄등을 안전한 장소에 설치된 조에 이끌어 들일 수 있는 설비를 설치할 것

㉡ 옥외저장탱크에는 불활성의 기체를 봉입하는 장치를 설치할 것

② 아세트알데히드등의 옥외탱크저장소

㉠ 옥외저장탱크의 설비는 동·마그네슘·은·수은 또는 이들을 성분으로 하는 합금으로 만들지 아니할 것

㉡ 옥외저장탱크에는 냉각장치 또는 보랭장치, 그리고 연소성 혼합기체의 생성에 의한 폭발을 방지하기 위한 불활성의 기체를 봉입하는 장치를 설치할 것

③ 히드록실아민등의 옥외탱크저장소

㉠ 옥외탱크저장소에는 히드록실아민등의 온도의 상승에 의한 위험한 반응을 방지하기 위한 조치를 강구할 것

㉡ 옥외탱크저장소에는 철이온 등의 혼입에 의한 위험한 반응을 방지하기 위한 조치를 강구할 것

참고

① 아세트알데히드 또는 산화프로필렌을 저장하는 옥외저장탱크의 설비에 동, 마그네슘, 은 및 수은 등과 이것을 성분으로 하는 합금을 사용하면 당해 위험물이 이 금속 등과 반응하여 폭발성 화합물을 만들 우려가 있기 때문에 사용을 제한하고 있다.

② 아세트알데히드등을 저장 또는 취급하는 옥외저장탱크에는 불활성 가스 봉입장치를 설치하여야 하는데, 불연성 가스로는 일반적으로 질소가스가 사용되고 있다.

③ 아세트알데히드 또는 산화프로필렌은 비점이 낮기 때문에 기온의 상승 등에 의해 기화하며, 이상으로 내압이 높게 되며, 탱크의 파괴, 가스의 유출, 인화 등의 위험이 발생한다.

종 류	형 상	성 질	위험성	유지온도	
				압력 탱크	비압력 탱크
아세트 알데히드 (CH_3CHO)	무색의 자극적인 냄새가 있는 액체	비중 0.78 비점 21℃ 인화점 −38℃ 발화점 175℃ 폭발범위 4.0 ~ 60.0 증기비중 1.52 기타 아세톤과 유사	비점이 낮기 때문에 휘발성이며, 인화하기 쉬우며 폭발범위가 넓다. 증기는 점막을 자극하며 유독하다.	40℃ 이하	15℃ 이하
산화 프로필렌 ($CH_2-CH-CH_3$)O (프로필렌 옥사이드)	무색의 액체	비중 0.830 비점 33.9℃ 인화점 −37.2℃ 증기비중 2.0 폭발범위 2.1 ~ 21.5 물, 에탄올, 에틸에테르 등에 잘 녹는다.	극히 인화하기 쉽고, 중합하는 성질이 있으며, 그때 열을 발생하며, 화재, 폭발의 원인이 된다. 은, 구리 등의 금속에 접촉되면 중합이 촉진되기 쉽다. 증기는 자극성은 없지만 흡입하면 유해하다. 또 피부에 부착되면 동상과 같은 증상이 나타날 수 있다.	40℃ 이하	30℃ 이하

이러한 성질 때문에 냉각장치 또는 보랭장치 및 불활성 가스를 봉입하는 장치를 설치하여야 한다.

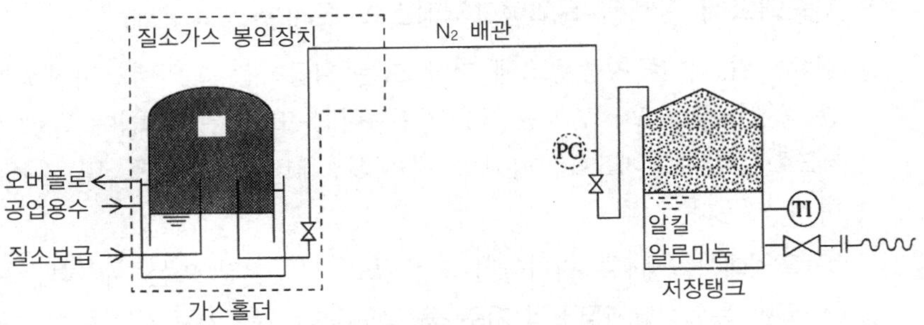

▲ 불활성 가스 봉입장치의 예

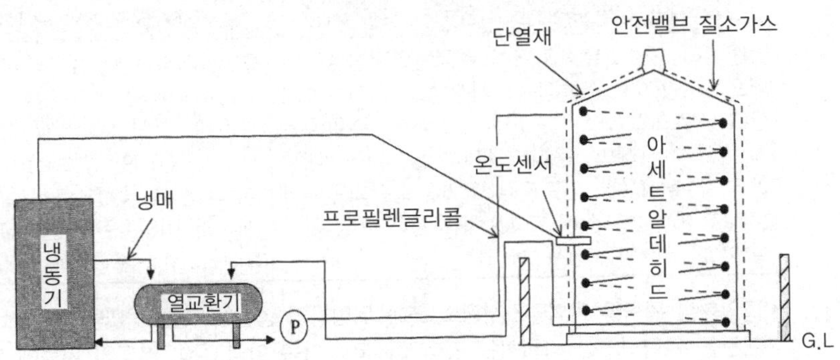

- 냉동기의 냉매에는 일반적으로 할론가스 또는 암모니아가스를 사용하지만 이들 액화가스 또는 압축가스를 탱크 내에 직접 팽창시키는 구조의 냉각장치는 바람직하지 않다. 그림은 융점이 낮은 프로필렌글리콜을 냉각하여 탱크 내로 유도함으로써 아세트알데히드를 냉각하는 장치이다.
- 단열재를 설치함에 있어서는 탱크 측판 등의 방식보호, 점검의 어려움 등을 고려할 필요가 있다.

▲ 냉동기를 사용하여 냉각하는 예

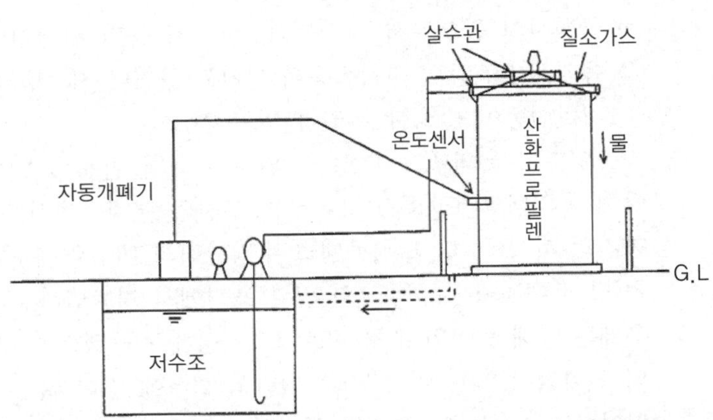

- 이 장치를 아세트알데히드를 저장하는 상압탱크에 설치하는 것은 아세트알데히드의 저장온도와 수온의 관계상 부적당하다.

▲ 살수장치를 사용하여 냉각하는 예

(3) 지중탱크에 관계된 옥외탱크저장소의 특례(規 별표 6 XII)

1) 제4류 위험물을 지중탱크에 저장 또는 취급하는 옥외탱크저장소는 Ⅰ 내지 Ⅸ의 기준 중 Ⅰ·Ⅱ·Ⅳ·Ⅴ·Ⅵ 제1호(충수시험 또는 수압시험에 관한 부분을 제외한다)·제2호·제3호·제5호·제6호·제10호·제12호·제16호 및 제18호의 규정은 적용하지 않는다.

① 특례대상 : 제4류 위험물을 지중탱크[95]에 저장 또는 취급하는 옥외탱크저장소

② 일반 옥외탱크저장소의 기준 중 적용하지 않는 기준

규칙 별표 6의 규정 중 적용하지 않는 기준	규칙 별표 6의 규정 중 적용하는 기준
안전거리(Ⅰ), 보유공지(Ⅱ), 특정옥외저장탱크의 기초·지반(Ⅳ), 준특정옥외저장탱크의 기초·지반(Ⅴ), 탱크의 재료·구조(Ⅵ ①, 충수·수압시험에 관한 부분 제외), 용접부시험(Ⅵ ②), 내진·내풍압 및 지주(Ⅵ ③), 외면도장(Ⅵ ⑤), 밑판외면부식방지(Ⅵ ⑥), 펌프설비(Ⅵ ⑩), 배수관(Ⅵ ⑫), 전기설비(Ⅵ ⑯), 방유제(Ⅵ ⑱, Ⅸ)	표지·게시판(Ⅲ), 탱크의 재료·구조(Ⅵ ① 중 충수·수압시험에 관한 부분), 이상내압방출구조(Ⅵ ④), 통기관·안전장치(Ⅵ ⑦), 자동계량장치(Ⅵ ⑧), 탱크주입구(Ⅵ ⑨), 밸브(Ⅵ ⑪), 부상지붕보호조치(Ⅵ ⑬), 배관(Ⅵ ⑭, ⑮), 피뢰설비(Ⅵ ⑰), 방수피복설비(Ⅵ ⑲), 이황화탄소 탱크(Ⅵ ⑳), 특정옥외저장탱크의 구조(Ⅶ), 준특정옥외저장탱크의 구조(Ⅷ)

* 고인화점 위험물 옥외탱크저장소 또는 위험물의 성질에 따른 옥외탱크저장소의 특례의 경우와 달리 기준을 완화하거나 강화하는 것이 아니라, 다음 2)와 같이 별도의 기준에 의하도록 하고 있다.

2) 지중탱크의 옥외탱크저장소는 1)에 정하는 것 외에 다음의 기준에 적합하여야 한다.

① 지중탱크의 옥외탱크저장소는 다음에 정하는 장소와 그 밖에 고시(75)로 정하는 장소에 설치하지 아니할 것

㉠ 급경사지 등으로서 지반붕괴, 산사태 등의 위험이 있는 장소

㉡ 융기, 침강 등의 지반변동이 생기고 있거나 지중탱크의 구조에 지장을 미치는 지반변동이 발생할 우려가 있는 장소

② 지중탱크의 옥외탱크저장소의 위치는 규칙 별표 6 Ⅰ의 규정에 의하는 것 외에 당해 옥외탱크저장소가 보유하는 부지의 경계선에서 지중탱크의 지반면의 옆판까지의 사이에, 당해 지중탱크 수평단면의 내경의 수치에 0.5를 곱하여 얻은 수치(당해 수치가 지중탱크의 밑판 표면에서 지반면까지 높이의 수치보다 작은 경우에는 당해 높이의 수치) 또는 50m(당해 지중탱크에 저장 또는 취급하는 위험물의 인화점이 21℃ 이상 70℃ 미만의 경우에 있어서는 40m, 70℃ 이상의 경우에 있어서는 30m) 중 큰 것과 동일한 거리 이상의 거리를 유지할 것

③ 지중탱크(위험물을 이송하기 위한 배관 그 밖의 이에 준하는 공작물을 제외한다)의 주위에는 당해 지중탱크 수평단면의 내경의 수치에 0.5를 곱하여 얻은 수치

95) 지중탱크란 저부가 지반면 아래에 있고 상부가 지반면 이상에 있으며 탱크 내 위험물의 최고액면이 지반면 아래에 있는 원통종형식의 위험물탱크를 말한다(規 6 ⑦).

또는 지중탱크의 밑판 표면에서 지반면까지 높이의 수치 중 큰 것과 동일한 거리 이상의 너비의 공지를 보유할 것

④ 지중탱크의 지반은 다음에 의할 것

㉠ 지반은 당해 지반에 설치하는 지중탱크 및 그 부속설비의 자중, 저장하는 위험물의 중량 등의 하중("지중탱크하중")에 의하여 발생하는 응력에 대하여 안전할 것

㉡ 지반은 다음에 정하는 기준에 적합할 것

ⓐ 지반은 규칙 별표 6 Ⅳ 제2호 가목의 기준에 적합할 것

ⓑ 고시(76)로 정하는 범위 내의 지반은 지중탱크하중에 대한 지지력 계산에서의 지지력 안전율 및 침하량 계산에서의 계산 침하량이 고시(77, 78)로 정하는 수치에 적합하고, Ⅳ 제2호 나목 2) 다)의 특정옥외저장탱크의 지반기준에 적합할 것

ⓒ 지중탱크 하부의 지반[뒤의 ⑤ ㉢에 정하는 양수설비를 설치하는 경우에는 당해 양수설비의 배수층하의 지반]의 표면의 평판재하시험에 있어서 평판재하시험치(극한 지지력의 값으로 한다)가 지중탱크 하중에 ⓑ의 안전율을 곱하여 얻은 값 이상의 값일 것

ⓓ 고시(79)로 정하는 범위 내의 지반의 지질이 고시(80)로 정하는 것 외의 것일 것

ⓔ 지반이 바다·하천·호소(湖沼)·늪 등에 접하고 있는 경우 또는 인공지반을 조성하는 경우에는 활동과 관련하여 고시(81)로 정하는 안전율이 있을 것

ⓕ 인공지반에 있어서는 ⓐ 내지 ⓔ에 정하는 것 외에 고시(82)로 정하는 기준에 적합할 것

⑤ 지중탱크의 구조는 다음에 의할 것

㉠ 지중탱크는 옆판 및 밑판을 철근콘크리트 또는 프리스트레스트 콘크리트로 만들고 지붕을 강철판으로 만들며, 옆판 및 밑판의 안쪽에는 누액방지판을 설치하여 틈이 없도록 할 것

㉡ 지중탱크의 재료는 고시(83)로 정하는 규격에 적합한 것 또는 이와 동등 이상의 강도 등이 있을 것

㉢ 지중탱크는 당해 지중탱크 및 그 부속설비의 자중, 저장하는 위험물의 중량, 토압, 지하수압, 양압력(揚壓力), 콘크리트의 건조수축 및 크리프(Creep)의 영향, 온도변화의 영향, 지진의 영향 등의 하중에 의하여 발생하는 응력 및 변형에 대해서 안전하게 하고, 유해한 침하 및 부상(浮上)을 일으키지 아니하도록 할 것. 다만, 고시(84)로 정하는 기준에 적합한 양수설비를 설치하는 경우는 양압력을 고려하지 아니할 수 있다.

㉣ 지중탱크의 구조는 ㉠ 내지 ㉢에 의하는 외에 다음에 정하는 기준에 적합할 것
ⓐ 하중에 의하여 지중탱크본체(지붕 및 누액방지판을 포함한다)에 발생하는 응력은 고시(85)로 정하는 허용응력 이하일 것
ⓑ 옆판 및 밑판의 최소두께는 고시(86)로 정하는 기준에 적합한 것으로 할 것
ⓒ 지붕은 2매판 구조의 부상지붕으로 하고, 그 외면에는 녹방지를 위한 도장을 하는 동시에 고시(87)로 정하는 기준에 적합하게 할 것
ⓓ 누액방지판은 고시(88)로 정하는 바에 따라 강철판으로 만들고, 그 용접부는 고시(89)로 정하는 바에 따라 실시한 자분탐상시험 등의 시험에 있어서 고시(90)로 정하는 기준에 적합하도록 할 것

⑥ 지중탱크의 펌프설비는 다음의 기준에 적합한 것으로 할 것
㉠ 위험물 중에 설치하는 펌프설비는 그 전동기의 내부에 냉각수를 순환시키는 동시에 금속제의 보호관 내에 설치할 것
㉡ ㉠에 해당하지 아니하는 펌프설비는 규칙 별표 6 Ⅵ 제10호(갱도에 설치하는 것에 있어서는 가목·나목·마목 및 카목을 제외한다)의 규정에 의한 옥외저장탱크의 펌프설비의 기준을 준용할 것

⑦ 지중탱크에는 당해 지중탱크 내의 물을 적절히 배수할 수 있는 설비를 설치할 것

⑧ 지중탱크의 옥외탱크저장소에 갱도를 설치하는 경우에 있어서는 다음에 의할 것
㉠ 갱도의 출입구는 지중탱크 내의 위험물의 최고액면보다 높은 위치에 설치할 것. 다만, 최고액면을 넘는 위치를 경유하는 경우에 있어서는 그러하지 아니하다.
㉡ 가연성의 증기가 체류할 우려가 있는 갱도에는 가연성의 증기를 외부에 배출할 수 있는 설비를 설치할 것

⑨ 지중탱크는 그 주위가 고시(91)로 정하는 구내도로에 직접 면하도록 설치할 것. 다만, 2기 이상의 지중탱크를 인접하여 설치하는 경우에는 당해 지중탱크 전체가 포위될 수 있도록 하되, 각 탱크의 2방향 이상이 구내도로에 직접 면하도록 하는 것으로 할 수 있다.

⑩ 지중탱크의 옥외탱크저장소에는 고시(92, 93)로 정하는 바에 따라 위험물 또는 가연성 증기의 누설을 자동적으로 검지하는 설비 및 지하수위의 변동을 감시하는 설비를 설치할 것

⑪ 지중탱크의 옥외탱크저장소에는 고시(94)로 정하는 바에 따라 지중벽을 설치할 것. 다만, 주위의 지반상황 등에 의하여 누설된 위험물이 확산할 우려가 없는 경우에는 그러하지 아니하다.

3) 1) 및 2)에 정하는 것 외에 지중탱크의 옥외탱크저장소에 관한 세부기준은 고시(95~97)로 정한다.

(4) 해상탱크에 관계된 옥외탱크저장소의 특례(規 별표 6 XⅢ)

1) 원유·등유·경유 또는 중유를 해상탱크[96]에 저장 또는 취급하는 옥외탱크저장소 중 해상탱크를 용량 10만L 이하마다 물로 채운 이중의 격벽으로 완전하게 구분하고, 해상탱크의 옆부분 및 밑부분을 물로 채운 이중벽의 구조로 한 것은 규칙 별표 6 Ⅰ 내지 Ⅸ의 규정에 불구하고 후술하는 2) 및 3)의 기준에 의할 수 있다.

2) 1)의 옥외탱크저장소에 대하여는 규칙 별표 6 Ⅱ·Ⅳ·Ⅴ·Ⅵ 제1호 내지 제7호 및 제10호 내지 제18호의 규정은 적용하지 않는다.

규칙 별표 6의 규정 중 적용하지 않는 기준	규칙 별표 6의 규정 중 적용하는 기준
보유공지(Ⅱ), 특정·준특정옥외저장탱크의 기초·지반(Ⅳ, Ⅴ), 탱크의 재료·구조(Ⅵ ①), 용접부시험(Ⅵ ②), 내진·내풍압 및 지주(Ⅵ ③), 이상내압 방출구조(Ⅵ ④), 외면도장(Ⅵ ⑤), 밑판외면부식방지(Ⅵ ⑥), 통기관·안전장치(Ⅵ ⑦), 펌프설비(Ⅵ ⑩), 밸브(Ⅵ ⑪), 배수관(Ⅵ ⑫), 부상지붕보호조치(Ⅵ ⑬), 배관(Ⅵ ⑭, ⑮), 전기설비(Ⅵ ⑯), 피뢰설비(Ⅵ ⑰), 방유제(Ⅵ ⑱, Ⅸ)	안전거리(Ⅰ), 표지·게시판(Ⅲ), 자동계량장치(Ⅵ ⑧), 탱크주입구(Ⅵ ⑨), 방수피복설비(Ⅵ ⑲), 이황화탄소 탱크(Ⅵ ⑳), 특정옥외저장탱크의 구조(Ⅶ), 준특정옥외저장탱크의 구조(Ⅷ)

* 고인화점 위험물 옥외탱크저장소 또는 위험물의 성질에 따른 옥외탱크저장소의 특례의 경우와 달리 기준을 완화하거나 강화하는 것이 아니라, 다음 3)과 같이 별도의 기준에 의하도록 하고 있다.

3) 2)에 정하는 것 외에 해상탱크에 관계된 옥외탱크저장소의 특례는 다음과 같다.

① 해상탱크의 위치는 다음에 의할 것

㉠ 해상탱크는 자연적 또는 인공적으로 거의 폐쇄된 평온한 해역에 설치할 것

㉡ 해상탱크의 위치는 육지, 해저 또는 당해 해상탱크에 관계된 옥외탱크저장소와 관련되는 공작물 외의 해양 공작물로부터 당해 해상탱크의 외면까지의 사이에 안전을 확보하는데 필요하다고 인정되는 거리를 유지할 것

② 해상탱크의 구조는 「선박안전법」에 정하는 바에 의할 것

③ 해상탱크의 정치(定置)설비는 다음에 의할 것

㉠ 정치설비는 해상탱크를 안전하게 보존·유지할 수 있도록 배치할 것

㉡ 정치설비는 당해 정치설비에 작용하는 하중에 의하여 발생하는 응력 및 변형에 대하여 안전한 구조로 할 것

④ 정치설비의 직하의 해저면으로부터 정치설비의 자중 및 정치설비에 작용하는 하중에 의한 응력에 대하여 정치설비를 안전하게 지지하는데 필요한 깊이까지의 지

96) 해상탱크란 해상의 일정 장소에 정치(定置)되어 육상에 설치된 설비와 배관 등에 접속된 위험물탱크를 말한다(規 6 ⑧).

반은 표준관입시험에서의 표준관입시험치가 평균적으로 15 이상의 값을 나타내는 동시에 정치설비의 자중 및 정치설비에 작용하는 하중에 의한 응력에 대하여 안전할 것

⑤ 해상탱크의 펌프설비는 Ⅵ 제10호의 규정에 의한 옥외저장탱크의 펌프설비의 기준을 준용하되, 현장상황에 따라 동 규정의 기준에 의하는 것이 곤란한 경우에는 안전조치를 강구하여 동 규정의 기준 중 일부를 적용하지 아니할 수 있다.

⑥ 위험물을 취급하는 배관은 다음의 기준에 의할 것

㉠ 해상탱크의 배관의 위치·구조 및 설비는 Ⅵ 제14호의 규정에 의한 옥외저장탱크의 배관의 기준을 준용할 것. 다만, 현장상황에 따라 동 규정의 기준에 의하는 것이 곤란한 경우에는 안전조치를 강구하여 동 규정의 기준 중 일부를 적용하지 아니할 수 있다.

㉡ 해상탱크에 설치하는 배관과 그 밖의 배관과의 결합부분은 파도 등에 의하여 당해 부분에 손상을 주지 아니하도록 조치할 것

⑦ 전기설비는 「전기사업법」에 의한 「전기설비기술기준」의 규정에 의하는 외에, 열 및 부식에 대하여 내구성이 있는 동시에 기후의 변화에 내성이 있을 것

⑧ ⑤ 내지 ⑦의 규정에 불구하고 해상탱크에 설치하는 펌프설비, 배관 및 전기설비(차목에 정하는 설비와 관련되는 전기설비 및 소화설비와 관련되는 전기설비를 제외한다)에 있어서는 「선박안전법」에 정하는 바에 의할 것

⑨ 해상탱크의 주위에는 위험물이 새었을 경우에 그 유출을 방지하기 위한 방유제(부유식의 것을 포함한다)를 설치할 것

⑩ 해상탱크에 관계된 옥외탱크저장소에는 위험물 또는 가연성 증기의 누설 또는 위험물의 폭발 등의 재해의 발생 또는 확대를 방지하는 설비를 설치할 것

(5) 옥외탱크저장소의 충수시험의 특례(規 별표 6 ⅩⅣ)

1) 의의

옥외저장탱크는 강철판 등으로 틈이 없도록 제작하여야 하고 제작한 탱크에 대하여는 새거나 변형되지 않는지를 확인하기 위하여 압력탱크(최대상용압력이 대기압을 초과하는 탱크) 외의 탱크는 충수시험을, 압력탱크는 최대상용압력의 1.5배의 압력으로 10분간 수압시험을 실시하도록 하고 있다(規 별표 6 Ⅵ ①). 한편, 법 제8조 제1항의 규정에 의한 탱크안전성능검사는 탱크를 처음 설치할 때 뿐만 아니라 설치한 탱크의 위치·구조 또는 설비를 변경한 때에도 받는 것이 원칙이다.
그러나 탱크의 구조 또는 설비에 관한 변경공사 중 탱크본체에 관한 변경공사가 탱크의 안전성에 미치는 영향이 없거나 매우 경미한 경우까지 탱크안전성능검사를 받도록 하는 것은 비경제적이라 할 수 있다.

결국, 충수시험의 특례는 탱크본체에 대한 경미한 변경에 대하여는 규칙 별표 6 Ⅵ 제1호의 규정 중 충수시험에 관한 부분의 규정을 적용하지 않음으로써 탱크안전성능검사를 생략하는 것이다.

2) 특정옥외탱크저장소에 있어서의 충수시험의 특례

특정옥외탱크저장소의 구조 또는 설비에 관한 변경공사(탱크의 옆판 또는 밑판의 교체공사를 제외) 중 탱크본체에 관한 공사를 포함하는 변경공사로서 당해 탱크본체에 관한 공사가 다음에 정하는 변경공사에 해당하는 경우에는 당해 변경공사에 관계된 옥외탱크저장소에 대하여 규칙 별표 6 Ⅵ 제1호의 규정(충수시험에 관한 기준과 관련되는 부분에 한한다)은 적용하지 않는다.

① 노즐・맨홀 등의 설치공사
② 노즐・맨홀 등과 관련되는 용접부의 보수공사
③ 지붕에 관련되는 공사(고정지붕식으로 된 옥외탱크저장소에 내부부상지붕을 설치하는 공사를 포함한다)
④ 옆판과 관련되는 겹침보수공사
⑤ 옆판과 관련되는 육성보수공사(용접부에 대한 열영향이 경미한 것에 한한다)
⑥ 최대저장높이 이상의 옆판에 관련되는 용접부의 보수공사
⑦ 에뉼러판 또는 밑판의 겹침보수공사 중 옆판으로부터 600mm 범위 외의 부분에 관련된 것으로서 당해 겹침보수부분이 저부면적(에뉼러판 및 밑판의 면적을 말한다)의 1/2 미만인 것
⑧ 에뉼러판 또는 밑판에 관한 육성보수공사(용접부에 대한 열영향이 경미한 것에 한한다)
⑨ 밑판 또는 에뉼러판이 옆판과 접하는 용접이음부의 겹침보수공사 또는 육성보수공사(용접부에 대한 열영향이 경미한 것에 한한다)

3) 특정옥외탱크저장소 외의 옥외탱크저장소에 있어서의 충수시험의 특례

특정옥외탱크저장소 외의 옥외탱크저장소에 있어서는 옥외탱크저장소의 구조 또는 설비에 관한 변경공사(탱크의 옆판 또는 밑판의 교체공사를 제외) 중 탱크본체에 관한 공사를 포함하는 변경공사로서 당해 탱크본체에 관한 공사가 위 2) 중 ①・②・③・⑤・⑥ 및 ⑧에 정하는 변경공사에 해당하는 경우에는 당해 변경공사에 관계된 옥외탱크저장소에 대하여 규칙 별표 6 Ⅵ 제1호의 규정(충수시험에 관한 기준과 관련되는 부분에 한한다)은 적용하지 않는다.

03-3 옥내탱크저장소의 위치 · 구조 및 설비의 기준

학습 Point

옥내탱크저장소는 건축물 내에 설치하는 탱크(지하저장탱크, 간이저장탱크, 이동저장탱크를 제외)에 위험물을 저장하는 시설을 말하는 것으로, 옥외탱크저장소에 대응하는 저장시설이라 할 수 있다.

옥내탱크저장소는 저장탱크를 옥내에 설치하는 시설이라는 특수성으로부터 저장탱크용량을 제한하는 등에 의하여 위험물의 저장에 따르는 위험성 증대를 억제하고 있다.

또한, 옥내탱크저장소는 단층건축물에 설치한 탱크전용실에 설치하는 것을 원칙적인 것으로 하고 비교적 위험성이 낮다고 인정되는 위험물의 저장에 한하여 탱크전용실을 단층건물 외의 건축물에 설치할 수 있도록 하고 필요한 기준을 정하고 있다.

이러한 관계를 표로 나타내면 다음과 같다.

탱크전용실의 설치장소	저장하는 위험물	관계규정
단층건물의 건축물 내	모든 위험물	規 별표 7 Ⅰ
단층건물 외의 건축물 내	제2류 위험물 중 황화린, 적린, 덩어리 유황 제3류 위험물 중 황린 제4류 위험물 중 인화점 40℃ 이상의 것 제6류 위험물 중 질산	規 별표 7 Ⅱ

〈일반기준〉

옥내탱크저장소에 관한 위치 · 구조 및 설비의 기준 중 주요한 사항은 다음과 같다.

1. 탱크의 용량 제한에 관한 것
2. 탱크의 구조에 관한 것
3. 탱크에 의한 위험물 저장의 안전상 옥내저장탱크에 설치하여야 하는 설비 등에 관한 것
4. 탱크에 부속하여 설치하는 배관 · 펌프 그 밖의 설비의 위치 · 구조 및 설비에 관한 것
5. 탱크전용실의 구조에 관한 것
6. 탱크전용실에 설치하여야 하는 설비에 관한 것
7. 위험물의 저장규모 등에 따라 설치하여야 하는 소화설비에 관한 것

〈특례기준〉

소정의 위험물을 저장하는 옥내탱크저장소에 대하여는 위치 · 구조 및 설비의 기준(規 별표 7 Ⅰ)에 대한 강화특례를 정하고 있는데, 알킬알루미늄등, 아세트알데히드등 및 히드록실아민등을 저장하는 옥내탱크저장소를 그 대상으로 하고 있다(規 별표 7 Ⅲ).

1 단층건물의 건축물에 설치하는 옥내탱크저장소(規 별표 7 Ⅰ①)

단층건물의 건축물에 설치하는 옥내탱크저장소의 위치 · 구조 및 설비의 기술기준은 다음과 같다.

(1) 옥내저장탱크의 설치위치

위험물을 저장 또는 취급하는 옥내탱크("옥내저장탱크")는 단층건축물에 설치된 탱크전용실에 설치할 것

넓게 보기

옥내저장탱크의 설치장소는 단층건물의 건축물에 있는 탱크전용실에 설치하는 것이 원칙이다.

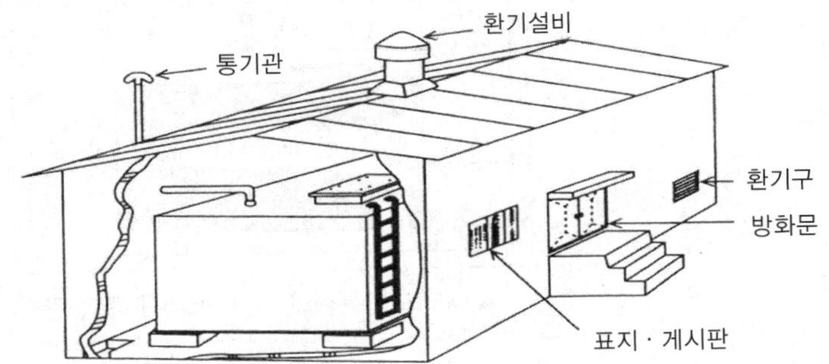

▲ 단층건물의 건축물 내에 설치된 탱크실의 예

① 탱크전용실에는 옥내저장탱크에 관계없는 설비는 설치할 수 없다.
② 옥내저장탱크의 설치를 원칙적으로 단층건물에 한정하고 있는 것은 화재 시 다른 부분으로의 영향과 소화활동을 고려한 것이다.
③ 탱크전용실에는 2 이상의 옥내저장탱크를 설치할 수 있다.

(2) 탱크실 내의 간격

옥내저장탱크와 탱크전용실의 벽과의 사이 및 옥내저장탱크의 상호간에는 0.5m 이상의 간격을 유지할 것. 다만, 탱크의 점검 및 보수에 지장이 없는 경우에는 그러하지 아니하다.

넓게 보기

탱크전용실의 벽 또는 탱크 상호간의 거리는 탱크 및 부속설비의 점검 등을 위해 필요하다.

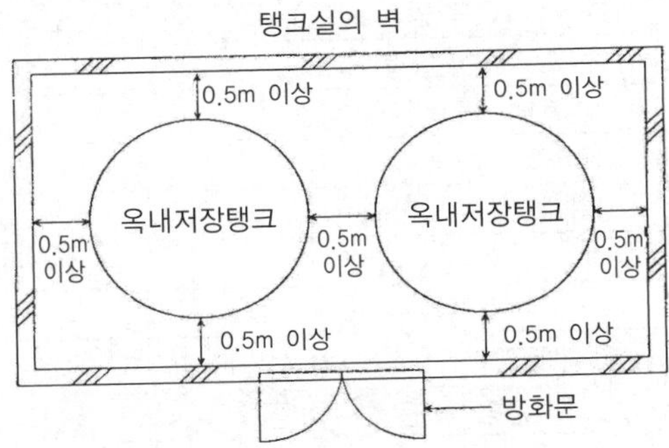

▲ 탱크와 전용실의 벽 및 탱크 상호간의 간격

① 탱크와 탱크실의 벽 등과의 간격은 탱크의 점검 등에 필요한 간격이므로 위험물시설 외의 설비는 설치할 수 없다.
② 탱크와 전용실의 지붕, 서까래 등의 간격은 특별히 규정되어 있지 않지만 탱크 상부나 탱크 내부의 점검 등을 쉽게 할 수 있는 정도의 간격은 필요하다. 또한 탱크의 크기나 형태에 따라서 탱크 상부를 점검할 때 편리하도록 사다리를 설치할 수 있다.

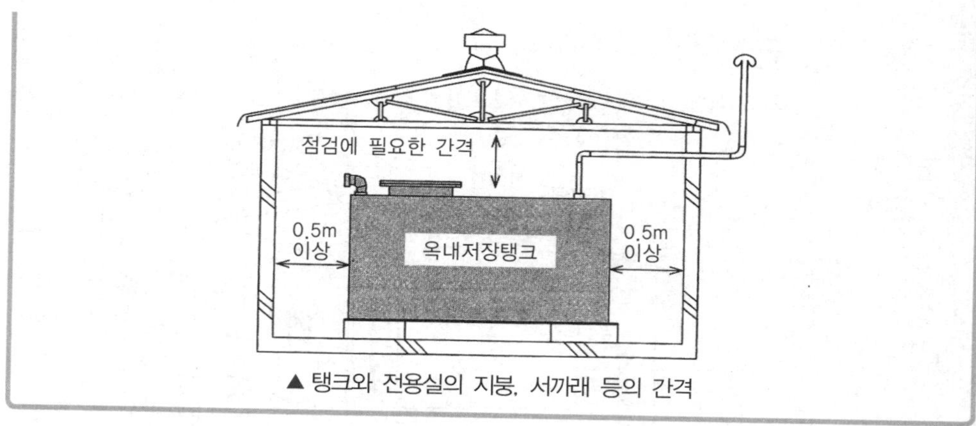

▲ 탱크와 전용실의 지붕, 서까래 등의 간격

(3) 표지 및 게시판

옥내탱크저장소에는 규칙 별표 4 Ⅲ 제1호의 기준에 따라 보기 쉬운 곳에 "위험물 옥내탱크저장소"라는 표시를 한 표지와 동표 Ⅲ 제2호의 기준에 따라 방화에 관하여 필요한 사항을 게시한 게시판을 설치하여야 한다.

(4) 옥내저장탱크의 용량

옥내저장탱크의 용량(동일한 탱크전용실에 옥내저장탱크를 2 이상 설치하는 경우에는 각 탱크의 용량의 합계를 말한다)은 지정수량의 40배(제4석유류 및 동식물유류 외의 제4류 위험물에 있어서 당해 수량이 20,000L를 초과할 때에는 20,000L) 이하일 것

넓게 보기

① 탱크전용실에 하나의 탱크를 설치할 때 최대용량의 예는 다음 표와 같다.

품 명	최대용량	배 수
특수인화물	2,000L	40배
제1석유류(비수용성)	8,000L	40배
제2석유류(비수용성)	20,000L	20배
제3석유류(비수용성)	20,000L	10배
제4석유류	240,000L	40배
동식물유류	400,000L	40배

② 탱크전용실에 2 이상의 탱크를 설치한 경우의 최대용량의 예는 다음과 같다.

품명 및 용량	배 수	합계 배수
제1석유류 4,000L(비수용성)	20배	36배
제2석유류 16,000L(비수용성)	16배	
제3석유류 20,000L(비수용성)	10배	40배
제4석유류 180,000L	30배	

(5) 옥내저장탱크의 구조

규칙 별표 6 Ⅵ 제1호 및 XⅣ의 규정에 의한 옥외저장탱크의 구조의 기준을 준용할 것

넓게 보기

옥내저장탱크의 구조는 규칙 별표 6 Ⅵ 제1호 및 XⅣ의 규정에 의한 옥외저장탱크의 구조의 기준에 준한다. 그 기준의 개요는 다음과 같다.

① 두께 3.2mm 이상의 강철판 또는 고시하는 규격에 적합한 재료(스테인리스강, 알루미늄합금강)로 틈이 없게 제작할 것
② 압력탱크(최대상용압력이 대기압을 초과하는 탱크)는 최대상용압력의 1.5배의 압력으로 10분간 행하는 수압시험에서 누설 또는 변형이 없을 것
③ 압력탱크 외의 탱크는 충수시험에서 누설 또는 변형이 없을 것
④ 충수시험의 특례 : 옥내탱크저장소의 구조 또는 설비에 관한 변경공사(탱크의 옆판 또는 밑판의 교체공사를 제외한다) 중 탱크본체에 관한 공사를 포함하는 변경공사로서 당해 탱크본체에 관한 공사가 다음에 정하는 변경공사에 해당하는 경우에는 충수시험을 실시하지 않을 수 있다.
   ㉠ 노즐·맨홀 등의 설치공사
   ㉡ 노즐·맨홀 등과 관련되는 용접부의 보수공사
   ㉢ 지붕에 관련되는 공사
   ㉣ 옆판과 관련되는 육성보수공사(용접부에 대한 열영향이 경미한 것에 한한다)
   ㉤ 최대저장높이 이상의 옆판에 관련되는 용접부의 보수공사
   ㉥ 에뉼러판 또는 밑판에 관한 육성보수공사(용접부에 대한 열영향이 경미한 것에 한한다)

* 옥내저장탱크는 용량 제한이 있어 1,000,000L 이상이 될 수 없으므로 특정옥외저장탱크에 적용되는 기준은 준용할 여지가 없다.

(6) 옥내저장탱크의 외면도장

탱크의 외면에는 녹을 방지하기 위한 도장을 할 것. 다만, 탱크의 재질이 부식의 우려가 없는 스테인리스 강판 등인 경우에는 그러하지 아니하다.

(7) 통기관 또는 안전장치의 설치

옥내저장탱크 중 압력탱크(최대상용압력이 부압 또는 정압 5kPa을 초과하는 탱크) 외의 탱크(제4류 위험물의 옥내저장탱크에 한한다)에 있어서는 밸브 없는 통기관 또는 대기밸브부착 통기관을 다음의 기준에 따라 설치하고, 압력탱크에 있어서는 규칙 별표 4 Ⅷ 제4호의 규정에 따른 안전장치를 설치할 것

1) 밸브 없는 통기관

① 통기관의 선단은 건축물의 창·출입구 등의 개구부로부터 1m 이상 떨어진 옥외의 장소에 지면으로부터 4m 이상의 높이로 설치하되, 인화점이 40℃ 미만인 위험물의 탱크에 설치하는 통기관에 있어서는 부지경계선으로부터 1.5m 이상 이격할 것. 다만, 고인화점 위험물만을 100℃ 미만의 온도로 저장 또는 취급하는 탱크에 설치하는 통기관은 그 선단을 탱크전용실 내에 설치할 수 있다.

② 통기관은 가스 등이 체류할 우려가 있는 굴곡이 없도록 할 것

③ 옥외저장탱크의 밸브 없는 통기관의 기준(별표 6 Ⅵ ⑦ 가)에 적합할 것

2) 대기밸브부착 통기관

① 1) ① 및 ②의 기준에 적합할 것

② 옥외저장탱크의 대기밸브부착 통기관의 기준(별표 6 Ⅵ ⑦ 나)에 적합할 것

① 탱크 내의 압력을 적정하게 유지하여 탱크의 안전성을 확보할 목적으로 압력탱크 외의 옥내저장탱크에는 통기관을 설치하고, 압력탱크에는 안전장치를 설치하도록 하고 있다.

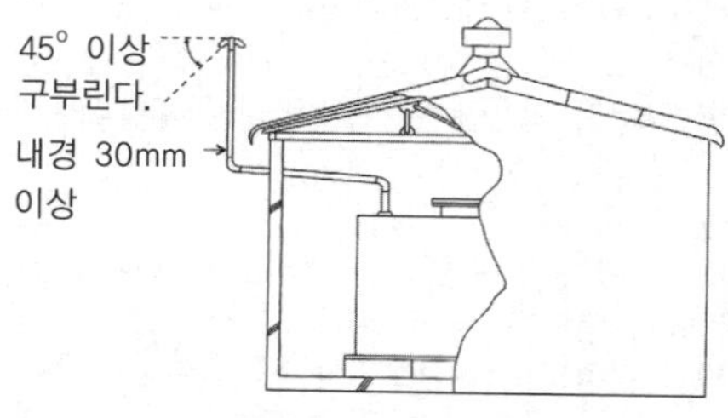

▲ 통기관 위치의 예

② 압력탱크 외의 탱크로서 제4류 위험물을 저장하는 탱크에 설치하는 통기관은 밸브 없는 통기관 또는 대기밸브부착 통기관이다. 그리고 제4류 외의 위험물은 일반적으로 가연성 증기의 방출이 없으므로 옥내저장탱크의 통기관에 대하여 특별하게 규정하고 있지 않다.

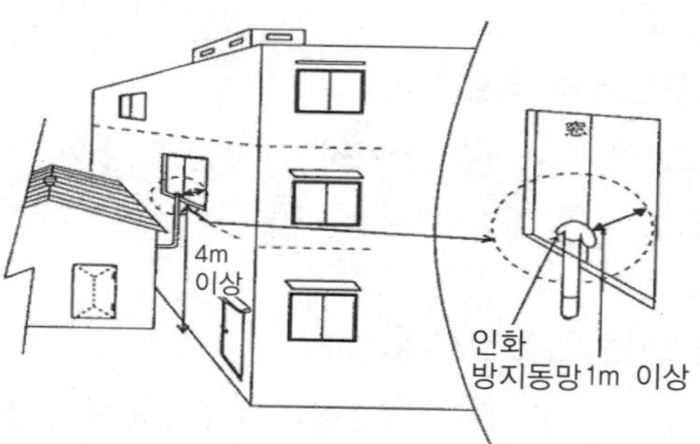

- 옥내저장탱크는 건축물에 설치하는 통기관이 길어지는 경우가 있어 압력조정상 곤란이 예상되는 대기밸브부착 통기관의 사용을 피하고 밸브 없는 통기관을 설치하는 것이 좋다.

▲ 통기관 위치의 예

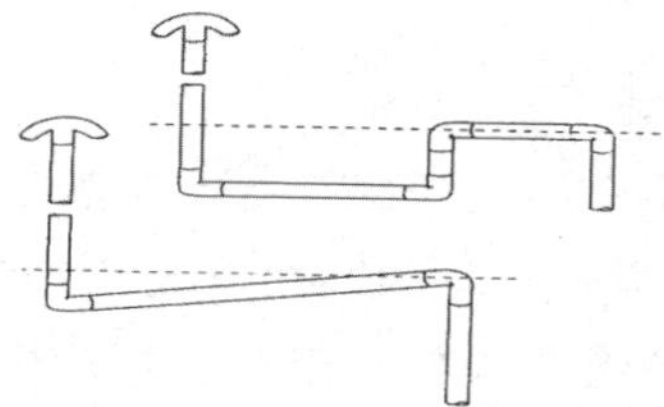

- 밸브 없는 통기관은 배출되는 증기의 위험을 없애기 위해 선단을 옥외로 내며, 지상 4m 이상의 높이로 하여야 한다. 또한 건축물의 창, 출입구 등의 개구부가 건축물에 증기의 유입을

방지하기 위해 당해 개구부로부터 1m 이상 떨어져 설치하고 가는 눈의 동망으로 인화방지망을 설치하여야 한다.
- 통기관을 옥외로 내어 그 위치를 높게 하려면 굴곡이 발생할 우려가 있는데, 이때 통기관 내에서 증기가 응축하여 체류되지 않도록 설치한다.

▲ 증기가 체류되는 경우의 예

③ 옥내저장탱크 가운데 압력탱크는 그 목적상 일정한 압력을 유지할 필요가 있고 일정압력 이상의 압력이 발생한 경우에 이것을 조절할 목적으로 안전장치를 설치하여야 한다. 그 중 파괴판(破壞板)은 위험물의 성질상 가압상태에서 사용함에 따라 안전밸브의 작동이 곤란한 설비에 한하여 사용이 인정된다. 압력탱크에 있어서는 규칙 별표 4 Ⅷ 제4호의 규정에 의한 안전장치를 설치하여야 한다.

CHAPTER 01
CHAPTER 02
CHAPTER 03
CHAPTER 04
부록

(8) 액량자동계량장치

액체위험물의 옥내저장탱크에는 위험물의 양을 자동적으로 표시하는 장치를 설치할 것

넓게 보기

탱크 내 위험물량의 확인과 위험물의 주입 또는 취급상 안전을 고려하여 위험물의 양을 자동적으로 표시하는 장치를 설치하여야 한다.
계량장치로는 플로트식 액면계, 에어퍼지식 액면계 등이 있지만 유리게이지식의 경우에는 금속관으로 보호된 경질유리 등으로 되어 있고 게이지가 파손되었을 때 위험물의 유출을 자동적으로 정지할 수 있는 장치가 되어 있는 것으로 해야 한다.

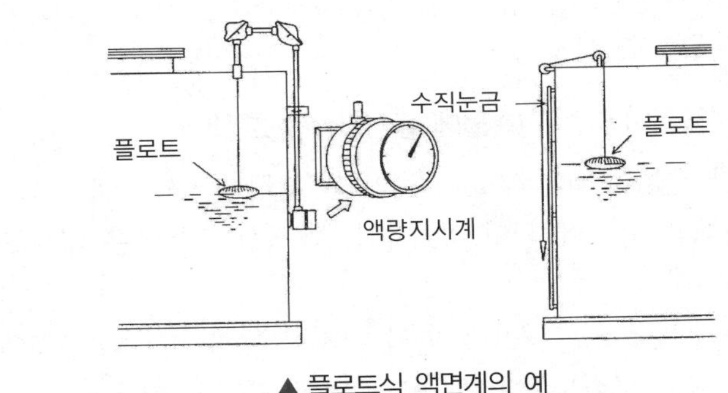

▲ 플로트식 액면계의 예

(9) 주입구

액체위험물의 옥내저장탱크의 주입구는 규칙 별표 6 Ⅵ 제9호의 규정에 의한 옥외저장탱크의 주입구의 기준을 준용할 것

넓게 보기

액체위험물의 옥내저장탱크의 주입구는 다음의 기준에 의하여야 한다.
① 화재예방상 지장이 없는 장소에 설치할 것
② 주입호스 또는 주입관과 결합할 수 있고, 결합하였을 때 위험물이 새지 아니할 것
③ 주입구에는 밸브 또는 뚜껑을 설치할 것

④ 휘발유, 벤젠 그 밖에 정전기에 의한 재해가 발생할 우려가 있는 액체위험물의 옥외저장탱크의 주입구 부근에는 정전기를 유효하게 제거하기 위한 접지전극을 설치할 것
⑤ 인화점이 21℃ 미만인 위험물의 옥내저장탱크의 주입구에는 보기 쉬운 곳에 다음의 기준에 의한 게시판을 설치할 것. 다만, 소방본부장 또는 소방서장이 화재예방상 당해 게시판을 설치할 필요가 없다고 인정하는 경우에는 그러하지 아니하다.
  ㉠ 게시판은 한 변이 0.3m 이상, 다른 한 변이 0.6m 이상인 직사각형으로 할 것
  ㉡ 게시판에는 "옥내저장탱크 주입구"라고 표시하는 것 외에 취급하는 위험물의 유별, 품명 및 규칙 별표 4 Ⅲ 제2호 라목의 규정에 준하여 주의사항을 표시할 것
  ㉢ 게시판은 백색바탕에 흑색문자(별표 4 Ⅲ 제2호 라목의 주의사항은 적색문자)로 할 것

(10) 옥내저장탱크의 펌프설비

그 설치장소에 따라 기준을 달리하고 있다. 탱크전용실이 있는 건축물 외의 장소에 설치하는 경우와 탱크전용실이 있는 건축물에 설치하는 경우가 있는데, 전자는 펌프실에 설치하는 경우와 옥외의 장소에 설치하는 경우로, 후자는 건축물 중 탱크전용실 외의 장소에 설치하는 경우와 탱크전용실에 설치하는 경우로 구분된다.

1) 탱크전용실이 있는 건축물 외의 장소에 설치하는 펌프설비

규칙 별표 6 Ⅵ 제10호(가목 및 나목을 제외한다)의 규정에 의한 옥외저장탱크의 펌프설비의 기준을 준용할 것

* 옥외저장탱크의 펌프설비기준 중 펌프설비의 보유공지 및 탱크와의 거리에 관한 규정만 제외하고 전부 준용하고 있다.

2) 탱크전용실이 있는 건축물에 설치하는 펌프설비

① 탱크전용실 외의 장소에 설치하는 경우 : 규칙 별표 6 Ⅵ 제10호 다목 내지 차목 및 타목의 규정에 의할 것. 다만, 펌프실의 지붕은 내화구조 또는 불연재료로 할 수 있다.

규칙 별표 6 Ⅵ 제10호 다목 내지 차목 및 타목의 규정에 의한 기준은 다음과 같다.
  ㉠ 펌프설비는 견고한 기초 위에 고정할 것
  ㉡ 펌프실은 다음의 기준에 의할 것
    ⓐ 벽·기둥·바닥 및 보는 불연재료로 할 것
    ⓑ 지붕은 폭발력이 위로 방출될 정도의 가벼운 불연재료로 할 것
    ⓒ 창 및 출입구에는 갑종방화문 또는 을종방화문을 설치할 것
    ⓓ 창 및 출입구에 유리를 이용하는 경우에는 망입유리로 할 것
    ⓔ 바닥의 주위에는 높이 0.2m 이상의 턱을 만들고 바닥은 콘크리트 등 위험물이 스며들지 아니하는 재료로 적당히 경사지게 하여 그 최저부에는 집유설비를 설치할 것
    ⓕ 채광, 조명 및 환기의 설비를 설치할 것

ⓖ 가연성 증기가 체류할 우려가 있는 펌프실에는 그 증기를 옥외의 높은 곳으로 배출하는 설비를 설치할 것

㉢ 인화점이 21℃ 미만인 위험물을 취급하는 펌프설비에는 보기 쉬운 곳에 주입구의 예에 따라 "옥내저장탱크 펌프설비"라는 표시와 방화에 관하여 필요한 사항을 게시한 게시판을 설치할 것. 다만, 화재예방상 당해 게시판을 설치할 필요가 없다고 인정하는 경우는 그러하지 아니하다.

② **탱크전용실에 설치하는 경우** : 펌프설비를 견고한 기초 위에 고정시키고 그 주위에 불연재료로 된 턱을 탱크전용실의 문턱높이 이상으로 설치할 것. 다만, 펌프설비 기초를 탱크전용실의 문턱높이 이상으로 하는 경우를 제외한다.

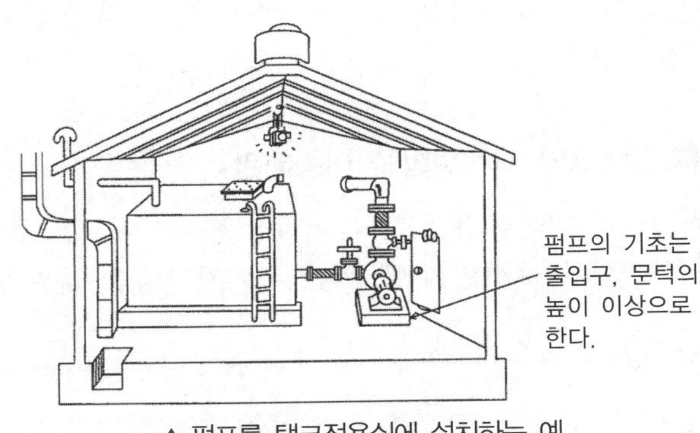
펌프의 기초는
출입구, 문턱의
높이 이상으로
한다.

▲ 펌프를 탱크전용실에 설치하는 예

(11) 옥내저장탱크의 밸브

규칙 별표 6 Ⅵ 제11호의 규정에 의한 옥외저장탱크의 밸브의 기준을 준용할 것

넓게 보기

① 탱크의 밸브는 화재발생 시 급격한 온도변화에도 파손 등 변형되지 않는 주강으로 만든다.
② 탱크의 밸브에 흑심가단주철, 구형흑연주철 등의 재질을 사용하는 것은 주강과 동등 이상의 성능이 있는 것으로서 그 사용이 인정되고 있다.

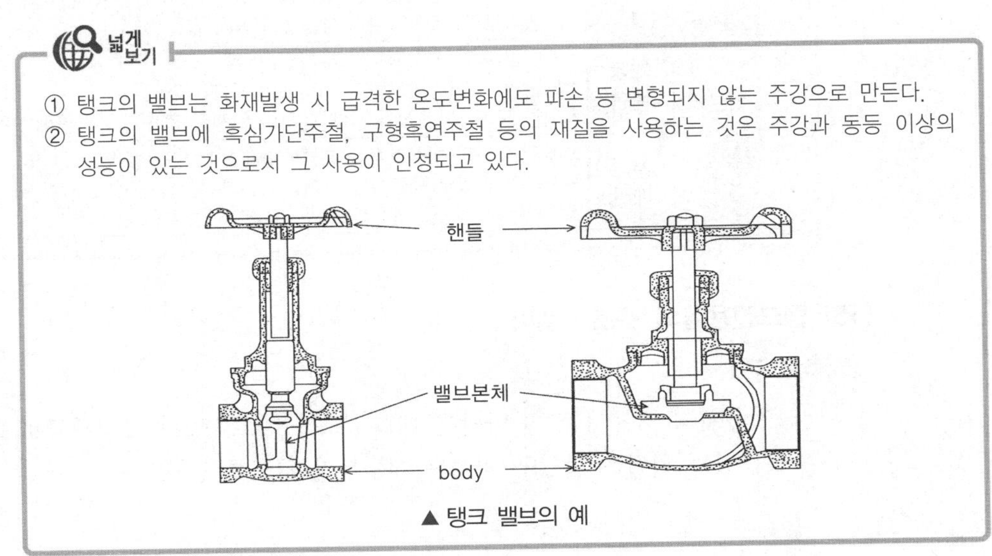
핸들
밸브본체
body

▲ 탱크 밸브의 예

(12) 옥내저장탱크의 배수관

규칙 별표 6 Ⅵ 제12호의 규정에 의한 옥외저장탱크의 배수관의 기준을 준용할 것

* 배수관은 위험물 탱크 저부의 물을 제거하기 위한 설비로서 모든 탱크에 설치할 필요는 없으나 설치하는 경우에는 탱크의 옆판에 설치하여야 한다. 다만, 탱크와 배수관과의 결합부분이 지진 등에 의하여 손상을 받을 우려가 없는 방법으로 배수관을 설치하는 경우에는 탱크의 밑판에 설치할 수 있다.

(13) 옥내저장탱크의 배관

배관의 위치·구조 및 설비는 별표 6Ⅵ 제15호의 규정에 의한 옥외저장탱크의 배관의 기준과 규칙 별표 4 Ⅹ의 규정에 의한 제조소의 위험물을 취급하는 배관의 기준을 준용할 것

(14) 옥내저장탱크의 액체위험물 이송배관

액체위험물을 이송하기 위한 옥내저장탱크의 배관은 규칙 별표 6 Ⅵ 제15호의 규정(탱크와의 결합부 손상방지)에 의한 옥외저장탱크 배관의 기준을 준용할 것

① 액체위험물을 이송하기 위한 배관은 지진 등에 의하여 당해 배관과 탱크와의 결합부분에 손상을 주지 아니하게 설치하여야 한다.

② 옥내저장탱크의 배관의 위치·구조 및 설비는 ①에 의하는 외에 규칙 별표 4 Ⅹ의 규정에 의한 제조소의 배관의 기준을 준용하여야 하며, 배관의 구조·재질·설치방법·방식조치 등의 개요는 대체로 다음 표와 같다.

<table>
<tr><td colspan="2">배관의 재질·구조</td><td>• 강제 기타의 금속일 것(지하매설 배관은 유리섬유강화플라스틱 등도 가능)
• 상용압력의 1.5배의 수압시험에 이상이 없을 것</td></tr>
<tr><td rowspan="2">배관의 설치 방법</td><td>지상 배관</td><td>• 지반면에 접하지 않도록 설치할 것
• 외면의 부식을 방지하기 위한 도장을 할 것
• 지진 등에 의한 신축 등에 대하여 안전한 구조의 지지물에 의해 지지할 것</td></tr>
<tr><td>지하 배관</td><td>• 배관 외면의 방식조치(도복장·코팅 또는 전기방식 등)를 할 것
• 배관의 접합부(용접접합부 제외)에는 누설점검구를 설치할 것
• 지상부의 중량이 배관에 미치지 않도록 보호할 것</td></tr>
</table>

(15) 탱크전용실의 구조·설비

1) 주요 구조

탱크전용실의 벽·기둥 및 바닥은 내화구조로 하고, 보는 불연재료로 하며, 연소의 우려가 있는 외벽은 출입구 외에는 개구부가 없도록 할 것

예외

인화점이 70℃ 이상인 제4류 위험물만의 옥내저장탱크를 설치하는 탱크전용실에 있어서는 연소의 우려가 없는 외벽·기둥 및 바닥을 불연재료로 할 수 있다.

2) 지붕재료 등

탱크전용실은 지붕을 불연재료로 하고, 천장을 설치하지 아니할 것

3) 방화문

탱크전용실의 창 및 출입구에는 갑종방화문 또는 을종방화문을 설치하는 동시에, 연소의 우려가 있는 외벽에 두는 출입구에는 수시로 열 수 있는 자동폐쇄식의 갑종방화문을 설치할 것

4) 망입유리

탱크전용실의 창 또는 출입구에 유리를 이용하는 경우에는 망입유리로 할 것

5) 바닥

액상의 위험물의 옥내저장탱크를 설치하는 탱크전용실의 바닥은 위험물이 침투하지 아니하는 구조로 하고, 적당한 경사를 두는 한편 집유설비를 설치할 것

6) 출입구 턱의 높이

탱크전용실의 출입구의 턱의 높이를 당해 탱크전용실 내의 옥내저장탱크(옥내저장탱크가 2 이상인 경우에는 최대용량의 탱크)의 용량을 수용할 수 있는 높이 이상으로 하거나 옥내저장탱크로부터 누설된 위험물이 탱크전용실 외의 부분으로 유출하지 아니하는 구조로 할 것

7) 채광·조명·환기 및 배출설비

탱크전용실의 채광·조명·환기 및 배출의 설비는 별표 5 Ⅰ 제14호의 규정에 의한 옥내저장소의 채광·조명·환기 및 배출의 설비의 기준을 준용할 것

8) 전기설비

「전기사업법」에 의한 「전기설비기술기준」에 의할 것

넓게 보기

① 탱크전용실의 벽, 기둥 및 바닥을 내화구조로 하는 원칙은 연소확대방지를 위함이다.

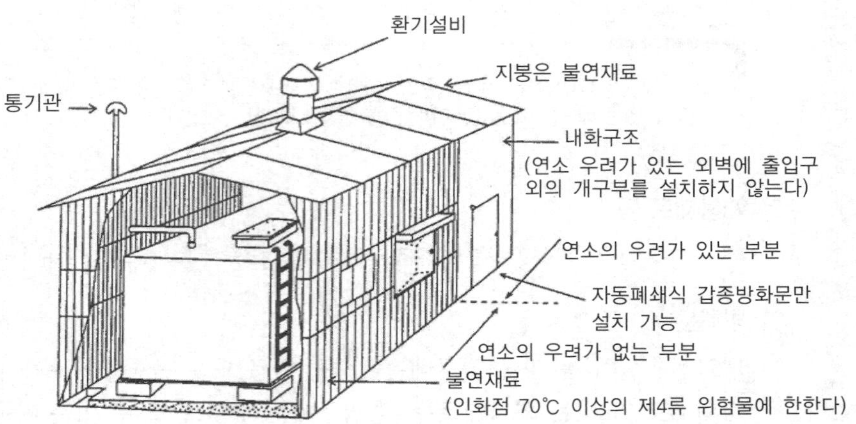

▲ 외벽을 내화구조 및 불연재료로 하는 예

② 보나 서까래는 불연재료 또는 내화구조로도 할 수 있다. 불연재료에는 콘크리트, 벽돌, 석면판, 주강, 알루미늄, 모르타르 및 회반죽 등이 해당한다.
③ 연소할 우려가 있는 외벽에는 출입구 외의 창 등의 개구부를 설치할 수 없다. 다만, 방화상 유효한 댐퍼 등을 설치한 환기 및 배출설비를 위한 개구부는 가능하다.
④ 탱크전용실 지붕의 재질은 방폭구조를 전제로 한 옥내저장소의 지붕과 달리 불연재료면 되고, 가벼운 불연재료로 할 것을 요구하지 않는다. 또 천장을 설치하지 않는 것은 천장 속에 위험물 증기(유증기)의 체류 등의 위험성이 있기 때문이다.
⑤ 창 또는 출입구에 사용하는 유리는 화재 시의 재해가 있는 경우에 비산할 우려가 있으므로 이를 방지하기 위하여 망입유리로 하고 있다.
⑥ 탱크전용실의 출입구의 턱의 높이는 저장위험물의 전량을 수용할 수 있도록 하거나 간이막을 설치하는 방법 등에 의하여 유출방지조치를 할 수 있다. 이 경우 간이막은 철근콘크리트조 또는 철근콘크리트블록조로 하는 외에 당해 간이막과 옥내저장탱크와의 사이에 0.5m 이상의 간격을 확보하여야 한다.

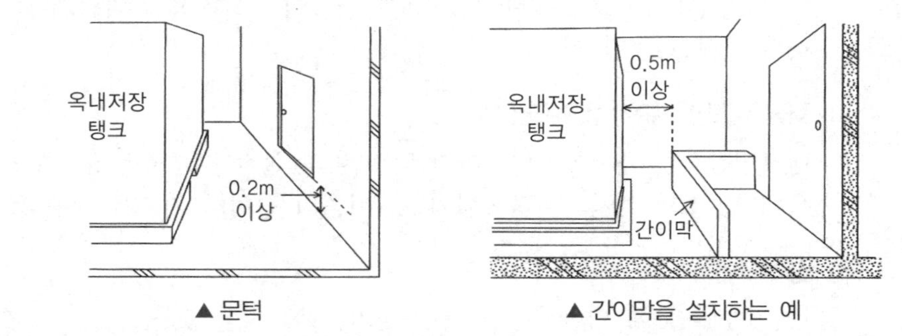

▲ 문턱 ▲ 간이막을 설치하는 예

2 단층건물 외의 건축물에 설치하는 옥내탱크저장소(規 별표 7 Ⅰ②)

(1) 저장하는 위험물의 제한

단층건물 외의 건축물에 설치하는 옥내탱크저장소에는 다음의 위험물만 저장 또는 취급할 수 있다. 그 중 제2류, 제3류 및 제6류 위험물의 탱크전용실은 건축물의 1층 또는 지하층에 설치하여야 한다.

① 제2류 위험물 중 황화린·적린 및 덩어리 유황
② 제3류 위험물 중 황린
③ 제4류 위험물 중 인화점이 38℃ 이상인 위험물
④ 제6류 위험물 중 질산

넓게 보기

탱크전용실을 단층건물 외의 건축물에 설치하는 옥내탱크저장소와 건축물과의 관계를 그림으로 나타내면 다음과 같다.

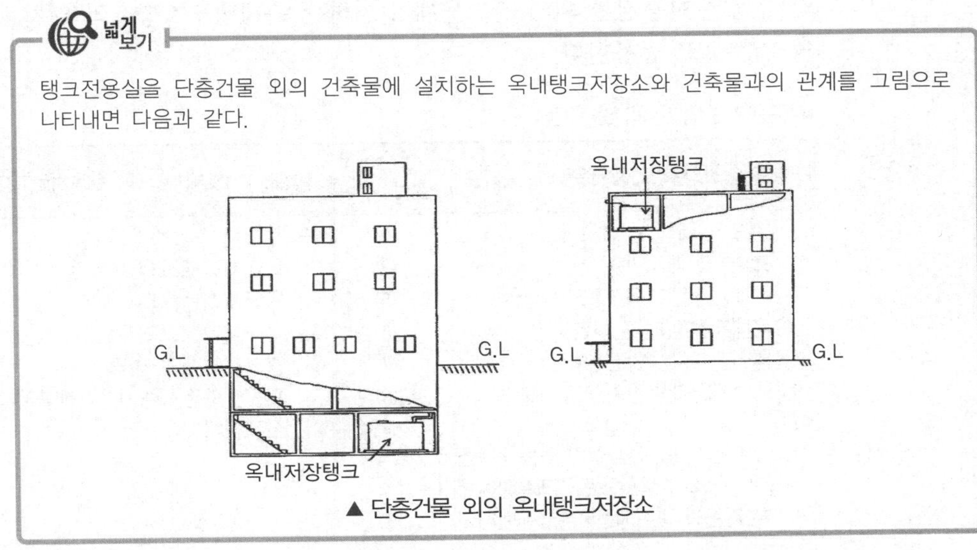

▲ 단층건물 외의 옥내탱크저장소

(2) 옥내저장탱크의 용량 제한

단층건물 외의 건축물에 설치하는 옥내저장탱크의 용량(동일한 탱크전용실에 옥내저장탱크를 2 이상 설치하는 경우에는 각 탱크의 용량의 합계)은 탱크전용실이 있는 층수에 따라 다르다.

1) 1층 또는 지하층

지정수량의 40배(제4석유류 및 동식물유류 외의 제4류 위험물에 있어서 당해 수량이 20,000L를 초과할 때에는 20,000L) 이하

2) 2층 이상의 층

지정수량의 10배(제4석유류 및 동식물유류 외의 제4류 위험물에 있어서 당해 수량이 5,000L를 초과할 때에는 5,000L) 이하

(3) 위치 · 구조 및 설비의 기술기준

단층건물 외의 건축물에 설치하는 옥내탱크저장소의 위치·구조 및 설비의 기술기준은 단층건물의 건축물에 설치하는 옥내탱크저장소의 기준 중 준용하는 일부 기준 1)과 그 밖의 기준 2)로 되어 있다.

1) 준용기준

규칙 별표 7 제1호의 단층건물의 건축물에 설치하는 옥내탱크저장소의 기준 중 나목·다목·마목 내지 자목·차목(탱크전용실이 있는 건축물 외의 장소에 설치하는 펌프설비에 관한 기준과 관련되는 부분에 한한다)·카목 내지 하목·머목·서목 및 어목의 규정은 단층건물 외의 건축물에 설치하는 옥내탱크저장소의 위치·구조 및 설비의 기준으로 준용한다.

▶ 준용기준의 항목 및 내용

별표 7 I 제1호 중 준용하는 기준	1의 해당 부분	별표 7 I 제1호 중 준용하는 기준	1의 해당 부분
나. 탱크실 내의 간격	(2)	카. 옥내저장탱크의 밸브	(11)
다. 표지 및 게시판	(3)	타. 옥내저장탱크의 배수관	(12)
마. 옥내저장탱크의 구조	(5)	파. 옥내저장탱크의 배관	(13)
바. 옥내저장탱크의 외면도장	(6)	하. 옥내저장탱크의 액체위험물 배관	(14)
사. 통기관 또는 안전장치	(7)	머. 탱크전용실의 바닥	(15) ⑤
아. 액량자동계량장치	(8)	서. 채광·조명·환기 및 배출설비	(15) ⑦
자. 주입구	(9)	어. 전기설비	(15) ⑧
차. 펌프설비(탱크전용실이 있는 건축물 외의 장소에 설치하는 펌프설비에 관한 기준과 관련되는 부분에 한한다)	(10) ①		

2) 그 밖의 기준

단층건물 외의 건축물에 설치하는 옥내탱크저장소의 위치·구조 및 설비는 1)의 기준에 의하는 외에 다음의 기준에 의하여야 한다.

① 옥내저장탱크는 탱크전용실에 설치할 것. 이 경우 제2류 위험물 중 황화린·적린 및 덩어리 유황, 제3류 위험물 중 황린, 제6류 위험물 중 질산의 탱크전용실은 건축물의 1층 또는 지하층에 설치하여야 한다.

넓게 보기

단층건물 외의 건축물에 옥내저장탱크를 설치하는 경우에 있어서도 탱크전용실에 설치하여야 한다. 또 **제4류 위험물 외의 위험물의 탱크전용실은 건축물의 1층 또는 지하층에만 설치할 수 있다.**

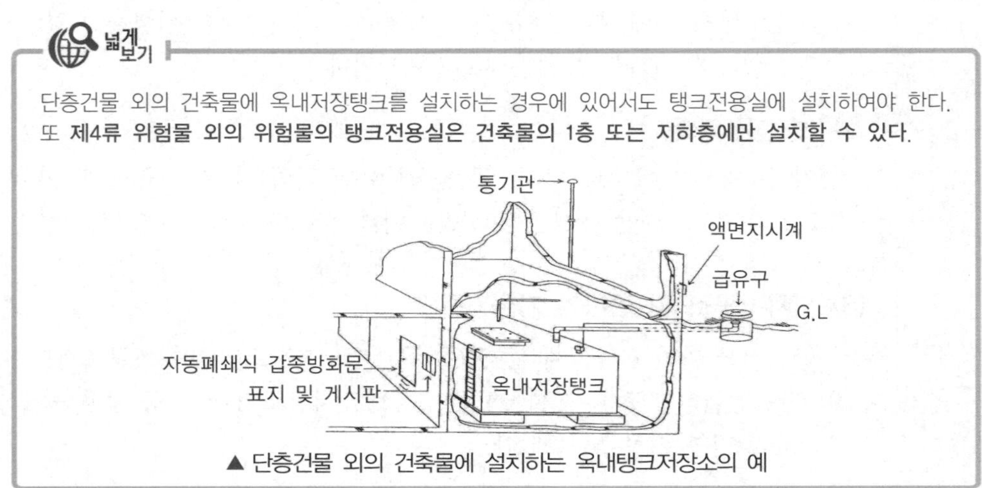

▲ 단층건물 외의 건축물에 설치하는 옥내탱크저장소의 예

② 옥내저장탱크의 주입구 부근에는 당해 옥내저장탱크의 위험물의 양을 표시하는 장치를 설치할 것. 다만, 당해 위험물의 양을 쉽게 확인할 수 있는 경우에는 그러하지 아니하다.

넓게 보기

단층건물 외의 건축물에 설치하는 옥내저장탱크의 주입구는 탱크설치장소로부터 먼 위치에 설치되는 경우가 예상되므로 위험물을 탱크에 주입할 때의 누설, 비산 등을 방지하기 위하여 주입구의 부근에 위험물의 양을 표시하는 장치를 설치하도록 하고 있다.

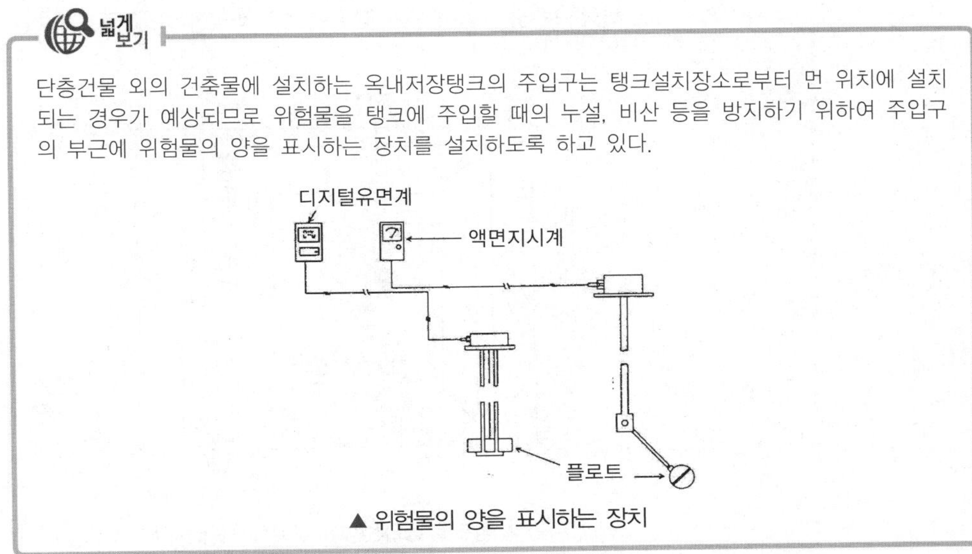

▲ 위험물의 양을 표시하는 장치

③ 탱크전용실이 있는 건축물에 설치하는 옥내저장탱크의 펌프설비는 다음의 1에 정하는 바에 의할 것
   ㉠ 탱크전용실 외의 장소에 설치하는 경우에는 다음의 기준에 의할 것
      ⓐ 펌프실은 벽·기둥·바닥 및 보를 내화구조로 할 것
      ⓑ 펌프실은 상층이 있는 경우에 있어서는 상층의 바닥을 내화구조로 하고, 상층이 없는 경우에 있어서는 지붕을 불연재료로 하며, 천장을 설치하지 아니할 것
      ⓒ 펌프실에는 창을 설치하지 아니할 것. 다만, 제6류 위험물의 탱크전용실에 있어서는 갑종방화문 또는 을종방화문이 있는 창을 설치할 수 있다.
      ⓓ 펌프실의 출입구에는 갑종방화문을 설치할 것. 다만, 제6류 위험물(질산)의 탱크전용실에 있어서는 을종방화문을 설치할 수 있다.
      ⓔ 펌프실의 환기 및 배출의 설비에는 방화상 유효한 댐퍼 등을 설치할 것
      ⓕ 그 밖의 기준은 규칙 별표 6 Ⅵ 제10호 다목·아목 내지 차목 및 타목의 규정을 준용할 것

그 밖의 기준

펌프설비 기초, 펌프실 바닥, 채광·조명 및 환기설비, 배출설비 및 주입구의 표지·게시판

넓게 보기

① 탱크전용실을 단층건물 외의 건축물에 설치하면서 펌프설비를 탱크전용실 외의 동일 건물 내에 설치하는 경우에는 화재발생 시에 있어서 다른 부분으로 연소하지 않도록 펌프실의 구조를 벽·기둥·바닥·보 및 상층이 있는 경우 상층의 바닥까지 내화구조로 하고, 창을 설치하지 않아야 한다.

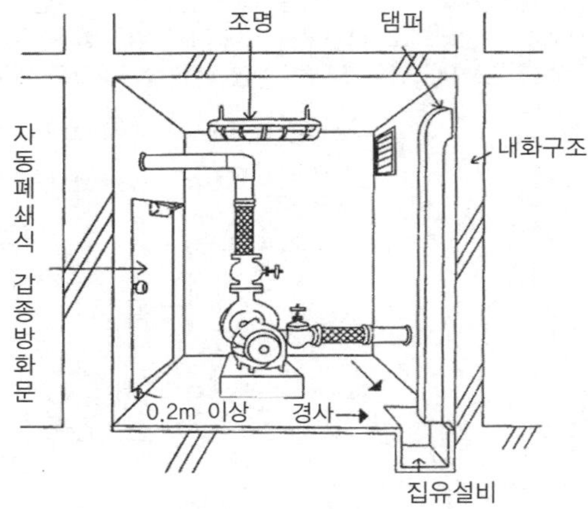

▲ 펌프를 탱크전용실 밖에 설치하는 예

② 단층건물 외의 건축물에 설치하는 탱크전용실의 환기설비 또는 배출설비에는 탱크전용실 또는 탱크전용실 외의 부분에서 화재가 발생한 경우에 벽 등을 관통하는 당해 설비의 덕트 등을 통한 상호의 연소를 방지하기 위하여 댐퍼 등을 방화상 유효하게 설치하도록 하고 있다.

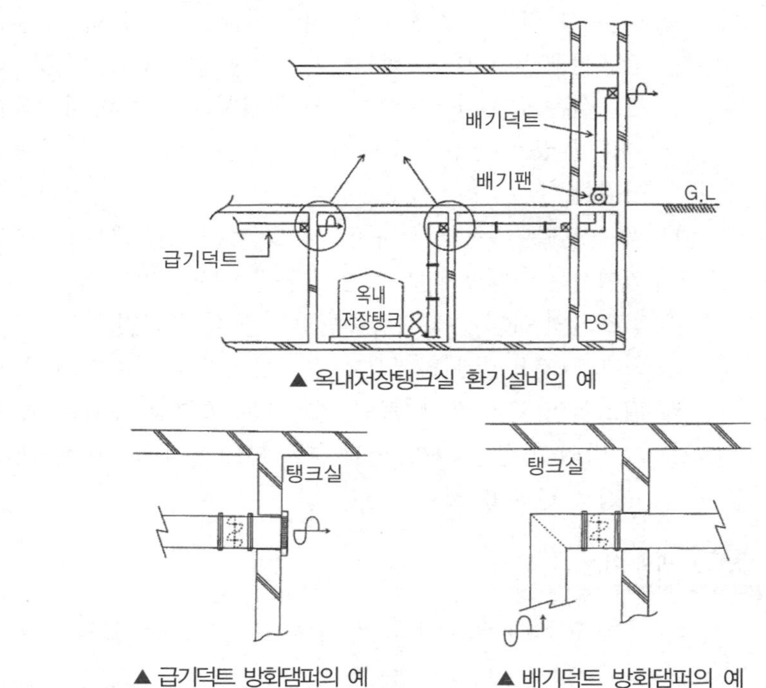

▲ 옥내저장탱크실 환기설비의 예

▲ 급기덕트 방화댐퍼의 예

▲ 배기덕트 방화댐퍼의 예

㉡ 탱크전용실에 펌프설비를 설치하는 경우에는 견고한 기초 위에 고정한 다음 그 주위에는 불연재료로 된 턱을 0.2m 이상의 높이로 설치하는 등 누설된 위험물이 유출되거나 유입되지 아니하도록 하는 조치를 할 것

넓게 보기

탱크전용실 외의 부분으로 유출되지 않는 구조에는 출입구의 문턱 높이를 높게 하거나 탱크전용실에 간이막을 설치하는 방법 등이 있다. 이때 위험물의 전량을 수납할 수 있도록 하여야 한다.

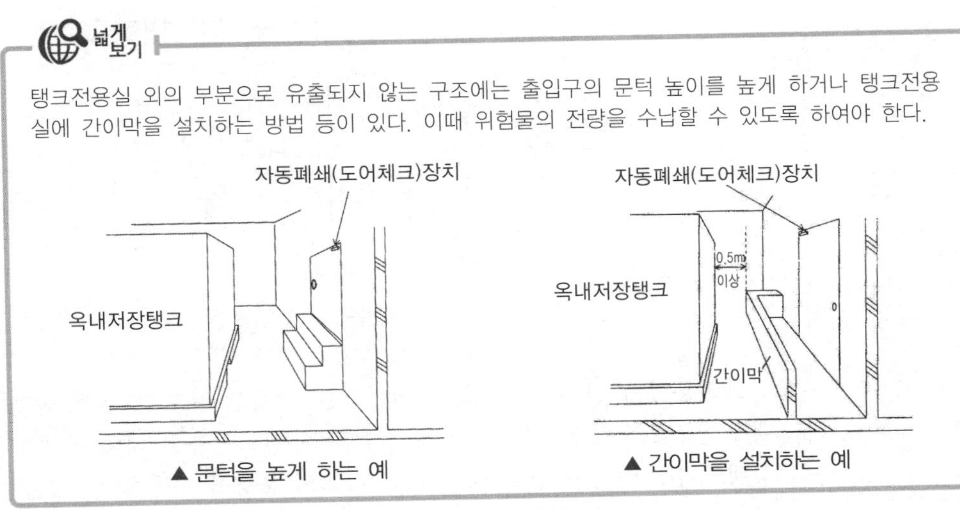

▲ 문턱을 높게 하는 예 ▲ 간이막을 설치하는 예

④ 탱크전용실은 벽·기둥·바닥 및 보를 내화구조로 할 것

⑤ 탱크전용실은 상층이 있는 경우에 있어서는 상층의 바닥을 내화구조로 하고, 상층이 없는 경우에 있어서는 지붕을 불연재료로 하며, 천장을 설치하지 아니할 것

넓게 보기

탱크전용실이 단층건물 외의 건축물에 설치되므로 화재가 발생한 경우에 있어서도 다른 부분으로 연소하는 일이 없도록 벽·기둥·바닥·보 및 상층이 있는 경우 상층의 바닥까지 내화구조로 하여 탱크전용실을 방화적으로 독립시키고 있다.

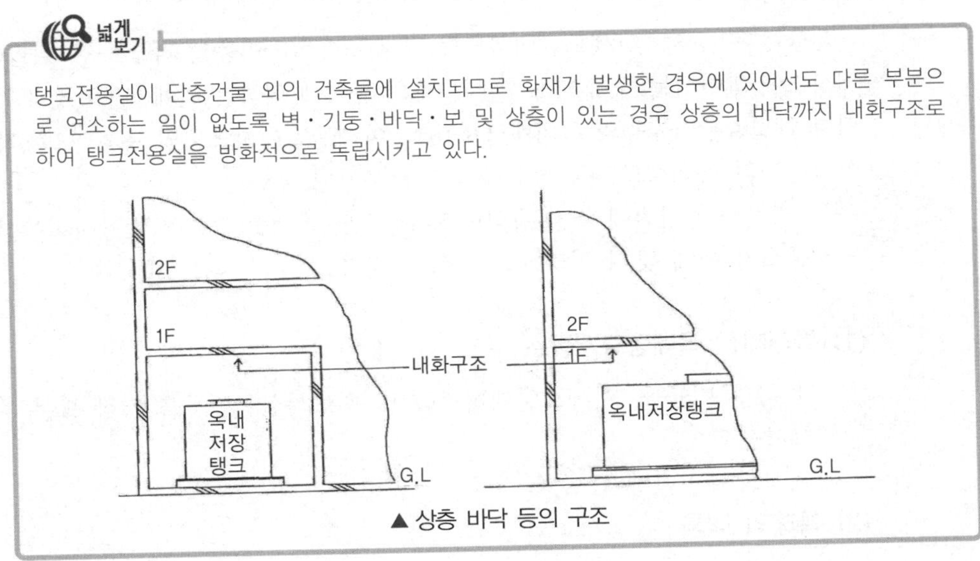

▲ 상층 바닥 등의 구조

⑥ 탱크전용실에는 창을 설치하지 아니할 것

⑦ 탱크전용실의 출입구에는 수시로 열 수 있는 자동폐쇄식의 갑종방화문을 설치할 것

넓게 보기

탱크전용실의 구조를 제한하는 목적에 따라 탱크전용실에는 창을 둘 수 없도록 하고 있다. 또 탱크전용실의 출입구에도 항상 폐쇄상태가 확보되는 자동폐쇄식의 갑종방화문을 설치하도록 하고 있다.

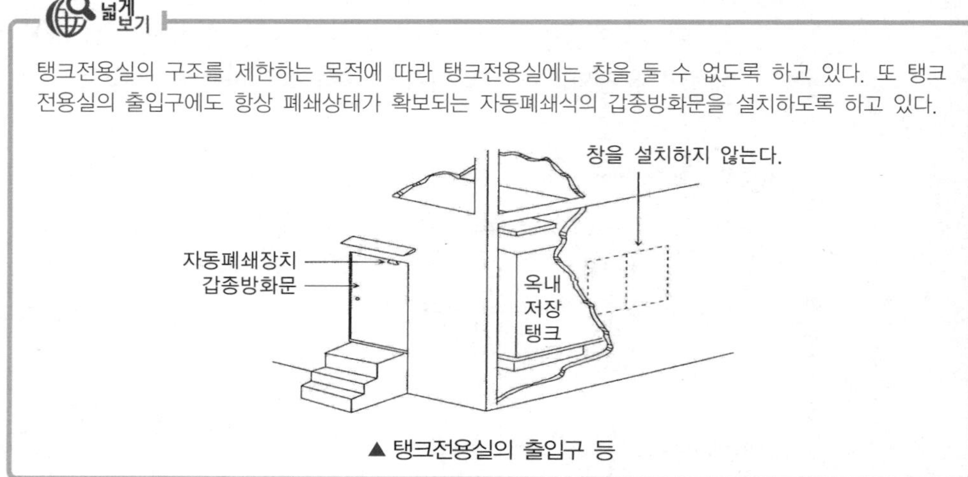

▲ 탱크전용실의 출입구 등

⑧ 탱크전용실의 환기 및 배출의 설비에는 방화상 유효한 댐퍼 등을 설치할 것

⑨ 탱크전용실의 출입구의 턱의 높이를 당해 탱크전용실 내의 옥내저장탱크(옥내저장탱크가 2 이상인 경우에는 모든 탱크)의 용량을 수용할 수 있는 높이 이상으로 하거나 옥내저장탱크로부터 누설된 위험물이 탱크전용실 외의 부분으로 유출하지 아니하는 구조로 할 것

3 위험물의 성질에 따른 옥내탱크저장소의 특례(規 별표 7 Ⅱ)

알킬알루미늄등, 아세트알데히드등 및 히드록실아민등을 저장 또는 취급하는 옥내탱크저장소에 있어서는 규칙 별표 7 Ⅰ제1호의 규정에 의하는 외에, 별표 6 XI 각 호의 규정에 의한 알킬알루미늄등의 옥외탱크저장소, 아세트알데히드등의 옥외탱크저장소 및 히드록실아민등의 옥외탱크저장소의 규정을 준용하여야 한다.

즉, 위험물의 성질에 따른 옥외탱크저장소의 특례를 그대로 준용하여야 하는데 옥내탱크저장소의 예에 맞게 정리하면 다음과 같다.

(1) 특례대상 옥내탱크저장소

알킬알루미늄등, 아세트알데히드등 및 히드록실아민등을 저장 또는 취급하는 옥내탱크저장소

(2) 특례의 내용

알킬알루미늄등, 아세트알데히드등 및 히드록실아민등을 저장 또는 취급하는 옥내탱크저장소는 규칙 별표 7 Ⅰ제1호의 규정에 의하는 것은 물론 당해 위험물의 성질에 따른 다음의 기준에도 적합하여야 한다.

1) 알킬알루미늄등의 옥내탱크저장소

① 옥내저장탱크의 주위에는 누설범위를 국한하기 위한 설비 및 누설된 알킬알루미늄등을 안전한 장소에 설치된 조에 이끌어 들일 수 있는 설비를 설치할 것

② 옥내저장탱크에는 불활성의 기체를 봉입하는 장치를 설치할 것

2) 아세트알데히드등의 옥내탱크저장소

① 옥내저장탱크의 설비는 동·마그네슘·은·수은 또는 이들을 성분으로 하는 합금으로 만들지 아니할 것

② 옥내저장탱크에는 냉각장치 또는 보랭장치, 그리고 연소성 혼합기체의 생성에 의한 폭발을 방지하기 위한 불활성의 기체를 봉입하는 장치를 설치할 것

3) 히드록실아민등의 옥내탱크저장소

① 옥내탱크저장소에는 히드록실아민등의 온도의 상승에 의한 위험한 반응을 방지하기 위한 조치를 강구할 것

② 옥내탱크저장소에는 철이온 등의 혼입에 의한 위험한 반응을 방지하기 위한 조치를 강구할 것

03-4 지하탱크저장소의 위치 · 구조 및 설비의 기준

지하탱크저장소는 지반면하에 매설하는 탱크에 위험물을 저장하는 시설을 말하는 것으로, 다른 탱크에 의한 저장시설에 비하여 화재에 대한 안전성은 가장 높은 저장시설이라 할 수 있다. 반면에 지중에 매설되는 탱크이므로 부식과 누설에 대한 감시조건이 다른 탱크에 비하여 취약하기 때문에 탱크의 구조 및 설비의 기준에 관하여 그 대책을 마련하고 있다.

이러한 현상에 따라 지하탱크저장소의 지하저장탱크는 위험물의 누설을 방지하는 관점에서 그 구조를 단일벽탱크와 이중벽탱크로 대별할 수 있으며, 단일벽탱크는 2가지 형태, 이중벽탱크는 3가지 형태로 분류하여, 지반면하에 설치하는 여러 기술상의 기준을 정하고 있다.

1. 단일벽탱크(강제탱크)
   ① 강제탱크를 방수조치를 한 철근콘크리트조의 탱크실 내에 설치한 것
   ② 강제탱크를 방수조치를 한 콘크리트로 직접 피복하여 둘러싼 것(특수누설방지구조)
2. 이중벽탱크
   ① 강제탱크에 강판을 사이 틈이 생기도록 부착하고 위험물의 누설을 항상 감지하기 위한 설비를 설치한 것(강제 이중벽탱크)
   ② 강제탱크에 강화플라스틱을 사이 틈이 생기도록 부착하고 상기 ①과 같은 누설감지설비를 설치한 것(강제강화플라스틱제 이중벽탱크)
   ③ 강화플라스틱제 등의 탱크에 강화플라스틱을 사이 틈이 생기도록 부착하고 상기 ①과 같은 누설감지설비를 설치한 것(강화플라스틱제 이중벽탱크)

이들 각각에 대하여 그 위치·구조 및 설비의 기준을 정하고 있는데, 이러한 관계를 표로 나타내면 다음과 같다.

지하저장탱크의 형태·명칭		관계 규정	
단일벽 탱크	탱크실 내 설치탱크(탱크실 생략 탱크 포함)	規 별표 8 Ⅰ	
	콘크리트피복탱크(특수누설방지구조)	規 별표 8 Ⅲ	
이중벽 탱크	강제 이중벽탱크	規 별표 8 Ⅱ ② 가	告 39·106
	강제강화플라스틱제 이중벽탱크	規 별표 8 Ⅱ ② 나 1) 가) 등	告 37·99·101～104
	강화플라스틱제 이중벽탱크	規 별표 8 Ⅱ ② 나 1) 나) 등	告 38·105

〈일반기준〉

지하탱크저장소에 관한 위치·구조 및 설비의 기준 중 주요한 사항은 다음과 같다.

1. 탱크의 매설방법에 관한 것
2. 탱크의 구조에 관한 것
3. 탱크에 의한 위험물 저장의 안전상 지하저장탱크에 설치하여야 하는 설비 등에 관한 것
4. 탱크에 부속하여 설치하는 배관·펌프 그 밖의 설비의 위치·구조 및 설비에 관한 것
5. 탱크전용실의 구조 등에 관한 것

〈특례기준〉

소정의 위험물을 저장하는 지하탱크저장소에 대하여는 위치·구조 및 설비의 기준(規 별표 8 Ⅰ～Ⅲ)에 대한 강화특례를 정하고 있는데, 아세트알데히드등 및 히드록실아민등을 저장하는 지하탱크저장소를 그 대상으로 하고 있다(規 별표 8 Ⅳ).

1 지하탱크저장소의 개념 등

지하탱크저장소란 지하에 매설한 탱크에 위험물을 저장 또는 취급하는 저장소로 정의되며, 저장주체인 지하저장탱크와 부속하는 배관 등의 설비로 구성되어 있다.

지하탱크저장소는 다음과 같이 분류할 수 있다.

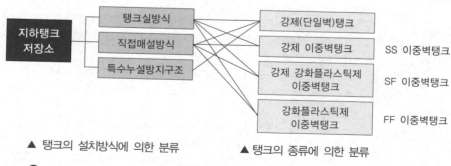

지하탱크저장소
- 탱크실방식
- 직접매설방식
- 특수누설방지구조

강제(단일벽)탱크
강제 이중벽탱크 — SS 이중벽탱크
강제 강화플라스틱제 이중벽탱크 — SF 이중벽탱크
강화플라스틱제 이중벽탱크 — FF 이중벽탱크

▲ 탱크의 설치방식에 의한 분류

▲ 탱크의 종류에 의한 분류

넓게 보기

① 탱크의 용량은 규칙 제5조의 규정에 의하여 탱크의 내용적에서 공간용적을 뺀 용적으로 한다. 지하탱크저장소의 탱크에 있어서도 이 규정에 근거하여 계산하며, 또 산정된 지하저장탱크의 용량이 당해 지하탱크저장소의 저장최대수량이 된다.

② 하나의 지하탱크저장소의 범위에 대하여는 지하저장탱크의 구체적 설치상황에 기초하여 객관적으로 판단하여야 한다.
탱크실방식의 경우에는 동일 탱크실 내에 설치된 지하저장탱크를, 누설방지구조의 경우에는 하나의 콘크리트로 피복된 지하저장탱크를 하나의 지하탱크저장소로, 직접매설방식의 지하탱크저장소에 있어서는 기초 또는 뚜껑이 동일한 경우에 하나의 지하탱크저장소로 규제된다.
따라서, 하나의 지하탱크저장소를 구성하는 2 이상 탱크의 용량을 합산한 수량이 당해 지하탱크저장소의 저장수량으로 된다.

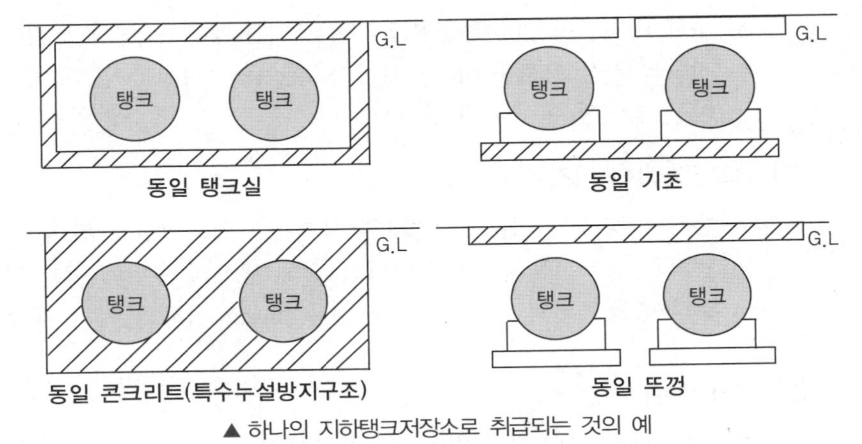

▲ 하나의 지하탱크저장소로 취급되는 것의 예

2 탱크전용실을 설치하는 지하탱크저장소의 기준(規 별표 8 Ⅰ)

탱크를 지반면하에 설치한 탱크전용실 내에 설치하는 지하탱크저장소의 위치 · 구조 및 설비의 기술기준은 다음과 같다.

(1) 탱크의 매설방법(탱크전용실 내 설치의 원칙과 예외)

위험물을 저장 또는 취급하는 지하탱크("지하저장탱크")는 지면하에 설치된 탱크전용실에 설치하여야 한다.

넓게 보기

[예외]
제4류 위험물의 지하저장탱크에 있어서는 다음의 ①, ⑤의 탱크설치장소의 요건에 적합하고, 탱크에 다음의 ② 내지 ④의 보호조치를 한 것에 한하여 탱크전용실을 설치하지 않고 직접 매설할 수 있다.

① 당해 탱크를 지하철 · 지하가 또는 지하터널로부터 수평거리 10m 이내의 장소 또는 지하건축물 내의 장소에 설치하지 아니할 것
② 당해 탱크를 그 수평투영의 세로 및 가로보다 각각 0.6m 이상 크고 두께가 0.3m 이상인 철근콘크리트조의 뚜껑으로 덮을 것(Ⅰ① 나)
③ 뚜껑에 걸리는 중량이 직접 당해 탱크에 걸리지 아니하는 구조일 것(Ⅰ① 다)
④ 당해 탱크를 견고한 기초 위에 고정할 것(Ⅰ① 라)
⑤ 당해 탱크를 지하의 가장 가까운 벽 · 피트 · 가스관 등의 시설물 및 대지경계선으로부터 0.6m 이상 떨어진 곳에 매설할 것(Ⅰ① 마)

(2) 탱크전용실의 구조 등

1) 탱크전용실의 구조 · 위치

① 탱크전용실은 벽 및 바닥을 두께 0.3m 이상의 콘크리트구조 또는 이와 동등 이상의 강도가 있는 구조로 할 것(Ⅰ ⑯)

② 적당한 방수조치를 할 것(Ⅰ ⑯)

③ 두께 0.3m 이상의 철근콘크리트조로 된 뚜껑을 설치할 것(Ⅰ ⑯)

④ 지하의 가장 가까운 벽 · 피트 · 가스관 등의 시설물 및 대지경계선으로부터 0.1m 이상 떨어진 곳에 설치할 것(Ⅰ ②)

2) 탱크전용실 내 공간부분의 조치(Ⅰ ②)

① 탱크와 탱크전용실의 안쪽과의 사이는 0.1m 이상의 간격을 유지할 것

② 탱크와 탱크전용실과의 사이에는 당해 탱크의 주위에 마른 모래 또는 습기 등에 의하여 응고되지 아니하는 입자지름 5mm 이하의 마른 자갈분을 채울 것

(3) 탱크 주위의 간격

① 지하저장탱크의 윗부분은 지면으로부터 0.6m 이상 아래에 있어야 한다(Ⅰ ③).

② 지하저장탱크를 2 이상 인접해 설치하는 경우에는 그 상호간에 1m(당해 2 이상의 지하저장탱크의 용량의 합계가 지정수량의 100배 이하인 때에는 0.5m) 이상의 간격을 유지하여야 한다. 다만, 그 사이에 탱크전용실의 벽이나 두께 20cm 이상의 콘크리트 구조물이 있는 경우에는 그러하지 아니하다(Ⅰ ④).

넓게 보기

① 지하저장탱크는 지면 밑의 탱크실에 설치하거나 이중벽탱크구조, 누설방지구조로 하는 것이 원칙이다.

② 제4류 위험물을 저장하는 지하저장탱크에 있어서는 설치위치, 뚜껑의 구조와 지지방법, 탱크의 고정방법이 규칙 별표 8 Ⅰ 제1호 단서의 규정에 적합할 경우에는 탱크실을 생략하고 탱크를 직접 지하에 매설할 수 있다.

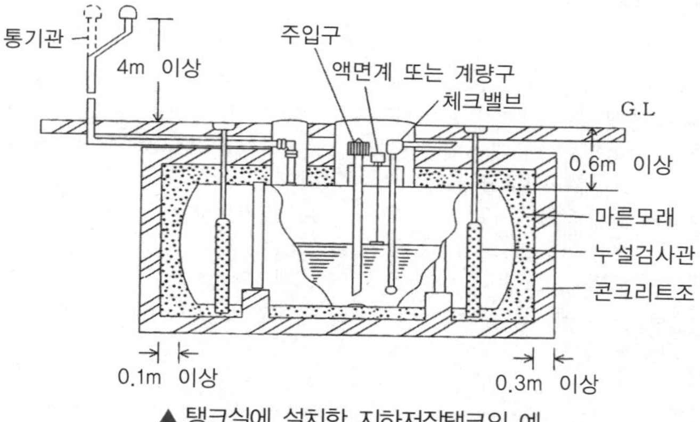

▲ 탱크실에 설치한 지하저장탱크의 예

통기관
주입구
액면계 또는 계량구
체크밸브
철근콘크리트의 맨홀
G.L
0.3m 이상
0.6m 이상
탱크의 외면보호
지주
고정밴드
누설검사관
견고한 기초

▲ 탱크실을 생략한 지하저장탱크의 예

㉠ 탱크실을 설치하지 않는 경우 지하저장탱크를 덮는 뚜껑은 두께 0.3m 이상의 철근콘크리트제로서 크기는 탱크의 수평투영길이보다 4방으로 각각 0.3m 이상씩 더한 크기 이상으로 한다.

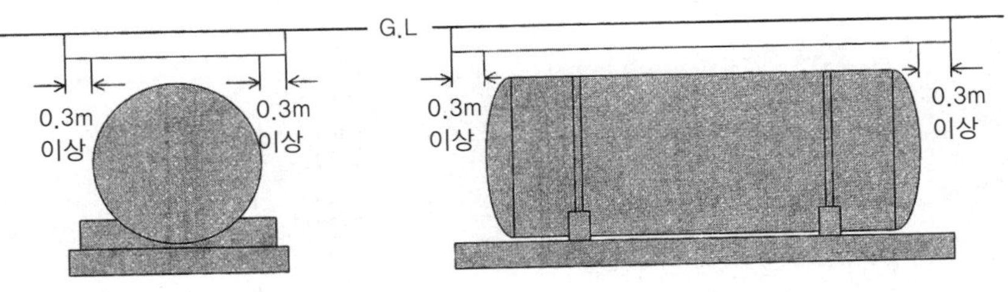

㉡ 뚜껑에 걸리는 중량이 직접 탱크에 걸리지 않는 구조로는 뚜껑을 철근콘크리트조의 지주 또는 철근콘크리트관(흄관)을 사용한 지주로 지지하는 방법이 있다.

(4) 표지 및 게시판의 설치

지하탱크저장소에는 규칙 별표 4 Ⅲ 제1호의 기준에 따라 보기 쉬운 곳에 "위험물 지하탱크저장소"라는 표시를 한 표지와 동표 Ⅲ 제2호의 기준에 따라 방화에 관하여 필요한 사항을 게시한 게시판을 설치하여야 한다(Ⅰ ⑤).

(5) 탱크의 구조

1) 재질 등

지하저장탱크는 용량에 따라 다음 표에 정하는 기준에 적합하게 강철판 또는 동등 이상의 성능이 있는 금속재질로 완전용입용접 또는 양면겹침이음용접으로 틈이 없도록 만들어야 한다.

탱크용량(단위 : L)	탱크의 최대직경(단위 : mm)	강철판의 최소두께(단위 : mm)
1,000 이하	1,067	3.20
1,000 초과 2,000 이하	1,219	3.20
2,000 초과 4,000 이하	1,625	3.20
4,000 초과 15,000 이하	2,450	4.24
15,000 초과 45,000 이하	3,200	6.10
45,000 초과 75,000 이하	3,657	7.67
75,000 초과 189,000 이하	3,657	9.27
189,000 초과	–	10.00

2) 수압시험

압력탱크(최대상용압력이 46.7kPa 이상인 탱크를 말한다) 외의 탱크에 있어서는 70kPa의 압력으로, 압력탱크에 있어서는 최대상용압력의 1.5배의 압력으로 각각 10분간 수압시험을 실시하여 새거나 변형되지 아니하여야 한다. 이 경우 수압시험은 고시로 정하는 기밀시험과 비파괴시험을 동시에 실시하는 방법으로 대신할 수 있다[97](Ⅰ⑥).

① 탱크의 수압시험은 맨홀 윗면까지 물을 채우고 행한다.
② 탱크시험 중의 변형 : 수압시험에 있어서 발생하여서는 안 되는 변형은 영구변형을 말하며, 가압 중에 변형이 발생하여도 압력제거 시에 가압 전의 상태로 되돌아가는 것은 여기서 말하는 변형에 해당하지 않는다.

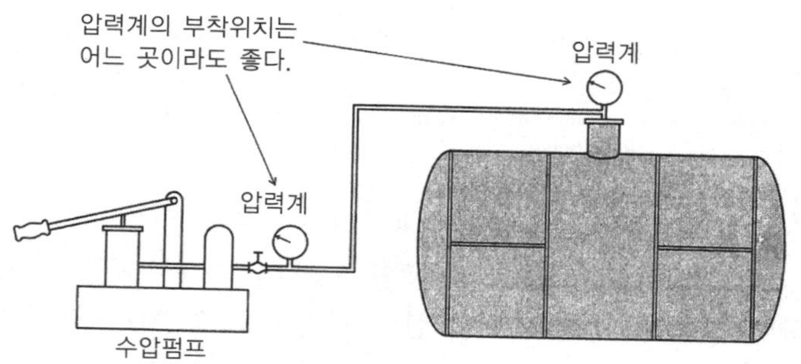

▲ 수압시험

③ 지하저장탱크 가운데 탱크실을 설치하지 않는 것에 있어서는 주위의 토압 등에 견딜 충분한 강도를 갖도록 설계 및 시공을 할 필요가 있다.
④ 수압시험에 사용하는 압력계는 최고지시압력이 시험압력에 비교하여 현저히 큰 것은 적당하지 않다.

97) 지하저장탱크 안전성능검사의 방법으로 수압시험이 가장 정확하지만, 수압시험에 따르는 여러 불편을 고려하여 기밀시험과 비파괴시험을 모두 실시하는 방법으로 수압시험을 대신할 수 있도록 하고 있다.

⑤ 압력계의 부착위치에 제한은 없지만 탱크와 압력계 사이의 낙차가 크면 실제로 탱크에 가해진 압력과 압력계에 표시되는 압력(게이지압)과의 사이에 오차(낙차 1m마다 0.1kg/cm²)가 발생하기 때문에 보정한 게이지압으로 가압할 필요가 있다.
⑥ 수압시험은 누설, 변형이 없는 것을 확인하기 위하여 행하는 것이지만 동시에 용접불량부분도 확인할 필요가 있다.

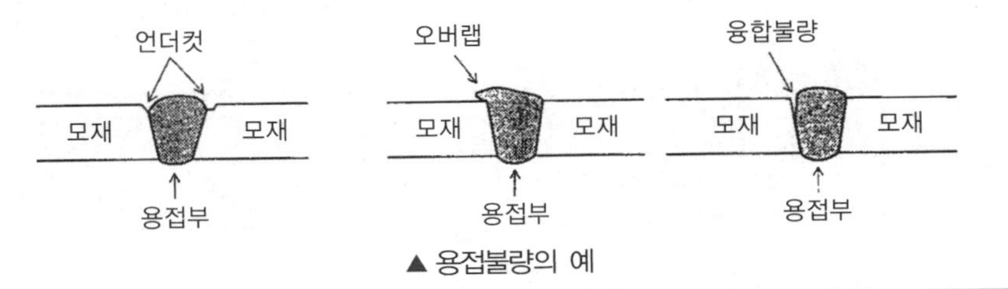

▲ 용접불량의 예

(6) 탱크의 외면보호

지하저장탱크의 외면은 부식방지를 위하여 다음의 기준에 따라 보호하여야 한다. 다만, 지하저장탱크의 재질이 부식의 우려가 없는 스테인리스 강판 등인 경우에는 방청도장을 하지 않을 수 있다.

1) 탱크전용실에 설치하는 지하저장탱크의 외면은 다음의 1에 해당하는 방법으로 보호할 것
   ① 탱크의 외면에 녹방지를 위한 도장을 할 것
   ② 탱크의 외면에 방청제 및 아스팔트 프라이머의 순으로 도장을 한 후 아스팔트 루핑 및 철망의 순으로 탱크를 피복하고, 그 표면에 두께가 2cm 이상에 이를 때까지 모르타르를 도장할 것. 이 경우에 있어서 다음에 정하는 기준에 적합하여야 한다.
      ㉠ 아스팔트 루핑은 아스팔트 루핑(KS F 4902)(35kg)의 규격에 의한 것 이상의 성능이 있을 것
      ㉡ 철망은 와이어라스(KS F 4551)의 규격에 의한 것 이상의 성능이 있을 것
      ㉢ 모르타르에는 방수제를 혼합할 것. 다만, 모르타르를 도장한 표면에 방수제를 도장하는 경우에는 그러하지 아니하다.
   ③ 탱크의 외면에 방청제 도장을 실시하고, 그 표면에 아스팔트 및 아스팔트 루핑에 의한 피복을 두께 1cm에 이를 때까지 교대로 실시할 것. 이 경우 아스팔트 루핑은 ② ㉠의 기준에 적합하여야 한다.
   ④ 탱크의 외면에 프라이머를 도장하고, 그 표면에 복장재를 휘감은 후 에폭시수지 또는 타르에폭시수지에 의한 피복을 탱크의 외면으로부터 두께 2mm 이상에 이를 때까지 실시할 것. 이 경우에 있어서 복장재는 수도용 강관아스팔트도복장방법(KS D 8306)으로 정하는 비닐론클로스 또는 헤시안클래스에 적합하여야 한다.

⑤ 탱크의 외면에 프라이머를 도장하고, 그 표면에 유리섬유 등을 강화재로 한 강화플라스틱에 의한 피복을 두께 3mm 이상에 이를 때까지 실시할 것

2) 탱크전용실 외의 장소에 설치하는 지하저장탱크의 외면은 1)의 ① 내지 ④의 1에 해당하는 방법으로 보호할 것

넓게 보기

① 지하저장탱크의 외면보호는 탱크의 부식을 방지하기 위하여 필요하다.
② 지하저장탱크뿐만 아니라 탱크고정밴드, 앵커볼트 등도 도장 등으로 보호할 필요가 있다.
③ 방청도장에는 프탈산수지도료, 염화고무도료, 에폭시수지도료, 아연분말도료 등이 사용되고 있다.
④ 강화플라스틱의 재료 : 강화플라스틱의 수지에는 이소프탈산계 불포화폴리에스테르수지, 비스페놀계 불포화폴리에스테르수지, 비닐에스테르수지 또는 폴리에스테르수지가 강화재인 유리섬유에는 글래스 춉트 스트랜드 매트(Glass Chopped Strand Mat), 유리로빙(Glass Roving), 처리유리크로스 또는 유리로빙크로스 등이 사용되고 있다.
⑤ 모르타르를 바르는 방법, 아스팔트를 바르는 방법, 에폭시수지 등을 사용하는 방법 및 강화플라스틱을 사용하는 방법은 다음과 같다.

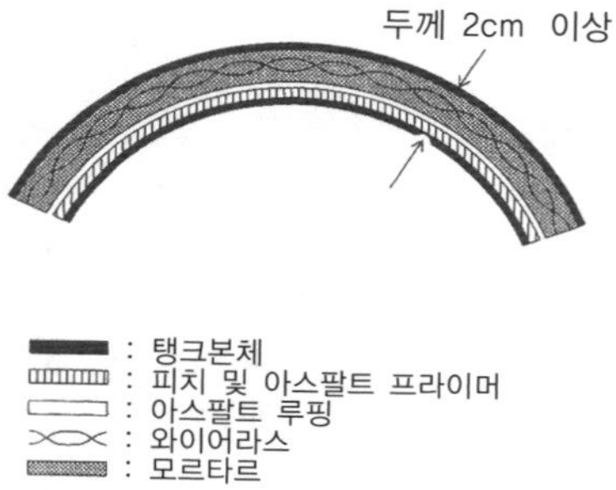

▲ 모르타르도장

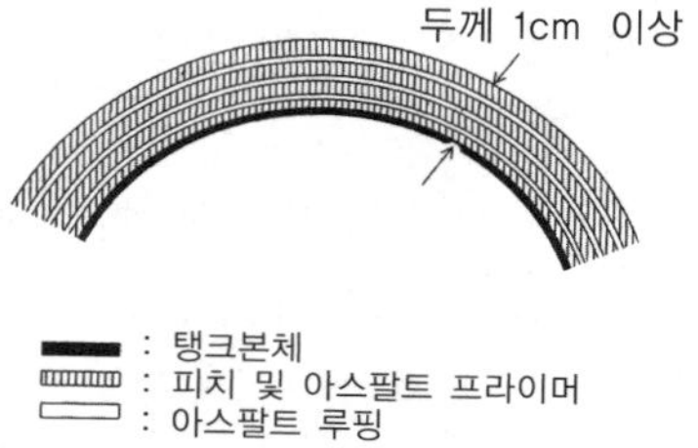

▲ 아스팔트도장

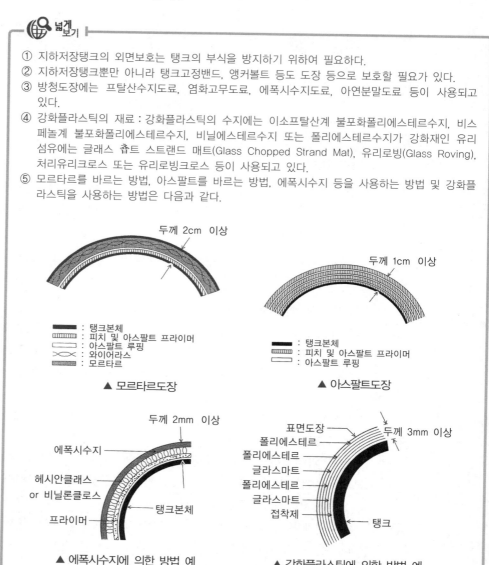

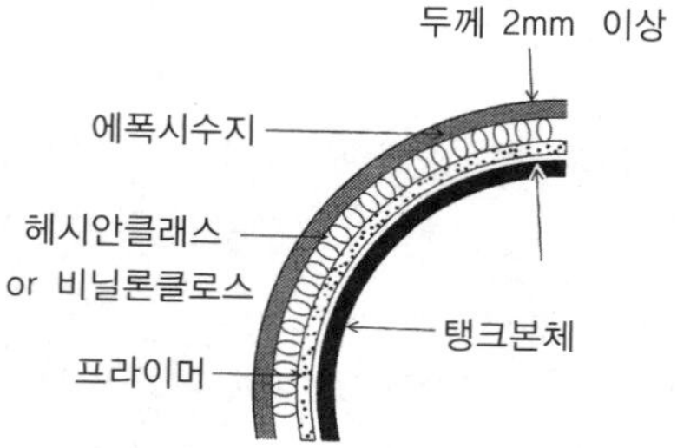

▲ 에폭시수지에 의한 방법 예

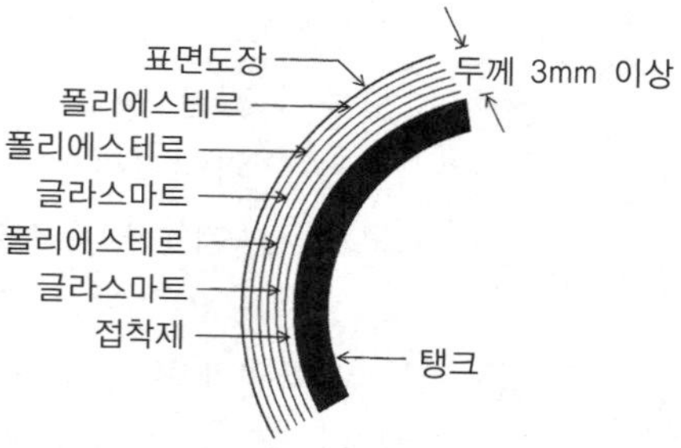

▲ 강화플라스틱에 의한 방법 예

(7) 탱크에 부속하는 설비 등

1) 통기관 또는 안전장치의 설치(I ⑧)

지하저장탱크 중 압력탱크(최대상용압력이 부압 또는 정압 5kPa을 초과하는 탱크)

외의 제4류 위험물의 탱크에 있어서는 밸브 없는 통기관 또는 대기밸브부착 통기관을 다음 기준에 적합하게 설치하고, 압력탱크에 있어서는 규칙 별표 4 Ⅷ 제4호의 규정에 따른 제조소의 안전장치의 기준을 준용하여야 한다.

① 밸브 없는 통기관

㉠ 통기관은 지하저장탱크의 윗부분에 연결할 것

㉡ 통기관 중 지하의 부분은 그 상부의 지면에 걸리는 중량이 직접 해당 부분에 미치지 않도록 보호하고, 해당 통기관의 접합부분(용접 등 위험물의 누설 우려가 없다고 인정되는 방법으로 접합된 것은 제외)에 대하여는 해당 접합부분의 손상 유무를 점검할 수 있는 조치를 할 것

㉢ 옥내저장탱크의 밸브 없는 통기관 기준(規 별표 7 Ⅰ① 사)에 적합할 것

② 대기밸브부착 통기관

㉠ ①의 ㉠ 및 ㉡의 기준에 적합할 것

㉡ 옥외저장탱크의 대기밸브부착 통기관 기준(規 별표 6 Ⅵ ⑦ 나)에 적합할 것. 다만, 제4류 제1석유류를 저장하는 탱크는 정압 0.6kPa 이상 1.5kPa 이하, 부압 1.5kPa 이상 3kPa 이하의 압력 차이에서 작동하여야 한다.

㉢ 옥내저장탱크의 밸브 없는 통기관 기준 중 통기관의 선단위치 및 굴곡금지의 기준[規 별표 7 Ⅰ① 사 1) 가) 및 나)]에 적합할 것

넓게 보기

압력탱크 외의 탱크에는 밸브 없는 통기관 또는 대기밸브부착 통기관을, 압력탱크에는 안전장치(제조소의 「압력계 및 안전장치」 참조)를 설치하도록 되어 있다.

① 통기관은 지하저장탱크에 위험물을 주입하거나 지하저장탱크로부터 위험물을 배유할 때에 탱크 내의 압력이 상승 또는 감소하지 않도록 설치한다.

② 압력탱크 외의 탱크에 설치하는 통기관의 기준은 다음과 같다(옥외·옥내탱크 기준 중 일부 준용).

〈밸브 없는 통기관의 설치기준〉

㉠ 통기관은 지하저장탱크의 윗부분에 설치할 것

㉡ 직경은 30mm 이상으로 할 것

㉢ 선단은 수평보다 아래로 45° 이상 굽혀서 빗물의 침투를 막는 구조로 할 것

㉣ 가는 눈의 동망 등에 의한 인화방지장치를 설치할 것(인화점 70℃ 미만의 위험물만을 70℃ 미만의 온도로 저장 또는 취급하는 탱크에 설치하는 통기관은 예외)

㉤ 선단은 건축물의 창·출입구 등의 개구부로부터 1m 이상 떨어진 옥외의 장소에 지상 4m 이상의 높이로 설치하되, 인화점이 40℃ 미만인 위험물의 탱크에 설치하는 통기관에 있어서는 부지경계선으로부터 1.5m 이상 이격할 것

㉥ 통기관은 가스 등이 체류할 우려가 있는 굴곡이 없도록 할 것

㉦ 가연성의 증기를 회수하기 위한 밸브를 통기관에 설치하는 경우에 있어서는 당해 통기관의 밸브는 저장탱크에 위험물을 주입하는 경우를 제외하고는 항상 개방되어 있는 구조로 하는 한편, 폐쇄하였을 경우에 있어서는 10kPa 이하의 압력에서 개방되는 것으로 할 것. 이 경우 개방된 부분의 유효단면적은 777.15mm^2 이상이어야 한다.

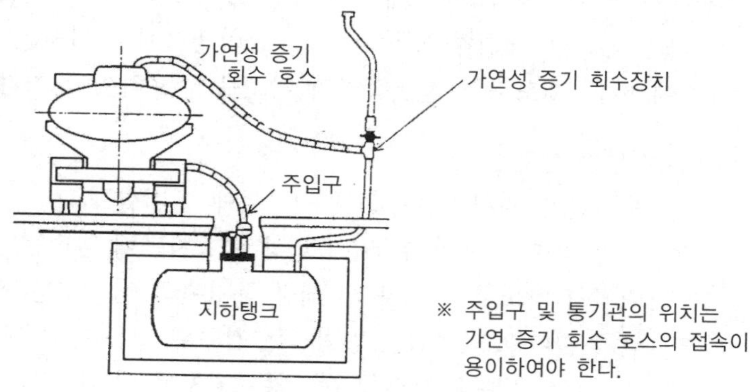

▲ 가연성 증기 회수장치의 설치 예

◎ 통기관 중 지하의 부분은 그 상부의 지면에 걸리는 중량이 직접 해당 부분에 미치지 않도록 보호하고, 해당 통기관의 접합부분(용접 등 위험물의 누설 우려가 없다고 인정되는 방법으로 접합된 것은 제외한다)에 대하여는 해당 접합부분의 손상 유무를 점검할 수 있는 조치를 할 것

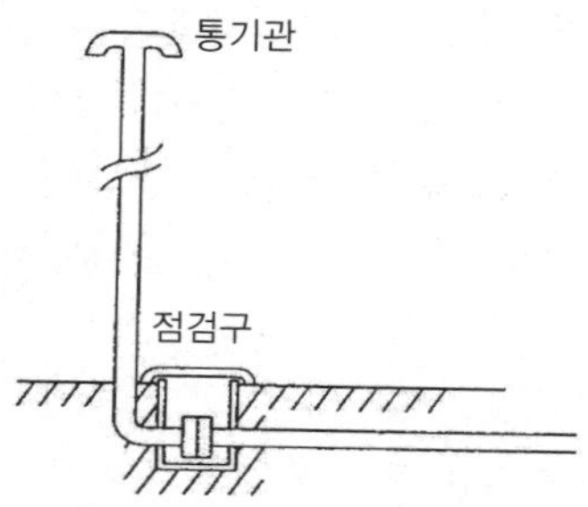

〈대기밸브 부착 통기관의 설치기준〉

㉠ 위의 밸브 없는 통기관의 설치기준 중 ㉠, ㉣, ㉤, ㉥ 및 ◎의 기준에 적합할 것

㉡ 5kPa 이하의 압력차이로 작동할 수 있을 것

2) 액량자동계량장치의 설치 등(Ⅰ ⑨)

액체위험물의 지하저장탱크에는 위험물의 양을 자동적으로 표시하는 장치 또는 계량구를 설치하여야 한다. 이 경우 계량구를 설치하는 지하저장탱크에 있어서는 계량구의 직하에 있는 탱크의 밑판에 그 손상을 방지하기 위한 조치를 하여야 한다.

① 탱크 내의 위험물을 자동적으로 표시하는 장치에는 플로트식 액면계, 정전용량식(靜電容量式) 액면계, 에어퍼지식 액면계가 있다.

㉠ 플로트식 액면계 : 액면에 떠 있는 플로트(Float)의 위치를 전기적 또는 기계적으로 검출하여 표시하는 액면계이다.

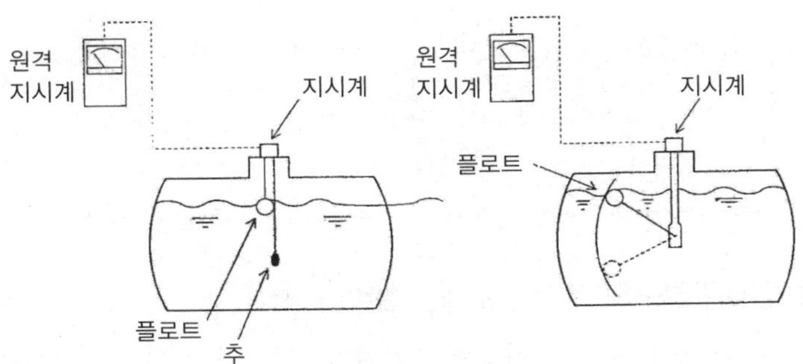

▲ 플로트식 액면계의 예

㉡ 정전용량식 액면계 : 공기와 저장하는 액체와의 유전율(誘電率)의 차를 이용하여 액면 높이에 따라 변화하는 이중원통형 전극의 정전용량을 검출, 표시하는 액면계이다. 기름종류에 따라 유전율에 차가 있기 때문에 센서 하부에 교정용(校正用) 비교전극이 설치되어 있다.

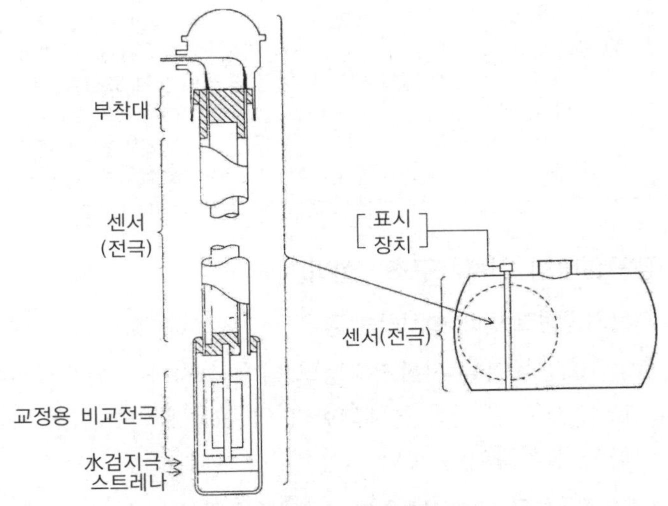

▲ 정전용량식 액면계의 예

㉢ 에어퍼지식 액면계 : 탱크 저부까지 수직으로 설치된 퍼지관에 외부로부터 공기를 보내 퍼지관 내부로 들어가 있는 액체를 소정의 위치까지 눌러 내리는 데 필요한 송기압력을 액면 높이로 환산하여 표시하는 액면계이다.

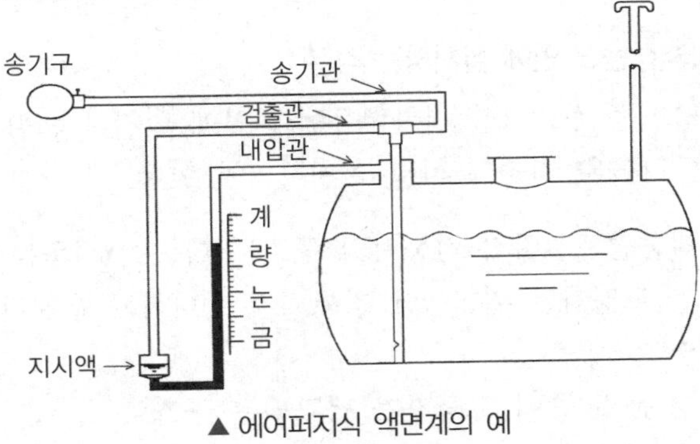

▲ 에어퍼지식 액면계의 예

② 계량구를 설치하는 경우에는 계량봉을 이용하여 계량하게 되므로 탱크 밑판에 계량 시의 손상을 방지하기 위하여 보호조치를 강구할 필요가 있다. 보호조치로는 계량봉이 닫는 부분의 탱크 저변부에 탱크본체와 같은 재질로 두께 3.2mm 이상 직경 100mm 이상의 보호판으로 용접하는 것이 일반적이다.

(8) 탱크주입구의 위치 · 구조 · 설비(I ⑩)

액체위험물의 지하저장탱크의 주입구는 규칙 별표 6 Ⅵ 제9호의 규정에 의한 옥외저장탱크의 주입구의 기준을 준용하여 옥외에 설치하여야 한다.

넓게 보기

① 지하저장탱크의 주입 시에 가연성 증기의 누설 등을 고려하여 주입구는 옥외에 설치하도록 되어 있으며, 옥외의 경우라도 계단, 드라이에어리어 등 증기가 체류하는 장소는 피하여야 한다.
② 탱크의 주입구 부근에는 당해 지하저장탱크의 위험물의 양을 자동적으로 표시할 수 없는 것은 주입구 부근에 당해 탱크의 위험물 양을 쉽게 표시할 수 있는 장치를 설치하는 것이 바람직하다.
③ 정전기에 의한 재해가 발생할 우려가 있는 위험물을 저장하는 탱크에 설치하는 주입관은 탱크저부 또는 그 부근까지 도달하는 깊이로 할 필요가 있다.

(9) 펌프설비의 위치 · 구조 · 설비(I ⑪)

1) 지하저장탱크 밖에 설치하는 경우

펌프 및 전동기를 지하저장탱크 밖에 설치하는 펌프설비에 있어서는 규칙 별표 6 Ⅵ 제10호(가목 및 나목을 제외한다)의 규정에 의한 옥외저장탱크의 펌프설비의 기준에 준하여 설치하여야 한다.

* 지하저장탱크 밖에 설치하는 경우에는 펌프실 내에 설치하는 경우와 실외에 설치하는 경우가 있으므로, 옥외저장탱크의 펌프설비의 위치 · 구조 · 설비에 관한 기준은 2가지 경우를 구별하여 준용하여야 한다. 2가지 경우에 공통하는 기준으로는 펌프설비의 기초 고정에 관한 규정과 인화점 21℃ 미만의 위험물을 취급하는 펌프설비에 설치하여야 하는 게시판에 관한 규정이 있다.

2) 지하저장탱크 안에 설치하는 경우

펌프 또는 전동기를 지하저장탱크 안에 설치하는 펌프설비("액중펌프설비")에 있어서는 다음의 기준에 따라 설치하여야 한다.

① 액중펌프설비의 전동기의 구조는 다음에 정하는 기준에 의할 것
  ㉠ 고정자는 위험물에 침투되지 아니하는 수지가 충전된 금속제 용기에 수납되어 있을 것
  ㉡ 운전 중에 고정자가 냉각되는 구조로 할 것
  ㉢ 전동기의 내부에 공기가 체류하지 아니하는 구조로 할 것

② 전동기에 접속되는 전선은 위험물이 침투되지 아니하는 것으로 하고, 직접 위험물에 접하지 아니하도록 보호할 것
③ 액중펌프설비는 체절운전에 의한 전동기의 온도상승을 방지하기 위한 조치가 강구될 것
④ 액중펌프설비는 다음의 경우에 있어서 전동기를 정지하는 조치가 강구될 것
㉠ 전동기의 온도가 현저하게 상승한 경우
㉡ 펌프의 흡입구가 노출된 경우
⑤ 액중펌프설비는 다음에 의하여 설치할 것
㉠ 액중펌프설비는 지하저장탱크와 플랜지 접합으로 할 것
㉡ 액중펌프설비 중 지하저장탱크 내에 설치되는 부분은 보호관 내에 설치할 것. 다만, 당해 부분이 충분한 강도가 있는 외장에 의하여 보호되어 있는 경우에 있어서는 그러하지 아니하다.
㉢ 액중펌프설비 중 지하저장탱크의 상부에 설치되는 부분은 위험물의 누설을 점검할 수 있는 조치가 강구된 안전상 필요한 강도가 있는 피트 내에 설치할 것

CHAPTER 01
CHAPTER 02
CHAPTER 03
CHAPTER 04
부록

(10) 탱크배관의 위치 · 구조 · 설비

① 지하저장탱크의 배관은 아래의 제13호의 규정에 의하는 외에 규칙 별표 4 Ⅹ의 규정에 의한 제조소의 배관의 기준을 준용하여야 한다(Ⅰ ⑫).
② 지하저장탱크의 배관은 당해 탱크의 윗부분에 설치하여야 한다. 다만, 제4류 위험물 중 제2석유류(인화점이 40℃ 이상인 것에 한한다), 제3석유류, 제4석유류 및 동식물유류의 탱크에 있어서 그 직근에 유효한 제어밸브를 설치한 경우에는 그러하지 아니하다(Ⅰ ⑬).

(11) 전기설비의 기준(Ⅰ ⑭)

지하저장탱크에 설치하는 전기설비는 「전기사업법」에 의한 「전기설비기술기준」에 의하여야 한다.

(12) 누설검사관의 설치(Ⅰ ⑮)

지하저장탱크의 주위에는 당해 탱크로부터의 액체위험물의 누설을 검사하기 위한 관을 다음의 기준에 따라 4개소 이상 적당한 위치에 설치하여야 한다.

① 이중관으로 할 것. 다만, 소공이 없는 상부는 단관으로 할 수 있다.
② 재료는 금속관 또는 경질합성수지관으로 할 것
③ 관은 탱크실 또는 탱크의 기초 위에 닿게 할 것
④ 관의 밑부분으로부터 탱크의 중심 높이까지의 부분에는 소공이 뚫려 있을 것. 다만, 지하수위가 높은 장소에 있어서는 지하수위 높이까지의 부분에 소공이 뚫려 있어야 한다.

⑤ 상부는 물이 침투하지 아니하는 구조로 하고, 뚜껑은 검사 시에 쉽게 열 수 있도록 할 것

넓게 보기

① 지하저장탱크로부터의 위험물의 누설을 지상에서 조기에 발견하는 것은 극히 곤란하기 때문에 지하저장탱크(강제 이중벽탱크, 강제 강화플라스틱제 이중벽탱크 및 강화플라스틱제 이중벽탱크를 제외)의 주변에는 위험물의 누설 유무를 확인하기 위해 관을 설치하여야 한다.
② 관은 탱크에서 누설된 위험물이 유효하게 관으로 유입되도록 하여야 한다.
③ 설치 수는 탱크 1기에 대하여 4개로 하는 것으로 되어 있지만 둘 이상의 탱크를 1m 이하로 접근하여 설치할 경우에는 인접한 탱크와 겸용하여도 좋다.

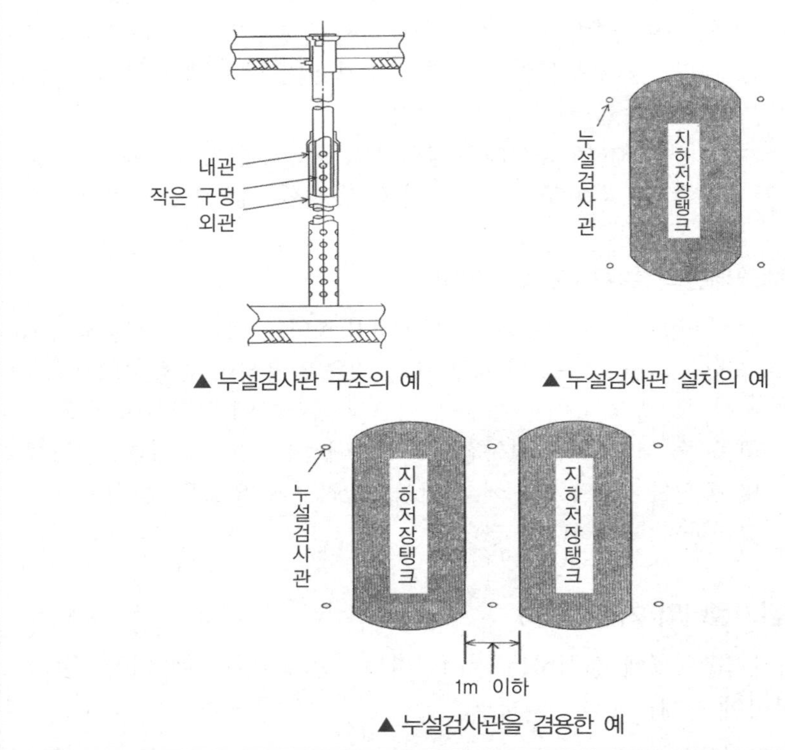

▲ 누설검사관 구조의 예

▲ 누설검사관 설치의 예

▲ 누설검사관을 겸용한 예

(13) 과충전방지장치의 설치(Ⅰ ⑰)

지하저장탱크에는 다음의 1에 해당하는 방법으로 과충전을 방지하는 장치를 설치하여야 한다.

① 탱크용량을 초과하는 위험물이 주입될 때 자동으로 그 주입구를 폐쇄하거나 위험물의 공급을 자동으로 차단하는 방법
② 탱크용량의 90%가 찰 때 경보음을 울리는 방법

(14) 맨홀의 설치(Ⅰ ⑱)

지하탱크저장소에는 다음의 기준에 따라 맨홀을 설치하여야 한다.

① 맨홀은 지면까지 올라오지 아니하도록 하되, 가급적 낮게 할 것
② 보호틀을 다음에 정하는 기준에 따라 설치할 것
㉠ 보호틀을 탱크에 완전히 용접하는 등 보호틀과 탱크를 기밀하게 접합할 것
㉡ 보호틀의 뚜껑에 걸리는 하중이 직접 보호틀에 미치지 아니하도록 설치하고, 빗물 등이 침투하지 아니하도록 할 것
㉢ 배관이 보호틀을 관통하는 경우에는 당해 부분을 용접하는 등 침수를 방지하는 조치를 할 것

CHAPTER 01
CHAPTER 02
CHAPTER 03
CHAPTER 04
부록

3 이중벽탱크의 지하탱크저장소의 기준(規 별표 8 Ⅱ)

(1) 이중벽탱크의 지하탱크저장소의 개념 등

1) 개념

이중벽탱크의 지하탱크저장소란 지하저장탱크의 외면에 누설을 검지(감지)할 수 있는 틈("감지층")이 생기도록 강판 또는 강화플라스틱 등으로 피복한 것("이중벽탱크")을 설치하는 지하탱크저장소를 말한다.

2) 종류

① **강제 이중벽탱크의 지하탱크저장소** : 강제탱크를 탱크의 저부에서 위험물의 최고액면을 초과하는 부분까지 소정의 두께의 강판으로 탱크와의 사이에 감지층이 생기도록 피복하고 위험물의 누설을 항상 감지할 수 있는 설비(감지층에 강판부식방지조치를 한 액체를 채워 그 액체의 누설을 감지할 수 있는 것)를 설치한 것을 말한다.
② **강제 강화플라스틱제 이중벽탱크의 지하탱크저장소** : 강제탱크를 탱크의 저부에서 위험물의 최고액면을 초과하는 부분까지 소정의 두께의 유리섬유 등의 강화재에 의한 소정의 두께의 강화플라스틱 등으로 탱크와의 사이에 감지층이 생기도록 피복하고 위험물의 누설을 항상 감지할 수 있는 설비(감지층 내에 누설한 위험물을 감지할 수 있는 것)를 설치한 것을 말한다.
③ **강화플라스틱제 이중벽탱크의 지하탱크저장소** : 저장 또는 취급하는 위험물의 종류에 따라 정해진 소정의 수지 및 강화재로 된 강화플라스틱으로 강화플라스틱제 탱크와의 사이에 감지층이 생기도록 유리섬유강화플라스틱을 피복하고 위험물의 누설을 항상 감지할 수 있는 설비(감지층 내에 누설한 위험물을 감지할 수 있는 것)를 설치한 것을 말한다.

(2) 이중벽탱크의 지하탱크저장소의 위치 · 구조 · 설비의 기준(規 별표 8 Ⅱ)

탱크전용실을 설치하는 지하탱크저장소의 기준(規 별표 8 Ⅰ) 중에서 준용하는 기준(공통기준)과 이중벽탱크의 지하탱크저장소에만 적용하는 기준이 있다.

1) 준용기준(공통기준)

규칙 별표 8 Ⅰ의 기준 중 제3호 내지 제5호 · 제6호(수압시험 관련 부분에 한한다) · 제8호 내지 제14호 · 제17호 · 제18호 및 다음의 1의 규정에 의한 기준은 이중벽탱크의 지하탱크저장소의 위치 · 구조 및 설비에 관한 기술기준에 준용한다.

① Ⅰ 제1호 나목 내지 마목(탱크를 탱크전용실 외의 장소에 설치하는 경우에 한한다)
② Ⅰ 제2호 및 제16호(탱크를 지반면하에 설치된 탱크전용실에 설치하는 경우에 한한다)

넓게 보기

규칙 별표 8 Ⅰ의 규정(탱크전용실을 설치하는 지하탱크저장소의 기준) 중 이중벽탱크의 지하탱크저장소의 위치 · 구조 및 설비에 준용하는 기준의 항목을 정리하면 다음과 같다.

① 탱크 주위의 간격
　㉠ 지하저장탱크의 윗부분은 지면으로부터 0.6m 이상 아래에 있을 것(Ⅰ③)
　㉡ 지하저장탱크를 2 이상 인접해 설치하는 경우에는 그 상호간에 1m(2 이상 지하저장탱크의 용량 합계가 지정수량의 100배 이하인 때에는 0.5m) 이상의 간격을 유지할 것(Ⅰ④).
② 표지 및 게시판의 설치(Ⅰ⑤)
③ 수압시험 : 압력탱크(최대상용압력이 46.7kPa 이상인 탱크) 외의 탱크에 있어서는 70kPa의 압력으로, 압력탱크에 있어서는 최대상용압력의 1.5배의 압력으로 각각 10분간 수압시험을 실시하여 새거나 변형되지 아니하여야 한다. 이 경우 수압시험은 기밀시험과 비파괴시험을 동시에 실시하는 방법으로 대신할 수 있다(Ⅰ⑥).
④ 통기관 또는 안전장치의 설치(Ⅰ⑧)
⑤ 액량자동계량장치 및 계량구 직하 밑판의 손상방지조치(Ⅰ⑨)
⑥ 탱크주입구의 위치 · 구조 · 설비(Ⅰ⑩)
⑦ 펌프설비의 위치 · 구조 · 설비(Ⅰ⑪)
⑧ 지하저장탱크 배관에의 제조소 배관기준 준용(Ⅰ⑫)
⑨ 지하저장탱크 배관의 탱크 윗부분 설치원칙과 예외(Ⅰ⑬)
⑩ 전기설비의 기준(Ⅰ⑭)
⑪ 과충전방지장치의 설치(Ⅰ⑰)
⑫ 맨홀의 설치(Ⅰ⑱)
⑬ 탱크의 매설방법 중 (탱크를 탱크전용실 외의 장소에 설치하는 경우에 한하여 준용)
　㉠ 당해 탱크를 그 수평투영의 세로 및 가로보다 각각 0.6m 이상 크고 두께가 0.3m 이상인 철근콘크리트조의 뚜껑으로 덮을 것(Ⅰ① 나)
　㉡ 뚜껑에 걸리는 중량이 직접 당해 탱크에 걸리지 아니하는 구조일 것(Ⅰ① 다)
　㉢ 당해 탱크를 견고한 기초 위에 고정할 것(Ⅰ① 라)
　㉣ 당해 탱크를 지하의 가장 가까운 벽 · 피트 · 가스관 등의 시설물 및 대지경계선으로부터 0.6m 이상 떨어진 곳에 매설할 것(Ⅰ① 마)
⑭ 탱크전용실의 구조 등 (탱크를 지반면하의 탱크전용실에 설치하는 경우에 한하여 준용)
　㉠ 탱크전용실의 구조 · 위치
　　• 탱크전용실은 벽 및 바닥을 두께 0.3m 이상의 콘크리트구조 또는 이와 동등 이상의 강도가 있는 구조로 하고, 적당한 방수조치를 강구하며, 두께 0.3m 이상의 철근콘크리트조로 된 뚜껑을 설치할 것(Ⅰ⑯)

- 지하의 가장 가까운 벽·피트·가스관 등의 시설물 및 대지경계선으로부터 0.1m 이상 떨어진 곳에 설치할 것(Ⅰ②)

㉡ 탱크전용실 내 공간부분의 조치 : 탱크와 탱크전용실의 안쪽과의 사이는 0.1m 이상의 간격을 유지하고, 탱크와 탱크전용실과의 사이에는 당해 탱크의 주위에 마른 모래 또는 습기 등에 의하여 응고되지 아니하는 입자지름 5mm 이하의 마른 자갈분을 채울 것(Ⅰ②)

2) 탱크의 재질(Ⅱ ③)

지하저장탱크는 다음 중 어느 하나의 재료로 기밀하게 만들어야 한다.

① 두께 3.2mm 이상의 강판(Ⅱ ③ 가)

② 저장 또는 취급하는 위험물의 종류에 대응하여 다음 표에 정하는 수지 및 강화재로 만들어진 강화플라스틱(Ⅱ ③ 나)

저장 또는 취급하는 위험물의 종류	수 지		강화재
	위험물과 접하는 부분	그 밖의 부분	
휘발유(KS M 2612에 규정한 자동차용 가솔린), 등유, 경유 또는 중유(KS M 2614에 규정한 것 중 1종에 한한다)	KS M 3305(섬유강화플라스틱용 액상불포화폴리에스테르수지)(UP-CM, UP-CE 또는 UP-CEE에 관한 규격에 한한다)에 적합한 수지 또는 이와 동등 이상의 내약품성이 있는 비닐에스테르수지	규칙 별표 8 Ⅱ 제2호 나목 1) 가)에 정하는 수지	규칙 별표 8 Ⅱ 제2호 나목 1) 나)에 정하는 강화재

3) 탱크의 구조·강도 및 누설감지설비

① 강제 이중벽탱크의 구조 등 : 두께 3.2mm 이상의 강판으로 만든 지하저장탱크에 다음에 정하는 바에 따라 강판을 피복하고, 위험물의 누설을 상시 감지하기 위한 설비를 갖출 것

㉠ 지하저장탱크에 당해 탱크의 저부로부터 위험물의 최고액면을 넘는 부분까지의 외측에 감지층이 생기도록 두께 3.2mm 이상의 강판을 피복할 것

㉡ ㉠의 규정에 따라 피복된 강판과 지하저장탱크 사이의 감지층에는 적당한 액체를 채우고 채워진 액체의 누설을 감지할 수 있는 설비를 갖출 것. 이 경우 감지층에 채워진 액체는 강판의 부식을 방지하는 조치를 강구한 것이어야 한다.

넓게 보기

① 강제 이중벽탱크는 탱크본체(내벽탱크)의 외면에 간격(감지층)을 두고 외벽을 설치하여, 위험물의 누설을 감지할 수 있는 조치를 한 탱크이다. 내벽 및 외벽이 모두 강(Steel)이기 때문에 「SS 이중벽탱크」라고 부르기도 한다.

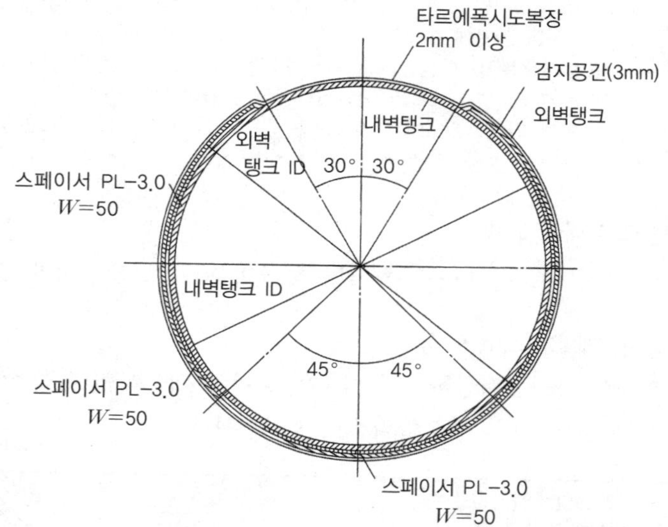

▲ 강제 이중벽탱크의 몸통부 단면상세

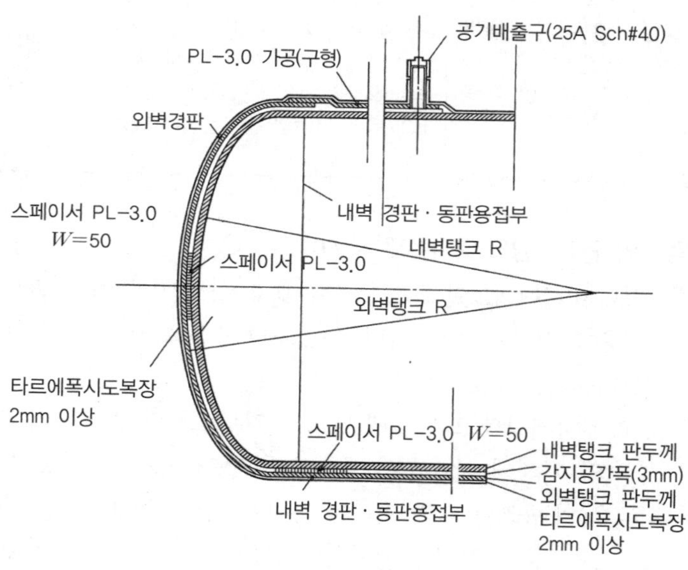

▲ 경판부 단면상세

② 탱크본체와 외벽의 사이에 3mm의 감지층 간격을 유지하기 위하여 간격보전재(스페이서)를 다음과 같이 원주에 설치하여야 한다(告 106).

㉠ 스페이서는 탱크의 고정밴드 위치 및 기초대 위치에 설치한다.

㉡ 재질은 원칙적으로 탱크본체와 동일한 재료로 한다.

㉢ 스페이서와 탱크본체와의 용접은 전주필릿용접 또는 부분용접으로 하되, 부분용접으로 할 경우에는 한 변의 용접피드는 25mm 이상으로 한다.

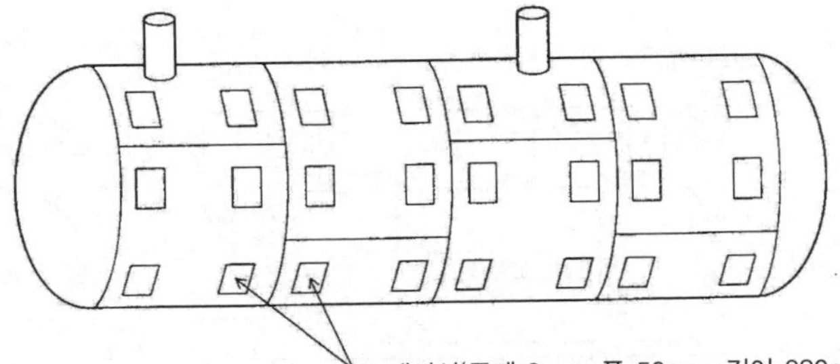

▲ 스페이서 부착위치

③ 누설감지장치는 감지액의 액면레벨 변화를 외측으로부터 육안으로 읽을 수 있는 용기, 당해 용기와 이중벽탱크의 감지층을 연결하는 배관 및 감지관 액면의 레벨이 설정량의 범위를 초과하여 변화한 경우에 경보를 발하는 장치(경보장치)에 의하여 구성된다.

④ 정기점검 : 강제 이중벽탱크의 구조방식은 누설검사관을 생략할 수 있으므로 지하탱크의 정기점검의 실시방법 가운데 누설검사관에 의하여 점검하는 방법은 당해 검사관 대신에 누설감지장치에 의한 점검방법으로 할 수 있다.

② **강제 강화플라스틱제 이중벽탱크의 구조 등** : 지하저장탱크에 다음에 정하는 바에 따라 강화플라스틱 또는 고밀도폴리에틸렌을 피복하고, 위험물의 누설을 상시 감지하기 위한 설비를 갖출 것

㉠ 두께 3.2mm 이상의 강판으로 만든 지하저장탱크의 저부로부터 위험물의 최고액면을 넘는 부분까지의 외측에 감지층이 생기도록 두께 3mm 이상의 유리섬유강화플라스틱 또는 고밀도폴리에틸렌을 피복할 것. 이 경우 유리섬유강화플라스틱 또는 고밀도폴리에틸렌의 휨강도, 인장강도 등은 고시(99)로 정하는 성능이 있어야 한다[Ⅱ ② 나 1) 가)].

㉡ ㉠의 규정에 따라 피복된 유리섬유강화플라스틱 또는 고밀도폴리에틸렌과 지하저장탱크의 사이의 감지층에는 누설한 위험물을 감지할 수 있는 설비를 갖출 것[② 나 2)]

넓게 보기

① 강제 강화플라스틱제 이중벽탱크는 강제의 지하저장탱크의 외면에 감지층을 갖도록 강화플라스틱 등을 피복하고 위험물의 누설을 감지할 수 있는 조치를 한 탱크이다.

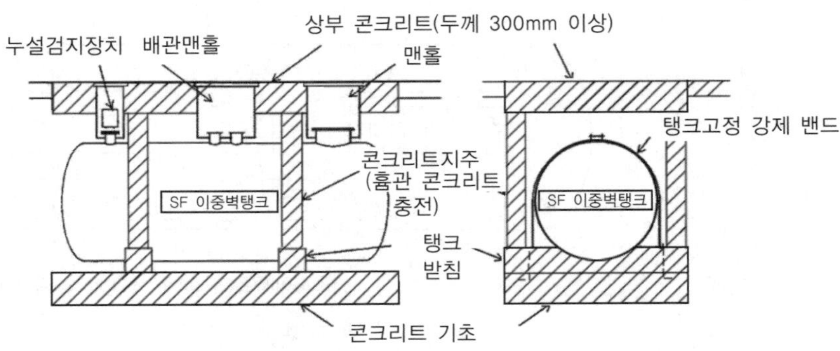

▲ 강제 강화플라스틱제 이중벽탱크의 매설방법의 예

② 강제 강화플라스틱제 이중벽탱크의 구조는 다음과 같다(告 101).

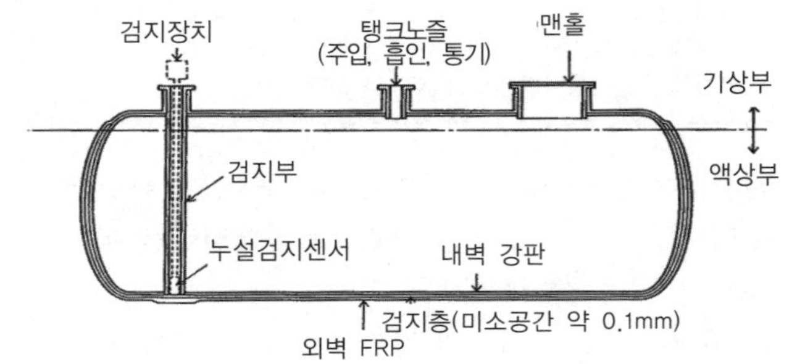

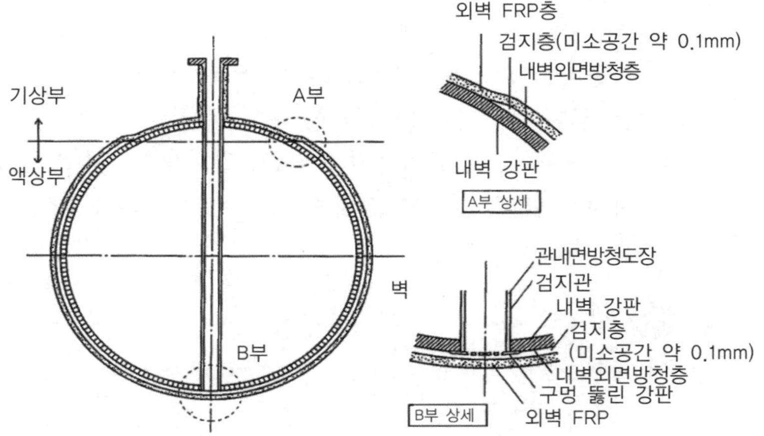

▲ 강제 강화플라스틱제 이중벽탱크의 구조 예

㉠ 지하저장탱크의 저부에서 위험물의 최고액면을 초과하는 부분까지의 외측에 두께 3mm 이상의 강화플라스틱 등을 미소한 감지층(0.1mm 정도)을 갖도록 피복한다.
㉡ 지하저장탱크에 피복된 강화플라스틱 등과 당해 지하저장탱크의 사이(감지층) 내에 누설된 위험물을 감지할 수 있는 설비를 설치한다.
㉢ 지하저장탱크 외면은 감지층을 갖도록 하고, 강화플라스틱 등을 피복하는 부분에 있어서는 방청도장을, 그 외의 부분에 있어서는 강화플라스틱 등이 밀착하도록 피복한다.

③ 누설감지장치의 구조 등 : 강제 강화플라스틱제 이중벽탱크에 설치된 감지층 내에 누설된 위험물을 감지할 수 있는 설비(누설감지설비)는 지하저장탱크의 손상 등에 의해 감지층에 위험물이 누설된 경우 및 강화플라스틱 등의 손상 등에 의해 지하수가 감지층에 침입한 경우 감지층에 접속하는 감지관 내에 설치된 센서 및 당해 센서가 작동 시 경보를 발하는 장치로 구성된다(告 102).

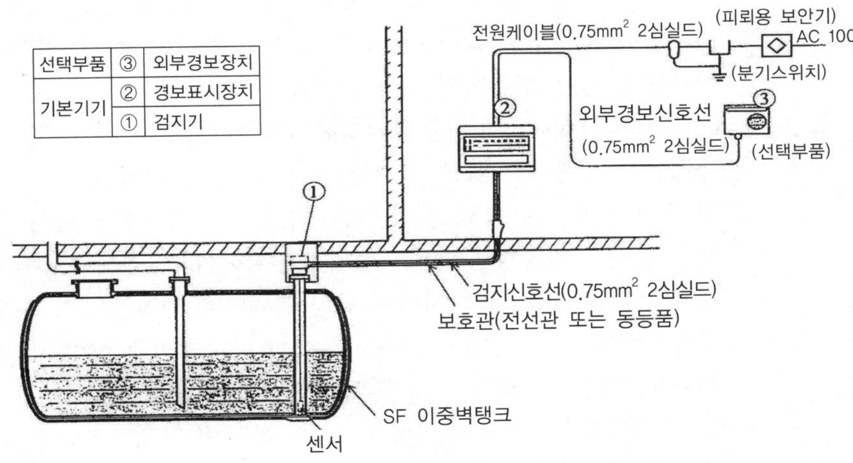

▲ 누설감지설비의 구성 예

④ 운반 · 이동 및 설치상의 유의사항
　㉠ 운반 또는 이동하는 경우는 강화플라스틱 등을 손상하지 않도록 한다. 손상방지를 위하여 당해 탱크의 감지층을 감압(20kPa 정도)하여 두는 것이 효과적이다.
　㉡ 탱크의 외면이 접촉하는 기초대, 고정밴드 등의 부분에는 완충재(두께 10mm 정도의 고무제 시트 등)를 끼워 넣어 접촉면을 보호한다.

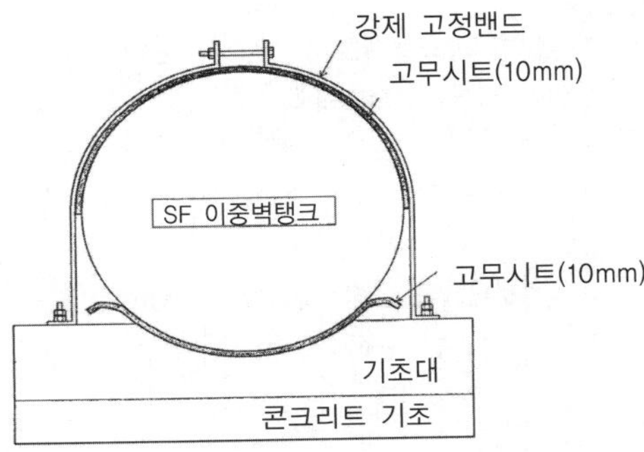

▲ 설치방법의 예

　㉢ 탱크를 기초대에 올리고 고정밴드 등으로 고정한 후 당해 탱크의 감지층을 20kPa 정도로 가압한 상태로 10분 이상 유지하여 압력강하가 없는 것을 확인한다.
　㉣ 탱크를 지면 밑에 매설하는 경우에 있어서 돌덩어리, 유해한 유기물 등을 함유하지 않은 모래를 사용하고, 강화플라스틱 등의 피복에 손상을 주지 아니하도록 작업을 한다.
　㉤ 탱크매설 종료 후 당해 탱크의 감지층을 20kPa 정도로 가압 또는 감압한 상태로 10분 이상 유지하여 압력강하 또는 압력상승이 없는 것을 확인한다. 다만, 당해 탱크의 감지층을 감압한 상태에서 운반한 경우에는 감압상태가 유지되어 있는 것을 확인하는 것으로 갈음할 수 있다.

4) 강화플라스틱제 이중벽탱크의 구조 등(Ⅱ② ④)

지하저장탱크에 다음에 정하는 바에 따라 강화플라스틱을 피복하고, 위험물의 누설을 상시 감지하기 위한 설비를 갖출 것

① 규칙 별표 8 Ⅱ 제3호 나목에 정하는 재료(수지)로 만든 지하저장탱크의 외측에 감지층이 생기도록 유리섬유강화플라스틱을 피복할 것(저부로부터 위험물의 최고액면을 넘는 부분까지)[② 나 1) 나)]

② ①의 규정에 따라 피복된 유리섬유강화플라스틱과 지하저장탱크의 사이의 감지층에는 누설한 위험물을 감지할 수 있는 설비를 갖출 것[② 나 2)]

③ 강화플라스틱제 이중벽탱크는 다음에 정하는 하중이 작용하는 경우에 있어서 변형이 당해 지하저장탱크의 직경의 3% 이하이고, 휨응력도비(휨응력을 허용휨응력으로 나눈 것)의 절대치와 축방향 응력도비(인장응력 또는 압축응력을 허용축방향응력으로 나눈 것)의 절대치의 합이 1 이하인 구조이어야 한다. 이 경우 허용응력을 산정하는 때의 안전율은 4 이상의 값으로 한다.

㉠ 강화플라스틱제 이중벽탱크의 윗부분이 수면으로부터 0.5m 아래에 있는 경우에 당해 탱크에 작용하는 압력

㉡ 탱크의 종류에 대응하여 다음에 정하는 압력의 내수압

ⓐ 압력탱크(최대상용압력이 46.7kPa 이상인 탱크) 외의 탱크 : 70kPa

ⓑ 압력탱크 : 최대상용압력의 1.5배의 압력

넓게 보기

① 강화플라스틱제 이중벽탱크는 강화플라스틱제의 지하저장탱크 외면에 감지층이 생기도록 강화플라스틱을 피복함과 동시에 위험물의 누설을 감지할 수 있는 조치를 강구한 탱크이다. 지하저장탱크 및 피복이 모두 강화플라스틱(FRP)제이므로 「FF 이중벽탱크」라 하기도 한다.

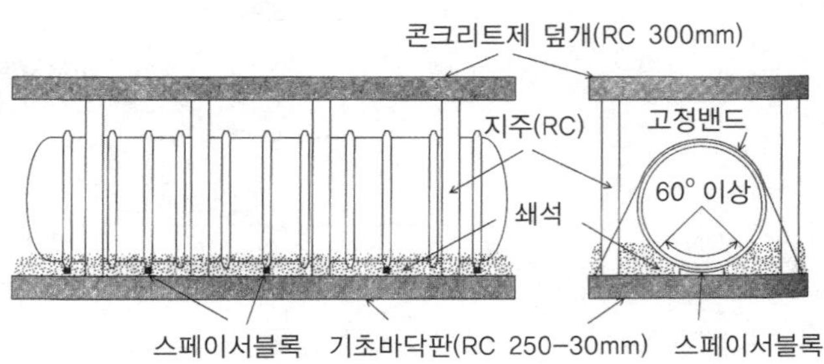

▲ 강화플라스틱제 이중벽탱크 매설방법의 예

② 강화플라스틱제 이중벽탱크의 구조 등

㉠ 강화플라스틱제 이중벽탱크의 구조 : 강화플라스틱제 이중벽탱크의 구조의 예는 다음과 같다.

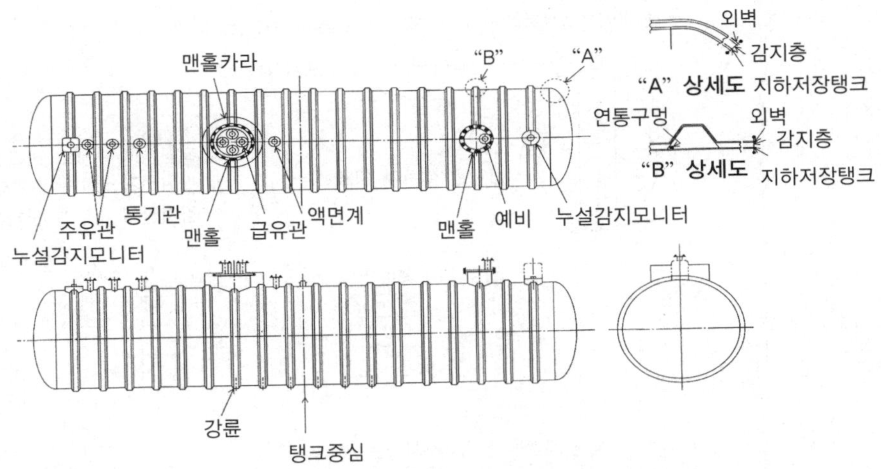

▲ 강화플라스틱제 이중벽탱크의 구조의 예

- 강화플라스틱제 이중벽탱크는 지하저장탱크 및 당해 지하저장탱크에 피복된 강화플라스틱제 이중벽탱크에 작용하는 하중에 대하여 안전한 구조이어야 한다.
- 강화플라스틱제 이중벽탱크를 지반면 밑에 매설한 경우 당해 탱크에 작용하는 토압, 내압 등의 하중에 대해 안전한 구조로 하기 위해서 지하저장탱크 및 외벽의 역할은 다음과 같아야 한다.
  - 토압 등에 의한 외압 및 저장액압 등에 의한 내압에 대하여 외벽 및 지하저장탱크의 양방향으로 하중을 분담할 것
  - 토압 등의 외압에 대하여는 외벽에서, 저장액압 등에 의한 내압에 대하여는 지하저장탱크로 각각 하중을 분담할 것
- 강화플라스틱제 이중벽탱크에 설치된 감지층은 토압 등에 의한 지하저장탱크와 외벽의 상호 접촉 등에 의하여 감지기능이 영향을 받지 않아야 한다. 감지층의 크기는 특별하게 규정되어 있지 않지만 감지액에 의한 누설감지설비를 사용하는 경우에 있어서는 3mm 정도로 한다.

ⓛ 강화플라스틱에 충전재, 착색제 등을 사용하는 경우에는 수지 및 강화재의 품질에 영향을 주지 않아야 한다.

ⓒ 강화플라스틱제 이중벽탱크의 기초는 강화플라스틱제 이중벽탱크 본체 및 설비에 악영향을 주지 않는 것이어야 한다.

ⓔ 노즐, 맨홀 등의 부착부분은 탱크본체와 동등 이상의 강도를 갖는 것이어야 한다.

③ 누설감지설비의 구조 : 강제 강화플라스틱제 이중벽탱크의 경우와 동일하다(告 105 Ⅰ ⑩).

㉠ 누설감지설비는 탱크본체의 손상 등에 의하여 감지층에 위험물이 누설되거나 강화플라스틱 등의 손상 등에 의하여 지하수가 감지층에 침투하는 현상을 감지하기 위하여 감지층에 접속하는 누유검지관("감지관")에 설치된 센서 및 당해 센서가 작동한 경우에 경보를 발생하는 장치로 구성되도록 할 것

ⓛ 경보표시장치는 관계인이 상시 쉽게 감시하고 이상상태를 인지할 수 있는 위치에 설치할 것

ⓒ 감지층에 누설된 위험물 등을 감지하기 위한 센서는 액체플로트센서 또는 액면계 등으로 하고, 검지관 내로 누설된 위험물 등의 수위가 3cm 이상인 경우에 감지할 수 있는 성능 또는 누설량이 1L 이상인 경우에 감지할 수 있는 성능이 있을 것

ⓔ 누설감지설비는 센서가 누설된 위험물 등을 감지한 경우에 경보신호(경보음 및 경보표시)를 발하는 것으로 하되, 당해 경보신호가 쉽게 정지될 수 없는 구조로 하고 경보음은 80dB 이상으로 할 것

• 센서(액체플로트센서)에 의해 위험물 등의 누설을 감지하는 것

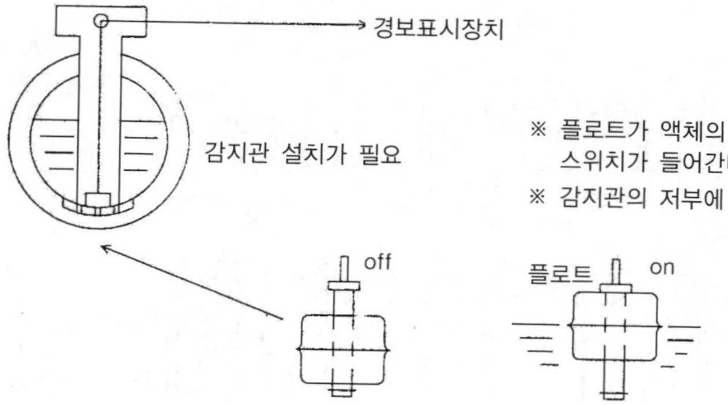

경보표시장치

감지관 설치가 필요

※ 플로트가 액체의 비중에 의해 부상, 스위치가 들어간다(켜진다).
※ 감지관의 저부에 설치한다.

off

플로트 on

• 감지층에 감지액을 봉입, 감지하는 것

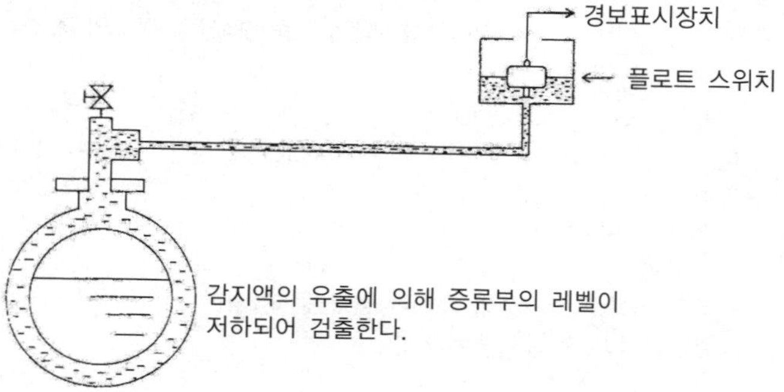

경보표시장치

플로트 스위치

감지액의 유출에 의해 증류부의 레벨이 저하되어 검출한다.

▲ 누설감지기의 예

5) **탱크의 외면보호**(Ⅱ ⑤)

강판으로 만든 지하저장탱크의 외면(지하저장탱크에 감지층이 생기도록 강판으로 피복한 것에 있어서는 그 외면)은 다음에 정하는 바에 따라 보호하여야 한다.

① 두께 3.2mm 이상의 강판으로 만든 지하저장탱크에 규칙 별표 8 Ⅱ 제2호 나목에 정하는 조치(플라스틱 등으로 피복)를 강구한 것의 지하저장탱크의 외면은 강화플라스틱 등을 피복한 부분에 있어서는 Ⅰ 제7호 가목 1)에 정하는 방법(녹방지 도장)에 따라 그 밖의 부분에 있어서는 동목 ⑤에 정하는 방법(프라이머 도장 후 강화플라스틱 피복)에 따라 보호할 것

② 탱크전용실 외의 장소에 설치된 강제 이중벽탱크의 외면은 Ⅰ 제7호 가목 ② 내지 ⑤에 정하는 어느 하나 이상의 방법에 따라 보호할 것

③ 탱크전용실에 설치된 강제 이중벽탱크의 외면은 Ⅰ 제7호 가목 ① 내지 ⑤에 정하는 어느 하나의 방법에 따라 보호할 것

▶ 지하저장탱크의 외면보호방법(規 별표 8 Ⅰ ⑦ 가)

① 탱크의 외면에 녹방지를 위한 도장을 할 것
② 탱크의 외면에 방청제 및 아스팔트프라이머의 순으로 도장을 한 후 아스팔트 루핑 및 철망의 순으로 탱크를 피복하고, 그 표면에 두께가 2cm 이상에 이를 때까지 모르타르를 도장할 것. 이 경우에 있어서 다음에 정하는 기준에 적합하여야 한다.
   ㉠ 아스팔트 루핑은 아스팔트 루핑(KS F 4902)(35kg)의 규격에 의한 것 이상의 성능이 있을 것
   ㉡ 철망은 와이어라스(KS F 4551)의 규격에 의한 것 이상의 성능이 있을 것
   ㉢ 모르타르에는 방수제를 혼합할 것. 다만, 모르타르를 도장한 표면에 방수제를 도장하는 경우에는 그러하지 아니하다.
③ 탱크의 외면에 방청제 도장을 실시하고, 그 표면에 아스팔트 및 아스팔트 루핑에 의한 피복을 두께 1cm에 이를 때까지 교대로 실시할 것. 이 경우 아스팔트 루핑은 ② ㉠의 기준에 적합하여야 한다.
④ 탱크의 외면에 프라이머를 도장하고, 그 표면에 복장재를 휘감은 후 에폭시수지 또는 타르에폭시수지에 의한 피복을 탱크의 외면으로부터 두께 2mm 이상에 이를 때까지 실시할 것. 이 경우에 있어서 복장재는 수도용 강관아스팔트도복장방법(KS D 8306)으로 정하는 비닐론 클로스 또는 헤시안클래스에 적합하여야 한다.
⑤ 탱크의 외면에 프라이머를 도장하고, 그 표면에 유리섬유 등을 강화재로 한 강화플라스틱에 의한 피복을 두께 3mm 이상에 이를 때까지 실시할 것

이중벽탱크의 구조 등에 관한 세부기준(Ⅱ ⑥)

규칙 별표 8 Ⅱ 제1호 내지 제5호의 규정에 의한 기준 외에 이중벽탱크의 구조(재질 및 강도를 포함한다)·성능시험·표시사항·운반 및 설치 등에 관한 세부기준은 고시로 정하고 있다.

- 제37조 : 강제 강화플라스틱제 이중벽탱크의 성능시험기준
- 제38조 : 강화플라스틱제 이중벽탱크의 성능시험기준
- 제39조 : 강제 이중벽탱크의 성능시험기준
- 제99조 : 강제 강화플라스틱제 이중벽탱크의 피복의 성능기준
- 제101조 : 강제 강화플라스틱제 이중벽탱크의 구조기준
- 제102조 : 강제 강화플라스틱제 이중벽탱크의 누설감지설비의 기준
- 제103조 : 강제 강화플라스틱제 이중벽탱크의 운반 및 설치방법
- 제104조 : 강제 강화플라스틱제 이중벽탱크의 표시사항
- 제105조 : 강화플라스틱제 이중벽탱크의 구조
- 제106조 : 강제 이중벽탱크의 구조 등

4 특수누설방지구조의 지하탱크저장소의 기준(規 별표 8 Ⅲ)

(1) 개념

지하저장탱크를 위험물의 누설을 방지할 수 있도록 두께 15cm(측방 및 하부에 있어서는 30cm) 이상의 콘크리트로 피복하는 구조로 하여 지면하에 설치하는 지하탱크저장소를 말한다.

(2) 시설기준

규칙 별표 8 Ⅰ의 기준 중 제1호 나목 내지 마목 · 제3호 · 제5호 · 제6호 · 제8호 내지 제15호 · 제17호 및 제18호의 규정은 특수누설방지구조의 지하탱크저장소의 위치 · 구조 및 설비에 관한 기술기준에 준용한다.

또한, 지하저장탱크의 외면을 규칙 별표 8 Ⅰ 제7호 가목 ② 내지 ⑤의 1에 해당하는 방법으로 보호하여야 한다.

넓게 보기

1. 규칙 별표 8 Ⅰ의 기준(탱크전용실을 설치하는 지하탱크저장소의 기준) 중 특수누설방지구조의 지하탱크저장소의 위치 · 구조 및 설비에 준용하는 기준의 항목을 정리하면 다음과 같다.
   ① 탱크의 매설방법(Ⅰ①) 중
      ㉠ 당해 탱크를 그 수평투영의 세로 및 가로보다 각각 0.6m 이상 크고, 두께가 0.3m 이상인 철근콘크리트조의 뚜껑으로 덮을 것(Ⅰ① 나)
      ㉡ 뚜껑에 걸리는 중량이 직접 당해 탱크에 걸리지 아니하는 구조일 것(Ⅰ① 다)
      ㉢ 당해 탱크를 견고한 기초 위에 고정할 것(Ⅰ① 라)
2. 규칙 별표 8 Ⅰ의 기준(탱크전용실을 설치하는 지하탱크저장소의 기준) 중 특수누설방지구조의 지하탱크저장소의 위치 · 구조 및 설비에 준용하는 기준의 항목을 정리하면 다음과 같다.
   ① 탱크의 매설방법(Ⅰ①) 중
      ㉠ 당해 탱크를 그 수평투영의 세로 및 가로보다 각각 0.6m 이상 크고, 두께가 0.3m 이상인 철근콘크리트조의 뚜껑으로 덮을 것(Ⅰ① 나)
      ㉡ 뚜껑에 걸리는 중량이 직접 당해 탱크에 걸리지 아니하는 구조일 것(Ⅰ① 다)
      ㉢ 당해 탱크를 견고한 기초 위에 고정할 것(Ⅰ① 라)
      ㉣ 당해 탱크를 지하의 가장 가까운 벽 · 피트 · 가스관 등의 시설물 및 대지경계선으로부터 0.6m 이상 떨어진 곳에 매설할 것(Ⅰ① 마)
   ② 지하저장탱크의 윗부분은 지면으로부터 0.6m 이상 아래에 있을 것(Ⅰ③)
   ③ 표지 및 게시판의 설치(Ⅰ⑤)
   ④ 탱크의 재질 · 구조(Ⅰ⑥)
      ㉠ 재질 등 : 지하저장탱크의 재질은 두께 3.2mm 이상의 강철판으로 하여 완전용입용접 또는 양면겹침이음용접으로 틈이 없도록 만들어야 한다.
      ㉡ 수압시험 : 압력탱크(최대상용압력이 46.7kPa 이상인 탱크) 외의 탱크에 있어서는 70kPa의 압력으로, 압력탱크에 있어서는 최대상용압력의 1.5배의 압력으로 각각 10분간 수압시험을 실시하여 새거나 변형되지 아니하여야 한다. 이 경우 수압시험은 기밀시험과 비파괴시험을 동시에 실시하는 방법으로 대신할 수 있다.
   ⑤ 통기관 또는 안전장치의 설치(Ⅰ⑧)
   ⑥ 액량자동계량장치 및 계량구 직하 밑판의 손상방지조치(Ⅰ⑨)
   ⑦ 탱크주입구의 위치 · 구조 · 설비(Ⅰ⑩)
   ⑧ 펌프설비의 위치 · 구조 · 설비(Ⅰ⑪)
   ⑨ 지하저장탱크 배관에의 제조소 배관기준 준용(Ⅰ⑫)
   ⑩ 지하저장탱크 배관의 탱크 윗부분 설치원칙과 예외(Ⅰ⑬)
   ⑪ 전기설비의 기준(Ⅰ⑭)
   ⑫ 위험물 누설검사관의 설치(Ⅰ⑮)
   ⑬ 과충전방지장치의 설치(Ⅰ⑰)
   ⑭ 맨홀의 설치(Ⅰ⑱)

5 위험물의 성질에 따른 지하탱크저장소의 특례(規 별표 8 Ⅳ)

(1) 특례대상

아세트알데히드등 및 히드록실아민등을 저장 또는 취급하는 지하탱크저장소

(2) 특례의 내용

아세트알데히드등 및 히드록실아민등을 저장 또는 취급하는 지하탱크저장소는 규칙 별표 8 Ⅰ 내지 Ⅲ의 규정에 의한 기준에 의하는 것은 물론, 당해 위험물의 성질에 따라 필요한 강화기준에도 적합하여야 한다.

(3) 강화기준

1) 아세트알데히드등의 지하탱크저장소에 대한 강화기준

① 매설방법의 강화 : Ⅰ 제1호 단서의 규정에 불구하고 지하저장탱크는 지반면하의 탱크전용실에 설치할 것

② 설비에 사용하는 금속의 제한 : 지하저장탱크의 설비는 동·마그네슘·은·수은 또는 이들을 성분으로 하는 합금으로 만들지 아니할 것

③ 보랭장치 등의 설치 : 지하저장탱크에는 냉각장치 또는 보랭장치, 그리고 연소성 혼합기체의 생성에 의한 폭발을 방지하기 위한 불활성의 기체를 봉입하는 장치를 설치할 것. 다만, 지하저장탱크가 아세트알데히드등의 온도를 적당한 온도로 유지할 수 있는 구조인 경우에는 냉각장치 또는 보랭장치를 설치하지 아니할 수 있다.

2) 히드록실아민등의 지하탱크저장소에 대한 강화기준

히드록실아민등을 저장 또는 취급하는 지하탱크저장소에 대하여 강화되는 기준은 별표 6 Ⅺ의 규정에 의한 히드록실아민등을 저장 또는 취급하는 옥외탱크저장소의 규정을 준용하며, 그 기준은 다음과 같다.

① 지하탱크저장소에는 히드록실아민등의 온도의 상승에 의한 위험한 반응을 방지하기 위한 조치를 강구할 것

② 지하탱크저장소에는 철이온 등의 혼입에 의한 위험한 반응을 방지하기 위한 조치를 강구할 것

03-5 간이탱크저장소의 위치 · 구조 및 설비의 기준

학습 Point

간이탱크저장소는 소용량의 탱크에 위험물을 저장하는 시설을 말하는 것이며, 소용량 탱크인 간이저장탱크는 일반적으로 포터블 탱크라고 부르기도 하는데 현실에서는 주로 바퀴를 부착한 소용량의 탱크로 있다.

간이탱크저장소는 탱크에 의한 위험물 저장시설 중에서도 특히 소용량의 위험물을 저장하는 경우에 설치할 수 있도록 하는 시설이기 때문에 탱크의 용량 및 기수에 대하여 제한이 있다. 따라서, 간이탱크저장소의 위치 · 구조 및 설비는 다른 탱크저장시설에 비하여 그 기준이 간단한 것이 특징이다. 또한, 간이저장탱크는 옥외에 설치하는 것을 원칙으로 하지만 소정의 구조로 된 탱크전용실에 수납하는 경우에 한하여 옥내에 설치하는 것이 인정된다.

〈일반기준〉

간이탱크저장소에 관한 위치 · 구조 및 설비의 기준 중 주요한 사항은 다음과 같다.

1. 간이탱크저장소의 설치장소에 관한 것
2. 탱크의 용량, 기수에 관한 것
3. 탱크의 구조에 관한 것
4. 탱크에 부속하는 설비에 관한 것

1 간이탱크저장소의 설치장소(規 별표 9 ①)

(1) 옥외설치(원칙)

위험물을 저장 또는 취급하는 간이탱크("간이저장탱크")는 옥외에 설치해야 한다.

(2) 옥내설치(예외)

다음과 같이 간이저장탱크는 옥내탱크저장소의 전용실 및 옥내저장창고의 기준의 일부에 적합한 전용실 안에 설치하는 경우에 한하여 옥내설치가 가능하다.

① 전용실은 벽 · 기둥 및 바닥을 내화구조로 하고, 보를 불연재료로 하며, 연소의 우려가 있는 외벽은 출입구 외에는 개구부가 없도록 할 것. 다만, 인화점이 70℃ 이상인 제4류 위험물만의 간이저장탱크를 설치하는 전용실에 있어서는 연소의 우려가 없는 외벽 · 기둥 및 바닥을 불연재료로 할 수 있다(별표 7 I ① 거).

② 전용실은 지붕을 불연재료로 하고, 천장을 설치하지 아니할 것(별표 7 I ① 너)

③ 전용실의 창 및 출입구에는 갑종방화문 또는 을종방화문을 설치하는 동시에, 연소 우려가 있는 외벽에 두는 출입구에는 수시로 열 수 있는 자동폐쇄식의 갑종방화문을 설치할 것(별표 7 I ① 더)

④ 전용실의 창 또는 출입구에 유리를 이용하는 경우에는 망입유리로 할 것(별표 7 I ① 러)

⑤ 액상위험물의 간이저장탱크를 설치하는 전용실의 바닥은 위험물이 침투하지 아니하는 구조로 하고, 적당한 경사를 두는 한편, 집유설비를 설치할 것(별표 7 Ⅰ① 머)

⑥ 전용실에는 규칙 별표 4 Ⅴ 및 Ⅵ의 규정에 준하여 채광·조명 및 환기의 설비를 갖추고, 인화점이 70℃ 미만인 위험물의 전용실에 있어서는 내부에 체류한 가연성의 증기를 지붕 위로 배출하는 설비를 갖출 것(별표 5 Ⅰ⑭)

넓게 보기

간이탱크저장소는 옥외에 설치하는 것을 원칙으로 하지만 규칙 별표 7 Ⅰ 제1호 거목 내지 머목 및 별표 5 Ⅰ 제14호의 규정에 준하여 탱크전용실의 기준 등에 적합하고, 채광·조명설비와 환기 또는 배출설비를 적합하게 설치하는 경우에는 옥내에 설치할 수 있다.

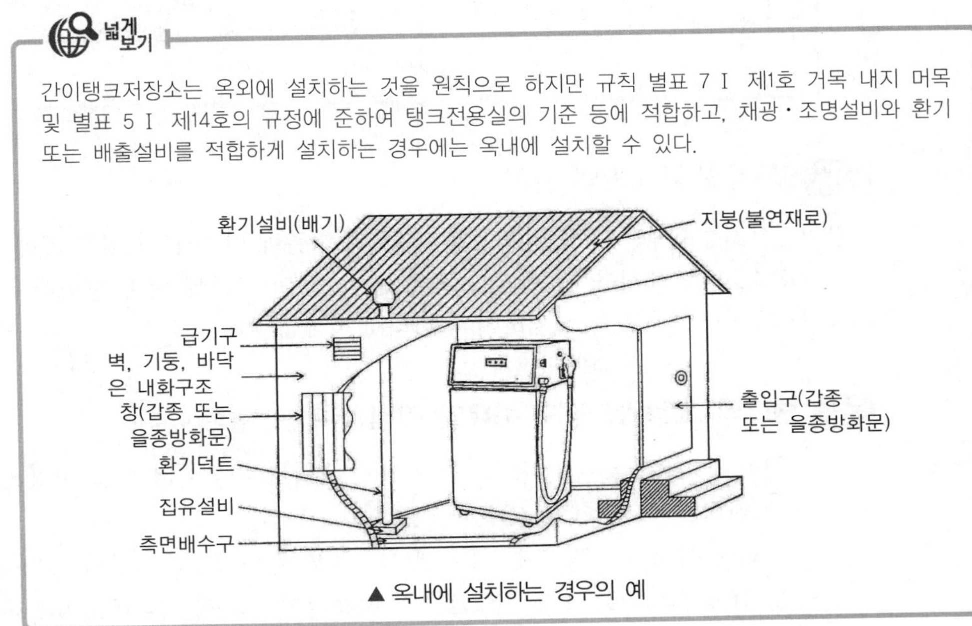

▲ 옥내에 설치하는 경우의 예

2 탱크의 설치수 제한

하나의 간이탱크저장소에 설치하는 간이저장탱크는 그 수를 3 이하로 하고, 동일한 품질의 위험물의 간이저장탱크를 2 이상 설치하지 아니하여야 한다(規 별표 9 ②).

넓게 보기

① 하나의 간이탱크저장소에 설치할 수 있는 간이저장탱크의 수는 3개까지이며, 동일한 품질의 위험물탱크는 2 이상 설치할 수 없다.[98]

② 하나의 탱크용량은 600L 이하로 한다.

98) 「동일한 품질의 위험물」이란 전적으로 같은 품질을 갖는 것을 말한다. 따라서, 영 별표 1에 게재되어 있는 품명이 동일하여도 품질이 다른 것(예컨대, 일반휘발유와 고급휘발유 등)은 동일한 품질의 위험물에 해당하지 않는다.

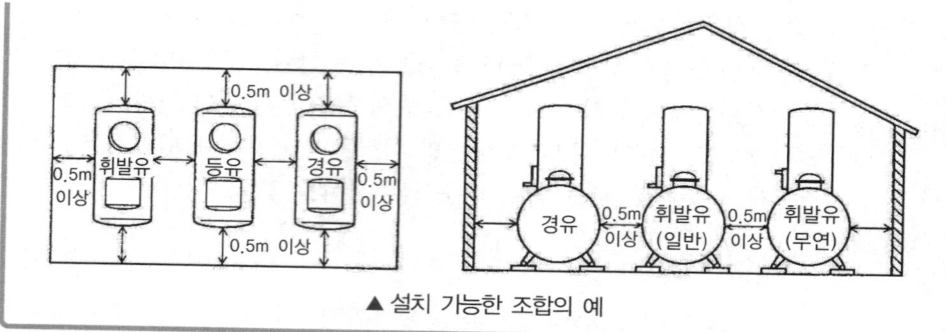

▲ 설치 가능한 조합의 예

3 표지 및 게시판의 설치

간이탱크저장소에는 규칙 별표 4 Ⅲ 제1호의 기준에 따라 보기 쉬운 곳에 "위험물 간이탱크저장소"라는 표시를 한 표지와 동표 Ⅲ 제2호의 기준에 따라 방화에 관하여 필요한 사항을 게시한 게시판을 설치하여야 한다(規 별표 9 ③).

4 탱크의 고정 및 공지 보유와 간격 유지(規 별표 9 ④)

① 간이저장탱크는 움직이거나 넘어지지 아니하도록 지면 또는 가설대에 고정시켜야 한다.

② 옥외에 설치하는 경우에는 그 탱크의 주위에 너비 1m 이상의 공지를 두고, 전용실 안에 설치하는 경우에는 탱크와 전용실의 벽과의 사이에 0.5m 이상의 간격을 유지하여야 한다.

넓게 보기

① 간이저장탱크는 대개 이동이 가능하도록 바퀴 등을 설치하는 것이 많지만 그것은 화재가 발생한 경우에 안전한 장소로 운반하기 위한 것이며, 저장 시에 이동시키기 위한 것은 아니다. 따라서, 평상시에는 지반면, 받침대 등에 고정하도록 되어 있다.
※ 고정방법 : 받침대, 쇠사슬, 고임목 등

② 연소방지, 소방활동 및 위험물 취급과 점검 등을 고려하여 옥외에 설치하는 경우에는 1m 이상의 공지를 보유하고, 전용실에 설치하는 경우에는 탱크와 전용실 벽과의 사이 또는 탱크와 탱크와의 사이에 0.5m 이상의 간격을 두도록 하고 있다.

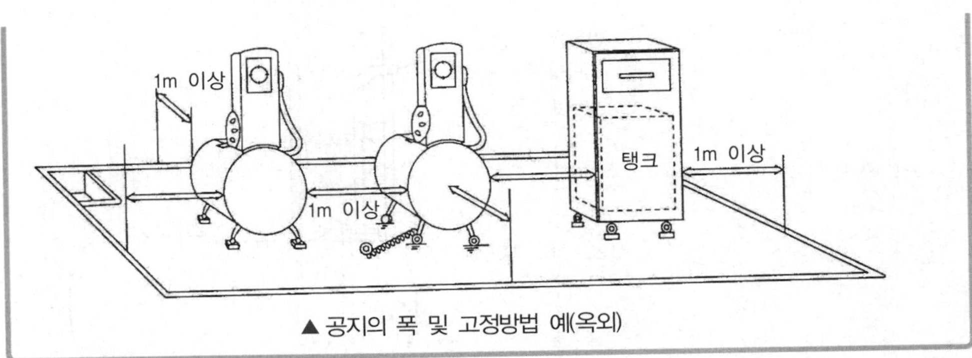

▲ 공지의 폭 및 고정방법 예(옥외)

5 탱크의 용량 제한

간이저장탱크의 용량은 600L 이하이어야 한다(規 별표 9 ⑤).

6 탱크의 구조 및 녹방지 도장[99)]

간이저장탱크는 두께 3.2mm 이상의 강판으로 흠이 없도록 제작하여야 하며, 70kPa의 압력으로 10분간의 수압시험을 실시하여 새거나 변형되지 아니하여야 한다(規 별표 9 ⑥).

간이저장탱크의 외면에는 녹을 방지하기 위한 도장을 하여야 한다. 다만, 탱크의 재질이 부식의 우려가 없는 스테인리스 강판 등인 경우에는 그러하지 아니하다(規 별표 9 ⑦).

7 탱크에 부속하는 설비

(1) 통기관의 설치(規 별표 9 ⑧)

간이저장탱크에는 다음의 기준에 적합한 밸브 없는 통기관 또는 대기밸브부착 통기관을 설치하여야 한다.

1) 밸브 없는 통기관

① 통기관의 지름은 25mm 이상으로 할 것
② 통기관은 옥외에 설치하되, 그 선단의 높이는 지상 1.5m 이상으로 할 것
③ 통기관의 선단은 수평면에 대해 아래로 45° 이상 구부려 빗물 등이 침투하지 않도록 할 것
④ 가는 눈의 구리망 등으로 인화방지장치를 할 것(인화점 70℃ 이상의 위험물만을 70℃ 미만의 온도로 저장 또는 취급하는 탱크에 설치하는 통기관은 예외)

99) 비상시에 이동시키는 것을 고려하여 탱크에 관한 시험기준을 엄격하게 하고 있다. 방청도장에 대하여는 옥외탱크저장소의 예에 의하는 것이 적당하다.

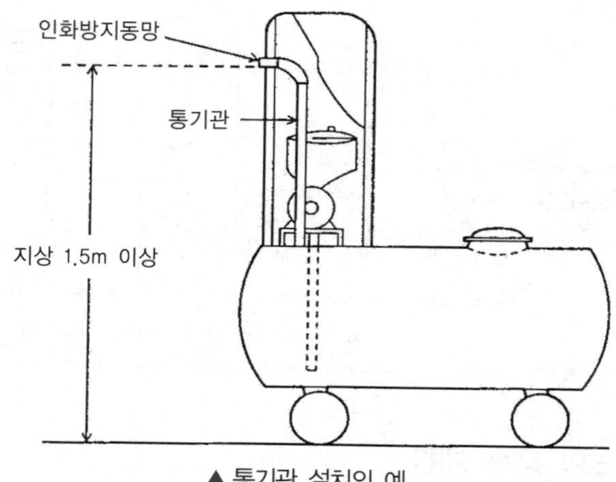

▲ 통기관 설치의 예

2) **대기밸브부착 통기관**

① 1)의 ② 및 ④의 기준에 적합할 것

② 5kPa 이하의 압력차이로 작동할 수 있을 것

(2) 주유 또는 급유설비(規 별표 ⑨)

간이저장탱크에 고정주유설비 또는 고정급유설비를 설치하는 경우에는 규칙 별표 13 Ⅳ의 규정에 의한 고정주유설비 또는 고정급유설비의 기준에 적합하여야 한다.

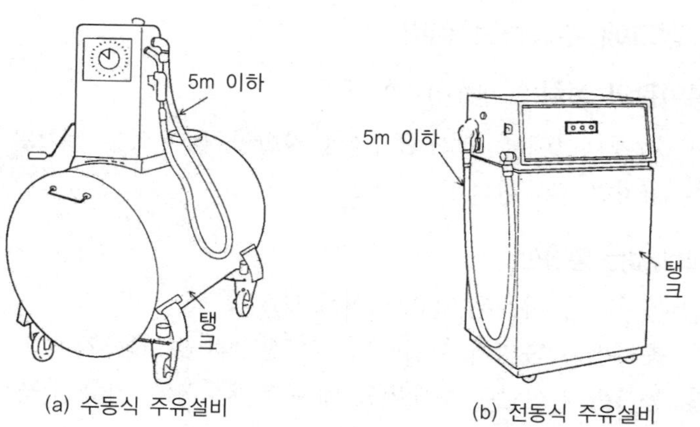

(a) 수동식 주유설비 (b) 전동식 주유설비

▲ 주유설비의 예

03-6 이동탱크저장소의 위치 · 구조 및 설비의 기준

학습 Point

이동탱크저장소는 차량(피견인자동차에 있어서는 앞차축을 갖지 아니하는 것으로서 당해 피견인자동차의 일부가 견인자동차에 적재되고 당해 피견인자동차와 그 적재물의 중량의 상당부분이 견인자동차에 의하여 지탱되는 구조의 것에 한한다)에 고정된 탱크에 위험물을 저장하는 시설을 말하는 것으로, 다른 저장시설과 달리 이동하는 특성이 있어 운송 중 차량의 전복 등으로 인한 위험물 재해를 방지하기 위한 대책을 특별히 강구할 필요가 있다.

이동탱크저장소는 저장형태, 위험물의 종류에 따라 법령상 기술기준의 적용이 달라진다.

저장형태에 따른 이동탱크저장소의 구분은 다음과 같다.

1. 컨테이너식 외의 것
2. 컨테이너식의 것 : 이동저장탱크를 차량 등에 옮겨 싣는 구조로 된 이동탱크저장소
3. 주유탱크차 : 항공기의 연료탱크에 직접 주유하기 위한 주유설비를 갖춘 것

〈일반기준〉

이동탱크저장소에 관한 위치 · 구조 및 설비의 기준 중 주요한 사항은 다음과 같다.

1. 이동탱크저장소의 상치장소에 관한 것
2. 탱크의 재질, 강도, 칸막이, 방파판 등 탱크의 구조에 관한 것
3. 탱크의 맨홀, 안전장치, 주입구 등 부속설비에 관한 것
4. 탱크 상부의 손상방지조치설비, 배출밸브, 주입호스, 결합금속구 등 부속설비에 관한 것

〈특례기준〉

컨테이너식 이동탱크저장소와 주유탱크차에 대하여는 그 저장형태에 따라 위치 · 구조 및 설비의 일반기준에 대하여 특례를 정하고 있는데, 일반기준의 적용을 제외하는 규정과 추가로 부가하는 규정이 혼합되어 있다(規 별표 10 Ⅷ Ⅸ).

또한, 소정의 위험물을 저장하는 이동탱크저장소에 대하여는 그 위험물의 성질에 따라 강화특례를 정하고 있는데, 알킬알루미늄등 · 아세트알데히드등 및 히드록실아민등을 저장하는 이동탱크저장소를 그 대상으로 하고 있다(規 별표 10 Ⅹ).

	시설의 태양	특례기준	비 고
①	컨테이너식 이동탱크저장소	規 별표 10 Ⅷ	
②	주유탱크차	規 별표 10 Ⅸ	
③	알킬알루미늄, 아세트알데히드등 또는 히드록실아민등의 이동탱크저장소	規 별표 10 Ⅹ	강화특례

1 이동탱크저장소의 개념 등

(1) 개념

이동탱크저장소란 차량(피견인자동차에 있어서는 앞차축을 갖지 아니하는 것으로서 당해 피견인자동차의 일부가 견인자동차에 적재되고 당해 피견인자동차와 그 적재물의 중량의 상당부분이 견인자동차에 의하여 지탱되는 구조의 것에 한한다)에 고정된 탱크에 위험물을 저장하는 시설이다.

넓게 보기

다음 그림과 같은 풀트레일러식 및 복합식의 것은 이동탱크저장소로 인정되지 않는다.

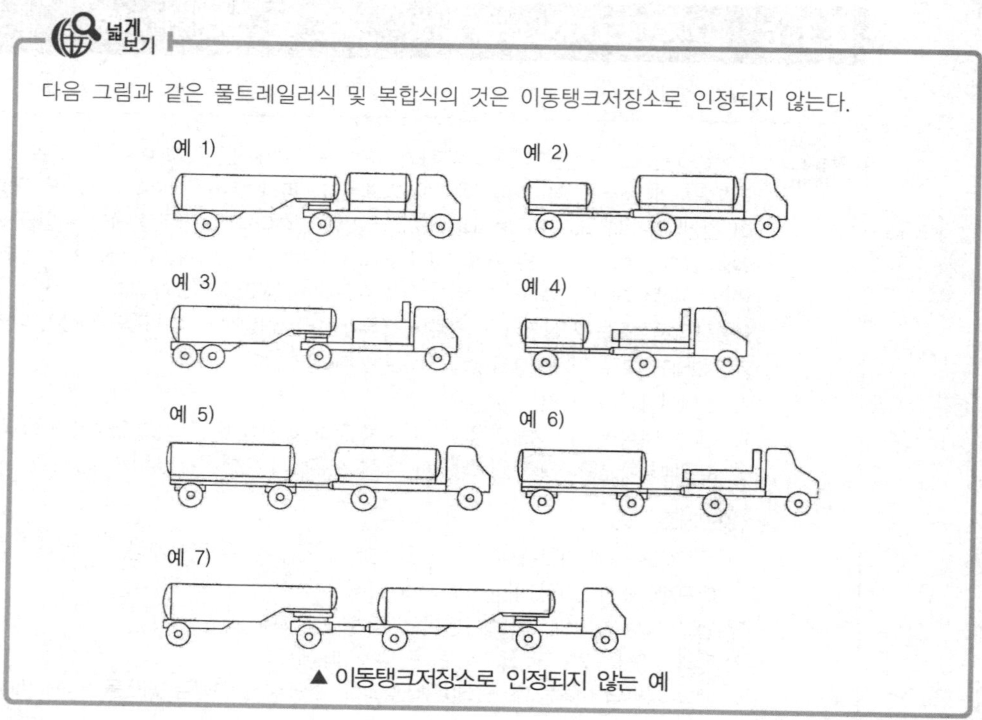

▲ 이동탱크저장소로 인정되지 않는 예

(2) 기술기준 적용상의 구분

이동탱크저장소는 저장형태, 위험물의 종류에 따라 기술기준의 적용이 법령상 다음과 같이 구분된다.

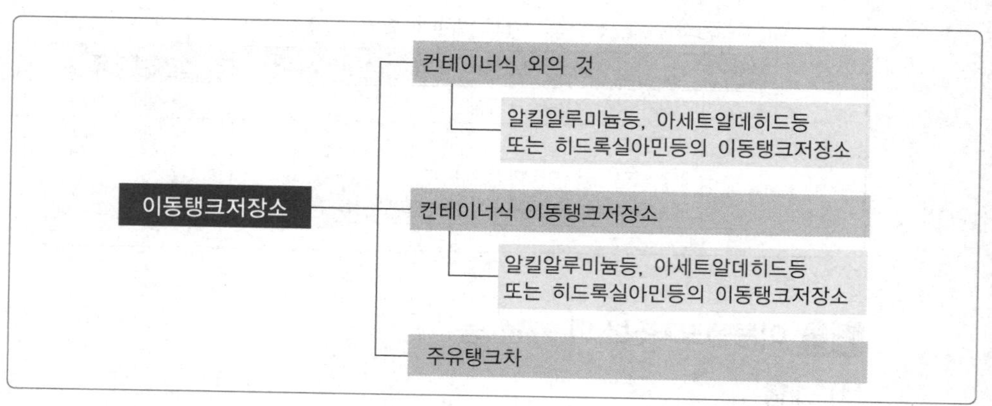

넓게 보기

법령상의 구분은 아니지만 이동탱크저장소의 종류로서 이동저장탱크가 다음의 ① 및 ②의 그림에 나타낸 것과 같이 차량과 일체로 된 형식인지, 아니면 ③ 및 ④의 그림에 나타낸 것과 같이 피견인차에 고정되어 견인차량에 견인되는 형식인지에 따라 단일차 형식의 것(일반적으로 "탱크로리"로 호칭)과 피견인차 형식의 것(일반적으로 "세미트레일러"로 호칭)이 있으며, 이들 각 형식마다 탱크를 탈착하는 구조인지 여부에 따라 컨테이너식의 것(탱크컨테이너를 적재하는 방식의 것. 적재식이라고도 함)과 컨테이너식 외의 것이 있다.

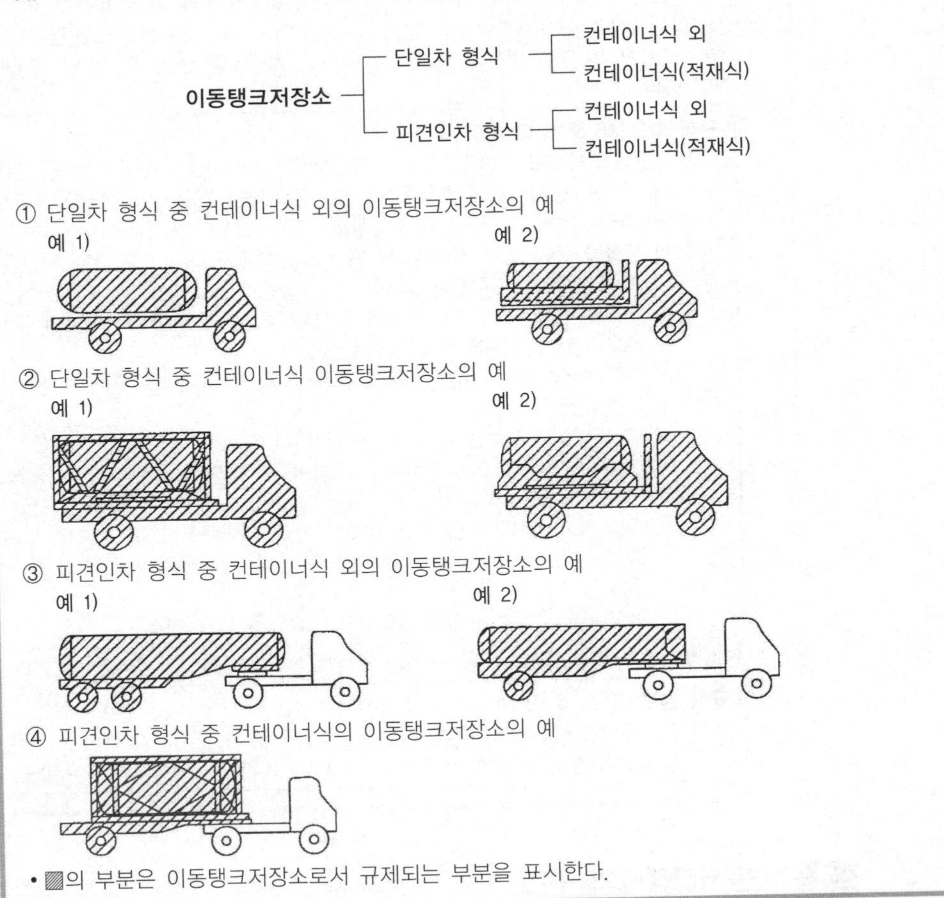

• ▨의 부분은 이동탱크저장소로서 규제되는 부분을 표시한다.

2 상치장소

이동탱크저장소는 옥외의 방화상 안전한 장소 또는 소정의 구조로 된 건축물의 1층에 상치(常置)하도록 되어 있으며, 상치장소의 기준은 다음과 같다(規 별표 10 Ⅰ).

① 옥외에 있는 상치장소는 화기를 취급하는 장소 또는 인근의 건축물로부터 5m 이상(인근의 건축물이 1층인 경우에는 3m 이상)의 거리를 확보하여야 한다. 다만, 하천의 공지나 수면, 내화구조 또는 불연재료의 담 또는 벽 그 밖에 이와 유사한 것에 접하는 경우를 제외한다.

② 옥내에 있는 상치장소는 벽·바닥·보·서까래 및 지붕이 내화구조 또는 불연재료로 된 건축물의 1층에 설치하여야 한다.

넓게 보기

① 상치장소는 위험물의 위치, 구조 및 설비 가운데 「위치」에 해당하며, 이동탱크저장소를 설치할 때에는 상치장소도 포함하여 설치허가를 받게 되며, 상치장소의 변경은 이동탱크저장소의 「위치」의 변경이므로 원칙적으로 변경 후의 상치장소를 관할하는 소방서장의 변경허가를 받아야 한다.

규칙 별표 18 Ⅳ 5 아 8)의 규정

8) 이동탱크저장소는 별표 10 Ⅰ의 규정에 의한 상치장소에 주차할 것. 다만, 원거리 운행 등으로 상치장소에 주차할 수 없는 경우에는 다음의 장소에도 주차할 수 있다.
   가) 다른 이동탱크저장소의 상치장소
   나) 「화물자동차 운수사업법」에 의한 일반화물자동차운송사업을 위한 차고로서 별표 10 Ⅰ의 규정에 적합한 장소
   다) 「물류시설의 개발 및 운영에 관한 법률」에 따른 물류터미널의 주차장으로서 별표 10 Ⅰ의 규정에 적합한 장소
   라) 「주차장법」에 의한 주차장 중 노외의 옥외주차장으로서 별표 10 Ⅰ의 규정에 적합한 장소
   마) 제조소등이 설치된 사업장 내의 안전한 장소
   바) 도로(길어깨 및 노상주차장을 포함한다) 외의 장소로서 화기취급장소 또는 건축물로부터 10m 이상 이격된 장소
   사) 벽·기둥·바닥·보·서까래 및 지붕이 내화구조로 된 건축물의 1층으로서 개구부가 없는 내화구조의 격벽 등으로 당해 건축물의 다른 용도의 부분과 구획된 장소
   아) 소방본부장 또는 소방서장으로부터 승인을 받은 장소

② 원칙적으로 상치장소에도 이동저장탱크에 위험물을 저장한 채 주차할 수 없다.

규칙 별표 18 Ⅳ 5 아 9)

9) 이동저장탱크를 8)의 규정에 의한 상치장소 등에 주차시킬 때에는 완전히 빈 상태로 할 것. 다만, 당해 장소가 별표 6 Ⅰ·Ⅱ 및 Ⅸ의 규정에 적합한 경우에는 그렇지 않음.

3 이동저장탱크의 구조

(1) 탱크본체(規 별표 10 Ⅱ ①)

1) 탱크는 두께 3.2mm 이상의 강철판 또는 이와 동등 이상의 강도·내식성 및 내열성이 있다고 인정하여 고시(107)로 정하는 재료 및 구조로 위험물이 새지 아니하게 제작하여야 한다.

2) 압력탱크(최대상용압력이 46.7kPa 이상인 탱크를 말한다) 외의 탱크는 70kPa의 압력으로, 압력탱크는 최대상용압력의 1.5배의 압력으로 각각 10분간의 수압시험을 실시하여 새거나 변형되지 아니하여야 한다. 이 경우 수압시험은 용접부에 대한 비파괴시험과 기밀시험으로 대신할 수 있다.

(2) 탱크의 칸막이 및 방파판(規 별표 10 Ⅱ ② ③ 나)

1) 이동저장탱크의 용량에 대한 제한은 없지만 탱크의 내부는 4,000L 이하마다 칸막이로 완전히 구획하여야 한다. 다만, 고체인 위험물을 저장하거나 고체인 위험물을 가열하여 액체상태로 저장하는 경우에는 그러하지 아니하다.[100)]

2) 칸막이 및 방파판은 소정의 두께(칸막이는 3.2mm, 방파판은 1.6mm) 이상의 강철판 또는 이와 동등 이상의 강도·내열성 및 내식성이 있는 금속성의 재료로 만든 것이어야 한다.

4 탱크의 녹방지 조치

탱크의 외면에는 녹방지를 위한 도장(방청도장)을 하여야 한다. 다만, 탱크의 재질이 부식의 우려가 없는 스테인리스 강판 등인 경우에는 그러하지 아니하다(規 별표 10 Ⅱ ⑤).

5 탱크에 부속하는 설비 등

(1) 맨홀 · 안전장치 · 방파판의 설치(規 별표 10 Ⅱ ③)

탱크의 칸막이로 구획된 각 부분에는 맨홀과 다음의 기준에 의한 안전장치 및 방파판을 설치하여야 한다. 다만, 칸막이로 구획된 부분의 용량이 2,000L 미만인 부분에는 방파판을 설치하지 아니할 수 있다.

1) **안전장치**

상용압력이 20kPa 이하인 탱크에 있어서는 20kPa 이상 24kPa 이하의 압력에서, 상용압력이 20kPa을 초과하는 탱크에 있어서는 상용압력의 1.1배 이하의 압력에서 작동하는 것으로 할 것

2) **방파판**

① 하나의 구획부분에 2개 이상의 방파판을 이동탱크저장소의 진행방향과 평행으로 설치하되, 각 방파판은 그 높이 및 칸막이로부터의 거리를 다르게 할 것

② 하나의 구획부분에 설치하는 각 방파판의 면적의 합계는 당해 구획부분의 최대 수직단면적의 50% 이상으로 할 것. 다만, 수직단면이 원형이거나 짧은 지름이 1m 이하의 타원형일 경우에는 40% 이상으로 할 수 있다.

100) 이는 이동탱크저장소가 특수한 위험물을 싣고 도로상을 운행할 때 탱크 내부의 위험물의 출렁임 등의 현상으로 인하여 사고가 발생하는 것을 최소화하는 동시에 사고 시의 피해를 줄이기 위한 것이다.

(2) 맨홀 및 주입구 뚜껑의 구조(規 별표 10 Ⅱ ① 가)

이동저장탱크의 맨홀 및 주입구(주입관)의 뚜껑도 탱크본체와 마찬가지로 두께 3.2mm 이상의 강철판 또는 이와 동등 이상의 강도·내식성 및 내열성이 있다고 인정하여 고시(107)로 정하는 재료 및 구조로 제작하여야 한다.

넓게 보기

① 맨홀의 예를 나타내면 다음 그림과 같다.

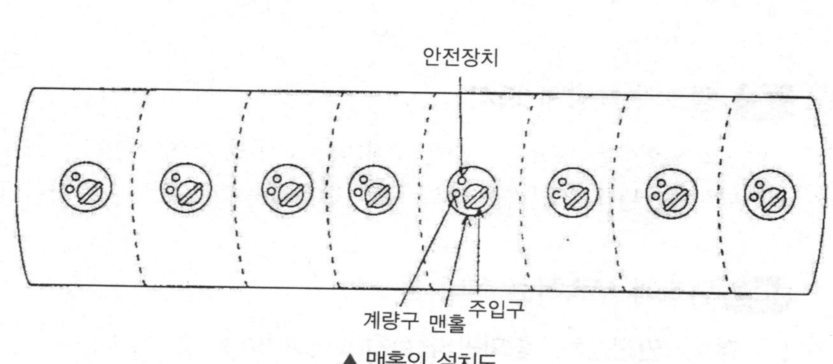

▲ 맨홀의 설치도

② 안전장치는 이동저장탱크의 내부 압력이 상승한 경우에 탱크에 과도한 압력이 걸리지 않도록 하기 위하여 설치한다.

③ 방파판은 주행 중의 이동탱크저장소에 있어서의 위험물의 출렁임을 방지하여 주행 중 차량의 안전을 확보하기 위하여 설치하는 것이며, 유의해야 할 사항은 다음과 같다.

㉠ 재질 및 판두께 : 방파판은 두께 1.6mm 이상의 강판 또는 이와 동등 이상의 강도·내식성 및 내열성이 있다고 인정하여 고시하는 것으로 제작할 것

㉡ 구조 : 방파판은 평강으로 만들며, 저장하는 위험물의 흔들림에 의하여 쉽게 변형되지 않는 구조로 할 것

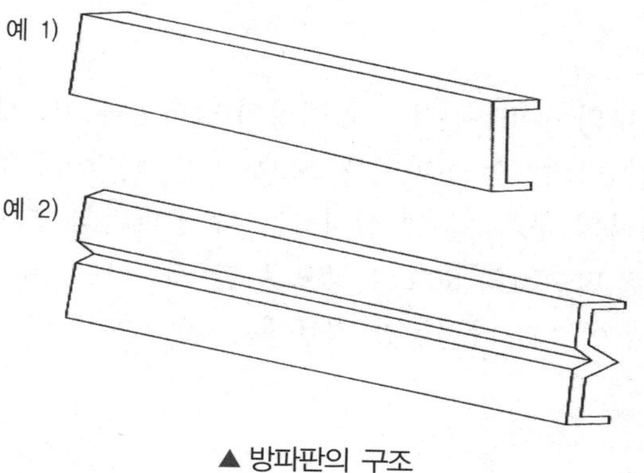

▲ 방파판의 구조

ⓒ 설치방법 : 방파판은 그림에서와 같이 탱크실 내의 2개소 이상에 그 이동방향과 평행으로 하되 높이 또는 칸막이 등으로부터의 거리를 다르게 하여 설치할 것

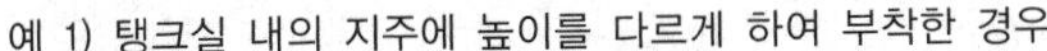

예 1) 탱크실 내의 지주에 높이를 다르게 하여 부착한 경우

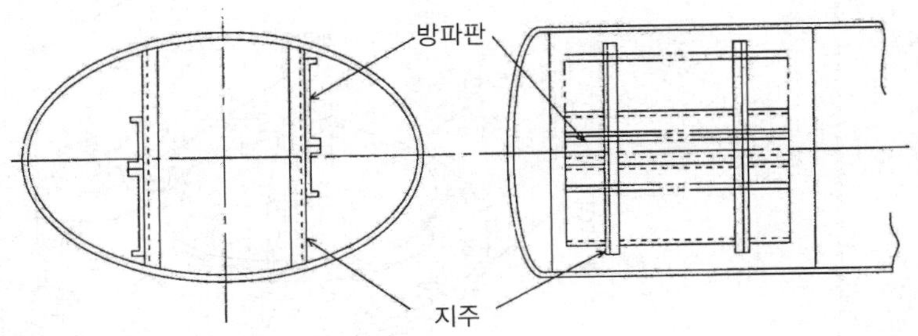

예 2) 간이막 등에 높이를 다르게 하여 부착하는 경우

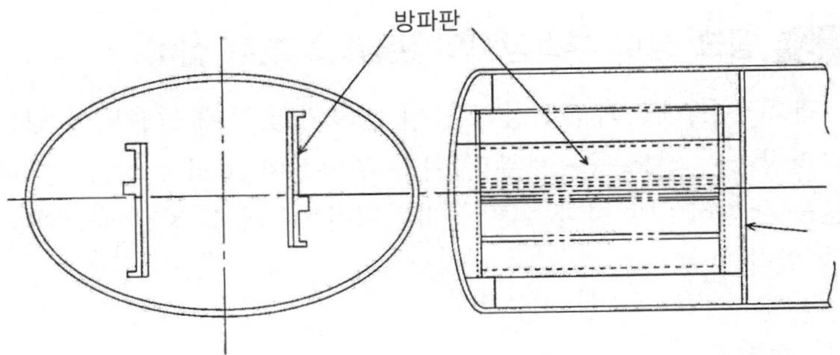

예 3) 칸막이 등으로부터 거리를 다르게 하여 설치하는 경우

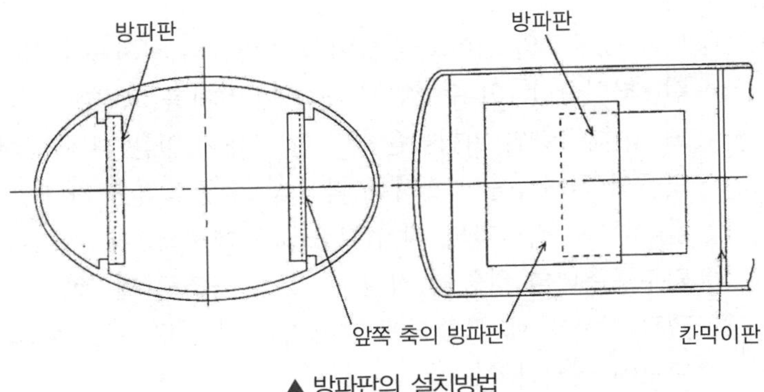

▲ 방파판의 설치방법

④ 맨홀 및 주입구의 뚜껑을 그림으로 나타내면 다음과 같다.

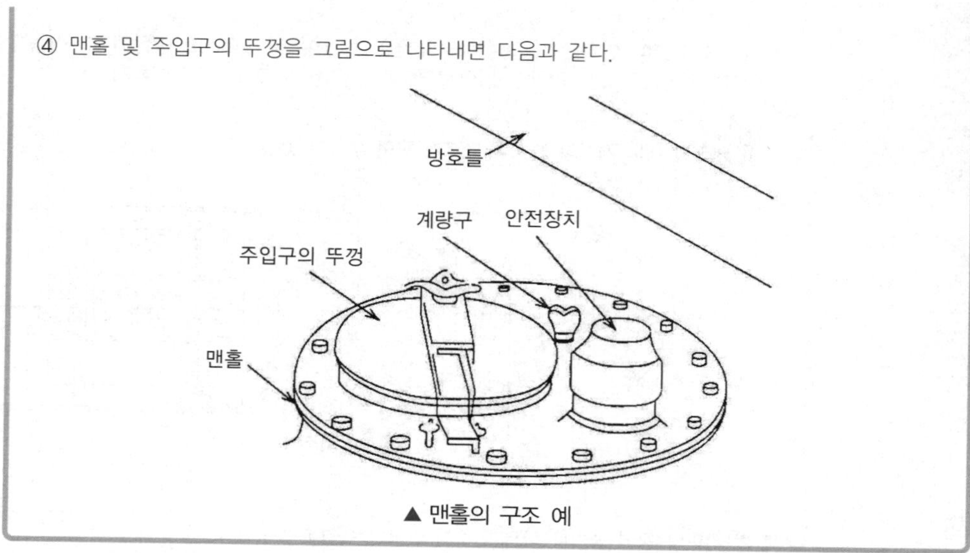

▲ 맨홀의 구조 예

6 탱크 상부 부속장치의 손상방지조치 설비

맨홀・주입구 및 안전장치 등이 탱크의 상부에 돌출되어 있는 탱크에 있어서는 이동탱크저장소의 전도 등으로부터 이들 부속설비 등의 손상을 방지하기 위한 측면틀 및 방호틀을 설치하여야 한다. 다만, 피견인자동차에 고정된 탱크에는 측면틀을 설치하지 않을 수 있다(規 별표 10 Ⅱ ④).

(1) 측면틀

탱크의 전복을 억제하기 위하여 탱크의 양측면 상부에 설치하는 손상방지조치 설비이며, 그 설치기준은 다음과 같다.

① 탱크 뒷부분의 입면도에 있어서 측면틀의 최외측과 탱크의 최외측을 연결하는 직선("최외측선")의 수평면에 대한 내각(다음 그림에서 β)이 75° 이상이 되도록 하고, 최대수량의 위험물을 저장한 상태에 있을 때의 당해 탱크중량의 중심점과 측면틀의 최외측을 연결하는 직선과 그 중심점을 지나는 직선 중 최외측선과 직각을 이루는 직선과의 내각(다음 그림에서 α)이 35° 이상이 되도록 할 것
② 외부로부터의 하중에 견딜 수 있는 구조로 할 것
③ 탱크 상부의 네 모퉁이에 당해 탱크의 전단 또는 후단으로부터 각각 1m 이내의 위치에 설치할 것
④ 측면틀에 걸리는 하중에 의하여 탱크가 손상되지 아니하도록 측면틀의 부착부분에 받침판을 설치할 것

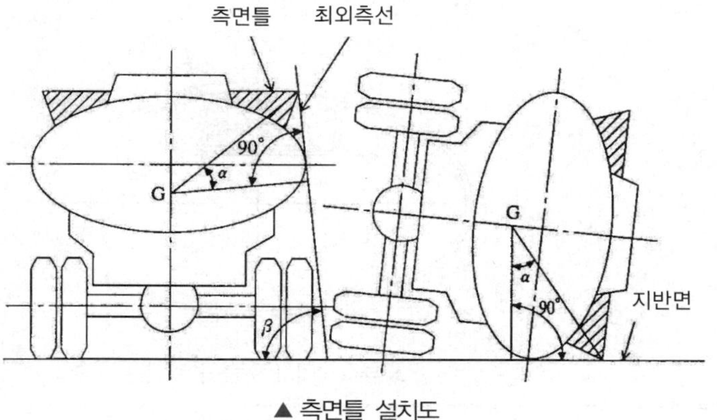

▲ 측면틀 설치도

(2) 방호틀

탱크 상부에 돌출된 부속장치 등의 손상을 방지하기 위하여 부속장치의 주위에 설치하는 손상방지조치 설비이며, 그 설치기준은 다음과 같다.

① 두께 2.3mm 이상의 강철판 또는 이와 동등 이상의 기계적 성질이 있는 재료로써 산모양의 형상으로 하거나 이와 동등 이상의 강도가 있는 형상으로 할 것
② 정상부분은 부속장치보다 50mm 이상 높게 하거나 이와 동등 이상의 성능이 있는 것으로 할 것

넓게 보기

[방호틀을 설치하지 않아도 되는 이동저장탱크]

맨홀, 주입구, 안전장치 등의 부속장치가 탱크 내로 50mm 이상 함몰하여 있는 것은 방호틀을 설치하지 않아도 된다.
→ 부속장치란 맨홀, 주입구(뚜껑을 포함), 계량구(뚜껑을 포함), 안전장치, 배출밸브조작핸들, 불연성 가스 봉입용 배관(밸브, 계기 등을 포함) 하역용 배관(밸브, 계기 등을 포함) 등 탱크 상부에 설치되어 있는 장치를 말한다.

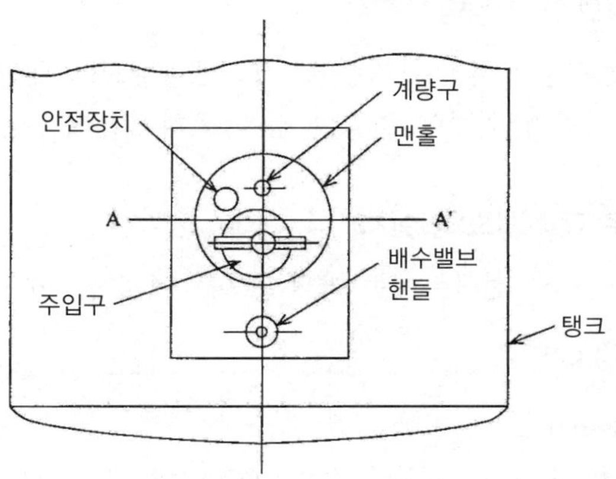

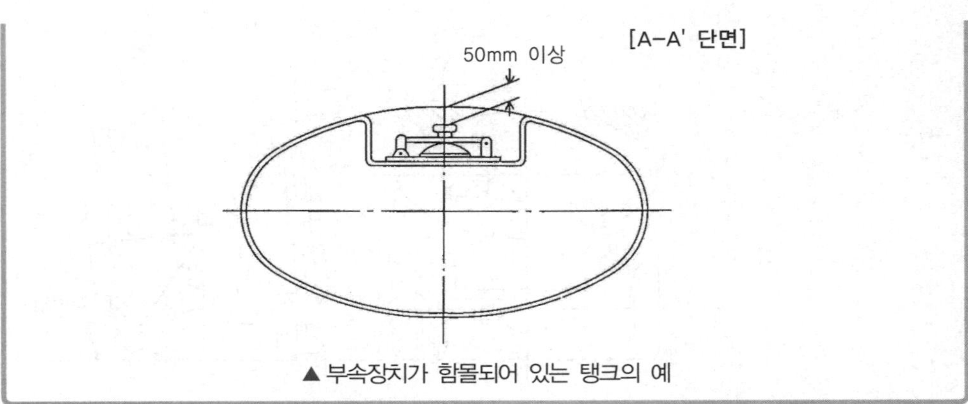

▲ 부속장치가 함몰되어 있는 탱크의 예

7 배출밸브 및 비상폐쇄장치 등(規 별표 10 Ⅲ)

(1) 배출밸브 및 비상폐쇄장치의 설치

이동저장탱크의 아랫부분에 배출구를 설치하는 경우에는 당해 탱크의 배출구에 밸브("배출밸브")를 설치하고 비상시에 직접 당해 배출밸브를 폐쇄할 수 있는 수동폐쇄장치 또는 자동폐쇄장치를 설치하여야 한다.

(2) 수동폐쇄장치의 레버 설치

수동폐쇄장치를 설치하는 경우에는 수동폐쇄장치를 작동시킬 수 있는 레버 또는 이와 유사한 기능을 하는 것을 설치하고, 그 바로 옆에 해당 장치의 작동방식을 표시하여야 한다. 이 경우 레버를 설치하는 경우에는 다음의 기준에 따라 설치하여야 한다.

① 손으로 잡아당겨 수동폐쇄장치를 작동시킬 수 있도록 할 것
② 길이는 15cm 이상으로 할 것

(3) 배출밸브의 손상방지조치

배출밸브를 설치하는 경우에는 그 배출밸브에 대한 외부로부터의 충격으로 인한 손상을 방지하기 위하여 필요한 장치를 하여야 한다.

(4) 선단부 개폐밸브의 설치

탱크 배관의 선단부에는 개폐밸브를 설치하여야 한다.

[배출밸브]
배출밸브의 구조는 수동폐쇄장치의 폐쇄밸브와 일체로 되어 있다.

예 1) 이동저장탱크의 상부에 있어서 배출밸브를 개폐하는 구조의 것

탱크 상부로부터 스핀들 ①을 조작하여 밸브 ②를 올려 배출밸브를 개폐한다. 긴급 시에는 지반면으로부터 긴급레버 ③에 의해 크랭크 ④를 조작하여 밸브 ⑤를 닫는다.

예 2-1) 지반면 위에서 배출밸브를 개폐하는 구조의 것

지반면으로부터 배출밸브 조작레버 ①에 의해 크랭크 ②를 조작하여 스핀들 ③을 올려 밸브 ④를 개폐한다.
긴급 시에는 긴급레버 ⑤에 의해 크랭크 ②를 조작하여 밸브 ④를 닫는다.

예 2-2) 지반면 위에서 배출밸브를 개폐하는 구조의 것

지반면에서 레버(긴급 시 겸용) ①을 조작하여 밸브구멍 ②를 개폐한다.
긴급 시에는 긴급레버에 의해 레버 ①을 조작하여 밸브구멍 ②를 폐쇄한다.

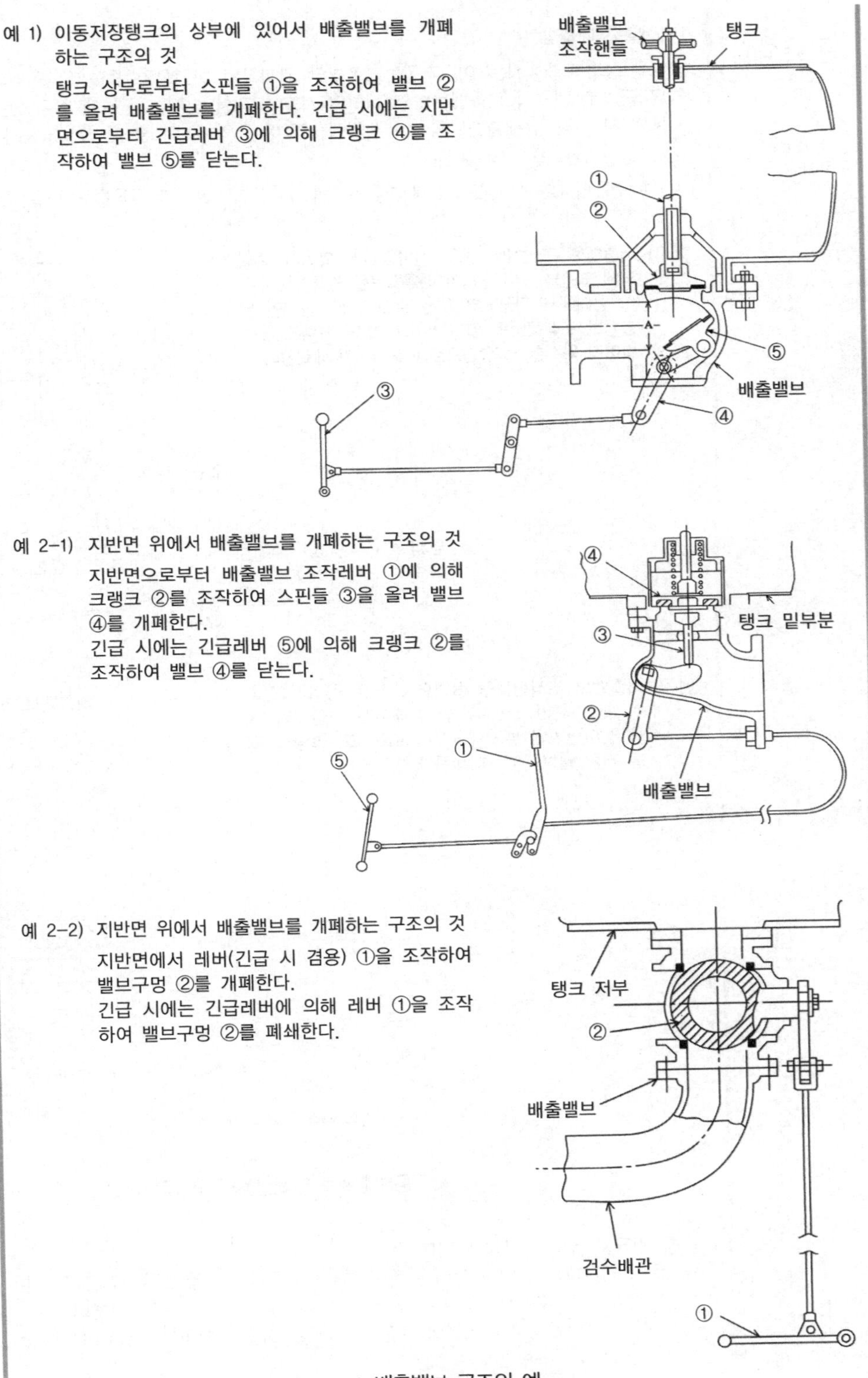

▲ 배출밸브 구조의 예

[배출밸브 폐쇄장치]

배출밸브의 폐쇄장치는 이동저장탱크로부터 위험물의 하역작업 중에 유출 등의 사고가 발생한 경우 곧바로 탱크의 배출밸브를 폐쇄하여 사고 확대를 방지하기 위해 설치하는 것으로 수동 및 자동의 것이 있다. 배출밸브의 폐쇄장치에 대하여 유의하여야 할 사항은 다음과 같다.

① 수동폐쇄장치의 구조(예시)

㉠ 수동폐쇄장치는 긴급용 레버를 손으로 잡아당겨 장치가 작동하는 것일 것(그림 참조).

예 1) 배출밸브 조작레버 ①을 잡아당기면 와이어 ②에 의해 크랭크 ③이 올라가 배출밸브를 연다. 이 상태에서 긴급레버 ④를 손으로 잡아당기면 배출밸브 조작레버를 열어 누르고 있던 크랭크 ⑤가 떨어져 용수철 ⑥의 힘으로 배출밸브가 폐쇄된다.

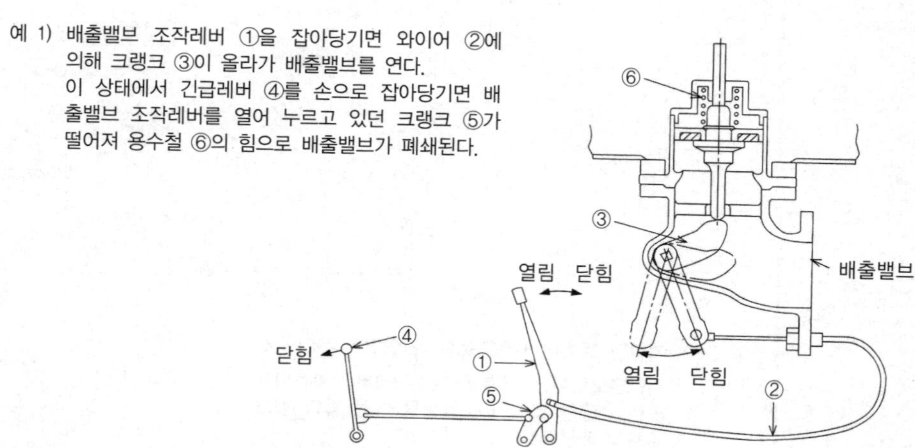

예 2) 배출밸브 조작핸들을 돌리면 스핀들 ①이 회전하여 밸브 ②가 열린다. 이 상태에서 긴급레버 ③을 잡아당기면 벨크랭크 ④, 로드 ⑤, 크랭크 ⑥을 거쳐 밸브 ⑦이 폐쇄된다.

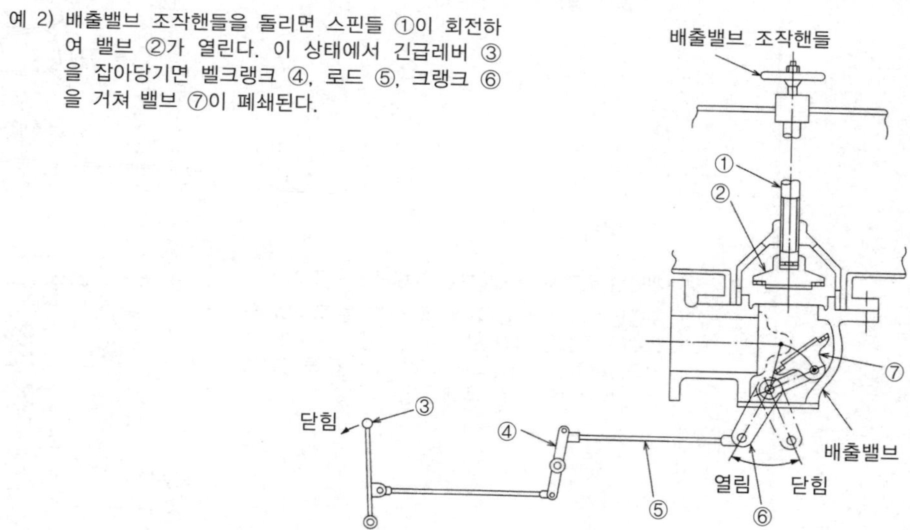

▲ 수동배출밸브 폐쇄장치의 구조의 예

㉡ 긴급용 레버는 다음에 의할 것

- 긴급레버의 길이는 레버 손잡이로부터 작동점이 지점(支點)보다 멀리 있는 경우는 레버의 손잡이와 지점까지의 사이가 15cm 이상이고, 레버의 손잡이로부터 작동점이 지점보다 가까이 있는 경우는 레버의 손잡이와 작동점까지의 사이가 15cm 이상일 것(그림 참조).

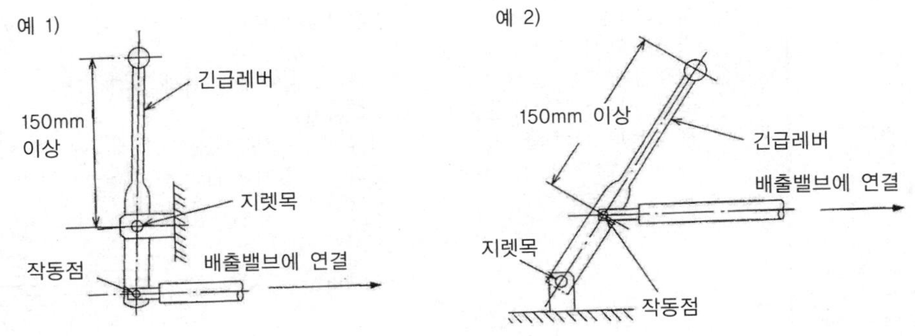

▲ 긴급레버의 구조

- 긴급레버의 설치위치는 다음의 조작하기 쉬운 장소로 할 것. 다만, 컨테이너식 이동탱크저장소에서 이동저장탱크를 앞뒤 교체하여 적재하는 것에 있어서는 어느 경우에도 긴급레버의 설치위치가 다음에 게재하는 장소에 있을 것
  - 배관의 토출구가 탱크이동방향의 우측, 좌측 또는 좌우 양측에 있는 경우는 탱크 뒷부분의 좌측
  - 배관의 토출구가 탱크이동방향의 우측, 좌측 또는 우측 및 뒷부분에 있는 경우는 탱크 뒷부분의 좌측 및 탱크 측면의 좌측
  - 배관의 토출구가 탱크의 뒷부분에만 있는 경우는 탱크 측면의 좌측

긴급레버의 위치	긴급레버 및 토출구의 위치 약도
탱크 뒷부분 좌측	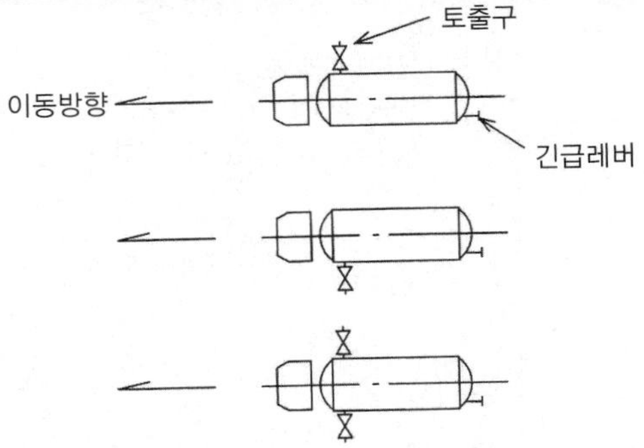 토출구 이동방향 긴급레버
탱크 뒷부분 좌측 및 탱크 측면의 좌측	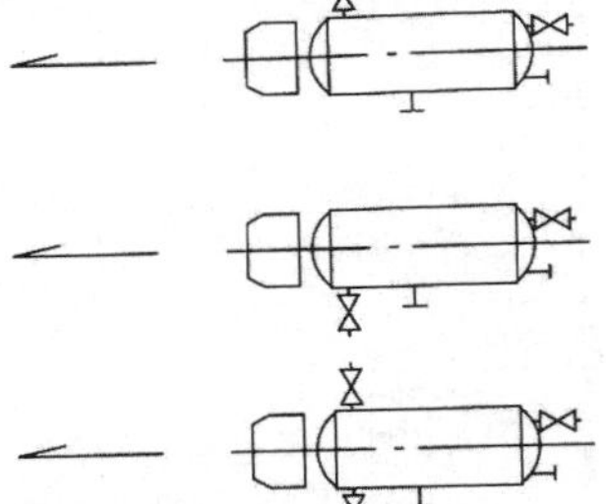
탱크 측면의 좌측	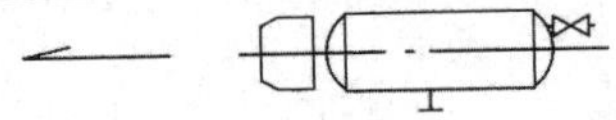

② 자동폐쇄장치의 구조

㉠ 자동폐쇄장치는 이동탱크저장소 또는 그 부근의 화재로 이동저장탱크의 하부가 화염을 받은 경우 화재의 열에 의해 배출밸브가 자동적으로 폐쇄하는 것일 것

ⓛ 자동폐쇄장치의 열을 감지하는 부분(열감지 부분)은 긴급용 레버 또는 배출밸브 조작레버의 부근에서 화염이 접촉될 수 있도록 설치할 것

ⓒ 열감지 부분은 쉽게 녹는 금속 기타 화재의 열에 의해 쉽게 용융하는 재료를 사용하며, 당해 부분의 열감지 온도는 100℃ 이하일 것

※ 수동폐쇄장치와 자동폐쇄장치의 선택 : 규칙에서는 2 중 하나를 선택하여 설치할 수 있도록 하고 있지만 수동 및 자동의 폐쇄장치를 같이 설치하는 것이 좋다.

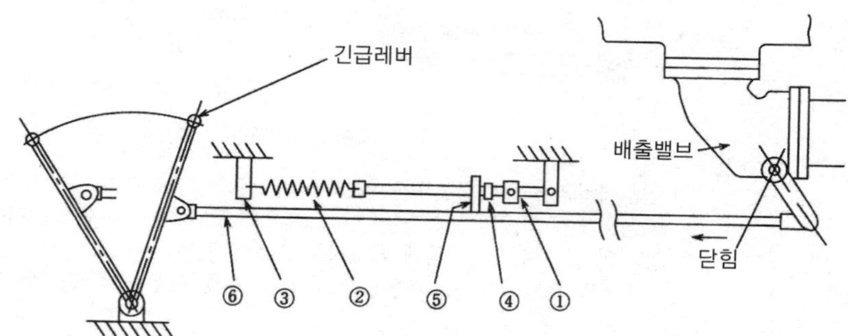

쉽게 녹는 금속 ①이 화염에 의해 가열되어 녹아 끊어지면 쉽게 녹는 금속 ①과 접속되어 있는 용수철 ②가 용수철 고정핀 ③의 방향으로 줄어들어 스토퍼 ④가 금속 ⑤, 로드 ⑥을 눌러 움직여서 배출밸브가 자동적으로 닫힌다.

▲ 자동폐쇄장치의 구조

③ 긴급레버의 표시

㉠ 표시사항 : 「긴급레버」 및 「잡아당긴다」는 취지의 표시

ⓛ 표시위치 : 긴급레버 부근의 눈에 잘 띄는 장소(그림 참조).

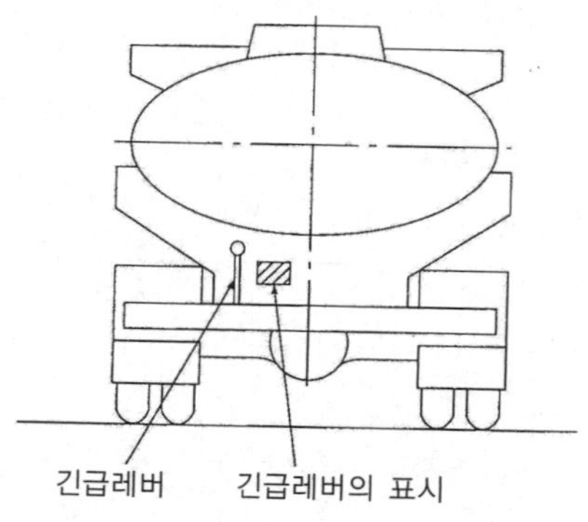

▲ 긴급레버의 표시위치의 예

④ 배출밸브의 손상방지조치

배출밸브 손상방지조치는 이동탱크저장소가 자동차의 추돌 등 외부로부터의 충격을 받은 경우에 배출밸브가 손상하지 않도록 하기 위한 것이며 유의해야 할 사항은 다음과 같다.

㉠ 배관에 의한 방법

• 배관에 의한 경우에는 배출밸브에 직접 충격이 가해지지 않도록 배관 일부에 직각의 굴곡부를 설치하여 충격력을 흡수시키도록 할 것

• 토출구 부근의 배관은 고정금구(金具)를 사용하여 서브프레임 등에 고정할 것

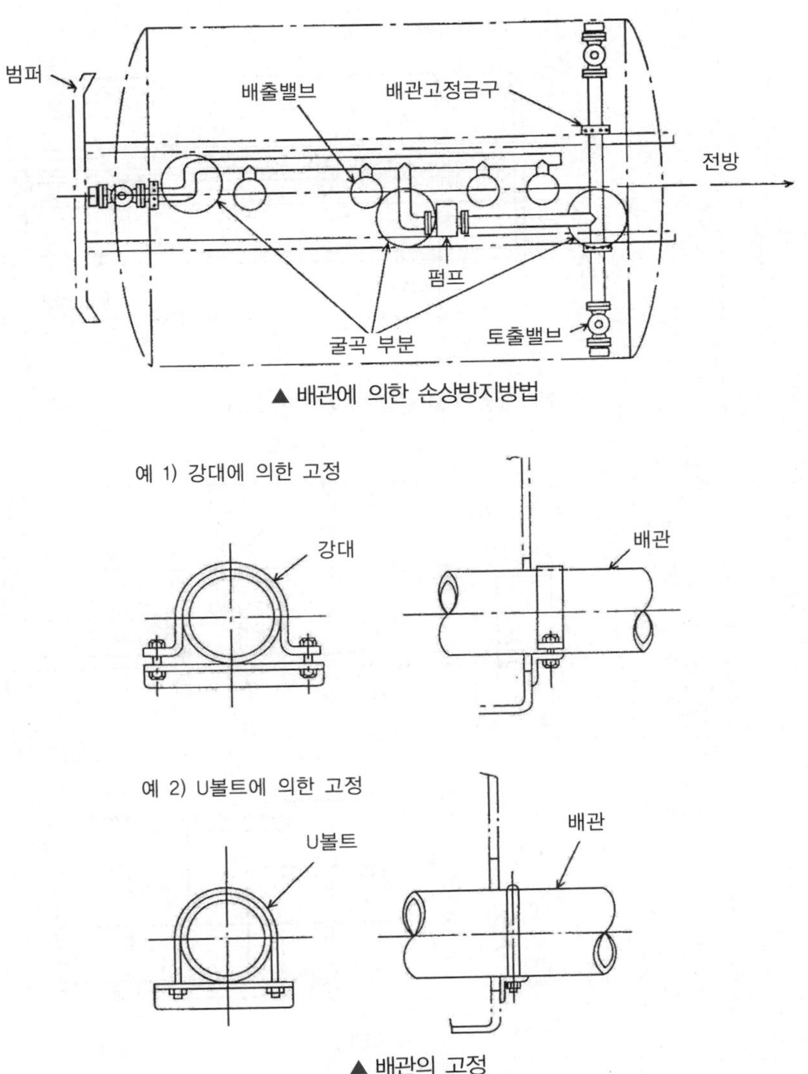

▲ 배관에 의한 손상방지방법

▲ 배관의 고정

㉡ 완충용 이음에 의한 방법

- 완충용 이음에 의한 경우에는 배출밸브에 직접 충격이 가해지지 않도록 배관 도중에 완충이음을 설치할 것
- 완충용 이음은 금속으로 만들며, 배관의 원주방향 또는 축방향의 충격에 대하여 효력을 갖는 것일 것
- 토출구 부근의 배관은 금속금구를 사용하여 서브프레임 등에 고정할 것

예 1) 플렉시블 튜브에 의한 방법

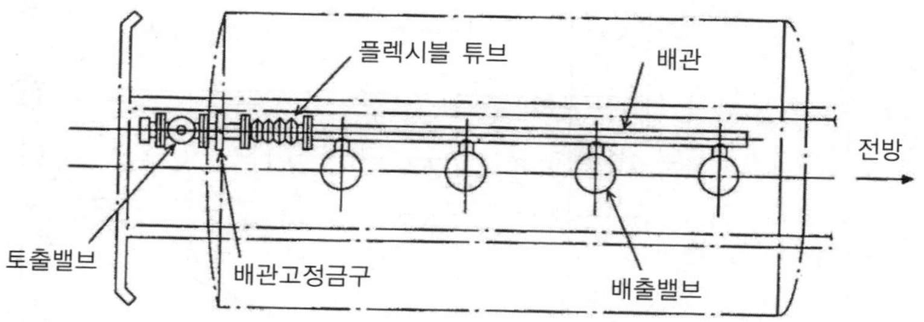

예 2) 가요성(可撓性) 결합금구에 의한 방법

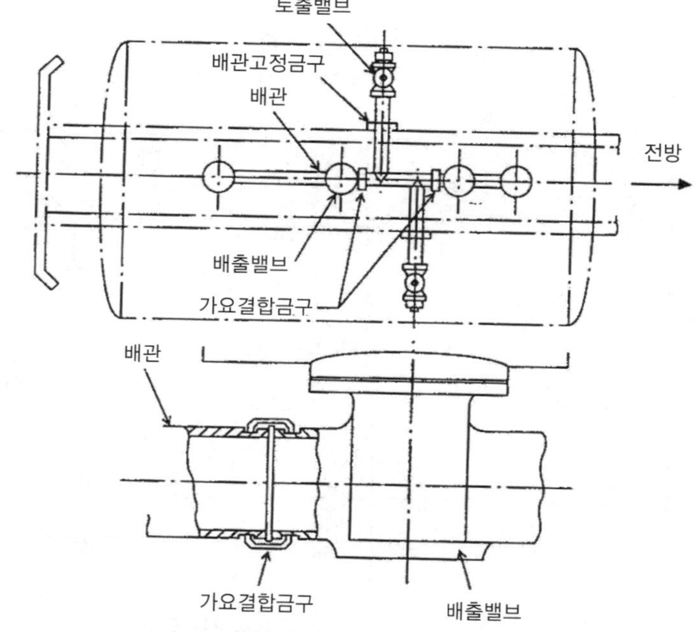

▲ 완충용 이음에 의한 방법

ⓒ 상자틀 구조의 것 : 상자틀을 설치한 컨테이너식 이동탱크저장소는 그 자체로 외부로부터의 손상을 방지하기 위한 조치를 강구한 것으로 볼 수 있다.

⑤ 배관 선단부의 개폐밸브 설치 : 이동저장탱크의 배관은 만일 배출밸브로부터 위험물이 누설된 경우, 배관 내에 위험물이 잔류한 경우 등에 있어서 당해 배관을 통하여 위험물이 유출할 우려가 있기 때문에 그 선단에 밸브 등을 설치하여야 한다.

8 주입호스와 결합금속구 등(規 별표 10 Ⅳ)

(1) 주입호스와 결합금속구

이동탱크저장소의 액체위험물 탱크의 주입호스는 탱크의 주입구와 결합할 수 있는 금속구를 사용하되, 그 결합금속구(제6류 위험물의 탱크의 것을 제외한다)는 놋쇠 그 밖에 마찰 등에 의하여 불꽃이 생기지 아니하는 재료로 하여야 한다. 이 주입호스의 재질과 규격 및 결합금속구의 규격은 고시로 정하고 있다.

참고

고시 제108조【이동탱크저장소의 주유호스의 재질 등】

규칙 별표 10 Ⅳ 제2호의 규정에 의한 이동탱크저장소의 주유호스의 재질과 규격 및 결합금속구의 규격은 다음 각 호와 같다.

1. 주유호스의 재질은 다음 각 목에 의할 것
   가. 재질은 저장 또는 취급하는 위험물과 반응될 우려가 없는 것으로 할 것
   나. 탄성이 풍부한 것으로 할 것
   다. 위험물 취급 중의 탄력에 충분히 견뎌내는 강도를 가진 것으로 할 것
   라. 내경 및 두께는 균등해야 하며, 균열·손상이 없는 것으로 할 것
2. 주유호스는 내경이 23mm 이상이고, 0.3MPa 이상의 압력에 견딜 수 있는 것으로 하며, 필요 이상으로 길게 하지 아니할 것
3. 주유호스에 부착한 결합금속구의 기준은 다음 각 목에 의할 것
   가. 결합금속구는 마찰, 충격 등의 경우에 있어서도 불꽃을 튀기거나 점화원이 되지 않는 재료로 만들 것
   나. 결합금속구는 위험물 취급 중에 위험물이 샐 우려가 없는 구조로 할 것
   다. 결합금속구의 접합면에 사용되는 패킹은 저장 또는 취급하는 위험물이 침투될 우려가 없고, 접합에 의한 압력 등에 충분히 견뎌내는 강도를 가진 것으로 할 것
   라. 결합금속구는 나사식 결합금속구, 맞대기 고정식 결합금속구 또는 이와 동등 이상의 결합성을 가진 것으로 하되, 다음의 기준에 의할 것
      (1) 나사식 결합금속구를 이용하는 경우에 나사의 호칭이 50 이하의 것에 있어서는 「관용평행나사」(KS B 0221), 그 외의 것에 있어서는 「미터가는나사」(KS B 0204 중 다음 표에 정한 것으로 하고, 이음부의 나사산 개수는 암나사 4개 이상, 수나사 6개 이상일 것)

나사호칭	피치	암나사		
		골지름	유효지름	안지름
		수나사		
		바깥지름	유효지름	골지름
64	3	64.000mm	62.051mm	60.752mm
75	3	75.000mm	73.051mm	71.752mm
90	3	90.000mm	88.051mm	86.752mm
110	3	110.000mm	108.051mm	106.752mm
115	3	115.000mm	113.051mm	111.752mm

(2) 맞대기 고정식 결합금속구를 이용하는 경우에는 다음 그림과 같이 할 것

어댑터(수컷) 어댑터(암컷) 호스결합 호스

어댑터(수컷) 어댑터(암컷) 호스결합 호스

(2) 주입설비

이동탱크저장소에 주입설비(주입호스의 선단에 개폐밸브를 설치한 것을 말한다)를 설치하는 경우에는 다음의 기준에 의하여야 한다.

① 위험물이 샐 우려가 없고 화재예방상 안전한 구조로 할 것
② 주입설비의 길이는 50m 이내로 하고, 그 선단에 축적되는 정전기를 유효하게 제거할 수 있는 장치를 할 것
③ 분당 토출량은 200L 이하로 할 것

9 표지의 설치, 외부 식별 도장 및 상치장소의 위치표시(規 별표 10 V)

(1) 표지의 설치(告 위험물 운송·운반 시의 위험성 경고표지에 관한 기준)

이동탱크저장소에는 차량의 전면 및 후면의 상단에 횡형 사각형(가로 0.6m 이상, 세로 0.3m 이상)의 흑색바탕에 황색의 반사도료 그 밖의 반사성이 있는 재료로 "위험물"이라고 표시한 표지를 설치하여야 한다.

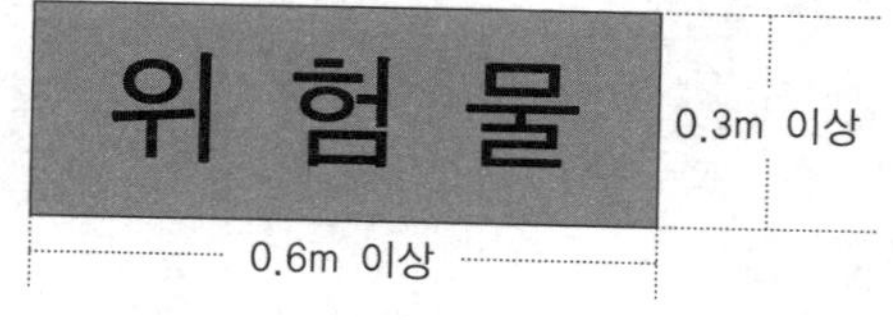

☞ 바탕 : 흑색
문자 : 황색(반사성)
규격 : 0.3m 이상×0.6m 이상의 횡형 사각형
※ 차량의 전면 및 후면의 상단

(2) UN번호 및 그림문자 부착(告 위험물 운송·운반 시의 위험성 경고표지에 관한 기준)

이동저장탱크의 후면 및 양측면에 수송하는 위험물에 해당하는 UN번호 및 그림문자를 부착하여야 한다.

넓게 보기

① 이동탱크저장소에는 "위험물" 표지 외에 UN의 RTDG(Recommendations on the Transport of Dangerous Goods, 위험물 운송에 관한 권고)에 따른 UN번호 및 그림문자를 부착하여야 하며, 이에 관한 기준은 「위험물 운송·운반 시의 위험성 경고표지에 관한 기준」에 정하고 있다.
② 이동탱크저장소의 게시판은 UN의 RTDG에 따른 UN번호 및 그림문자로써 갈음한다.
③ 도로 운송 중에 발생한 사고에 효과적으로 대응하기 위하여 최소한의 간단명료한 정보만 게시하도록 한 것이다. 종전에 게시하던 위험물의 유별·품명·최대수량 및 적재중량은 화재예방 측면에 치중한 정보이었다.

(3) 외부 식별 도장 및 상치장소의 위치표시

이동탱크저장소의 탱크외부에는 고시[101]로 정하는 바에 따라 도장 등을 하여 쉽게 식별할 수 있도록 하고, 보기 쉬운 곳에 상치장소의 위치를 표시하여야 한다.

10 펌프설비(規 별표 10 Ⅵ)

1) 이동탱크저장소에 설치하는 펌프설비는 당해 이동탱크저장소의 차량구동용 엔진(피견인식 이동탱크저장소의 견인부분에 설치된 것은 제외한다)의 동력원을 이용하여 위험물을 이송하여야 한다.

예외

다만, 다음의 기준에 의하여 외부로부터 전원을 공급받는 방식의 모터펌프를 설치할 수 있다.
① 저장 또는 취급 가능한 위험물은 인화점 40℃ 이상의 것 또는 비인화성의 것에 한할 것
② 화재예방상 지장이 없는 위치에 고정하여 설치할 것

---

101) 제109조(이동저장탱크의 외부도장) 규칙 별표 10 Ⅴ 제2호의 규정에 의한 이동저장탱크의 외부도장은 다음 표와 같다.

유별	도장의 색상	비 고
제1류	회색	1. 탱크의 앞면과 뒷면을 제외한 면적의 40% 이내의 면적은 다른 유별의 색상 외의 색상으로 도장하는 것이 가능하다. 2. 제4류에 대해서는 도장의 색상 제한이 없으나 적색을 권장한다.
제2류	적색	
제3류	청색	
제5류	황색	
제6류	청색	

2) 피견인식 이동탱크저장소의 견인부분에 설치된 차량구동용 엔진의 동력원을 이용하여 위험물을 이송하는 경우에는 다음의 기준에 적합하여야 한다.

① 견인부분에 작동유 탱크와 유압펌프를 설치하고, 피견인부분에 오일모터와 펌프를 설치할 것

② 트랜스미션(Transmission)으로부터 동력 전동축을 경유하여 견인부분의 유압펌프를 작동시키고 그 유압에 의하여 피견인부분의 오일모터를 경유하여 펌프를 작동시키는 구조일 것

3) 이동탱크저장소에 설치하는 펌프설비는 당해 이동저장탱크로부터 위험물을 토출하는 용도에 한한다. 다만, 폐유의 회수 등의 용도에 사용되는 이동탱크저장소에는 다음의 기준에 의하여 진공흡입방식의 펌프를 설치할 수 있다.

① 저장·취급 가능한 위험물은 인화점이 70℃ 이상인 폐유 또는 비인화성의 것에 한할 것

② 감압장치의 배관 및 배관의 이음은 금속제일 것. 다만, 완충용 이음은 내압 및 내유성이 있는 고무제품을, 배기통의 최상부는 합성수지제품을 사용할 수 있다.

③ 호스 선단에는 돌 등의 고형물이 혼입되지 아니하도록 망 등을 설치할 것

④ 이동저장탱크로부터 위험물을 다른 저장소로 옮겨 담는 경우에는 당해 저장소의 펌프 또는 자연하류의 방식에 의하는 구조일 것

11 접지도선(規 별표 10 Ⅷ)

휘발유, 벤젠 등 정전기에 의한 화재가 발생할 우려가 있는 액체위험물의 탱크에는 접지도선을 설치하여야 한다.

(1) 설치대상

제4류 위험물 중 특수인화물, 제1석유류 또는 제2석유류의 이동탱크저장소

(2) 설치기준

① 양도체(良導體)의 도선에 비닐 등의 절연재료로 피복하여 선단에 접지전극 등을 결착시킬 수 있는 클립(clip) 등을 부착할 것

② 도선이 손상되지 아니하도록 도선을 수납할 수 있는 장치를 부착할 것

접지도선을 설치하여야 하는 탱크에 대한 그 밖의 가연성 증기 대책

기술기준으로 되어 있지는 않지만 가연성 증기로 인한 재해방지를 위하여 다음 사항을 고려할 필요가 있다.

① 이동저장탱크에 가연성 증기를 회수하기 위한 설비를 갖추는 경우에 있어서 해당 설비는 가연성 증기가 샐 우려가 없는 구조로 하는 것

② 이동저장탱크 및 부속장치의 전기설비를 가연성 증기가 체류할 우려가 있는 장소에 설치하는 경우에는 가연성 증기에 인화하지 않는 구조로 하는 것
③ 이동저장탱크 중 계량봉으로 해당 위험물의 양을 계량하는 경우 계량 시의 정전기에 의한 재해를 방지하기 위한 장치를 마련하는 것

12 컨테이너식 이동탱크저장소의 특례(規 별표 10 Ⅷ)

넓게 보기

본 규정은 **탱크컨테이너로서 용량 3,000L 초과의 것 중 국제해상위험물규칙(IMDG Code)에 적합하지 않은 것(국내전용)에 한하여 적용**함.

▶탱크컨테이너 규제의 구분

용량	용량 3,000L 이하의 것		용량 3,000L 초과의 것	
규제	IMDG Code에 적합한 것	위험물용기로 규제 (용기검사 면제)	IMDG Code에 적합한 것	위험물용기로 규제 (용기검사 면제)
	IMDG Code에 적합하지 않은 것	위험물용기로 규제 (용기검사 대상)	IMDG Code에 적합하지 않은 것	컨테이너식 이동탱크저장소로 규제 (제조소등 설치허가 대상)

㈜ 용기검사란 「위험물안전관리법」 제20조 제2항 단서의 규정에 의한 한국소방산업기술원의 용기검사를 말함.

컨테이너식 이동탱크저장소란 이동저장탱크를 차량 등에 옮겨 싣는 구조로 된 이동탱크저장소를 말하며, 이동탱크저장소의 일반기준(規 별표 10 Ⅰ 내지 Ⅶ)에 대한 특례로서 그 기준이 정하여져 있다.

특례는 일반기준의 적용을 제외하는 규정과 일반기준의 적용을 제외하기 위한 조치요건으로서의 대체 규정 및 컨테이너식 이동탱크저장소에 대하여 부가하는 기준으로 되어 있다.

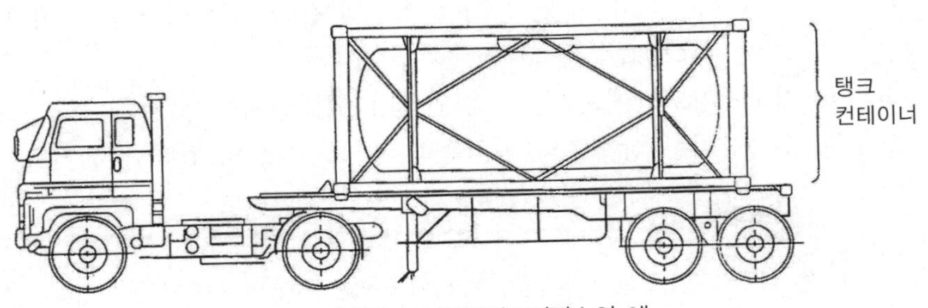

▲ 컨테이너식 이동탱크저장소의 예

(1) 적용이 제외되는 규정

① 당연히 제외되는 규정 : 컨테이너식 이동탱크저장소에 대하여는 외부식별 도장과 상치장소 표시에 관한 규정(規 별표 Ⅴ ③) 및 주입호스·결합금속구 및 주입설비에 관한 규정(規 별표 Ⅵ)은 적용하지 않는다.

② **대체기준에 의하여 적용이 제외되는 규정** : 소정의 조치요건에 적합한 것에 대하여 적용되지 않는 규정은 다음과 같다.

기술기준의 항목	관계규정(규칙 별표 10 Ⅱ)
• 탱크의 칸막이 설치	제2호
• 맨홀, 안전장치 및 방파판의 설치	제3호
• 탱크 상부 부속장치의 손상방지장치(측면틀, 방호틀)의 설치	제4호

(2) 적용이 제외되기 위한 조치요건(대체기준)

컨테이너식 이동탱크저장소가 다음의 기준에 적합한 경우에 규칙 별표 10 Ⅱ 제2호 내지 제4호의 규정을 적용하지 않는다. 즉, 다음의 기준과 규칙 별표 10 Ⅱ 제2호 내지 제4호의 규정에 의한 기준은 상호 대체적인 관계에 있다.

① 이동저장탱크 및 부속장치(맨홀 · 주입구 및 안전장치 등을 말한다)는 강재로 된 상자형태의 틀(이하 "상자틀"이라 한다)에 수납할 것
② 상자틀의 구조물 중 이동저장탱크의 이동방향과 평행한 것과 수직인 것은 당해 이동저장탱크 · 부속장치 및 상자틀의 자중과 저장하는 위험물의 무게를 합한 하중("이동저장탱크하중")의 2배 이상의 하중에, 그외 이동저장탱크의 이동방향과 직각인 것은 이동저장탱크하중 이상의 하중에 각각 견딜 수 있는 강도가 있는 구조로 할 것
③ 이동저장탱크 · 맨홀 및 주입구의 뚜껑은 두께 6mm(당해 탱크의 직경 또는 장경이 1.8m 이하인 것은 5mm) 이상의 강판 또는 이와 동등 이상의 기계적 성질이 있는 재료로 할 것
④ 이동저장탱크에 칸막이를 설치하는 경우에는 당해 탱크의 내부를 완전히 구획하는 구조로 하고, 두께 3.2mm 이상의 강판 또는 이와 동등 이상의 기계적 성질이 있는 재료로 할 것
⑤ 이동저장탱크에는 맨홀 및 안전장치를 설치할 것
⑥ 부속장치는 상자틀의 최외측과 50mm 이상의 간격을 유지할 것

넓게 보기

① 이동저장탱크 등이 상자틀에 수납되어 있는 컨테이너식 이동탱크저장소는 일정한 요건을 갖출 경우 컨테이너식 외의 이동탱크저장소의 규정 중 일부 규정을 적용하지 않는다.
② 이동저장탱크 및 부속장치를 수납하는 상자틀의 형식은 다음과 같다.

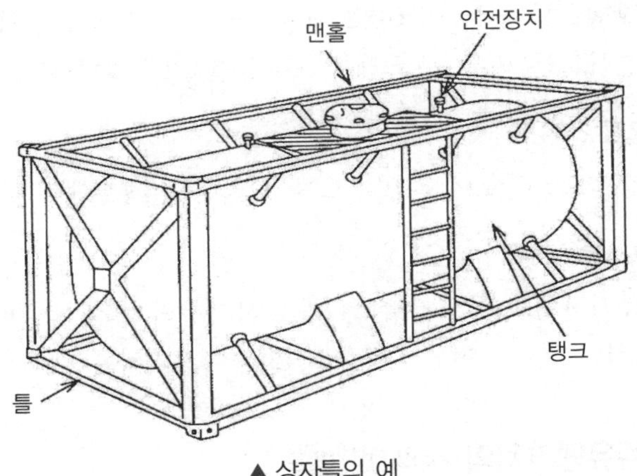

▲ 상자틀의 예

③ 상자틀의 구조물 중 이동저장탱크의 이동방향과 평행한 것(①, ②)과 수직인 것(④)은 당해 이동저장탱크 · 부속장치 및 상자틀의 자중과 저장하는 위험물의 무게를 합한 하중("이동저장탱크하중")의 2배 이상의 하중에, 그 외 이동저장탱크의 이동방향과 직각인 것(③)은 이동저장탱크하중 이상의 하중에 각각 견딜 수 있는 강도가 있는 구조로 되어야 하는데, 상자틀의 구조물 중 해당 부분은 다음 그림에서 각각 ①~④로 표시한 부분(프레임)을 말한다.

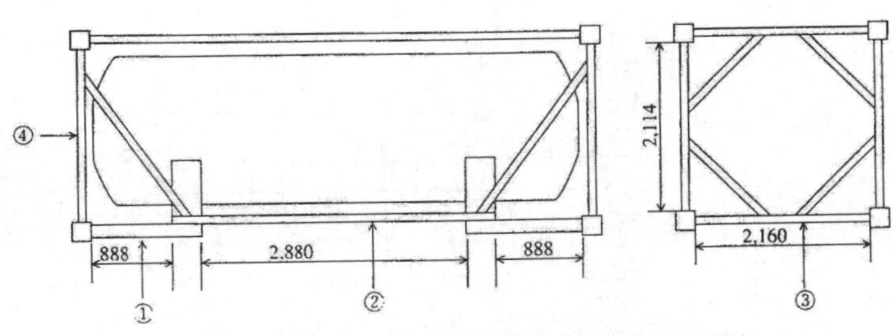

▲ 상자틀의 구조물 중 특별한 강도를 요하는 부분

④ 부속장치와 상자틀의 최외측과의 사이에 50mm 이상의 간격을 유지함에 있어서 모서리체결금속구 부착 상자틀의 경우에는 모서리체결금속구의 최외측을 상자틀의 최외측으로 한다. 여기서 부속장치란 맨홀, 주입구, 안전장치, 배출밸브 등과 같이 손상되면 위험물 누설이 우려되는 장치를 말한다.

(3) 컨테이너식 이동탱크저장소에 부가되는 기준 필수기준

컨테이너식 이동탱크저장소는 부가적으로 다음의 기준에 적합하여야 한다.

1) 탱크의 하중설계

이동저장탱크는 옮겨 싣는 때에 이동저장탱크하중에 의하여 생기는 응력 및 변형에 대하여 안전한 구조로 할 것

2) 탱크의 체결금속구

컨테이너식 이동탱크저장소에는 이동저장탱크하중의 4배의 전단하중에 견디는 걸고리체결금속구 및 모서리체결금속구를 설치할 것. 다만, 용량이 6,000L 이하인 이동

저장탱크를 싣는 이동탱크저장소의 경우에는 이동저장탱크를 차량의 샤시프레임에 체결하도록 만든 구조의 유(U)자 볼트를 설치할 수 있다.

3) 주입호스기구

이동탱크저장소에 주입호스를 설치하는 경우에는 Ⅳ의 기준에 의할 것

4) 허가사항 표시

이동저장탱크의 보기 쉬운 곳에 허가청의 명칭 및 완공검사번호를 표시(표시의 크기는 가로 0.4m 이상 · 세로 0.15m 이상, 색은 백색바탕 · 흑색문자)

13 주유탱크차의 특례(規 별표 10 Ⅸ)

항공기 주유취급소에서 항공기의 연료탱크에 직접 주유하기 위한 주유설비를 갖춘 이동탱크저장소를 특별히 "주유탱크차"라고 하며, 일반기준에 대하여 특례를 정하고 있다. 특례는 일반기준의 적용을 제외하는 규정과 주유탱크차에 대하여 부가하는 기준 및 별도의 칸막이 기준으로 되어 있다.

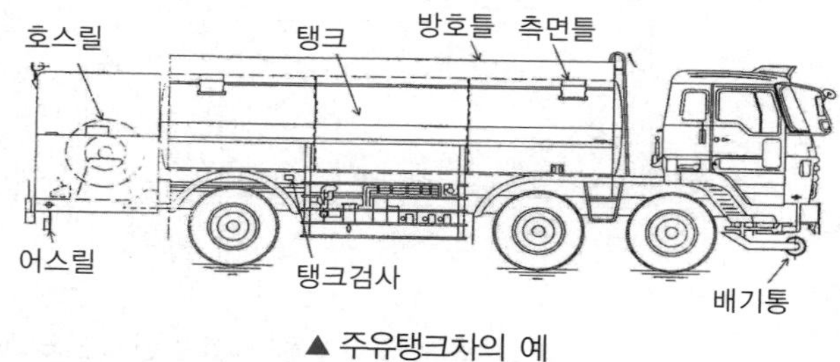

▲ 주유탱크차의 예

(1) 적용이 제외되는 규정

주유탱크차에 대하여는 규칙 별표 10 Ⅳ의 규정(이동탱크저장소의 주유호스와 결합금속구 및 주유설비)을 적용하지 않는다. 주유탱크차는 항공기의 연료탱크에 직접 주유하기 위한 주유설비를 갖춘 구조로 되어 있기 때문에 규칙 별표 10 Ⅳ의 규정을 적용하지 않는 것이다.

(2) 주유탱크차에 부가되는 규정

1) 화염분출방지장치의 설치

주유탱크차에는 엔진 배기통의 선단부에 화염의 분출을 방지하는 장치를 설치할 것

2) 오발진방지장치의 설치

주유탱크차에는 주유호스 등이 적정하게 격납되지 아니하면 발진되지 아니하는 장치를 설치할 것

3) **주유설비의 구조**

① 배관은 금속제로서 최대상용압력의 1.5배 이상의 압력으로 10분간 수압시험을 실시하였을 때 누설 그 밖의 이상이 없는 것으로 할 것

② 주유호스의 선단에 설치하는 밸브는 위험물의 누설을 방지할 수 있는 구조로 할 것

③ 외장은 난연성이 있는 재료로 할 것

4) **주유설비에 설치하여야 하는 설비**

① **위험물 이송 긴급정지장치** : 주유설비에는 당해 주유설비의 펌프기기를 정지하는 등의 방법에 의하여 이동저장탱크로부터의 위험물 이송을 긴급히 정지할 수 있는 장치를 설치할 것

② **자동폐쇄식 개폐장치 및 결합금속구** : 주유설비에는 개방조작 시에만 개방하는 자동폐쇄식의 개폐장치를 설치하고, 주유호스의 선단부에는 연료탱크의 주입구에 연결하는 결합금속구를 설치할 것. 다만, 주유호스의 선단부에 수동개폐장치를 설치한 주유노즐(수동개폐장치를 개방상태에서 고정하는 장치를 설치한 것을 제외한다)을 설치한 경우에는 그러하지 아니하다.

③ **주유호스 정전기제거장치**[102] : 주유설비에는 주유호스의 선단에 축적된 정전기를 유효하게 제거하는 장치를 설치할 것

5) **주유호스의 성능**

주유호스는 최대상용압력의 2배 이상의 압력으로 수압시험을 실시하여 누설 그 밖의 이상이 없는 것으로 할 것

(3) 공항에서 시속 40km 이하로 운행하도록 된 주유탱크차의 특례(規 별표 10 Ⅸ ②)

공항에서 시속 40km 이하로 운행하도록 된 주유탱크차에는 별표 10 Ⅱ 제2호와 제3호(방파판에 관한 부분으로 한정함)의 규정을 적용하지 아니하되, 다음 기준에 적합하여야 한다.

① 이동저장탱크는 그 내부에 길이 1.5m 이하 또는 부피 4천L 이하마다 3.2mm 이상의 강철판 또는 이와 같은 수준 이상의 강도・내열성 및 내식성이 있는 금속성의 것으로 칸막이를 설치할 것

② ①에 따른 칸막이에 구멍을 낼 수 있으나, 구멍을 내는 경우에는 그 직경을 40cm 이내로 할 것

---

102) 주유호스 정전기제거장치란 주유호스의 선단에 축적된 정전기를 도전성의 기기 또는 도선 등을 사용하여 제거하는 것과 함께 도선 등을 사용하여 항공기와 접속하여 쌍방의 전위차가 생기지 않도록 하는 장치를 말한다.

14 위험물의 성질에 따른 이동탱크저장소의 특례(規 별표 10 X)

알킬알루미늄등, 아세트알데히드등 또는 히드록실아민등을 저장 또는 취급하는 이동탱크저장소는 규칙 별표 10 Ⅰ 내지 Ⅷ의 규정에 의한 기준 외에 당해 기준을 초과하여 정하는 기준에 의하도록 되어 있다. 기준을 강화하는 특례이다.

(1) 특례의 대상이 되는 위험물

알킬알루미늄등, 아세트알데히드등 및 히드록실아민등

(2) 알킬알루미늄등의 이동탱크저장소의 강화기준

알킬알루미늄등을 저장 또는 취급하는 이동탱크저장소에 대하여 강화되는 기준은 다음의 1) 내지 5)와 같다.

1) 탱크의 용량 제한

이동저장탱크의 용량은 1,900L 미만일 것

2) 탱크의 구조

이동저장탱크는 두께 10mm 이상의 강판 또는 이와 동등 이상의 기계적 성질이 있는 재료로 기밀하게 제작되고 1MPa 이상의 압력으로 10분간 실시하는 수압시험에서 새거나 변형하지 아니하는 것일 것

3) 탱크에 부속하는 설비

① 안전장치는 이동저장탱크의 수압시험 압력의 2/3를 초과하고 4/5를 넘지 아니하는 범위의 압력으로 작동할 것(Ⅱ 제3호 가목의 강화)

② 이동저장탱크의 맨홀 및 주입구의 뚜껑은 두께 10mm 이상의 강판 또는 이와 동등 이상의 기계적 성질이 있는 재료로 할 것(Ⅱ 제1호 가목의 강화)

③ 이동저장탱크의 배관 및 밸브 등은 당해 탱크의 윗부분에 설치할 것(Ⅲ 제1호의 강화)

④ 이동저장탱크는 불활성의 기체를 봉입할 수 있는 구조로 할 것

4) 체결금속구

이동탱크저장소에는 이동저장탱크하중의 4배의 전단하중에 견딜 수 있는 걸고리체결금속구 및 모서리체결금속구를 설치할 것(Ⅷ 제1호 나목의 강화)

5) 탱크본체의 표시

이동저장탱크는 그 외면을 적색으로 도장하는 한편, 백색의 문자로 동판(胴板)의 양측면 및 경판(鏡板)에 별표 4 Ⅲ 제2호 라목의 규정에 의한 주의사항을 표시할 것

(3) 아세트알데히드등의 이동탱크저장소의 강화기준

아세트알데히드등을 저장 또는 취급하는 이동탱크저장소에 강화되는 기준은 다음 ① 및 ②와 같다.

① 이동저장탱크는 불활성의 기체를 봉입할 수 있는 구조로 할 것
② 이동저장탱크 및 그 설비는 은·수은·동·마그네슘 또는 이들을 성분으로 하는 합금으로 만들지 아니할 것

불활성 기체로는 일반적으로 질소가스가 쓰이며, 이동저장탱크로부터 아세트알데히드등을 꺼낼 때에는 동시에 100kPa 이하의 압력으로 불활성의 기체를 봉입하여야 한다(規 별표 18 Ⅳ ⑥ 라).

은·수은·동·마그네슘 또는 이들을 성분으로 하는 합금은 아세트알데히드등과 반응하여 폭발성 화합물을 만들 우려가 있기 때문에 탱크 및 그 설비에의 사용이 제한되고 있다.

(4) 히드록실아민등의 이동탱크저장소의 강화기준

히드록실아민등을 저장 또는 취급하는 이동탱크저장소에 대하여 강화되는 기준은 규칙 별표 6 Ⅺ 제3호의 규정에 의한 히드록실아민등을 저장 또는 취급하는 옥외탱크저장소의 규정을 준용한다.

03-7 옥외저장소의 위치·구조 및 설비의 기준

학습 Point

옥외저장소는 위험물을 용기에 수납하여 야외에 저장하는 야적시설을 말하는 것으로, 옥내저장소에 대응하는 저장시설이라 할 수 있다. 다만, 덩어리 상태의 유황에 있어서는 용기에 수납하지 않은 채로 지반면 위에 설치한 경계표시(경계담) 안에 저장할 수 있도록 되어 있다.
또한 이 저장시설은 용기에 수납한 위험물을 햇볕에 노출된 상태로 저장하기 때문에 위험물 저장의 안전을 위하여 저장할 수 있는 위험물은 다음의 것에 한정하고 있다.

1. 제2류 위험물 중 유황 또는 인화성 고체(인화점이 0℃ 이상인 것에 한한다)
2. 제4류 위험물 중 제1석유류(인화점이 0℃ 이상인 것에 한한다)·알코올류·제2석유류·제3석유류·제4석유류 및 동식물유류
3. 제6류 위험물
4. 제2류 위험물 및 제4류 위험물 중 시·도의 조례에서 정하는 위험물(「관세법」 제154조의 규정에 의한 보세구역 안에 저장하는 경우에 한함)
5. 「국제해사기구에 관한 협약」에 의하여 설치된 국제해사기구가 채택한 「국제해상위험물규칙」(IMDG Code)에 적합한 용기에 수납된 위험물

〈일반기준〉

옥외저장소에 관한 위치·구조 및 설비의 기준 중 주요한 사항은 다음과 같다.

1. 위치에 관한 것
2. 옥외저장소의 설치지반 등에 관한 것
3. 선반의 구조 등에 관한 것
4. 덩어리 상태의 유황을 저장하기 위한 경계표시(경계담)에 관한 것
5. 위험물의 저장 규모, 태양 등에 따라 설치하여야 하는 소화설비 등에 관한 것

〈특례기준〉

소정의 옥외저장소에 대하여는 위치·구조 및 설비의 기준(規 별표 11 Ⅰ)에 대하여 특례를 정하고 있는데, 이 특례의 대상이 되는 옥외저장소와 특례기준은 다음 표와 같다. 이 중 ①의 기준은 본칙에 정한 기준의 완화특례, ②의 기준은 본칙에 정한 기준의 강화특례이다.

	시설의 태양	특례기준	비 고
①	고인화점 위험물(인화점이 100℃ 이상인 제4류 위험물)만의 옥외저장소	規 별표 11 Ⅱ	완화특례
②	인화성 고체, 제1석유류 또는 알코올류의 옥외저장소	規 별표 11 Ⅲ	강화특례

옥외저장소의 위치·구조 및 설비는 위험물을 용기에 수납하여 야적하는 것에 관한 기준(規 별표 11 Ⅰ①)과 덩어리 상태 유황을 경계담 안에 저장하는 것에 관한 기준(規 별표 11 Ⅰ ②)으로 구분되며, 그 밖에 특례기준이 있다.

1 위험물을 용기에 수납하여 저장하는 옥외저장소의 기준(規 별표 11 Ⅰ①)

(1) 안전거리의 확보

옥외저장소는 규칙 별표 4 Ⅰ의 제조소의 안전거리 규정에 준하여 안전거리를 둘 것

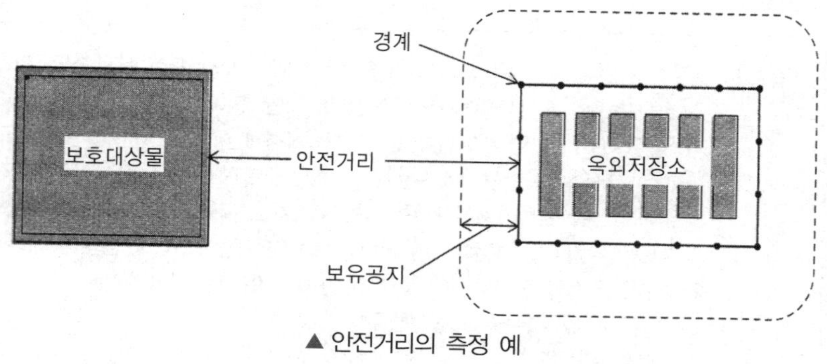

▲ 안전거리의 측정 예

(2) 설치장소 및 그 구획

① 옥외저장소는 습기가 없고 배수가 잘 되는 장소에 설치할 것

② 위험물을 저장하는 장소의 주위에는 경계표시(울타리의 기능이 있는 것에 한함)를 하여 명확히 구획할 것

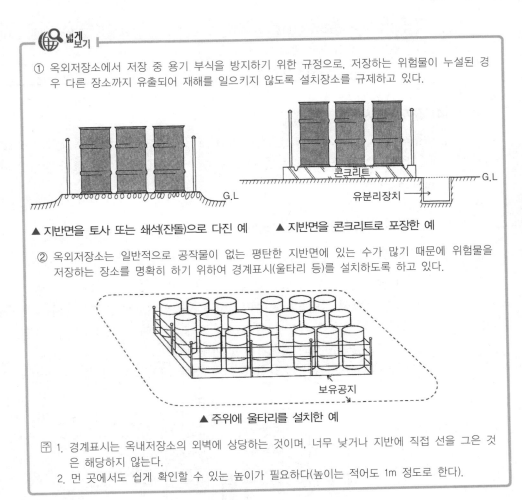

넓게 보기

① 옥외저장소에서 저장 중 용기 부식을 방지하기 위한 규정으로, 저장하는 위험물이 누설된 경우 다른 장소까지 유출되어 재해를 일으키지 않도록 설치장소를 규제하고 있다.

▲ 지반면을 토사 또는 쇄석(잔돌)으로 다진 예　▲ 지반면을 콘크리트로 포장한 예

② 옥외저장소는 일반적으로 공작물이 없는 평탄한 지반면에 있는 수가 많기 때문에 위험물을 저장하는 장소를 명확히 하기 위하여 경계표시(울타리 등)를 설치하도록 하고 있다.

▲ 주위에 울타리를 설치한 예

㈜ 1. 경계표시는 옥내저장소의 외벽에 상당하는 것이며, 너무 낮거나 지반에 직접 선을 그은 것은 해당하지 않는다.
2. 먼 곳에서도 쉽게 확인할 수 있는 높이가 필요하다(높이는 적어도 1m 정도로 한다).

(3) 보유공지(規 별표 11 Ⅰ ① 라)

경계표시의 주위에는 그 저장하는 위험물의 최대수량에 따라 다음 표에 의한 너비의 공지를 보유할 것. 다만, 제4류 위험물 중 제4석유류와 제6류 위험물을 저장 또는 취급하는 옥외저장소의 보유공지[103]는 다음 표에 의한 공지의 너비의 1/3 이상의 너비로 할 수 있다.

저장 또는 취급하는 위험물의 최대수량	공지의 너비
지정수량의 10배 이하	3m 이상
지정수량의 10배 초과 20배 이하	5m 이상
지정수량의 20배 초과 50배 이하	9m 이상

103) 보유공지의 너비는 옥외저장소의 형태상 화재발생 시 공작물이나 벽 등에 의한 차열(遮熱), 차염(遮炎)효과를 기대할 수 없는 점 때문에 비교적 넓게 규정될 필요가 있다.

저장 또는 취급하는 위험물의 최대수량	공지의 너비
지정수량의 50배 초과 200배 이하	12m 이상
지정수량의 200배 초과	15m 이상

(4) 표지 · 게시판의 설치

규칙 별표 4 Ⅲ 제1호의 기준에 따라 보기 쉬운 곳에 "위험물 옥외저장소"라는 표시를 한 표지와 동표 Ⅲ 제2호의 기준에 따라 방화에 관하여 필요한 사항을 게시한 게시판을 설치하여야 한다.

(5) 선반[가대(架臺)]의 구조 · 설비

옥외저장소에 선반을 설치하는 경우에는 다음의 기준에 의할 것

① 선반은 불연재료로 만들고 견고한 지반면에 고정할 것
② 선반은 당해 선반 및 그 부속설비의 자중 · 저장하는 위험물의 중량 · 풍하중 · 지진의 영향 등에 의하여 생기는 응력에 대하여 안전할 것
③ 선반의 높이는 6m를 초과하지 아니할 것
④ 선반에는 위험물을 수납한 용기가 쉽게 낙하하지 아니하는 조치를 강구할 것

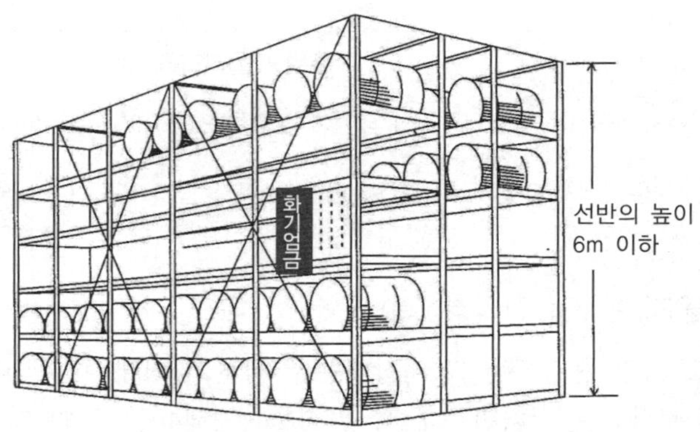

▲ 선반을 사용한 옥외저장소의 예

(6) 차광조치 등

① 불연성 차광천막의 설치 : 과산화수소 또는 과염소산을 저장하는 옥외저장소에는 불연성 또는 난연성의 천막 등을 설치하여 햇빛을 가릴 것
② 캐노피 또는 지붕의 설치 : 눈 · 비 등을 피하거나 차광 등을 위하여 옥외저장소에 캐노피 또는 지붕을 설치하는 경우에는 환기 및 소화활동에 지장을 주지 아니하는 구조로 할 것. 이 경우 기둥은 내화구조로 하고, 캐노피 또는 지붕을 불연재료로 하며, 벽을 설치하지 아니하여야 한다.

2 덩어리 상태의 유황만을 경계표시 내에 저장하는 옥외저장소의 기준 (規 별표 11 Ⅰ②)

옥외저장소 중 덩어리 상태의 유황만을 경계표시의 안쪽에 저장하는 것(용기에 수납하여 저장하는 것을 제외한다)의 위치 · 구조 및 설비의 기술기준은 위험물을 용기에 수납하여 저장하는 옥외저장소의 기준(規 별표 11 Ⅰ ①)에 의하는 외에 다음의 기준에 의하여야 한다.

(1) 경계표시 내부의 면적 제한 및 인접 경계표시와의 간격

① 하나의 경계표시의 내부의 면적은 $100m^2$ 이하일 것

② 2 이상의 경계표시를 설치하는 경우에 있어서는 각각의 경계표시 내부의 면적을 합산한 면적은 $1,000m^2$ 이하로 할 것

③ 인접하는 경계표시와 경계표시와의 간격을 규칙 별표 11 제1호 라목의 규정에 의한 공지의 너비의 2분의 1 이상으로 할 것. 다만, 저장 또는 취급하는 위험물의 최대수량이 지정수량의 200배 이상인 경우에는 10m 이상으로 하여야 한다.

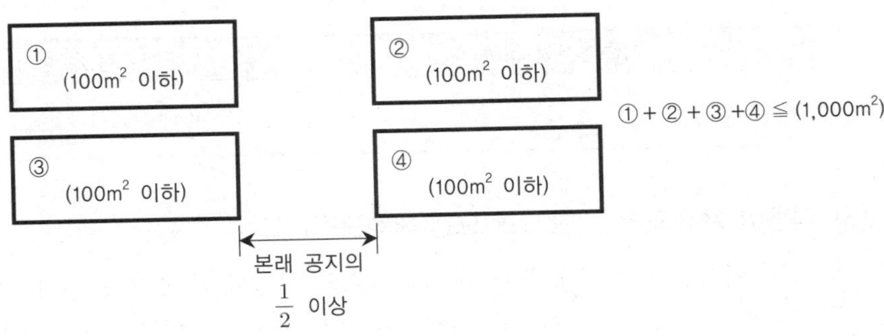

(2) 경계표시의 구조

① 경계표시는 불연재료로 만들 것

② 유황이 새지 아니하는 구조로 할 것

③ 경계표시의 높이는 1.5m 이하로 할 것

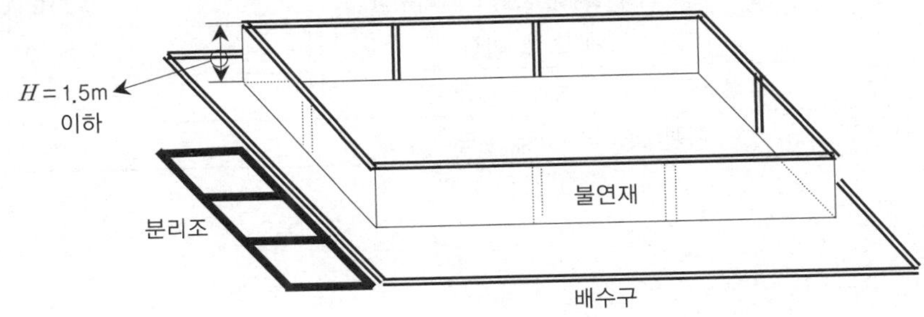

(3) 경계표시에 설치하는 설비 등

① 경계표시에는 유황이 넘치거나 비산하는 것을 방지하기 위한 천막 등을 고정하는 장치를 설치하되, 천막 등을 고정하는 장치는 경계표시의 길이 2m마다 한 개 이상 설치할 것

② 유황을 저장 또는 취급하는 장소의 주위에는 배수구와 분리장치를 설치할 것

3 고인화점 위험물을 저장하는 옥외저장소의 완화특례(規 별표 11 Ⅱ)

(1) 개요

고인화점 위험물만을 저장하는 옥외저장소에 대하여는 본칙에 정한 기준(規 별표 11 Ⅰ①)에 대하여 특례를 정하고 있다.

(2) 적용이 제외되는 규정

소정의 조치요건에 적합한 고인화점 위험물의 옥외저장소에 대하여 적용하지 않는 규정은 다음과 같다.

기술기준의 항목	관계규정(規 별표 11 Ⅰ①)
안전거리의 확보 보유공지	가목 라목

(3) 적용이 제외되기 위한 조치요건(대체요건)

① 옥외저장소는 규칙 별표 4 XI 제1호의 규정에 준하여 안전거리를 둘 것
즉, 본칙(規 별표 4 Ⅰ ①)에 규정하는 안전거리 확보를 요하는 건축물 등에서 고압가스시설 중 불활성 가스만의 시설 및 특고압가공전선을 제외한 나머지 건축물 등에 대하여 본칙에 따라 안전거리를 확보하면 된다.

② 규칙 별표 11 Ⅰ 제1호 다목의 경계표시의 주위에 다음 표에 정하는 너비의 공지를 보유할 것

저장 또는 취급하는 위험물의 최대수량	공지의 너비
지정수량의 50배 이하	3m 이상
지정수량의 50배 초과 200배 이하	6m 이상
지정수량의 200배 초과	10m 이상

4 인화성 고체, 제1석유류 또는 알코올류 옥외저장소의 강화특례 (規 별표 11 Ⅲ)

제2류 위험물 중 인화성 고체(인화점이 21℃ 미만인 것에 한함) 또는 제4류 위험물 중 제1석유류 또는 알코올류를 저장하는 옥외저장소에 있어서는 위험물을 용기에 수납하여 저장하는 옥외저장소의 기준(規 별표 11 Ⅰ① 각 목)에 의하는 외에 당해 위험물의 성질에 따라 다음에 정하는 기준에 적합하여야 한다.

① 인화성 고체, 제1석유류 또는 알코올류를 저장 또는 취급하는 장소에는 당해 위험물을 적당한 온도로 유지하기 위한 살수설비 등을 설치하여야 한다.

② 제1석유류 또는 알코올류를 저장 또는 취급하는 장소의 주위에는 배수구 및 집유설비를 설치하여야 한다. 이 경우 제1석유류(온도 20℃의 물 100g에 용해되는 양이 1g 미만인 것에 한한다)를 저장 또는 취급하는 장소에 있어서는 집유설비에 유분리장치를 설치하여야 한다.

5 수출입 하역장소의 옥외저장소의 완화특례(規 별표 11 Ⅳ)

「관세법」 제154조에 따른 보세구역, 「항만법」 제2조 제1호에 따른 항만 또는 같은 조 제7호에 따른 항만배후단지 내에서 수출입을 위한 위험물을 저장 또는 취급하는 옥외저장소에 대해서는 보유공지 기준을 완화하여 적용하는 것이다. 이는 우리나라의 수출입 하역장소의 부지 여건상 보유공지를 확보하는데 애로가 있는 점을 감안한 것이기도 하지만 수출입 하역장소의 옥외저장소에 저장되는 위험물 용기는 상대적으로 안전성이 높고 위험물의 취급형태도 운반과정 중의 대기에 국한되기 때문이다.

저장 또는 취급하는 위험물의 최대수량	공지의 너비
지정수량의 50배 이하	3m 이상
지정수량의 50배 초과 200배 이하	4m 이상
지정수량의 200배 초과	5m 이상

03-8 암반탱크저장소의 위치 · 구조 및 설비의 기준

암반탱크저장소는 암반 내의 공간을 이용한 탱크에 액체의 위험물을 저장하는 저장시설을 말하는 것으로, 영에서는 별도의 저장소로 규정하고 있지만 옥외탱크저장소의 특수한 형태라 할 수 있다. 위험물저장시설 중 가장 많은 양을 저장할 수 있는 시설로서 주로 원유, 등유, 경유 또는 중유를 비축하는 목적으로 설치될 뿐, 그 설치 사례는 별로 없는 편이다.

암반탱크저장소에 관한 위치 · 구조 및 설비의 기준 중 주요한 사항은 다음과 같다.

1. 암반탱크의 지질조건과 구조에 관한 것
2. 암반탱크의 수리조건에 관한 것
3. 지하수위 등의 관측공에 관한 것
4. 지하수량 계량장치에 관한 것
5. 배수시설에 관한 것
6. 펌프설비의 설치위치에 관한 것

1 암반탱크의 구조(規 별표 12 Ⅰ①)

① 암반탱크는 암반투수계수가 1초당 10만분의 1m 이하인 천연암반 내에 설치할 것
② 암반탱크는 저장할 위험물의 증기압을 억제할 수 있는 지하수면하에 설치할 것
③ 암반탱크의 내벽은 암반균열에 의한 낙반을 방지할 수 있도록 볼트 · 콘크리트 등으로 보강할 것

2 암반탱크의 수리조건(規 별표 12 Ⅰ②)

① 암반탱크 내로 유입되는 지하수의 양은 암반 내의 지하수 충전량보다 적을 것
② 암반탱크의 상부로 물을 주입하여 수압을 유지할 필요가 있는 경우에는 수벽공을 설치할 것
③ 암반탱크에 가해지는 지하수압은 저장소의 최대운영압보다 항상 크게 유지할 것

3 지하수위 등의 관측공 설치(規 별표 12 Ⅱ)

암반탱크저장소 주위에는 지하수위 및 지하수의 흐름 등을 확인 · 통제할 수 있는 관측공을 설치하여야 한다.

4 계량장치의 설치(規 별표 12 Ⅲ)

암반탱크저장소에는 위험물의 양과 내부로 유입되는 지하수의 양을 측정할 수 있는 계량구와 자동측정이 가능한 계량장치를 설치하여야 한다.

5 배수시설의 설치(規 별표 12 Ⅳ)

암반탱크저장소에는 주변 암반으로부터 유입되는 침출수를 자동으로 배출할 수 있는 시설을 설치하고 침출수에 섞인 위험물이 직접 배수구로 흘러 들어가지 아니하도록 유분리장치를 설치하여야 한다.

6 펌프설비의 설치장소(規 별표 12 Ⅴ)

암반탱크저장소의 펌프설비는 점검 및 보수를 위하여 사람의 출입이 용이한 구조의 전용 공동에 설치하여야 한다. 다만, 액중펌프(펌프 또는 전동기를 저장탱크 또는 암반탱크 안에 설치하는 것을 말한다. 이하 같다)를 설치한 경우에는 그러하지 아니하다.

7 표지 · 게시판의 설치(規 별표 12 Ⅵ ①)

암반탱크저장소에는 위험물제조소의 예에 따라 보기 쉬운 곳에 "위험물 암반탱크저장소"라는 표시를 한 표지와 방화에 관하여 필요한 사항을 게시한 게시판을 설치하여야 한다.

8 압력계 · 안전장치, 정전기 제거설비, 배관 및 주입구(規 별표 12 Ⅵ)

① 압력계 · 안전장치, 정전기 제거설비 및 배관의 설치에 대하여는 위험물제조소의 해당 기준(規 별표 4 Ⅷ ④ · ⑥ 및 Ⅹ)을 준용한다.

② 주입구의 설치에 대하여는 옥외탱크저장소의 해당 기준(規 별표 6 Ⅵ ⑨)을 준용한다.

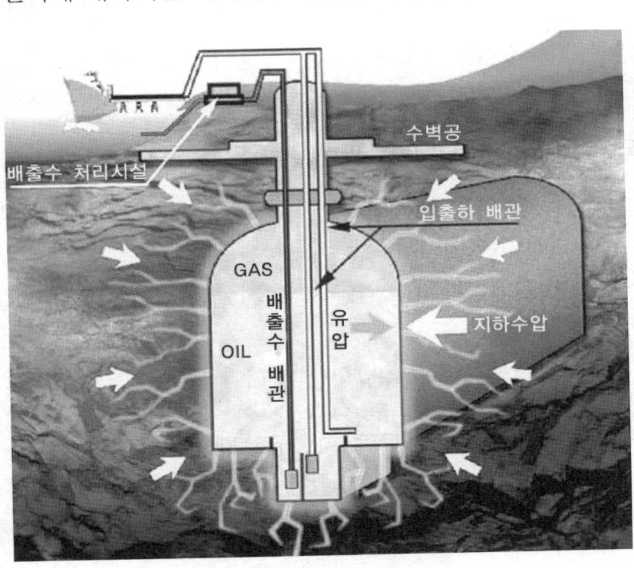

▲ 암반탱크저장소의 구조도

핵심정리문제

01 옥내저장소에 대한 전반적인 설명으로 틀린 것은?

① 옥내저장소는 위험물을 용기에 수납하여 저장창고에서 저장하는 시설을 말한다.
② 위험물의 저장량은 저장창고의 면적, 층수 및 처마높이에 의하여 간접적으로 제한된다.
③ 다른 용도로 사용하는 부분이 있는 건물에는 옥내저장소의 저장창고를 설치할 수 없다.
④ 저장창고는 단층건물로 하는 것이 원칙이지만 위험성이 낮은 위험물의 저장에 한하여 다층건물의 저장창고가 가능하다.

해설 소규모(지정수량의 20배 이하) 저장의 경우에는 건축물 내의 부분설치가 가능하다.

02 단층건물의 저장창고의 구조에 관한 기준으로 틀린 것은?

① 위험물의 저장을 전용으로 하는 독립된 건축물로 한다.
② 저장창고의 각 실의 최대 바닥면적은 각각 2,000m^2를 초과할 수 없다.
③ 벽 · 기둥 및 바닥은 내화구조로 하고, 지붕은 가벼운 불연재료로 한다.
④ 지면에서 처마까지의 높이를 6m 미만으로 하고, 바닥은 지반면보다 높게 한다.

해설 저장창고가 2 이상의 실로 구획된 경우에는 각 실의 바닥면적의 합계를 2,000m^2 이하로 하여야 한다.

03 단층건물의 저장창고의 설비에 관한 기준으로 틀린 것은?

① 지정수량의 10배 이상의 저장창고에는 피뢰침을 설치하여야 한다.
② 저장창고에 설치하는 전기설비는 「전기사업법」에 의한 전기설비기술기준에 의하여야 한다.
③ 가연성 증기 배출설비를 갖추어야 하는 저장창고는 인화점 40℃ 미만의 위험물을 저장하는 창고이다.
④ 온도의 상승에 의하여 분해 · 발화할 우려가 있는 제5류 위험물의 저장창고는 발화 온도에 달하지 않는 구조로 하거나 비상전원을 갖춘 통풍장치 또는 냉방장치 등의 설비를 2 이상 설치하여야 한다.

해설 인화점이 70℃ 미만인 저장창고에 배출설비를 설치하도록 되어 있다.

정답 01 ③ 02 ② 03 ③

04 다층건물의 저장창고에 관한 설명으로 틀린 것은?

① 위험물의 저장을 전용으로 한다.

② 저장창고의 바닥면적의 합계는 1,000m^2 이하로 하여야 한다.

③ 저장창고의 벽·기둥·바닥·보 및 지붕은 내화구조로 하여야 한다.

④ 인화성 고체를 제외한 제2류 위험물과 인화점이 70℃ 이상인 제4류 위험물만을 저장할 수 있다.

해설 지붕은 단층건물의 경우와 같이 가벼운 불연재료로 하여야 한다. 다만, 상층이 있는 경우 상층의 바닥은 내화구조로 한다.

05 다른 용도로 사용하는 부분이 있는 건축물의 일부에 설치하는 저장창고에 관한 설명으로 틀린 것은?

① 저장할 수 있는 위험물의 양은 지정수량의 20배를 초과할 수 없다.

② 저장창고를 설치할 수 있는 층과 저장창고의 바닥면적에 대한 제한이 있다.

③ 옥내저장소의 용도에 사용되는 부분의 지붕은 가벼운 불연재료로 하여야 한다.

④ 옥내저장소의 용도에 사용되는 부분의 출입구에는 자동폐쇄방식의 갑종방화문을 설치하여야 한다.

해설 옥내저장소의 용도에 사용되는 부분은 벽·기둥·바닥·보 및 지붕(상층의 바닥)을 내화구조로 하여야 한다.

06 소규모 옥내저장소의 특례에 관한 설명으로 틀린 것은?

① 지정수량의 50배 이하의 옥내저장소를 대상으로 한다.

② 저장창고의 처마높이에 따라 보유공지의 기준에 차이가 있다.

③ 저장창고는 벽·기둥·바닥 및 보를 내화구조로 하고 지붕을 가벼운 불연재료로 한다.

④ 저장창고의 출입구에는 자동폐쇄방식의 갑종방화문을 설치하고 저장창고에는 창을 설치하지 않는다.

해설 소규모 옥내저장소의 저장창고는 벽·기둥·바닥·보 및 지붕을 내화구조로 하여야 한다.

정답 04 ③ 05 ③ 06 ③

07 고인화점 위험물 옥내저장소의 특례에 관한 설명으로 틀린 것은?

① 단층건물 옥내저장소, 다층건물 옥내저장소 및 소규모 옥내저장소에 대한 특례로 되어 있다.

② 단층건물 옥내저장소에 대한 특례는 저장창고의 처마높이에 따라 기준을 달리하고 있다.

③ 고인화점 위험물의 다층건물 옥내저장소의 저장창고는 벽·기둥·바닥·보 및 계단을 불연재료로 만들고, 연소의 우려가 있는 외벽은 출입구 외의 개구부가 없는 내화구조의 벽으로 한다.

④ 고인화점 위험물의 소규모 옥내저장소는 저장창고의 처마높이에 따라 기준을 달리하지만 보유공지와 피뢰설비의 규제는 적용받지 않는다.

해설 고인화점 위험물의 소규모 옥내저장소는 저장창고의 처마높이에 따라 보유공지와 피뢰설비의 적용에 차이가 있다.

08 옥외탱크저장소에 관한 설명으로 틀린 것은?

① 옥외에 있는 저장탱크뿐만 아니라 부속하는 건축물 그 밖의 공작물과 공지 등을 포함한다.

② 용량 1,000,000L 이상의 것을 특정옥외탱크저장소라 하고, 500,000L 이상 1,000,000L 미만의 것을 준특정옥외탱크저장소라 한다.

③ 특수한 형태의 옥외저장탱크로 지중탱크와 해상탱크가 있으며, 이들 탱크에 대하여는 일반적인 탱크와는 다른 기준을 적용한다.

④ 특정옥외탱크저장소와 준특정옥외탱크저장소의 기준은 그 밖의 옥외탱크저장소의 기준보다 상세하고 엄격하게 되어 있으며, 기초·지반검사를 받도록 되어 있다.

해설 기초·지반검사와 용접부검사는 특정옥외탱크저장소에만 적용된다. 준특정옥외탱크저장소는 그 기초·지반이 기술기준에 적합한 지에 대하여 한국소방검정공사의 기술검토를 받을 뿐이다.

09 내용적이 20,000L인 옥외저장탱크에 대하여 허가할 수 있는 최대용량은?

① 20,000L

② 19,000L

③ 18,000L

④ 17,000L

해설 공간용적(내용적의 5 ~ 10%)의 최소치(5%)를 빼면 최대용량을 얻을 수 있다.

정답 07 ④ 08 ④ 09 ②

10 옥외탱크저장소의 하나의 방유제 내에 용량이 40만L인 것과 20만L인 옥외저장탱크를 각각 2기씩 설치하는 경우 확보하여야 하는 방유제의 용량은?

① 200,000L 이상
② 280,000L 이상
③ 400,000L 이상
④ 440,000L 이상

해설 최대용량탱크의 110% 이상으로 하여야 한다.

11 옥내탱크저장소에 관한 설명으로 틀린 것은?

① 탱크전용실을 단층건물에 설치하는 경우와 단층건물 외의 건축물에 설치하는 경우로 구분된다.
② 탱크전용실을 단층건물에 설치하는 경우에는 저장하는 위험물에 대한 제한이 없다.
③ 탱크전용실을 단층건물 외의 건축물에 설치하는 경우는 제1류 및 제5류 위험물을 저장할 수 없다.
④ 건축물의 지하층에 설치할 수 있는 제2석유류 위험물의 옥내저장탱크의 최대용량은 5,000L를 초과할 수 없다.

해설 단층건물 외의 건축물에 설치하는 옥내저장탱크의 용량(동일한 탱크전용실에 옥내저장탱크를 2 이상 설치하는 경우에는 각 탱크의 용량의 합계)은 1층 또는 지하층에 있어서는 지정수량의 40배(제4석유류 및 동식물유류 외의 제4류 위험물에 있어서 당해 수량이 20,000L를 초과할 때에는 20,000L) 이하로 하고, 2층 이상의 층에 있어서는 지정수량의 10배(제4석유류 및 동식물유류 외의 제4류 위험물에 있어서 당해 수량이 5,000L를 초과할 때에는 5,000L) 이하이므로, ④의 경우에는 20,000L까지 할 수 있다.

12 지하탱크저장소에 관한 설명으로 틀린 것은?

① 탱크안전성능시험은 물 그 밖의 액체를 이용한 수압시험으로만 하여야 한다.
② 탱크는 지면 밑의 탱크실에 설치하거나 이중벽탱크구조, 특수누설방지구조로 하는 것이 원칙이다.
③ 탱크실을 설치하지 않는 경우 탱크를 덮는 뚜껑은 두께 0.3m 이상의 철근콘크리트제로 탱크의 수평투영길이보다 4방으로 각각 0.3m 이상씩 더한 크기 이상으로 한다.
④ 제4류 위험물을 저장하는 탱크에 있어서는 설치위치, 뚜껑의 구조와 지지방법, 탱크의 고정방법 등이 소정의 기준에 적합하면 탱크실을 생략하고 탱크를 직접 지하에 매설할 수 있다.

해설 수압시험은 고시로 정하는 바에 따라 기밀시험과 비파괴시험을 동시에 실시하는 방법으로 대신할 수 있다.

정답 10 ④ 11 ④ 12 ①

13 탱크전용실을 설치하는 지하탱크저장소의 기준으로 틀린 것은?

① 제5류 위험물의 탱크에는 통기관을 설치하지 않을 수 있다.

② 지하저장탱크의 주위에는 4개소 이상 누설검사관을 설치하여야 하지만 인접탱크와 겸용할 수 있는 경우도 있다.

③ 지하저장탱크를 2 이상 인접하게 설치하는 경우에는 그 상호간에 0.5m 이상의 간격을 유지하여야 한다.

④ 탱크전용실은 벽 및 바닥을 두께 0.3m 이상의 콘크리트구조 등으로 하고 두께 0.3m 이상의 철근콘크리트조로 된 뚜껑을 설치하여야 한다.

해설 지하저장탱크를 2 이상 인접하게 설치하는 경우에는 그 상호간에 1m 이상의 간격을 유지하되, 2 이상의 지하저장탱크의 용량의 합계가 지정수량의 100배 이하인 때에 한하여 간격을 0.5m 이상으로 할 수 있다.

14 간이탱크저장소에 관한 설명으로 틀린 것은?

① 간이탱크는 옥외뿐만 아니라 옥내에도 설치할 수 있다.

② 간이저장탱크의 안전성능시험은 수압시험으로만 실시할 수 있다.

③ 간이저장탱크에는 고정주유설비 또는 고정급유설비를 설치할 수 있다.

④ 하나의 간이탱크저장소에는 3개 이하의 간이저장탱크를 설치하되, 동일한 품질의 위험물탱크는 2개까지 설치할 수 있다.

해설 동일한 품질의 위험물 탱크는 2개 이상 설치할 수 없으므로 간이저장탱크는 각각 다른 품질의 위험물을 저장하여야 한다.

15 이동탱크저장소에 관한 설명으로 틀린 것은?

① 컨테이너식 외의 것, 컨테이너식의 것 및 주유탱크차로 구분할 수 있다.

② 컨테이너식 이동탱크저장소란 탱크가 피견인자동차에 고정된 형식의 것을 말한다.

③ 주유탱크차란 항공기의 연료탱크에 직접 주유하기 위한 주유설비를 갖춘 것을 말한다.

④ 이동저장탱크에 대한 수압시험은 비파괴시험과 기밀시험으로 대신할 수도 있다.

해설 컨테이너식 이동탱크저장소란 이동저장탱크를 차량 등에 옮겨 싣는 구조로 된 것을 말한다. 피견인자동차에 있어서는 앞차축을 갖지 아니하는 것으로서 당해 피견인자동차의 일부가 견인자동차에 적재되고 당해 피견인자동차와 그 적재물의 중량의 상당부분이 견인자동차에 의하여 지탱되는 구조로 되어야 한다.

정답 13 ③ 14 ④ 15 ②

16 **이동탱크저장소의 구조 및 설비의 기준으로 틀린 것은?**

① 탱크의 내부는 4,000L 이하마다 칸막이로 완전히 구획한다.
② 칸막이로 구획된 각 실에는 맨홀과 안전장치 및 방파판을 설치한다.
③ 탱크 상부에 돌출된 부속장치 등의 손상을 방지하기 위하여 부속장치의 주위에는 측면틀을 설치한다.
④ "위험물"이라고 표시한 표지는 흑색바탕에 황색의 반사성 재료로 하되, 차량의 전면 및 후면에 각각 1개씩 설치하여야 한다.

해설 ③은 방호틀에 관한 설명이다. 측면틀은 탱크의 전복을 억제하기 위하여 탱크의 양측면 상부에 설치하는 손상방지조치설비이다.

CHAPTER 01 CHAPTER 02 CHAPTER 03 CHAPTER 04 부록

17 **이동저장탱크의 배출밸브 및 배출밸브폐쇄장치에 대한 설명으로 틀린 것은?**

① 배출밸브는 이동저장탱크의 아랫부분에 배출구를 설치하는 경우에만 설치하면 된다.
② 배출밸브를 설치하는 경우에는 당해 배출밸브를 폐쇄할 수 있는 폐쇄장치를 설치하여야 한다.
③ 수동식 폐쇄장치에는 손으로 잡아당겨 수동폐쇄장치를 작동시킬 수 있는 길이 15cm 이상의 레버를 설치한다.
④ 수동폐쇄장치의 설치방법으로는 위험물의 배출에 사용하는 탱크의 배관 선단부에 개폐밸브를 설치하는 방법이 널리 사용된다.

해설 탱크의 배관 선단부에는 개폐밸브를 설치하여야 하며, 이는 폐쇄장치와는 별개의 것이다.

18 **옥외저장소에 저장할 수 있는 위험물로만 정확하게 나열된 것은?**

① 제2류 위험물 중 유황 또는 인화성 고체
② 제4류 위험물 중 인화점이 0℃ 이상인 석유류와 알코올류 및 동식물유류
③ 제4류 위험물 중 제1석유류 · 제2석유류 · 제3석유류 · 제4석유류 및 동식물유류
④ 제4류 위험물 중 제1석유류 · 알코올류 · 제2석유류 · 제3석유류 · 제4석유류 및 동식물유류

해설 인화성 고체와 석유류는 인화점이 0℃ 이상인 것만 저장할 수 있다.

16 ③ 17 ④ 18 ② 정답

19 옥외저장소의 기준으로서 틀린 것은?

① 안전거리는 경계표시의 외측으로부터 측정한다.
② 보유공지 내에 경계표시를 하는 것은 가능하다.
③ 눈·비 등을 피하거나 차광 등을 위하여 캐노피 또는 지붕을 설치할 수 있다.
④ 비수용성의 제1석유류 위험물을 저장하는 장소의 주위에는 배수구와 집유설비 및 유분리장치를 설치한다.

해설 보유공지의 폭은 건축물 또는 공작물의 외측으로부터 측정하며, 보유공지 내에는 다른 물건 등을 설치할 수 없다.

20 암반탱크저장소에 관한 설명으로 틀린 것은?

① 암반탱크는 지하수면하에 설치하여야 한다.
② 암반탱크 내로 유입되는 지하수의 양은 암반 내의 지하수 충전량보다 적어야 한다.
③ 암반탱크의 용량은 암반탱크의 내용적에서 내용적의 5% 내지 10%를 뺀 용적으로 한다.
④ 수벽공은 암반탱크의 상부로 물을 주입하여 수압을 유지할 필요가 있는 경우에 설치하면 된다.

해설 암반탱크의 공간용적은 탱크 내에 흘러 들어온 7일간의 지하수의 양에 해당하는 용적 또는 탱크 내용적의 1%에 해당하는 용적 중 큰 것으로 한다.

21 옥내저장소 구조 및 설비에 관한 설명으로 틀린 것은?

① 벽, 기둥 및 바닥은 내화구조로 한다.
② 창 또는 출입구에 유리를 이용하는 경우에는 망입유리로 한다.
③ 모든 출입구에는 수시로 열 수 있는 자동폐쇄식의 갑종방화문을 설치한다.
④ 인화점이 70℃ 미만인 위험물의 저장창고에 있어서는 내부에 체류한 가연성의 증기를 지붕 위로 배출하는 설비를 갖추어야 한다.

해설 출입구에는 갑종방화문 또는 을종방화문을 설치하되, 연소의 우려가 있는 외벽에 있는 출입구에는 수시로 열 수 있는 자동폐쇄식의 갑종방화문을 설치하여야 한다.

정답 19 ② 20 ③ 21 ③

04-1 주유취급소의 위치 · 구조 및 설비의 기준 

"주유취급소"는 위험물인 연료를 소정의 주유설비로 자동차 등의 연료탱크에 주유하는 시설을 말하는 것으로, 가장 일반적인 시설로는 자동차용 주유소를 들 수 있다. 또한, 자동차 등의 연료를 주유하는 외에 등유, 경유를 용기에 채우거나 차량에 고정된 5,000L 이하의 탱크에 주입하기 위한 고정급유설비를 병설한 것도 이 시설에 포함된다.

주유취급소에서 주유하는 대상에는 자동차 외에 항공기, 선박 및 철도 또는 궤도에 의하여 운행하는 차량이 있지만, 자동차 외의 주유대상은 그 규모가 크지 않고 주유시설을 설치하는 장소도 지극히 특정된 곳에 한정되어 있다. 그렇기 때문에 자동차 주유취급소와는 별도로 그 위치 · 구조 및 설비의 기준을 정하고 있다. 또한, 가장 일반적인 형태로서 어디에서나 볼 수 있는 자동차 주유취급소는 그 주유시설의 설치형태가 옥외를 주체로 하고 있는 옥외주유취급소와 옥내를 주체로 하고 있는 옥내주유취급소로 나누어지며, 위치 · 구조 및 설비의 기준도 이러한 설치형태에 따라 정하여져 있다.

옥내주유취급소는 주유취급을 주로 건축물 내부에서 행하는 시설이기 때문에 화재안전의 관점에서 병원 · 노인복지시설 · 유치원 등 화재취약자가 다수 있는 시설이 있는 건축물에는 이를 설치할 수 없게 되어 있다. 또한, 옥내주유취급소에는 가연성 증기의 체류위험 배제, 화재 시 피난을 위하여 옥내주유취급소의 1층 부분의 2방향 개방 및 상층 등으로의 연소방지조치 등 옥외주유취급소의 기준에는 없는 기준이 정하여져 있다.

〈일반기준/옥외주유취급소〉

옥외주유취급소에 관한 위치 · 구조 및 설비의 기준 중 주요한 사항은 다음과 같다.

1. 공지에 관한 것(자동차 등의 주유작업에 필요한 주유공지 및 등 · 경유를 용기에 채우거나 탱크차에 주입하는 작업에 필요한 급유공지의 보유에 관한 것)
2. 주유취급소에 설치할 수 있는 탱크의 용도, 용량 및 설치형태에 관한 것
3. 탱크의 위치 · 구조 및 설비에 관한 것
4. 고정주유설비, 고정급유설비의 구조 및 설비에 관한 것
5. 건축물의 구조에 관한 것
6. 주유취급소의 주위에 설치하는 담에 관한 것
7. 주유업무에 필요한 부속설비에 관한 것
8. 주유취급소의 태양에 따라 설치하는 소화설비, 경보설비 및 피난설비에 관한 것

〈일반기준/옥내주유취급소〉

옥외주유취급소에 정리한 사항과 동일한 것을 제외한 그 밖의 주요한 사항은 다음과 같다.

1. 옥내주유취급소의 설치장소에 관한 것
2. 옥내주유취급소의 통풍 및 피난로 확보를 위한 벽의 2방향 개방에 관한 것
3. 상층이 있는 옥내주유취급소의 연소방지 등에 관한 것

〈특례기준〉

소정의 주유취급소에 대하여는 위치 · 구조 및 설비의 기준에 대한 특례를 정하고 있는데, 그 특례의 대상이 되는 주유취급소와 특례기준을 정리하면 다음 표와 같다.

표에서 ①의 시설은 항공기, 선박 및 철도차량 등에 대한 주유취급의 특수성에 따라 주로 본칙에 정한 기준(規 별표 13 Ⅰ ~ Ⅸ)을 조정하거나 부가하는 기준이 정하여져 있다.

②의 시설은 고객에게 주유를 하지 않는 자가용 주유라는 특수성에 따라 본칙으로 정하는 기준(規 별표 13 Ⅰ ~ Ⅸ)을 주로 완화하는 기준이 정하여져 있다.

③의 시설은 고객에게 직접 주유 등을 하게 하는 주유취급소라는 특수성에 따라 본칙으로 정하는 기준(規 별표 13 Ⅰ ~ Ⅸ)을 강화하는 기준이 정하여져 있다.

④의 시설은 압축수소충전설비가 설치된 주유취급소라는 특수성에 따라 본칙으로 정하는 기준(規 별표 13 Ⅰ ~ Ⅸ)을 강화하는 기준이 정하여져 있다.

시설의 태양		관계규정
①	비행장에서 항공기와 비행장에 소속된 차량 등에 주유하는 주유취급소(항공기 주유취급소)	規 별표 13 Ⅹ
	철도 또는 궤도에 의하여 운행하는 차량에 주유하는 주유취급소(철도 주유취급소)	規 별표 13 Ⅹ Ⅰ
	선박에 주유하는 주유취급소(선박취급소)	規 별표 13 Ⅹ Ⅳ
	고속국도 도로변에 설치된 주유취급소(고속도로 주유취급소)	規 별표 13 Ⅹ Ⅱ
②	주유취급소의 소유자, 관리자 또는 점유자가 소유, 관리 또는 점유하는 자동차 등에 주유하는 주유취급소(자가용 주유취급소)	規 별표 13 Ⅹ Ⅲ
③	고객이 직접 자동차 등의 연료탱크 또는 용기에 위험물을 주입하는 셀프용 고정주유설비 또는 셀프용 고정급유설비를 설치한 주유취급소(고객이 직접 주유하는 주유취급소)	規 별표 13 Ⅹ Ⅴ
④	전기를 원동력으로 하는 자동차 등에 수소를 충전하기 위한 설비를 설치한 주유취급소(압축수소충전설비 설치 주유취급소)	規 별표 13 Ⅹ Ⅵ

1 주유취급소의 일반기준(옥외의 영업용 주유취급소 기준)

(1) 공지의 보유

주유취급소의 고정주유설비 또는 고정급유설비의 주위에는 소정의 공지를 확보하여야 하는데, 이때의 공지는 제조소나 옥외탱크저장소 등의 건축물 등이나 저장탱크의 주위에 확보하여야 하는 일반적인 보유공지와는 그 성격이 다르다.

1) 주유공지의 보유

주유취급소의 고정주유설비의 주위에는 주유를 받으려는 자동차 등이 출입할 수 있도록 너비 15m 이상, 길이 6m 이상의 콘크리트 등으로 포장한 공지("주유공지")를 보유하여야 한다(規 별표 13 Ⅰ ①).

고정주유설비

펌프기기 및 호스기기로 되어 위험물을 자동차 등에 직접 주유하기 위한 설비로서 현수식의 것을 포함한다.

2) 급유공지의 보유

고정급유설비를 설치하는 경우에는 고정급유설비의 호스기기의 주위에 필요한 공지("급유공지")를 보유하여야 한다(規 별표 13 Ⅰ ①).

고정급유설비

펌프기기 및 호스기기로 되어 위험물을 용기에 옮겨 담거나 이동저장탱크에 주입하기 위한 설비로서 현수식의 것을 포함한다.

(2) 공지바닥의 구조 및 배수구와 유분리장치의 설치

주유공지 및 급유공지의 바닥은 주위 지면보다 높게 하고, 그 표면을 적당하게 경사지게 하여 새어나온 기름 그 밖의 액체가 공지의 외부로 유출되지 아니하도록 배수구·집유설비 및 유분리장치를 하여야 한다(規 별표 13 Ⅰ ②).

넓게 보기

① 주유취급소의 개념 : 고정주유설비를 사용하여 자동차·항공기·선박 등의 연료탱크에 연료로 사용하는 위험물을 주유하는 시설로서 다음의 고정급유시설을 병설한 것을 포함한다.
  ㉠ 고정급유설비로 위험물(등유·경유)을 용기에 채우는 시설
  ㉡ 고정급유설비로 5,000L 이하의 이동저장탱크에 위험물(등유·경유)을 주입하는 시설

② 주유취급소의 구분
  ㉠ 주유대상에 따른 구분

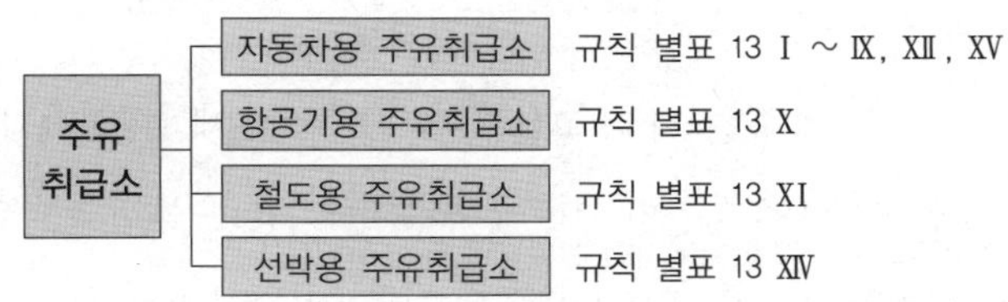

  ㉡ 주유취급소의 이용형태에 따른 구분

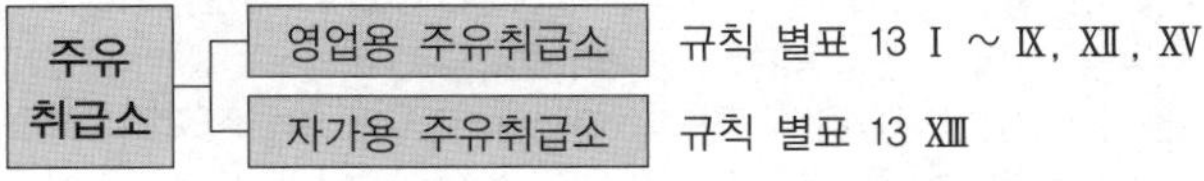

  ㉢ 주유취급소의 구조에 의한 구분

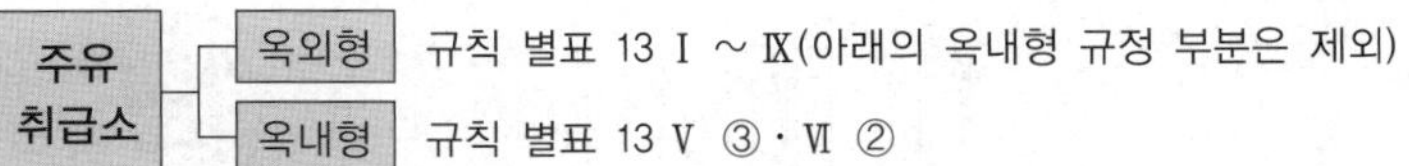

  ※ 한편, 특례 주유취급소의 종류 중에 수소충전설비를 병설한 것이 있다(2010. 11. 8. 신설). 이는 휘발유 또는 경유를 연료로 하는 자동차 등에 주유를 하는 설비와 전기를 원동력으로 하는 자동차 등에 수소를 충전하는 설비를 함께 설치한 것이다.

③ 주유공지
  ㉠ 주유취급소는 자동차 등이 안전하게 진입할 수 있는 도로에 면하는 것을 원칙으로 한다.
  ㉡ 주유공지는 너비 15m 이상, 길이 6m 이상의 사각형이 도로에 접하도록 설정하여야 한다. 너비란 일반적으로 주요 도로에 면한 방향의 폭을 의미한다.

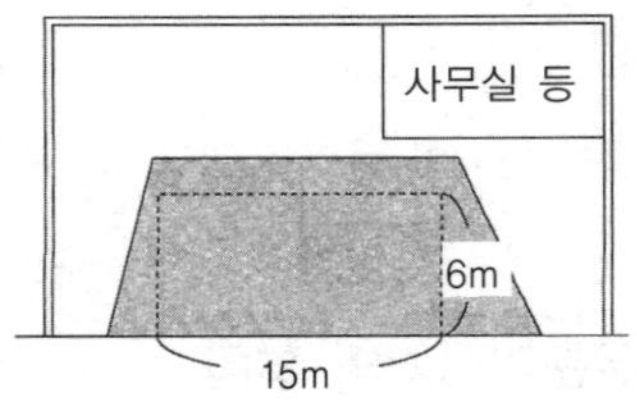

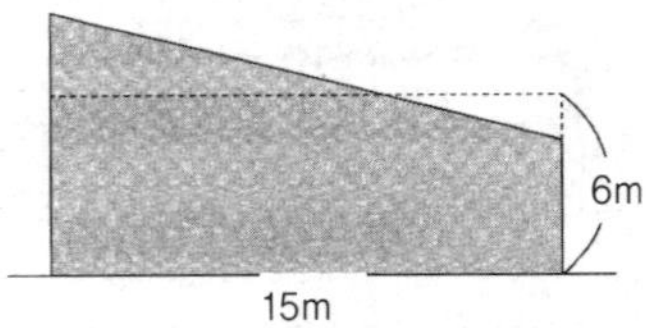

㈜ - - - : 실제 공지
……… : 법정 주유공지
• 너비와 길이가 모두 기준에 적합하여야 한다(면적기준이 아님).
• 오른쪽의 예는 부적합한 경우에 해당한다.

▲ 주유공지의 예

㉢ 주유공지 내에 너비 15m 이상, 길이 6m 이상의 직사각형 면적을 포함하여 차량이 출입하는데 필요한 크기여야 한다.

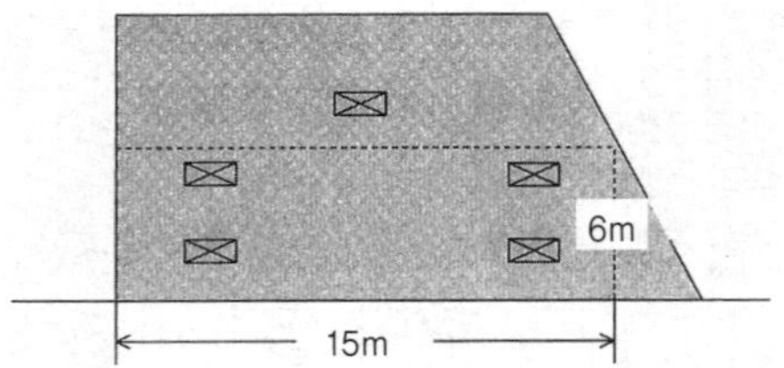

▲ 주유공지 내 고정주유설비의 위치(실제 설정공지 내)

㉣ 주유공지 및 차량진입로 상에서는 자동차 점검·정비·세정 등을 행하거나 고정급유설비를 설치하는 것은 불가능하다.
㉤ 주유공지에는 필요 최소한의 범위에 있어서 Point Of Sales용 카드리더·현금자동결제기·주유원간이대기실을 설치할 수 있으나 자동판매기·공중전화 등은 설치할 수 없다.

④ 급유공지
㉠ 급유공지는 용기 등에 옮겨 담거나 5,000L 이하의 탱크로리에 주입하는데 필요한 공지로서 주유공지 외의 전용공지로 하여야 한다.
㉡ 급유공지는 시설의 형태나 규모에 따라 다르지만 일반적으로 다음의 공지 이상으로 한다.
• 고정급유설비 중 호스기기의 주위에 필요한 공지
• 탱크로리에 주입하는 경우에는 그 차량 규모에 적합한 공지

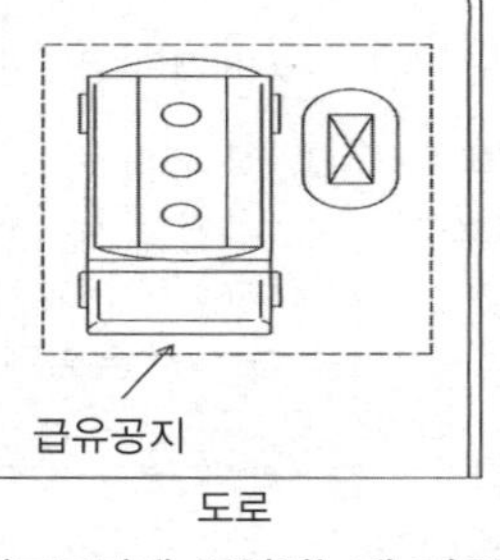

▲ 탱크로리에 주입하는데 필요한 공지의 예

▲ 탱크로리의 예

㉢ 급유공지의 출입구는 직접 도로에 접할 필요는 없다.
㉣ 탱크로리의 상치장소는 주유취급소의 필수 공지를 제외한 여유 부지에 둘 수 있다.

⑤ 주유공지 및 급유공지의 바닥(지반)
㉠ 주유취급소의 지반면은 배수, 가연성 증기의 체류방지 등을 위하여 주위의 지반면보다 높

게 하고 그 표면은 누설된 위험물의 집유 및 빗물 등의 배수를 위하여 적당한 경사를 주어야 한다.

ⓒ 지반면의 표면은 누설된 위험물이 침투하기 어렵고 배수가 쉬우며, 쉽게 연소확대하지 않는 콘크리트 등으로 포장하여야 한다.

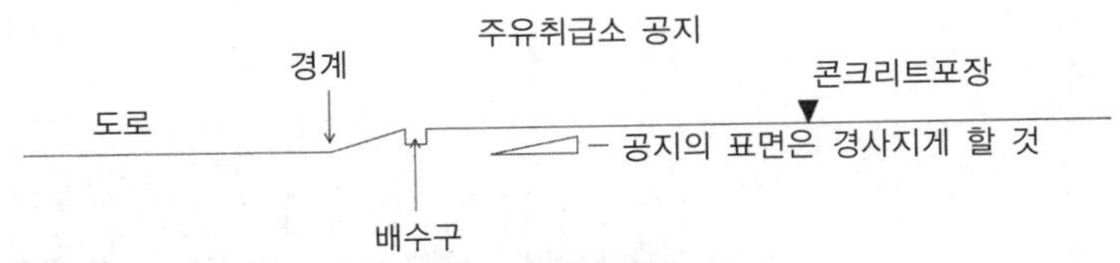

▲ 주유취급소의 공지와 주위 지반의 관계

ⓒ 주유취급소의 주위 지반면이 도로개수 등으로 인하여 주유취급소의 공지보다 높아져 규정에 적합하지 않는 경우에는 다음의 조치를 강구함으로써 적합한 것으로 간주할 수 있다.

참고

- 높아진 도로와 주유취급소 경계와의 고저차이가 60cm 이하일 것
- 당해 경계부분의 고저차를 채운 북돋움 부분이 고정주유설비의 기초(통칭 「아일랜드」)의 도로에 면하는 측으로부터 2m 이상 떨어져 있을 것
- 도로 경계부분의 경사는 2/5 이하일 것

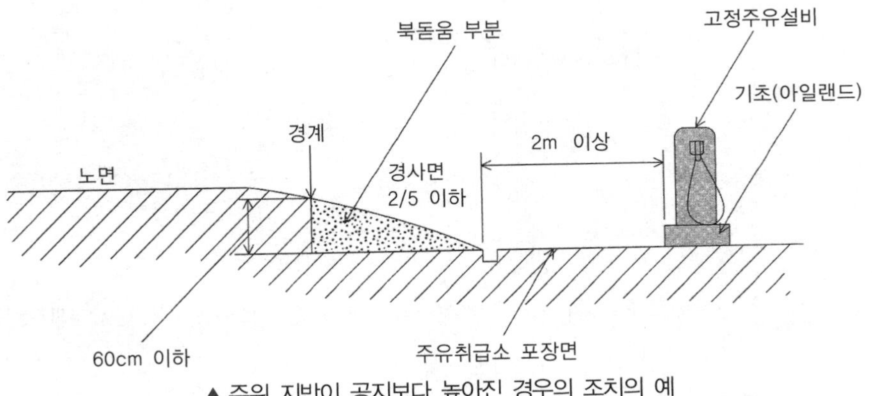

▲ 주위 지반이 공지보다 높아진 경우의 조치의 예

ⓔ 주유공지 또는 급유공지에 지반면 포장재를 사용하는 경우에는 포장재의 강도(압축강도, 굽힘강도, 부착강도), 방화성능(난연성 이상), 내유성, 배수성 및 전도성을 고려할 필요가 있다. 지반면 포장재료는 일반적으로 콘크리트 표장부(表裝部)에 마감재로 사용하는 것으로 시간의 경과에 의한 표면균열방지와 미끄럼방지 외에 칼라마감도 가능하다. 재질은 아크릴계, 에폭시계, 비닐론계 등의 수지에 시멘트, 골재를 혼입한 것이 많다.

⑥ 배수구 및 유분리장치

㉠ 공지에 누설된 기름과 세정수가 공지 외, 특히 공공 하수도에 직접 유입되어 화재위험 등이 발생하는 것을 막기 위하여 공지 주위에 배수구 및 유분리장치를 설치하여 공지 밖으로 기름 등이 유출하는 것을 방지하여야 한다. 주유취급소의 배수에는 상당량의 토사가 포함되므로 그림의 예에 표시한 바와 같이 4조(槽) 이상의 유분리조로 하는 것이 바람직하다. 재질은 일반적으로 콘크리트제이지만, 내유성이 있고 자동차 등의 하중에 견딜 수 있게 설치된 경우에는 FRP제도 가능하다.

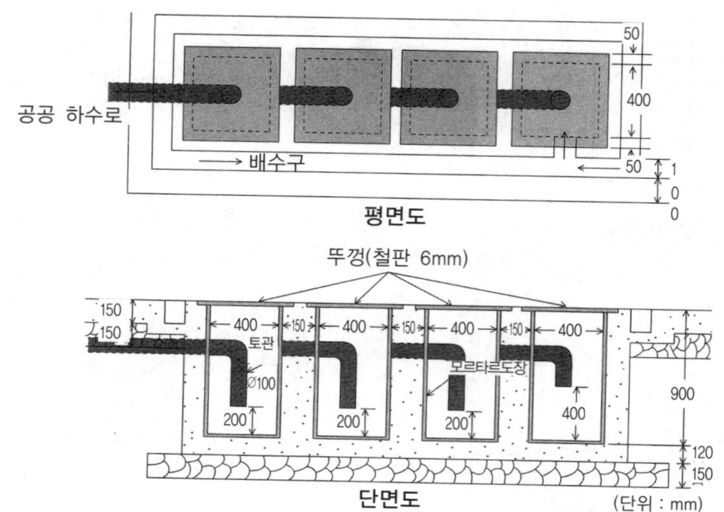

▲ 4연식 유분리장치의 예(표시된 규격 또한 예시임)

㉡ 유분리장치의 수는 유분리장치의 크기, 배수상황 및 주유취급소의 규모 등에 따라 결정하여야 한다.

㉢ 배수구는 담 또는 건축물 등이 없는 측에 전부 설치하며, 기름이나 세정수 등이 공지 외로 유출하지 않도록 하여야 한다. 배수구는 공지지반의 경사를 고려하여 설치하며, 토사 등의 청소가 가능한 크기로 한다. 또한 차량 등의 출입측에는 특히 배수구 가장자리를 보강함이 바람직하다.

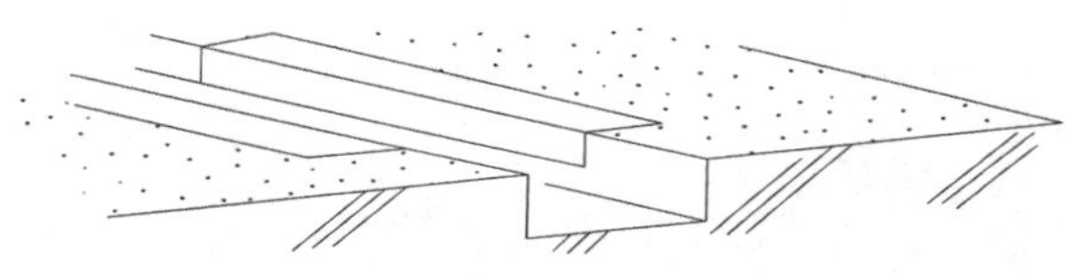

▲ 배수구의 예

㉣ 급유공지의 배수구 및 유분리장치는 주유공지의 배수구 및 유분리장치와 겸용할 수 있다.

(3) 표지 및 게시판의 설치

주유취급소에는 규칙 별표 4 Ⅲ 제1호의 기준에 준하여 보기 쉬운 곳에 "위험물 주유취급소"라는 표시를 한 표지, 동표 Ⅲ 제2호의 기준에 준하여 방화에 관하여 필요한 사항을 게시한 게시판 및 황색바탕에 흑색문자로 "주유 중 엔진정지"라는 표시를 한 게시판을 설치하여야 한다(規 별표 13 Ⅱ).

(4) 탱크의 용도 · 용량 및 설치형태의 제한

주유취급소에는 다음에 정하는 위험물탱크만 설치할 수 있다(規 별표 13 Ⅲ ① ②).

구 분	용 도	용 량	설치형태	비 고
전용탱크	고정주유설비에 직접 접속	50,000L 이하	지하매설	매설장소는 옥외의 지하 또는 캐노피 아래의 지하(캐노피 기둥의 하부를 제외)에 한함
	고정급유설비에 직접 접속	50,000L 이하	지하매설	
	보일러 등에 직접 접속	10,000L 이하	1,000L 이하 : 옥내 등	
			1,000L 초과 : 지하매설	
폐유탱크 등	자동차 등을 점검·정비하는 작업장 등(주유취급소 안에 설치된 것에 한함)에서 사용하는 폐유·윤활유 등의 저장	2,000L 이하 (2 이상 설치 시에는 각 탱크의 합계를 말함)	1,000L 이하 : 옥내 등	
			1,000L 초과 : 지하매설	
간이탱크	고정주유설비 또는 고정급유설비에 직접 접속	3기 이하 (1기의 용량은 600L 이하) *동일 품질 탱크의 기수에 대한 제한은 없음	제한 없음 (옥내 또는 옥외)	「국토의 계획 및 이용에 관한 법률」에 의한 방화지구 안에 위치하는 주유취급소는 설치금지

* 이동탱크저장소의 상치장소를 주유공지 또는 급유공지 외의 주유취급소 부지 내에 설치하는 것은 가능하다. (당해 주유취급소의 위험물의 저장·취급에 관계된 것에 한함)[104]

(5) 전용탱크 · 폐유탱크 등의 위치 · 구조 및 설비

전용탱크와 폐유 등을 저장하기 위한 지하탱크 및 간이탱크의 위치·구조 및 설비에 대하여는 지하탱크저장소의 기준 및 간이탱크저장소의 기준에 관한 규정 중 일부가 준용된다.

1) 전용탱크 및 지하매설 폐유탱크 등의 위치 · 구조 및 설비

규칙 별표 8 Ⅰ·Ⅱ 또는 Ⅲ의 규정에 의한 지하저장탱크의 위치·구조 및 설비의 기준 중 다음의 것(별표 8 Ⅱ 또는 Ⅲ에서 준용되는 경우에도 같음)을 제외한 나머지 기준은 주유취급소의 탱크에 준용된다(規 별표 13 Ⅲ ③ 가).

핵심 꼼꼼 체크

지하저장탱크의 기준 중 준용하지 않는 규정

- 별표 8 Ⅰ 제5호 : 지하탱크저장소의 표지 및 게시판 설치
- 별표 8 Ⅰ 제10호 : 지하저장탱크의 주입구(게시판에 관한 부분에 한한다)
- 별표 8 Ⅰ 제11호 : 지하저장탱크의 펌프설비(액중펌프설비에 관한 부분을 제외한다)
- 별표 8 Ⅰ 제14호 : 지하저장탱크의 전기설비

104) 주유취급소의 여유 부지를 이동탱크저장소의 상치장소로 이용할 수 있다는 의미이며, 이를 두고 주유취급소에 이동저장탱크를 설치할 수 있다고 이해하는 것은 잘못이다. 주유취급소와 이동탱크저장소는 별개의 시설이기 때문이다.

- 별표 8 Ⅰ 제1호 단서 : 전용실 내 설치의 예외(10,000L를 초과하는 탱크의 설치에 한한다)
  (제1호 단서의 준용 제외는 10,000L를 초과하는 탱크로서 이중벽탱크나 특수누설방지구조가 아닌 것은 탱크전용실에 설치하여야 하고, 지반면 하에 직접 매설할 수 없다는 의미이다)

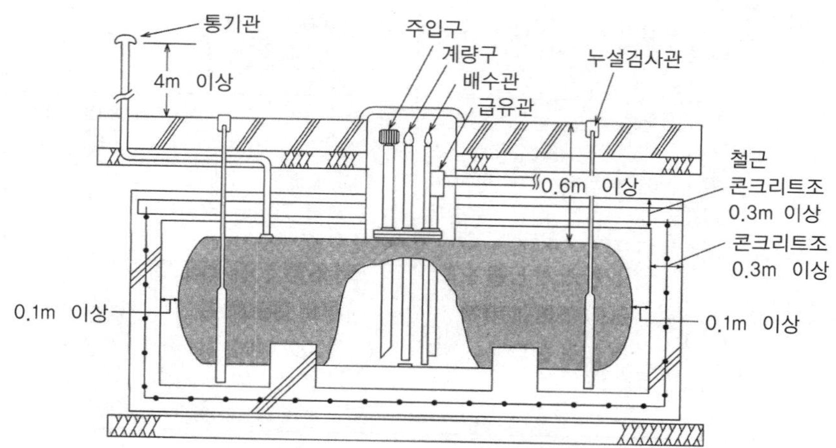

▲ 탱크실을 설치한 지하저장탱크의 예

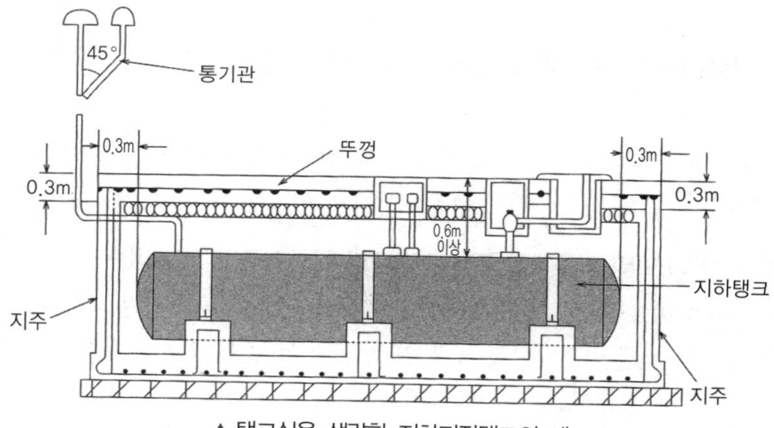

▲ 탱크실을 생략한 지하저장탱크의 예

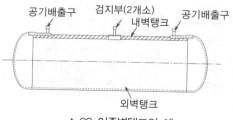

공기배출구
검지부(2개소)
내벽탱크
공기배출구
외벽탱크

▲ SS 이중벽탱크의 예

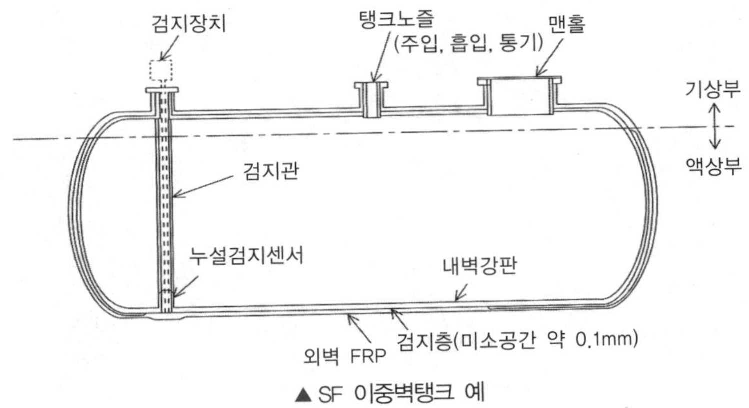

▲ SF 이중벽탱크 예

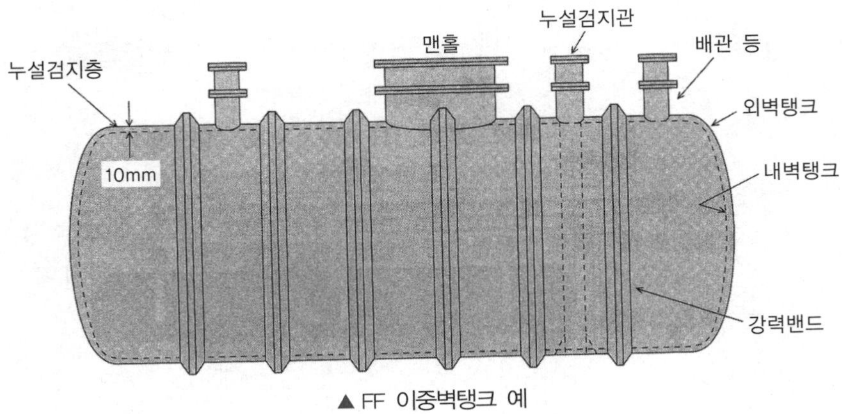

▲ FF 이중벽탱크 예

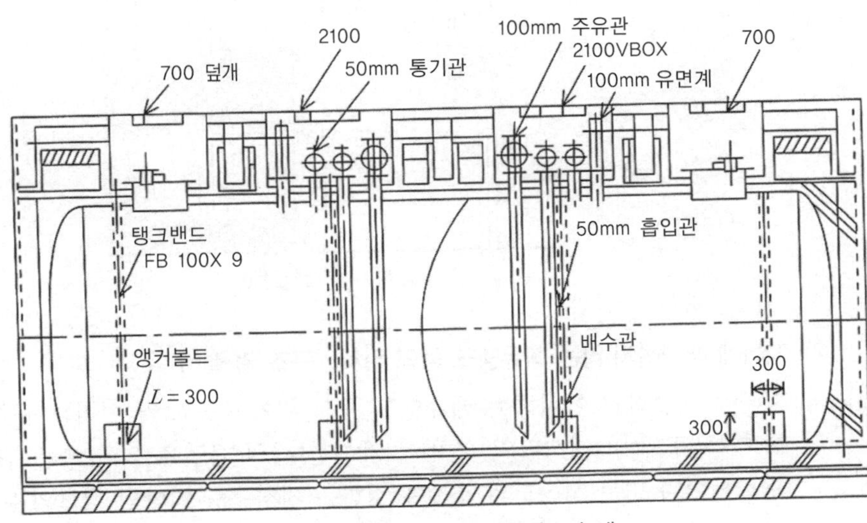

▲ 특수누설방지구조로 한 탱크의 예

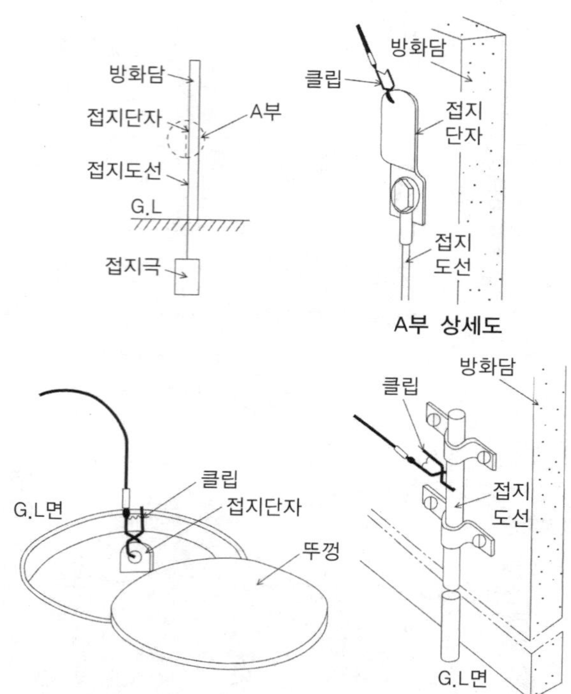

▲ 주입구 부근에 설치된 정전기 제거용 접지전극의 설치의 예
(옥외저장탱크의 주입구 기준 준용)

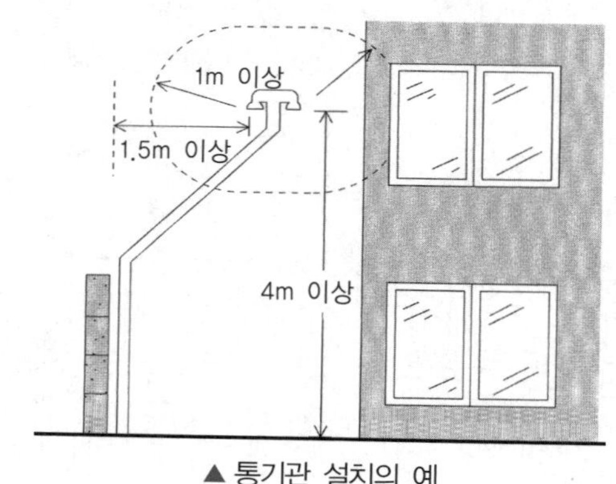

▲ 통기관 설치의 예

2) 지하에 매설하지 않는 폐유탱크 등의 위치 · 구조 및 설비

지하에 매설하지 아니하는 폐유탱크 등의 위치 · 구조 및 설비는 규칙 별표 7 Ⅰ[제1호 다목(표지 및 게시판의 설치)을 제외한다]의 규정에 의한 옥내저장탱크의 위치 · 구조 · 설비 또는 시 · 도의 조례에 정하는 지정수량 미만인 탱크의 위치 · 구조 및 설비의 기준을 준용한다(規 별표 13 Ⅲ ③ 나).

3) 간이탱크의 구조 및 설비

규칙 별표 9 제4호 내지 제8호의 규정에 의한 간이저장탱크의 구조 및 설비의 기준을 준용하되, 자동차 등과 충돌할 우려가 없도록 설치하여야 한다. 간이탱크저장소의 기준 중 주유취급소의 간이탱크에 준용하는 규정의 개요는 다음과 같다(規 별표 13 Ⅲ ③ 다).

① 별표 9 제4호 : 공지 및 고정방법
② 별표 9 제5호 : 탱크의 용량
③ 별표 9 제6호 : 탱크의 재질, 두께, 강도
④ 별표 9 제7호 : 탱크 외면의 녹방지 도장
⑤ 별표 9 제8호 : 밸브 없는 통기관 설치

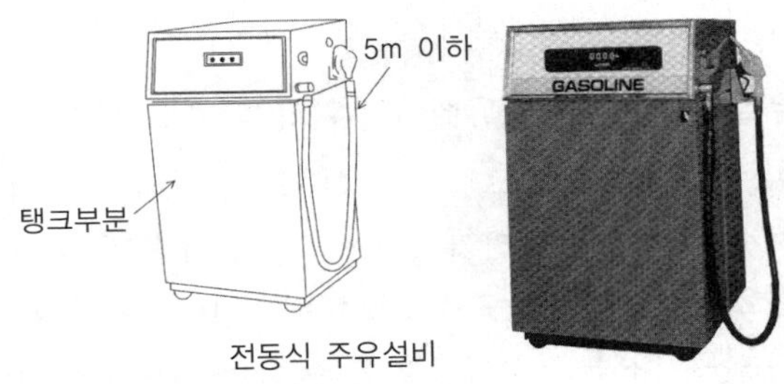

▲ 주유설비를 부착한 간이탱크의 구조의 예

(6) 고정주유설비 및 고정급유설비의 구조 등

1) 고정주유설비의 설치

주유취급소에는 자동차 등의 연료탱크에 직접 주유하기 위한 고정주유설비를 설치하여야 한다(規 별표 13 Ⅳ ①).

2) 위험물 공급배관의 접속 제한

주유취급소의 고정주유설비 또는 고정급유설비는 전용탱크(보일러용 탱크 제외) 또는 간이탱크 중 하나의 탱크만으로부터 위험물을 공급받을 수 있도록 하여야 한다(規 별표 13 Ⅳ ②).

3) 고정주유설비 및 고정급유설비의 구조(規 별표 13 Ⅳ ②)

① 펌프기기는 주유관 선단에서의 최대토출량이 제1석유류의 경우에는 분당 50L 이하, 경유의 경우에는 분당 180L 이하, 등유의 경우에는 분당 80L 이하인 것으로 할 것. 다만, 이동저장탱크에 주입하기 위한 고정급유설비의 펌프기기는 최대토출량이 분당 300L 이하인 것으로 할 수 있으며, 분당 토출량이 200L 이상인 것의 경우에는 주유설비에 관계된 모든 배관의 안지름을 40mm 이상으로 하여야 한다.

② 이동저장탱크의 상부를 통하여 주입하는 고정급유설비의 주입관에는 당해 탱크의 밑부분에 달하는 주입관을 설치하고, 그 토출량이 분당 80L를 초과하는 것은 이동저장탱크에 주입하는 용도로만 사용할 것

③ 고정주유설비 또는 고정급유설비는 난연성 재료로 만들어진 외장을 설치할 것. 다만, 규칙 별표 13 Ⅸ의 규정에 의한 기준에 적합한 펌프실에 설치하는 펌프기기 또는 액중펌프에 있어서는 그러하지 아니하다.

④ 고정주유설비 또는 고정급유설비의 본체 또는 노즐 손잡이에 주유작업자의 인체에 축적되는 정전기를 유효하게 제거할 수 있는 장치를 설치할 것

⑤ 고정주유설비 또는 고정급유설비의 주입관의 길이(선단의 개폐밸브를 포함)는 5m(현수식의 경우에는 지면 위 0.5m의 수평면에 수직으로 내려 만나는 점을 중심으로 반경 3m) 이내로 하고, 주유관의 선단에는 축적된 정전기를 유효하게 제거할 수 있는 장치를 설치할 것(規 별표 13 Ⅳ ③)

4) 고정주유설비 또는 고정급유설비의 위치(規 별표 13 Ⅳ ④)

① 고정주유설비 또는 고정급유설비의 중심선을 기점으로 하여 도로경계선까지 4m 이상, 담 · 부지경계선까지 2m(고정급유설비로부터는 1m) 이상 및 건축물의 벽까지 2m(개구부 없는 벽으로부터는 1m) 이상의 거리를 유지할 것

② 고정주유설비와 고정급유설비의 사이에는 4m 이상의 거리를 유지할 것

넓게 보기

① 주유관의 길이

㉠ 지상식 고정주유설비에 설치하는 주유관(주유호스)의 길이는 고정주유설비의 주유호스 인출구의 외면에서 밸브를 설치한 노즐의 최선단까지의 거리를 말한다.

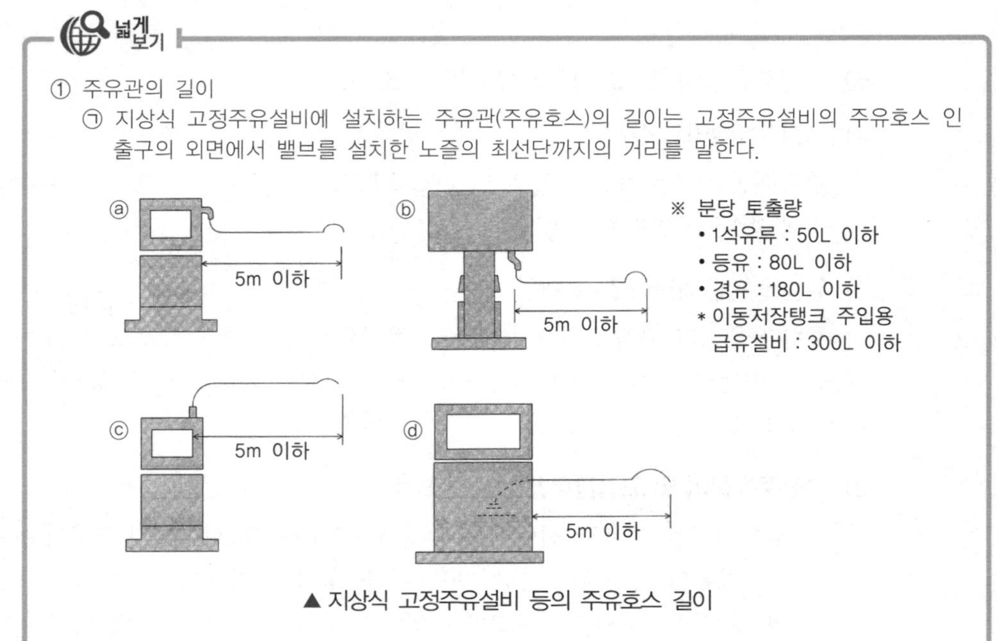

▲ 지상식 고정주유설비 등의 주유호스 길이

ⓒ 현수식 호스기기의 위치는 인출구의 높이를 보통 지반 포장면에서 4.5m 이하로 하며, 주유호스 등(노즐을 포함한다)의 전체길이는 주유호스 등의 인출구에서 지반 포장면 위 0.5m의 수평면에 수직선을 그어 그 교차점을 중심으로 반경 3m 이내의 범위로 한다.

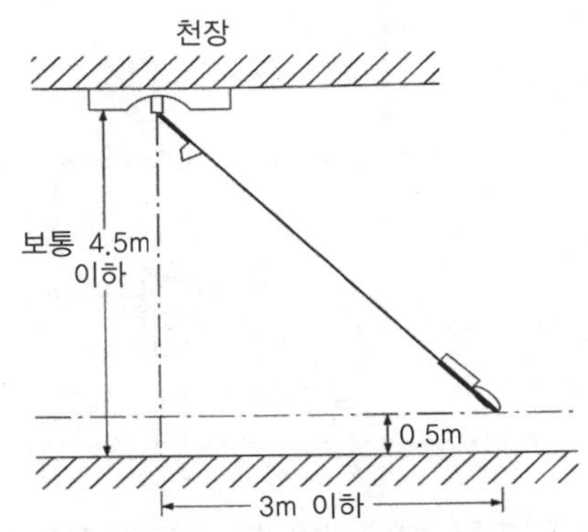

▲ 현수식 고정주유설비 등의 주유호스 길이

② 고정주유설비 및 고정급유설비의 위치

㉠ 고정주유설비 및 고정급유설비의 위치를 그림으로 나타내면 다음과 같다.

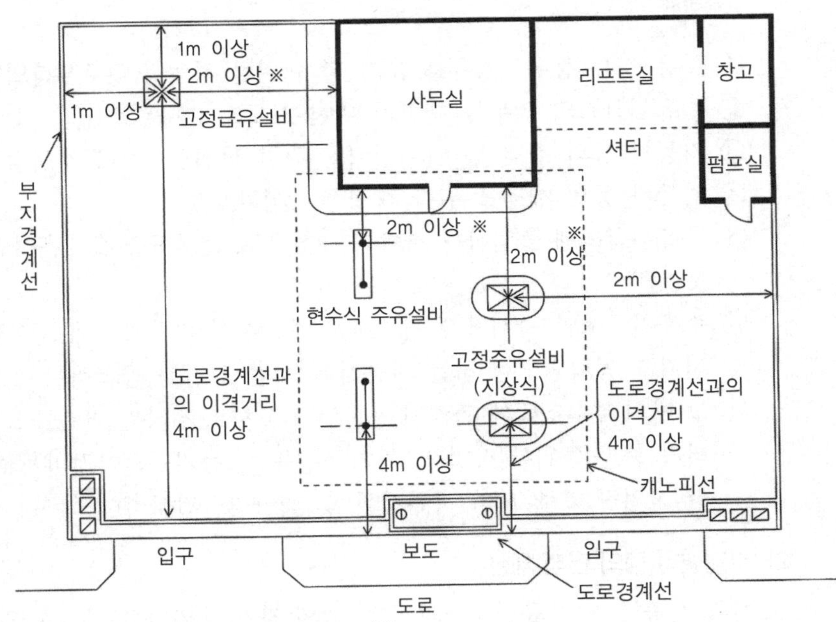

▲ 고정주유설비 및 고정급유설비의 위치

㉡ 건축물의 벽에 개구부가 없는 경우란 다음 그림에 표시하는 예에 의한다.

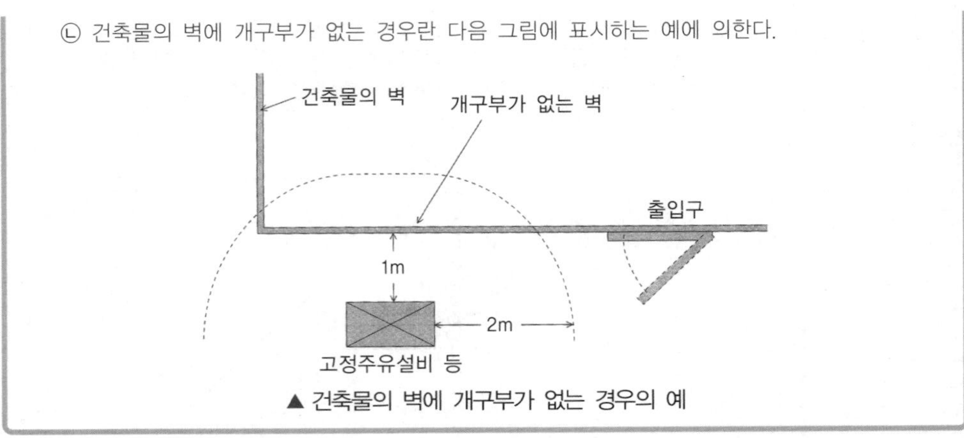

▲ 건축물의 벽에 개구부가 없는 경우의 예

(7) 주유업무에 필요한 부대설비 등(주유취급소 내 건축물 등의 제한)

1) 주유취급소에 설치할 수 있는 건축물 또는 시설

주유 또는 그에 부대하는 업무를 위하여 사용되는 다음의 건축물 또는 시설에 한한다(規 별표 13 V ①).

① 주유 또는 등유·경유를 옮겨 담기 위한 작업장 ("주유작업장"[105])
② 주유취급소의 업무를 행하기 위한 사무소 ("사무소")
③ 자동차 등의 점검 및 간이정비를 위한 작업장 ("자동차점검정비장")
④ 자동차 등의 세정을 위한 작업장 ("세차장")
⑤ 주유취급소에 출입하는 사람을 대상으로 한 점포·휴게음식점 또는 전시장 ("점포 등")
⑥ 주유취급소의 관계자가 거주하는 주거시설 ("관계자 주거시설")
⑦ 전기를 동력원으로 하는 자동차에 직접 전기를 공급하는 설비
⑧ 그 밖의 주유취급에 관련된 용도로서 고시로 정하는 건축물 또는 시설(告 110 : 배터리 충전을 위한 작업장, 농기구부품점, 농기구간이정비시설, 계량증명업을 위한 작업장, 토양오염 복원시설 및 태양광발전설비)

2) 부대설비 등의 면적 제한

1)의 건축물 중 주유취급소의 직원 외의 자가 출입하는 ②·③ 및 ⑤의 용도에 제공하는 부분의 면적 합은 1,000m^{2}를 초과할 수 없다(規 별표 13 V ②).

105) "주유작업장", "사무소" 등은 설명의 편의상 해당 항목의 건축물 또는 시설에 대해 임의로 부여한 명칭임.

넓게 보기

주유취급소에 설치하는 건축물은 너비 15m 이상, 길이 6m 이상의 공지를 확보하고 고정주유설비 및 고정급유설비로부터 2m(개구부가 없는 벽으로부터는 1m) 이상 이격하는 것에 한한다. 그리고 ① 건축물을 도로에 접하여 설치하는 것, ② 사무소와 점포를 별동으로 설치하는 것, ③ 건축물을 도로에 접하여 중앙에 설치하는 것 등도 가능하지만 주유업무에 지장이 없도록 배치되어야 한다.
또한 주유취급소에는 이러한 건축물 외의 공작물, 예컨대 기계식 주차탑, 래크식 드럼캔 적치장, 대규모 광고물 등의 설치는 인정되지 않는다.
주유취급소에 설치할 수 있는 건축물 등은 다음과 같이 정리된다.

㉠ 주유 또는 등·경유를 채우기 위한 작업장(지붕, 캐노피)	• 고정주유설비 등으로 주유 또는 급유를 하는 작업장(보통 기둥과 지붕(캐노피)으로 되어 있음) • 옥외형은 내화 또는 불연재료, 옥내형은 내화구조 다만, 상부에 상층이 없는 경우에는 지붕을 불연재료로 할 수 있다.
펌프실 등	• 바닥 : 불침투구조, 경사, 집유설비 • 건축 : 환기·조명·채광·배출설비의 설치 펌프실 출입구는 자폐식 갑종방화문
㉡ 주유취급소의 업무를 행하기 위한 사무소	• 주유나 급유·정비·세차 등의 대금수수, 경리사무 등을 보기 위한 사무소이다. 여기에는 이들 사무를 보는데 기능상 필요한 회의실, 응접실, 탈의실, 휴게실, 숙직실, 창고, 화장실 등도 포함된다. • 옥외형은 내화 또는 불연재료, 옥내형은 내화구조, 출입구는 을종방화문 이상, 출입구나 창의 유리는 망입유리나 강화유리 • 건축물의 외벽으로 방화담을 겸하는 경우는 높이 2m 이내에 개구부를 설치하지 않는다. 다만, 부지 밖으로 통하는 연락용(피난용) 출입구를 설치하는 경우에는 자동폐쇄식 갑종방화문을 설치한다.
㉢ 자동차 등의 점검 및 간이정비를 위한 작업장	구획된 실에서 자동차 등의 점검 및 간이정비를 하는 것. 경정비 외에 도장작업이나 화기를 사용하는 판금작업 등은 불가하다.
㉣ 자동차 등의 세정을 행하는 작업장	이동식, 고정식, 컨베이어식 등에 의한 세차기기에 의하는 외에 사람에 의한 세차도 포함된다.
㉤ 주유취급소에 출입하는 사람을 대상으로 한 점포·휴게음식점 또는 전시장	점포, 휴게음식점, 전시장에 대해서는 그 물품이나 음식물의 종류·수량은 관계 없으며, 그 밖에 물품 등의 대부나 행위소개, 대리, 중개 등의 영업도 가능하다. 그러나 캬바레·나이트클럽·오락실 등 풍속영업에 관한 것 등은 인정되지 않는다. 점포의 형태 중 건축물의 창을 매개로 물품판매 또는 차량에 승차한 채로 하는 형태도 인정된다.

ⓗ **주유취급소의 관계자가 거주하는 주거시설**

소유자 · 관리자 · 점유자가 거주하는 주거는 전용주거이며, 종업원 등의 기숙사 등도 포함된다.
- 옥외형, 옥내형에 모두 설치 가능. 주유취급소와는 개구부가 없는 내화구조의 바닥 또는 벽으로 구획하고, 출입구는 전용으로 한다.
- 규제의 구분상 주유취급소의 신청범위 내에 포함할 것인지 아니면 다른 용도로 할 것인지에 대하여 신청자가 선택할 수 있다.

ⓢ **그 밖의 주유취급에 관련된 용도의 건축물 또는 시설 (告 110)**

- 배터리 충전을 위한 작업장
- 농기구부품점 또는 농기구간이정비시설
- 계량증명업을 위한 작업장
- 토양오염 복원시설
- 태양광발전설비

※ 옥내주유취급소가 설치된 건물의 일부에 있는 타용도 부분

타용도

옥내주유취급소에 한하여 설치 가능하며, 주유취급소와는 개구부 없는 내화구조의 바닥 또는 벽으로 구획하며, 출입구는 타용도 전용으로 한다. 이 부분은 주유취급소의 범위에 포함되지 않는다.

※ 위의 건축물 중 **주유취급소의 직원 외의 자가 출입하는 ⓛ · ⓒ 및 ⓜ의 용도에 제공하는 부분의 면적의 합은 1,000m^2를 초과할 수 없다.**

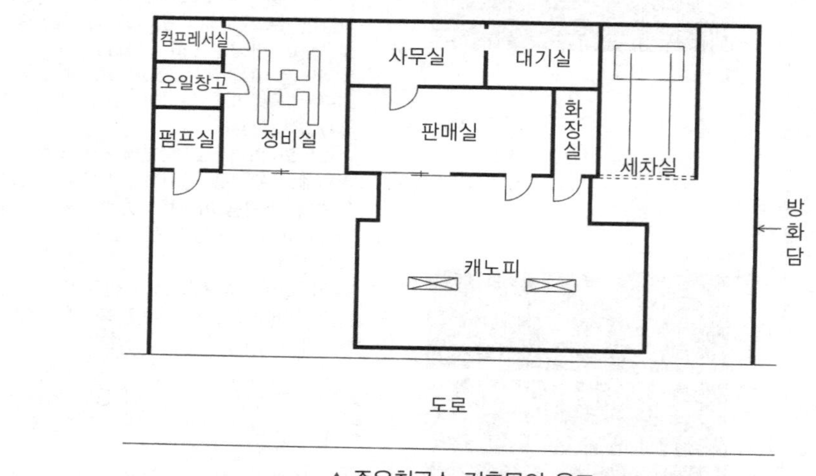

▲ 주유취급소 건축물의 용도

(8) 건축물 등의 구조(規 별표 13 Ⅵ ①)

주유취급소에 설치하는 건축물 등은 다음의 위치 및 구조의 기준에 적합하여야 한다.

1) 건축물, 창 및 출입구의 구조는 다음의 기준에 적합하게 할 것

① 건축물의 벽 · 기둥 · 바닥 · 보 및 지붕을 내화구조 또는 불연재료로 할 것. 다만, 주유사무소, 자동차점검정비장 및 점포 · 휴게음식점 또는 전시장의 면적의 합이 500m^2를 초과하는 경우에는 건축물의 벽을 내화구조로 하여야 한다.

② 창 및 출입구(자동차점검정비장 및 세차장의 용도에 사용하는 부분에 설치한 자동차 등의 출입구를 제외한다)에는 방화문 또는 불연재료로 된 문을 설치할 것. 이 경우 주유사무소, 자동차점검정비장 및 점포·휴게음식점 또는 전시장의 면적의 합이 500m²를 초과하는 주유취급소로서 하나의 구획실의 면적이 500m²를 초과하거나 2층 이상의 층에 설치하는 경우에는 해당 구획실 또는 해당 층의 2면 이상의 벽에 각각 출입구를 설치하여야 한다.

2) 관계자 주거시설의 용도에 사용하는 부분

개구부가 없는 내화구조의 바닥 또는 벽으로 당해 건축물의 다른 부분과 구획하고 주유를 위한 작업장 등 위험물취급장소에 면한 쪽의 벽에는 출입구를 설치하지 아니할 것

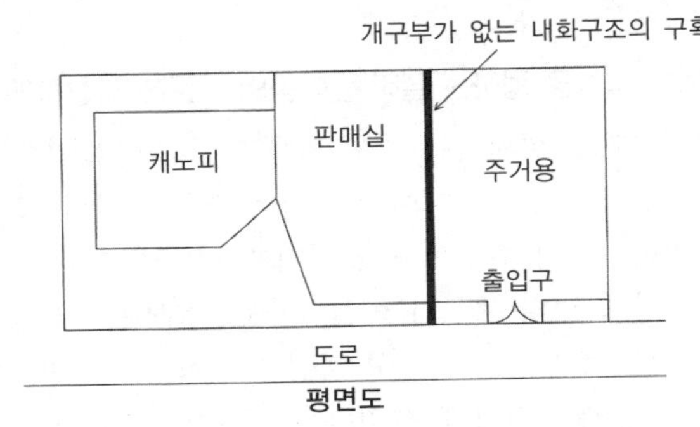

▲ 주유취급소와 주거용의 구획과 출입구의 예

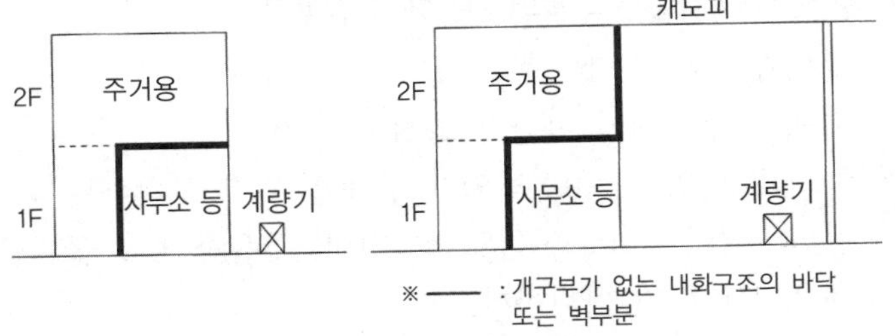

▲ 주유취급소와 주거용과의 수평·수직구획 예

3) 사무실 등의 창 및 출입구에 유리를 사용하는 경우에는 망입유리 또는 강화유리로 할 것

이 경우 강화유리의 두께는 창에는 8mm 이상, 출입구에는 12mm 이상으로 하여야 한다.

4) 건축물 중 사무실 그 밖의 화기를 사용하는 곳(자동차점검정비장 및 세차장의 용도에 사용하는 부분을 제외한다)

누설한 가연성의 증기가 그 내부에 유입되지 아니하도록 다음의 기준에 적합한 구조로 할 것

① 출입구는 건축물의 안에서 밖으로 수시로 개방할 수 있는 자동폐쇄식의 것으로 할 것
② 출입구 또는 사이 통로의 문턱의 높이를 15cm 이상으로 할 것
③ 높이 1m 이하의 부분에 있는 창 등은 밀폐시킬 것

5) 자동차 등의 점검 · 정비를 행하는 설비[106]는 다음의 기준에 적합하게 할 것

① 고정주유설비로부터 4m 이상, 도로경계선으로부터 2m 이상 떨어지게 할 것. 다만, 자동차점검정비장 중 바닥 및 벽으로 구획된 옥내의 작업장에 설치하는 경우에는 그러하지 아니하다.
② 위험물을 취급하는 설비는 위험물의 누설 · 넘침 또는 비산을 방지할 수 있는 구조로 할 것

6) 자동차 등의 세정을 행하는 설비는 다음의 기준에 적합하게 할 것

① 증기세차기를 설치하는 경우에는 그 주위에 불연재료로 된 높이 1m 이상의 담을 설치하고 출입구가 고정주유설비에 면하지 아니하도록 할 것. 이 경우 담은 고정주유설비로부터 4m 이상 떨어지게 하여야 한다.
② 증기세차기 외의 세차기를 설치하는 경우에는 고정주유설비로부터 4m 이상, 도로경계선으로부터 2m 이상 떨어지게 할 것. 다만, 세차장 중 바닥 및 벽으로 구획된 옥내의 작업장에 설치하는 경우에는 그러하지 아니하다.[107]

7) 주유원간이대기실은 다음의 기준에 적합할 것

① 불연재료로 할 것
② 바퀴가 부착되지 아니한 고정식일 것
③ 차량의 출입 및 주유작업에 장애를 주지 아니하는 위치에 설치할 것
④ 바닥면적이 2.5m^2 이하일 것. 다만, 주유공지 및 급유공지 외의 장소에 설치하는 것은 그러하지 아니하다.

8) 전기자동차용 충전설비는 다음의 기준에 적합할 것

① 충전기기(충전케이블로 전기자동차에 전기를 직접 공급하는 기기를 말한다. 이하 같다)의 주위에 전기자동차 충전을 위한 전용 공지(주유공지 또는 급유공지 외의 장소를 말하며, 이하 "충전공지"라 한다)를 확보하고, 충전공지 주위를 페인트 등으로 표시하여 그 범위를 알아보기 쉽게 할 것

---

106) 「자동차 등의 점검 · 정비를 행하는 설비」란 오토리프트, 오일체인저, 타이어체인저, 호일밸런서, 에어컴프레서, 축전지충전기 등을 말한다.

107) 세차기를 건축물 내에 설치하는 경우에 있어서 세차기의 가동범위 전체가 벽 등으로 덮여 있는 경우에는 고정주유설비와 도로경계선과의 사이에 거리를 확보하지 않아도 된다. 하지만, 세차기의 가동범위의 일부가 나와 있는 경우에는 가동선단부까지 고정주유설비로부터는 4m, 도로경계선부터는 2m 이상의 거리를 확보하여야 한다.

② 전기자동차용 충전설비를 주유취급소 부대용도 시설의 건축물 밖에 설치하는 경우 충전공지는 고정주유설비 및 고정급유설비의 주유관을 최대한 펼친 끝부분에서 1m 이상 떨어지도록 할 것

③ 전기자동차용 충전설비를 주유취급소 부대용도 시설의 건축물 안에 설치하는 경우에는 다음의 기준에 적합할 것

㉠ 해당 건축물의 1층에 설치할 것

㉡ 해당 건축물에 가연성 증기가 남아 있을 우려가 없도록 환기설비 또는 배출설비를 설치할 것

④ 전기자동차용 충전설비의 전력공급설비[전기자동차에 전원을 공급하기 위한 전기설비로서 전력량계, 인입구(引入口) 배선, 분전반 및 배선용 차단기 등을 말한다]는 다음의 기준에 적합할 것

㉠ 분전반은 방폭성능을 갖출 것. 다만, 분전반을 제1석유류의 고정주유설비의 중심선으로부터 6m 이상, 제1석유류의 전용탱크 주입구의 중심선으로부터 4m 이상, 제1석유류의 전용탱크 통기관 선단의 중심선으로부터 2m 이상 이격하여 설치하는 경우에는 그러하지 아니하다.

㉡ 전력량계, 누전차단기 및 배선용 차단기는 분전반 내에 설치할 것

㉢ 인입구 배선은 지하에 설치할 것

㉣ 「전기사업법」에 따른 전기설비의 기술기준에 적합할 것

⑤ 충전기기와 인터페이스[충전기기에서 전기자동차에 전기를 공급하기 위하여 연결하는 커플러(coupler), 인렛(inlet), 케이블 등을 말한다. 이하 같다]는 다음의 기준에 적합할 것

㉠ 충전기기는 방폭성능을 갖출 것. 다만, 충전설비의 전원공급을 긴급히 차단할 수 있는 장치를 사무소 내부 또는 충전기기 주변에 설치하고, 충전기기를 제1석유류의 고정주유설비의 중심선으로부터 6m 이상, 제1석유류의 전용탱크 주입구의 중심선으로부터 4m 이상, 제1석유류의 전용탱크 통기관 선단의 중심선으로부터 2m 이상 이격하여 설치하는 경우에는 그러하지 아니하다.

㉡ 인터페이스의 구성부품은 「전기용품안전관리법」에 따른 기준에 적합할 것

⑥ 충전작업에 필요한 주차장을 설치하는 경우에는 다음의 기준에 적합할 것

㉠ 주유공지, 급유공지 및 충전공지 외의 장소로서 주유를 위한 자동차 등의 진입·출입에 지장을 주지 않는 장소에 설치할 것

㉡ 주차장의 주위를 페인트 등으로 표시하여 그 범위를 알아보기 쉽게 할 것

㉢ 지면에 직접 주차하는 구조로 할 것

(9) 담 또는 벽의 설치

1) 주유취급소의 주위에는 자동차 등이 출입하는 쪽 외의 부분에 높이 2m 이상의 내화구조 또는 불연재료의 담 또는 벽을 설치하되, 주유취급소의 인근에 연소의 우려가 있는 건축물이 있는 경우에는 고시(告 11 ㉮)에 따라 방화상 유효한 높이로 하여야 한다(規 별표 13 Ⅷ).

2) 다음의 기준에 모두 적합한 경우에는 담 또는 벽의 일부분에 방화상 유효한 구조의 유리를 부착할 수 있다.
   ① 유리를 부착하는 위치는 주입구, 고정주유설비 및 고정급유설비로부터 4m 이상 이격될 것
   ② 유리를 부착하는 방법은 다음의 기준에 모두 적합할 것
      ㉠ 주유취급소 내의 지반면으로부터 70cm를 초과하는 부분에 한하여 유리를 부착할 것
      ㉡ 하나의 유리판의 가로의 길이는 2m 이내일 것
      ㉢ 유리판의 테두리를 금속제의 구조물에 견고하게 고정하고 해당 구조물을 담 또는 벽에 견고하게 부착할 것
      ㉣ 유리의 구조는 접합유리(두 장의 유리를 두께 0.76mm 이상의 폴리비닐부티랄 필름으로 접합한 구조를 말한다)로 하되, 「유리구획 부분의 내화시험방법(KS F 2845)」에 따라 시험하여 비차열 30분 이상의 방화성능이 인정될 것

3) 유리를 부착하는 범위는 전체의 담 또는 벽의 길이의 2/10를 초과하지 아니할 것

관련법령

告 제111조 【주유취급소의 방화상 유효한 담의 높이】 ① 규칙 별표 13 Ⅷ의 규정에 의한 주유취급소의 인근에 연소의 우려가 있는 건축물의 범위는 다음 각 호와 같다.

1. 주입구에 의한 연소의 우려범위(이하 이 조에서 "제1종 연소범위"라 한다) : 지하탱크의 주입구를 중심으로 한 반경 8m, 높이 5m의 가상원통을 설정하고 이 원통을 주유취급소 공지의 지반면 경사를 따라 낮은 방향으로 그 중심을 부지경계선까지 이동하였을 때 가상원통과 접촉 또는 교차되는 담의 부분으로부터 수평거리 2m 내의 범위 중 공지의 지반면으로부터 높이가 1.5m를 초과하고 5m 이하인 범위를 말한다.
2. 고정주유설비 또는 고정급유설비에 의한 연소의 우려범위(이하 이 조에서 "제2종 연소범위"라 한다) : 고정주유설비 또는 고정급유설비를 중심으로 한 반경 5m, 높이 3m의 가상원통을 설정한다. 그리고 이 원통을 주유취급소 공지의 지반면 경사를 따라 낮은 방향으로 그 중심을 부지경계선까지 이동하였을 때 가상원통과 접촉 또는 교차되는 담의 부분으로부터 수평거리 1m 내의 범위 중 공지의 지반면으로부터 높이가 2m를 초과하고 3m 이하인 범위를 말한다.

② 연소의 우려범위 내에 있는 건축물의 부분과 대면하고 있는 담의 부분 및 당해 부분의 양단으로부터 제1종 연소범위에 있어서는 1m, 제2종 연소범위에 있어서는 0.5m를 연장한 부분까지 다음 표에 따라 방화상 유효한 높이로 설치하여야 한다. 다만, 연소의 우려범위 내의 건축물이 내화구조(개구부에 방화문을 설치한 것을 포함한다)인 경우에는 그러하지 아니하다.

연소의 우려 범위의 구분	연소의 우려범위 내에 있는 건축물 또는 개구부까지 담으로부터의 수평최단거리	연소의 우려범위 내에 있는 건축물의 상단 또는 개구부의 상단까지 공지 지반면으로부터의 높이	방화상 유효한 담의 최소높이
제1종 연소범위	1.0m 이하	1.5m 초과 2.0m 이하	2.5m
		2.0m 초과 3.0m 이하	3.0m
		3.0m 초과	3.5m
	1.0m 초과 1.5m 이하	1.5m 초과 2.0m 이하	2.5m
		2.0m 초과	3.0m
	1.5m 초과 2.0m 이하	1.5m 초과	2.5m
제2종 연소범위	1.0m 이하	2.0m 초과	2.5m

(10) 캐노피

주유취급소에 캐노피를 설치하는 경우에는 다음의 기준에 의하여야 한다(規 별표 13 Ⅷ).

① 배관이 캐노피 내부를 통과할 경우에는 1개 이상의 점검구를 설치할 것
② 캐노피 외부의 점검이 곤란한 장소에 배관을 설치하는 경우에는 용접이음으로 할 것
③ 캐노피 외부의 배관이 일광열의 영향을 받을 우려가 있는 경우에는 단열재로 피복할 것[108]

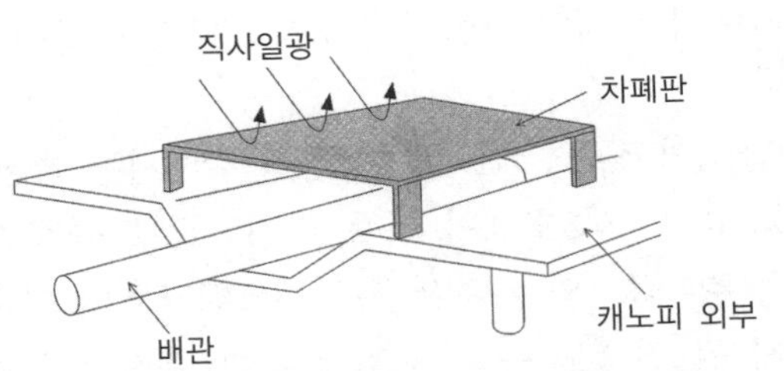

▲ 캐노피 외부(상부) 배관의 직사광선 차폐 예

(11) 펌프실 등의 구조

주유취급소에 펌프실 그 밖에 위험물을 취급하는 실(이하 Ⅸ에서 "펌프실 등"이라 한다)을 설치하는 경우에는 다음의 기준에 적합하게 하여야 한다(規 별표 13 Ⅸ).

108) 옥상 상부 등의 배관은 직사광선에 의하여 배관 내의 압력이 현저하게 상승할 우려가 있어 단열피복을 한다. 또한 빗물이 단열재에 스며들어 배관을 부식시키므로 배관에 고농도아연도료·에폭시도료 등으로 도장을 하며, 피복 외면에 내후성이 있는 방수테이프 등으로 방수조치를 할 필요가 있다. 또, 위 그림에서와 같이 배관 상부에 차폐판(철판 등)을 설치하여 직사광선이 닿지 않도록 조치를 강구할 필요가 있다.

① 바닥은 위험물이 침투하지 아니하는 구조로 하고 적당한 경사를 두어 집유설비를 설치할 것
② 펌프실 등에는 위험물을 취급하는데 필요한 채광 · 조명 및 환기의 설비를 할 것
③ 가연성 증기가 체류할 우려가 있는 펌프실 등에는 그 증기를 옥외에 배출하는 설비를 설치할 것
④ 고정주유설비 또는 고정급유설비 중 펌프기기를 호스기기와 분리하여 설치하는 경우에는 펌프실의 출입구를 주유공지 또는 급유공지에 접하도록 하고, 자동폐쇄식의 갑종방화문을 설치할 것
⑤ 펌프실 등에는 규칙 별표 4 Ⅲ 제1호의 기준에 따라 보기 쉬운 곳에 "위험물 펌프실", "위험물 취급실" 등의 표시를 한 표지와 동표 Ⅲ 제2호의 기준에 따라 방화에 관하여 필요한 사항을 게시한 게시판을 설치하여야 한다.
⑥ 출입구에는 바닥으로부터 0.1m 이상의 턱을 설치할 것

2 옥내주유취급소의 기준

주유시설의 설치형태가 옥내를 주체로 하고 있는 주유취급소라고 말할 수 있다. 이러한 개념이 위험물법령에 규정되어 있는 것은 아니지만 주유취급소의 핵심적인 구성요소가 주유시설과 저장시설이라고 볼 때 주유시설의 설치형태를 가지고 판단할 수밖에 없다. 저장시설에 있어서는 지하매설을 원칙으로 하기 때문에 옥내 · 외를 구분할 실익이 없기 때문이다.

옥내주유취급소의 정확한 개념을 정하기 위해서는 옥내 · 외의 판단기준이 문제가 되는데, 규칙 별표 13 Ⅴ 제3호에서 이를 간접적으로 규정하고 있다.

한편, 옥내주유취급소의 기준은 옥외주유취급소의 기준을 공통으로 적용하는 외에 아래에서 살피게 될 건축물 등의 구조에 관한 규정이 부가되어 있다.

(1) 옥내주유취급소의 형태

다음의 어느 하나에 해당하는 주유취급소를 "옥내주유취급소"라 한다(規 별표 13 Ⅴ ③).

① 건축물 안에 설치하는 주유취급소(③ 가)
② 캐노피 · 처마 · 차양 · 부연 · 발코니 및 루버의 수평투영면적이 주유취급소의 공지면적(주유취급소의 부지면적에서 건축물 중 벽 및 바닥으로 구획된 부분의 수평투영면적을 뺀 면적을 말한다)의 1/3을 초과하는 주유취급소(③ 나)

②의 개정 전 규정(내용은 동일)

주유취급소의 용도에 사용하는 부분의 수평투영면적에서 건축물 중 주유취급소의 용도에 사용하는 부분(바닥 및 벽으로 구획된 부분에 한한다)의 1층 바닥면적을 뺀 면적(캐노피·차양 등의 면적)이 주유취급소의 부지면적에서 주유취급소의 용도에 사용하는 부분(바닥 및 벽으로 구획된 부분에 한한다)의 1층 바닥면적을 뺀 면적(공지면적, 캐노피·차양 등의 면적 포함)의 1/3을 초과하는 주유취급소

(2) 옥내주유취급소의 설치장소

옥내주유취급소는 고시로 정하는 용도(위락시설, 의료시설, 노유자시설 등)로 사용하는 부분이 없는 건축물(옥내주유취급소에서 발생한 화재를 옥내주유취급소의 용도로 사용하는 부분 외의 부분에 자동적으로 유효하게 알릴 수 있는 자동화재탐지설비 등을 설치한 건축물에 한한다)에 설치할 수 있다(規 별표 13 Ⅴ ③).

넓게 보기

① 고시로 정하는 용도라 함은 소방시설설치 유지 및 안전관리에 관한 법률 시행령 별표 2에 정한 의원·치과의원·한의원·침술원·접골원·조산소·안마시술소·산후조리원(① 라), 학원·독서실 및 고시원(① 차), 위락시설(②), 판매시설·영업시설(④), 숙박시설(⑤), 노유자시설(⑥), 의료시설(⑦), 공동주택(⑧), 교육연구시설(⑪), 공장(⑫) 및 동령 제13조의 규정에 의한 다중이용업(휴게음식점·일반음식점 및 학원은 제외)을 말한다(告 110 ②). 이 중 어느 하나의 용도로라도 사용되는 부분이 있는 건축물에는 옥내주유취급소를 설치할 수 없다.

② ①의 금지용도로 사용하는 부분이 없는 건축물이라 하더라도 옥내주유취급소를 설치하기 위하여는 옥내주유취급소에서 발생한 화재를 다른 용도로 사용하는 부분에 자동적으로 유효하게 알릴 수 있는 자동화재탐지설비가 있어야만 한다.

③ 옥내주유취급소에는 내화구조의 건축물(벽의 2방향 이상이 개방된 구조) 안에 설치하는 형태의 것과 캐노피(건축물의 차양 등을 포함) 면적이 주유취급소 부지 내 공지(캐노피 면적을 포함하는 개념) 면적의 1/3을 초과하는 형태의 것이 있다.

④ 규칙 별표 13 Ⅴ ③에 규정된 캐노피 등의 면적과 공지면적의 비는 다음과 같이 산정한다.

캐노피·처마·차양·부연·발코니 및 루버의 수평투영면적
주유취급소의 공지면적(주유취급소의 부지면적에서 건축물 중 벽 및 바닥으로 구획된 부분의 수평투영면적을 뺀 면적)

→ 1/3이면 옥내주유취급소에 해당

㉠ 주유취급소의 부지면적 : 「주유취급소의 부지면적」이란 주유취급소용에 쓰이는 부분의 방화담의 중심(방화담이 건축물을 겸하는 경우에 있어서는 그 중심선)과 도로에 면하는 측의 도로경계선으로 둘러싼 부분, 또는 주유취급소가 건축물 내에 있는 경우에는 주유취급소용에 쓰이는 부분의 벽 중심선과 도로에 면하는 측의 도로경계선으로 둘러싼 부분으로 한다.
㉡ 캐노피에 채광 또는 통풍용 창을 설치한 경우 창도 원칙적으로 수평투영면적에 산입한다.
㉢ 건축물의 지붕대들보 등(대개 50cm 이상의 폭)도 수평투영면적에 산입한다.

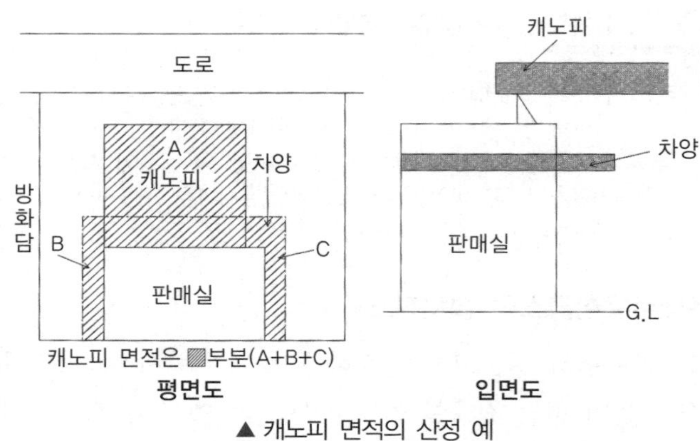

▲ 캐노피 면적의 산정 예

⑤ 옥내주유취급소의 위치·구조 및 설비의 기준은 옥외주유취급소의 기준 및 옥내주유취급소에만 적용되는 건축물 등의 구조에 관한 기준으로 되어 있다.

(3) 옥내주유취급소의 건축물 등의 구조

옥내주유취급소의 건축물 등의 구조는 옥외주유취급소의 기준(전술한 "1" 기준)에 의하는 외에 다음에 정하는 기준에 적합한 구조로 하여야 한다(規 별표 13 Ⅵ ②).

1) 건축물의 구조

옥내주유취급소의 용도에 사용하는 부분은 벽·기둥·바닥·보 및 지붕을 내화구조로 하고, 개구부가 없는 내화구조의 바닥 또는 벽으로 당해 건축물의 다른 부분과 구획할 것. 다만, 건축물의 옥내주유취급소의 용도에 사용하는 부분의 상부에 상층이 없는 경우에는 지붕을 불연재료로 할 수 있다.

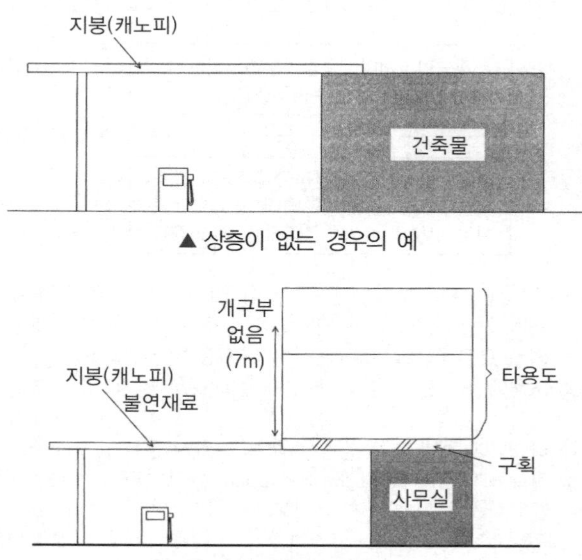

▲ 상층이 없는 경우의 예

▲ 캐노피를 차양과 겸용한 경우의 예

2) 옥내주유취급소의 2방향 개방구조

건축물에서 옥내주유취급소(건축물 안에 설치하는 것에 한한다)의 용도에 사용하는 부분의 2 이상의 방면은 자동차 등이 출입하는 측 또는 통풍 및 피난상 필요한 공지에 접하도록 하고 벽을 설치하지 아니할 것

넓게 보기

① 옥내주유취급소는 당해 건축물의 주유취급소용으로 사용하는 부분을 통풍 및 피난을 위하여 도로에 2방향 이상 개방하도록 하고 있다.

② 도로에 대하여 개방성이 확보되는 조건은 다음 3가지를 모두 충족할 필요가 있다.

㉠ 자동차가 출입하는 측

㉡ 통풍성의 확보

㉢ 피난의 확보

- 「자동차 등이 출입하는 측」이란 주도로에 접하여 주유공지에 출입하는 측을 말한다.
- 통풍성은 주유취급소에서 주유 또는 급유를 하기 위한 작업장 또는 주유공지가 위험물 취급 시 유효하게 환기되는 것을 조건으로 한다.

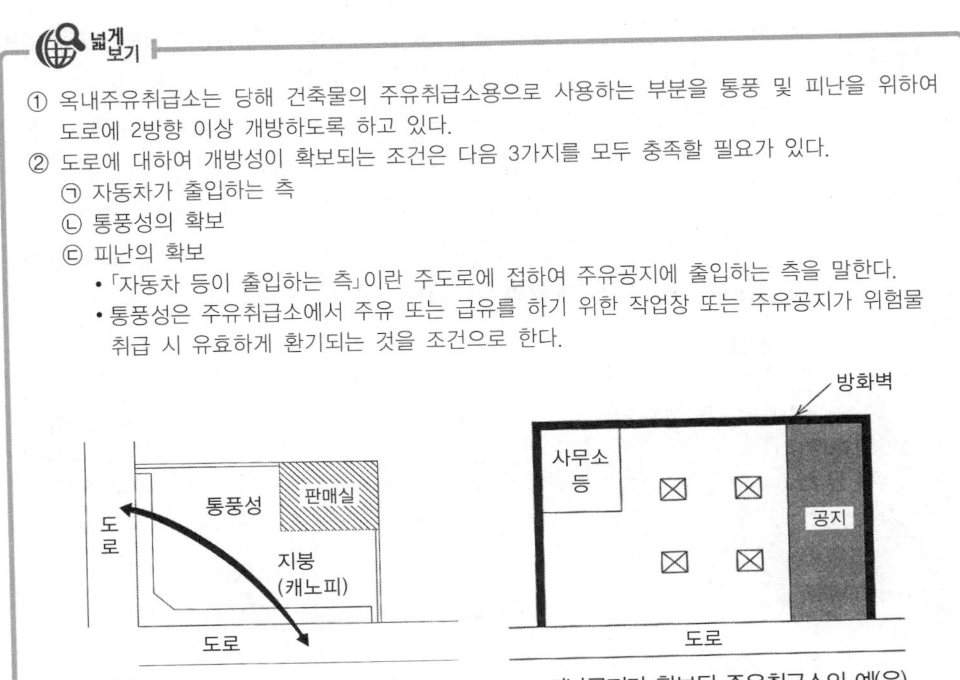

▲ 통풍성이 확보된 주유공지 예(좌) ▲ 피난공지가 확보된 주유취급소의 예(우)

3) 가연성 증기 체류구조의 금지

건축물에서 옥내주유취급소의 용도에 사용하는 부분에는 가연성 증기가 체류할 우려가 있는 구멍·구덩이 등이 없도록 할 것[109)]

---

109) 주유취급소에서 저장, 취급하는 휘발유, 등유, 경유 등은 인화성 액체로서 다음과 같은 위험특성이 있기 때문에 주유취급소용으로 사용되는 부분에 가연성 증기가 체류할 우려가 있는 구멍이나 구덩이 등을 설치해서는 안 된다.

- 인화점이 낮을 뿐만 아니라 가연성 증기가 발생하기 쉽다.
- 가연성 증기는 공기보다 무거워 하수구 등 낮은 곳에 체류하기 쉽고, 먼 곳까지 흘러 인화하는 경우가 있다.
- 일반적으로 전기의 불량도체로서 정전기가 축적되기 쉽고, 정전기에 의한 불꽃으로 인화폭발하는 경우가 있다.
  - 지하탱크 등의 맨홀, 점검구 : 지하탱크 바로 위에 설치된 맨홀, 점검구 등 중 주유취급소의 설비로 필요 최소한의 것은 지반면상에서 누설된 위험물의 침입을 막는 구조로 한다. 또한 정비실이나 세차실에 설치하는 집유설비로서 소규모(300mm×300mm)의 것은 설치 가능하다.
  - 정비피트 등 : 정비실의 차량정비를 목적으로 한 피트나 피트방식의 원거리주입구 및 이와 유사한 것은 원칙적으로는 구멍, 구덩이 등에 해당한다.

4) 상층이 있는 옥내주유취급소의 연소방지조치

건축물에서 옥내주유취급소의 용도에 사용하는 부분에 상층이 있는 경우에는 상층으로의 연소를 방지하기 위하여 다음의 기준에 적합하게 내화구조로 된 캔틸레버를 설치할 것

① 옥내주유취급소의 용도에 사용하는 부분(고정주유설비와 접하는 방향 및 2)의 규정에 의하여 벽이 개방된 부분에 한함)의 바로 윗층의 바닥에 이어서 1.5m 이상 내어 붙일 것. 다만, 바로 윗층의 바닥으로부터 높이 7m 이내에 있는 윗층의 외벽에 개구부가 없는 경우에는 그러하지 아니하다.

② ①의 캔틸레버 선단과 윗층의 개구부(열지 못하게 만든 방화문과 연소방지상 필요한 조치를 한 것은 제외)까지의 사이에는 7m에서 당해 캔틸레버의 내어 붙인 거리를 뺀 길이 이상의 거리를 보유할 것

① 「(상부에) 상층이 있는 경우」란 주유취급소의 규제범위의 밖에 있는 상부의 전부 또는 일부에 상층이 있는 경우로, 상층의 용도가 규칙 별표 13 Ⅴ ①에서 규제된 것 외의 용도이어야 한다. 즉, 주유취급소용에 사용되는 부분의 상층에 「타용도」가 있는 경우를 말한다.

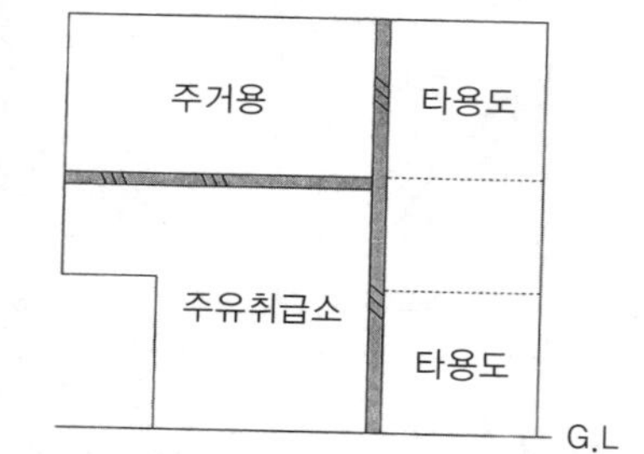

▲ 「상부에 상층이 있는 경우」에 해당하지 않는 예 1

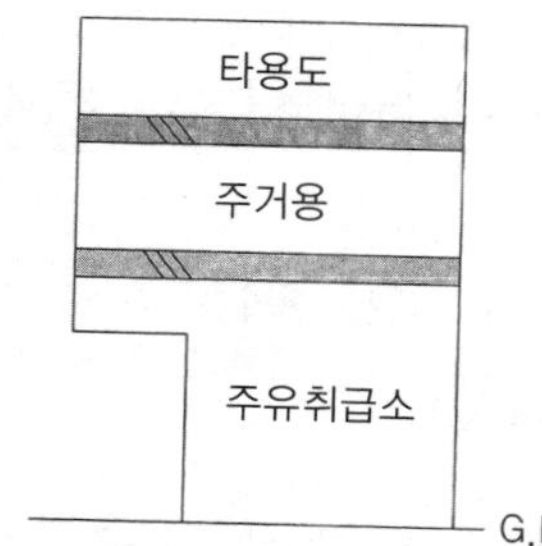

▲ 「상부에 상층이 있는 경우」에 해당하는 예 2

② 연소방지상 유효한 1.5m 이상의 캔틸레버에 대해서는 다음에 의한다. 또한 캔틸레버는 베란다 등 다른 용도로의 사용은 인정되지 않는다.

③ 주입구, 고정주유설비 및 고정급유설비는 상층으로의 연소방지상 건축물의 옥내주유취급소용으로 사용하는 안전한 부분에 설치할 필요가 있다. 그런데 화재 시 상층으로의 화염분출을 방지하기 위하여 주입구(누설확대방지 조치부분 포함) 및 고정주유설비 등을 지붕(상층이 있는 경우 상층의 바닥)의 아래에 설치하는 것이 좋다.

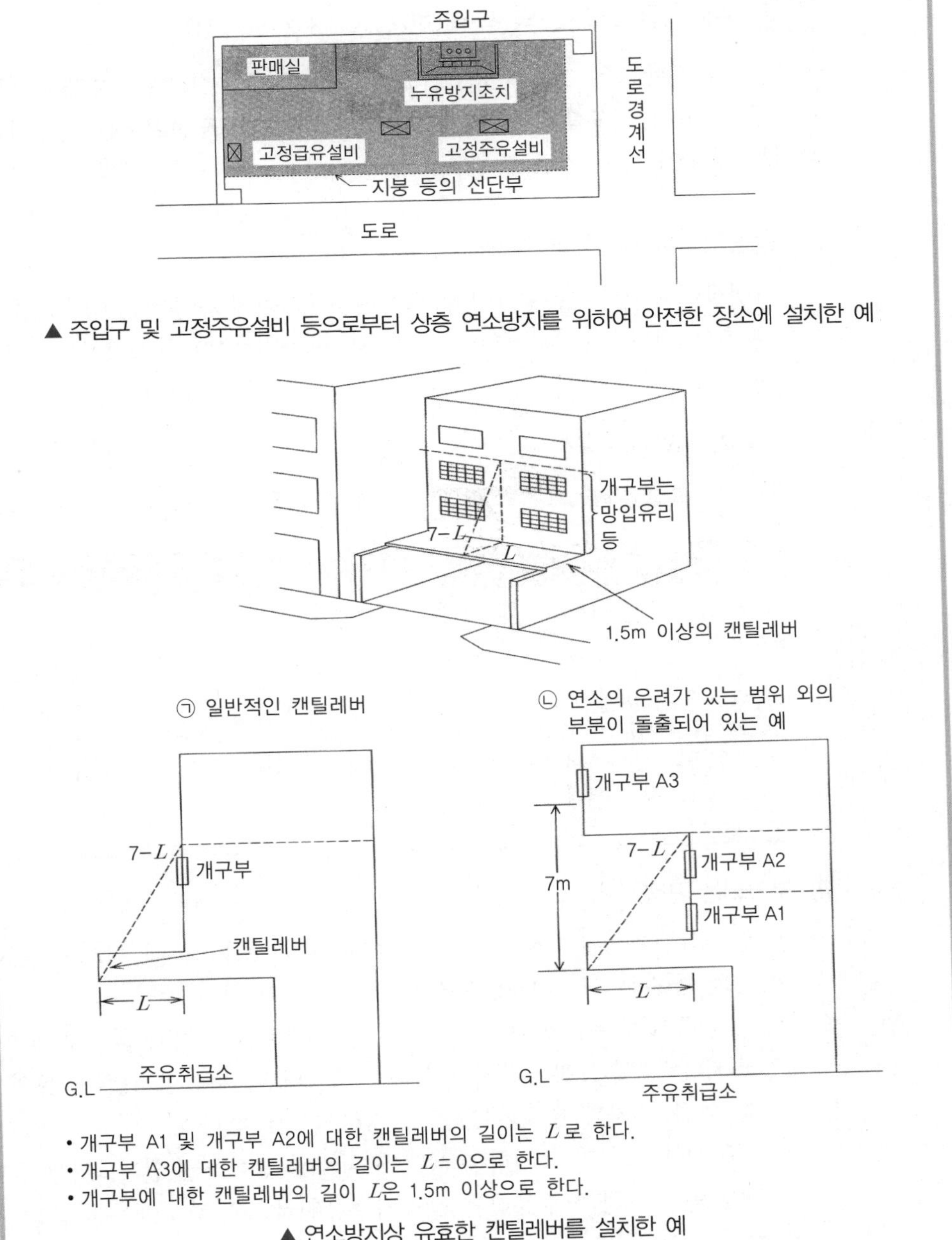

▲ 주입구 및 고정주유설비 등으로부터 상층 연소방지를 위하여 안전한 장소에 설치한 예

- 개구부 A1 및 개구부 A2에 대한 캔틸레버의 길이는 L로 한다.
- 개구부 A3에 대한 캔틸레버의 길이는 $L=0$으로 한다.
- 개구부에 대한 캔틸레버의 길이 L은 1.5m 이상으로 한다.

▲ 연소방지상 유효한 캔틸레버를 설치한 예

5) 창 및 출입구의 설치제한

건축물 중 옥내주유취급소의 용도에 사용하는 부분 외에는 주유를 위한 작업장 등 위험물취급장소와 접하는 외벽에 창(망입유리로 된 붙박이창을 제외한다) 및 출입구를 설치하지 아니할 것

3 주유취급소 기준의 특례(規 별표 13 X ~ XVI)

항공기주유취급소, 철도주유취급소, 고속도로주유취급소, 자가용주유취급소, 선박주유취급소, 고객이 직접 주유하는 주유취급소 및 수소충전설비를 설치한 주유취급소에 대하여는 본칙에 정한 기준(規 별표 13 I ~ IX)에 대한 특례를 정하고 있다.

(1) 항공기주유취급소의 특례(規 별표 13 X)

비행장에서 항공기, 비행장에 소속된 차량 등에 주유하는 항공기주유취급소의 기준은 본칙에 정한 기준을 제외하는 규정과 항공기주유취급소에 부가되는 규정으로 이루어져 있다.

1) 적용이 제외되는 규정

본칙에 정한 기준(規 별표 13 I ~ IX)에서 적용이 제외되는 규정은 다음과 같다.

기술기준의 항목	관계규정(規 별표 13)
① 공지의 보유, 바닥구조·배수구 및 유분리장치	I
② 표지 및 게시판의 설치	II
③ 탱크의 설치제한	III ①
④ 탱크의 지하매설	III ②
⑤ 고정주유설비 및 고정급유설비의 구조	IV ②
⑥ 주유관의 길이(주유관의 길이부분에 한한다)	IV ③
⑦ 담 또는 벽의 설치	VII
⑧ 캐노피	VIII

2) 부가되는 규정

① 항공기주유취급소에는 항공기 등에 직접 주유하는데 필요한 공지를 보유할 것

② ①의 공지는 그 지면을 콘크리트 등으로 포장할 것

③ ①의 공지에는 누설한 위험물 그 밖의 액체가 공지의 외부로 유출되지 아니하도록 배수구 및 유분리장치를 설치할 것. 다만, 누설한 위험물 등의 유출을 방지하기 위한 조치를 한 경우에는 그러하지 아니하다.

④ 지하식(호스기기가 지하의 상자에 설치된 형식을 말한다. 이하 같다)의 고정주유설비를 사용하여 주유하는 항공기주유취급소의 경우에는 다음의 기준에 의할 것 (X ② 라)

㉠ 호스기기를 설치한 상자에는 적당한 방수조치를 할 것

㉡ 고정주유설비의 펌프기기와 호스기기를 분리하여 설치한 항공기주유취급소의 경우에는 당해 고정주유설비의 펌프기기를 정지하는 등의 방법에 의하여 위험물 저장탱크로부터 위험물의 이송을 긴급히 정지할 수 있는 장치를 설치할 것

⑤ 연료를 이송하기 위한 배관(이하 "주유배관"이라 한다) 및 당해 주유배관의 선단부에 접속하는 호스기기를 사용하여 주유하는 항공기주유취급소의 경우에는 다음의 기준에 의할 것(規 별표 13 X ② 마)
  ㉠ 주유배관의 선단부에는 밸브를 설치할 것
  ㉡ 주유배관의 선단부를 지면 아래의 상자에 설치한 경우에는 당해 상자에 대하여 적당한 방수조치를 할 것
  ㉢ 주유배관의 선단부에 접속하는 호스기기는 누설 우려가 없도록 하는 등 화재예방상 안전한 구조로 할 것
  ㉣ 주유배관의 선단부에 접속하는 호스기기에는 주유호스의 선단에 축적되는 정전기를 유효하게 제거하는 장치를 설치할 것
  ㉤ 항공기주유취급소에는 펌프기기를 정지하는 등의 방법에 의하여 위험물 저장탱크로부터 위험물의 이송을 긴급히 정지할 수 있는 장치를 설치할 것

⑥ 주유배관의 선단부에 접속하는 호스기기를 적재한 차량(이하 "주유호스차"라 한다)을 사용하여 주유하는 항공기주유취급소의 경우에는 ⑤의 ㉠·㉡ 및 ㉤의 규정에 의하는 외에 다음의 기준에 의할 것
  ㉠ 주유호스차는 화재예방상 안전한 장소에 상치할 것
  ㉡ 주유호스차에는 별표 10 Ⅸ 제1호 가목 및 나목의 규정에 의한 장치(화염분출방지장치 및 오발진방지장치)를 설치할 것
  ㉢ 주유호스차의 호스기기는 별표 10 Ⅸ 제1호 다목, 마목 본문 및 사목의 규정에 의한 주유탱크차의 주유설비의 기준을 준용할 것
  ㉣ 주유호스차의 호스기기에는 접지도선을 설치하고 주유호스의 선단에 축적되는 정전기를 유효하게 제거할 수 있는 장치를 설치할 것
  ㉤ 항공기주유취급소에는 정전기를 유효하게 제거할 수 있는 접지전극을 설치할 것

⑦ 주유탱크차를 사용하여 주유하는 항공기주유취급소에는 정전기를 유효하게 제거할 수 있는 접지전극을 설치할 것

넓게 보기

① 항공기주유취급소는 다음과 같이 분류할 수 있다.
  ㉠ 직접주유방식(規 별표 13 X ② 라)

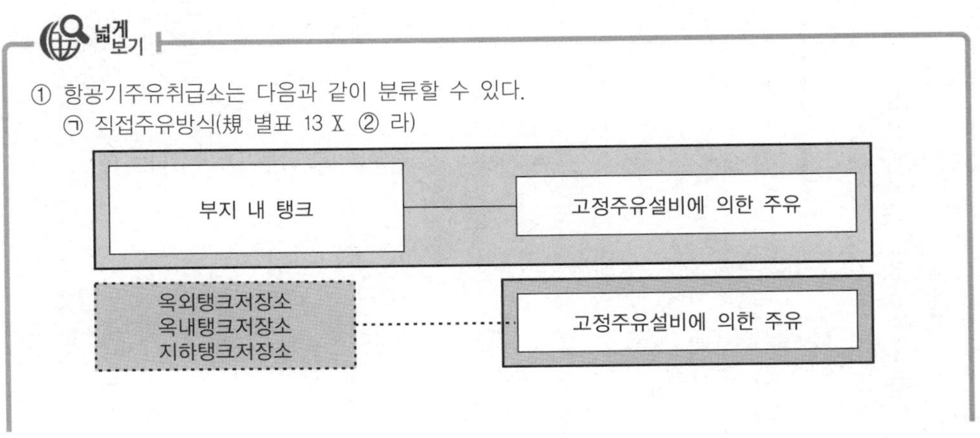

㉡ 하이드란트 방식(規 별표 13 Ⅹ ② 마)

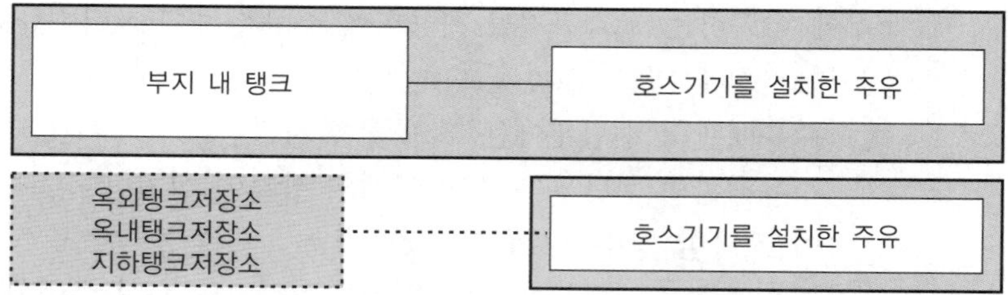

㉢ 주유호스차 방식(規 별표 13 Ⅹ ② 바)

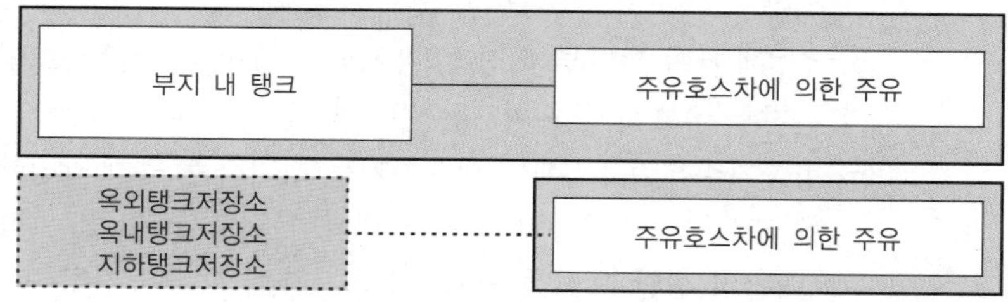

㉣ 주유탱크차 방식(規 별표 13 Ⅹ ② 사)

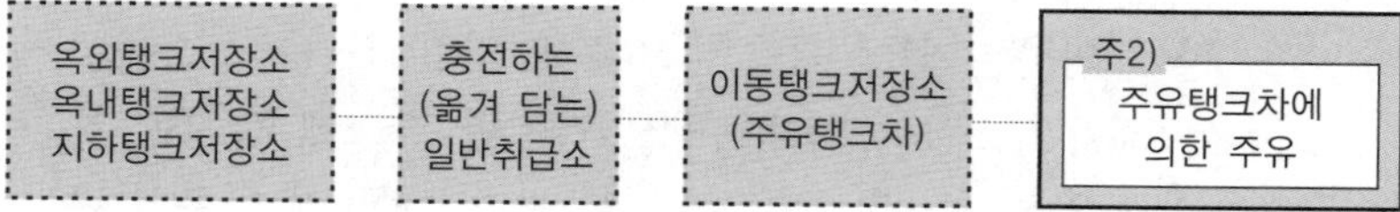

㈜ 1. [ ] 는 하나의 항공기주유취급소를 나타낸다.
2. 주유탱크차는 이동탱크저장소로 규제된다.

② 주유형태는 대개 다음과 같다.

㉠ 직접주유방식

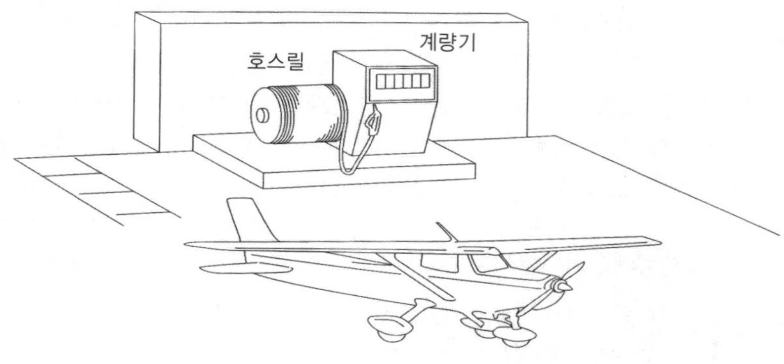

▲ 지상식 고정주유설비로 항공기에 주유하는 예

㉡ 하이드란트 방식 및 주유호스차 방식에 의한 것

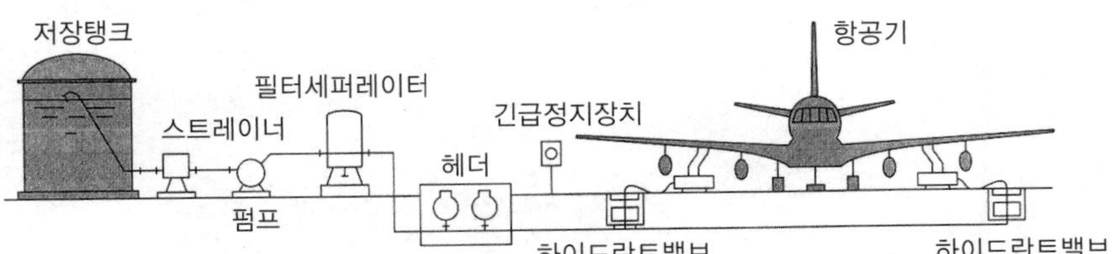

▲ 하이드란트(Hydrant) 방식에 의하여 항공기에 주유하는 예

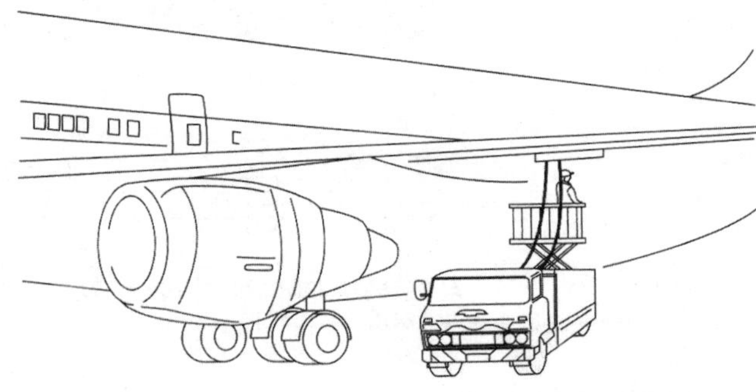

▲ 주유호스차로 항공기에 주유하는 예

㈜ 1. 하이드란트 : 저장탱크로부터 펌프설비에 의하여 전용주유배관으로 주유하는 것
2. 주유호스차 : 하이드란트 방식 중 주유호스가 없는 것에 있어서는 주유호스설비 및 필터 등을 적재한 호스차로 주유한다. 다만, 호스차에 가압장치는 설치하지 않는다.

㉢ 주유탱크차 방식에 의한 것 : 주유탱크차(레큐러)란 차량에 전용탱크, 필터 및 호스설비(호스릴) 등을 갖춘 것으로 이동탱크저장소로 규제된다. 또한, 주유는 항공기에서 떨어진 위치에서 호스를 연장하여 펌프로 연료를 압송한다.

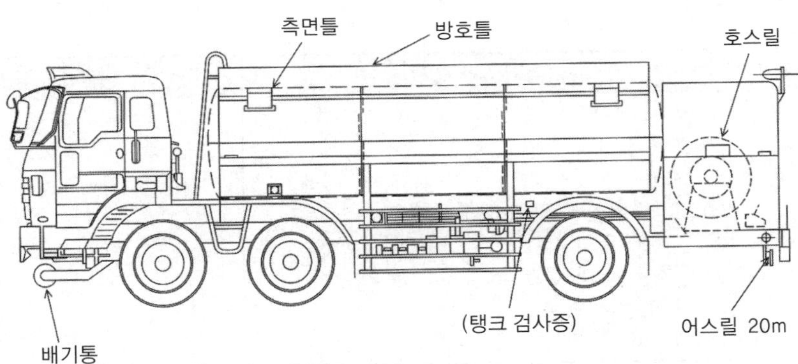

▲ 주유탱크차의 구조 예

③ 고정주유설비를 이용하여 주유하는 항공기주유취급소(별표 13 Ⅹ ② 라)와 하이드란트 방식의 항공기주유취급소(별표 13 Ⅹ ② 마)의 차이는 펌프기기를 주유취급소의 주유공지에 설치하는지 여부에 있다.
④ 규칙 별표 13 Ⅹ ② 바목의 주유호스차는 항공기주유취급소의 설비에 속한다.

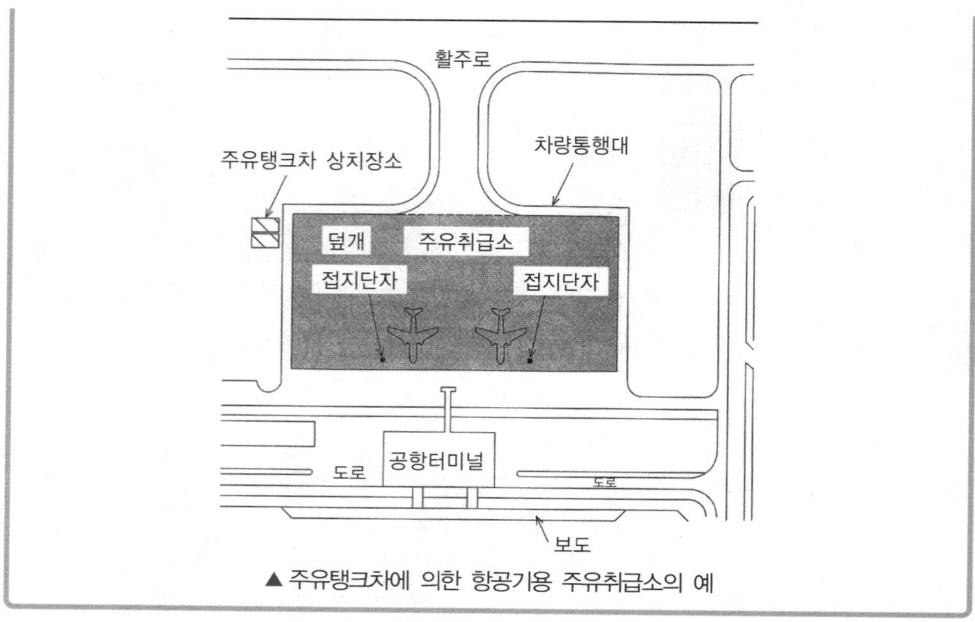

▲ 주유탱크차에 의한 항공기용 주유취급소의 예

(2) 철도주유취급소의 특례(規 별표 13 XI)

철도 또는 궤도에 의하여 운행하는 차량에 주유하는 철도주유취급소의 기준은 본칙에 정한 기준을 제외하는 규정과 철도주유취급소에 부가되는 규정으로 이루어져 있다.

1) 적용이 제외되는 규정

본칙에 정한 기준(規 별표 13 I ~ IX)에서 적용이 제외되는 규정은 다음과 같다(規 별표 13 XI ①).

기술기준의 항목	관계규정(規 별표 13)
① 공지의 보유, 바닥구조 · 배수구 및 유분리장치	I
② 표지 및 게시판의 설치	II
③ 탱크	III
④ 고정주유설비 및 고정급유설비	IV
⑤ 건축물 등의 제한	V
⑥ 건축물 등의 구조	VI
⑦ 담 또는 벽의 설치	VII
⑧ 캐노피	VIII

2) 부가되는 규정(規 별표 13 XI ②)

① 철도 또는 궤도에 의하여 운행하는 차량에 직접 주유하는데 필요한 공지를 보유할 것

② ①의 공지 중 위험물이 누설할 우려가 있는 부분과 고정주유설비 또는 주유배관의 선단부 주위에 있어서는 그 지면을 콘크리트 등으로 포장할 것

③ ②의 기준에 의하여 포장한 부분에는 누설한 위험물 그 밖의 액체가 외부로 유출되지 아니하도록 배수구 및 유분리장치를 설치할 것

④ 지하식의 고정주유설비를 이용하여 주유하는 경우에는 항공기주유취급소의 예(Ⅹ ② 라)에 의할 것

⑤ 주유배관의 선단부에 접속한 호스기기를 이용하여 주유하는 경우에는 항공기주유취급소의 예(Ⅹ ② 마)에 의할 것

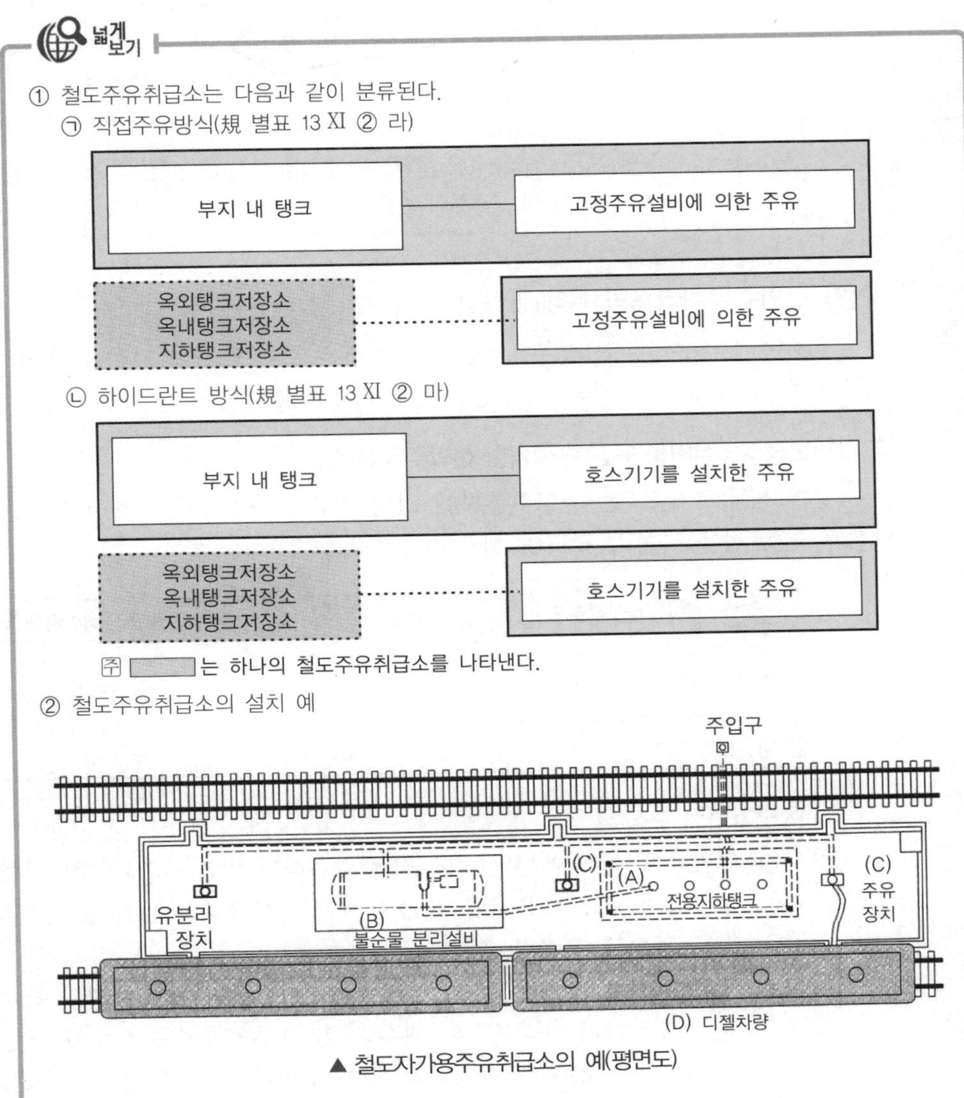

넓게보기
① 철도주유취급소는 다음과 같이 분류된다.
㉠ 직접주유방식(規 별표 13 Ⅺ ② 라)
부지 내 탱크
고정주유설비에 의한 주유
옥외탱크저장소
옥내탱크저장소
지하탱크저장소
고정주유설비에 의한 주유
㉡ 하이드란트 방식(規 별표 13 Ⅺ ② 마)
부지 내 탱크
호스기기를 설치한 주유
옥외탱크저장소
옥내탱크저장소
지하탱크저장소
호스기기를 설치한 주유
주 는 하나의 철도주유취급소를 나타낸다.
② 철도주유취급소의 설치 예
주입구
(C)
(A)
전용지하탱크
(C)
주유
장치
유분리
장치
(B)
불순물 분리설비
(D) 디젤차량

▲ 철도자가용주유취급소의 예(평면도)

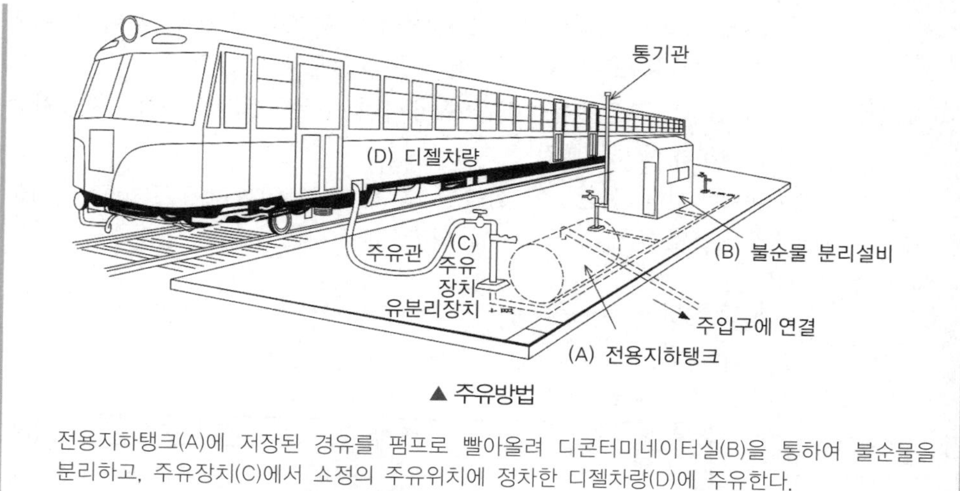

▲ 주유방법

전용지하탱크(A)에 저장된 경유를 펌프로 빨아올려 디콘터미네이터실(B)을 통하여 불순물을 분리하고, 주유장치(C)에서 소정의 주유위치에 정차한 디젤차량(D)에 주유한다.

(3) 선박주유취급소의 특례(規 별표 13 XⅣ)

선박에 주유하는 선박주유취급소의 기준은 본칙에 정한 기준을 제외하는 규정과 선박주유취급소에 부가되는 규정으로 이루어져 있다.

1) 고정주유설비를 육상에 설치한 선박주유취급소

① **적용이 제외되는 규정** : 본칙에 정한 기준(規 별표 13 Ⅰ ~ Ⅸ)에서 적용이 제외되는 규정은 다음과 같다(規 별표 13 XⅣ ①).

기술기준의 항목	관계규정(規 별표 13)
① 공지의 보유	Ⅰ ①
② 탱크의 제한 및 설치위치	Ⅲ ① 및 ②
③ 주유관의 길이(주유관의 길이부분에 한한다)	Ⅳ ③
④ 담 또는 벽의 설치	Ⅶ

② **부가되는 규정**(規 별표 13 XⅣ ②)

㉠ 선박주유취급소에는 선박에 직접 주유하기 위한 공지와 계류시설을 보유할 것

㉡ 주유공지, 고정주유설비 및 주유배관의 선단부의 주위에는 그 지반면을 콘크리트 등으로 포장할 것

㉢ ㉡의 기준에 의하여 포장된 부분에는 누설한 위험물 그 밖의 액체가 공지의 외부로 유출되지 아니하도록 배수구 및 유분리장치를 설치할 것. 다만, 누설한 위험물 등의 유출을 방지하기 위한 조치를 한 경우에는 그러하지 아니하다.

㉣ 지하식의 고정주유설비를 이용하여 주유하는 경우에는 항공기주유취급소의 예(X ② 라)에 의할 것

㉤ 주유배관의 선단부에 접속한 호스기기를 이용하여 주유하는 경우에는 항공기주유취급소의 예(X ② 마)에 의할 것

ⓗ 선박주유취급소에는 위험물이 유출될 경우 회수 등의 응급조치를 강구할 수 있는 설비를 설치할 것

2) 고정주유설비를 수상에 설치한 선박주유취급소

① **적용이 제외되는 규정** : 본칙에 정한 기준(規 별표 13 Ⅰ ~ Ⅸ)에서 적용이 제외되는 규정은 다음과 같다(規 별표 13 ⅩⅣ ① 및 ③).

기술기준의 항목	관계규정(規 별표 13)
① 공지의 보유	Ⅰ ①
② 탱크의 제한 및 설치위치	Ⅲ ① 및 ②
③ 주유관의 길이(주유관의 길이부분에 한한다)	Ⅳ ③
④ 담 또는 벽의 설치	Ⅶ
⑤ 공지의 기준	Ⅰ ②
⑥ 고정주유설비 및 고정급유설비의 위치	Ⅳ ④

② **부가되는 규정**(規 별표 13 ⅩⅣ ③)

㉠ 선박주유취급소에는 선박에 직접 주유하는 주유작업과 선박의 계류를 위한 수상구조물을 다음의 기준에 따라 설치할 것

ⓐ 수상구조물은 철재·목재 등의 견고한 재질이어야 하며, 그 기둥을 해저 또는 하저에 견고하게 고정시킬 것

ⓑ 선박의 충돌로부터 수상구조물의 손상을 방지할 수 있는 철재로 된 보호구조물을 해저 또는 하저에 견고하게 고정시킬 것

㉡ 수상구조물에 설치하는 고정주유설비의 주유작업 장소의 바닥은 불침윤성·불연성의 재료로 포장을 하고, 그 주위에 새어나온 위험물이 외부로 유출되지 않도록 집유설비를 다음의 기준에 따라 설치할 것

ⓐ 새어나온 위험물을 직접 또는 배수구를 통하여 집유설비로 수용할 수 있는 구조로 할 것

ⓑ 집유설비는 수시로 용이하게 개방하여 고여 있는 빗물과 위험물을 제거할 수 있는 구조로 할 것

㉢ 수상구조물에 설치하는 고정주유설비는 다음의 기준에 따라 설치할 것

ⓐ 주유호스의 선단부에 수동개폐장치를 부착한 주유노즐을 설치하고, 개방한 상태로 고정시키는 장치를 부착하지 않을 것

ⓑ 주유노즐은 선박의 연료탱크가 가득찬 경우 자동적으로 정지시키는 구조일 것

ⓒ 주유호스는 200kg중 이하의 하중에 의하여 파단(破斷) 또는 이탈되어야 하고, 파단 또는 이탈된 부분으로부터의 위험물 누출을 방지할 수 있는 구조일 것

ⓔ 수상구조물에 설치하는 고정주유설비에 위험물을 공급하는 배관계에 위험물 차단밸브를 다음의 기준에 따라 설치할 것. 다만, 위험물을 공급하는 탱크의 최고 액표면의 높이가 해당 배관계의 높이보다 낮은 경우에는 그렇지 않다.
ⓐ 고정주유설비의 인근에서 주유작업자가 직접 위험물의 공급을 차단할 수 있는 수동식의 차단밸브를 설치할 것
ⓑ 배관 경로 중 육지 내의 지점에서 위험물의 공급을 차단할 수 있는 수동식의 차단밸브를 설치할 것

ⓜ 긴급한 경우에 고정주유설비의 펌프를 정지시킬 수 있는 긴급제어장치를 설치할 것

ⓑ 지하식의 고정주유설비를 이용하여 주유하는 경우에는 항공기주유취급소의 예(Ⅹ ② 라)에 의할 것

ⓢ 주유배관의 선단부에 접속하는 호스기기를 이용하여 주유하는 경우에는 항공기주유취급소의 예(Ⅹ ② 마)에 의할 것

ⓞ 선박주유취급소에는 위험물이 유출될 경우 회수 등의 응급조치를 강구할 수 있는 설비를 다음의 기준에 따라 준비하여 둘 것
ⓐ 오일펜스 : 수면 위로 20cm 이상 30cm 미만으로 노출되고, 수면 아래로 30cm 이상 40cm 미만으로 잠기는 것으로서, 60m 이상의 길이일 것
ⓑ 유처리제, 유흡착제 또는 유겔화제 : 다음의 계산식을 충족하는 양 이상일 것

$$20X + 50Y + 15Z = 10,000$$

여기서, X : 유처리제의 양(L)
Y : 유흡착제의 양(kg)
Z : 유겔화제의 양[액상(L), 분말(kg)]

넓게 보기

① 선박주유취급소는 다음과 같이 분류된다.
㉠ 직접주유방식(規 별표 13 ⅩⅣ ② 라)

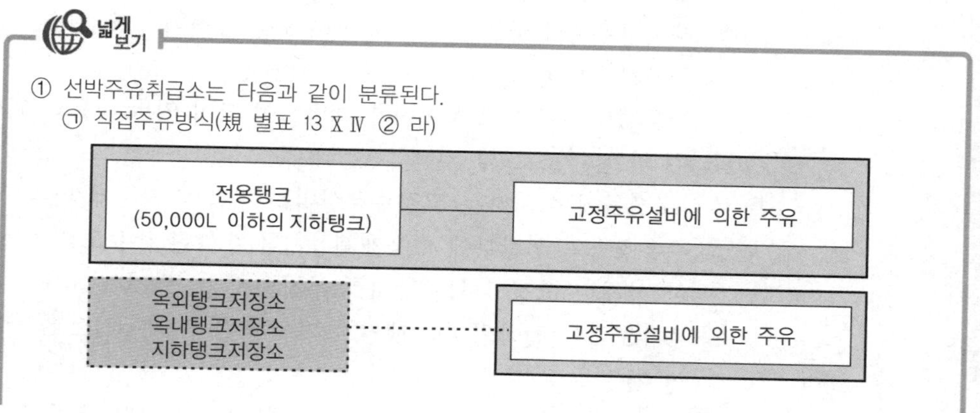

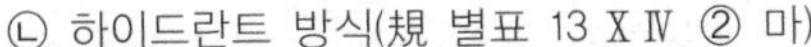
㉡ 하이드란트 방식(規 별표 13 XⅣ ② 마)

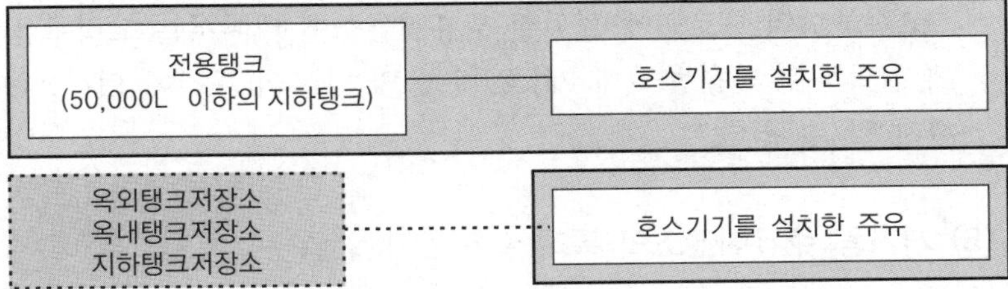

㈜ 1. [　　] 는 하나의 선박주유취급소를 나타낸다.
2. 탱크의 용량은 50,000L 이하(일반주유취급소 기준 적용)

② 선박주유취급소의 형태는 대개 다음과 같다.

㉠ 고정주유설비를 이용하여 주유하는 것

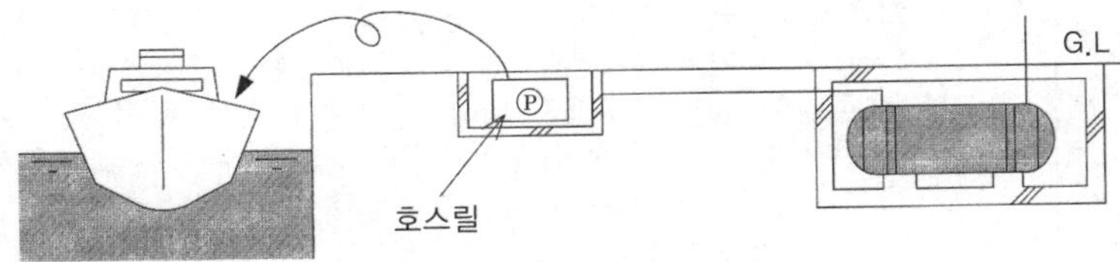

㉡ 주유배관 등을 이용하여 주유하는 것

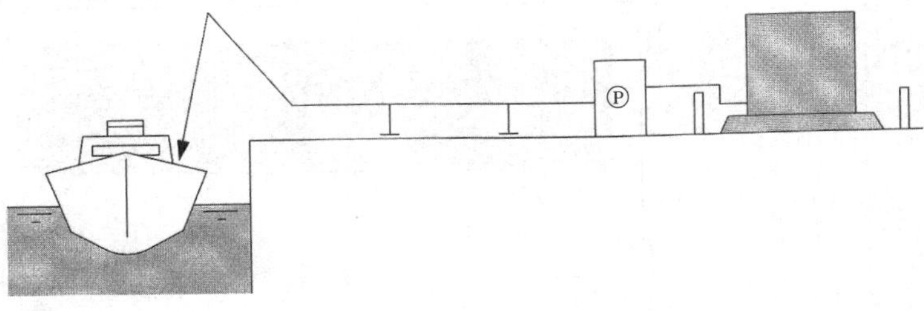

㉢ 소형 선박용 주유취급소의 예

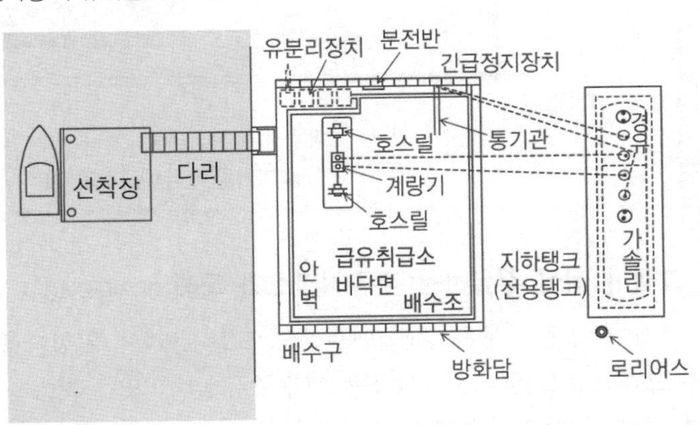

(4) 고속도로주유취급소의 특례(規 별표 13 XII)

고속국도의 도로변에 설치된 주유취급소에 있어서는 고정주유설비 및 고정급유설비에 접속하는 전용탱크(Ⅲ 제1호 가목 및 나목의 규정에 의한 탱크)의 용량을 60,000L까지 할 수 있다.

(5) 자가용 주유취급소의 특례(規 별표 13 XⅢ)

주유취급소의 관계인이 소유·관리 또는 점유한 자동차 등에 대하여만 주유하기 위하여 설치하는 자가용 주유취급소에 대하여는 I 제1호의 규정을 적용하지 않는다.

넓게 보기

① 자동차용 주유취급소에 적용된다. 자동차용 외의 항공기주유취급소, 선박주유취급소 또는 철도주유취급소에 있어서는 영업용과 자가용에 대한 기준상의 차이가 없다.
② 자가용 주유취급소는 주유공지 너비 및 길이에 관한 제한이 없지만, 주유하는 자동차 등의 일부 또는 전부가 튀어나온 상태로 주유하지 않을 수 있는 넓이를 확보해야 한다. 또한, 별표 13 I ②의 규정에 따라 배수구 및 유분리장치는 설치해야 한다.
③ 키-식 계량기의 설치는 자가용 주유취급소에 인정될 수 있다.

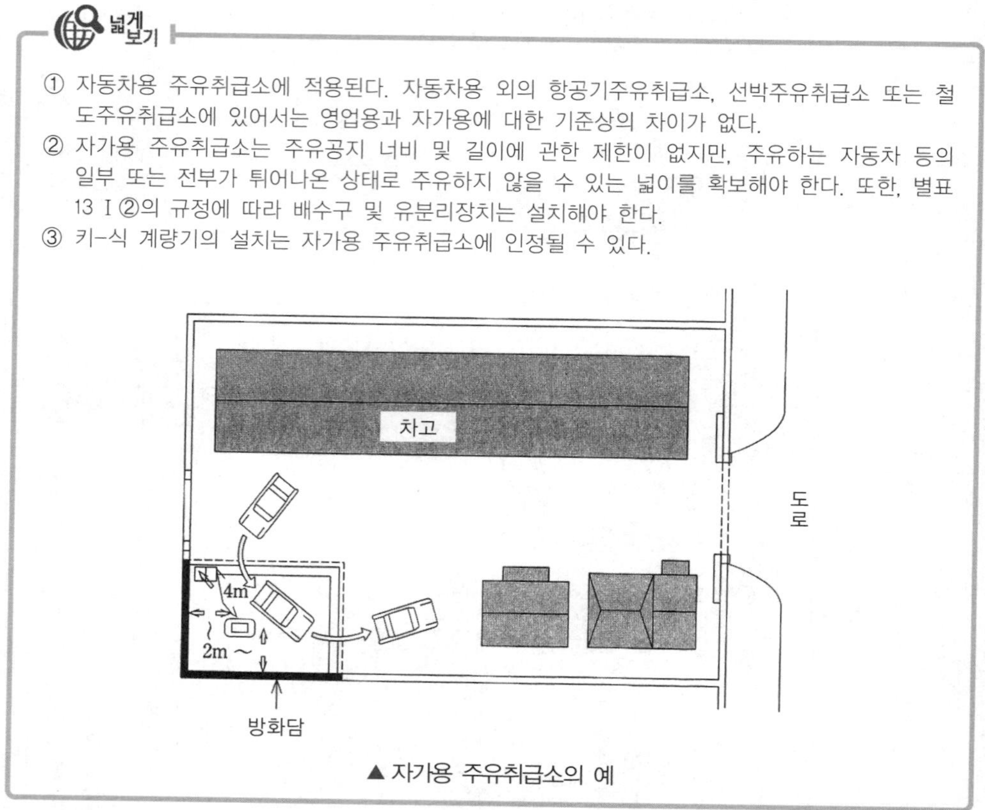

▲ 자가용 주유취급소의 예

(6) 고객이 직접 주유하는 주유취급소의 특례(規 별표 13 XⅤ)

고객이 직접 자동차 등의 연료탱크 또는 용기에 위험물을 주입하는 고정주유설비 또는 고정급유설비(이하 "셀프용 고정주유설비" 또는 "셀프용 고정급유설비"라 한다)를 설치하는 주유취급소에 대하여는 규칙 별표 13 I 내지 XⅣ의 기준을 초과하는 기준을 정하고 있다.

1) 셀프용 고정주유설비의 기준

① 주유호스의 선단부에 수동개폐장치를 부착한 주유노즐을 설치할 것. 다만, 수동개폐장치를 개방한 상태로 고정시키는 장치가 부착된 경우에는 다음의 기준에 적합하여야 한다.

㉠ 주유작업을 개시함에 있어서 주유노즐의 수동개폐장치가 개방상태에 있는 때에는 당해 수동개폐장치를 일단 폐쇄시켜야만 다시 주유를 개시할 수 있는 구조로 할 것

㉡ 주유노즐이 자동차 등의 주유구로부터 이탈된 경우 주유를 자동적으로 정지시키는 구조일 것

② 주유노즐은 자동차 등의 연료탱크가 가득찬 경우 자동적으로 정지시키는 구조일 것

③ 주유호스는 200kg중 이하의 하중에 의하여 파단(破斷) 또는 이탈되어야 하고, 파단 또는 이탈된 부분으로부터의 위험물 누출을 방지할 수 있는 구조일 것

④ 휘발유와 경유 상호간의 오인에 의한 주유를 방지할 수 있는 구조일 것

⑤ 1회의 연속주유량 및 주유시간의 상한을 미리 설정할 수 있는 구조일 것. 이 경우 주유량의 상한은 휘발유는 100L 이하, 경유는 200L 이하로 하며, 주유시간의 상한은 4분 이하로 한다.

2) 셀프용 고정급유설비의 기준

① 급유호스의 선단부에 수동개폐장치를 부착한 급유노즐을 설치할 것

② 급유노즐은 용기가 가득찬 경우에 자동적으로 정지시키는 구조일 것

③ 1회의 연속급유량 및 급유시간의 상한을 미리 설정할 수 있는 구조일 것. 이 경우 급유량의 상한은 100L 이하, 급유시간의 상한은 6분 이하로 한다.

3) 각종 표시

① 셀프용 고정주유설비 또는 셀프용 고정급유설비의 주위의 보기 쉬운 곳에 고객이 직접 주유할 수 있다는 의미의 표시를 하고, 자동차의 정차위치 또는 용기를 놓는 위치를 표시할 것

② 주유호스 등의 직근에 호스기기 등의 사용방법 및 위험물의 품목을 표시할 것

③ 셀프용 고정주유설비 또는 셀프용 고정급유설비와 셀프용이 아닌 고정주유설비 또는 고정급유설비를 함께 설치하는 경우에는 셀프용이 아닌 것의 주위에 고객이 직접 사용할 수 없다는 의미의 표시를 할 것

4) 감시대 등의 설치

고객에 의한 주유작업을 감시·제어하고 고객에 대한 필요한 지시를 하기 위한 감시대와 필요한 설비를 다음의 기준에 의하여 설치하여야 한다.

① 감시대의 설치 : 감시대는 모든 셀프용 고정주유설비 또는 셀프용 고정급유설비에서의 고객의 취급작업을 직접 볼 수 있는 위치에 설치할 것

② 감시에 필요한 설비

㉠ 감시카메라 : 주유 중인 자동차 등에 의하여 고객의 취급작업을 직접 볼 수 없는 부분이 있는 경우에는 당해 부분의 감시를 위한 카메라를 설치할 것

㉡ 제어장치 : 감시대에는 모든 셀프용 고정주유설비 또는 셀프용 고정급유설비로의 위험물 공급을 정지시킬 수 있는 제어장치를 설치할 것

㉢ 방송설비 : 감시대에는 고객에게 필요한 지시를 할 수 있는 방송설비를 설치할 것

(7) 수소충전설비를 설치한 주유취급소의 특례(規 별표 13 XVI)

전기를 원동력으로 하는 자동차 등에 수소를 충전하기 위한 설비(압축수소를 충전하는 설비에 한정한다)를 설치하는 주유취급소(옥내주유취급소 외의 주유취급소에 한정하며, 이하 "압축수소충전설비 설치 주유취급소"라 한다)에 대하여는 규칙 별표 13 I 내지 XV의 기준을 초과하는 기준을 정하고 있다.

1) 압축수소충전설비 설치 주유취급소에는 규칙 별표 13 Ⅲ 제1호의 규정(탱크 설치 제한)에 불구하고 인화성 액체를 원료로 하여 수소를 제조하기 위한 개질장치(改質裝置)(이하 "개질장치"라 한다)에 접속하는 원료탱크(50,000L 이하의 것에 한정한다)를 설치할 수 있다. 이 경우 원료탱크는 지하에 매설하되, 그 위치, 구조 및 설비는 규칙 별표 Ⅲ 제3호 가목(지하에 매설하는 전용탱크 또는 폐유탱크 등의 기준)을 준용한다.

2) 압축수소충전설비 설치 주유취급소에 설치하는 설비의 기술기준은 다음과 같다.

① 개질장치의 위치, 구조 및 설비는 별표 4 Ⅶ, 같은 표 Ⅷ 제1호부터 제4호까지, 제6호 및 제8호와 같은 표 X에서 정하는 사항 외에 다음의 기준에 적합하여야 한다.

㉠ 개질장치는 자동차 등이 충돌할 우려가 없는 옥외에 설치할 것

㉡ 개질원료 및 수소가 누출된 경우에 개질장치의 운전을 자동으로 정지시키는 장치를 설치할 것

㉢ 펌프설비에는 개질원료의 토출압력이 최대상용압력을 초과하여 상승하는 것을 방지하기 위한 장치를 설치할 것

㉣ 개질장치의 위험물 취급량은 지정수량의 10배 미만일 것

② 압축기(壓縮機)는 다음의 기준에 적합하여야 한다.

㉠ 가스의 토출압력이 최대상용압력을 초과하여 상승하는 경우에 압축기의 운전을 자동으로 정지시키는 장치를 설치할 것

㉡ 토출측과 가장 가까운 배관에 역류방지밸브를 설치할 것
㉢ 자동차 등의 충돌을 방지하는 조치를 마련할 것

③ 충전설비는 다음의 기준에 적합하여야 한다.
㉠ 위치는 주유공지 또는 급유공지 외의 장소로 하되, 주유공지 또는 급유공지에서 압축수소를 충전하는 것이 불가능한 장소로 할 것
㉡ 충전호스는 자동차 등의 가스충전구와 정상적으로 접속하지 않는 경우에는 가스가 공급되지 않는 구조로 하고, 200kg중 이하의 하중에 의하여 파단 또는 이탈되어야 하며, 파단 또는 이탈된 부분으로부터 가스 누출을 방지할 수 있는 구조일 것
㉢ 자동차 등의 충돌을 방지하는 조치를 마련할 것
㉣ 자동차 등의 충돌을 감지하여 운전을 자동으로 정지시키는 구조일 것

④ 가스배관은 다음의 기준에 적합하여야 한다.
㉠ 위치는 주유공지 또는 급유공지 외의 장소로 하되, 자동차 등이 충돌할 우려가 없는 장소로 하거나 자동차 등의 충돌을 방지하는 조치를 마련할 것
㉡ 가스배관으로부터 화재가 발생한 경우에 주유공지·급유공지 및 전용탱크·폐유탱크 등·간이탱크의 주입구로의 연소확대를 방지하는 조치를 마련할 것
㉢ 누출된 가스가 체류할 우려가 있는 장소에 설치하는 경우에는 접속부를 용접할 것. 다만, 당해 접속부의 주위에 가스누출검지설비를 설치한 경우에는 그러하지 아니하다.
㉣ 축압기(蓄壓器)로부터 충전설비로의 가스 공급을 긴급히 정지시킬 수 있는 장치를 설치할 것. 이 경우 당해 장치의 기동장치는 화재발생 시 신속히 조작할 수 있는 장소에 두어야 한다.

⑤ 압축수소의 수입설비(受入設備)는 다음의 기준에 적합하여야 한다.
㉠ 위치는 주유공지 또는 급유공지 외의 장소로 하되, 주유공지 또는 급유공지에서 가스를 수입하는 것이 불가능한 장소로 할 것
㉡ 자동차 등의 충돌을 방지하는 조치를 마련할 것

3) 압축수소충전설비 설치 주유취급소의 기타 안전조치 기술기준은 다음과 같다.

① 압축기, 축압기 및 개질장치가 설치된 장소와 주유공지, 급유공지 및 전용탱크·폐유탱크 등·간이탱크의 주입구가 설치된 장소 사이에는 화재가 발생한 경우에 상호 연소확대를 방지하기 위하여 높이 1.5m 정도의 불연재료의 담을 설치할 것
② 고정주유설비·고정급유설비 및 전용탱크·폐유탱크 등·간이탱크의 주입구로부터 누출된 위험물이 충전설비·축압기·개질장치에 도달하지 않도록 깊이 30cm, 폭 10cm의 집유 구조물을 설치할 것
③ 고정주유설비(현수식의 것을 제외)·고정급유설비(현수식의 것을 제외) 및 간이탱크의 주위에는 자동차 등의 충돌을 방지하는 조치를 마련할 것

CHAPTER 01 CHAPTER 02 CHAPTER 03 CHAPTER 04 부록

4) 압축수소충전설비 관련 설비의 기술기준은 제2호부터 제4호까지에서 규정한 사항 외에 「고압가스 안전관리법 시행규칙」 별표 5에서 정하는 바에 따른다.

넓게 보기

① 특례 주유취급소에는 항공기주유취급소, 철도주유취급소, 고속도로주유취급소, 자가용 주유취급소, 선박주유취급소, 셀프주유취급소 및 수소충전설비 설치 주유취급소가 있다. 이러한 특례 주유취급소는 일반 주유취급소와 비교하여 형태와 구조 등에 있어서 특별한 경우이므로 일반 주유취급소와 구분한다.
② 그런데 전기자동차에 전기를 충전하는 설비를 설치한 주유취급소는 특례 주유취급소로 규정하지 않고 전기충전설비를 일반 주유취급소의 부대설비로 규정하고 있다. 이는 전기충전설비의 설치가 수소충전설비의 설치에 비하여 간단하고 위험성이 낮기 때문이다.
③ 특례 주유취급소로 규정하지 않고 일반 주유취급소의 부대설비로 규정하면 일반 주유취급소의 기본 기술기준의 적용을 완화하거나 강화하는 규정은 없고 해당 설비(전기충전설비)의 기술기준만 추가로 규정하는 점에 차이가 있다.

04-2 판매취급소의 위치 · 구조 및 설비의 기준

학습 Point

판매취급소는 점포에서 위험물을 용기에 담은 채로 판매하는 시설을 말하는 것이다. 위험물의 취급량에 의하여 제1종 판매취급소와 제2종 판매취급소로 구분된다. 이러한 시설은 어느 것이나 주로 도료를 판매하는 점포 등이 대상시설이 되고 있다.
제1종 판매취급소는 지정수량의 배수가 20배 이하, 제2종 판매취급소는 지정수량의 20배 초과 40배 이하로 되어 있다. 하지만, 이러한 시설은 도심에 있는 통상의 점포가 위치하는 부분에 위험물시설로서 설치되는 것이 일반적이기 때문에 위험물의 안전 확보라는 측면에서 위험물의 취급도 용기에 수납한 채로 행하는 것을 원칙으로 하고, 위험물을 배합하는 실에 한하여 용기 밖에서 위험물을 취급할 수 있게 되어 있다.
이러한 실태로 인하여 판매취급소의 위치 · 구조 및 설비에는 판매취급소의 설치장소를 건축물의 1층으로 한정하는 기준, 상층으로의 연소방지구조로 하는 기준 및 배합실의 구조 · 설비의 기준 등이 정하여져 있다.

〈일반기준〉

판매취급소에 관한 위치 · 구조 및 설비의 기준 중 주요한 사항은 다음과 같다.

1. 판매취급소의 설치장소에 관한 것
2. 판매취급소 부분의 건축물 구조에 관한 것
3. 배합실의 구조 및 배합실에 설치하는 설비에 관한 것
4. 위험물의 취급 규모에 따라 설치하는 소화설비에 관한 것

1 제1종 판매취급소의 기준

저장 또는 취급하는 위험물의 수량이 지정수량의 20배 이하인 판매취급소("제1종 판매취급소")의 위치 · 구조 및 설비의 기준은 다음과 같다(規 별표 14 ①).

> **넓게 보기**
>
> ① 판매취급소에서의 위험물의 취급수량은 보유량으로 산정하는 것이며, 1일 판매량으로 산정하는 것은 아니다. 또 배수의 산정도 이 취급수량에 기초하여 행하며, 배수에 의하여 제1종 판매취급소와 제2종 판매취급소로 구분되어 있다.
> ② 위험물을 용기에 담은 채로 점포에서 판매하는 시설로는 도료점, 연료점, 화학약품점, 농약판매점 따위가 있다.

(1) 취급소의 설치장소

판매취급소는 건축물의 1층에 설치할 것(① 가)

> **넓게 보기**
>
> ① 판매취급소로 사용되는 점포는 지하층 또는 2층 이상의 층에 설치할 수 없다.
> ② 판매취급소는 건축물의 일부에 설치할 수 있으며, 다른 부분의 용도에 대한 특별한 규정은 없다.
> ③ 판매취급소의 위치는 당해 취급소에 존재하는 부지 내 도로 등에 면하는 장소를 선택하며, 후미진 장소를 피하는 것이 바람직하다.
> ④ 판매취급소에는 안전거리 및 보유공지의 규제가 없다.

(2) 표지 및 게시판의 설치

판매취급소에는 규칙 별표 4 Ⅲ 제1호의 기준에 따라 보기 쉬운 곳에 "위험물 판매취급소(제1종)"라는 표시를 한 표지와 동표 Ⅲ 제2호의 기준에 따라 방화에 관하여 필요한 사항을 게시한 게시판을 설치하여야 한다(① 나).

(3) 판매취급소 건축물의 구조

① 제1종 판매취급소의 용도로 사용되는 건축물의 부분은 내화구조 또는 불연재료로 하고, 판매취급소로 사용되는 부분과 다른 부분과의 격벽은 내화구조로 할 것[110)]

② 제1종 판매취급소의 용도로 사용하는 건축물의 부분은 보를 불연재료로 하고, 천장을 설치하는 경우에는 천장을 불연재료로 할 것

---

110) 판매취급소용으로 사용하는 부분과 기타 부분과의 격벽(다른 용도 부분과의 격벽)은 특히 내화구조로 규정되어 있는 것이며, 당해 다른 용도 부분과의 격벽에는 개구부를 설치할 수 없다. 다만, 연락 등을 위하여 부득이한 이유가 있는 경우는 다음 그림의 '제1종 판매취급소의 예'에서와 같이 자동폐쇄식의 갑종방화문을 설치한 출입구(출입구 ③)는 둘 수 있다.

③ 제1종 판매취급소의 용도로 사용하는 부분에 상층이 있는 경우에 있어서는 그 상층의 바닥을 내화구조로 하고, 상층이 없는 경우에 있어서는 지붕을 내화구조 또는 불연재료로 할 것

④ 제1종 판매취급소의 용도로 사용하는 부분의 창 및 출입구에는 갑종방화문 또는 을종방화문을 설치할 것[111)]

⑤ 판매취급소의 용도로 사용하는 부분의 창 또는 출입구에 유리를 이용하는 경우에는 망입유리로 할 것(① 사)

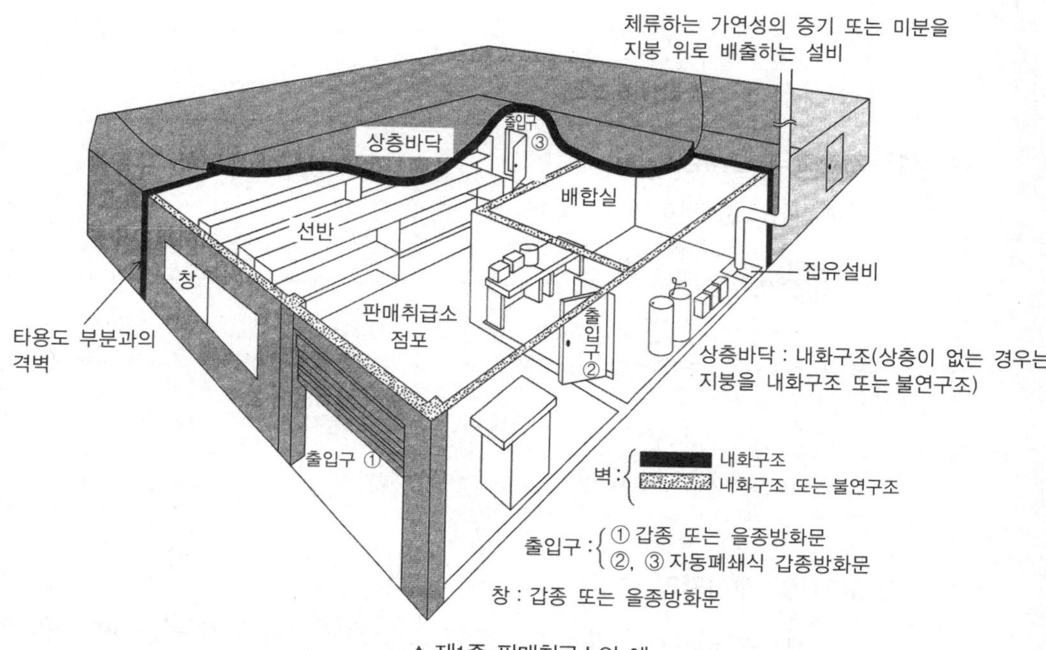

▲ 제1종 판매취급소의 예

(4) 배합실의 구조 · 설비(① 자)

① 바닥면적은 $6m^2$ 이상 $15m^2$ 이하일 것

② 내화구조 또는 불연재료로 된 벽으로 구획할 것

③ 바닥은 위험물이 침투하지 아니하는 구조로 하여 적당한 경사를 두고 집유설비를 할 것

④ 출입구에는 수시로 열 수 있는 자동폐쇄식의 갑종방화문을 설치할 것

⑤ 출입구 문턱의 높이는 바닥면으로부터 0.1m 이상으로 할 것

⑥ 내부에 체류한 가연성의 증기 또는 가연성의 미분을 지붕 위로 방출하는 설비를 할 것

---

111) 창 및 출입구의 유리는 그 외부에 방화문을 설치하는 경우에도 망입유리로 하여야 한다.

넓게 보기

① 위험물을 배합하는 실은 내화구조의 벽으로 구획한다. 출입구에 설치하는 「수시로 열 수 있는 자동폐쇄식의 갑종방화문」으로는 통상 도어체크로 불리는 장치를 설치한 갑종방화문을 사용한다.
② 내부에 체류한 가연성 증기 또는 가연성 미분을 지붕 위로 배출하는 설비는 옥내저장소의 채광·조명·환기 및 배출설비의 예에 의한다.

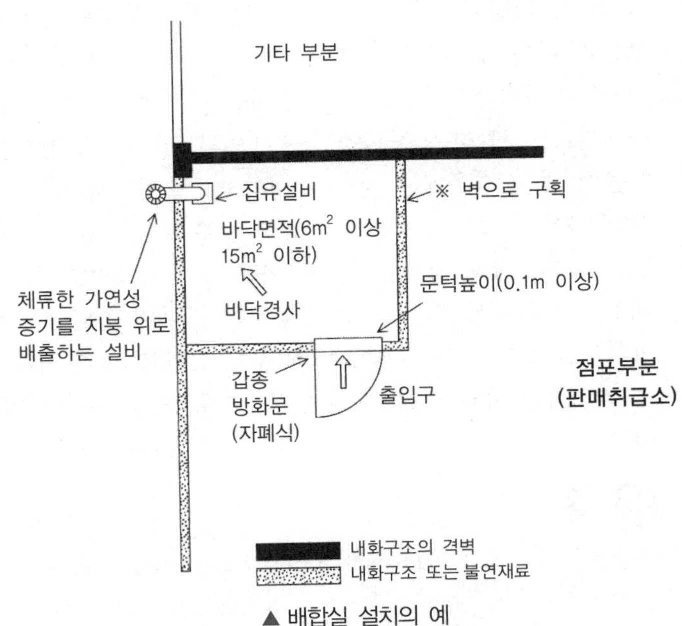

▲ 배합실 설치의 예

(5) 전기설비의 안전

판매취급소의 용도로 사용하는 건축물에 설치하는 전기설비는 「전기사업법」에 의한 「전기설비기술기준」에 의할 것(① 아)

2 제2종 판매취급소의 기준

저장 또는 취급하는 위험물의 수량이 지정수량의 20배 초과 40배 이하인 판매취급소("제2종 판매취급소")의 위치·구조 및 설비의 기준은 규칙 별표 14 제1호 가목·나목 및 사목 내지 자목의 규정을 준용하는 외에 다음 (2)의 기준에 의한다(規 별표 14 ②).

(1) 제1종 판매취급소의 규정 중 준용기준(공통기준)

① 취급소의 설치장소(① 가)
② 표지 및 게시판의 설치(① 나)

③ 창 또는 출입구의 유리(망입유리)(① 사)
④ 전기설비의 안전(① 아)
⑤ 배합실의 구조(① 자)

(2) 취급소 부분 건축물의 구조(規 별표 14 ②)

① 제2종 판매취급소의 용도로 사용하는 부분은 벽·기둥·바닥 및 보를 내화구조로 하고, 천장이 있는 경우에는 이를 불연재료로 하며, 판매취급소로 사용되는 부분과 다른 부분과의 격벽은 내화구조로 할 것
② 제2종 판매취급소의 용도로 사용하는 부분에 상층이 있는 경우에는 상층의 바닥을 내화구조로 하는 동시에 상층으로의 연소를 방지하기 위한 조치를 강구하고, 상층이 없는 경우에는 지붕을 내화구조로 할 것(規 별표 14 ② 나)
③ 제2종 판매취급소의 용도로 사용하는 부분 중 연소의 우려가 없는 부분에 한하여 창을 두되, 당해 창에는 갑종방화문 또는 을종방화문을 설치할 것
④ 제2종 판매취급소의 용도로 사용하는 부분의 출입구에는 갑종방화문 또는 을종방화문을 설치할 것. 다만, 당해 부분 중 연소의 우려가 있는 벽 또는 창의 부분에 설치하는 출입구에는 수시로 열 수 있는 자동폐쇄식의 갑종방화문을 설치하여야 한다.

「상층으로의 연소를 방지하기 위한 조치」로는 다음과 같은 방법이 있다.
① 상층과의 사이에 연소방지상 유효한 내화구조의 차양(캔틸레버)을 설치한다. 또한 차양의 돌출길이를 0.9m 이상으로 한다.
② 상층의 외벽을 내화구조 또는 방화구조로 하고, 제2종 판매취급소의 개구부에 면하는 측의 직상층의 개구부에 붙박이로 된 갑종방화문 또는 을종방화문을 설치한다.

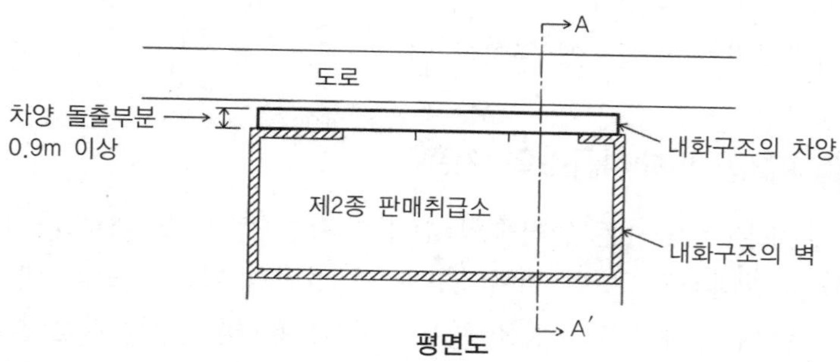

평면도

차양 돌출부분 0.9m 이상

내화구조의 바닥

제2종 판매취급소

도로

A-A' 단면도

내화구조의 차양

내화구조의 벽

갑종 또는 을종방화문

입면도

▲ 상층으로의 연소를 방지하기 위한 조치의 예(①)

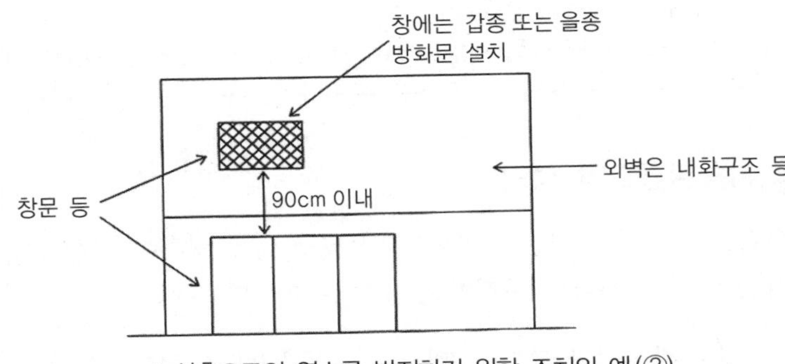

▲ 상층으로의 연소를 방지하기 위한 조치의 예(②)

04-3 이송취급소의 위치 · 구조 및 설비의 기준

학습 Point

이송취급소는 배관 및 펌프와 이에 부속하는 설비에 의하여 위험물의 이송취급을 하는 시설을 말하는 것으로, 이른바 파이프라인이라 불리는 것이다.

이 시설은 유조선 등과 위험물 저장탱크와의 사이, 위험물저장탱크 상호간 등을 연결하는 파이프라인시설이라고 말할 수 있지만, 이러한 시설 중 하나의 부지 내에만 그치는 시설은 각각의 저장시설 등에 부속하는 시설의 부분으로 될 뿐이고 파이프라인시설로서의 규제대상에서는 제외되고 있다. 따라서 이 규정을 적용 받는 파이프라인시설에 해당하는 이송취급소는 다른 위험물시설과 달리 그 시설의 대부분이 시설을 설치하는 사업소의 부지 밖에 부설되어 있으며, 그 위치 · 구조 및 설비의 기준도 다른 위험물시설에 부속하는 시설부분으로서의 배관 · 펌프 그 밖에 이에 부속하는 설비의 기준에 비하여 공공의 안전 확보라는 측면에서 보다 상세하고 엄격한 기준으로 되어 있다.

〈일반기준〉

이송취급소에 관한 위치 · 구조 및 설비의 기준 중 주요한 사항은 다음과 같다.

1. 이송취급소의 설치장소의 금지에 관한 것
2. 배관의 재료 · 구조 · 강도에 관한 것
3. 배관의 부식 등에 대한 안전조치에 관한 것
4. 배관의 부설장소별 설치방법에 관한 것
5. 위험물의 누설 확산 등의 방지조치에 관한 것
6. 용접부 시험에 관한 것

7. 각종 안전설비에 관한 것
8. 각종 안전설비의 시험에 관한 것
9. 선박에 관계된 배관계의 안전설비에 관한 것
10. 펌프 등 송수유(送受油)관계 설비에 관한 것
11. 소화설비의 설치에 관한 것

〈특례기준〉

이송취급소 중 다음의 ① 및 ②에 게재하는 이송취급소(특정이송취급소) 외의 것에 대하여는 본칙에 정한 기준(規 별표 15 Ⅰ ~ Ⅳ)에 대한 완화특례가 정해져 있다(規 별표 15 Ⅴ).

① 배관의 연장이 15km를 초과하는 것
② 배관의 최대상용압력이 0.95MPa 이상으로서 배관의 연장이 7km 이상인 것

1 이송취급소의 정의

이송취급소라 함은 배관 및 이에 부속된 설비에 의하여 위험물을 이송하는 시설을 말하나, 다음의 어느 하나에 해당하는 것은 제외한다(令 별표 3 ③).

① 「송유관안전관리법」에 의한 송유관[112]에 의하여 위험물을 이송하는 경우
② 제조소등에 관계된 시설(배관을 제외함) 및 그 부지가 같은 사업소 안에 있고 당해 사업소 안에서만 위험물을 이송하는 경우

---

112) 「송유관안전관리법」
제2조(정의) 이 법에서 사용하는 용어의 뜻은 다음과 같다.
1. "석유"란 「석유 및 석유대체연료 사업법」 제2조 제1호에 따른 석유 중 천연가스(액화한 것을 포함한다) 및 석유가스(액화한 것을 포함한다)를 제외한 것을 말한다.
2. "송유관"이란 석유를 수송하는 배관 및 공작물로서 대통령령으로 정하는 시설을 제외한 것을 말한다.

「송유관안전관리법 시행령」
제2조(송유관에서 제외되는 시설) ① 「송유관안전관리법」(이하 "법"이라 한다) 제2조 제2호에서 "대통령령이 정하는 시설"이라 함은 다음 각 호의 시설을 말한다.
1. 「항만법」 제2조 제4호에 따른 항만구역 안에 설치된 석유수송시설
2. 「공항시설법」 제2조 제3호에 따른 공항 안에 설치된 항공기급유시설
3. 「어촌·어항법」 제2조 제4호의 규정에 의한 어항구역 안의 해상 및 육지에 설치된 어선급유시설
4. 「철도법」 제78조의 규정에 의한 철도용지 안에 설치된 석유하역시설 및 당해 시설과 연결하여 설치된 철도차량급유시설
5. 「산업집적 활성화 및 공장설립에 관한 법률」 제2조 제7호의 규정에 의한 산업단지 안에 설치된 산업용 원료인 석유를 공급하기 위한 급유시설
6. 저유소·석유비축기지·공장 등의 사업장 안에 설치된 급유시설
7. 정유공장 및 저유소에서 인근지역의 석유비축기지·저유소·발전소 및 공장 등에 연결되는 석유수송시설 또는 급유시설로서 그 길이가 15km 미만인 시설

② 제1항 제1호 내지 제6호의 석유수송시설 또는 급유시설이 동호의 규정에 의한 구역·용지·단지 또는 사업장에서 그 외부지역으로 연결되어 있는 경우로서 그 길이가 15km 이상인 것은 제1항의 규정에 불구하고 이를 송유관으로 본다.

③ 사업소와 사업소의 사이에 도로(폭 2m 이상의 일반교통에 이용되는 도로로서 자동차의 통행이 가능한 것을 말함)만 있고 사업소와 사업소 사이의 이송배관이 그 도로를 횡단하는 경우
④ 사업소와 사업소 사이의 이송배관이 제3자(당해 사업소와 관련이 있거나 유사한 사업을 하는 자에 한함)의 토지만을 통과하는 경우로서 당해 배관의 길이가 100m 이하인 경우
⑤ 해상구조물에 설치된 배관(이송되는 위험물이 별표 1의 제4류 위험물 중 제1석유류인 경우에는 배관의 내경이 30cm 미만인 것에 한함)으로서 당해 해상구조물에 설치된 배관의 길이가 30m 이하인 경우
⑥ 사업소와 사업소 사이의 이송배관이 ③ 내지 ⑤ 경우 중 2 이상에 해당하는 경우
⑦ 「농어촌 전기공급사업 촉진법」에 따라 설치된 자가발전시설에 사용되는 위험물을 이송하는 경우

넓게 보기

① 이송취급소란 배관에 의하여 위험물을 이송하는 「파이프라인시설」로서, 당해 배관이 제3자의 부지 등을 통과하는 것만 해당한다.
② 이송취급소의 규제범위는 이송이 시작되는 설비에서 이송이 종료되는 설비까지이다.

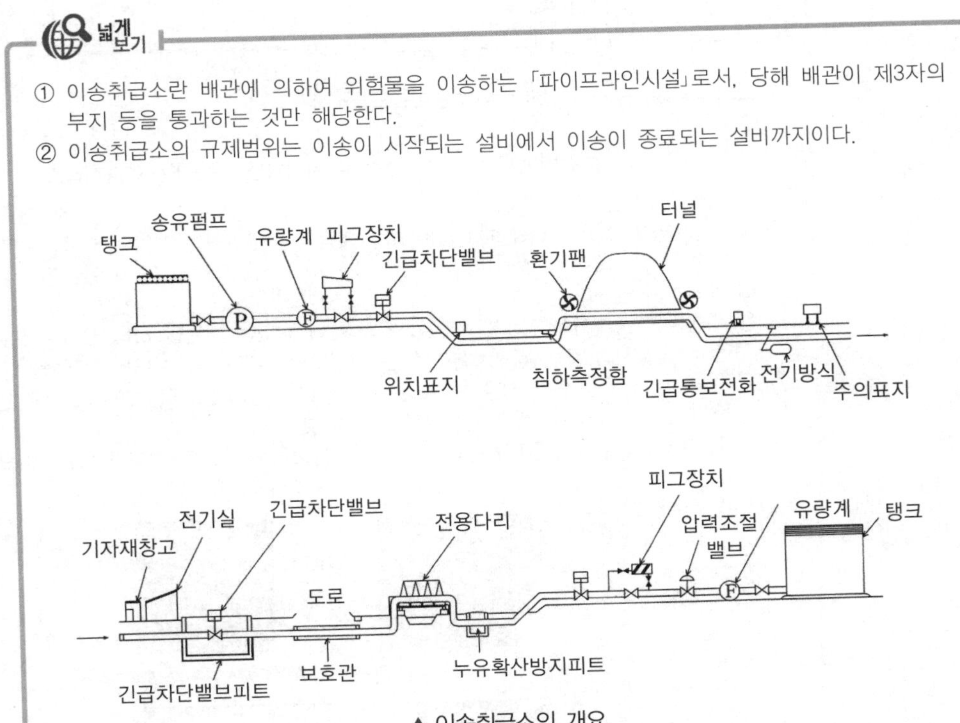

▲ 이송취급소의 개요

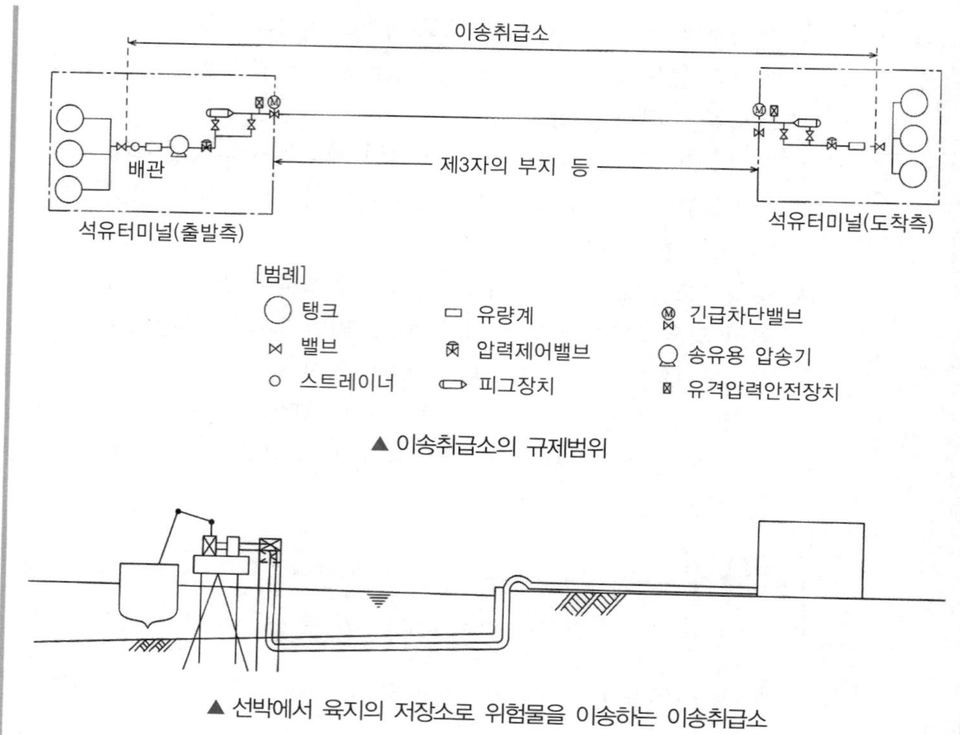

▲ 이송취급소의 규제범위

▲ 선박에서 육지의 저장소로 위험물을 이송하는 이송취급소

③ 배관 및 펌프 그리고 이에 부속하는 설비(위험물을 운반하는 선박에서 육상으로의 위험물 이송에 있어서는 배관 및 이에 부속하는 설비. 이하 같음)가 다음의 구조로 된 것은 이송취급소에 해당하지 않는다.

㉠ 위험물의 송출시설에서 입수시설까지의 사이에 있는 배관이 하나의 도로 또는 제3자(위험물의 송출시설 또는 입수시설이 있는 사업소와 관련되거나 유사한 사업을 행하는 자에 한한다. 이하 같음)의 부지를 통과하는 것으로서 다음의 ⓐ 또는 ⓑ의 요건을 만족하는 것

ⓐ 도로에 있어서는 배관이 횡단하는 것일 것

ⓑ 제3자의 부지에 있어서는 당해 부지를 통과하는 배관의 길이가 100m 이하일 것

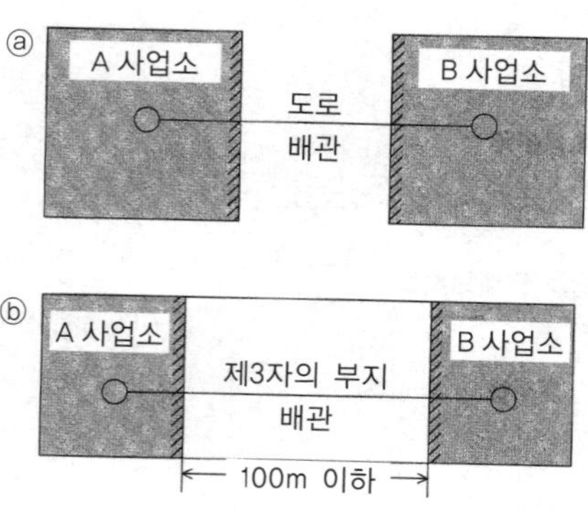

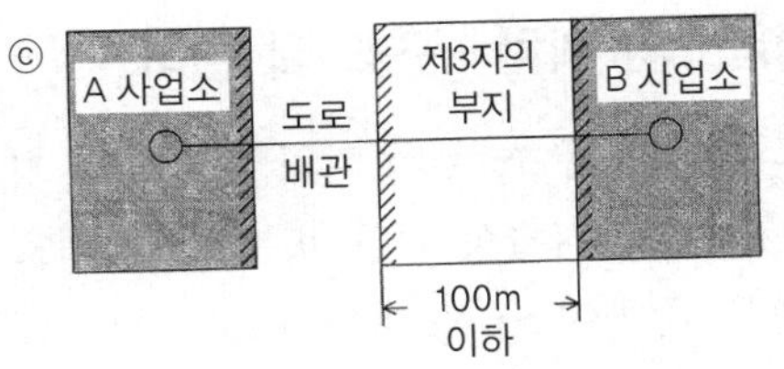

▲ 이송취급소에 해당하지 않는 예

㉡ 해상구조물에 설치된 배관으로서 안벽(岸壁)(선박의 접안을 위한 콘크리트벽)에서 배관(제1석유류를 이송하는 배관의 내경이 300mm 이상인 것을 제외한다)의 길이가 30m 이하인 것

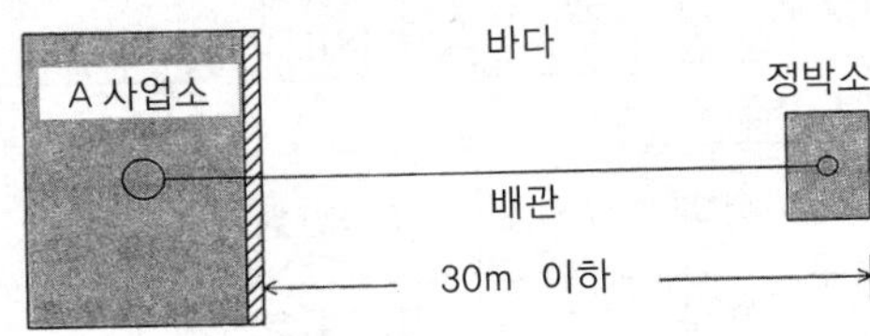

▲ 이송취급소에 해당하지 않는 예

㉢ ㉠ 및 ㉡의 요건을 만족하는 것

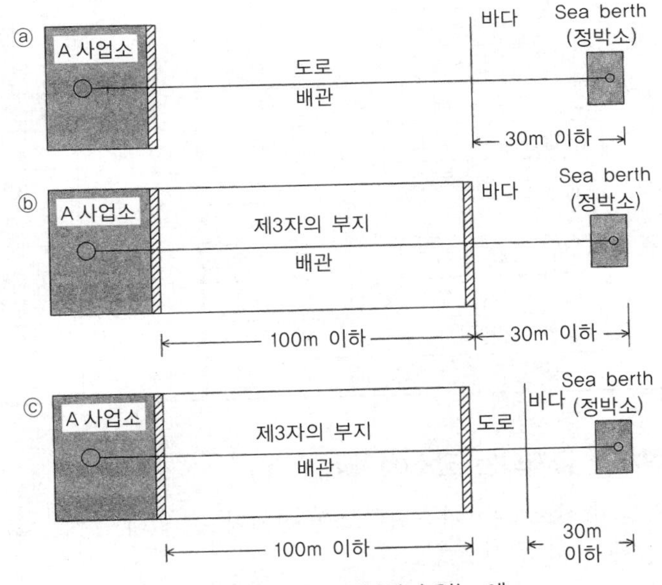

▲ 이송취급소에 해당하지 않는 예

④ ③에 게재하는 취급소(이송취급소에 해당하지 않는 이송배관시설) 및 위험물의 이송이 당해 이송에 관련된 시설(배관을 제외한다)의 부지 내에 있는 취급소는 일반취급소로 규제를 받거나 또는 다른 제조소등의 부속설비로서 규제된다.

⑤ 「송유관안전관리법」에 의한 송유관은 이송취급소에서 제외된다.

⑥ 이송취급소의 최대취급량 산정

㉠ 1일에 이송하는 최대수량을 당해 이송취급소의 최대취급량으로 한다.

㉡ 복수의 배관으로 허가를 한 것에 있어서는 각각의 배관에서 이송되는 위험물의 양을 합산한 수량으로 한다.

2 이송취급소의 위치 · 구조 및 설비

이송취급소의 위치 · 구조 및 설비의 기술상의 기준은 「송유관안전관리법」에 정한 석유 파이프라인(송유관)의 기술상 기준 또는 「고압가스 안전관리법」에 정한 고압가스 배관의 기술상의 기준에 준하여 규칙 별표 15로 정하고 있다.

이송취급소의 기준은 매우 상세하게 정해져 있는데 그 주요 항목을 정리하면 다음과 같다.

항 목		관계규정 (規 별표 15)
설치장소		Ⅰ
배관 등의 재료 및 구조	배관 등의 재료	Ⅱ 제1호
	배관 등의 구조	Ⅱ 제2호
	용접	Ⅱ 제7호
	방식피복	Ⅱ 제9호 및 제10호
	전기방식	Ⅱ 제11호
배관 설치의 기준	지하매설	Ⅲ 제1호
	도로 밑 매설	Ⅲ 제2호
	철도부지 밑 매설	Ⅲ 제3호
	지상설치	Ⅲ 제5호
	해저설치	Ⅲ 제6호
	해상설치	Ⅲ 제7호
	도로횡단설치	Ⅲ 제8호
	철도 밑 횡단매설	Ⅲ 제9호
	하천 등 횡단설치	Ⅲ 제10호

항 목		관계규정 (規 별표 15)
기타 안전 설비	누설확산방지조치	Ⅳ 제1호
	가연성 증기 체류방지조치	Ⅳ 제2호
	비파괴시험	Ⅳ 제5호
	내압시험	Ⅳ 제6호
	운전상태의 감시장치	Ⅳ 제7호
	안전제어장치	Ⅳ 제8호
	압력안전장치	Ⅳ 제9호
	누설감지장치 등	Ⅳ 제10호
	긴급차단밸브	Ⅳ 제11호
	위험물 제거조치	Ⅳ 제12호
	감진장치 등	Ⅳ 제13호
	경보설비	Ⅳ 제14호
	순찰차, 기자재창고	Ⅳ 제15호
	비상전원	Ⅳ 제16호
	피뢰설비	Ⅳ 제18호

(1) 설치가 금지되는 장소(規 별표 15 Ⅰ)

1) 다음의 장소에는 이송취급소를 설치할 수 없다. 다만, 2) 또는 3)의 경우를 제외한다(①).

① 철도 및 도로의 터널 안

② 고속국도 및 자동차전용도로(「도로법」 제48조 제1항에 따라 지정된 도로를 말한다)의 차도 · 길어깨 및 중앙분리대

③ 호수 · 저수지 등으로서 수리의 수원이 되는 곳

④ 급경사 지역으로서 붕괴의 위험이 있는 지역

2) 지형상황 등 부득이한 사유가 있고 안전에 필요한 조치를 하는 경우에는 상기 1)의 ① 내지 ④의 장소에 이송취급소를 설치할 수 있다(②).

3) 상기 1)의 ② 또는 ③의 장소에 횡단하여 설치하는 경우는 금지대상에서 제외된다(②).

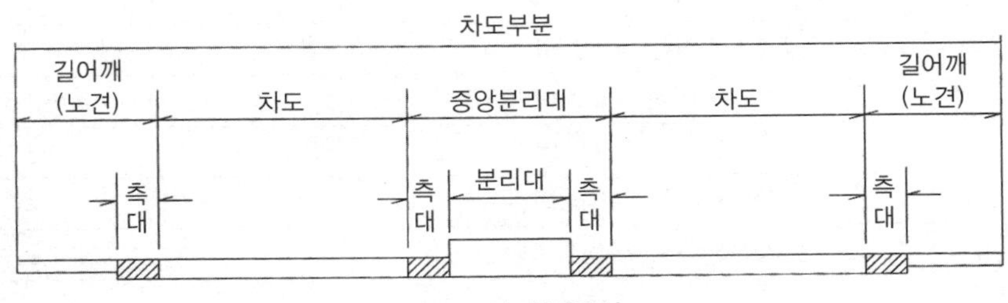

▲ 도로의 횡단구성

(2) 배관 등의 재료 · 구조 등(規 별표 15 Ⅱ)

1) 배관 등의 재료(①)

배관·관이음쇠 및 밸브("배관 등")의 재료는 다음의 규격에 적합한 것으로 하거나 이와 동등 이상의 기계적 성질이 있는 것으로 하여야 한다.

① **배관** : 고압배관용 탄소강관(KS D 3564), 압력배관용 탄소강관(KS D 3562), 고온배관용 탄소강관(KS D 3570) 또는 배관용 스테인리스강관(KS D 3576)

② **관이음쇠** : 배관용 강제 맞대기 용접식 관이음쇠(KS B 1541), 철강제 관플랜지 압력단계(KS B 1501), 관플랜지의 치수허용차(KS B 1502), 강제 용접식 관플랜지(KS B 1503), 철강제 관플랜지의 기본치수(KS B 1511) 또는 관플랜지의 개스킷자리치수(KS B 1519)

③ **밸브** : 주강 플랜지형 밸브(KS B 2361)

2) 배관 등의 구조(②)

① **강도** : 다음의 하중에 의하여 생기는 응력에 대한 안전성이 있어야 한다.

㉠ 위험물의 중량, 배관 등의 내압, 배관 등과 그 부속설비의 자중, 토압, 수압, 열차하중, 자동차하중 및 부력 등의 주하중[113)]

㉡ 풍하중, 설하중, 온도변화의 영향, 진동의 영향, 지진의 영향, 배의 닻에 의한 충격의 영향, 파도와 조류의 영향, 설치공정상의 영향 및 다른 공사에 의한 영향 등의 종하중

② **교량에 설치하는 배관** : 교량의 굴곡·신축·진동 등에 대하여 안전한 구조로 하여야 한다(③).

③ **배관의 두께** : 배관의 외경에 따라 다음 표에 정한 것 이상으로 하여야 한다(④).

---

113) ① 배관 등은 공사완료 후 운전 중에 작용하는 주하중 및 종하중 외에 공사 중에 있어서 하중의 영향에 대해서도 충분한 안전성을 갖출 필요가 있다.
② 「주하중」이란 상시 연속적, 장기적으로 작용하는 하중이며, 「종하중」이란 일시적, 단기적으로 작용하는 하중이다.

배관의 외경(단위 : mm)	배관의 두께(단위 : mm)
114.3 미만	4.5
114.3 이상 139.8 미만	4.9
139.8 이상 165.2 미만	5.1
165.2 이상 216.3 미만	5.5
216.3 이상 355.6 미만	6.4
355.6 이상 508.0 미만	7.9
508.0 이상	9.5

④ **구조에 관한 세부기준** : ① 내지 ③에 정한 것 외에 배관 등의 구조에 관하여 필요한 사항은 고시(告 113 ~ 120)한다(⑤).

⑤ **신축흡수조치** : 배관의 안전에 영향을 미칠 수 있는 신축이 생길 우려가 있는 부분에는 그 신축을 흡수하는 조치를 강구하여야 한다(⑥).

참고

① "배관의 안전에 영향을 미칠 수 있는 신축"이란 온도변화에 수반하는 신축 또는 부등침하의 우려가 있는 부분 등에서 발생하는 압축·인장·굴곡 및 전단의 각 응력 또는 합성응력의 어느 하나가 허용응력을 초과하는 경우를 말한다.

② "그 신축을 흡수하는 조치"로서는 곡관에 의하는 것이 원칙이지만, 배관 중에 엘보를 사용하여 배관루프를 형성하는 방법도 생각할 수 있다. 또 저압인 경우 특히 이송기지 내에 있어서는 벨로스형 신축이음을 이용할 수도 있다.

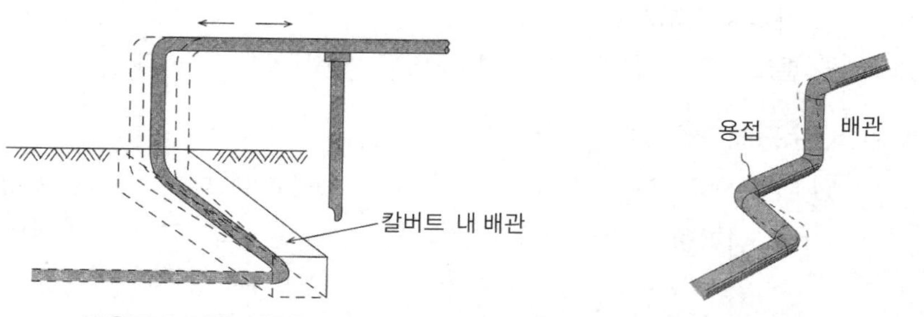

▲ 굽은관에 의한 신축흡수조치(좌) ▲ 엘보를 이용한 배관루프에 의한 신축흡수조치(우)

3) 배관의 접합

① 배관 등의 이음은 아크용접 또는 이와 동등 이상의 효과를 갖는 용접방법에 의하여야 한다. 다만, 용접에 의하는 것이 적당하지 아니한 경우는 안전상 필요한 강도가 있는 플랜지 이음으로 할 수 있다(⑦).

② **플랜지 이음에 따른 조치** : 플랜지 이음을 하는 경우에는 당해 이음부분의 점검을 하고 위험물의 누설 확산을 방지하기 위한 조치를 하여야 한다. 다만, 해저 입하배관의 경우에는 누설확산방지조치를 아니할 수 있다(⑧).

참고

① 플랜지 접합부는 지상 또는 지하에 있어서는 점검박스 내로 하여, 누설확산방지 및 보수관리에 지장이 없도록 조치하여야 한다.

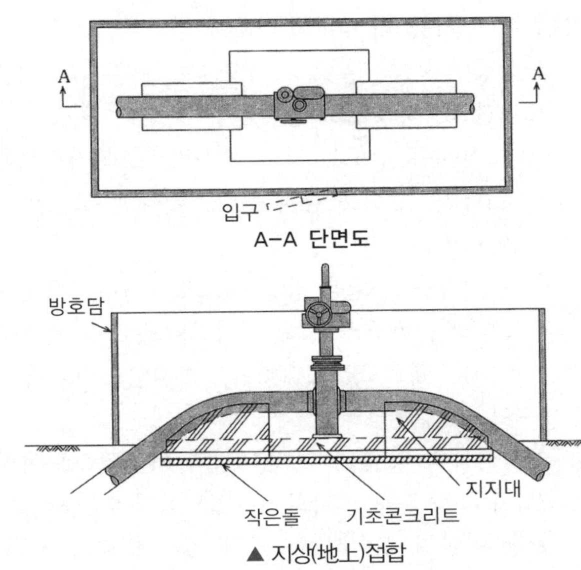

▲ 지상(地上)접합

② 플랜지 접합부는 유격작용 등의 충격력에 대하여 충분한 강도가 있고 개스킷의 파손 및 개스킷으로부터 누설할 우려가 없는 것으로 하여야 한다.

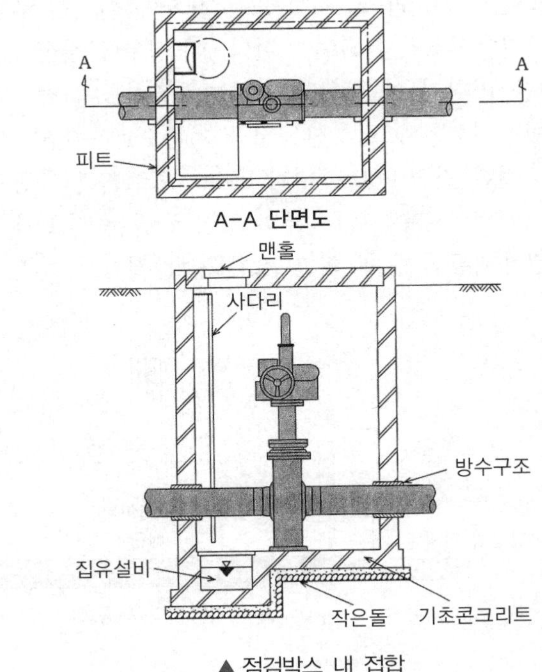

▲ 점검박스 내 접합

4) 방식 등 배관보호조치

① **지하배관의 방식피복** : 지하 또는 해저에 설치한 배관 등에는 다음의 기준에 의하여 내구성이 있고 전기절연저항이 큰 도복장재료를 사용하여 외면부식을 방지하기 위한 조치를 하여야 한다(⑨).

㉠ 도장재(塗裝材) 및 복장재(覆裝材)는 다음의 기준 또는 이와 동등 이상의 방식효과를 갖는 것으로 할 것

ⓐ 도장재는 수도용 강관 아스팔트도복장방법(KS D 8306)에 정한 아스팔트에나멜, 수도용 강관 콜타르에나멜도복장방법(KS D 8307)에 정한 콜타르에나멜

ⓑ 복장재는 수도용 강관 아스팔트도복장방법(KS D 8306)에 정한 비니론크로즈, 글라스크로즈, 글라스매트 또는 폴리에틸렌, 헤시안크로즈, 타르에폭시, 페트로라튬테이프, 경질염화비닐라이닝강관, 폴리에틸렌열수축튜브, 나일론12수지

㉡ 방식피복의 방법은 수도용 강관 아스팔트도복장방법(KS D 8306)에 정한 방법, 수도용 강관 콜타르에나멜도복장방법(KS D 8307)에 정한 방법 또는 이와 동등 이상의 부식방지효과가 있는 방법에 의할 것

② **지상배관의 방식도장** : 지상 또는 해상에 설치한 배관 등에는 외면부식을 방지하기 위한 도장을 실시하여야 한다(⑩).

③ **지하배관의 전기방식** : 지하 또는 해저에 설치한 배관 등에는 다음의 기준에 의하여 전기방식조치를 하여야 한다. 이 경우 근접한 매설물 그 밖의 구조물에 대하여 영향을 미치지 아니하도록 필요한 조치를 하여야 한다(⑪).

㉠ 방식전위는 포화황산동전극 기준으로 -0.8V 이하로 할 것

㉡ 적절한 간격(200m 내지 500m)으로 전위측정단자를 설치할 것

㉢ 전기철로 부지 등 전류의 영향을 받는 장소에 배관 등을 매설하는 경우에는 강제배류법 등에 의한 조치를 할 것

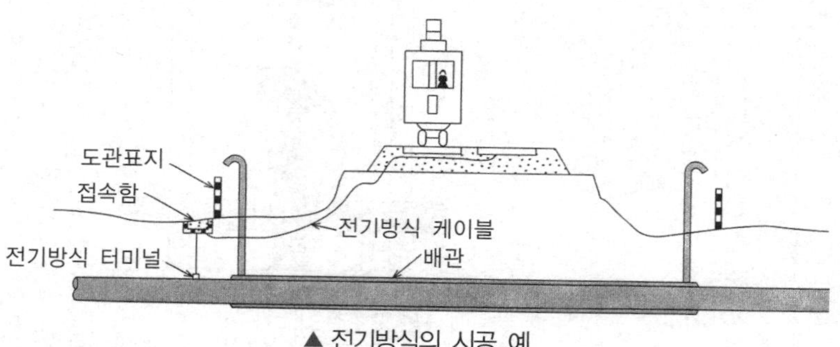

▲ 전기방식의 시공 예

④ 가열·보온설비 : 배관 등에 가열 또는 보온하기 위한 설비를 설치하는 경우에는 화재 예방상 안전하고 다른 시설물에 영향을 주지 아니하는 구조로 하여야 한다(⑫).[114]

(3) 배관의 설치방법(規 별표 15 Ⅲ)

1) 지하매설

배관을 지하에 매설하는 경우에는 다음의 기준에 의하여야 한다(Ⅲ ①).

① 배관은 그 외면으로부터 건축물·지하가·터널 또는 수도시설까지 각각 다음의 규정에 의한 안전거리를 둘 것. 다만, ㉠ 또는 ㉢의 공작물에 있어서는 적절한 누설확산방지조치를 하는 경우에 그 안전거리를 1/2의 범위 안에서 단축할 수 있다.
  ㉠ 건축물(지하가 내의 건축물을 제외한다) : 1.5m 이상
  ㉡ 지하가 및 터널 : 10m 이상
  ㉢ 「수도법」에 의한 수도시설(「위험물의 유입 우려가 있는 것」에 한한다) : 300m 이상

② 배관은 그 외면으로부터 「다른 공작물」에 대하여 0.3m 이상의 거리를 보유할 것. 다만, 0.3m 이상의 거리를 보유하기 곤란한 경우로서 당해 공작물의 보전을 위하여 필요한 조치를 하는 경우에는 그러하지 아니하다(① 나).

③ 배관의 외면과 지표면과의 거리는 「산이나 들」에 있어서는 0.9m 이상, 그 밖의 지역에 있어서는 1.2m 이상으로 할 것. 다만, 당해 배관을 각각의 깊이로 매설하는 경우와 동등 이상의 안전성이 확보되는 견고하고 내구성이 있는 구조물(이하 "방호구조물"이라 한다) 안에 설치하는 경우에는 그러하지 아니하다(① 다).

④ 배관은 지반의 동결로 인한 손상을 받지 아니하는 적절한 깊이로 매설할 것

⑤ 성토 또는 절토를 한 경사면의 부근에 배관을 매설하는 경우에는 경사면의 붕괴에 의한 피해가 발생하지 아니하도록 매설할 것

⑥ 배관의 입상부, 지반의 급변부 등 지지조건이 급변하는 장소에 있어서는 굽은관을 사용하거나 지반개량 그 밖에 필요한 조치를 강구할 것

⑦ 배관의 하부에는 사질토 또는 모래로 20cm(자동차 등의 하중이 없는 경우에는 10cm) 이상, 배관의 상부에는 사질토 또는 모래로 30cm(자동차 등의 하중이 없는 경우에는 20cm) 이상 채울 것

114) 점도가 높은 중질유 파이프라인은 배관 등을 가열, 보온하여 충분한 유동을 얻을 수 있을 때까지 온도를 높여서 송유한다. 이 경우 가열방법으로는 전기가열 및 스팀가열이 일반적이다.

넓게 보기

① 「위험물의 유입 우려가 있는 것」이란 취수시설, 저수시설, 정수시설, 수도시설 및 배수시설(배수지에 한한다) 중 밀폐된 것 외의 것을 말한다.

② 배관을 지하에 매설하는 경우에도 위험물의 누설 기타 사고가 발생한 경우를 고려하여 건축물·지하가 등에 근접하여 설치하지 않는다. 또한, 제1호 나목의 「다른 공작물」이란 다른 위험물 배관(하나의 이송취급소가 둘 이상의 배관으로 구성되는 경우 다른 방향의 배관도 포함한다)·하수관·건축물의 기초 등이며, 동시에 매설하는 배관부속설비는 포함하지 않는다.
또, 수평거리 0.3m는 각 매설물의 검사·수리·교체작업의 시공상 이유·전기부식의 영향 등에서 설정된 것이므로, 당해 거리를 보유하는 것이 곤란한 경우에는 절연 등 다른 공작물의 보전조치를 강구하는 것에 의하여 당해 거리를 완화할 수 있다.

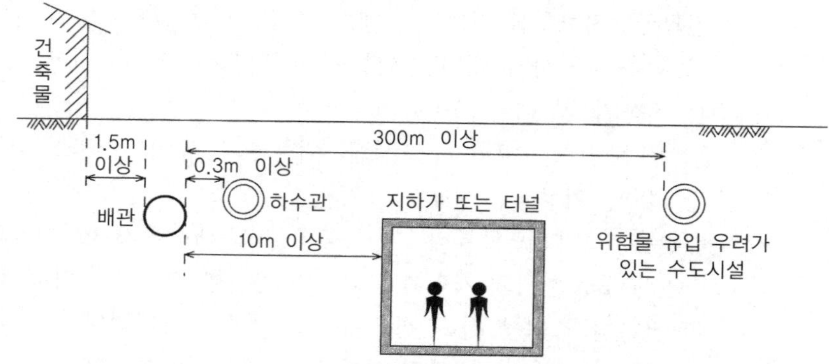

▲ 배관과 건축물 등과의 수평거리

③ 「산이나 들」이란 고도의 토지 이용을 할 수 없는 지역인데, 현재의 토지이용상황이 산이나 들이라 할지라도 「국토의 계획 및 이용에 관한 법률」상 도시지역·농업지역 등과 같이 고도의 토지이용계획이 수립되어 있는 경우에는 「그 밖의 지역」으로 취급하여 배관의 외면과 지표면과의 거리를 확보한다.

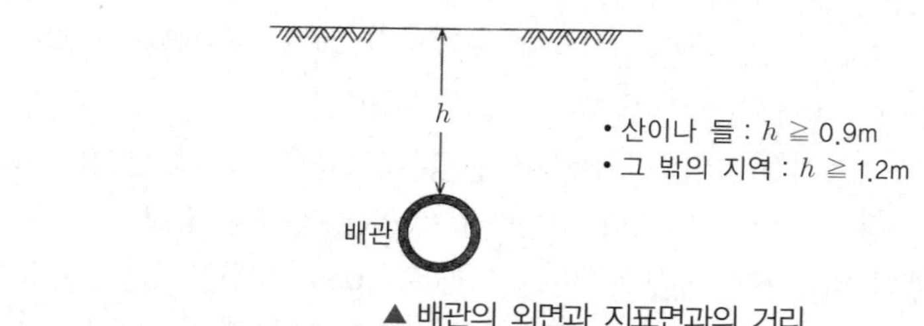

▲ 배관의 외면과 지표면과의 거리

2) 도로 밑 매설

배관을 도로 밑에 매설하는 경우에는 1)[② 및 ③을 제외]의 규정(지하매설기준)에 의하는 외에 다음의 기준에 의하여야 한다(Ⅲ ②).

① 배관은 원칙적으로 「자동차하중의 영향이 적은 장소」에 매설할 것
② 배관은 그 외면으로부터 도로의 경계에 대하여 1m 이상의 안전거리를 둘 것
③ 시가지(「국토의 계획 및 이용에 관한 법률」 제6조 제1호의 규정에 의한 도시지역

을 말한다. 다만, 동법 제36조 제1항 제1호 다목의 규정에 의한 공업지역을 제외한다. 이하 같다) 도로의 밑에 매설하는 경우에는 배관의 외경보다 10cm 이상 넓은 견고하고 내구성이 있는 재질의 판(이하 "보호판"이라 한다)을 배관의 상부로부터 30cm 이상 위에 설치할 것. 다만, 방호구조물 안에 설치하는 경우에는 그러하지 아니하다.

④ 배관(「보호판」 또는 「방호구조물」에 의하여 배관을 보호하는 경우에는 당해 보호판 또는 방호구조물을 말한다. 이하 ⑥ 및 ⑦에서 같다)은 그 외면으로부터 다른 공작물에 대하여 0.3m 이상의 거리를 보유할 것. 다만, 배관의 외면에서 다른 공작물에 대하여 0.3m 이상의 거리를 보유하기 곤란한 경우로서 당해 공작물의 보전을 위하여 필요한 조치를 하는 경우에는 그러하지 아니하다.

⑤ 시가지 도로의 노면 아래에 매설하는 경우에는 배관(방호구조물의 안에 설치된 것을 제외한다)의 외면과 노면과의 거리는 1.5m 이상, 보호판 또는 방호구조물의 외면과 노면과의 거리는 1.2m 이상으로 할 것

⑥ 시가지 외의 도로의 노면 아래에 매설하는 경우에는 배관의 외면과 노면과의 거리는 1.2m 이상으로 할 것

⑦ 포장된 차도에 매설하는 경우에는 포장부분의 노반(차단층이 있는 경우는 당해 차단층을 말한다. 이하 같다)의 밑에 매설하고, 배관의 외면과 노반의 최하부와의 거리는 0.5m 이상으로 할 것

⑧ 「노면 밑 외의 도로 밑」에 매설하는 경우에는 배관의 외면과 지표면과의 거리는 1.2m[보호판 또는 방호구조물에 의하여 보호된 배관에 있어서는 0.6m(시가지의 도로 밑에 매설하는 경우에는 0.9m)] 이상으로 할 것

⑨ 전선・수도관・하수도관・가스관 또는 이와 유사한 것이 매설되어 있거나 매설할 계획이 있는 도로에 매설하는 경우에는 이들의 상부에 매설하지 아니할 것. 다만, 다른 매설물의 깊이가 2m 이상인 때에는 그러하지 아니하다.

넓게 보기

① 「자동차하중의 영향이 적은 장소」란 통상 토압 외의 외력이 더해지는 빈도가 적은 보도, 길어깨, 분리대, 정차지대, 경사면 등이 해당한다.

② 「보호판」이란 타공사에 의해 배관이 손상되는 것을 방지하기 위한 하나의 방책으로 설치하는 것이며, 「방호구조물」이란 열차, 자동차 등의 하중 및 부등침하에 의한 하중을 배관이 직접 받는 것을 방지하기 위하여 설치하는 것이다.

③ 보호판에는 강철판 또는 철근콘크리트판 등이 해당한다.

④ 방호구조물에는 강철제보호관, 철근콘크리트제 칼버트 등이 해당한다. 또 방호구조물은 토사의 유입방지, 양단부의 지반붕괴방지, 지반침하방지, 배관방식, 누설확산방지 등을 위하여 양쪽을 폐쇄한다.

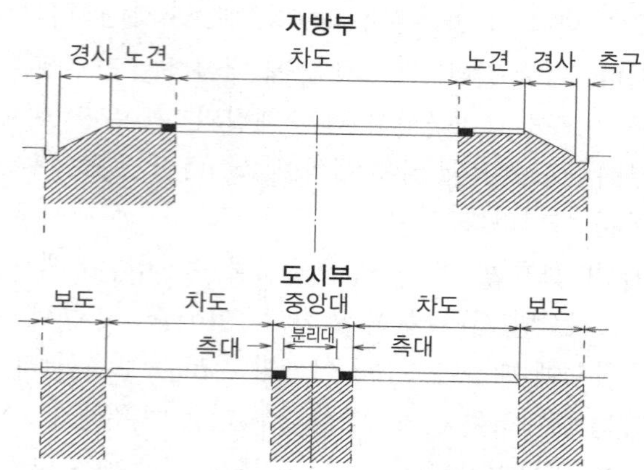

㈜ ▨ 부분은 자동차하중의 영향이 적은 장소를 표시함.

▲ 자동차하중의 영향이 적은 장소

⑤ "노면 밑 외의 도로 밑"이란 길어깨 경사면, 도랑(측구) 등의 장소가 해당한다.

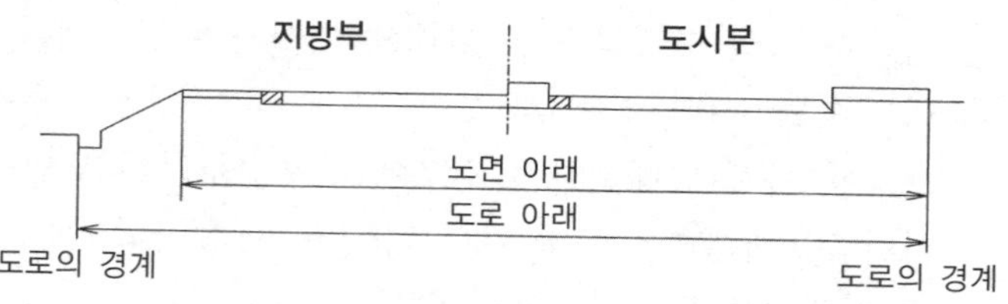

▲ 노면 밑 및 도로 밑

⑥ 시가지의 도로 밑에 매설하는 경우 및 시가지 외의 도로 밑에 매설하는 경우의 매설방법을 각각 그림으로 표시하면 다음과 같다.

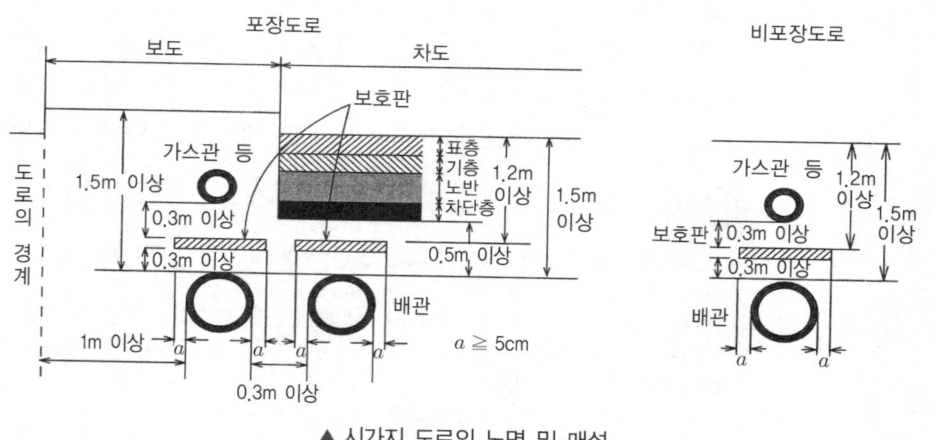

▲ 시가지 도로의 노면 밑 매설

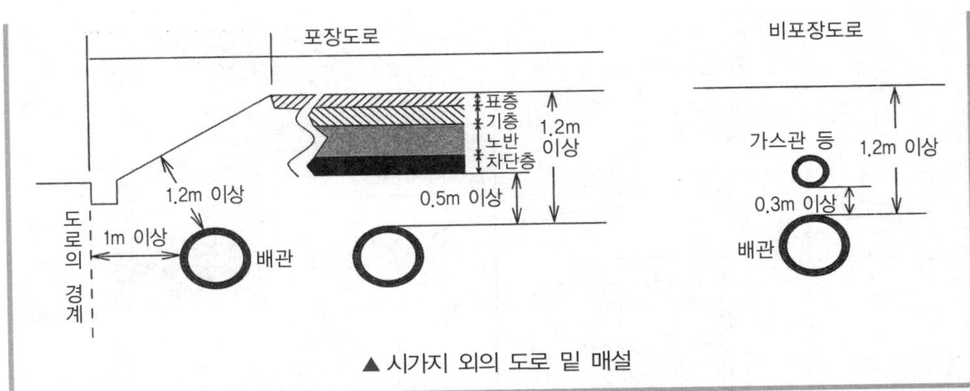

▲ 시가지 외의 도로 밑 매설

3) 철도부지 밑 매설

배관을 철도부지(철도차량을 운행하기 위한 궤도와 이를 받치는 노반 또는 공작물로 구성된 시설을 설치하거나 설치하기 위한 용지를 말한다. 이하 같다)에 인접하여 매설하는 경우에는 1)[3)을 제외한다]의 규정(지하매설기준)에 의하는 외에 다음의 기준에 의하여야 한다(Ⅲ ③).

① 배관은 그 외면으로부터 철도 중심선에 대하여는 4m 이상, 당해 철도부지(도로에 인접한 경우는 제외)의 용지경계에 대하여는 1m 이상 거리를 유지할 것. 다만, 열차하중의 영향을 받지 않도록 매설하거나 배관의 구조가 열차하중에 견딜 수 있도록 된 경우에는 그러하지 아니하다(③ 가).

② 배관의 외면과 지표면과의 거리는 1.2m 이상으로 할 것

넓게 보기

① 상시 반복되는 열차하중의 영향은 하중분포를 45° 분포로 고려하면 궤도 중심에서 4m 이상 이격하여 깊이 1.2m 이상에 매설하면 피할 수 있다고 보는 것이다. 또 철도부지 내에서의 지반공사 등의 영향을 피하기 위하여 선로부지의 용지경계에서 1m 이상 떨어지는 것이 필요하다.

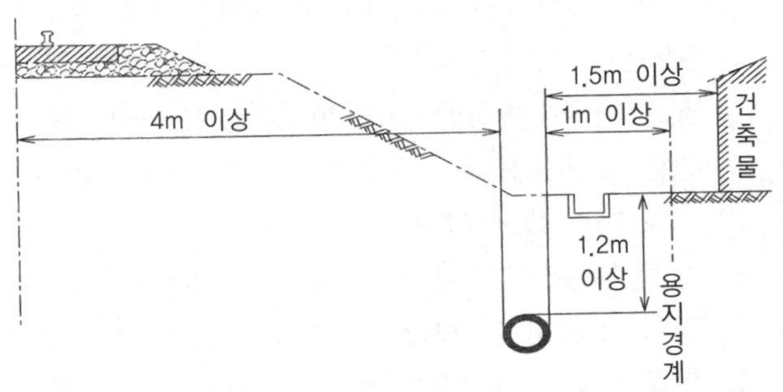

▲ 철도부지 밑 매설

② 선로 간 매설 등 선로에 근접하여 매설하는 경우에는 보호관 또는 강제콘크리트제의 구형(溝型) 프리캐스트(Precast) 재료 등 방호구조물을 이용하여 열차하중의 영향을 받지 않도록 하여야 한다.

또, 제3호 가목 단서의 규정에 의하여 배관의 외면과 철도중심선 및 용지경계와의 수평거리를 단축할 수 있는 경우를 그림으로 표시하면 다음과 같다.

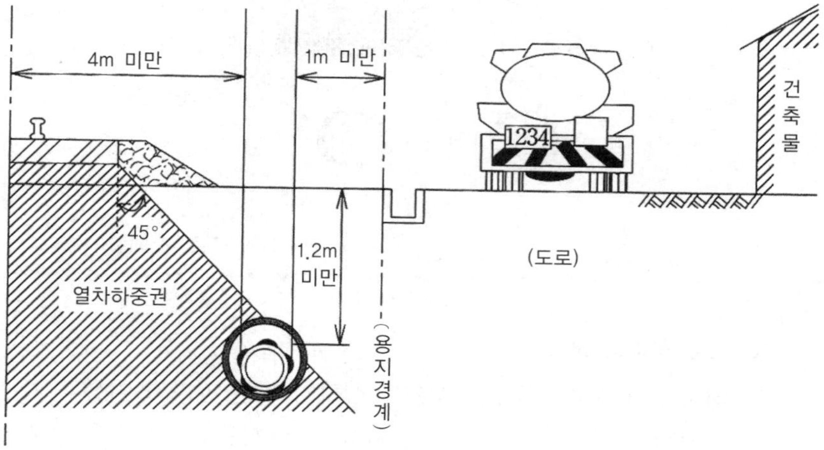

▲ 철도부지 밑 매설 특례

4) 하천 홍수관리구역 내 매설

배관을 「하천법」 제12조의 규정에 의하여 지정된 홍수관리구역 내에 매설하는 경우에는 지하매설의 규정(Ⅲ ①)을 준용하는 외에 제방(堤防) 또는 호안(護岸)이 홍수관리구역의 지반면과 접하는 부분으로부터 하천관리상 필요한 거리를 유지하여야 한다(Ⅲ ④).

5) 지상설치

배관을 지상에 설치하는 경우에는 다음의 기준에 의하여야 한다(Ⅲ ⑤).

① 배관이 지표면에 접하지 아니하도록 할 것

② 배관[이송기지(펌프에 의하여 위험물을 보내거나 받는 작업을 행하는 장소를 말한다. 이하 같다)의 구내에 설치되어진 것을 제외한다]은 다음의 기준에 의한 안전거리를 둘 것

㉠ 철도(화물수송용으로만 쓰이는 것은 제외) 또는 도로(「국토의 계획 및 이용에 관한 법률」에 의한 공업지역 또는 전용공업지역에 있는 것은 제외)의 경계선으로부터 25m 이상

㉡ 규칙 별표 4 Ⅰ 제1호 나목의 시설(다수인수용시설)로부터 45m 이상

㉢ 규칙 별표 4 Ⅰ 제1호 다목의 시설(문화재)로부터 65m 이상

㉣ 규칙 별표 4 Ⅰ 제1호 라목의 시설(가스시설)로부터 35m 이상

㉤ 「국토의 계획 및 이용에 관한 법률」에 의한 공공공지 또는 「도시공원법」에 의한 도시공원으로부터 45m 이상

ⓑ 판매시설·숙박시설·위락시설 등 불특정 다중을 수용하는 시설 중 연면적 $1,000m^2$ 이상인 것으로부터 45m 이상

ⓢ 1일 평균 20,000명 이상 이용하는 기차역 또는 버스터미널로부터 45m 이상

ⓞ 「수도법」에 의한 수도시설 중 위험물이 유입될 가능성이 있는 것으로부터 300m 이상

ⓙ 주택 또는 ㉠ 내지 ⓞ과 유사한 시설 중 다수의 사람이 출입하거나 근무하는 것으로부터 25m 이상

③ 배관(이송기지의 구내에 설치된 것을 제외한다)의 양측면으로부터 당해 배관의 최대상용압력에 따라 다음 표에 의한 너비(「국토의 계획 및 이용에 관한 법률」에 의한 공업지역 또는 전용공업지역에 설치한 배관에 있어서는 그 너비의 1/3)의 공지를 보유할 것. 다만, 양단을 폐쇄한 밀폐구조의 방호구조물 안에 배관을 설치하거나 위험물의 유출 확산을 방지할 수 있는 방화상 유효한 담을 설치하는 등 안전상 필요한 조치를 하는 경우에는 그러하지 아니하다.

배관의 최대상용압력	공지의 너비
0.3MPa 미만	5m 이상
0.3MPa 이상 1MPa 미만	9m 이상
1MPa 이상	15m 이상

넓게 보기

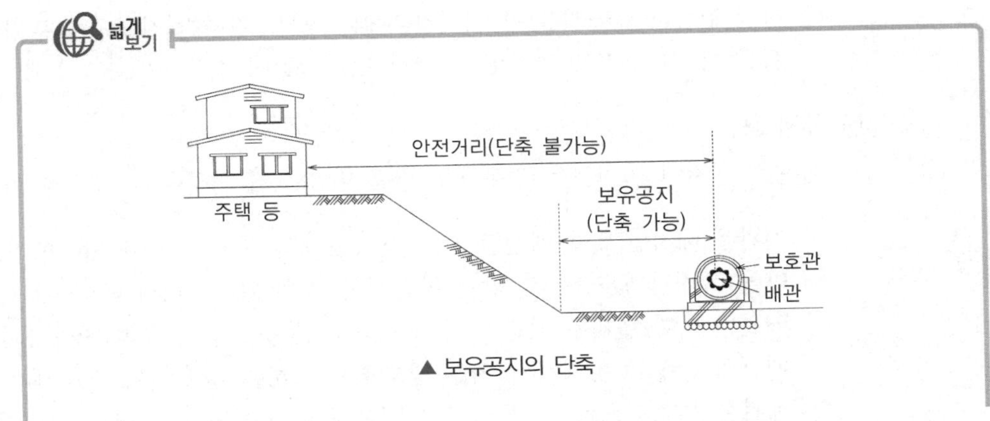

▲ 보유공지의 단축

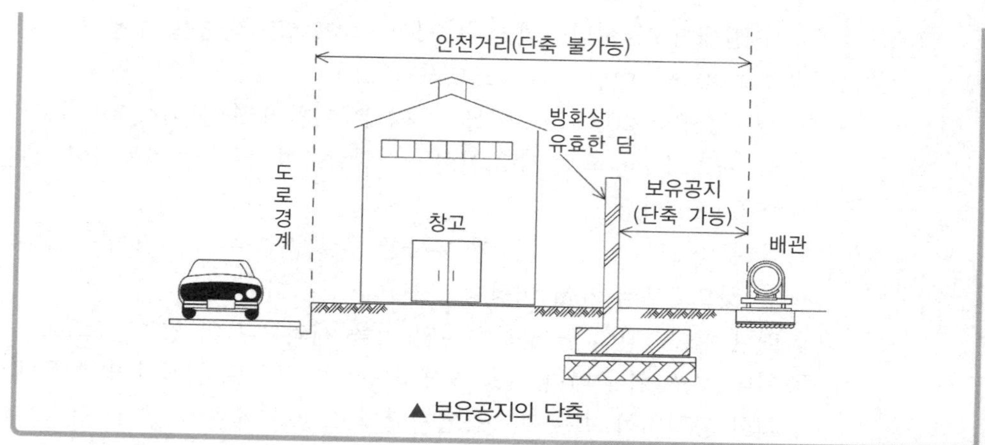

▲ 보유공지의 단축

④ 배관은 지진·풍압·지반침하·온도변화에 의한 신축 등에 대하여 안전성이 있는 철근콘크리트조 또는 이와 동등 이상의 내화성이 있는 지지물에 의하여 지지되도록 할 것. 다만, 화재에 의하여 당해 구조물이 변형될 우려가 없는 지지물에 의하여 지지되는 경우에는 그러하지 아니하다.
⑤ 자동차·선박 등의 충돌에 의하여 배관 또는 그 지지물이 손상을 받을 우려가 있는 경우에는 견고하고 내구성이 있는 보호설비를 설치할 것
⑥ 배관은 다른 공작물(당해 배관의 지지물을 제외한다)에 대하여 배관의 유지관리상 필요한 간격을 가질 것
⑦ 단열재 등으로 배관을 감싸는 경우에는 일정구간마다 점검구를 두거나 단열재 등을 쉽게 떼고 붙일 수 있도록 하는 등 점검이 쉬운 구조로 할 것

6) 해저설치

배관을 해저에 설치하는 경우에는 다음의 기준에 의하여야 한다(Ⅲ ⑥).

① 배관은 해저면 밑에 매설할 것. 다만, 선박의 닻 내림 등에 의하여 배관이 손상을 받을 우려가 없거나 그 밖에 부득이한 경우에는 그러하지 아니하다.
② 배관은 이미 설치된 배관[115]과 교차하지 말 것. 다만, 교차가 불가피한 경우로서 배관의 손상을 방지하기 위한 방호조치를 하는 경우에는 그러하지 아니하다.
③ 배관은 원칙적으로 이미 설치된 배관에 대하여 30m 이상의 안전거리를 둘 것
④ 2본 이상의 배관을 동시에 설치하는 경우에는 배관이 상호 접촉하지 아니하도록 필요한 조치를 할 것
⑤ 배관의 입상부에는 방호시설물을 설치할 것. 다만, 계선부표(繫船浮標)에 도달하는 입상배관이 강제 외의 재질인 경우에는 그러하지 아니하다.

115) "이미 설치된 배관"이란 위험물 배관 외에 해저설치 고압가스배관 등이 해당한다.

참고

① 배관의 입상부에 설치하는 「방호시설물」[116] 및 당해 방호시설물의 손상을 막기 위해 필요한 장소에 강구하는 「충돌예방조치」[117]의 시공 예는 다음의 그림과 같다.

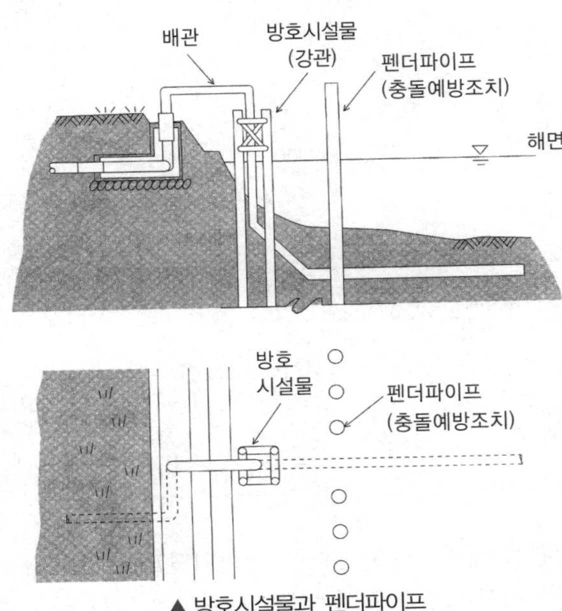

▲ 방호시설물과 펜더파이프

② 「계선부표(繫船浮標)」란 충분한 부력 및 강도를 가진 강철판제 원형 부표로서 해면에 뜨며 몇 개의 앵커 및 체인으로 해저에 고정되어 있다. 부표에는 계선(繫船 : 선박을 매어둠)장치, 액체화물하역용 플렉시블호스 등이 장비되어 있으며, 이들은 부표를 중심으로 360° 회전할 수 있다. 플렉시블호스 말단을 계류 중인 유조선은 매니폴드(manifold)에 연결함으로써 즉시 하역을 행할 수 있는 외에 바람 및 조류에 의해 유조선은 부표 주변을 자유롭게 회전하여 이들 저항이 최소가 되도록 함으로써 상당한 강풍, 강조류에도 안전하게 계선 및 하역을 행할 수 있다.

116) "방호시설물"은 강관말뚝을 이용한 것과 배관의 지지물을 겸한 철근콘크리트케이슨, 철골앵글 등이 해당되는데, 어느 경우에도 선박, 파도 등의 외력으로부터 배관의 안전을 확보할 수 있어야 한다.

117) "충돌예방조치"로서는 펜더파이프를 이용하는 것이 보통이다. 펜더파이프는 선박 또는 목재 등의 부유물이 충돌할 경우 완충장치로서 쓰이는 것이며, 방호시설물의 보전, 안전을 위하여 필요하다. 펜더파이프의 재료로서는 일반적으로 나무, 고무, 스프링, 로프코일 등을 이용하며, 그 뒤틀림으로 완충시키게 되는데, 이들은 손실되기 쉬우므로 그 유지관리에 특히 주의를 요한다. 또 방호시설물의 전면에 2~3m 간격으로 말뚝을 쳐서 그 휨을 이용하여 완충시키는 경우도 있다.

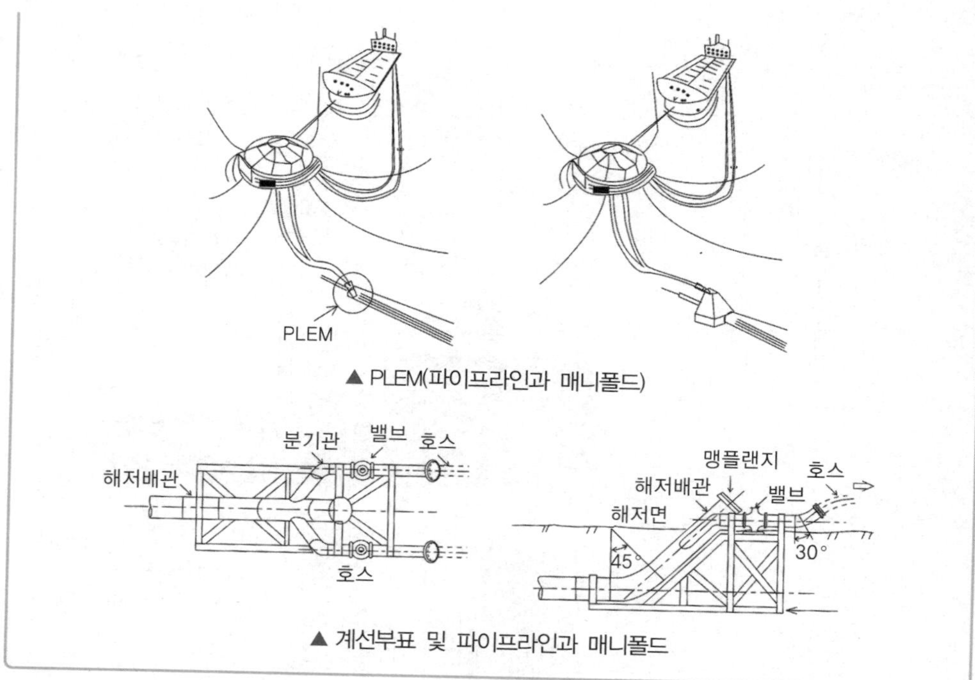

▲ PLEM(파이프라인과 매니폴드)

▲ 계선부표 및 파이프라인과 매니폴드

⑥ 배관을 매설하는 경우에는 배관외면과 해저면(당해 배관을 매설하는 해저에 대한 준설계획이 있는 경우에는 그 계획에 의한 준설 후 해저면의 0.6m 아래를 말한다)과의 거리는 닻 내림의 충격, 토질, 매설하는 재료, 선박교통사정 등을 감안하여 안전한 거리로 할 것

⑦ 패일 우려가 있는 해저면 아래에 매설하는 경우에는 배관의 노출을 방지하기 위한 조치를 할 것

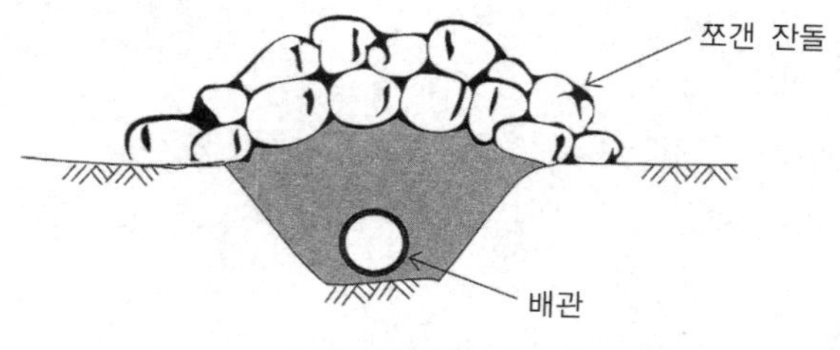

▲ 패임방지 조치 예

⑧ 배관을 매설하지 아니하고 설치하는 경우에는 배관이 연속적으로 지지되도록 해저면을 고를 것

⑨ 배관이 부양 또는 이동할 우려가 있는 경우에는 이를 방지하기 위한 조치를 할 것[118]

118) "배관이 부양 또는 이동할 우려가 있는 경우"란 부설선(敷設船)에 의한 배관부설의 경우 등 배관을 빈 상태로 부설하는 경우가 해당한다. 이 경우에 있어서는 배관의 수중중량을 컨트롤하여, 부력과 조류력에 의한 부상 및 이동을 방지하기 위한 콘크리트코팅을 실시한다.

7) 해상설치

배관을 해상에 설치하는 경우에는 다음의 기준에 의하여야 한다(Ⅲ ⑦).

① 배관은 지진·풍압·파도 등에 대하여 안전한 구조의 지지물에 의하여 지지할 것
② 배관은 선박 등의 항행에 의하여 손상을 받지 아니하도록 해면과의 사이에 필요한 공간을 확보하여 설치할 것
③ 선박의 충돌 등에 의해서 배관 또는 그 지지물이 손상을 받을 우려가 있는 경우에는 견고하고 내구력이 있는 보호설비를 설치할 것
④ 배관은 다른 공작물(당해 배관의 지지물을 제외한다)에 대하여 배관의 유지관리상 필요한 간격을 보유할 것

참고

① 배관의 지지물로는 트러스교 등이 해당한다. 다만, 해상부에 있어서 배관 연장이 비교적 짧은 경우에는 배관을 교각만으로 지지하는 경우도 있다.
② 해상 설치 시에는 배관 및 그 지지물의 보호에 특히 주의하여야 하며, 선박, 부유물 등이 직접 충돌하지 않도록 방호설비를 설치하여야 한다.

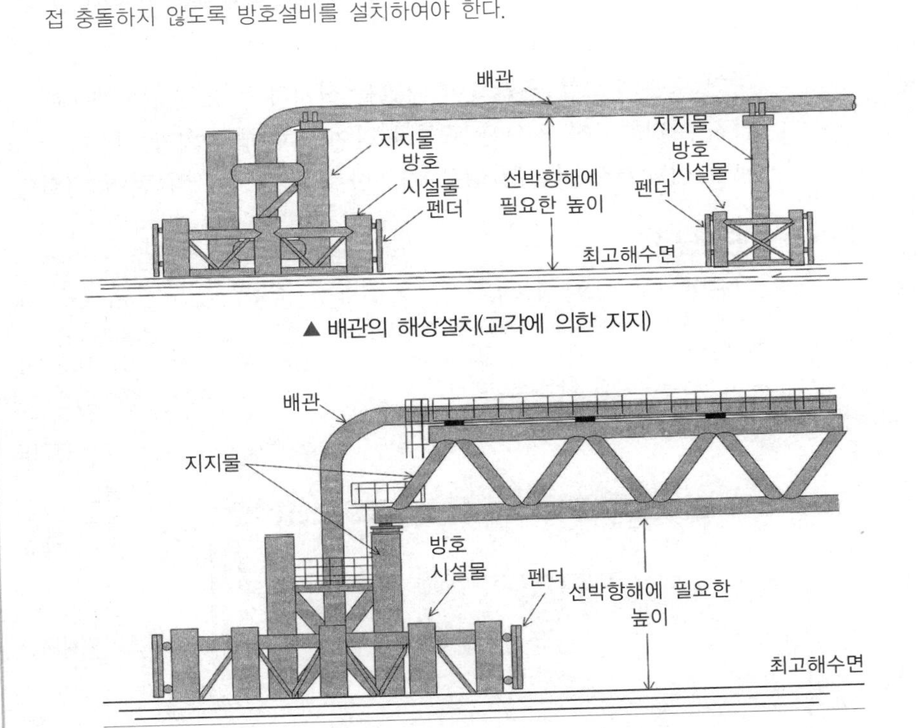

▲ 배관의 해상설치(교각에 의한 지지)

▲ 배관의 해상설치(트러스교에 의한 지지)

8) 도로횡단설치

도로를 횡단하여 배관을 설치하는 경우에 다음 기준에 의하여야 한다(Ⅲ ⑧).

① 배관을 도로 아래에 매설할 것. 다만, 지형의 상황 그 밖에 특별한 사유에 의하여 도로 상공 외의 적당한 장소가 없는 경우에는 안전상 적절한 조치를 강구하여 도로 상공을 횡단하여 설치할 수 있다.
② 배관을 매설하는 경우에는 Ⅲ ②(가목 및 나목을 제외한다)의 규정(도로 밑 매설)을 준용하되, 배관을 금속관 또는 방호구조물 안에 설치할 것
③ 배관을 도로 상공을 횡단하여 설치하는 경우에는 Ⅲ ⑤(가목을 제외한다)의 규정(지상설치)을 준용하되, 배관 및 당해 배관에 관계된 부속설비는 그 아래의 노면과 5m 이상의 수직거리를 유지할 것

9) 철도 밑 횡단매설

철도부지를 횡단하여 배관을 매설하는 경우에는 Ⅲ ③(가목을 제외한다)의 철도부지 밑 매설 규정 및 Ⅲ ⑧ 나목의 도로횡단설치 규정을 준용한다(Ⅲ ⑨).

10) 하천 등 횡단설치

하천 또는 수로를 횡단하여 배관을 설치하는 경우에는 다음의 기준에 의하여야 한다(Ⅲ ⑩).

① 하천 또는 수로를 횡단하여 배관을 설치하는 경우에는 배관에 과대한 응력이 생기지 아니하도록 필요한 조치를 하여 교량에 설치할 것. 다만, 교량에 설치하는 것이 적당하지 아니한 경우에는 하천 또는 수로의 밑에 매설할 수 있다.

참고

① 배관을 교량에 설치할 경우에는 하중에 의한 휨, 온도변화에 의한 신축, 자동차의 주행에 의한 진동 등의 영향을 가능한 한 줄이도록 지지구조를 설계할 필요가 있다.
② 배관의 설치 위치는 자동차의 추락에 의한 배관의 손상을 방지하기 위하여 틀내측 또는 교량 바닥판의 아래를 원칙으로 하지만 적당한 방호시설을 설치하는 경우에는 그러하지 아니하다.

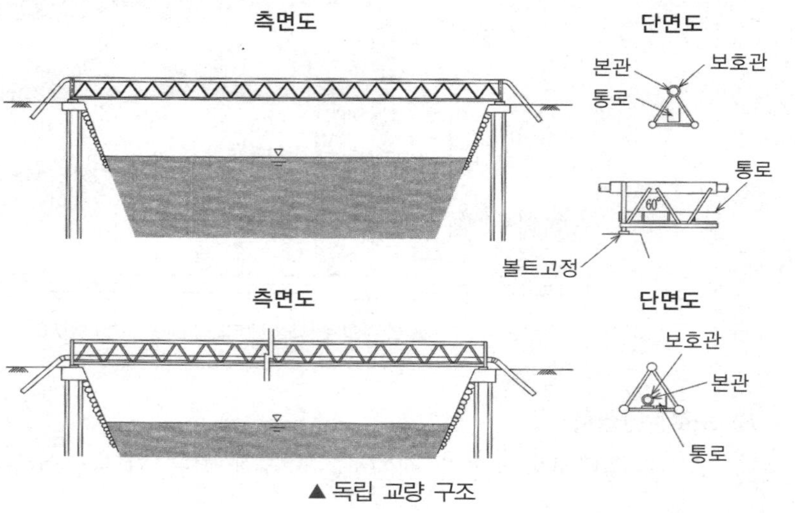

▲ 독립 교량 구조

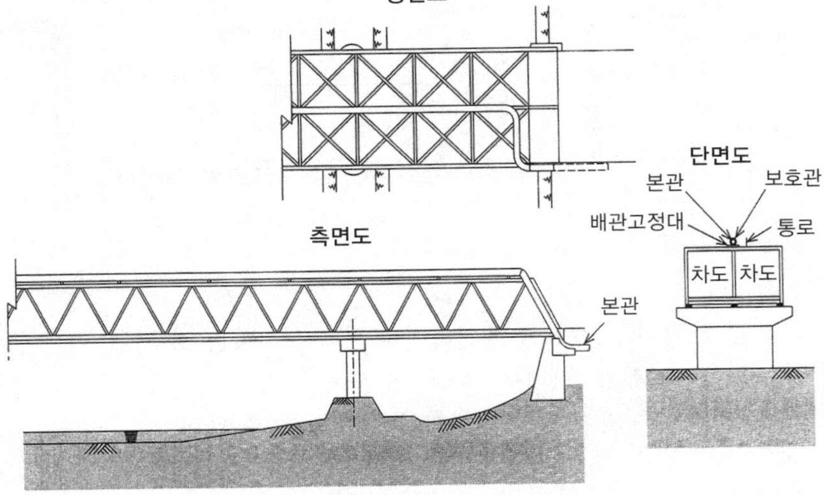

▲ 기존 교량에 설치한 구조

② 하천 또는 수로를 횡단하여 배관을 매설하는 경우에는 배관을 금속관 또는 방호구조물 안에 설치하고, 당해 금속관 또는 방호구조물의 부양이나 선박의 닻 내림 등에 의한 손상을 방지하기 위한 조치를 할 것

③ 하천 또는 수로의 밑에 배관을 매설하는 경우에는 배관의 외면과 계획하상(계획하상이 최심하상보다 높은 경우에는 최심하상)과의 거리는 다음의 규정에 의한 거리 이상으로 하되, 호안 그 밖에 하천관리시설의 기초에 영향을 주지 아니하고 하천바닥의 변동·패임 등에 의한 영향을 받지 아니하는 깊이로 매설하여야 한다.

㉠ 하천을 횡단하는 경우 : 4.0m

㉡ 수로를 횡단하는 경우

ⓐ 「하수도법」 제2조 제3호의 규정에 의한 하수도(상부가 개방되는 구조로 된 것에 한한다) 또는 운하 : 2.5m

ⓑ ⓐ의 규정에 의한 수로에 해당하지 아니하는 좁은 수로(용수로 그 밖에 이와 유사한 것을 제외한다) : 1.2m

참고

하천은 홍수, 준설, 모래채취 등에 의해 유심(流心)변화, 하천바닥 저하, 교각 근방의 물에 의한 패임 등이 발생하므로 하천개수계획을 함께 고려하여 장래에도 배관이 하천바닥 위로 노출하지 않도록 안정된 위치를 선정할 필요가 있다. 또 배관의 보수, 청소 등을 할 때 배관이 비어 있을 수가 있으므로 부력을 고려하여 필요에 따라 부가하중을 부여할 필요가 있다.

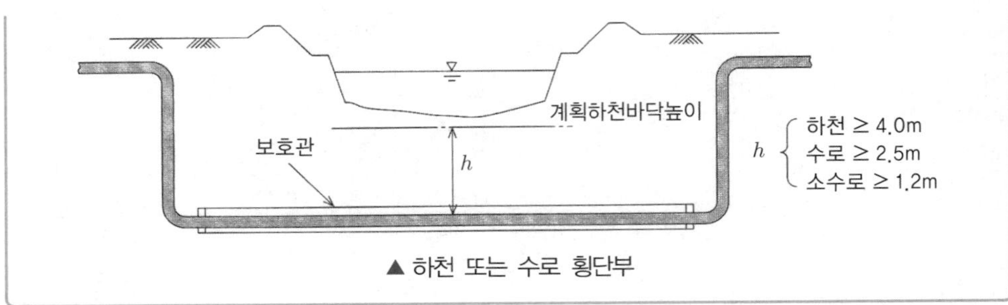

▲ 하천 또는 수로 횡단부

④ 하천 또는 수로를 횡단하여 배관을 설치하는 경우에는 ① 내지 ③의 규정에 의하는 외에 Ⅲ ②(나목 · 다목 및 사목을 제외한다)의 도로 밑 매설 규정 및 Ⅲ ⑤(가목을 제외한다)의 지상설치 규정을 준용할 것

(4) 위험물의 누설 등 방지조치(規 별표 15 Ⅳ)

1) 누설확산방지조치

배관을 시가지 · 하천 · 수로 · 터널 · 도로 · 철도 또는 투수성(透水性) 지반에 설치하는 경우에는 누설된 위험물의 확산을 방지할 수 있는 강철제의 관 · 철근콘크리트조의 방호구조물 등 견고하고 내구성이 있는 구조물의 안에 설치하여야 한다(Ⅳ ①).

2) 가연성 증기의 체류방지조치

배관을 설치하기 위하여 설치하는 터널(높이 1.5m 이상인 것에 한한다)에는 가연성 증기의 체류를 방지하는 조치를 하여야 한다(Ⅳ ②).

참고

가연성 증기가 체류한 경우 강제환기장치를 자동적으로 작동하는 방법 등이 있으며, 작동설정값은 가연성 증기의 폭발하한계의 25% 농도가 적당하다.

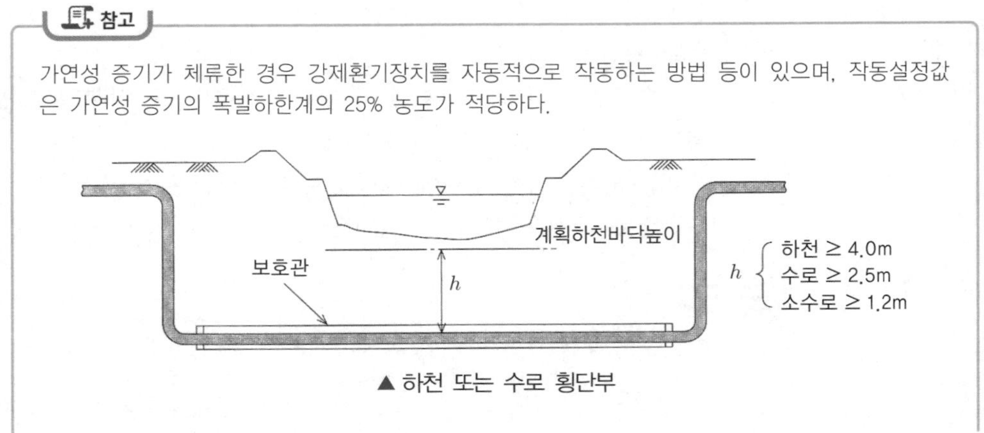

▲ 하천 또는 수로 횡단부

배풍기
통기관
중앙제어실로
보조통기관
가스검지센서
배관

▲ 통기관을 이용한 가연성 증기 체류방지조치

배기덕트
환기팬
중앙제어실로
보조통기관
가스검지센서
배관

▲ 배기덕트를 이용한 가연성 증기 체류방지조치

3) 부등침하 등 우려 장소의 배관설치

부등침하 등 지반의 변동이 발생할 우려가 있는 장소에 배관을 설치하는 경우에는 배관이 손상을 받지 않도록 필요한 조치를 하여야 한다(Ⅳ ③).

참고

① 지반의 변이점 또는 배관의 고정점 부근의 부등침하는 배관에 이상응력을 발생시키는 원인이 되므로 부분적인 지반개량, 곡관의 설치 등으로 응력완화조치를 강구한다.

② 부등침하의 우려가 있는 부분에는 배관의 침하량을 직접 측정하는 침하계와 Bench Mark 그리고 응력을 검지하기 위한 스트레인게이지를 설치하여 미리 설정된 한계값에 도달한 경우에 파내는 등 응력개방처치를 취한다.

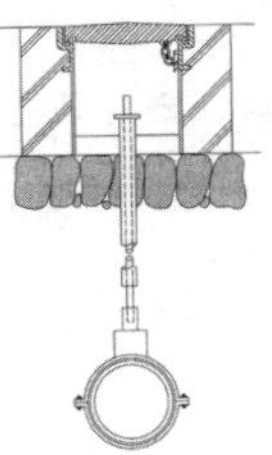

▲ 25-1 침하계

③ 미끄럼 현상이 발생할 우려가 있는 부분에는 변위를 검지하기 위한 장치로서 신축계를 설치한다.

신축계
나무홈통
일반선
균열 또는 지형 변환점
미끄럼 방향
말뚝

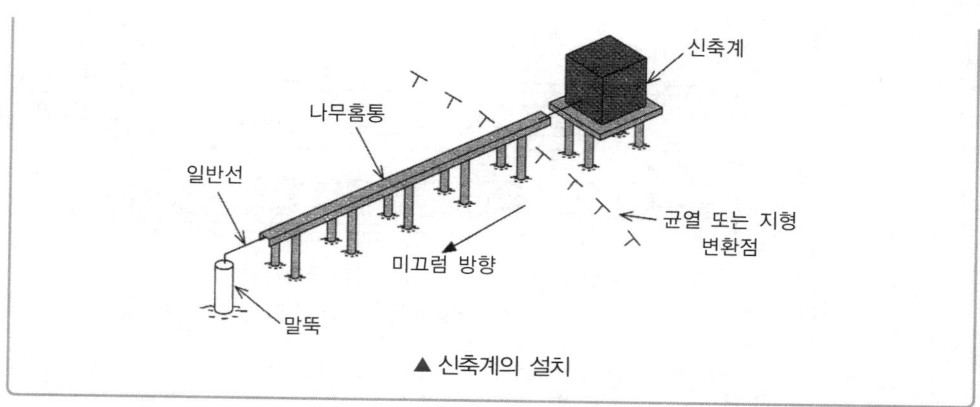

▲ 신축계의 설치

4) 굴착에 의하여 주위가 노출된 배관의 보호

굴착에 의하여 주위가 일시 노출되는 배관은 손상되지 아니하도록 적절한 보호조치를 하여야 한다(Ⅳ ④).

참고

노출된 기존 배관 등은 매달기 보호, 받침 보호 등의 방법으로 지지하는 한편, 노출부분의 양단에 지반붕괴가 발생하지 않도록 흙무너짐 방지 등의 조치를 강구하여야 한다.

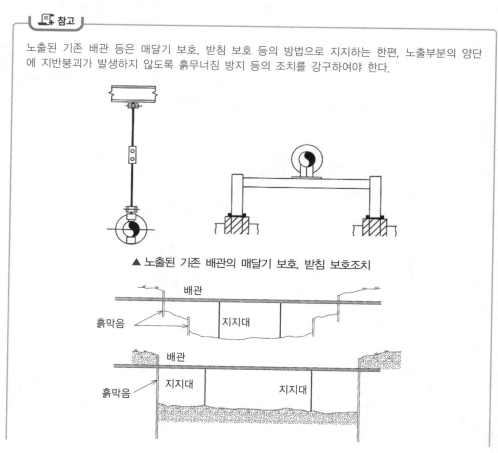

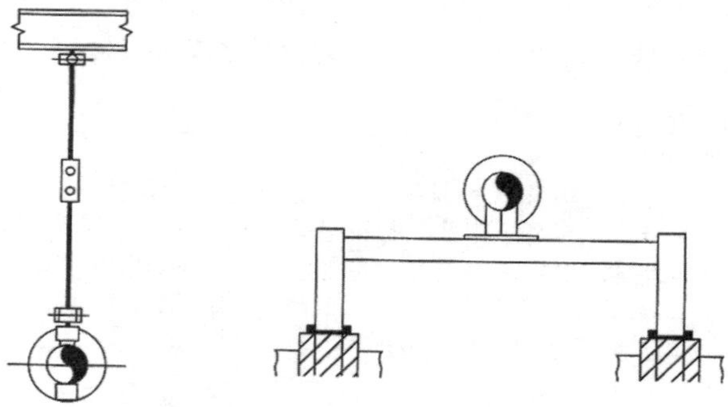

▲ 노출된 기존 배관의 매달기 보호, 받침 보호조치

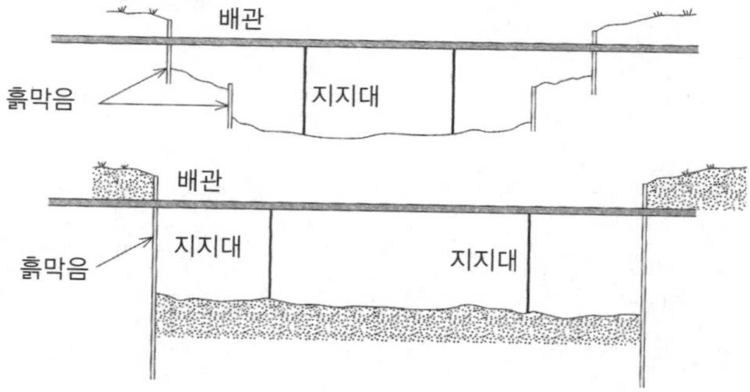

배관
흙막음
지지대
배관
흙막음
지지대
지지대

▲ 노출된 기존 배관의 임시 보호조치

(5) 용접부시험(規 별표 15 Ⅳ)

1) 비파괴시험(Ⅳ ⑤)

① 배관 등의 용접부는 비파괴시험을 실시하여 합격할 것. 이 경우 이송기지 내의 지상에 설치된 배관 등은 전체 용접부의 20% 이상을 발췌하여 시험할 수 있다.

② 비파괴시험의 방법, 판정기준 등은 고시(告 122 · 123)하는 바에 의할 것

참고

① 배관 등의 용접부에 생기는 균열, Under cut 등의 흠집은 응력집중의 원인이 되므로, 당해 용접부는 배관의 규모, 설치상황에 따라 방사선투과시험 등의 비파괴시험에 합격하여야 한다.

② 용접부의 결함에는 다음과 같은 것이 있다.

㉠ 용해부족 : 본래 완전하게 용해되어야 하는 용접부에 용해되지 않는 부분이 있는 것

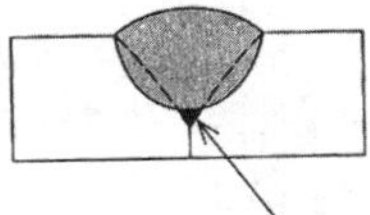

㉡ 융합부족 : 용접경계면이 충분히 융합되지 않은 것

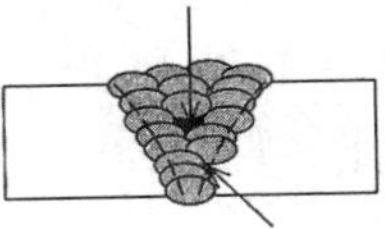

㉢ 용접이탈 : 용융금속이 접합하는 2부분 재료의 사이에 생기는 도랑으로 뒤쪽에 용접이 탈된 것

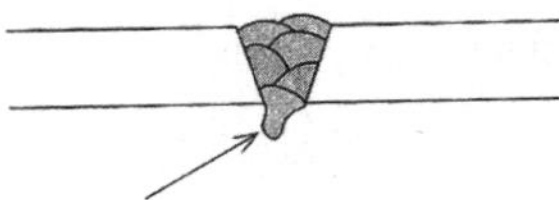

㉣ Slag 말림 : 용착금속 내부 또는 모재료와의 융합부분에 슬래그(비금속물질)가 남는 것

㉤ 공기집 : 용접금속 안에 가스에 의해 생긴 기공

㉥ Under cut : 용접 지단(부재의 면과 용접 표면이 교차하는 부분)을 따라 모재가 굴곡으로 용착금속이 충만되지 않아 도랑으로 남아있는 부분

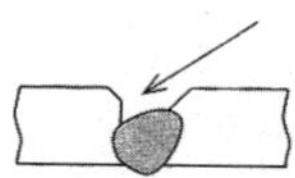
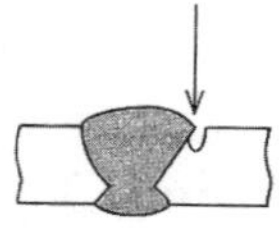

ⓢ 피트 : 비드 표면에 생긴 작은 웅덩이 구멍
ⓞ 오버랩 : 용착금속이 지단에서 모재에 융합되지 않고 겹쳐진 부분

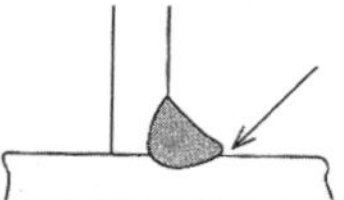
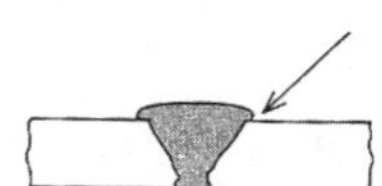

▲ 용접부 결함의 종별

▶비파괴시험의 대상 구분

용접부 종별	배관두께	해당 시험	비파괴시험의 구분
진동, 충격, 온도변화 등에 의하여 손상의 우려가 있는 용접부	6mm 미만	MT or & RT PT	• MT : 자분탐상시험 • PT : 침투탐상시험 • RT : 방사선투과시험 • UT : 초음파탐상시험
	6mm 이상	MT or & UT & RT PT	
상기 외의 용접부	6mm 미만	RT ※ 부적당한 경우 MT or PT	
	6mm 이상	RT ※ 부적당한 경우 MT or & UT PT	

2) 내압시험(Ⅳ ⑥)

① 배관 등은 최대상용압력의 1.25배 이상의 압력으로 4시간 이상 수압을 가하여 누설 그 밖의 이상이 없을 것. 다만, 수압시험을 실시한 배관 등의 시험구간 상호간을 연결하는 부분 또는 수압시험을 위하여 배관 등의 내부공기를 뽑아낸 후 폐쇄한 곳의 용접부는 1)의 비파괴시험으로 갈음할 수 있다.

② 내압시험의 방법, 판정기준 등은 고시(124)하는 바에 의할 것

(6) 안전설비의 설치(規 별표 15 Ⅳ)

1) 운전상태 감시장치(Ⅳ ⑦)

① 배관계(배관 등 및 위험물 이송에 사용되는 일체의 부속설비를 말한다. 이하 같다)에는 펌프 및 밸브의 작동상황 등 배관계의 운전상태를 감시하는 장치를 설치할 것[119)]

119) 배관의 운전조작은 운전감시장치를 설치하여 텔레미터에 의하여 각 부분의 주요한 운전상황을 제어실로 전송하고, 필요한 제어판 등을 설치하여 감시하는 등 상시 시스템 전반의 운전상태를 감시할 수 있도록 중앙집중제어방식에 의한 원격조작에 의하는 것으로 하여야 한다.

② 배관계에는 압력 또는 유량의 이상변동 등 이상한 상태가 발생하는 경우에 그 상황을 경보하는 장치를 설치할 것

2) 안전제어장치(Ⅳ ⑧)

배관계에는 다음 2가지 제어기능이 있는 안전제어장치를 설치하여야 한다.

① 압력안전장치 · 누설검지장치 · 긴급차단밸브 그 밖의 안전설비의 제어회로가 정상으로 있지 아니하면 펌프가 작동하지 아니하도록 하는 제어기능
② 안전상 이상상태가 발생한 경우에 펌프 · 긴급차단밸브 등이 자동 또는 수동으로 연동하여 신속히 정지 또는 폐쇄되도록 하는 제어기능

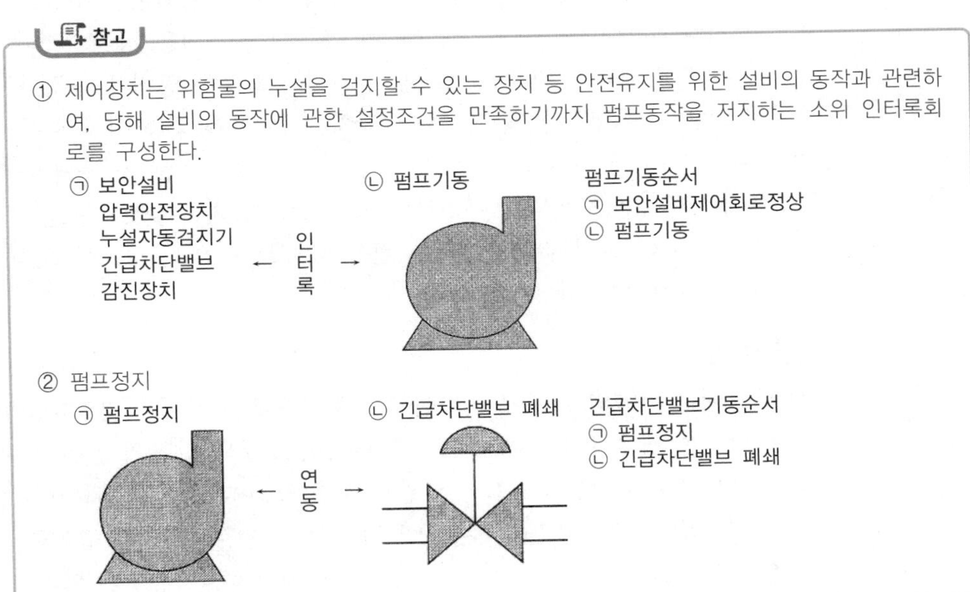

참고
① 제어장치는 위험물의 누설을 검지할 수 있는 장치 등 안전유지를 위한 설비의 동작과 관련하여, 당해 설비의 동작에 관한 설정조건을 만족하기까지 펌프동작을 저지하는 소위 인터록회로를 구성한다.
㉠ 보안설비
압력안전장치
누설자동검지기
긴급차단밸브
감진장치
← 인터록 →
㉡ 펌프기동
펌프기동순서
㉠ 보안설비제어회로정상
㉡ 펌프기동
② 펌프정지
㉠ 펌프정지
← 연동 →
㉡ 긴급차단밸브 폐쇄
긴급차단밸브기동순서
㉠ 펌프정지
㉡ 긴급차단밸브 폐쇄

3) 압력안전장치(Ⅳ ⑨)

① 배관계에는 배관 내의 압력이 최대상용압력을 초과하거나 유격작용 등에 의하여 생긴 압력이 최대상용압력의 1.1배를 초과하지 아니하도록 제어하는 장치(이하 "압력안전장치"라 한다)를 설치할 것[120]

---

120) ① 압력안전장치에는 관내 압력을 상용압력 이상으로 상승되지 않도록 제어하는 장치(압력제어장치) 및 유격작용 등에 의한 압력이 상용압력의 1.1배를 넘지 않도록 제어하는 장치(유격압력안전장치)가 있다.
② 압력제어장치는 일반적으로 압력조정밸브가 이용되며, 그 하류측의 압력을 제어한다. 그러나 펌프와 압력조정밸브 사이의 파이프라인에 대하여는 설정압력을 펌프가 낼 수 있는 최고압력 이상으로 하거나 압력과잉상승방지조치에 대하여 고려하여야 한다.
③ 유격압력안전장치는 압력방출장치 또는 라인의 말단이나 도중에서 압력의 급격한 상승을 검지한 경우 펌프를 자동으로 정지하는 장치 등이 이용된다.

② 압력안전장치의 재료 및 구조는 Ⅱ 제1호 내지 제5호의 기준에 의할 것
③ 압력안전장치는 배관계의 압력변동을 충분히 흡수할 수 있는 용량을 가질 것

4) 누설검지장치 등(Ⅳ ⑩)

① 배관계에는 다음의 기준에 적합한 누설검지장치를 설치할 것
㉠ 가연성 증기를 발생하는 위험물을 이송하는 배관계의 점검상자에는 가연성 증기를 검지하는 장치
㉡ 배관계 내의 위험물의 양을 측정하는 방법에 의하여 자동적으로 위험물의 누설을 검지하는 장치 또는 이와 동등 이상의 성능이 있는 장치
㉢ 배관계 내의 압력을 측정하는 방법에 의하여 위험물의 누설을 자동적으로 검지하는 장치 또는 이와 동등 이상의 성능이 있는 장치
㉣ 배관계 내의 압력을 일정하게 정지시키고 당해 압력을 측정하는 방법에 의하여 위험물의 누설을 검지하는 장치 또는 이와 동등 이상의 성능이 있는 장치
② 배관을 지하에 매설한 경우에는 안전상 필요한 장소(하천 등의 아래에 매설한 경우에는 금속관 또는 방호구조물의 안을 말한다)에 누설검지구를 설치할 것. 다만, 배관을 따라 일정한 간격으로 누설을 검지할 수 있는 장치를 설치하는 경우에는 그러하지 아니하다.

5) 긴급차단밸브(Ⅳ ⑪)

① 배관에는 다음의 기준에 의하여 긴급차단밸브를 설치할 것. 다만, ㉡ 또는 ㉢에 해당하는 경우로서 당해 지역을 횡단하는 부분의 양단의 높이 차이로 인하여 하류측으로부터 상류측으로 역류될 우려가 없는 때에는 하류측에는 설치하지 아니할 수 있다. 그리고 ㉣ 또는 ㉤에 해당하는 경우로서 방호구조물을 설치하는 등 안전상 필요한 조치를 하는 경우에는 설치하지 아니할 수 있다.
㉠ 시가지에 설치하는 경우에는 약 4km의 간격
㉡ 하천·호소 등을 횡단하여 설치하는 경우에는 횡단하는 부분의 양 끝
㉢ 해상 또는 해저를 통과하여 설치하는 경우에는 통과하는 부분의 양 끝
㉣ 산림지역에 설치하는 경우에는 약 10km의 간격
㉤ 도로 또는 철도를 횡단하여 설치하는 경우에는 횡단하는 부분의 양 끝
② 긴급차단밸브는 다음의 기능이 있을 것
㉠ 원격조작 및 현지조작에 의하여 폐쇄되는 기능
㉡ Ⅳ 제10호의 규정에 의한 누설검지장치에 의하여 이상이 검지된 경우에 자동으로 폐쇄되는 기능
③ 긴급차단밸브는 그 개폐상태가 당해 긴급차단밸브의 설치장소에서 용이하게 확인될 수 있을 것
④ 긴급차단밸브를 지하에 설치하는 경우에는 긴급차단밸브를 점검상자 안에 유지

할 것. 다만, 긴급차단밸브를 도로 외의 장소에 설치하고 당해 긴급차단밸브의 점검이 가능하도록 조치하는 경우에는 그러하지 아니하다.

⑤ 긴급차단밸브는 당해 긴급차단밸브의 관리에 관계하는 자 외의 자가 수동으로 개폐할 수 없도록 할 것

참고

"원격조작에 의하여 폐쇄하는 기능"이란 중앙제어실 등에서, "현지조작에 의하여 폐쇄하는 기능"이란 긴급차단밸브가 설치된 장소에서 각각 긴급차단밸브를 개폐할 수 있는 기능을 말한다.

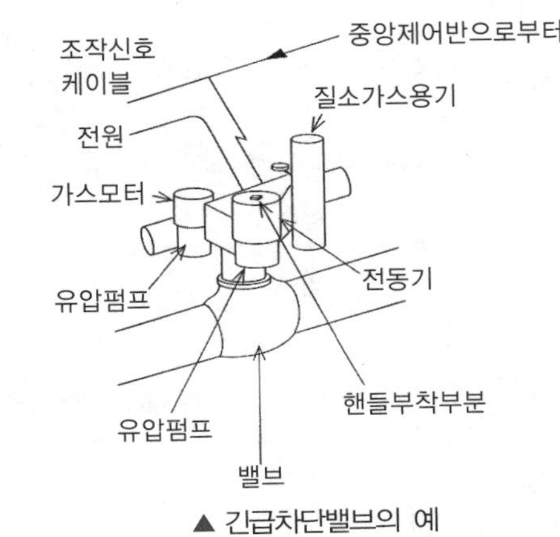

▲ 긴급차단밸브의 예

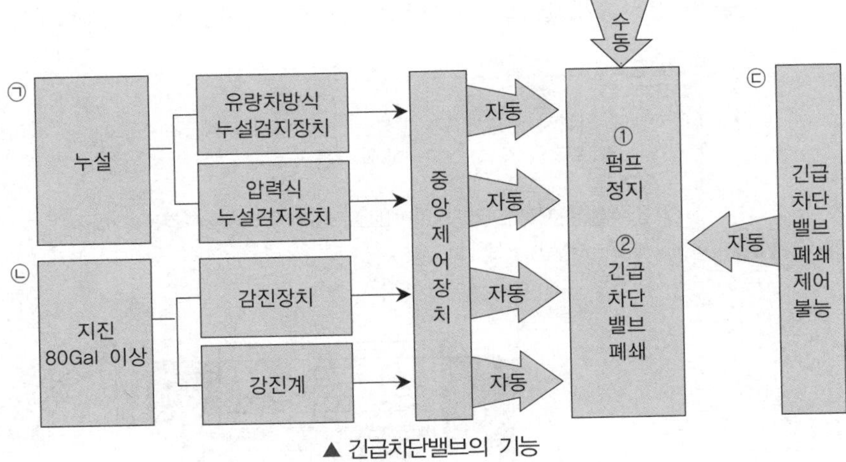

▲ 긴급차단밸브의 기능

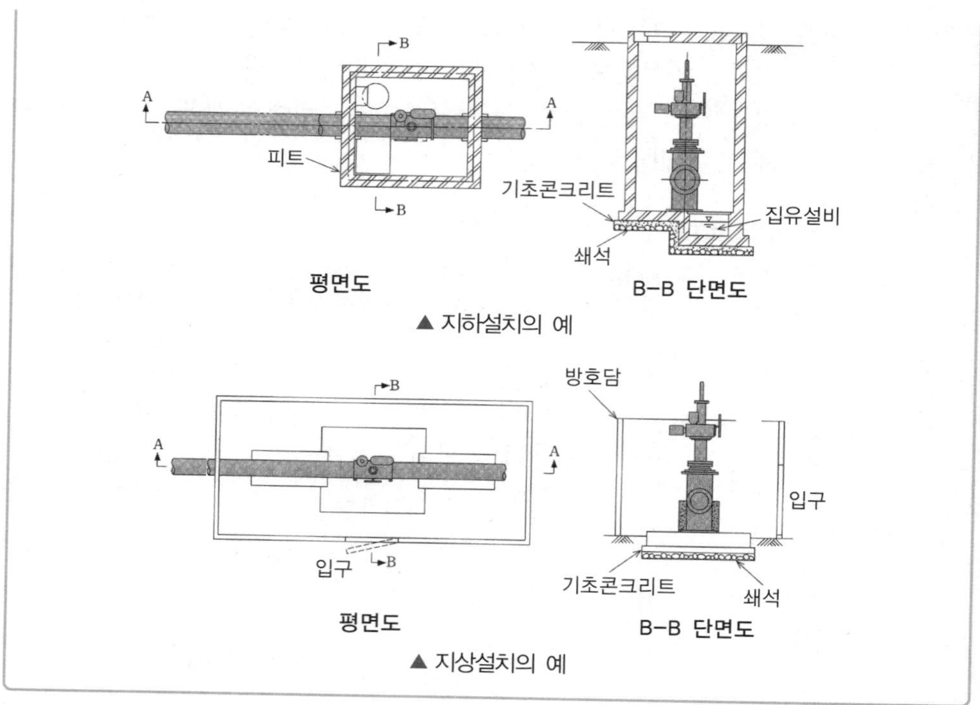

▲ 지하설치의 예

▲ 지상설치의 예

6) 위험물 제거장치(Ⅳ ⑫)

배관에는 서로 인접하는 2개의 긴급차단밸브 사이의 구간마다 당해 배관 안의 위험물을 안전하게 물 또는 불연성 기체로 치환할 수 있는 조치를 하여야 한다.

참고

배관계통에 있어서 누설사고가 발생한 경우 일시적 응급조치로 누설을 막고 수리를 행하게 된다. 응급조치 및 수리의 작업순서는 대개 다음과 같다.

① 응급조치

㉠ 송유를 정지하고 긴급차단밸브를 폐쇄하여 누설구간을 격리한다.

㉡ 누설 개소의 도장재를 벗기고 리페어클램프(Repair Clamp) 등을 이용하여 누설 개소를 처치한다.

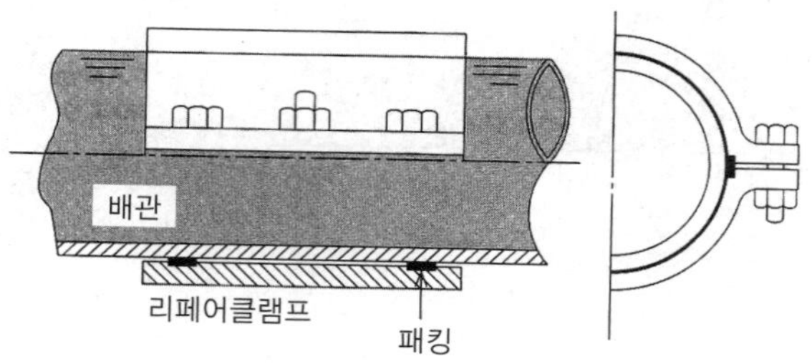

② 수리

㉠ 저압으로 운전을 재개하여 구체(球體, Sphere)를 끼워 물 또는 불연성 가스를 보낸다.

㉡ 누설구간을 사이에 두고 상하류의 인접구간 이상을 채울 수량(水量) 또는 가스량을 보낸 후 스피아를 사이에 두고 석유를 보낸다.
㉢ 물 또는 가스의 식별표지(Badge)가 소정의 위치에 도착하면 운전을 정지하며, 차단밸브 개폐에 의하여 격리한다(그림 참조).
㉣ 절단부분의 양측을 본딩케이블로 결합하여, 절단 후의 정전기불꽃의 발생을 막는다.
㉤ 배관절단기 등으로 절단한 후 양측의 파이프에 스피아를 삽입하여 물의 유출, 공기의 유통을 차단한다.
㉥ 수분을 닦아 건조 후 짧은 관을 삽입하여 용접, 내압시험 등을 행한다.
㉦ 차단밸브를 열어 운전을 재개하며, 물의 배지는 터미널에서 탱크로 받아들인다.

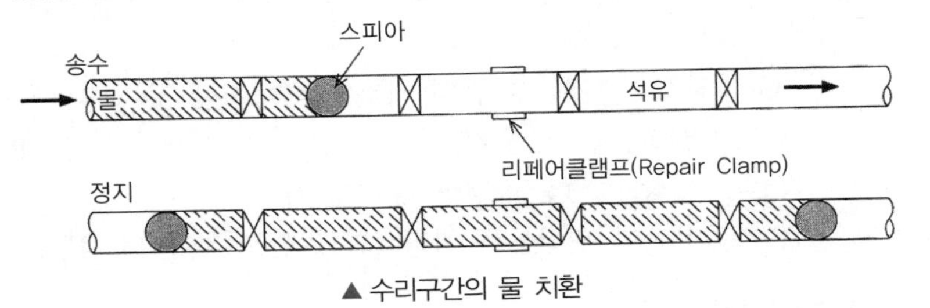

▲ 수리구간의 물 치환

CHAPTER 01
CHAPTER 02
CHAPTER 03
CHAPTER 04
부록

7) 감진장치 등(Ⅳ ⑬)

배관의 경로에는 안전상 필요한 장소와 25km의 거리마다 감진장치 및 강진계를 설치하여야 한다.[121)]

8) 경보설비(Ⅳ ⑭)

이송취급소에는 다음의 기준에 의하여 경보설비를 설치하여야 한다.

① 이송기지에는 비상벨장치 및 확성장치를 설치할 것
② 가연성 증기를 발생하는 위험물을 취급하는 펌프실 등에는 가연성 증기 경보설비를 설치할 것[122)]

9) 순찰차 및 기자재창고(Ⅳ ⑮)

배관의 경로에는 다음의 기준에 따라 순찰차를 배치하고 기자재창고를 설치하여야 한다.

① 순찰차
㉠ 배관계의 안전관리상 필요한 장소에 둘 것

---

121) ① 감진장치는 설정값 이상의 지진동이 발생한 경우 감진장치의 검출용 접점의 동작으로 릴레이회로를 움직여 경보 또는 제어용 신호를 발하는 지진계이다.
② 강진계는 설정값 이상의 지진동이 발생한 경우 전후, 좌우 및 상하 진동의 3성분의 가속도를 기록하는 장치로서 지진동의 해석에 이용한다.

122) ① "가연성 증기를 발생하는 위험물"이란 인화점이 40℃ 미만인 것으로 한다.
② 펌프실에 설치하는 가연성 증기 경보설비의 검지부는 펌프 및 배기용 덕트 흡입부의 주변에 설치하는 것이 유효하며, 그 경보설정값은 가연성 증기의 폭발하한계의 25% 이하로 한다.

㉡ 평면도·종횡단면도 그 밖에 배관 등의 설치상황을 표시한 도면, 가스탐지기, 통신장비, 휴대용 조명기구, 응급누설방지기구, 확성기, 방화복(또는 방열복), 소화기, 경계로프, 삽, 곡괭이 등 점검·정비에 필요한 기자재를 비치할 것

② 기자재창고

㉠ 이송기지, 배관경로(5km 이하인 것을 제외한다)의 5km 이내마다의 방재상 유효한 장소 및 주요한 하천·호소·해상·해저를 횡단하는 장소의 근처에 각각 설치할 것. 다만, 특정이송취급소 외의 이송취급소에 있어서는 배관경로에는 설치하지 아니할 수 있다.

㉡ 기자재창고에는 다음의 기자재를 비치할 것

ⓐ 3%로 희석하여 사용하는 포소화약제 400L 이상, 방화복(또는 방열복) 5벌 이상, 삽 및 곡괭이 각 5개 이상

ⓑ 유출한 위험물을 처리하기 위한 기자재 및 응급조치를 위한 기자재

10) 비상전원(Ⅳ ⑯)

운전상태의 감시장치·안전제어장치·압력안전장치·누설검지장치·긴급차단밸브·소화설비 및 경보설비에는 상용전원이 고장인 경우에 자동적으로 작동할 수 있는 비상전원을 설치하여야 한다.

11) 접지 등(Ⅳ ⑰ 가)

배관계에는 안전상 필요에 따라 접지 등의 설비를 할 것

참고

배관으로 액체를 수송하는 경우에 발생하는 정전기에 의한 재해를 방지하기 위하여 배관 등을 대지와 전기적으로 접속한다.

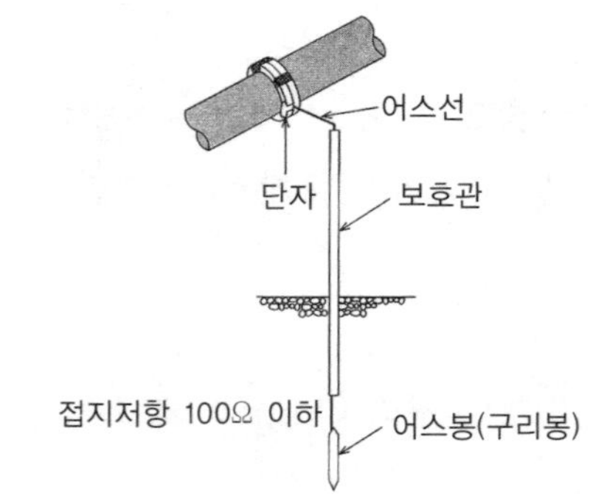

(7) 기타 설비(規 별표 15 Ⅳ)

1) 배관의 절연

① 배관계는 안전상 필요에 따라 지지물 그 밖의 구조물로부터 절연할 것(Ⅳ ⑰ 나)

② 배관계에는 안전상 필요에 따라 절연접속을 사용할 것(Ⅳ ⑰ 다)

③ 피뢰설비의 접지장소에 근접하여 배관을 설치하는 경우에는 절연을 위하여 필요한 조치를 할 것(Ⅳ ⑰ 라)

참고

① 전기방식조치를 시공한 지하매설배관과 긴급차단밸브 등의 점검박스와의 관통부, 안전접지를 시공한 지상배관과 지지물은 절연하여야 한다. 절연재로서는 섬유질절연재, 합성수지(베이클라이트 등), 고무절연재, 절연니스 및 콤파운드 등이 있다.

② 전기방식조치를 시공한 지하매설배관의 지상으로의 입상부분, 지하매설배관의 전기방식조치 방식이 상이한 부분 등에는 절연용 이음을 이용한다.

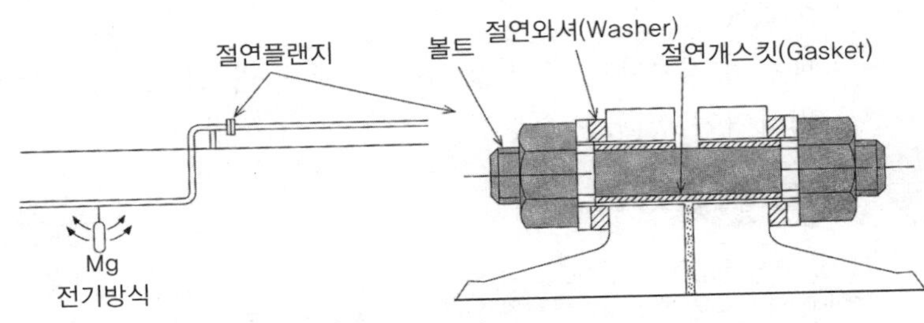

③ 피뢰기의 접지개소 부근을 흐르는 낙뢰의 대전류가 부근의 이송기지 등에 영향을 주지 않도록 당해 설치개소 부근의 배관은 대지와 절연한다.

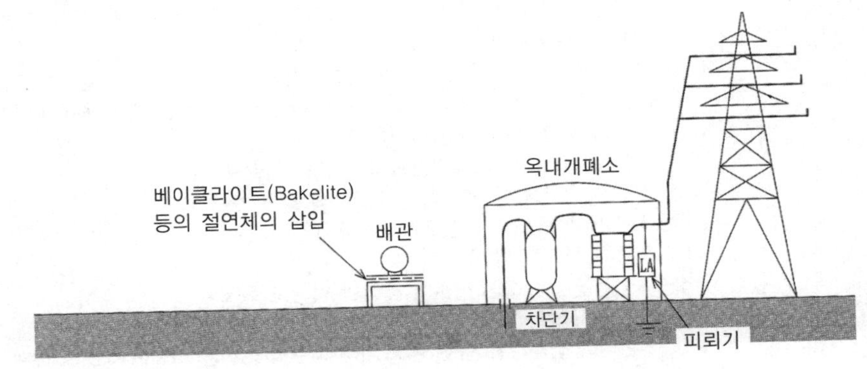

2) 피뢰설비의 설치(Ⅳ ⑱)

이송취급소(위험물을 이송하는 배관 등의 부분을 제외한다)에는 피뢰설비를 설치하여야 한다.[123] 다만, 주위의 상황에 의하여 안전상 지장이 없는 경우에는 그러하지 아니하다.

3) 전기설비의 안전(Ⅳ ⑲)

이송취급소에 설치하는 전기설비는 「전기사업법」에 의한 「전기설비기술기준」에 의하여야 한다.

4) 표지 및 게시판의 설치(Ⅳ ⑳)

① 이송취급소(위험물을 이송하는 배관 등의 부분을 제외한다)에는 별표 4 Ⅲ 제1호의 기준에 따라 보기 쉬운 곳에 "위험물 이송취급소"라는 표시를 한 표지와 동표 Ⅲ 제2호의 기준에 따라 방화에 관하여 필요한 사항을 게시한 게시판을 설치하여야 한다.

② 배관의 경로에는 고시(125)하는 바에 따라 위치표지·주의표시 및 주의표지를 설치하여야 한다.

참고

① 고시 제125조는 다음과 같다.

제125조(위치표지 등) 규칙 별표 15 Ⅳ 제20호 나목의 규정에 의한 배관 경로의 위치표지·주의표시 및 주의표지는 다음 각 호와 같이 설치하여야 한다.

1. 위치표지는 다음 각 목에 의하여 지하매설의 배관경로에 설치할 것
   가. 배관경로 약 100m마다의 개소, 수평곡관부 및 기타 안전상 필요한 개소[124]에 설치할 것
   나. 위험물을 이송하는 배관이 매설되어 있는 상황 및 기점에서의 거리, 매설위치, 배관의 축방향, 이송자명 및 매설연도를 표시할 것
2. 주의표시는 다음 각 목에 의하여 지하매설의 배관경로에 설치할 것. 다만, 방호구조물 또는 이중관 기타의 구조물에 의하여 보호된 배관에 있어서는 그러하지 아니하다.
   가. 배관의 바로 위에 매설할 것
   나. 주의표시와 배관의 윗부분과의 거리는 0.3m로 할 것
   다. 재질은 내구성을 가진 합성수지로 할 것
   라. 폭은 배관의 외경 이상으로 할 것
   마. 색은 황색으로 할 것
   바. 위험물을 이송하는 배관이 매설된 상황을 표시할 것
3. 주의표지는 다음 각 목에 의하여 지상배관의 경로에 설치할 것
   가. 일반인이 접근하기 쉬운 장소 기타 배관의 안전상 필요한 장소의 배관 직근에 설치할 것
   나. 양식은 다음 그림과 같이 할 것

---

123) 피뢰설비는 이송기지에 설치되는 펌프, 피그장치 등을 포함할 수 있도록 설치한다.
124) 「안전상 필요한 개소」란 도로, 철도, 하천, 수로 등의 횡단부의 양측 및 밸브 피트의 설치장소를 말한다.

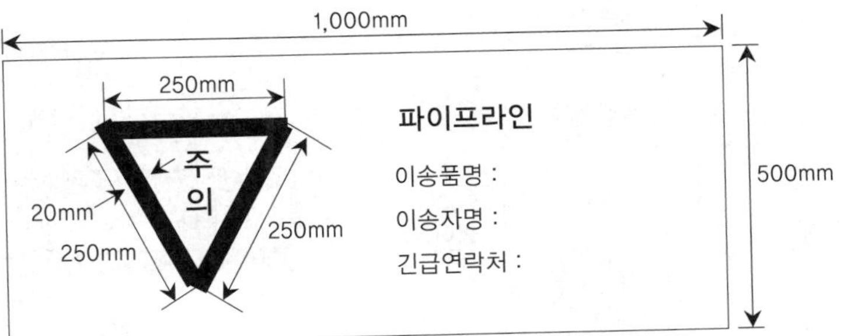

[비고] 1. 금속제의 판으로 할 것
2. 바탕은 백색(역정삼각형 내는 황색)으로 하고, 문자 및 역정삼각형의 모양은 흑색으로 할 것
3. 바탕색의 재료는 반사도료 기타 반사성을 가진 것으로 할 것
4. 역정삼각형 정점의 둥근 반경은 10mm로 할 것
5. 이송품명에는 위험물의 화학명 또는 통칭명을 기재할 것

② 표지 및 게시판은 이송기지 부근에 설치한다.

③ 위치표지 및 주의표시는 지하매설배관의 경로에 있어서 당해 배관매설위치를 명확하게 함으로써 당해 배관의 보수관리, 다른 공사로 인한 당해 배관의 손상방지를 도모하기 위하여 설치한다. 위치표지의 예는 다음 그림과 같다.

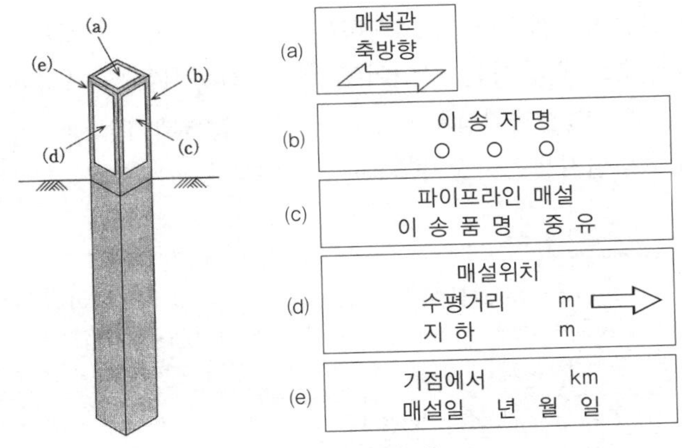

▲ 위치표지의 예

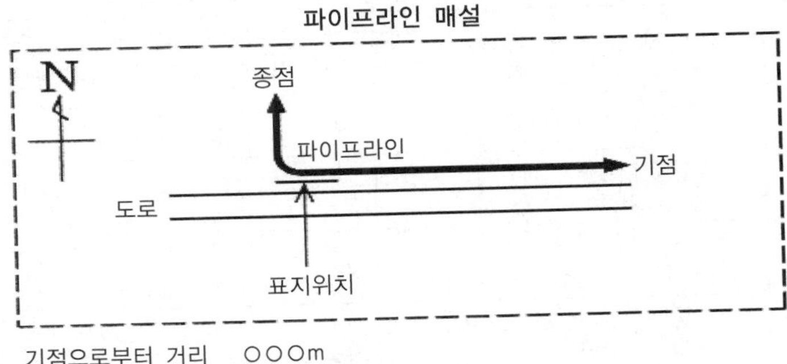

기점으로부터 거리 ○○○m
이송품명 제4류 제2석유류(경유)
이송자명 ○○○
매설 년월일 년 월 일

▲ 위치표지의 예

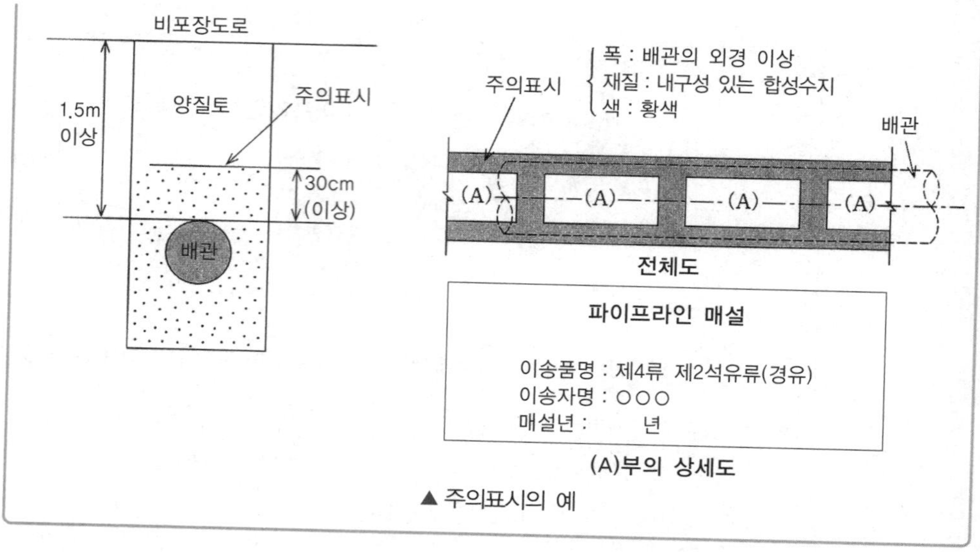

▲ 주의표시의 예

5) 안전설비의 작동시험(Ⅳ ㉑)

안전설비로서 고시(126 ①)하는 것은 고시(126 ②)하는 방법에 따라 시험을 실시하여 정상으로 작동하는 것이어야 한다. 작동시험을 거쳐야 하는 안전설비에는 경보설비(Ⅳ ⑭), 안전제어장치(Ⅳ ⑧ 가·나), 압력제어장치(Ⅳ ⑨ 가), 유격압력안전장치(Ⅳ ⑨ 나), 누설자동검지장치(Ⅳ ⑩) 및 비상전원(Ⅳ ⑯)이 있다(126 ①).

참고

안전설비의 작동시험은 안전설비의 성능·기능을 확인하기 위하여 실시하는 것으로 완공검사 시에 실시하는 외에 이송개시 전의 점검·일상점검·정기점검 등의 시기에도 실시할 필요가 있다.

안전설비	시험방법
• 가연성 증기 경보설비(Ⅳ ⑭ 나)	이상사태에 상당하는 모의신호를 부여하여 작동을 확인한다.
• 안전제어장치(Ⅳ ⑧ 가) 안전설비와 펌프 간 상호 차단	안전설비(압력안전장치·누설검지장치·긴급차단밸브 등)의 제어회로를 차단하여 펌프의 기동조작을 한다.
• 안전제어장치(Ⅳ ⑧ 나) 펌프와 긴급차단밸브 등이 연동으로 정지, 폐쇄	• 누설검지장치에 모의신호를 부여하고 • 긴급차단밸브를 폐쇄하기 위한 제어회로를 차단하며 • 감진장치 또는 강진계에 지진동에 상당하는 모의신호를 부여하여 작동을 확인한다.
• 압력안전장치 압력제어장치(Ⅳ ⑨ 가)	압력제어밸브의 하류측 밸브를 천천히 폐쇄하여 작동을 확인
• 압력안전장치 유격압력안전장치(Ⅳ ⑨ 가)	압력제어밸브의 기능을 정지시키고, 이송상태에서 감압밸브(압력방출밸브)의 하류측 밸브를 서서히 폐쇄하여 작동을 확인
• 자동누설검지장치(Ⅳ ⑩) 유량측정방식 압력측정방식	이송에 의하여 이행하거나 이송에 상당하는 모의신호를 부여한다.

안전설비	시험방법
• 비상전원(Ⅳ ⑯)	상용전력원을 차단하여 자동적으로 비상전원(예비동력원)으로 전환되어 유효하게 작동하는지를 확인

6) 선박에 관계된 배관계의 안전설비(Ⅳ ㉒)

위험물을 선박으로부터 이송하거나 선박에 이송하는 경우의 배관계의 안전설비 등에 있어서 Ⅳ 제7호 내지 제21호의 규정에 의하는 것이 현저히 곤란한 경우에는 다른 안전조치를 강구할 수 있다.

7) 송수유(送受油)관계설비

① **펌프설비**(Ⅳ ㉓) : 펌프 및 그 부속설비("펌프 등")를 설치하는 경우에는 다음의 기준에 의하여야 한다.

㉠ 펌프 등(펌프를 펌프실 내에 설치한 경우에는 당해 펌프실을 말한다. 이하 ㉡에서 같다)은 그 주위에 다음 표에 의한 공지를 보유할 것. 다만, 벽・기둥 및 보를 내화구조로 하고 지붕을 폭발력이 위로 방출될 정도의 가벼운 불연재료로 한 펌프실에 펌프를 설치한 경우에는 다음 표에 의한 공지의 너비의 1/3로 할 수 있다.

펌프 등의 최대상용압력	공지의 너비
1MPa 미만	3m 이상
1MPa 이상 3MPa 미만	5m 이상
3MPa 이상	15m 이상

㉡ 펌프 등은 Ⅲ 제5호 나목의 규정(지상설치배관의 안전거리)에 준하여 그 주변에 안전거리를 둘 것. 다만, 위험물의 유출 확산을 방지할 수 있는 방화상 유효한 담 등의 공작물을 주위상황에 따라 설치하는 등 안전상 필요한 조치를 하는 경우에는 그러하지 아니하다.

㉢ 펌프는 견고한 기초 위에 고정하여 설치할 것

㉣ 펌프를 설치하는 펌프실은 다음의 기준에 적합하게 할 것

ⓐ 불연재료의 구조로 할 것. 이 경우 지붕은 폭발력이 위로 방출될 정도의 가벼운 불연재료이어야 한다.

ⓑ 창 또는 출입구를 설치하는 경우에는 갑종방화문 또는 을종방화문으로 할 것

ⓒ 창 또는 출입구에 유리를 이용하는 경우에는 망입유리로 할 것

ⓓ 바닥은 위험물이 침투하지 아니하는 구조로 하고 그 주변에 높이 20cm 이상의 턱을 설치할 것

ⓔ 누설한 위험물이 외부로 유출되지 아니하도록 바닥은 적당한 경사를 두고 그 최저부에 집유설비를 할 것

ⓕ 가연성 증기가 체류할 우려가 있는 펌프실에는 배출설비를 할 것

ⓖ 펌프실에는 위험물을 취급하는데 필요한 채광·조명 및 환기설비를 할 것

㉤ 펌프 등을 옥외에 설치하는 경우에는 다음의 기준에 의할 것

ⓐ 펌프 등을 설치하는 부분의 지반은 위험물이 침투하지 아니하는 구조로 하고 그 주위에는 높이 15cm 이상의 턱을 설치할 것

ⓑ 누설한 위험물이 외부로 유출되지 아니하도록 배수구 및 집유설비를 설치할 것

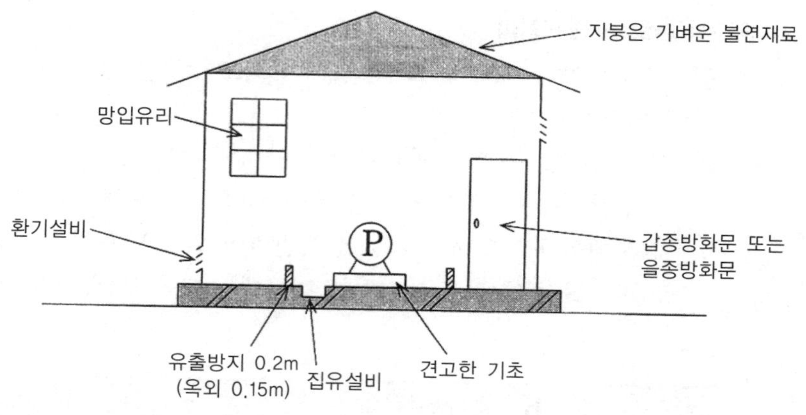

▲ 45-2 펌프실의 구조 예

② **피그장치**(Ⅳ ㉔) : 피그장치를 설치하는 경우에는 다음의 기준에 의하여야 한다.

㉠ 피그장치는 배관의 강도와 동등 이상의 강도를 가질 것

㉡ 피그장치는 당해 장치의 내부압력을 안전하게 방출할 수 있고 내부압력을 방출한 후가 아니면 피그를 삽입하거나 배출할 수 없는 구조로 할 것

㉢ 피그장치는 배관 내에 이상응력이 발생하지 아니하도록 설치할 것

㉣ 피그장치를 설치한 장소의 바닥은 위험물이 침투하지 아니하는 구조로 하고 누설한 위험물이 외부로 유출되지 아니하도록 배수구 및 집유설비를 설치할 것

㉤ 피그장치의 주변에는 너비 3m 이상의 공지를 보유할 것. 다만, 펌프실 내에 설치하는 경우에는 그러하지 아니하다.

참고

① 피그(Pig)장치는 여러 종류의 유류수송에 있어서 유류의 혼합을 억제하는 피그, 배관을 청소하는 피그, 위험물을 제거하는 피그 등을 보내거나 받는 것으로서, 피그에는 구형 피그(Sphere), 우산형 피그, 포탄형 피그 등이 있다.

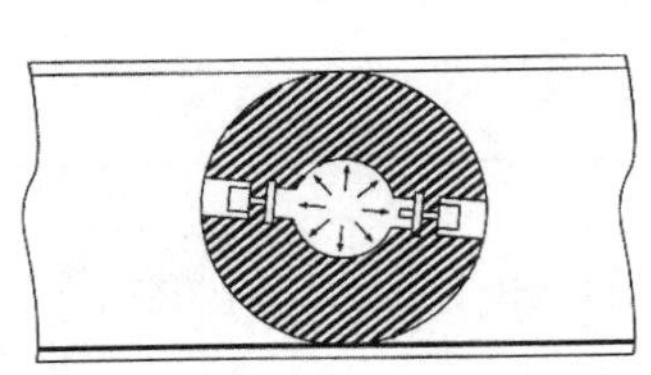

▲ 스피아 단면

▲ 우산형 피그

② 스피아는 두께가 두꺼운 네오플레인고무, 폴리우레탄고무 등으로 된 가운데가 빈 구로서, 사용할 때는 내부에 물 또는 에틸렌글리콜 등을 압입하여 공기를 빼는 한편 관의 내경보다 1～4% 크게 팽창시킨다.

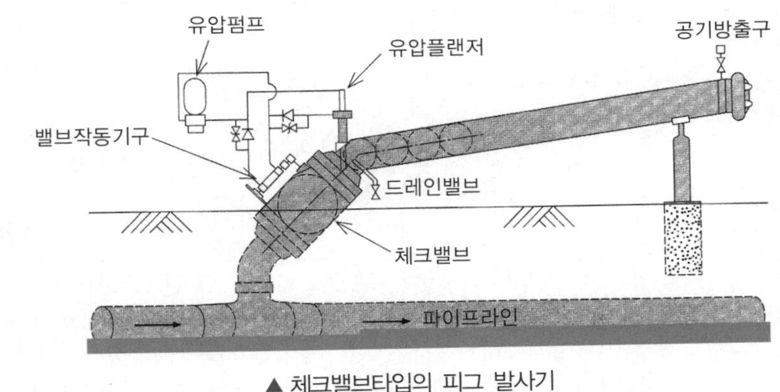

▲ 체크밸브타입의 피그 발사기

③ **밸브**(Ⅳ ㉕) : 교체(전환)밸브 · 제어밸브 등은 다음의 기준에 의하여 설치하여야 한다.

㉠ 밸브는 원칙적으로 이송기지 또는 전용부지 내에 설치할 것

㉡ 밸브는 그 개폐상태가 당해 밸브의 설치장소에서 쉽게 확인할 수 있도록 할 것

㉢ 밸브를 지하에 설치하는 경우에는 점검상자 안에 설치할 것

㉣ 밸브는 당해 밸브의 관리에 관계하는 자가 아니면 수동으로 개폐할 수 없도록 할 것

참고

① 배관에 사용되는 대표적인 밸브는 다음 표와 같다.

명 칭	형식 및 목적	약 도
칸막이밸브	유량제어 및 유체차단을 밸브판의 상하 움직임으로 행한다.	
버터플라이밸브	유량제어 및 유체차단을 밸브판의 선회로써 행한다.	
볼밸브	유량제어 및 유체차단을 구(球)의 선회로써 행한다.	
체크밸브	밸프판이 자동적으로 개폐되어 역류를 방지한다.	
릴리프밸브	제한압력을 초과한 경우 다른 관로로 유체를 빼내어 압력의 이상상승을 방지한다.	

② 전환밸브, 제어밸브란 배관에 설치되는 밸브를 말하며, 긴급차단밸브는 제외한다.

④ **위험물의 주입구 및 토출구**(Ⅳ ㉖) : 위험물의 주입구 및 토출구는 다음의 기준에 의하여야 한다.

㉠ 위험물의 주입구 및 토출구는 화재예방상 지장이 없는 장소에 설치할 것

㉡ 위험물의 주입구 및 토출구는 위험물을 주입하거나 토출하는 호스 또는 배관과 결합이 가능하고 위험물의 유출이 없도록 할 것

㉢ 위험물의 주입구 및 토출구에는 위험물의 주입구 또는 토출구가 있다는 내용과 화재예방과 관련된 주의사항을 표시한 게시판을 설치할 것

㉣ 위험물의 주입구 및 토출구에는 개폐가 가능한 밸브를 설치할 것

8) 이송기지의 안전조치(Ⅳ ㉗)

① 이송기지의 구내에는 관계자 외의 자가 함부로 출입할 수 없도록 경계표시를 할 것. 다만, 주위의 상황에 의하여 관계자 외의 자가 출입할 우려가 없는 경우에는 그러하지 아니하다.

② 이송기지에는 다음의 기준에 의하여 당해 이송기지 밖으로 위험물이 유출되는 것을 방지할 수 있는 조치를 할 것

㉠ 위험물을 취급하는 시설(지하에 설치된 것을 제외)은 이송기지의 부지경계선으로부터 당해 배관의 최대상용압력에 따라 다음 표에 정한 거리(「국토의 계획 및 이용에 관한 법률」에 의한 전용공업지역 또는 공업지역에 설치하는 경우에는 당해 거리의 1/3의 거리)를 둘 것[㉗ 나목 1)]

배관의 최대상용압력	거 리
0.3MPa 미만	5m 이상
0.3MPa 이상 1MPa 미만	9m 이상
1MPa 이상	15m 이상

㉡ 제4류 위험물(온도 20℃의 물 100g에 용해되는 양이 1g 미만인 것에 한한다)을 취급하는 장소에는 누설한 위험물이 외부로 유출되지 아니하도록 유분리장치를 설치할 것

㉢ 이송기지의 부지경계선에 높이 50cm 이상의 방유제를 설치할 것

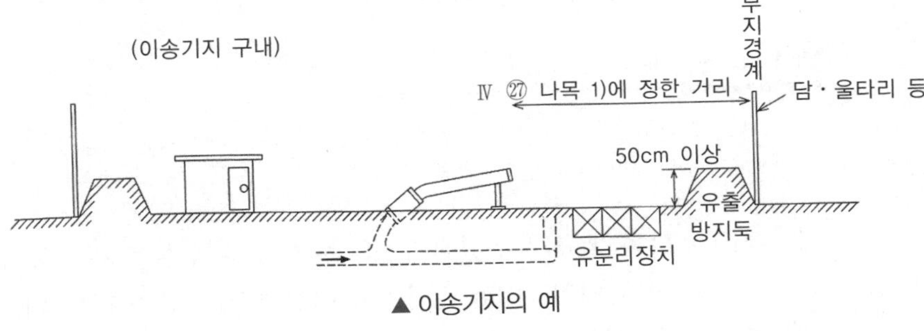

▲ 이송기지의 예

(8) 이송취급소의 기준완화 특례(規 별표 15 Ⅴ)

1) 특례대상 : 비특정이송취급소(특정이송취급소 외의 이송취급소)

특정이송취급소는 다음의 ① 또는 ②에 해당하는 이송취급소를 말한다.

① 위험물을 이송하기 위한 배관의 연장이 15km를 초과하는 것

② 위험물을 이송하기 위한 배관에 관계된 최대상용압력이 950kPa 이상이고 위험물을 이송하기 위한 배관의 연장이 7km 이상인 것

* 배관 연장의 산정에 있어서 배관의 기점 또는 종점이 2 이상인 경우에는 임의의 기점에서 임의의 종점까지의 당해 배관의 연장 중 최대의 것으로 한다.

2) 비특정이송취급소에는 조건없이 적용이 제외되는 규정(Ⅴ ①)

특정이송취급소가 아닌 이송취급소에는 다음의 규정을 적용하지 않는다.

제외규정	기술기준의 항목 및 내용
Ⅳ ⑦ 가	운전감시장치 : 배관계에는 펌프 및 밸브의 작동상황 등 배관계의 운전상태를 감시하는 장치를 설치할 것
Ⅳ ⑧ 가	안전제어장치 : 배관계에는 압력안전장치 · 누설검지장치 · 긴급차단밸브 그 밖의 안전설비의 제어회로가 정상으로 있지 아니하면 펌프가 작동하지 아니하도록 하는 제어기능이 있는 안전제어장치를 설치할 것
Ⅳ ⑩ 가 2) 및 3)	누설검지장치 • 배관계 내의 위험물의 양을 측정하는 방법에 의하여 자동적으로 위험물의 누설을 검지하는 장치 또는 이와 동등 이상의 성능이 있는 장치를 설치할 것 • 배관계 내의 압력을 측정하는 방법에 의하여 위험물의 누설을 자동적으로 검지하는 장치 또는 이와 동등 이상의 성능이 있는 장치를 설치할 것
Ⅳ ⑬	감진장치 등 : 배관의 경로에는 안전상 필요한 장소와 25km의 거리마다 감진장치 및 강진계를 설치하여야 한다.

3) 일정 조건하의 비특정이송취급소에만 적용이 제외되는 규정

① Ⅳ 제9호 가목의 규정(압력안전장치의 설치)은 유격작용 등에 의하여 배관에 생긴 응력이 주하중에 대한 허용응력도를 초과하지 아니하는 비특정이송취급소의 배관계에는 적용하지 않는다(Ⅴ ②).

압력안전장치

배관 내의 압력이 최대상용압력을 초과하거나 유격작용 등에 의하여 생긴 압력이 최대상용압력의 1.1배를 초과하지 아니하도록 제어하는 장치

② Ⅳ 제10호 나목의 규정(누설검지구의 설치)은 위험물을 이송하기 위한 배관에 관계된 최대상용압력이 1MPa 미만이고 내경이 100mm 이하인 비특정이송취급소의 배관에는 적용하지 않는다(Ⅴ ③).

누설검지구

배관을 지하에 매설한 경우에 안전상 필요한 장소(하천 등의 아래에 매설한 경우에는 금속관 또는 방호구조물의 안)에 누설검지구 설치

③ 비특정이송취급소에 설치된 배관의 긴급차단밸브는 Ⅳ 제11호 나목 1)의 규정(원격조작 및 현지조작에 의하여 폐쇄되는 기능이 있을 것)에 불구하고, 현지조작에 의하여 폐쇄하는 기능이 있는 것으로 할 수 있다. 다만, 긴급차단밸브가 다음의 1에 해당하는 배관에 설치된 경우에는 그러하지 아니하다(Ⅴ ④).

㉠ 「하천법」 제7조 제2항의 규정에 의한 국가하천 · 하류 부근에 「수도법」 제3조 제17호의 규정에 의한 수도시설(취수시설에 한한다)이 있는 하천 또는 계획하폭이 50m 이상인 하천으로서 위험물이 유입될 우려가 있는 하천을 횡단하여 설치된 배관

㉡ 해상 · 해저 · 호소 등을 횡단하여 설치된 배관
㉢ 산 등 경사가 있는 지역에 설치된 배관
㉣ 철도 또는 도로 중 산이나 언덕을 절개하여 만든 부분을 횡단하여 설치된 배관

④ ② 및 ③에 정하지 아니한 것으로서 비특정이송취급소의 기준의 특례에 관하여 필요한 사항은 고시(미정)로 정할 수 있다(Ⅴ ⑤).

CHAPTER 01
CHAPTER 02
CHAPTER 03
CHAPTER 04
부록

04-4 일반취급소의 위치 · 구조 및 설비의 기준

일반취급소는 주유취급소, 판매취급소 및 이송취급소에 해당하지 않으면서 위험물을 취급하는 일체의 시설을 대상으로 하고 있어 그 실태가 매우 다양하게 되어 있다.
또한, 일반취급소는 제조소가 그 공정에서 취급하는 원료 등의 여하를 불문하고 최종의 공정에서 새로운 위험물을 제조하는 시설인데 비하여, 최종의 공정에서 새로운 위험물을 제조하지 않는 시설이다. 그렇지만 일반취급소와 제조소에 해당하는 화학공장 등의 시설은 위험물을 제조하는지 여부에 차이가 있을 뿐 혼합 · 용해 · 가열 · 냉각 · 가압 · 감압 · 증류 등의 각종 물리적 처리와 화합 · 축합 · 중합 · 분해 등의 화학적 처리를 하는 공정이 있는 시설로서, 기본적으로 각 시설에 있어서의 위치 · 구조 및 설비에 차이가 없다.
그러므로 **일반취급소에 관한 위치 · 구조 및 설비의 기준은 제조소의 위치 · 구조 및 설비의 기준을 준용**하도록 되어 있다. 다만, 일반취급소에 해당하는 시설에는 제조소와 같은 복합적인 공정으로 된 형태의 것이 있는 반면에 화학공장 등이 아닌 일반취급소에는 이러한 시설과는 공통성이 없는 시설도 있으며, 후자에 해당하는 일반취급소에 대하여는 그 취급의 실태를 유형적으로 분류하여 본칙의 기준에 대한 특례기준을 정하고 있다.

〈일반기준〉
일반취급소에 관한 위치 · 구조 및 설비의 기준 중 주요한 사항은 다음과 같다.

1. 위치에 관한 것
2. 일반취급소 건축물의 구조에 관한 것
3. 위험물 취급의 안전상 건축물에 설치하여야 하는 설비에 관한 것
4. 위험물을 취급하는 설비, 장치 등의 안전상 설치하여야 하는 설비, 장치에 관한 것
5. 위험물 취급에 쓰이는 각종 탱크 및 배관의 위치 · 구조 및 설비에 관한 것
6. 위험물 취급의 규모, 태양에 따라 설치하는 소화설비 및 경보설비에 관한 것

〈특례기준〉
소정의 일반취급소에 대하여는 위치 · 구조 및 설비의 기준에 대한 특례를 정하고 있는데, 이 특례의 대상이 되는 일반취급소와 특례기준을 정리하면 다음 표와 같다.
이 표에서 ① 및 ④의 시설은 취급위험물의 취급 태양의 특수성을 감안하여 본칙에 정한 기준(規 별표 16 Ⅰ)의 완화기준을, ②의 시설은 고인화점 위험물을 비교적 저온에서 취급하는 태양의 것에 한정하여 본칙에 정한 기준 및 다른 특례기준(規 별표 16 Ⅵ)의 완화기준을 정하고 있다. 또한, ③의 시설은 위험성이 높은 위험물을 취급하는 특수성 때문에 본칙에 정한 기준의 강화기준을 정하고 있다.

구분	시설의 태양	관계규정
①	도장, 인쇄 또는 도포를 위한 위험물을 취급하는 일반취급소로서 소정의 것 (분무도장작업 등의 일반취급소)	規 별표 16 Ⅰ ② 가 · Ⅱ
	세정을 위한 제4류 위험물을 취급하는 일반취급소로서 소정의 것 (세정작업의 일반취급소)	規 별표 16 Ⅰ ② 나 · Ⅲ
	열처리 또는 방전가공을 위한 위험물을 취급하는 일반취급소로서 소정의 것 (열처리작업 등의 일반취급소)	規 별표 16 Ⅰ ② 다 · Ⅳ
	보일러, 버너 그 밖에 이와 유사한 장치로 위험물을 소비하는 일반취급소로서 소정의 것 (보일러 등으로 위험물을 소비하는 일반취급소)	規 별표 16 Ⅰ ② 라 · Ⅴ
	이동저장탱크에 액체위험물을 주입하는 일반취급소로서 소정의 것 (충전하는 일반취급소)	規 별표 16 Ⅰ ② 마 · Ⅵ
	고정급유설비에 의하여 위험물을 용기에 옮겨 담거나 이동저장탱크에 주입하는 일반취급소로서 소정의 것 (옮겨 담는 일반취급소)	規 별표 16 Ⅰ ② 바 · Ⅶ
	위험물을 이용한 유압장치 또는 윤활유 순환장치를 설치하는 일반취급소로서 소정의 것 (유압장치 등을 설치하는 일반취급소)	規 별표 16 Ⅰ ② 사 · Ⅷ
	절삭유로 위험물을 사용하는 절삭장치, 연삭장치 그 밖의 이와 유사한 장치를 설치하는 일반취급소로서 소정의 것 (절삭장치 등을 설치하는 일반취급소)	規 별표 16 Ⅰ ② 아 · Ⅸ
	위험물 외의 물건을 가열하기 위하여 위험물을 이용한 열매체유 순환장치를 설치하는 일반취급소로서 소정의 것 (열매체유 순환장치를 설치하는 일반취급소)	規 별표 16 Ⅰ ② 자 · Ⅹ
	화학실험을 위하여 위험물을 취급하는 일반취급소로서 소정의 것 (화학실험의 일반취급소)	規 별표 16 Ⅰ ② 차 · Ⅹ의 2
②	고인화점 위험물(인화점 100℃ 이상의 제4류 위험물)만을 100℃ 미만에서 취급하는 일반취급소 (고인화점 위험물의 일반취급소)	規 별표 16 Ⅰ ③ · ⅩⅠ
③	알킬알루미늄등, 아세트알데히드등 또는 히드록실아민등을 취급하는 일반취급소	規 별표 16 Ⅰ ④ · ⅩⅡ
④	발전소 · 변전소 · 개폐소 기타 이에 준하는 장소의 일반취급소	規 별표 16 Ⅰ ⑤

1 일반취급소의 일반기준(본칙)

일반취급소의 위치 · 구조 및 설비의 기술기준은 규칙 별표 4 Ⅰ 내지 Ⅹ의 규정, 즉 제조소의 기준을 준용한다(規 별표 16 ①).

일반취급소의 일반기준은 제조소의 일반기준과 완전히 같으며, 일반취급소에 준용되는 제조소의 규정(規 별표 4)과 기준항목을 정리하면 다음 표와 같다.

<table>
<tr><th>規 별표 16 Ⅰ① 준용의 별표 4</th><th colspan="3">기술기준의 항목</th></tr>
<tr><td>Ⅰ</td><td colspan="3">안전거리의 확보</td></tr>
<tr><td>Ⅱ</td><td colspan="3">공지의 보유</td></tr>
<tr><td>Ⅲ</td><td>표지 및 게시판의 설치</td><td colspan="2">① 표지
② 게시판</td></tr>
<tr><td>Ⅳ</td><td>건축물의 구조</td><td colspan="2">① 지하층 금지
② 벽・기둥・바닥・보・서까래・계단 및 외벽
③ 지붕
④ 출입구 및 비상구에 방화문 설치
⑤ 창 및 출입구의 유리는 망입유리
⑥ 액체위험물을 취급하는 바닥(불침투, 경사, 집유)</td></tr>
<tr><td>Ⅴ</td><td colspan="3">채광・조명 및 환기설비</td></tr>
<tr><td>Ⅵ</td><td colspan="3">배출설비의 설치</td></tr>
<tr><td>Ⅶ</td><td colspan="3">옥외시설의 바닥</td></tr>
<tr><td>Ⅷ</td><td>기타 설비의 설치</td><td colspan="2">① 누설・비산 방지구조
② 가열・냉각설비 등의 온도측정장치
③ 가열건조설비
④ 압력계 및 안전장치
⑤ 전기설비
⑥ 정전기 제거설비
⑦ 피뢰설비
⑧ 전동기 및 취급설비의 펌프・밸브・스위치 등</td></tr>
<tr><td rowspan="3">Ⅸ</td><td rowspan="3">위험물취급탱크</td><td rowspan="2">① 옥외에 있는 위험물취급탱크</td><td>㉠ 탱크의 구조・설비</td></tr>
<tr><td>㉡ 방유제
• 용량
• 구조・설비</td></tr>
<tr><td colspan="2">② 옥내에 있는 위험물취급탱크
③ 지하에 있는 위험물취급탱크</td></tr>
<tr><td>Ⅹ</td><td colspan="3">배관</td></tr>
</table>

2 일반취급소의 기준완화 특례

일반취급소 중 다음 표에 열거된 것은 일반취급소의 위치・구조 및 설비의 기준(표의 ⓐ란에 해당하는 일반취급소는 規 별표 16 Ⅰ ①, 표의 ⓑ란에 해당하는 일반취급소는 規 별표 16 Ⅰ ① 및 동표 Ⅱ ~ Ⅹ)에 대하여 그 완화특례를 적용할 수 있다(規 별표 16 Ⅰ② ③ ⑤).

기술기준 항목	위치 · 구조 및 설비기준의 개요				
특례대상 일반취급소의 구분		위험물의 취급 태양	취급 위험물	지정수량의 배수	시설의 태양
분무도장작업 등의 일반취급소 (規 별표 16 Ⅱ)		도장, 인쇄 또는 도포하는데 위험물을 취급	제2류, 제4류 위험물 (특수인화물은 제외)		
세정작업의 일반취급소 (規 별표 16 Ⅲ)		세정을 위하여 위험물을 취급	인화점 40℃ 이상의 제4류 위험물		
열처리작업 등의 일반취급소 (規 별표 16 Ⅳ)		열처리 또는 방전가공하는데 위험물을 취급	인화점 70℃ 이상의 제4류 위험물		
보일러 등으로 위험물을 소비하는 일반취급소 (規 별표 16 Ⅴ)		보일러, 버너 그 밖에 이와 유사한 장치로 위험물을 소비하는 취급	인화점 38℃ 이상의 제4류 위험물	30 미만	위험물 취급 설비가 건물 내에 설치되는 것
화학실험실의 일반취급소 (規 별표 16 Ⅹ의 2)		화학실험을 위하여 위험물을 취급하는 일반취급소	–		
절삭장치 등을 설치하는 일반취급소 (規 별표 16 Ⅸ)		절삭장치, 연삭장치 기타 이와 유사한 장치로 위험물을 100℃ 미만의 온도로 취급			
열매체유 순환장치를 설치하는 일반취급소 (規 별표 16 Ⅹ)	ⓐ	열매체유 순환장치로 위험물을 취급	인화점 100℃ 이상의 제4류 위험물		
유압장치 등을 설치하는 일반취급소 (規 별표 16 Ⅷ)		유압장치 또는 윤활유 순환장치에 의하여 위험물을 100℃ 미만의 온도로 취급		50 미만	
충전하는 일반취급소. (規 별표 16 Ⅵ)		이동저장탱크에 액체위험물을 충전(주입)하는 취급	액체위험물(알킬알루미늄등, 아세트알데히드등 및 히드록실아민등은 제외)	–	–
옮겨 담는 일반취급소 (規 별표 16 Ⅶ)		고정급유설비로 위험물을 용기에 채우거나 4,000L 이하의 이동저장탱크(2,000L 이하마다 구획한 것만)에 주입하는 취급	인화점 38℃ 이상의 제4류 위험물	40 미만	–
발전소 등의 일반취급소 (規 별표 16 Ⅰ⑤)		발전소 등에 설치된 위험물 내장 기기(변압기, 전압조정기 등) 외의 유압장치, 보일러 등으로 위험물을 취급	–	–	–
고인화점 위험물의 일반취급소 (規 별표 16 Ⅺ)	ⓑ	고인화점 위험물을 100℃ 미만의 온도로 취급	인화점 100℃ 이상의 제4류 위험물	–	–

참고

① 위험물을 원료로 하여 각종의 화학반응을 동반하는 등 제조소와 유사한 시설에 있어서도 최종제품이 위험물이 아니면 일반취급소로 규제된다.
② **위험물의 취급수량 및 배수** : 일반취급소에 있어서 위험물의 취급수량 및 배수의 산정은 제조소에 준해서 실시하며, 산정 등의 방법은 일반취급소의 형태에 따라 다르지만 예시하면 다음과 같다. 또한, 위험물의 취급형태가 복합적인 일반취급소에 있어서는 각각의 형태에 대한 최대취급량의 합계로 한다.
   ㉠ **비위험물을 제조하는 일반취급소** : 동식물유류를 원료로 한 마가린의 제조, 석유류를 원료로 한 플라스틱의 제조 또는 납사의 분해에 의한 도시가스의 제조와 같은 경우는 1일당 원료위험물의 사용량이 최대가 되는 날의 양으로 산정한다.
   ㉡ **소비하는 일반취급소** : 보일러, 버너 등에 의한 등유나 중유의 소비, 신문인쇄에 있어서 인쇄잉크의 사용 또는 자동차 도장에 있어서 도료의 사용과 같은 경우는 1일당 위험물 소비량이 최대가 되는 날의 양으로 산정한다.
   ㉢ **유압, 순환설비의 일반취급소** : 유압프레스 설비, 윤활유 순환설비, 열매유 순환설비 등에 있어서 윤활유 등을 사용하는 경우는 당해 설비에 있어서 순간 최대정체량으로 산정한다.

넓게 보기

[일반취급소 기준 이해의 틀]

규칙 별표 16 I 제1호의 일반취급소가 원칙적으로 1동(棟) 또는 일련의 공정을 하나의 허가단위("1동 규제"라 한다. 이하 같음)로 하고 있는 것과는 대조적으로 **규칙 별표 16 I 제2호의 일반취급소**는 위험물의 취급형태가 유형화되어 있는 것에 대하여 규칙 별표 16 I 제1호의 기준(위험물 제조소에 관한 규정의 준용)의 **특례가 정해져 있으며**, 이러한 시설형태(위험물의 충전 또는 옮겨 담는 것은 제외)의 것은 **건축물의 일부에 설치("부분규제"**라 한다. 이하 같음)할 수 있도록 하고 있다.

또한, 설치하고자 하는 일반취급소가 규칙 별표 16 I 제1호(1동 규제) 및 규칙 별표 16 I 제2호(부분규제)의 기준을 모두 만족하는 경우에 어느 기술기준을 적용하는가는 설치자의 의사에 따라 선택할 수 있다.

① **부분규제**의 일반취급소에는 구획실 단위의 규제와 설비단위의 규제가 있다.
   ㉠ **구획실 단위**의 규제 : 규칙 별표 16 Ⅱ, Ⅲ ①, Ⅳ ①, Ⅴ ①, Ⅷ ① ②, Ⅸ ①, Ⅹ 및 Ⅹ의 2
   ㉡ **설비단위**의 규제 : 규칙 별표 16 Ⅲ ②, Ⅳ ②, Ⅴ ②, Ⅷ ③, Ⅸ ②
② 하나의 건축물에 복수의 일반취급소(위험물의 충전 또는 옮겨 담는 것은 제외)의 설치가 인정되며, 또한 영 별표 2 및 별표 3의 위험물시설 중 부분규제되는 것도 동일 건축물 내에 설치할 수 있다.

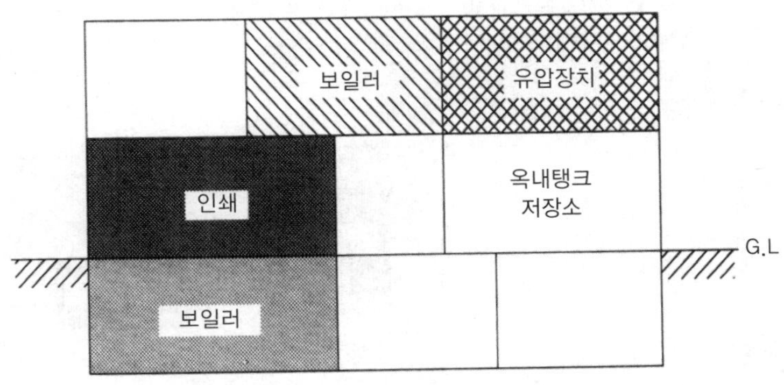

▲ 부분규제(구획실 단위)의 일반취급소의 복수설치의 예

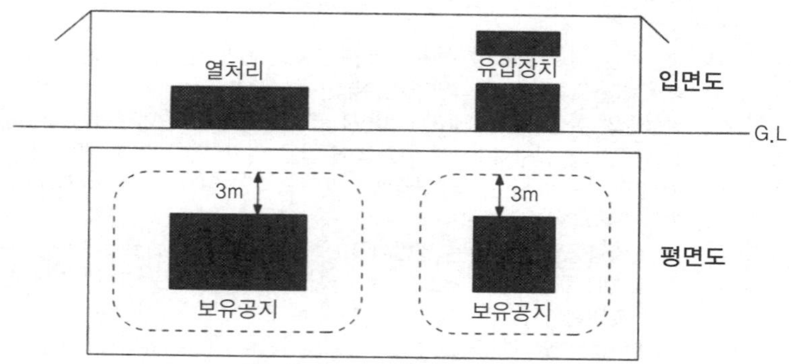

▲ 부분규제(설비단위)의 일반취급소의 복수설치의 예

③ 설비단위로 규제되는 일반취급소에 있어서 규칙 별표 16 Ⅰ 제2호 각 목의 동일 유형(동일 목에 해당하는 유형)의 위험물 취급설비를 복수로 설치하는 경우 복수의 설비를 하나의 일반취급소로 하여 그 주위에 폭 3m 이상의 공지를 보유하는 것도 가능하다.

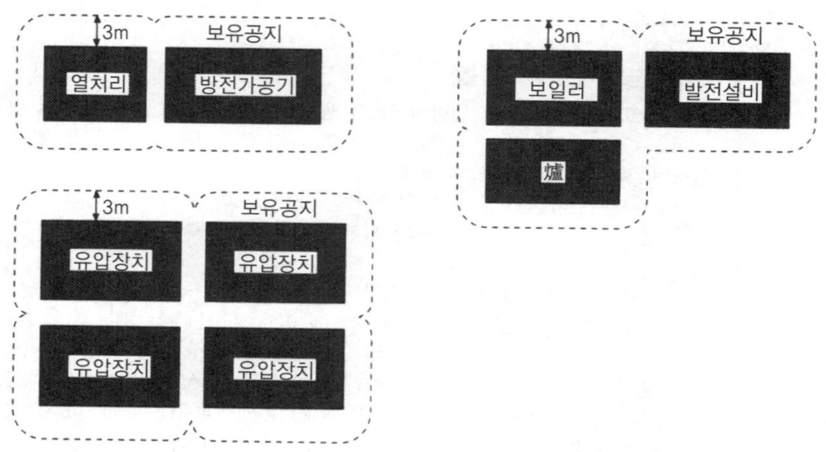

▲ 복수의 설비가 하나의 설비단위로 규제되는 예

④ 동일 실 내에 설비단위로 규제되는 일반취급소에 규칙 별표 16 Ⅰ 제2호 각 목의 다른 유형(서로 다른 목에 해당하는 유형)의 위험물 취급설비를 복수로 설치하는 경우, 위험물을 취급하는 설비의 주위에 확보하는 폭 3m 이상의 공지는 각각의 설비에 대하여 각각 적용된다. 즉, 동일 실 내에 서로 다른 유형의 설비를 복수로 설치하는 경우에는 각각 하나의 설비단위로 규제된다.

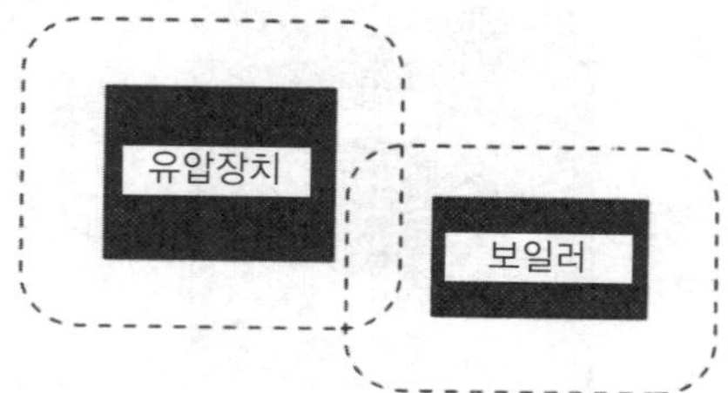

▲ 복수설비가 하나의 일반취급소로 인정되지 않는 예(각각 하나의 설비단위로 규제)

⑤ 규칙 별표 16 Ⅰ 제2호 각 목에 정하는 일반취급소는 위험물 취급형태마다 허가를 하며, 하나의 허가로써 다른 취급형태와의 혼재는 인정되지 않는다. 따라서, 아래 그림과 같은 경우는 규칙 별표 16 Ⅰ 제1호의 일반취급소(1동 규제)로 규제된다.

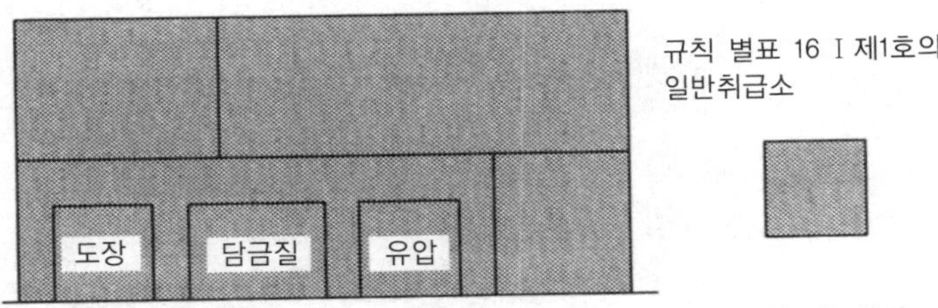

구획실 단위의 규제형태의 것에서 도장(Ⅰ② 가), 열처리(Ⅰ② 다) 및 유압(Ⅰ② 사)이 동일 실에 혼재하는 경우

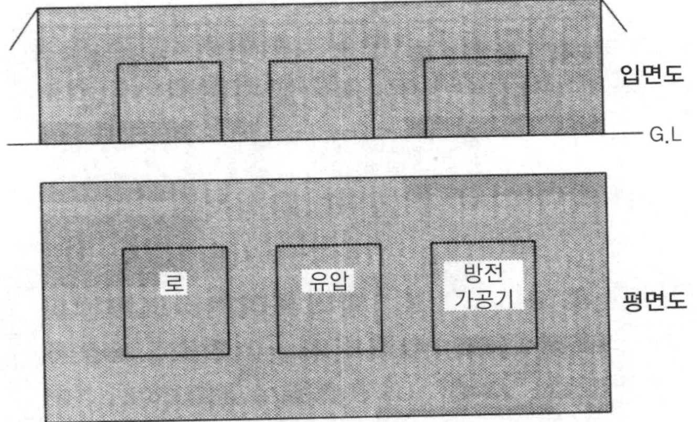

설비단위의 규제형태의 것에서 방전가공기(Ⅰ② 다), 소각로(Ⅰ② 라) 및 유압(Ⅰ② 사)이 동일 장소에 혼재하는 경우. 다만, 각각의 설비 주위에 3m의 공지를 확보하여 각각을 일반취급소로 할 수 있는 경우를 제외한다.

▲ 부분규제의 일반취급소로 할 수 없는 것의 예

⑥ 부분규제의 일반취급소로 취급할 수 있는 공정과 연속되어 있으나 위험물을 취급하지 않는 공정이 있는 경우에는 그 공정을 포함하는 구획을 하면 규칙 별표 16 Ⅰ 제2호에 규정하는 일반취급소로 할 수 있다.

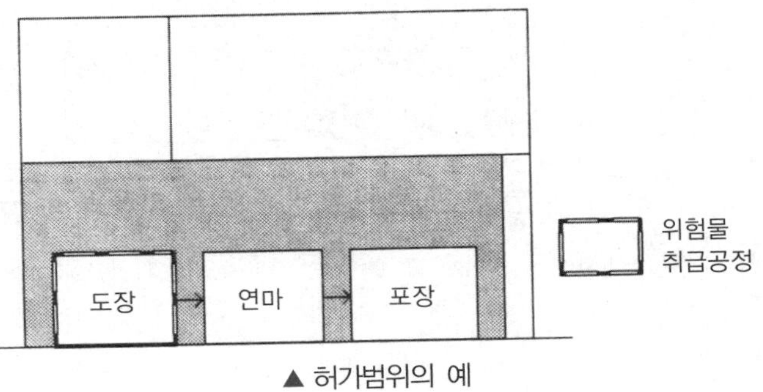

▲ 허가범위의 예

⑦ 규칙 별표 16 Ⅰ 제2호 가목 내지 라목 및 사목에 정한 것(ⓛ에 의한 경우는 가목을 제외한다) 중에서 동일 목에 해당하는 형태의 일반취급소를 하나의 건축물 내에 복수로 설치하는 경우는 다음의 예에 의한 일반취급소로 할 수 있다.

㉠ 구획실 단위의 규제를 할 수 있는 경우는 다음의 ⓐ~ⓒ 중 어느 하나로 할 수 있다.

ⓐ 건축물 전체를 규칙 별표 16 Ⅰ 제1호의 기술기준을 적용하는 일반취급소(1동 규제의 일반취급소)로 한다.

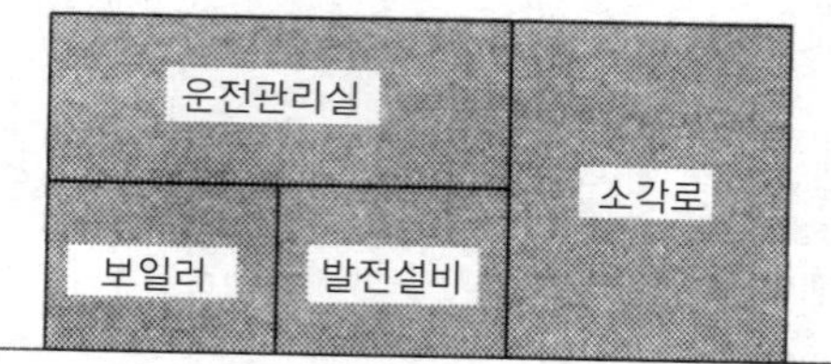

▲ 건축물 전체가 구획실 단위의 복수 일반취급소로 있는 경우 전체에 1동 규제를 적용하는 방법

ⓑ 건축물 전체를 규칙 별표 16 Ⅴ 제1항의 기술기준을 적용하는 별표 16 Ⅰ 제2호의 일반취급소로 한다.

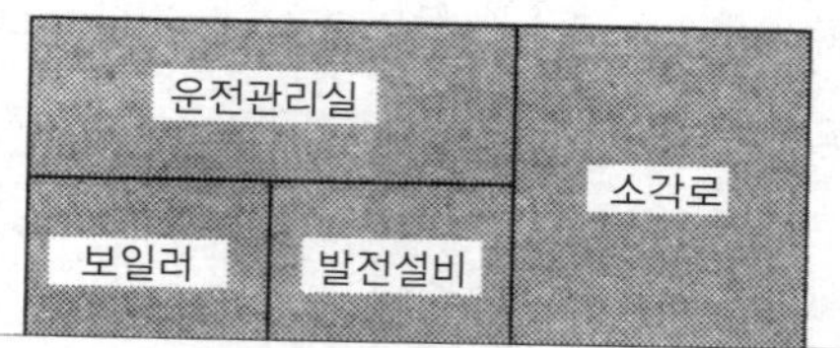

▲ 전체가 구획실 단위의 복수 보일러설비 등으로 된 경우 전체에 보일러설비 등의 부분규제를 적용하는 방법

ⓒ 위험물을 소비하는 1실마다 또는 인접하는 복수의 실마다 구획실 단위로서 규칙 별표 16 Ⅴ 제1항의 기술기준을 적용하는 별표 16 Ⅰ 제2호의 일반취급소로 한다.

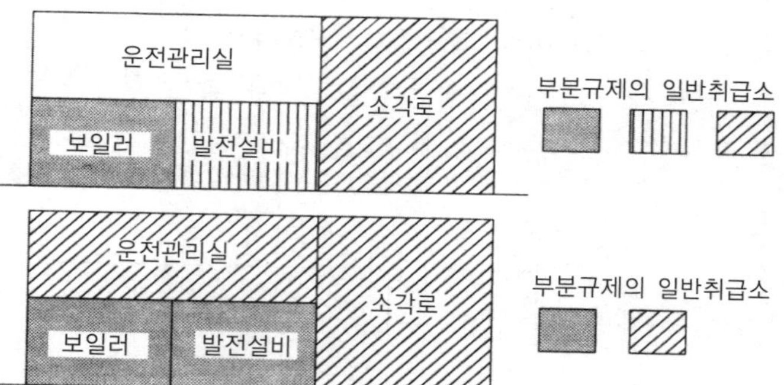

▲ 전체가 구획실 단위의 복수 보일러설비 등으로 된 경우 1실 또는 인접하는 복수의 실마다 보일러설비 등의 부분규제를 적용하는 방법

ⓛ 설비단위의 규제를 할 수 있는 경우는 다음의 ⓐ~ⓓ 중 어느 하나로 할 수 있다.

ⓐ 건축물 전체를 별표 16 Ⅰ 제1호의 기술기준을 적용하는 일반취급소로 한다.

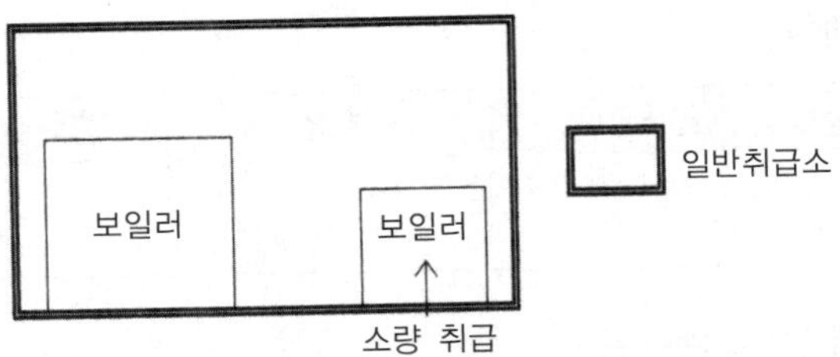

▲ 전체가 동종 설비단위의 복수 일반취급소로 된 경우 전체에 1동 규제를 적용하는 방법

ⓑ 건축물 전체를 규칙 별표 16 Ⅴ 제1항의 기술기준을 적용하는 별표 16 Ⅰ 제2호의 일반취급소로 한다.

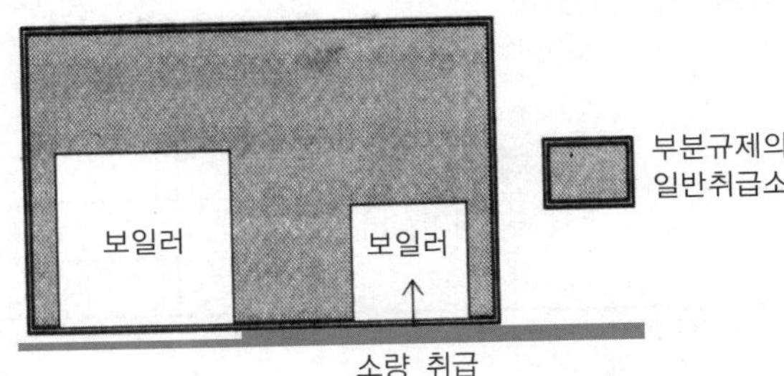

▲ 건축물 전체를 대상으로 규칙 별표 16 Ⅰ 제2호 (별표 16 Ⅴ 제1항)를 적용하는 방법

ⓒ 모든 보일러설비를 합쳐서 규칙 별표 16 Ⅴ 제2항의 기술기준을 적용하는 별표 16 Ⅰ 제2호의 일반취급소로 한다.

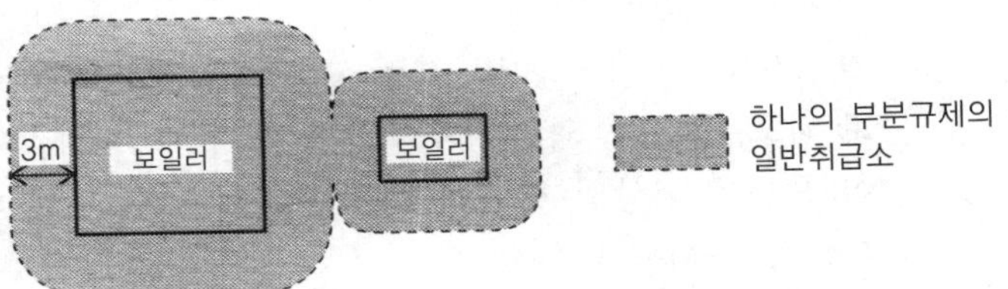

▲ 보일러설비 전체를 대상으로 규칙 별표 16 Ⅰ 제2호 (별표 16 Ⅴ 제2항)를 적용하는 방법

ⓓ 위험물의 소비량이 지정수량 이상인 보일러설비만을 규칙 별표 16 Ⅴ 제2항의 기술기준을 적용하는 별표 16 Ⅰ 제2호의 일반취급소로 하고, 지정수량 미만의 위험물을 소비하는 보일러설비를 시·도 조례에 의하도록 한다.

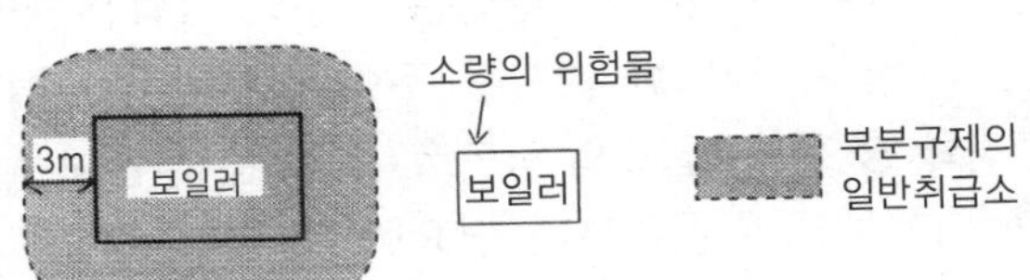

▲ 규칙 별표 16 Ⅰ 제2호(별표 16 Ⅴ 제2항) 적용 + 조례 적용

(1) 분무도장작업 등의 일반취급소의 특례(規 별표 16 Ⅱ)

1) 적용대상

위험물의 취급태양	취급 위험물	지정수량 배수	시설의 태양
도장, 인쇄 또는 도포하는데 위험물을 취급	제2류, 제4류 위험물 (특수인화물은 제외)	30 미만	위험물 취급설비가 건물 내에 설치됨

2) 적용이 제외되는 규정

소정의 조치요건에 적합한 분무도장작업 등의 일반취급소에 대하여 적용되지 않는 규정은 다음 표와 같다.

적용이 제외되는 기술기준의 항목	관계규정(規 별표 16 Ⅰ ① 준용의 별표 4)
안전거리의 확보	Ⅰ
공지의 보유	Ⅱ
건축물의 구조	Ⅳ
채광·조명 및 환기설비	Ⅴ
배출설비의 설치	Ⅵ

3) 적용이 제외되기 위한 조치요건

시설의 위치·구조 및 설비로서 정하고 있는 조치요건은 다음과 같다(Ⅱ 각호 : ①~⑧).

① 건축물 중 일반취급소의 용도로 사용하는 부분의 구조 등

㉠ 지하층이 없을 것(①)

㉡ 벽·기둥·바닥·보 및 지붕(상층이 있는 경우에는 상층의 바닥)을 내화구조로 하고, 출입구 외의 개구부가 없는 두께 70mm 이상의 철근콘크리트조 또는 이와 동등 이상의 강도가 있는 구조의 바닥 또는 벽으로 당해 건축물의 다른 부분과 구획될 것(②)

㉢ 창을 설치하지 아니할 것(③)

㉣ 출입구에는 갑종방화문을 설치하되, 연소의 우려가 있는 외벽 및 당해 부분 외의 부분과의 격벽에 있는 출입구에는 수시로 열 수 있는 자동폐쇄식의 것으로 할 것(④)

㉤ 액상의 위험물을 취급하는 부분의 바닥은 위험물이 침투하지 아니하는 구조로 하고, 적당한 경사를 두어 집유설비를 설치할 것(⑤)

② 건축물 중 일반취급소의 용도로 사용하는 부분에 설치하는 설비

㉠ 위험물을 취급하는데 필요한 채광·조명 및 환기의 설비를 설치할 것(⑥)

㉡ 가연성의 증기 또는 가연성의 미분이 체류할 우려가 있는 부분에는 그 증기 또는 미분을 옥외의 높은 곳으로 배출하는 설비를 설치할 것(⑦)

㉢ 환기설비 및 배출설비에는 방화상 유효한 댐퍼 등을 설치할 것(⑧)

넓게 보기

① 해당하는 작업형태로는 다음과 같은 것이 있고 기계부품 등의 세정작업은 포함하지 않는다.
㉠ 분무도장, 가열도장, 정전(靜電)도장, 붓칠도장, 침지(浸漬)도장 등의 도장작업
㉡ 철판(凸版)인쇄, 평판인쇄, 요판(凹版)인쇄, 그라비아인쇄 등의 인쇄작업
㉢ 광택가공, 고무풀·접착제 등의 도포작업

② 적용범위는 건축물 내에 ①의 작업을 위하여 제2류 위험물 또는 제4류 위험물(특수인화물을 제외한다)을 취급하는 일반취급소로서 지정수량의 배수가 30 미만의 것이다.

③ 당해 일반취급소는 제조소의 기준 중 일부를 준용한다.

④ 당해 일반취급소는 내화구조로 구획된 실내에서 위험물을 취급하는 구획실 단위 부분규제의 일반취급소이다.

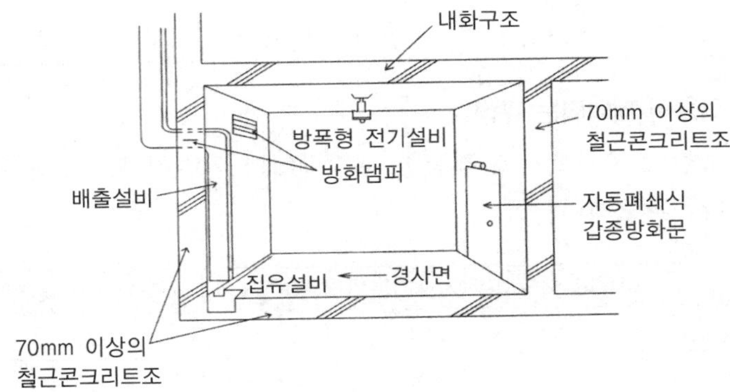

▲ 일반취급소 구획실의 구조 예

⑤ 설치할 수 있는 부분은 건축물 내에 한정되며, 또한 지하층 또는 지하층을 갖는 부분 외의 부분이다.

⑥ "건축물 중 일반취급소의 용도로 사용되는 부분은 벽·기둥·바닥·보 및 지붕(상층이 있는 경우는 상층의 바닥)을 내화구조로 하고"에 의하여 당해 외벽의 주위에 공지를 확보한 경우에도 그 구조를 불연재료로 할 수는 없다.

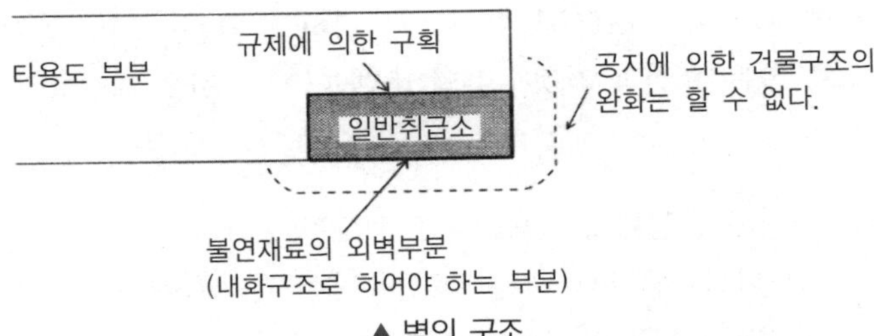

▲ 벽의 구조

⑦ "두께 70mm 이상의 철근콘크리트조 또는 이와 동등 이상의 강도가 있는 구조"로는 고온고압 증기로 양생된 경량기포 콘크리트제 판넬로 두께 75mm 이상의 것이 인정되고 있다.

⑧ "연소 우려가 있는 외벽"에 대하여는 제2장 제2절 6(제조소의 건축물의 구조 등)을 참조할 것

⑨ "필요한 채광·조명"에 있어서는 조명설비가 설치된 경우로서 충분한 조명이 확보되어 있으면 채광설비는 설치하지 않을 수 있다. 또한 필요한 채광설비를 지붕면에 설치한 경우에는 연소 우려가 없는 장소에 채광면적을 최소한도로 한 경우에 한하여 철재로 보강된 유리블록 또는 망입유리로 할 수 있다.

⑩ "가연성의 증기 또는 가연성의 미분이 체류할 우려가 있는 부분"에 대하여는 제2장 제2절 8을 참조할 것
⑪ 배출설비에 의하여 실내공기를 유효하게 치환할 수 있고 실내 온도가 상승할 우려가 없는 경우는 환기설비를 설치하지 않을 수 있다.

(2) 세정작업의 일반취급소의 특례(規 별표 16 Ⅲ)

1) 적용대상

위험물의 취급태양	취급 위험물	지정수량 배수	시설의 태양
세정을 위하여 위험물을 취급	인화점 40℃ 이상의 제4류 위험물	30 미만	위험물 취급설비가 건물 내에 설치됨

2) 적용이 제외되는 규정

소정의 조치요건에 적합한 세정작업의 일반취급소에 대하여 적용되지 않는 규정은 다음과 같다(Ⅲ ① ②).

적용이 제외되는 기술기준의 항목	관계규정(規 별표 16 Ⅰ ① 준용의 별표 4)
안전거리의 확보	Ⅰ
공지의 보유	Ⅱ
건축물의 구조	Ⅳ
채광·조명 및 환기설비	Ⅴ
배출설비의 설치	Ⅵ

3) 적용이 제외되기 위한 조치요건

시설의 위치·구조 및 설비로서 정하고 있는 조치요건은 특례대상시설 전체를 대상으로 하는 요건과 지정수량의 10배 미만의 것을 대상으로 하는 요건으로 나누어져 있다(Ⅲ ① ②).

① 대상시설 전체에 적용되는 조치요건(Ⅲ ①)

㉠ 위험물을 취급하는 탱크(용량이 지정수량의 1/5 미만인 것은 제외)의 주위에는 별표 4 Ⅸ 제1호 나목 1)의 규정을 준용하여 방유턱을 설치할 것(Ⅲ ① 가)

㉡ 위험물을 가열하는 설비에는 위험물의 과열을 방지할 수 있는 장치를 설치할 것(Ⅲ ① 나)

㉢ 건축물 부분의 구조 및 설비 등이 다음의 기준에 적합할 것

ⓐ 건축물 중 일반취급소의 용도로 사용하는 부분에 지하층이 없을 것(Ⅱ ①)

ⓑ 건축물 중 일반취급소의 용도로 사용하는 부분은 벽·기둥·바닥·보 및 지붕(상층이 있는 경우에는 상층의 바닥)을 내화구조로 하고, 출입구 외의

개구부가 없는 두께 70mm 이상의 철근콘크리트조 또는 이와 동등 이상의 강도가 있는 구조의 바닥 또는 벽으로 당해 건축물의 다른 부분과 구획될 것(Ⅱ ②)

ⓒ 건축물 중 일반취급소의 용도로 사용하는 부분에는 창을 설치하지 아니할 것(Ⅱ ③)

ⓓ 건축물 중 일반취급소의 용도로 사용하는 부분의 출입구에는 갑종방화문을 설치하되, 연소의 우려가 있는 외벽 및 당해 부분 외의 부분과의 격벽에 있는 출입구에는 수시로 열 수 있는 자동폐쇄식의 것으로 할 것(Ⅱ ④)

ⓔ 액상의 위험물을 취급하는 건축물 중 일반취급소의 용도로 사용하는 부분의 바닥은 위험물이 침투하지 아니하는 구조로 하고, 적당한 경사를 두어 집유설비를 설치할 것(Ⅱ ⑤)

ⓕ 건축물 중 일반취급소의 용도로 사용하는 부분에는 위험물을 취급하는데 필요한 채광·조명 및 환기의 설비를 설치할 것(Ⅱ ⑥)

ⓖ 가연성의 증기 또는 가연성의 미분이 체류할 우려가 있는 일반취급소의 용도로 사용하는 부분에는 그 증기 또는 미분을 옥외의 높은 곳으로 배출하는 설비를 설치할 것(Ⅱ ⑦)

ⓗ 환기설비 및 배출설비에는 방화상 유효한 댐퍼 등을 설치할 것(Ⅱ ⑧)

② **지정수량 10배 미만의 일반취급소에 한하여 적용되는 조치요건**(Ⅲ ②)

㉠ 일반취급소의 설치장소 : 일반취급소는 벽·기둥·바닥·보 및 지붕이 불연재료로 되어 있고, 천장이 없는 단층 건축물에 설치할 것(Ⅲ ② 가)

㉡ 위험물을 취급하는 설비

ⓐ 설비(위험물을 이송하기 위한 배관은 제외)는 바닥에 고정하고, 당해 설비의 주위에 너비 3m 이상의 공지를 보유할 것. 다만, 당해 설비로부터 3m 미만의 거리에 있는 건축물의 벽(수시로 열 수 있는 자동폐쇄식의 갑종방화문이 달려 있는 출입구 외의 개구부가 없는 것에 한함) 및 기둥이 내화구조인 경우에는 당해 설비에서 당해 벽 및 기둥까지의 공지를 보유하는 것으로 할 수 있다(Ⅲ ② 나).

ⓑ 설비의 내부에서 발생한 가연성의 증기 또는 가연성의 미분이 당해 설비의 외부에 확산하지 아니하는 구조로 할 것. 다만, 그 증기 또는 미분을 직접 옥외의 높은 곳으로 유효하게 배출할 수 있는 설비를 설치하는 경우에는 그러하지 아니하다(Ⅲ ② 라).

ⓒ ⓑ의 단서의 설비에는 방화상 유효한 댐퍼 등을 설치할 것

ⓓ 위험물을 취급하는 탱크(용량이 지정수량의 1/5 미만인 것을 제외한다)의 주위에는 별표 4 Ⅸ 제1호 나목 1)의 규정을 준용하여 방유턱을 설치할 것(Ⅲ ① 가)

ⓔ 위험물을 가열하는 설비에는 위험물의 과열을 방지할 수 있는 장치를 설치할 것(Ⅲ ① 나)

㉢ 건축물 중 일반취급소의 용도로 사용하는 부분의 구조 및 설비 등

ⓐ 바닥[㉡ ⓐ의 위험물취급공지를 포함]은 위험물이 침투하지 아니하는 구조로 하고 적당한 경사를 두어 집유설비를 설치하며, 집유설비 및 당해 바닥의 주위에 배수구를 설치할 것(Ⅲ ② 다)

ⓑ 건축물 중 일반취급소의 용도로 사용하는 부분(위험물취급공지를 포함)에는 위험물을 취급하는데 필요한 채광·조명 및 환기의 설비를 설치할 것(Ⅱ ⑥)

ⓒ 가연성의 증기 또는 가연성의 미분이 체류할 우려가 있는 부분(위험물취급공지를 포함)에는 그 증기 또는 미분을 옥외의 높은 곳으로 배출하는 설비를 설치할 것(Ⅱ ⑦)

ⓓ 환기설비 및 배출설비에는 방화상 유효한 댐퍼 등을 설치할 것(Ⅱ ⑧)

(3) 열처리작업 등의 일반취급소의 특례(規 별표 16 Ⅳ)

1) 적용대상

위험물의 취급태양	취급 위험물	지정수량 배수	시설의 태양
열처리 또는 방전가공하는데 위험물을 취급	인화점 70℃ 이상의 제4류 위험물	30 미만	위험물 취급설비가 건물 내에 설치됨

2) 적용이 제외되는 규정

소정의 조치요건에 적합한 열처리작업 등의 일반취급소에 대하여 적용되지 않는 규정은 다음과 같다(Ⅳ ① ②).

적용이 제외되는 기술기준의 항목	관계규정(規 별표 16 Ⅰ ① 준용의 별표 4)
안전거리의 확보	Ⅰ
공지의 보유	Ⅱ
건축물의 구조	Ⅳ
채광·조명 및 환기설비	Ⅴ
배출설비의 설치	Ⅵ

3) 적용이 제외되기 위한 조치요건

시설의 위치·구조 및 설비로서 정하고 있는 조치요건은 특례대상시설 전체를 대상으로 하는 요건과 지정수량의 10배 미만의 것을 대상으로 하는 요건으로 나누어져 있다(Ⅳ ① ②).

① 대상시설 전체에 적용되는 조치요건(Ⅳ ①)

㉠ 건축물 중 일반취급소의 용도로 사용하는 부분의 구조 등

ⓐ 벽·기둥·바닥 및 보를 내화구조로 하고, 출입구 외의 개구부가 없는 두께 70mm 이상의 철근콘크리트조 또는 이와 동등 이상의 강도가 있는 구조의 바닥 또는 벽으로 당해 건축물의 다른 부분과 구획될 것(Ⅳ ① 가)

ⓑ 상층이 있는 경우에 있어서는 상층의 바닥을 내화구조로 하고, 상층이 없는 경우에 있어서는 지붕을 불연재료로 할 것(Ⅳ ① 나)

ⓒ 지하층이 없을 것(Ⅱ ①)

ⓓ 창을 설치하지 아니할 것(Ⅱ ③)

ⓔ 출입구에는 갑종방화문을 설치하되, 연소의 우려가 있는 외벽 및 당해 부분 외의 부분과의 격벽에 있는 출입구에는 수시로 열 수 있는 자동폐쇄식의 것으로 할 것(Ⅱ ④)

ⓕ 액상의 위험물을 취급하는 부분의 바닥은 위험물이 침투하지 아니하는 구조로 하고, 적당한 경사를 두어 집유설비를 설치할 것(Ⅱ ⑤)

㉡ 건축물 중 일반취급소의 용도로 사용하는 부분에 설치하는 설비

ⓐ 위험물이 위험한 온도에 이르는 것을 경보할 수 있는 장치를 설치할 것(Ⅳ ① 다)

ⓑ 위험물을 취급하는데 필요한 채광·조명 및 환기의 설비를 설치할 것(Ⅱ ⑥)

ⓒ 가연성의 증기 또는 가연성의 미분이 체류할 우려가 있는 부분에는 그 증기 또는 미분을 옥외의 높은 곳으로 배출하는 설비를 설치할 것(Ⅱ ⑦)

ⓓ 환기설비 및 배출설비에는 방화상 유효한 댐퍼 등을 설치할 것(Ⅱ ⑧)

② 지정수량 10배 미만의 일반취급소에 한하여 적용되는 조치요건(Ⅳ ②)

㉠ 일반취급소의 설치장소 : 벽·기둥·바닥·보 및 지붕이 불연재료로 되어 있고, 천장이 없는 단층 건축물에 설치할 것(Ⅲ ② 가)

㉡ 건축물 중 일반취급소의 용도로 사용하는 부분의 구조 등 : 바닥(㉣ ⓐ의 위험물취급공지를 포함)은 위험물이 침투하지 아니하는 구조로 하고 적당한 경사를 두어 집유설비를 설치하는 한편, 집유설비 및 당해 바닥의 주위에 배수구를 설치할 것(Ⅳ ② 나)

㉢ 건축물 중 일반취급소의 용도로 사용하는 부분에 설치하는 설비

ⓐ 건축물 중 일반취급소의 용도로 사용하는 부분(위험물취급공지를 포함)에는 위험물을 취급하는데 필요한 채광·조명 및 환기의 설비를 설치할 것(Ⅱ ⑥)

ⓑ 가연성의 증기 또는 가연성의 미분이 체류할 우려가 있는 부분(위험물취급공지를 포함)에는 그 증기 또는 미분을 옥외의 높은 곳으로 배출하는 설비를 설치할 것(Ⅱ ⑦)

ⓒ 환기설비 및 배출설비에는 방화상 유효한 댐퍼 등을 설치할 것(Ⅱ ⑧)

㉣ 위험물취급설비

ⓐ 위험물을 취급하는 설비(위험물을 이송하기 위한 배관은 제외)는 바닥에 고정하고, 당해 설비의 주위에 너비 3m 이상의 공지를 보유할 것. 다만, 당해 설비로부터 3m 미만의 거리에 있는 건축물의 벽(수시로 열 수 있는 자동폐쇄식의 갑종방화문이 달려 있는 출입구 외의 개구부가 없는 것에 한한다) 및 기둥이 내화구조인 경우에는 당해 설비에서 당해 벽 및 기둥까지의 공지를 보유하는 것으로 할 수 있다(Ⅳ ② 가).

ⓑ 위험물이 위험한 온도에 이르는 것을 경보할 수 있는 장치를 설치할 것(Ⅳ ① 다)

① 열처리작업이란 주로 철강제 기계부품의 내피로성(耐疲勞性), 내마찰성의 향상 등을 목적으로 하는 공정이며, 기름·가스·전기를 열원으로 하는 가열로와 기름·물·용융염(鎔融塩)을 이용하는 냉각장치로 구성된다. 열처리작업을 행하는 장치에는 가열장치와 냉각장치가 일체가 된 것과 별도로 설치된 것이 있다. 본 규정에서 말하는 열처리란 냉각장치에 기름(위험물)을 사용하는 것으로서 인화점이 70℃ 이상인 제4류 위험물을 사용하는 것에 한정된다.

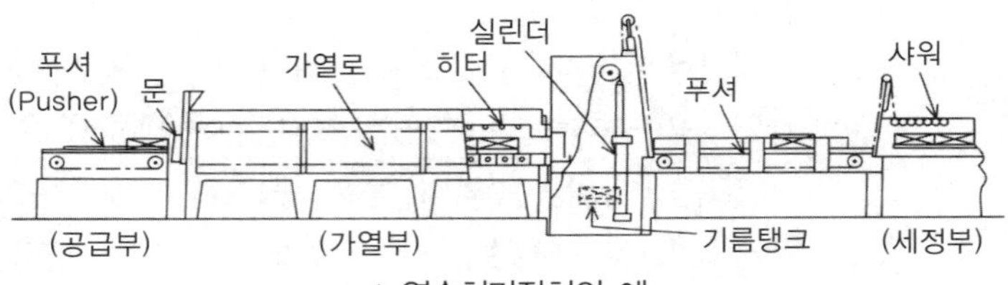

▲ 연속처리장치의 예

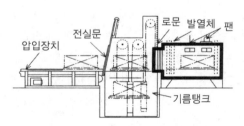

▲ 일괄(Batch)식 처리장치의 예

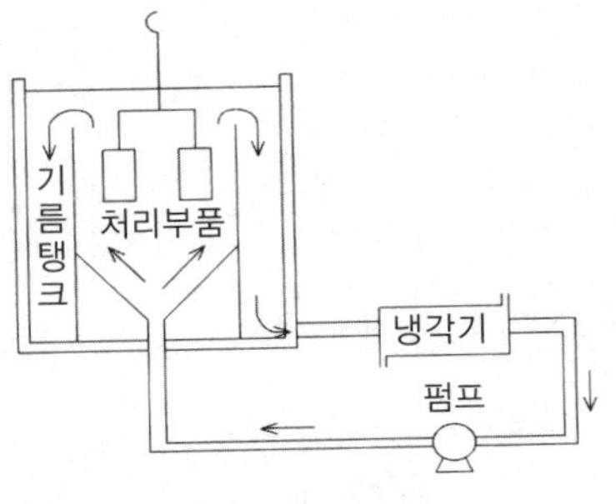

▲ 냉각장치의 예

㈜ 가공액면 위로 공작물이 노출된 상태로 가공하는 경우에 화재사례가 있으므로 주의를 요한다.

② "방전가공기(放電加工機)"란 전극과 가공물과의 적은 간격에 유효한 가공에 관련되는 방전을 행하는 것에 의하여 가공물을 임의의 형태로 가공하는 것으로 방전 간격의 절연저항을 높이기 위하여 주로 기름 속에서 가공을 행하는 장치이다. 특히 금형제작에 이용되고 있다. 또한 최근에는 컴퓨터에 의한 가공제어를 행하는 것이 주류로 되어 있다. 또 가공액 탱크는 당해 기기, 설비 등과 일체로 된 구조가 아닌 것과 개방형의 구조가 아닌 것은 취급탱크가 된다.

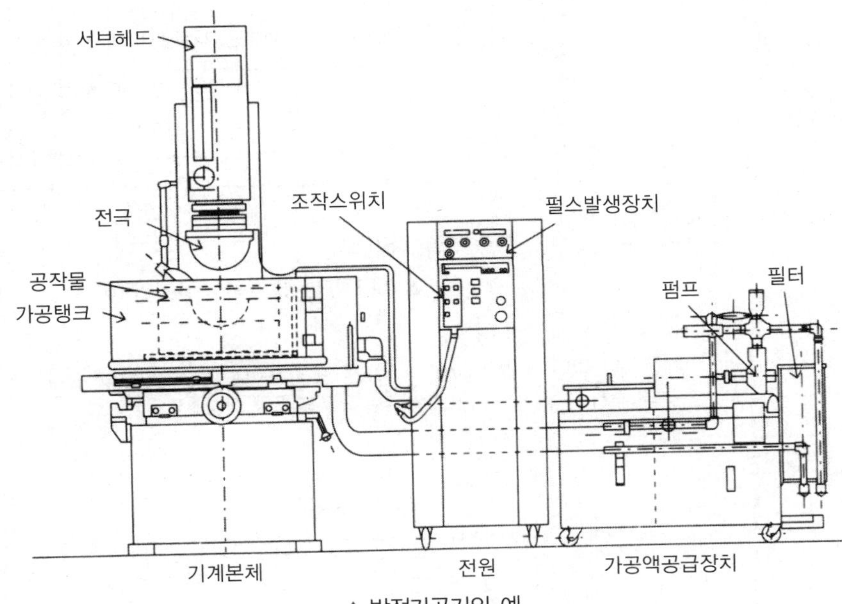

▲ 방전가공기의 예

③ 적용범위는 건축물 내에서 열처리 또는 방전가공을 위하여 인화점이 70℃ 이상인 제4류의 위험물을 취급하는 일반취급소로서 지정수량의 배수가 30 미만의 것이다. 당해 일반취급소는 실단위 규제 또는 설비단위 규제에 의하는 2개의 형태가 있고 설비단위 규제의 일반취급소는 지정수량의 배수가 10 미만의 것에 한한다.

④ 당해 일반취급소는 제조소의 기준 중 일부를 준용한다.

⑤ 실단위 규제의 일반취급소(規 별표 16 Ⅳ ①) : 건축물 중 열처리공장 등의 용도로 사용되는 부분은 벽・기둥・바닥 및 보를 내화구조로 하고, 출입구 외의 개구부를 갖지 아니하는 두께

70mm 이상의 철근콘크리트조 또는 이와 동등 이상의 강도가 있는 구조의 바닥 또는 벽으로 당해 건축물의 다른 부분과 구획하여 그 실내에서 위험물을 취급하는 구획실 단위의 부분규제의 일반취급소이다.

방전가공기에는 다음의 안전장치를 설치하여 운용하고 있다. 참고

㉠ 액온검출장치 : 가공액의 온도가 설정온도(60℃ 이하)를 초과하는 경우에 즉시 가공을 정지할 수 있는 장치

㉡ 액면검출장치 : 가공액의 액면이 설정위치보다 낮아진 경우에 즉시 가공을 정지할 수 있는 장치

㉢ 이상가공검출장치 : 극간에 탄화물이 발생, 성장한 경우 즉시 가공을 정지할 수 있는 장치

㉣ 자동소화장치 : 가공액에 인화되었을 때 자동적으로 화재를 감지해 가공을 정지시킴과 동시에 경보를 발하고 소화할 수 있는 기능을 가진 장치

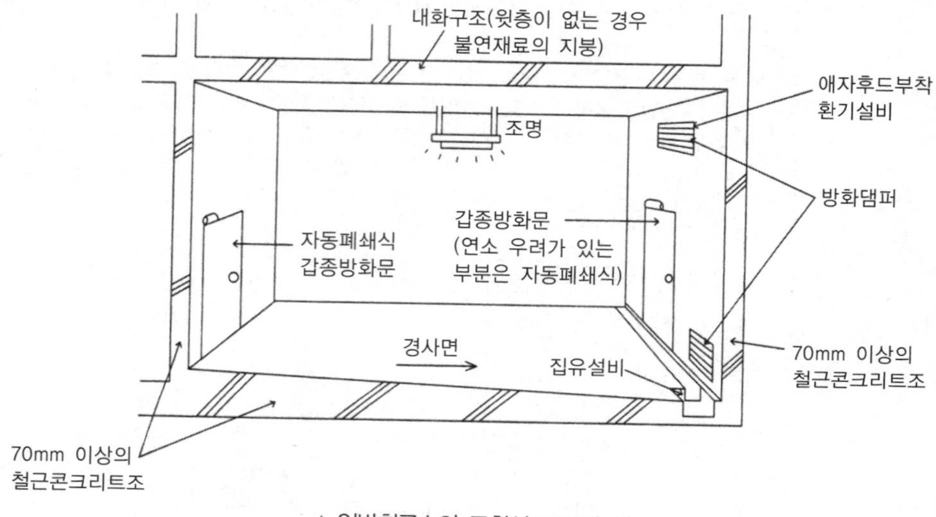

▲ 일반취급소의 구획실 구조의 예

⑥ 설비단위 규제의 일반취급소

㉠ 천장이 없이 불연재료로 된 단층의 건축물 내에서 위험물을 취급하는 설비의 주위에 3m의 공지를 두는 설비단위의 부분규제의 일반취급소이다.

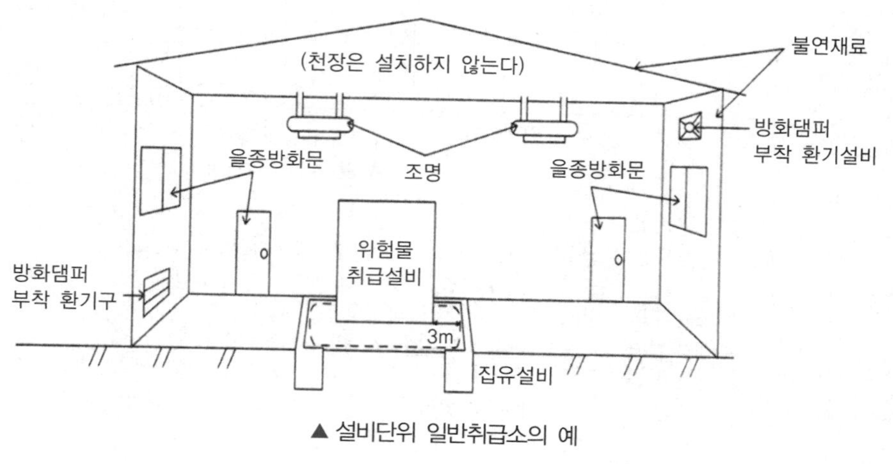

▲ 설비단위 일반취급소의 예

㉡ 위험물을 취급하는 설비의 주위에 폭 3m 이상의 공지를 보유해야 하지만, 벽과 기둥이 내화구조이고 출입구(자동폐쇄식 갑종방화문을 설치한 것) 외의 개구부가 없는 경우는 폭 3m 미만의 공지로도 가능하다.

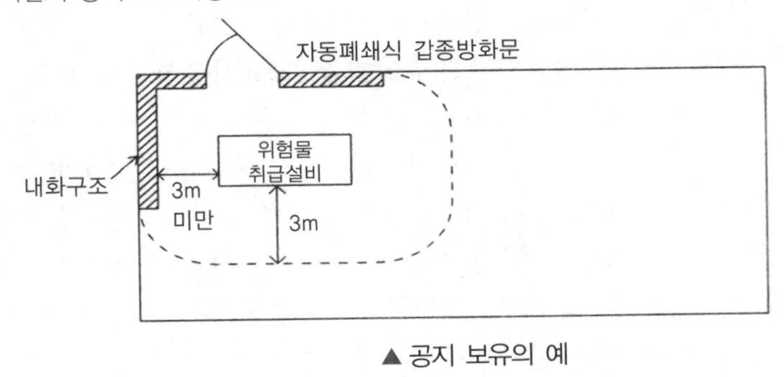

▲ 공지 보유의 예

(4) 보일러 등으로 위험물을 소비하는 일반취급소의 특례(規 별표 16 Ⅴ)

1) 적용대상

위험물의 취급태양	취급 위험물	지정수량 배수	시설의 태양
보일러, 버너 그 밖에 이와 유사한 장치로 위험물을 소비하는 취급	인화점 38℃ 이상의 제4류 위험물	30 미만	위험물 취급설비가 건물 내에 설치됨

2) 적용이 제외되는 규정

소정의 조치요건에 적합한 보일러 등으로 위험물을 소비하는 일반취급소에 대하여 적용되지 않는 규정은 다음과 같다(Ⅴ① ② ③).

적용이 제외되는 기술기준의 항목	관계규정(規 별표 16 Ⅰ① 준용의 별표 4)
안전거리의 확보	Ⅰ
공지의 보유	Ⅱ
건축물의 구조	Ⅳ
채광·조명 및 환기설비	Ⅴ
배출설비의 설치	Ⅵ
옥외시설의 바닥 (10배 미만의 옥상설치 대상에 한함)	Ⅶ
취급탱크의 방유제 (10배 미만의 옥상설치 대상에 한함)	Ⅸ ① 나

3) 적용이 제외되기 위한 조치요건

시설의 위치·구조 및 설비로서 정하고 있는 조치요건은 특례대상시설 전체를 대상

으로 하는 요건과 지정수량의 10배 미만의 것(2가지 태양)을 대상으로 하는 요건으로 나누어져 있다(Ⅴ ① ② ③).

① 대상시설 전체에 적용되는 조치요건(Ⅴ ①)

㉠ 건축물 중 일반취급소의 용도로 사용하는 부분의 구조 등

ⓐ 벽·기둥·바닥 및 보를 내화구조로 하고, 출입구 외의 개구부가 없는 두께 70mm 이상의 철근콘크리트조 또는 이와 동등 이상의 강도가 있는 구조의 바닥 또는 벽으로 당해 건축물의 다른 부분과 구획될 것(Ⅳ ① 가)

ⓑ 상층이 있는 경우에 있어서는 상층의 바닥을 내화구조로 하고, 상층이 없는 경우에 있어서는 지붕을 불연재료로 할 것(Ⅳ ① 나)

ⓒ 창을 설치하지 아니할 것(Ⅱ ③)

ⓓ 출입구에는 갑종방화문을 설치하되, 연소의 우려가 있는 외벽 및 당해 부분 외의 부분과의 격벽에 있는 출입구에는 수시로 열 수 있는 자동폐쇄식의 것으로 할 것(Ⅱ ④)

ⓔ 액상의 위험물을 취급하는 부분의 바닥은 위험물이 침투하지 아니하는 구조로 하고, 적당한 경사를 두어 집유설비를 설치할 것(Ⅱ ⑤)

㉡ 건축물 중 일반취급소의 용도로 사용하는 부분에 설치하는 설비

ⓐ 위험물을 취급하는데 필요한 채광·조명 및 환기의 설비를 설치할 것(Ⅱ ⑥)

ⓑ 가연성의 증기 또는 가연성의 미분이 체류할 우려가 있는 부분에는 그 증기 또는 미분을 옥외의 높은 곳으로 배출하는 설비를 설치할 것(Ⅱ ⑦)

ⓒ 환기설비 및 배출설비에는 방화상 유효한 댐퍼 등을 설치할 것(Ⅱ ⑧)

㉢ 위험물취급설비

ⓐ 지진 및 정전 등의 긴급 시에 보일러, 버너 그 밖에 이와 유사한 장치(비상용 전원과 관련되는 것을 제외한다)에 대한 위험물의 공급을 자동적으로 차단하는 장치를 설치할 것(Ⅴ ① 나)

ⓑ 위험물을 취급하는 탱크는 그 용량의 총계를 지정수량 미만으로 하고, 당해 탱크(용량이 지정수량의 1/5 미만의 것을 제외한다)의 주위에 별표 4 Ⅸ 제1호 나목 1)의 규정을 준용하여 방유턱을 설치할 것(Ⅴ ① 다)

② 지정수량 10배 미만의 일반취급소에 한하여 적용되는 조치요건(Ⅴ ②)

㉠ 일반취급소의 설치장소 : 일반취급소는 벽·기둥·바닥·보 및 지붕이 불연재료로 되어 있고, 천장이 없는 단층 건축물에 설치할 것(Ⅲ ② 가)

㉡ 건축물 중 일반취급소의 용도로 사용하는 부분의 구조 등 : 바닥(㉣ ⓐ의 위험물취급공지를 포함)은 위험물이 침투하지 아니하는 구조로 하고 적당한 경사를 두는 한편, 집유설비 및 당해 바닥의 주위에 배수구를 설치할 것(Ⅴ ② 나)

㉢ 건축물 중 일반취급소의 용도로 사용하는 부분에 설치하는 설비

ⓐ 위험물을 취급하는 데 필요한 채광·조명 및 환기의 설비를 설치할 것(Ⅱ ⑥)

ⓑ 가연성의 증기 또는 가연성의 미분이 체류할 우려가 있는 부분에는 그 증기 또는 미분을 옥외의 높은 곳으로 배출하는 설비를 설치할 것(Ⅱ ⑦)

ⓒ 환기설비 및 배출설비에는 방화상 유효한 댐퍼 등을 설치할 것(Ⅱ ⑧)

㉣ 위험물취급설비

ⓐ 위험물을 취급하는 설비(위험물을 이송하기 위한 배관을 제외한다)는 바닥에 고정하고, 당해 설비의 주위에 너비 3m 이상의 공지를 보유할 것. 다만, 당해 설비로부터 3m 미만의 거리에 있는 건축물의 벽(수시로 열 수 있는 자동폐쇄식의 갑종방화문이 달려 있는 출입구 외의 개구부가 없는 것에 한한다) 및 기둥이 내화구조인 경우에는 당해 설비에서 당해 벽 및 기둥까지의 공지를 보유하는 것으로 할 수 있다(Ⅴ ② 가).

ⓑ 지진 및 정전 등의 긴급 시에 보일러, 버너 그 밖에 이와 유사한 장치(비상용 전원과 관련되는 것을 제외한다)에 대한 위험물의 공급을 자동적으로 차단하는 장치를 설치할 것(Ⅴ ① 나)

ⓒ 위험물을 취급하는 탱크는 그 용량의 총계를 지정수량 미만으로 하고, 당해 탱크(용량이 지정수량의 1/5 미만의 것은 제외)의 주위에 별표 4 Ⅸ 제1호 나목 1)의 규정을 준용하여 방유턱을 설치할 것(Ⅴ ① 다)

③ **지정수량 10배 미만의 옥상설치의 일반취급소에 한하여 적용되는 조치요건**(Ⅴ ③)

㉠ 일반취급소는 벽・기둥・바닥・보 및 지붕이 내화구조인 건축물의 옥상에 설치할 것

㉡ 위험물을 취급하는 설비(위험물을 이송하기 위한 배관을 제외한다)는 옥상에 고정할 것

㉢ 위험물을 취급하는 설비(위험물을 취급하는 탱크 및 위험물을 이송하기 위한 배관을 제외한다)는 큐비클식(강판으로 만들어진 보호상자에 수납되어 있는 방식을 말한다)의 것으로 하고, 당해 설비의 주위에 높이 0.15m 이상의 방유턱을 설치할 것

㉣ ㉢의 설비의 내부에는 위험물을 취급하는데 필요한 채광・조명 및 환기의 설비를 설치할 것

㉤ 위험물을 취급하는 탱크는 그 용량의 총계를 지정수량 미만으로 할 것

㉥ 옥외에 있는 위험물을 취급하는 탱크의 주위에는 별표 4 Ⅸ 제1호 나목 1)의 규정을 준용하여 높이 0.15m 이상의 방유턱을 설치할 것

㉦ ㉢ 및 ㉥의 방유턱의 주위에 너비 3m 이상의 공지를 보유할 것. 다만, 당해 설비로부터 3m 미만의 거리에 있는 건축물의 벽(수시로 열 수 있는 자동폐쇄식의 갑종방화문이 달려 있는 출입구 외의 개구부가 없는 것에 한한다) 및 기둥이 내화구조인 경우에는 당해 설비에서 당해 벽 및 기둥까지의 공지를 보유하는 것으로 할 수 있다.

ⓞ ⓒ 및 ⓢ의 방유턱의 내부는 위험물이 침투하지 아니하는 구조로 하고, 적당한 경사를 두어 집유설비를 설치할 것. 이 경우 위험물이 직접 배수구에 유입하지 아니하도록 집유설비에 유분리장치를 설치하여야 한다.

ⓩ 옥내에 있는 위험물을 취급하는 탱크는 다음의 기준에 적합한 탱크전용실에 설치할 것

ⓐ 지붕을 불연재료로 하고, 천장을 설치하지 아니할 것(별표 7 Ⅰ ① 너)

ⓑ 창 및 출입구에는 갑종방화문 또는 을종방화문을 설치하는 동시에 연소의 우려가 있는 외벽에 두는 출입구에는 수시로 열 수 있는 자동폐쇄식의 갑종방화문을 설치할 것(별표 7 Ⅰ ① 더)

ⓒ 창 또는 출입구에 유리를 이용하는 경우에는 망입유리로 할 것(별표 7 Ⅰ ① 러)

ⓓ 액상위험물의 옥내저장탱크를 설치하는 탱크전용실의 바닥은 위험물이 침투하지 아니하는 구조로 하고, 적당한 경사를 두는 한편, 집유설비를 설치할 것(별표 7 Ⅰ ① 머)

ⓔ 탱크전용실은 바닥을 내화구조로 하고, 벽·기둥 및 보를 불연재료로 할 것

ⓕ 탱크전용실에는 위험물을 취급하는데 필요한 채광·조명 및 환기의 설비를 설치할 것

ⓖ 가연성의 증기 또는 가연성의 미분이 체류할 우려가 있는 탱크전용실에는 그 증기 또는 미분을 옥외의 높은 곳으로 배출하는 설비를 설치할 것

ⓗ 위험물을 취급하는 탱크의 주위에는 별표 4 Ⅸ 제1호 나목 1)의 규정을 준용하여 방유턱을 설치하거나 탱크전용실의 출입구의 턱의 높이를 높게 할 것

ⓒ 환기설비 및 배출설비에는 방화상 유효한 댐퍼 등을 설치할 것

ⓚ 지진 및 정전 등의 긴급 시에 보일러, 버너 그 밖에 이와 유사한 장치(비상용전원과 관련되는 것을 제외한다)에 대한 위험물의 공급을 자동적으로 차단하는 장치를 설치할 것(Ⅴ ① 나)

(5) 충전하는 일반취급소의 특례(規 별표 16 Ⅵ)

1) 적용대상

위험물의 취급태양	취급 위험물	지정수량 배수	시설의 태양
이동저장탱크에 액체위험물을 충전(주입)하는 취급	액체위험물 (알킬알루미늄등, 아세트알데히드등 및 히드록실아민등은 제외)	제한 없음	옥내 또는 옥외에 대한 제한 없음

2) 적용이 제외되는 규정

소정의 조치요건에 적합한 충전하는 일반취급소에 대하여 적용되지 않는 규정은 다음과 같다(Ⅵ).

적용이 제외되는 기술기준의 항목	관계규정(規 별표 16 Ⅰ ① 준용의 별표 4)
건축물의 구조(지하층 금지는 제외)	Ⅳ ②~⑥
채광·조명 및 환기설비	Ⅴ
배출설비의 설치	Ⅵ
옥외시설의 바닥	Ⅶ

3) 적용이 제외되기 위한 조치요건

시설의 위치·구조 및 설비로서 정하고 있는 조치요건은 다음과 같다(Ⅵ ①~⑦).

① 건축물의 구조 등(건축물을 설치하는 경우)

㉠ 벽·기둥·바닥·보 및 지붕을 내화구조 또는 불연재료로 하고, 창 및 출입구에 갑종방화문 또는 을종방화문을 설치하여야 한다.

㉡ 창 또는 출입구에 유리를 설치하는 경우에는 망입유리로 하여야 한다.

㉢ 건축물의 2방향 이상은 통풍을 위하여 벽을 설치하지 아니하여야 한다(Ⅵ ③).

② 위험물취급설비 등

㉠ 위험물을 이동저장탱크에 주입하기 위한 설비(위험물을 이송하는 배관을 제외한다)의 주위에 필요한 공지를 보유하여야 한다(Ⅵ ④).

㉡ 위험물을 용기에 옮겨 담기 위한 설비를 설치하는 경우에는 당해 설비(위험물을 이송하는 배관을 제외한다)의 주위에 필요한 공지를 ㉠의 공지 외의 장소에 보유하여야 한다(Ⅵ ⑤).

㉢ ㉠ 및 ㉡의 공지는 그 지반면을 주위의 지반면보다 높게 하고, 그 표면에 적당한 경사를 두며, 콘크리트 등으로 포장하여야 한다(Ⅵ ⑥).

㉣ ㉠ 및 ㉡의 공지에는 누설한 위험물 그 밖의 액체가 당해 공지 외의 부분에 유출하지 아니하도록 집유설비 및 주위에 배수구를 설치하여야 한다. 이 경우 제4류 위험물(온도 20℃의 물 100g에 용해되는 양이 1g 미만인 것에 한한다)을 취급하는 공지에 있어서는 집유설비에 유분리장치를 설치하여야 한다(Ⅵ ⑦).

(6) 옮겨 담는 일반취급소의 특례(規 별표 16 Ⅶ)

1) 적용대상

위험물의 취급태양	취급 위험물	지정수량 배수	시설의 태양
고정급유설비로 위험물을 용기에 채우거나 4,000L 이하의 이동저장탱크(2,000L 이하마다 구획한 것)에 주입하는 취급	인화점 38℃ 이상의 제4류 위험물	40 미만	옥내 또는 옥외에 대한 제한 없음

2) 적용이 제외되는 규정

소정의 조치요건에 적합한 옮겨 담는 일반취급소에 대하여 적용되지 않는 규정은 다음과 같다(Ⅷ).

적용이 제외되는 기술기준의 항목	관계규정(規 별표 16 Ⅰ ① 준용의 별표 4)
안전거리의 확보	Ⅰ
공지의 보유	Ⅱ
건축물의 구조	Ⅳ
채광·조명 및 환기설비	Ⅴ
배출설비의 설치	Ⅵ
옥외시설의 바닥	Ⅶ
기타 설비(전기설비는 제외)	Ⅷ ①~④·⑥~⑧
위험물취급탱크	Ⅸ

3) 적용이 제외되기 위한 조치요건

시설의 위치·구조 및 설비로서 정하고 있는 조치요건은 다음과 같다(Ⅷ ①~⑧).

① 위험물취급설비 등

㉠ 일반취급소에는 고정급유설비 중 호스기기의 주위(현수식의 고정급유설비에 있어서는 호스기기의 아래)에 용기에 옮겨 담거나 탱크에 주입하는데 필요한 공지를 보유하여야 한다.

㉡ ㉠의 공지는 그 지반면을 주위의 지반면보다 높게 하고, 그 표면에 적당한 경사를 두며, 콘크리트 등으로 포장하여야 한다.

㉢ ㉠의 공지에는 누설한 위험물 그 밖의 액체가 당해 공지 외의 부분에 유출하지 아니하도록 배수구 및 유분리장치를 설치하여야 한다.

㉣ 일반취급소에는 고정급유설비에 접속하는 용량 40,000L 이하의 지하의 전용탱크("지하전용탱크")를 지반면하에 매설하는 경우 외에는 위험물을 취급하는 탱크를 설치하지 아니하여야 한다.

㉤ 지하전용탱크의 위치·구조 및 설비는 별표 8 Ⅰ[제5호·제10호(게시판에 관한 부분에 한한다)·제11호·제14호를 제외한다. 별표 8 Ⅱ 및 Ⅲ에 준용하는 경우에도 또한 같다]의 규정에 의한 지하저장탱크의 위치·구조 및 설비의 기준을 준용하여야 한다.

* 별표 8 Ⅰ의 제5호·제10호·제11호 및 제14호 규정은 순서대로 표지·게시판, 주입구, 펌프설비 및 전기설비에 관한 기준이다.

㉥ 고정급유설비에 위험물을 주입하기 위한 배관은 당해 고정급유설비에 접속하는 지하전용탱크로부터의 배관만으로 하여야 한다.

ⓢ 고정급유설비는 별표 13 Ⅳ(제4호를 제외한다)의 규정에 의한 주유취급소의 고정주유설비 또는 고정급유설비의 기준을 준용하여야 한다.

ⓞ 고정급유설비는 도로경계선으로부터 다음 표에 정하는 거리 이상, 건축물의 벽으로부터 2m(일반취급소의 건축물의 벽에 개구부가 없는 경우에는 당해 벽으로부터 1m) 이상, 부지경계선으로부터 1m 이상의 간격을 유지하여야 한다. 다만, 호스기기와 분리하여 별표 13 Ⅸ의 기준에 적합하고 벽·기둥·바닥·보 및 지붕(상층이 있는 경우에는 상층의 바닥)이 내화구조인 펌프실에 설치하는 펌프기기 또는 액중펌프기기에 있어서는 그러하지 아니하다.

고정급유설비의 구분		거 리
현수식의 고정급유설비		4m
그 밖의 고정급유설비	고정급유설비에 접속되는 급유호스 중 그 전체길이가 최대인 것의 전체 길이(이하 이 표에서 "최대급유호스 길이"라 한다)가 3m 이하의 것	4m
	최대급유호스 길이가 3m 초과 4m 이하의 것	5m
	최대급유호스 길이가 4m 초과 5m 이하의 것	6m

ⓩ 현수식의 고정급유설비를 설치하는 일반취급소에는 당해 고정급유설비의 펌프기기를 정지하는 등에 의하여 지하전용탱크로부터의 위험물의 이송을 긴급히 중단할 수 있는 장치를 설치하여야 한다.

② 방화담 또는 벽의 설치 : 일반취급소의 주위에는 높이 2m 이상의 내화구조 또는 불연재료로 된 담 또는 벽을 설치하여야 한다. 이 경우 당해 일반취급소에 인접하여 연소의 우려가 있는 건축물이 있을 때에는 담 또는 벽을 별표 13 Ⅶ 제1호의 규정에 준하여 방화상 안전한 높이로 하여야 한다.

③ 건축물의 구조 및 건축물에 설치하는 설비

㉠ 일반취급소의 출입구에는 갑종방화문 또는 을종방화문을 설치하여야 한다.

㉡ 펌프실 그 밖에 위험물을 취급하는 실은 별표 13 Ⅸ의 규정에 의한 주유취급소의 펌프실 그 밖에 위험물을 취급하는 실의 기준을 준용하여야 한다.

㉢ 일반취급소에 지붕, 캐노피 그 밖에 위험물을 옮겨 담는 데 필요한 건축물("지붕 등")을 설치하는 경우에는 지붕 등은 불연재료로 하여야 한다.

㉣ 지붕 등의 수평투영면적은 일반취급소의 부지면적의 1/3 이하이어야 한다.

(7) 유압장치 등을 설치하는 일반취급소의 특례(規 별표 16 Ⅷ)

1) 적용대상

위험물의 취급태양	취급 위험물	지정수량 배수	시설의 태양
유압장치 또는 윤활유 순환장치에 의하여 위험물을 100℃ 미만의 온도로 취급	인화점 100℃ 이상의 제4류 위험물	50 미만	위험물 취급설비를 건물 내에 설치

2) 적용이 제외되는 규정

소정의 조치요건에 적합한 유압장치 등을 설치하는 일반취급소에 대하여 적용되지 않는 규정은 다음과 같다(Ⅷ ① ② ③).

적용이 제외되는 기술기준의 항목	관계규정(規 별표 16 Ⅰ ① 준용의 별표 4)
안전거리의 확보	Ⅰ
공지의 보유	Ⅱ
건축물의 구조	Ⅳ
채광·조명 및 환기설비	Ⅴ
배출설비의 설치	Ⅵ
정전기 제거설비, 피뢰설비	Ⅷ ⑥ ⑦

3) 적용이 제외되기 위한 조치요건

시설의 위치·구조 및 설비로서 정하고 있는 조치요건은 특례대상시설 전체를 대상으로 하는 요건(2가지 태양)과 지정수량의 30배 미만의 것을 대상으로 하는 요건으로 나누어져 있다(Ⅷ ① ② ③).

① 대상시설 전체에 적용되는 조치요건(Ⅷ ①)

㉠ 일반취급소의 설치장소 : 일반취급소는 벽·기둥·바닥·보 및 지붕이 불연재료로 만들어진 단층의 건축물에 설치할 것

㉡ 건축물 중 일반취급소의 용도로 사용하는 부분의 구조 등

ⓐ 벽·기둥·바닥·보 및 지붕을 불연재료로 하고, 연소의 우려가 있는 외벽은 출입구 외의 개구부가 없는 내화구조의 벽으로 할 것

ⓑ 창 및 출입구에는 갑종방화문 또는 을종방화문을 설치하고, 연소의 우려가 있는 외벽에 있는 출입구에는 수시로 열 수 있는 자동폐쇄식의 갑종방화문을 설치할 것

ⓒ 창 또는 출입구에 유리를 이용하는 경우에는 망입유리로 할 것

ⓓ 액상의 위험물을 취급하는 부분의 바닥은 위험물이 침투하지 아니하는 구조로 하고, 적당한 경사를 두어 집유설비를 설치할 것(Ⅱ ⑤)

㉢ 건축물 중 일반취급소의 용도로 사용하는 부분에 설치하는 설비

ⓐ 위험물을 취급하는데 필요한 채광·조명 및 환기의 설비를 설치할 것(Ⅱ ⑥)

ⓑ 가연성의 증기 또는 가연성의 미분이 체류할 우려가 있는 부분에는 그 증기 또는 미분을 옥외의 높은 곳으로 배출하는 설비를 설치할 것(Ⅱ ⑦)

ⓒ 환기설비 및 배출설비에는 방화상 유효한 댐퍼 등을 설치할 것(Ⅱ ⑧)

㉣ 위험물취급설비

ⓐ 위험물을 취급하는 설비(위험물을 이송하기 위한 배관은 제외)는 건축물 중 일반취급소의 용도로 사용하는 부분의 바닥에 견고하게 고정할 것

ⓑ 위험물을 취급하는 탱크(용량이 지정수량의 1/5 미만인 것은 제외)의 직하에는 별표 4 Ⅸ 제1호 나목 1)의 규정을 준용하여 방유턱을 설치하거나 건축물 중 일반취급소의 용도로 사용하는 부분의 문턱의 높이를 높게 할 것(Ⅷ ① 바)

② 대상시설 전체에 적용되는 조치요건(Ⅷ ②)

㉠ 건축물 중 일반취급소의 용도로 사용하는 부분의 구조 등

ⓐ 벽 · 기둥 · 바닥 및 보를 내화구조로 할 것(Ⅷ ② 가)

ⓑ 상층이 있는 경우에 있어서는 상층의 바닥을 내화구조로 하고, 상층이 없는 경우에 있어서는 지붕을 불연재료로 할 것(Ⅳ ① 나)

ⓒ 창을 설치하지 아니할 것(Ⅱ ③)

ⓓ 출입구에는 갑종방화문을 설치하되, 연소의 우려가 있는 외벽 및 당해 부분 외의 부분과의 격벽에 있는 출입구에는 수시로 열 수 있는 자동폐쇄식의 것으로 할 것(Ⅱ ④)

ⓔ 액상의 위험물을 취급하는 부분의 바닥은 위험물이 침투하지 아니하는 구조로 하고, 적당한 경사를 두어 집유설비를 설치할 것(Ⅱ ⑤)

㉡ 건축물 중 일반취급소의 용도로 사용하는 부분에 설치하는 설비

ⓐ 위험물을 취급하는데 필요한 채광 · 조명 및 환기의 설비를 설치할 것(Ⅱ ⑥)

ⓑ 가연성의 증기 또는 가연성의 미분이 체류할 우려가 있는 부분에는 그 증기 또는 미분을 옥외의 높은 곳으로 배출하는 설비를 설치할 것(Ⅱ ⑦)

ⓒ 환기설비 및 배출설비에는 방화상 유효한 댐퍼 등을 설치할 것(Ⅱ ⑧)

㉢ 위험물취급설비 : 위험물을 취급하는 탱크(용량이 지정수량의 1/5 미만인 것은 제외)의 직하에는 별표 4 Ⅸ 제1호 나목 1)의 규정을 준용하여 방유턱을 설치하거나 건축물 중 일반취급소의 용도로 사용하는 부분의 문턱의 높이를 높게 할 것(Ⅷ ① 바)

③ 지정수량 30배 미만의 일반취급소에 한하여 적용되는 조치요건(Ⅷ ③)

㉠ 일반취급소의 설치장소 : 일반취급소는 벽 · 기둥 · 바닥 · 보 및 지붕이 불연재료로 되어 있고, 천장이 없는 단층 건축물에 설치할 것(Ⅲ ② 가)

㉡ 건축물 중 일반취급소의 용도로 사용하는 부분의 구조 등 : 바닥(㉣ ⓐ의 위험물취급공지를 포함)은 위험물이 침투하지 아니하는 구조로 하고, 적당한 경사를 두어 집유설비 및 당해 바닥의 주위에 배수구를 설치할 것

㉢ 건축물 중 일반취급소의 용도로 사용하는 부분에 설치하는 설비

ⓐ 위험물을 취급하는데 필요한 채광 · 조명 및 환기의 설비를 설치할 것(Ⅱ ⑥)

ⓑ 가연성의 증기 또는 가연성의 미분이 체류할 우려가 있는 부분에는 그 증기 또는 미분을 옥외의 높은 곳으로 배출하는 설비를 설치할 것(Ⅱ ⑦)

ⓒ 환기설비 및 배출설비에는 방화상 유효한 댐퍼 등을 설치할 것(Ⅱ ⑧)

㉣ 위험물취급설비

ⓐ 위험물을 취급하는 설비(위험물을 이송하기 위한 배관은 제외)는 바닥에 고정하고, 당해 설비의 주위에 너비 3m 이상의 공지를 보유할 것. 다만, 당해 설비로부터 3m 미만의 거리에 있는 건축물의 벽(수시로 열 수 있는 자동폐쇄식의 갑종방화문이 달려 있는 출입구 외의 개구부가 없는 것에 한한다) 및 기둥이 내화구조인 경우에는 당해 설비에서 당해 벽 및 기둥까지의 공지를 보유하는 것으로 할 수 있다.

ⓑ 위험물을 취급하는 탱크(용량이 지정수량의 1/5 미만의 것은 제외)의 직하에는 별표 4 Ⅸ 제1호 나목 1)의 규정을 준용하여 방유턱을 설치할 것(Ⅷ ③ 다)

(8) 절삭장치 등을 설치하는 일반취급소의 특례(規 별표 16 Ⅸ)

1) 적용대상

위험물의 취급태양	취급 위험물	지정수량 배수	시설의 태양
절삭장치, 연삭장치 기타 이와 유사한 장치로 위험물을 100℃ 미만의 온도로 취급	인화점 100℃ 이상의 제4류 위험물	30 미만	위험물 취급설비를 건물 내에 설치

2) 적용이 제외되는 규정

소정의 조치요건에 적합한 절삭장치 등을 설치하는 일반취급소에 대하여 적용되지 않는 규정은 다음과 같다(Ⅸ ① ②).

적용이 제외되는 기술기준의 항목	관계규정(規 별표 16 Ⅰ ① 준용의 별표 4)
안전거리의 확보	Ⅰ
공지의 보유	Ⅱ
건축물의 구조	Ⅳ
정전기 제거설비, 피뢰설비	Ⅷ ⑥ ⑦

3) 적용이 제외되기 위한 조치요건

시설의 위치·구조 및 설비로서 정하고 있는 조치요건은 특례대상시설 전체를 대상으로 하는 요건과 지정수량의 10배 미만의 것을 대상으로 하는 요건으로 나누어져 있다(Ⅸ ① ②).

① 대상시설 전체에 적용되는 조치요건(Ⅸ ①)

㉠ 건축물 중 일반취급소의 용도로 사용하는 부분의 구조 등

ⓐ 벽·기둥·바닥 및 보를 내화구조로 할 것(Ⅷ ② 가)

ⓑ 상층이 있는 경우에 있어서는 상층의 바닥을 내화구조로 하고, 상층이 없는 경우에 있어서는 지붕을 불연재료로 할 것(Ⅳ ① 나)

ⓒ 지하층이 없을 것(Ⅱ ①)

ⓓ 창을 설치하지 아니할 것(Ⅱ ③)

ⓔ 출입구에는 갑종방화문을 설치하되, 연소의 우려가 있는 외벽 및 당해 부분 외의 부분과의 격벽에 있는 출입구에는 수시로 열 수 있는 자동폐쇄식의 것으로 할 것(Ⅱ ④)

ⓕ 액상의 위험물을 취급하는 부분의 바닥은 위험물이 침투하지 아니하는 구조로 하고, 적당한 경사를 두어 집유설비를 설치할 것(Ⅱ ⑤)

㉡ 건축물 중 일반취급소의 용도로 사용하는 부분에 설치하는 설비

ⓐ 위험물을 취급하는데 필요한 채광·조명 및 환기의 설비를 설치할 것(Ⅱ ⑥)

ⓑ 가연성의 증기 또는 가연성의 미분이 체류할 우려가 있는 부분에는 그 증기 또는 미분을 옥외의 높은 곳으로 배출하는 설비를 설치할 것(Ⅱ ⑦)

ⓒ 환기설비 및 배출설비에는 방화상 유효한 댐퍼 등을 설치할 것(Ⅱ ⑧)

㉢ 위험물취급설비 : 위험물을 취급하는 탱크(용량이 지정수량의 1/5 미만인 것은 제외)의 직하에는 별표 4 Ⅸ 제1호 나목 1)의 규정을 준용하여 방유턱을 설치하거나 건축물 중 일반취급소의 용도로 사용하는 부분의 문턱의 높이를 높게 할 것(Ⅷ ① 바)

② **지정수량 10배 미만의 일반취급소에 한하여 적용되는 조치요건**(Ⅸ ②)

㉠ 일반취급소의 설치장소 : 일반취급소는 벽·기둥·바닥·보 및 지붕이 불연재료로 되어 있고, 천장이 없는 단층 건축물에 설치할 것(Ⅲ ② 가)

㉡ 건축물 중 일반취급소의 용도로 사용하는 부분의 구조 등 : 바닥(㉣ ⓐ의 위험물취급공지를 포함)은 위험물이 침투하지 아니하는 구조로 하고, 적당한 경사를 두어 집유설비 및 당해 바닥의 주위에 배수구를 설치할 것

㉢ 건축물 중 일반취급소의 용도로 사용하는 부분에 설치하는 설비

ⓐ 위험물을 취급하는데 필요한 채광·조명 및 환기의 설비를 설치할 것(Ⅱ ⑥)

ⓑ 가연성의 증기 또는 가연성의 미분이 체류할 우려가 있는 부분에는 그 증기 또는 미분을 옥외의 높은 곳으로 배출하는 설비를 설치할 것(Ⅱ ⑦)

ⓒ 환기설비 및 배출설비에는 방화상 유효한 댐퍼 등을 설치할 것(Ⅱ ⑧)

㉣ 위험물취급설비

ⓐ 위험물을 취급하는 설비(위험물을 이송하기 위한 배관은 제외)는 바닥에 고정하고, 당해 설비의 주위에 너비 3m 이상의 공지를 보유할 것. 다만, 당해 설비로부터 3m 미만의 거리에 있는 건축물의 벽(수시로 열 수 있는 자동폐쇄식의 갑종방화문이 달려 있는 출입구 외의 개구부가 없는 것에 한함) 및 기둥이 내화구조인 경우에는 당해 설비에서 당해 벽 및 기둥까지의 공지를 보유하는 것으로 할 수 있다.

ⓑ 위험물을 취급하는 탱크(용량이 지정수량의 1/5 미만의 것은 제외)의 직하에는 별표 4 Ⅸ 제1호 나목 1)의 규정을 준용하여 방유턱을 설치할 것(Ⅷ ③ 다)

(9) 열매체유 순환장치를 설치하는 일반취급소의 특례(規 별표 16 Ⅹ)

1) 적용대상

위험물의 취급태양	취급 위험물	지정수량 배수	시설의 태양
열매체유 순환장치로 위험물을 취급	인화점 100℃ 이상의 제4류 위험물	30 미만	위험물 취급설비를 건물 내에 설치

2) 적용이 제외되는 규정

소정의 조치요건에 적합한 열매체유 순환장치를 설치하는 일반취급소에 대하여 적용되지 않는 규정은 다음과 같다(Ⅹ).

적용이 제외되는 기술기준의 항목	관계규정(規 별표 16 Ⅰ ① 준용의 별표 4)
안전거리의 확보	Ⅰ
공지의 보유	Ⅱ
건축물의 구조	Ⅳ
채광·조명 및 환기설비	Ⅴ
배출설비의 설치	Ⅵ

3) 적용이 제외되기 위한 조치요건

시설의 위치·구조 및 설비로서 정하고 있는 조치요건은 다음과 같다(Ⅹ).

① 위험물을 취급하는 설비는 위험물의 체적 팽창에 의한 누설을 방지할 수 있는 구조의 것으로 할 것

② 건축물 중 일반취급소의 용도로 사용하는 부분의 구조 등

㉠ 벽·기둥·바닥 및 보를 내화구조로 하고, 출입구 외의 개구부가 없는 두께 70mm 이상의 철근콘크리트조 또는 이와 동등 이상의 강도가 있는 구조의 바닥 또는 벽으로 당해 건축물의 다른 부분과 구획될 것(Ⅳ ① 가)

㉡ 상층이 있는 경우에 있어서는 상층의 바닥을 내화구조로 하고, 상층이 없는 경우에 있어서는 지붕을 불연재료로 할 것(Ⅳ ① 나)

㉢ 지하층이 없을 것(Ⅱ ①)

㉣ 창을 설치하지 아니할 것(Ⅱ ③)

㉤ 출입구에는 갑종방화문을 설치하되, 연소의 우려가 있는 외벽 및 당해 부분 외의 부분과의 격벽에 있는 출입구에는 수시로 열 수 있는 자동폐쇄식의 것으로 할 것(Ⅱ ④)

㉥ 액상의 위험물을 취급하는 부분의 바닥은 위험물이 침투하지 아니하는 구조로 하고, 적당한 경사를 두어 집유설비를 설치할 것(Ⅱ ⑤)

③ 건축물 중 일반취급소의 용도로 사용하는 부분에 설치하는 설비

㉠ 위험물을 취급하는데 필요한 채광·조명 및 환기의 설비를 설치할 것(Ⅱ ⑥)

㉡ 가연성의 증기 또는 가연성의 미분이 체류할 우려가 있는 부분에는 그 증기 또는 미분을 옥외의 높은 곳으로 배출하는 설비를 설치할 것(Ⅱ ⑦)

㉢ 환기설비 및 배출설비에는 방화상 유효한 댐퍼 등을 설치할 것(Ⅱ ⑧)

④ 기타 위험물취급설비

㉠ 위험물을 취급하는 탱크(용량이 지정수량의 1/5 미만인 것을 제외한다)의 주위에는 별표 4 Ⅸ 제1호 나목 1)의 규정을 준용하여 방유턱을 설치할 것(Ⅲ ① 가)

㉡ 위험물을 가열하는 설비에는 위험물의 과열을 방지할 수 있는 장치를 설치할 것(Ⅲ ① 나)

CHAPTER 01 CHAPTER 02 CHAPTER 03 CHAPTER 04 부록

(10) 화학실험실의 일반취급소의 특례(規 별표 16 Ⅹ의 2)

1) 적용대상

화학실험을 위해 지정수량의 30배 미만의 위험물을 취급하는 일반취급소

2) 적용이 제외되는 규정

소정의 조치요건에 적합한 화학실험실의 일반취급소에 대하여 적용되지 않는 규정은 다음과 같다(Ⅹ의 2).

적용이 제외되는 기술기준의 항목	관계규정(規 별표 16 Ⅰ ① 준용의 별표 4)
안전거리의 확보	Ⅰ
공지의 보유	Ⅱ
건축물의 구조	Ⅳ
채광 · 조명 및 환기설비	Ⅴ
배출설비의 설치	Ⅵ
옥외시설의 바닥	Ⅶ
기타 설비(전기설비 제외)	Ⅷ
위험물취급탱크	Ⅸ
배관	Ⅹ

3) 적용이 제외되기 위한 조치요건

시설의 위치 · 구조 및 설비로서 정하고 있는 조치요건은 다음과 같다(Ⅹ의 2).

① 화학실험의 일반취급소는 벽 · 기둥 · 바닥 및 보가 내화구조인 건축물의 지하층 외의 층에 설치할 것

② 건축물 중 화학실험의 일반취급소의 용도로 사용하는 부분은 벽 · 기둥 · 바닥 · 보 및 지붕(상층이 있는 경우에는 상층의 바닥)을 내화구조로 하고, 벽에 설치하는 창 또는 출입구에 관한 기준은 다음의 기준에 모두 적합할 것

㉠ 해당 건축물의 다른 용도 부분(복도를 제외한다)과 구획하는 벽에는 창 또는 출입구를 설치하지 않을 것

㉡ 해당 건축물의 복도 또는 외부와 구획하는 벽에 설치하는 창은 망입유리 또는 방화유리로 하고, 출입구에는 수시로 열 수 있는 자동폐쇄식의 갑종방화문을 설치할 것

③ 건축물 중 화학실험의 일반취급소의 용도로 사용하는 부분에는 위험물을 취급하는 데 필요한 채광·조명 및 환기를 위한 설비를 설치할 것

④ 가연성의 증기 또는 가연성의 미분이 체류할 우려가 있는 화학실험의 일반취급소의 용도로 사용하는 부분에는 그 증기 또는 미분을 옥외의 높은 곳으로 배출하는 설비를 설치하고, 배출덕트가 관통하는 벽부분의 바로 가까이에 화재 시 자동으로 폐쇄되는 방화댐퍼를 설치할 것

⑤ 위험물을 보관하는 설비는 외장을 불연재료로 하되, 제3류 위험물 중 자연발화성물질 또는 제5류 위험물을 보관하는 설비는 다음의 기준에 모두 적합한 것으로 할 것

㉠ 외장을 금속재질로 할 것

㉡ 보랭장치를 갖출 것

㉢ 밀폐형 구조로 할 것

㉣ 문에 유리를 부착하는 경우에는 망입유리 또는 방화유리로 할 것

(11) 고인화점 위험물의 일반취급소의 특례(規 별표 16 XI)

고인화점 위험물만을 100℃ 미만의 온도에서 취급하는 일반취급소에 대하여는 본칙에 의한 기준에 대한 2가지 태양의 특례가 있다.

1) 고인화점 위험물 일반취급소의 전체를 대상으로 하는 특례(XI ①)

① **적용대상** : 고인화점 위험물(인화점 100℃ 이상의 제4류 위험물)만을 100℃ 미만의 온도에서 취급하는 일반취급소

② **적용이 제외되는 규정** : 소정의 조치요건에 적합한 고인화점 위험물의 일반취급소에 대하여 적용되지 않는 규정은 다음과 같다.

* 별표 4 XI의 규정에 의한 고인화점 위험물 제조소의 경우와 같다.

적용이 제외되는 기술기준의 항목	관계규정(規 별표 16 I ① 준용의 별표 4)
안전거리의 확보	I
공지의 보유	II
지하층 금지, 지붕구조, 출입구, 망입유리	IV ①·③~⑤
정전기 제거설비, 피뢰설비	VIII ⑥ ⑦
방유제의 높이(0.5~3m)	IX ① 나 2)에 의한 별표 6 IX ① 나

③ **적용이 제외되기 위한 조치요건** : 시설의 위치 · 구조 및 설비로서 정하고 있는 조치요건은 다음과 같다.

* 별표 4 XI 각 호의 규정에 의한 기준과 같다.

㉠ 안전거리의 확보 : 본칙에 정한 방호대상물 중 특고압가공전선과 고압가스시설 중 불활성 가스만을 저장 취급하는 시설을 제외한 나머지 건축물 등에 대하여 본칙에 따라 안전거리를 확보할 것

㉡ 공지의 보유 : 위험물을 취급하는 건축물 그 밖의 공작물의 주위에 3m 이상의 너비의 공지를 보유할 것(방화상 유효한 격벽을 설치하는 경우를 제외)

㉢ 위험물을 취급하는 건축물의 지붕 : 불연재료로 할 것

㉣ 위험물을 취급하는 건축물의 창 및 출입구 : 창 및 출입구에는 을종방화문 · 갑종방화문 또는 불연재료나 유리로 만든 문을 달고, 연소의 우려가 있는 외벽에 두는 출입구에는 수시로 열 수 있는 자동폐쇄식의 갑종방화문을 설치할 것

㉤ 망입유리 사용 : 위험물을 취급하는 건축물의 연소의 우려가 있는 외벽에 두는 출입구에 유리를 이용하는 경우에는 망입유리로 할 것

2) 고인화점 위험물만을 충전하는 일반취급소의 특례(XI ②)

① **적용대상** : 충전하는 일반취급소 중 고인화점 위험물(인화점 100℃ 이상의 제4류 위험물)만을 100℃ 미만의 온도에서 취급하는 일반취급소

② **적용이 제외되는 규정** : 소정의 조치요건에 적합한 고인화점 위험물만을 충전하는 일반취급소에 대하여 적용되지 않는 규정은 다음과 같다.

적용이 제외되는 기술기준의 항목	관계규정(規 별표 16 Ⅰ ① 준용의 별표 4)
안전거리의 확보	Ⅰ
공지의 보유	Ⅱ
건축물의 구조	Ⅳ
채광 · 조명 및 환기설비의 설치	Ⅴ
배출설비의 설치	Ⅵ
옥외시설의 바닥	Ⅶ
정전기 제거설비, 피뢰설비	Ⅷ ⑥ ⑦
방유제의 높이(0.5 ~ 3m)	Ⅸ ① 나 ㉯에 의한 별표 6 Ⅸ ① 나

③ **적용이 제외되기 위한 조치요건** : 시설의 위치 · 구조 및 설비로서 정하고 있는 조치요건은 다음과 같다.

㉠ 안전거리의 확보 : 건축물 등의 외벽 또는 이에 상당하는 외측으로부터 당해 일반취급소의 외벽 또는 이에 상당하는 공작물의 외측까지의 사이에 안전거리를 둘 것. 다만, 다음 표의 ①에서 ③까지의 건축물 등에 규칙 별표 4 부표의 기준

에 의하여 불연재료로 된 방화상 유효한 담 또는 벽을 설치하여 소방본부장 또는 소방서장이 안전하다고 인정하는 거리로 할 수 있다(별표 4 XI ①).

방호대상 건축물 등	안전거리
① 주거용 건축물 등(제조소와 동일 부지 내에 있는 것을 제외)	10m 이상
② 학교, 병원 등, 공연장 등, 아동복지시설 등[규칙 별표 4 I 제1호 나목 1) 내지 4)의 시설]	30m 이상
③ 유형문화재와 기념물 중 지정문화재	50m 이상
④ 고압가스시설 등(규칙 별표 4 I 제1호 라목의 시설)(불활성 가스만을 저장·취급하는 것은 제외)	20m 이상

㉡ 공지의 보유 : 위험물을 취급하는 건축물 그 밖의 공작물(위험물을 이송하기 위한 배관 그 밖에 이에 준하는 공작물은 제외)의 주위에 3m 이상의 너비의 공지를 보유할 것. 다만, 규칙 별표 4 II 제2호 각 목의 규정에 의하여 방화상 유효한 격벽을 설치하는 경우에는 그러하지 아니하다(별표 4 XI ②).

㉢ 건축물의 구조 등(건축물을 설치하는 경우)

ⓐ 벽·기둥·바닥·보 및 지붕을 내화구조 또는 불연재료로 할 것

ⓑ 창 및 출입구에 갑종·을종방화문 또는 불연재료나 유리로 된 문을 설치할 것

ⓒ 건축물의 2방향 이상은 통풍을 위하여 벽을 설치하지 아니할 것(VI ③)

㉣ 위험물취급설비 등

ⓐ 위험물을 이동저장탱크에 주입하기 위한 설비(위험물을 이송하는 배관은 제외)의 주위에 필요한 공지를 보유할 것(VI ④)

ⓑ 위험물을 용기에 옮겨 담기 위한 설비를 설치하는 경우에는 당해 설비(위험물을 이송하는 배관은 제외)의 주위에 필요한 공지를 ⓐ의 공지 외의 장소에 보유할 것(VI ⑤)

ⓒ ⓐ 및 ⓑ의 공지는 그 지반면을 주위의 지반면보다 높게 하고, 그 표면에 적당한 경사를 두며, 콘크리트 등으로 포장할 것(VI ⑥)

ⓓ ⓐ 및 ⓑ의 공지에는 누설한 위험물 그 밖의 액체가 당해 공지 외의 부분에 유출하지 아니하도록 집유설비 및 주위에 배수구를 설치할 것. 이 경우 제4류 위험물(온도 20℃의 물 100g에 용해되는 양이 1g 미만인 것에 한한다)을 취급하는 공지에 있어서는 집유설비에 유분리장치를 설치하여야 한다(VI ⑦).

(12) 발전소 등의 일반취급소[125]의 특례(規 별표 16 Ⅰ ⑤)

1) 적용대상

발전소·변전소·개폐소 기타 이에 준하는 장소("발전소 등")의 일반취급소

2) 적용이 제외되는 규정

적용이 제외되는 기술기준의 항목	관계규정(規 별표 16 Ⅰ ① 준용의 별표 4)
안전거리의 확보	Ⅰ
공지의 보유	Ⅱ
건축물의 구조	Ⅳ
옥외시설의 바닥	Ⅶ

3) 규칙 별표 4의 규정을 전부 적용하지 않는 경우

발전소 등에 있어서 위험물을 취급하는 기기류가 변압기·반응기·전압조정기·유입(油入)개폐기·차단기·유입콘덴서·유입케이블 및 이에 부속된 장치로서 기기의 냉각 또는 절연을 위한 유류를 내장하여 사용하는 것에 대하여는 규칙 별표 16 Ⅰ 제1호의 규정에 의하여 준용되는 별표 4의 규정을 적용하지 않는다. 따라서, 이러한 발전소 등에 있어서 다른 것에 위험물을 취급하지 않는 경우에는 그 전체에 대하여 규칙 별표 16 Ⅰ 제1호의 규정에 의하여 준용되는 별표 4의 규정을 적용하지 않는다.

* 발전소 등의 전체에 대하여 별표 4의 규정을 적용하지 않는다는 것은 결국 위험물법령의 규제대상에서 제외된다는 의미이다. 즉, 그러한 발전소 등은 제조소등에 해당하지 않는다.

3 일반취급소의 기준강화 특례(위험물의 성질에 따른 일반취급소의 특례) (規 별표 16 Ⅻ)

위험성이 높은 특정의 위험물을 취급하는 일반취급소에 대하여는 본칙에 정한 기준(별표 16 Ⅰ ①)의 강화기준을 정하고 있으며, 별표 4 Ⅻ의 위험물의 성질에 따른 제조소의 특례를 그대로 준용한다.

(1) 특례대상

알킬알루미늄등, 아세트알데히드등 또는 히드록실아민등을 취급하는 일반취급소

---

125) 발전소 등의 일반취급소란 당해 발전소 등에 설치된 위험물(유류)을 내장한 기기류[변압기, 반응기, 전압조정기, 유입(油入)개폐기, 차단기, 유입콘덴서, 유입케이블 및 이에 부속된 장치] 외의 것으로 위험물을 취급하는 경우(유압장치, 보일러 등을 설치한 경우 등)로서, 변압기 등의 기기로 취급하는 위험물의 양까지 포함하여 그 취급량이 지정수량 이상인 시설을 말한다.

(2) 강화기준(제조소의 경우와 동일)

일반취급소별로 강화되는 기준의 항목을 정리하면 다음과 같다.

1) 알킬알루미늄등을 취급하는 일반취급소의 강화기준(XII ①)

① 누설국한화 설비 등의 설치

② 불활성 기체 봉입장치 설치

2) 아세트알데히드등을 취급하는 일반취급소의 강화기준(XII ②)

① 설비에 사용하는 금속의 제한

② 불활성 기체 또는 수증기 봉입장치 설치

③ 냉각장치 또는 보랭장치의 설치

④ 냉각장치 또는 보랭장치는 2(set) 이상 설치하고 비상전원 구비

⑤ 지하매설탱크는 탱크전용실에 설치

3) 히드록실아민등을 취급하는 일반취급소의 강화기준(XII ③)

① 안전거리 강화

② 일반취급소의 주위에 담 또는 토제(土堤) 설치

③ 취급설비에 히드록실아민등의 온도 및 농도의 상승에 의한 위험반응 방지조치 강구

④ 취급설비에 철이온 등의 혼입에 의한 위험반응 방지조치 강구

핵심정리문제

01 주유취급소의 필수적 구성요소인 것은?

① 고정주유설비
② 고정급유설비
③ 캐노피
④ 폐유탱크

해설 고정급유설비는 위험물을 용기에 채우거나 5,000L 이하의 이동저장탱크에 주입하기 위한 설비로서 주유취급소에 병설하는 것은 가능하나 주유취급소에 반드시 있어야 하는 필수설비는 아니다.

02 주유취급소에 설치할 수 있는 탱크에 대한 설명으로 틀린 것은?

① 고정주유설비 및 고정급유설비에 직접 접속하는 탱크는 지하에 매설하여야 한다.
② 주유취급소의 보일러 등에 직접 접속하는 탱크는 10,000L 이하로 하여야 한다.
③ 간이탱크는 3기까지 설치할 수 있으나 동일 품질의 것은 2 이상 설치할 수 없다.
④ 자동차 등을 점검 · 정비하는 작업장 등에서 사용하는 폐유 · 윤활유 등을 저장하는 탱크는 2,000L를 초과할 수 없다.

해설 주유취급소의 간이탱크에 대하여는 동일 품질의 탱크를 2 이상 설치할 수 없도록 한 간이탱크저장소의 기준이 준용되지 않는다.

03 주유취급소에 설치하는 탱크의 기준으로 틀린 것은?

① 1,000L 이하의 폐유탱크 등은 지하에 매설하지 않아도 된다.
② 하나의 전용탱크에는 2 이상의 고정주유설비 또는 고정급유설비를 접속할 수 없다.
③ 국토의 계획 및 이용에 관한 법률에 의한 방화지구 안에 위치하는 주유취급소에는 간이탱크를 설치할 수 없다.
④ 자동차 등을 점검 · 정비하는 작업장 등에서 사용하는 폐유 · 윤활유 등을 저장하는 탱크는 2,000L를 초과할 수 없다.

해설 주유취급소의 고정주유설비 또는 고정급유설비는 각각 하나의 탱크만으로부터 위험물을 공급받도록 접속하면 되고, 하나의 탱크에 2 이상의 고정주유설비 또는 고정급유설비를 접속할 수 없는 것은 아니다.

정답 01 ① 02 ③ 03 ②

04 주유취급소에 설치하는 건축물 등의 구조 등에 대한 설명으로 옳은 것은?

① 건축물은 벽·기둥·바닥·보 및 지붕을 내화구조로 하여야 한다.

② 자동차점검정비장 및 세차장의 용도에 사용하는 부분에 설치한 자동차 등의 출입구에는 방화문을 설치하지 않아도 된다.

③ 관계자의 주거시설은 주유취급소의 부대설비이므로 당해 건축물 중 주유취급소 외의 용도로 사용하는 부분에 대하여만 내화구조의 바닥 또는 벽으로 구획하면 된다.

④ 관계자의 주거시설로 사용되는 부분 중 주유를 위한 작업장 등 위험물취급장소에 면한 쪽의 벽에 출입구를 두는 경우에는 자동폐쇄식의 갑종방화문을 설치하여야 한다.

해설 ① 건축물의 벽·기둥·바닥·보 및 지붕은 불연재료로 할 수도 있다.
③ 관계자의 주거시설로 사용되는 부분은 당해 건축물의 모든 다른 부분과 내화구조의 바닥 또는 벽으로 구획하여야 한다.
④ 관계자의 주거시설로 사용되는 부분 중 주유를 위한 작업장 등 위험물취급장소에 면한 쪽의 벽에는 출입구를 설치할 수 없다.

05 옥내주유취급소에 대한 설명으로 틀린 것은?

① 옥내주유취급소는 위락시설, 의료시설, 노유자시설 등으로 사용하는 부분이 없는 건축물에 설치한다.

② 소방시설설치 유지 및 안전관리에 관한 법률에 의한 다중이용업에 해당하는 일반음식점 및 학원으로 사용하는 부분이 있는 건축물에는 설치할 수 없다.

③ 옥내주유취급소를 설치하는 건축물에는 옥내주유취급소에서 발생한 화재를 옥내주유취급소의 용도로 사용하는 부분 외의 부분에 알릴 수 있는 자동화재탐지설비 등이 있어야 한다.

④ 옥내주유취급소에는 벽이 2방향 이상 개방된 건축물 안에 설치하는 형태의 것과 캐노피(건물의 차양을 포함)의 면적이 부지면적 중 공지면적의 1/3을 초과하는 형태의 것이 있다.

해설 다중이용업 중 휴게음식점·일반음식점 및 학원은 옥내주유취급소에 설치할 수 있는 타용도에 해당한다.

06 옥내주유취급소의 건축물 구조와 캔틸레버에 대한 설명으로 틀린 것은?

① 옥내주유취급소의 용도에 사용하는 부분과 당해 건축물의 다른 부분과는 개구부가 없는 내화구조의 바닥 또는 벽으로 구획한다.

② 캔틸레버는 옥내주유취급소의 용도에 사용하는 부분 중 고정주유설비와 접하는 방향 및 벽이 개방된 부분의 바로 윗층의 바닥에 이어서 내어 붙인다.

③ 옥내주유취급소의 용도에 사용하는 부분의 윗층의 바닥으로부터 높이 7m 이내에 있는 윗층의 외벽에 개구부가 없는 경우에는 캔틸레버를 설치하지 않을 수 있다.

④ 캔틸레버의 폭(내어 붙인 거리)은 윗층의 개구부와의 거리에 관계없이 1.5m 이상으로 하면 된다.

정답 04 ② 05 ② 06 ④

해설 캔틸레버 선단과 윗층의 개구부까지와의 사이에는 7m에서 당해 캔틸레버의 내어 붙인 거리를 뺀 길이 이상의 거리를 보유하여야 하므로 캔틸레버의 폭은 개구부의 위치에 따라 가변적이다.

07 제1종 판매취급소의 기준으로 틀린 것은?

① 판매취급소 외의 용도로 사용하는 부분이 있는 건축물에도 설치할 수 있다.
② 판매취급소로 사용되는 점포는 지하층 또는 2층 이상의 층에 설치할 수 없다.
③ 판매취급소의 용도로 사용하는 부분의 창 및 출입구에는 갑종방화문 또는 을종방화문을 설치하여야 한다.
④ 판매취급소의 용도로 사용하는 부분에 상층이 없는 경우에는 지붕을 가벼운 불연재료로 하여야 한다.

해설 상층이 있는 경우에는 지붕을 내화구조로 하고, 상층이 없는 경우에는 내화구조 또는 불연재료로 하면 된다.

08 제2종 판매취급소의 기준으로 틀린 것은?

① 취급소를 설치할 수 있는 장소와 배합실의 구조 등은 제1종 판매취급소와 같다.
② 판매취급소의 용도로 사용하는 부분은 벽 · 기둥 · 바닥 및 보를 내화구조로 하여야 한다.
③ 판매취급소의 용도로 사용하는 부분에 상층이 없는 경우에는 지붕을 내화구조 또는 불연재료로 하여야 한다.
④ 판매취급소의 용도로 사용하는 부분에 상층이 있는 경우에는 상층의 바닥을 내화구조로 하고 상층으로의 연소를 방지하기 위한 조치를 하여야 한다.

해설 제2종 판매취급소에 있어서는 상층이 없는 경우에도 지붕을 내화구조로 하여야 한다.

09 이송취급소에 해당하는 배관시설의 경우는?

① 제조소등에 관계된 시설(배관을 제외한다) 및 그 부지가 같은 사업소 안에 있고 당해 사업소 안에서만 위험물을 이송하는 경우
② 사업소와 사업소의 사이에 도로만 있고 사업소와 사업소 사이의 이송배관이 그 도로를 횡단하는 경우
③ 사업소와 사업소 사이의 이송배관이 제3자(당해 사업소와는 무관한 다른 사업을 하는 자를 말한다)의 토지만을 통과하는 경우로서 당해 배관의 길이가 100m 이하인 경우
④ 해상구조물에 설치된 배관(이송 위험물이 제1석유류인 경우에는 배관의 내경이 30cm 미만인 것에 한한다)으로서 당해 해상구조물에 설치된 배관의 길이가 30m 이하인 경우

해설 ③의 경우가 이송취급소에서 제외되려면 제3자가 당해 사업소와 관련이 있거나 유사한 사업을 하는 자이어야 한다.

07 ④ 08 ③ 09 ③ 정답

10 이송취급소의 안전설비에 해당하지 않는 것은?

① 운전상태 감시장치
② 안전제어장치
③ 압력안전장치
④ 통기관

해설 통기관은 각종 탱크저장소의 비압력탱크에 설치하는 것으로 이송취급소와는 관계가 없다.

11 이송취급소의 설치가 원칙적으로 금지되는 장소에 해당하지 않는 것은?

① 철도 및 도로의 터널 안
② 호수·저수지 등으로서 수리의 수원이 되는 곳
③ 급경사 지역으로서 붕괴의 위험이 있는 지역
④ 자동차가 통행하는 도로의 차도·길어깨 및 중앙분리대

해설 도로에 있어서는 고속국도 및 자동차전용도로(「도로법」 제54조의 3 제1항의 규정에 의하여 지정된 도로)의 차도·길어깨 및 중앙분리대 부분에 한하여 설치가 제한된다.

12 작동시험을 실시하여야 하는 이송취급소의 안전설비에 해당하지 않는 것은?

① 안전제어장치
② 긴급차단밸브
③ 비상전원
④ 유격압력안전장치

해설 압력안전장치·누설검지장치·긴급차단밸브 그 밖의 안전설비의 제어회로가 정상으로 있지 아니하면 펌프가 작동하지 아니하도록 하는 제어기능 및 안전상 이상상태가 발생한 경우에 펌프·긴급차단밸브 등이 자동 또는 수동으로 연동하여 신속히 정지 또는 폐쇄되도록 하는 제어기능을 갖춘 안전설비가 안전제어장치이며, 긴급차단밸브는 안전제어장치의 작동시험에 관계되지만 직접적인 작동시험의 대상 설비는 아니다.

13 이송기지의 안전조치에 관한 기준으로 틀린 것은?

① 이송기지의 구내에는 관계자 외의 자가 함부로 출입할 수 없도록 경계표시를 한다.
② 위험물을 취급하는 시설(지하에 설치된 것을 제외한다)의 주위에는 높이 50cm 이상의 방유제를 설치한다.
③ 비수용성의 제4류 위험물을 취급하는 장소에는 누설한 위험물이 외부로 유출되지 아니하도록 유분리장치를 설치한다.
④ 위험물을 취급하는 시설(지하에 설치된 것을 제외한다)은 이송기지의 부지경계선으로부터 당해 배관의 최대상용압력에 따라 소정의 안전거리를 둔다.

해설 이송기지의 방유제는 이송기지의 부지경계선에 설치하여야 한다.

정답 10 ④ 11 ④ 12 ② 13 ②

14 **특정이송취급소가 아닌 이송취급소에는 설치하지 않아도 되는 안전설비로만 나열된 것은?**

① 운전감시장치, 긴급차단밸브, 비상전원, 압력안전장치
② 운전감시장치, 긴급차단밸브, 압력안전장치, 누설검지장치
③ 운전감시장치, 안전제어장치, 압력안전장치, 감진장치 및 강진계
④ 운전감시장치, 안전제어장치, 감진장치 및 강진계

해설 비특정이송취급소의 특례에 의하여 운전감시장치, 안전제어장치, 누설검지장치(가연성 증기 검지를 통한 누설검지장치 및 위험물의 양을 측정하는 방법에 의한 누설검지장치에 한함), 감진장치 및 강진계는 조건없이 비특정이송취급소에는 설치하지 않아도 된다.

CHAPTER 01
CHAPTER 02
CHAPTER 03
CHAPTER 04
부록

15 **일반취급소에 대한 설명으로 틀린 것은?**

① 건축물 내 부분설치가 가능한 일반취급소도 있다.
② 일반취급소의 일반기준은 제조소의 기준을 그대로 준용한다.
③ 건축물 내의 위험물취급설비(주위의 공지 포함)만을 범위로 하는 일반취급소도 있다.
④ 하나의 건축물에 복수의 일반취급소를 설치할 수는 있으나 다른 취급소나 저장소가 있는 건축물에는 설치할 수 없다.

해설 하나의 건축물에 복수의 일반취급소(위험물의 충전 또는 옮겨 담는 것은 제외)의 설치가 인정되며, 또한 영 별표 2 및 별표 3의 위험물시설 중 부분규제되는 것도 동일 건축물 내에 설치할 수 있다.

16 **다음의 특례대상 일반취급소 중에서 취급하는 위험물의 인화점이 가장 높은 것은?**

① 옮겨 담는 일반취급소
② 세정작업의 일반취급소
③ 열처리작업 등의 일반취급소
④ 보일러 등으로 위험물을 소비하는 일반취급소

해설 특례를 적용하는 열처리작업 등의 일반취급소에서 취급하는 위험물은 인화점 70℃ 이상의 제4류 위험물이다. ②는 인화점 40℃ 이상의 제4류 위험물을, ①과 ④는 인화점 38℃ 이상의 제4류 위험물을 취급하는 일반취급소이다.

17 **다음의 특례대상 일반취급소 중 취급하는 위험물이 고인화점 위험물이 아닌 것은?**

① 발전소 등의 일반취급소
② 유압장치 등을 설치하는 일반취급소
③ 절삭장치 등을 설치하는 일반취급소
④ 열매체유 순환장치를 설치하는 일반취급소

14 ④ 15 ④ 16 ③ 17 ① 정답

해설 고인화점 위험물의 일반취급소 외에 특례대상에 해당하는 유압장치 등을 설치하는 일반취급소 · 절삭장치 등을 설치하는 일반취급소 및 열매체유 순환장치를 설치하는 일반취급소도 고인화점 위험물을 취급하는 일반취급소이다. 특례대상인 발전소 등의 일반취급소에서 취급하는 위험물의 인화점에 대한 제한은 없다.

18 **다음의 특례대상 일반취급소 중에서 취급하는 위험물의 양이 지정수량의 30배 미만인 것을 모두 나열한 것은?**

㉠ 분무도장작업 등의 일반취급소	㉡ 세정작업의 일반취급소
㉢ 열처리작업 등의 일반취급소	㉣ 보일러 등으로 위험물을 소비하는 일반취급소
㉤ 절삭장치 등을 설치하는 일반취급소	㉥ 열매체유 순환장치를 설치하는 일반취급소
㉦ 유압장치 등을 설치하는 일반취급소	㉧ 충전하는 일반취급소
㉨ 옮겨 담는 일반취급소	㉩ 발전소 등의 일반취급소
㉪ 고인화점 위험물의 일반취급소	

① ㉠, ㉡, ㉢, ㉣, ㉤, ㉥
② ㉠, ㉡, ㉢, ㉣, ㉤, ㉥, ㉦
③ ㉠, ㉡, ㉢, ㉣, ㉤, ㉨, ㉩
④ ㉠, ㉡, ㉢, ㉣, ㉤, ㉦, ㉨, ㉪

해설 ㉦은 50배 미만, ㉨은 40배 미만이고, ㉧, ㉩, ㉪은 수량에 제한이 없다.

19 **다음의 특례대상 일반취급소 중에서 위험물을 취급하는 설비를 건물 내에 설치하는 경우에만 특례 적용이 가능한 것을 모두 나열한 것은?**

㉠ 분무도장작업 등의 일반취급소	㉡ 세정작업의 일반취급소
㉢ 열처리작업 등의 일반취급소	㉣ 보일러 등으로 위험물을 소비하는 일반취급소
㉤ 절삭장치 등을 설치하는 일반취급소	㉥ 열매체유 순환장치를 설치하는 일반취급소
㉦ 유압장치 등을 설치하는 일반취급소	㉧ 충전하는 일반취급소
㉨ 옮겨 담는 일반취급소	㉩ 발전소 등의 일반취급소
㉪ 고인화점 위험물의 일반취급소	

① ㉠, ㉡, ㉢, ㉣, ㉤, ㉥
② ㉠, ㉡, ㉢, ㉣, ㉤, ㉥, ㉦
③ ㉠, ㉡, ㉢, ㉣, ㉤, ㉥, ㉦, ㉩
④ ㉠, ㉡, ㉢, ㉣, ㉤, ㉥, ㉦, ㉩, ㉪

해설 ㉠, ㉡, ㉢, ㉣, ㉤, ㉥, ㉦은 위험물을 취급하는 설비를 건축물에 설치하는 것에 한하여 특례 적용이 가능하다.

정답 18 ① 19 ②

20 **분무도장작업 등의 일반취급소의 특례에 대한 설명으로 옳은 것은?**

① 분무도장작업 등의 일반취급소는 단층건물에 설치하여야 한다.
② 모든 출입구에는 수시로 열 수 있는 자동폐쇄식의 갑종방화문을 설치하여야 한다.
③ 소정의 조치요건에 적합한 경우에 다른 용도가 있는 건축물의 구획된 실에도 설치할 수 있도록 하는 특례이다.
④ 두께 70mm 이상의 철근콘크리트조 등으로 된 바닥 또는 벽으로 당해 건축물의 다른 부분과 구획하고 구획을 위한 격벽에는 출입구를 둘 수 없다.

해설 ① 설치장소에 대한 제한은 없다.
② 연소의 우려가 있는 외벽 및 당해 부분 외의 부분과의 격벽에 있는 출입구에만 자동폐쇄식의 갑종방화문을 설치하면 된다.
④ 당해 건축물의 다른 부분과의 구획을 위한 격벽에도 출입구를 둘 수 있다.

CHAPTER 01
CHAPTER 02
CHAPTER 03
CHAPTER 04
부록

20 ③ 정답

05 소방설비의 기준

학습 Point

1. 소화설비는 제조소등의 구분, 위험물의 품명·최대수량 등에 따라 「소화난이도 등급 Ⅰ」, 「소화난이도 등급 Ⅱ」 및 「소화난이도 등급 Ⅲ」의 3종류로 나누어지고 각각의 구분에 따라 기준이 정해져 있다(規 41 및 별표 17).
2. 지정수량의 10배 이상의 위험물을 저장 또는 취급하는 제조소등에는 화재가 발생한 경우에 이를 알릴 수 있는 경보설비를 설치하여야 한다(規 42 Ⅰ).
3. 위험물시설 중 일부 주유취급소에는 피난설비로서 유도등을 설치하여야 한다(規 42 Ⅱ).
4. 기타
   ① 소방설비의 설치에 관하여 필요한 세부기준은 고시로 정하고 있다(規 44).
   ② 제조소등에 설치하는 소방설비의 기준은 위험물법령에 의하지만, 위험물법령에 규정하지 않은 공통적인 기준은 「화재예방, 소방시설 설치유지 및 안전관리에 관한 법률」에 의한 「화재안전기준」에 따른다(規 46).

1 소화설비의 기준

(1) 위험물시설 소방설비의 기본적 고려사항

소방설비에 관한 소방관계 법령상의 규제는 「화재예방, 소방시설 설치유지 및 안전관리에 관한 법률」 제9조 제1항 및 제11조의 규정에 기초한 같은 법 시행령 제15조부터 제18조까지 및 화재안전기준(고시)에 정한 기준과 「위험물안전관리법」 제5조 제4항의 규정에 기초한 같은 법 시행규칙 제41조부터 제47조까지 및 고시에 정한 기준의 2가지 체계로 되어 있다.

이 중 위험물시설의 소방설비는 「위험물안전관리법」에 의하여 설치되며, 그 설치기준은 시설의 구분·규모·취급위험물의 수량 등을 기본으로 하여 정해져 있다는 점에서 「화재예방, 소방시설 설치유지 및 안전관리에 관한 법률」에 의한 기준이 용도에 따른 규모(바닥면적)를 기본으로 하여 정해져 있는 것과 근본적으로 차이가 있다.

2가지 체계의 각 기준은 내용적으로는 모두 동종의 소방설비에 대한 것이지만, 위험물시설에 대하여는 원칙적으로 「화재예방, 소방시설 설치유지 및 안전관리에 관한 법률」에 의한 기준은 적용되지 않는다. 이는 소방설비의 설치에 있어서 「위험물안전관리법」이 특별법의 지위에 있기 때문에 당연한 사항이지만, 「화재예방, 소방시설 설치유지 및 안전관리에 관한 법률」에서는 이를 확인하는 규정[126]을 두고 있다.

126) 제3조(다른 법률과의 관계) 특정소방대상물 가운데 「위험물안전관리법」에 따른 위험물 제조소등의 안전관리와 위험물 제조소등에 설치하는 소방시설 등의 설치기준에 관하여는 「위험물안전관리법」이 정하는 바에 따른다.

(2) 소화설비의 설치기준

제조소등에는 화재발생 시 소화가 곤란한 정도에 따라 그 소화에 적응성이 있는 소화설비를 설치하여야 한다(規 41 ①). 소화가 곤란한 정도는 제조소등의 규모, 저장 또는 취급하는 위험물의 품명 및 최대수량 등에 따라 「소화난이도 등급 Ⅰ」, 「소화난이도 등급 Ⅱ」 및 「소화난이도 등급 Ⅲ」으로 구분되며, 각 제조소등별로 소화난이도 등급에 따라 설치하여야 하는 소화설비의 종류, 각 소화설비의 적응성 및 소화설비의 설치기준은 별표 17에 정해져 있다(規 41 ②).

① 제조소등의 소화난이도에 따라 설치하여야 할 소화설비의 종류는 다음과 같다.

소화난이도 구분	설치하여야 하는 소화설비	해당하는 제조소등의 예
소화난이도 등급 Ⅰ (매우 소화 곤란)	옥내소화전설비, 옥외소화전설비, 스프링클러설비 또는 물분무등소화설비(+ 대형수동식소화기 + 소형수동식소화기)	연면적 1,000m^2 이상의 제조소 또는 일반취급소 등
소화난이도 등급 Ⅱ (소화 곤란)	대형수동식소화기 + 소형수동식소화기	지정수량 100배 이상의 옥외저장소, 옥내주유취급소 등
소화난이도 등급 Ⅲ (기타)	소형수동식소화기 2개	지하탱크저장소 이동탱크저장소

② 소화설비의 적응성은 다음과 같다(Ⅰ④).

소화설비의 구분			대상물 구분											
			건축물·그 밖의 공작물	전기설비	제1류 위험물		제2류 위험물			제3류 위험물		제4류 위험물	제5류 위험물	제6류 위험물
					알칼리금속과산화물 등	그 밖의 것	철분·금속분·마그네슘 등	인화성고체	그 밖의 것	금수성물품	그 밖의 것			
옥내소화전설비 또는 옥외소화전설비			○			○		○	○		○		○	○
스프링클러설비			○			○		○	○		○	△	○	○
물분무등소화설비	물분무소화설비		○	○		○		○	○		○	○	○	○
물분무등소화설비	포소화설비		○			○		○	○		○	○	○	○
물분무등소화설비	불활성 가스 소화설비			○				○				○		
물분무등소화설비	할로겐화합물소화설비			○				○				○		
물분무등소화설비	분말소화설비	인산염류 등	○	○		○		○	○			○		○
물분무등소화설비	분말소화설비	탄산수소염류 등		○	○		○	○		○		○		
물분무등소화설비	분말소화설비	그 밖의 것			○		○			○				

소화설비의 구분			건축물·그 밖의 공작물	전기설비	제1류 위험물: 알칼리금속과산화물 등	제1류 위험물: 그 밖의 것	제2류 위험물: 철분·금속분·마그네슘 등	제2류 위험물: 인화성 고체	제2류 위험물: 그 밖의 것	제3류 위험물: 금수성 물품	제3류 위험물: 그 밖의 것	제4류 위험물	제5류 위험물	제6류 위험물
대형·소형 수동식 소화기	봉상수(棒狀水)소화기		○			○		○	○		○		○	○
	무상수(霧狀水)소화기		○	○		○		○	○		○		○	○
	봉상강화액소화기		○			○		○	○		○		○	○
	무상강화액소화기		○	○		○		○	○		○	○	○	○
	포소화기		○			○		○	○		○	○	○	○
	이산화탄소소화기			○				○				○		△
	할로겐화합물소화설비			○				○				○		
	분말소화기	인산염류소화기	○	○		○		○	○			○		○
		탄산수소염류소화기		○	○		○	○		○		○		
		그 밖의 것			○		○			○				
기타	물통 또는 수조		○			○		○	○		○		○	○
	건조사				○	○	○	○	○	○	○	○	○	○
	팽창질석 또는 팽창진주암				○	○	○	○	○	○	○	○	○	○

[비고] 1. "○" 표시는 당해 소방대상물 및 위험물에 대하여 소화설비가 적응성이 있음을 표시하고, "△" 표시는 제4류 위험물을 저장 또는 취급하는 장소의 살수기준면적에 따라 스프링클러설비의 살수밀도가 다음 표에 정하는 기준 이상인 경우에는 당해 스프링클러설비가 제4류 위험물에 대하여 적응성이 있음을, 제6류 위험물을 저장 또는 취급하는 장소로서 폭발의 위험이 없는 장소에 한하여 이산화탄소소화기가 제6류 위험물에 대하여 적응성이 있음을 각각 표시한다.

살수기준면적 (m^2)	방사밀도(L/m^2분) 인화점 38℃ 미만	방사밀도(L/m^2분) 인화점 38℃ 이상	비 고
279 미만 279 이상 372 미만 372 이상 465 미만 465 이상	16.3 이상 15.5 이상 13.9 이상 12.2 이상	12.2 이상 11.8 이상 9.8 이상 8.1 이상	살수기준면적은 내화구조의 벽 및 바닥으로 구획된 하나의 실의 바닥면적을 말하고, 하나의 실의 바닥면적이 465m^2 이상인 경우의 살수기준면적은 465m^2로 한다. 다만, 위험물의 취급을 주된 작업내용으로 하지 아니하고 소량의 위험물을 취급하는 설비 또는 부분이 넓게 분산되어 있는 경우에는 방사밀도는 8.2L/m^2분 이상, 살수기준면적은 279m^2 이상으로 할 수 있다.

2. 인산염류 등은 인산염류, 황산염류 그 밖에 방염성이 있는 약제를 말한다.
3. 탄산수소염류 등은 탄산수소염류 및 탄산수소염류와 요소의 반응생성물을 말한다.
4. 알칼리금속과산화물 등은 알칼리금속의 과산화물 및 알칼리금속의 과산화물을 함유한 것을 말한다.
5. 철분·금속분·마그네슘 등은 철분·금속분·마그네슘과 철분·금속분 또는 마그네슘을 함유한 것을 말한다.

(3) 소화설비의 일반적 설치기준

1) 소요단위 및 능력단위

① 소요단위

㉠ 소요단위의 개념 : 소화설비의 설치대상이 되는 건축물 그 밖의 공작물의 규모 또는 위험물의 양의 기준단위

㉡ 소요단위의 계산 : 건축물, 공작물 또는 위험물의 소요단위의 계산방법은 다음의 기준에 의할 것

ⓐ 제조소 또는 취급소의 건축물은 외벽이 내화구조인 것은 연면적 $100m^2$를 1소요단위로 하며, 외벽이 내화구조가 아닌 것은 연면적 $50m^2$를 1소요단위로 할 것

ⓑ 저장소의 건축물은 외벽이 내화구조인 것은 연면적 $150m^2$를 1소요단위로 하고, 외벽이 내화구조가 아닌 것은 연면적 $75m^2$를 1소요단위로 할 것

ⓒ 제조소등의 옥외에 설치된 공작물은 외벽이 내화구조인 것으로 간주하고 공작물의 최대수평투영면적을 연면적으로 간주하여 ⓐ 및 ⓑ의 규정에 의하여 소요단위를 산정할 것

ⓓ 위험물은 지정수량의 10배를 1소요단위로 할 것

연면적

제조소등의 용도로 사용되는 부분 외의 부분이 있는 건축물에 설치된 제조소등에 있어서는 당해 건축물 중 제조소등에 사용되는 부분의 바닥면적의 합계로 한다.

② 소화설비의 능력단위

㉠ 능력단위 : 소요단위에 대응하는 소화설비의 소화능력의 기준단위

㉡ 능력단위의 산정

ⓐ 수동식소화기의 능력단위는 수동식소화기의 형식승인 및 검정기술기준에 의하여 형식승인을 받은 수치로 할 것

ⓑ 기타 소화설비의 능력단위는 다음의 표에 의할 것

소화설비	용 량	능력단위
소화전용(專用)물통	8L	0.3
수조(소화전용물통 3개 포함)	80L	1.5
수조(소화전용물통 6개 포함)	190L	2.5
마른모래(삽 1개 포함)	50L	0.5
팽창질석 또는 팽창진주암(삽 1개 포함)	160L	1.0

2) 설치기준

① 옥내소화전설비의 설치기준

㉠ 소화전 배치 : 옥내소화전은 제조소등의 건축물의 층마다 당해 층의 각 부분에서 하나의 호스접속구까지의 수평거리가 25m 이하가 되도록 설치할 것. 이 경우 옥내소화전은 각 층의 출입구 부근에 1개 이상 설치하여야 한다.

㉡ 수원의 수량 : 옥내소화전이 가장 많이 설치된 층의 옥내소화전 설치개수(설치개수가 5개 이상인 경우는 5개)에 $7.8m^3$를 곱한 양 이상이 되도록 설치할 것

> 수원의 양 = N(가장 많이 설치된 층의 옥내소화전 설치개수 : 5개 이상인 경우는 5개)×$7.8m^3$

㉢ 방수압력 및 방수량 : 옥내소화전설비는 각 층을 기준으로 하여 당해 층의 모든 옥내소화전(설치개수가 5개 이상인 경우는 5개의 옥내소화전)을 동시에 사용할 경우에 각 노즐선단의 방수압력이 350kPa 이상이고 방수량이 1분당 260L 이상의 성능이 되도록 할 것

㉣ 옥내소화전설비에는 비상전원을 설치할 것

㉤ 옥내소화전설비의 설치에 관한 세부기준 : 고시 제129조 참조

일반 옥내소화전설비의 기준(괄호 안은 위험물시설용 기준을 대비한 것임)

① 수원 : 옥내소화전 개수에 $2.6m^3$를 곱한 양 이상(→ $7.8m^3$: 3배)
② 방수압력 : 0.17MPa(→ 0.35MPa : 약 2배)
③ 방수량 : 130L/분(→ 260L/분 : 2배)

② 옥외소화전설비의 설치기준

㉠ 소화전 배치 : 옥외소화전은 방호대상물(당해 소화설비에 의하여 소화하여야 할 제조소등의 건축물, 그 밖의 공작물 및 위험물)의 각 부분(건축물의 경우에는 당해 건축물의 1층 및 2층의 부분에 한함)에서 하나의 호스접속구까지의 수평거리가 40m 이하가 되도록 설치할 것. 이 경우 그 설치개수가 1개일 때는 2개로 하여야 한다.

㉡ 수원의 수량 : 옥외소화전의 설치개수(설치개수가 4개 이상인 경우는 4개의 옥외소화전)에 $13.5m^3$를 곱한 양 이상이 되도록 설치할 것

> 수원의 양 = N(옥외소화전 설치개수 : 4개 이상인 경우는 4개)×$13.5m^3$

㉢ 방수압력 및 방수량 : 옥외소화전설비는 모든 옥외소화전(설치개수가 4개 이상인 경우는 4개의 옥외소화전)을 동시에 사용할 경우에 각 노즐선단의 방수압력이 350kPa 이상이고, 방수량이 1분당 450L 이상의 성능이 되도록 할 것

㉣ 옥외소화전설비에는 비상전원을 설치할 것

㉤ 옥외소화전설비의 설치에 관한 세부기준 : 고시 제130조 참조

일반 옥외소화전설비의 기준(괄호 안은 위험물시설용 기준)

① 수원 : 옥외소화전 개수에 $7m^3$를 곱한 양 이상(→ $13.5m^3$: 약 2배)
* 옥외소화전 개수가 2개 이상인 경우 2개(→ 4개 이상인 경우 4개)

② 방수압력 : 0.25MPa(→ 0.35MPa : 약 1.4배)

③ 방수량 : 350L/분(→ 450L/분 : 1.3배)

③ 스프링클러설비의 설치기준

㉠ 스프링클러헤드의 배치 : 스프링클러헤드는 방호대상물의 천장 또는 건축물의 최상부 부근(천장이 설치되지 아니한 경우)에 설치하되, 방호대상물의 각 부분에서 하나의 스프링클러헤드까지의 수평거리가 1.7m(규칙 별표 17 Ⅰ 제4호 비고 제1호의 표에 정한 살수밀도의 기준을 충족하는 경우에는 2.6m) 이하가 되도록 설치할 것

㉡ 개방형 스프링클러설비의 방사구역 : 개방형 스프링클러헤드를 이용한 스프링클러설비의 방사구역(하나의 일제개방밸브에 의하여 동시에 방사되는 구역)은 $150m^2$ 이상(방호대상물의 바닥면적이 $150m^2$ 미만인 경우에는 당해 바닥면적)으로 할 것

㉢ 수원의 수량

ⓐ 폐쇄형 스프링클러헤드를 사용하는 것

수원의 양 = 30(폐쇄형 헤드의 설치개수가 30 미만인 방호대상물은 당해 설치개수)×$2.4m^3$ 이상

ⓑ 개방형 스프링클러헤드를 사용하는 것

수원의 양 = N(개방형 헤드가 가장 많이 설치된 방사구역의 헤드 설치개수)×$2.4m^3$ 이상

㉣ 방사압력 및 방수량 : 스프링클러설비는 ㉢의 규정에 의한 개수의 스프링클러헤드를 동시에 사용할 경우에 각 선단의 방사압력이 100kPa(규칙 별표 17 Ⅰ 제4호 비고 제1호의 표에 정한 살수밀도의 기준을 충족하는 경우에는 50kPa) 이상이고, 방수량이 1분당 80L(규칙 별표 17 Ⅰ 제4호 비고 제1호의 표에 정한 살수밀도의 기준을 충족하는 경우에는 56L) 이상의 성능이 되도록 할 것

㉤ 스프링클러설비에는 비상전원을 설치할 것

㉥ 스프링클러설비의 설치에 관한 세부기준 : 고시 제131조 참조

일반 스프링클러설비의 기준(괄호 안은 위험물시설용 기준을 대비한 것임)

수원 : 스프링클러헤드 수에 $1.6m^3$를 곱한 양 이상(→ $2.4m^3$: 1.5배)
* 방수압력(0.1MPa) 및 방수량(80L/분)은 위험물시설의 경우와 같음.

④ 물분무소화설비의 설치기준

㉠ 분무헤드의 개수 및 배치

ⓐ 분무헤드로부터 방사되는 물분무에 의하여 방호대상물의 모든 표면을 유효하게 소화할 수 있도록 설치할 것

ⓑ 방호대상물의 표면적(건축물에 있어서는 바닥면적) $1m^2$당 ㉢의 규정에 의한 양의 비율로 계산한 수량을 표준방사량(당해 소화설비의 헤드의 설계압력에 의한 방사량)으로 방사할 수 있도록 설치할 것

㉡ 물분무소화설비의 방사구역 : $150m^2$ 이상(방호대상물의 표면적이 $150m^2$ 미만인 경우에는 당해 표면적)으로 할 것

㉢ 수원의 수량 : 분무헤드가 가장 많이 설치된 방사구역의 모든 분무헤드를 동시에 사용할 경우에 당해 방사구역의 표면적 $1m^2$당 1분당 20L의 비율로 계산한 양으로 30분간 방사할 수 있는 양 이상이 되도록 설치할 것

㉣ 방사압력 및 방사량 : 물분무소화설비는 ㉢의 규정에 의한 분무헤드를 동시에 사용할 경우에 각 선단의 방사압력이 350kPa 이상으로 표준방사량을 방사할 수 있는 성능이 되도록 할 것

㉤ 물분무소화설비에는 비상전원을 설치할 것

㉥ 물분무소화설비의 설치에 관한 세부기준 : 고시 제132조 참조

⑤ 포소화설비의 설치기준

㉠ 고정식 포소화설비의 포방출구 등의 설치 : 고정식 포소화설비의 포방출구 등은 방호대상물의 형상, 구조, 성질, 수량 또는 취급방법에 따라 표준방사량으로 당해 방호대상물의 화재를 유효하게 소화할 수 있도록 필요한 개수를 적당한 위치에 설치할 것

㉡ 이동식 포소화설비

ⓐ 개념 : 포소화전 등 고정된 포수용액 공급장치로부터 호스를 통하여 포수용액을 공급받아 이동식 노즐에 의하여 방사하도록 된 소화설비

ⓑ 설치기준 : 이동식 포소화전은 옥내에 설치하는 것은 ① ㉠, 옥외에 설치하는 것은 ② ㉠의 규정을 준용할 것

㉢ 수원의 수량 및 포소화약제의 저장량 : 방호대상물의 화재를 유효하게 소화할 수 있는 양 이상이 되도록 할 것

㉣ 포소화설비에는 비상전원을 설치할 것

㉤ 포소화설비의 설치에 관한 세부기준 : 고시 제133조 참조

⑥ 불활성 가스 소화설비의 설치기준

㉠ 전역방출방식 불활성 가스 소화설비 : 분사헤드는 불연재료의 벽・기둥・바닥・보 및 지붕(천장이 있는 경우에는 천장)으로 구획되고 개구부에 자동폐쇄장치(갑종방화문, 을종방화문 또는 불연재료의 문으로 불활성 가스 소화약제

가 방사되기 직전에 개구부를 자동적으로 폐쇄하는 장치)가 설치되어 있는 부분(이하 "방호구역"이라 한다)에 당해 부분의 용적 및 방호대상물의 성질에 따라 표준방사량으로 방호대상물의 화재를 유효하게 소화할 수 있도록 필요한 개수를 적당한 위치에 설치할 것. 다만, 당해 부분에서 외부로 누설되는 양 이상의 불활성 가스 소화약제를 유효하게 추가하여 방출할 수 있는 설비가 있는 경우는 당해 개구부의 자동폐쇄장치를 설치하지 아니할 수 있다.

㉡ 국소방출방식 불활성 가스 소화설비 : 분사헤드는 방호대상물의 형상, 구조, 성질, 수량 또는 취급방법에 따라 방호대상물에 이산화탄소소화약제를 직접 방사하여 표준방사량으로 방호대상물의 화재를 유효하게 소화할 수 있도록 필요한 개수를 적당한 위치에 설치할 것

㉢ 이동식 불활성 가스 소화설비

ⓐ 개념 : 고정된 이산화탄소소화약제 공급장치로부터 호스를 통하여 이산화탄소소화약제를 공급받아 이동식 노즐에 의하여 방사하도록 된 소화설비

ⓑ 설치기준 : 호스접속구는 모든 방호대상물에 대하여 당해 방호대상물의 각 부분으로부터 하나의 호스접속구까지의 수평거리가 15m 이하가 되도록 설치할 것

㉣ 소화약제의 양 : 불활성 가스 소화약제 용기에 저장하는 불활성 가스 소화약제의 양은 방호대상물의 화재를 유효하게 소화할 수 있는 양 이상이 되도록 할 것

㉤ 전역방출방식 또는 국소방출방식의 불활성 가스 소화설비에는 비상전원을 설치할 것

㉥ 불활성 가스 소화설비의 설치에 관한 세부기준 : 고시 제134조 참조

⑦ **할로겐화합물소화설비의 설치기준**

㉠ ⑥의 불활성 가스 소화설비의 기준을 준용할 것

㉡ 할로겐화합물소화설비의 설치에 관한 세부기준 : 고시 제135조 참조

⑧ **분말소화설비의 설치기준**

㉠ ⑥의 불활성 가스 소화설비의 기준을 준용할 것

㉡ 분말소화설비의 설치에 관한 세부기준 : 고시 제136조 참조

⑨ **대형수동식소화기의 설치기준** : 방호대상물의 각 부분으로부터 하나의 대형수동식소화기까지의 보행거리가 30m 이하가 되도록 설치할 것. 다만, 옥내소화전설비, 옥외소화전설비, 스프링클러설비 또는 물분무등소화설비와 함께 설치하는 경우에는 그러하지 아니하다.

⑩ **소형수동식소화기 또는 기타 소화설비의 설치기준**

㉠ 지하탱크저장소, 간이탱크저장소, 이동탱크저장소, 주유취급소 또는 판매취급소에서는 유효하게 소화할 수 있는 위치에 설치할 것

ⓛ 그 밖의 제조소등에서는 방호대상물의 각 부분으로부터 하나의 소형수동식소화기까지의 보행거리가 20m 이하가 되도록 설치할 것. 다만, 옥내소화전설비, 옥외소화전설비, 스프링클러설비, 물분무등소화설비 또는 대형수동식소화기와 함께 설치하는 경우에는 그러하지 아니하다.

3) 소화설비 설치의 구분

위험물시설에 설치하는 소화설비를 선택함에 있어서 소화설비의 소화약제의 적응성을 먼저 확인하여야 하지만, 적응성이 있는 소화설비 중에서 어떤 소화설비를, 어떻게 적용할 것인지를 다시 판단하여야 한다.
이를 위하여 고시 제128조에서는 옥내소화전설비, 옥외소화전설비, 스프링클러설비 또는 물분무등소화설비를 설치할 수 있는 경우와 그 적용방법을 다음과 같이 규정하고 있다.

① 옥내소화전설비 및 이동식 물분무등소화설비를 설치할 수 있는 경우
화재발생 시 연기가 충만할 우려가 없는 장소 등 쉽게 접근이 가능하고 화재 등에 의한 피해를 받을 우려가 적은 장소에 한하여 설치할 것

② 옥외소화전설비를 설치하는 경우
㉠ 옥외소화전설비는 건축물의 1층 및 2층 부분만을 방사능력범위로 하고, 건축물의 지하층 및 3층 이상의 층에 대하여 다른 소화설비를 설치할 것
ⓛ 옥외소화전설비를 옥외 공작물에 대한 소화설비로 하는 경우에도 유효방수거리 등을 고려한 방사능력범위에 따라 설치할 것

③ 제4류 위험물을 저장 또는 취급하는 탱크에 포소화설비를 설치하는 경우
고정식 포소화설비를 설치하되, 종형 탱크에 설치하는 것은 고정포방출구방식으로 하고 보조포소화전 및 연결송액구를 함께 설치할 것

④ 소화난이도 등급 Ⅰ의 제조소 또는 일반취급소에 옥내소화전설비 등을 설치하는 경우
㉠ 옥내소화전설비·옥외소화전설비, 스프링클러설비 또는 물분무등소화설비를 설치 시 당해 제조소 또는 일반취급소의 취급탱크(인화점 21℃ 미만의 위험물을 취급하는 것에 한함. 이하 ⓛ에서 같음)의 펌프설비, 주입구 또는 토출구가 옥내·외소화전설비, 스프링클러설비 또는 물분무등소화설비의 방사능력범위 내에 포함되도록 할 것
ⓛ 이 경우 당해 취급탱크의 펌프설비, 주입구 또는 토출구에 접속하는 배관의 내경이 200mm 이상인 경우에는 당해 펌프설비, 주입구 또는 토출구에 대하여 적응성 있는 소화설비는 이동식 외의 물분무등소화설비에 한정할 것

⑤ 포소화설비 중 포모니터노즐방식의 설치
포모니터노즐방식은 옥외의 공작물(펌프설비 등을 포함) 또는 옥외에서 저장 또는 취급하는 위험물을 방호대상물로 할 것

(4) 위험물시설의 규모 등에 의한 소화설비기준

1) 소화난이도 등급 Ⅰ에 해당하는 제조소등의 소화설비

① 소화난이도 등급 Ⅰ에 해당하는 제조소등

제조소등 구분	제조소등의 규모, 저장 또는 취급하는 위험물의 품명 및 최대수량 등
제조소 일반취급소	연면적 1,000m^2 이상인 것
	지정수량의 100배 이상인 것(고인화점 위험물만을 100℃ 미만의 온도에서 취급하는 것 및 規 48의 위험물을 취급하는 것은 제외)
	지반면으로부터 6m 이상의 높이에 위험물취급설비가 있는 것 (고인화점 위험물만을 100℃ 미만의 온도에서 취급하는 것은 제외)
	일반취급소로 사용되는 부분 외의 부분을 갖는 건축물에 설치된 것 (내화구조로 개구부 없이 구획된 것, 고인화점 위험물만을 100℃ 미만의 온도에서 취급하는 것 및 별표 16 Ⅹ의 2의 화학실험의 일반취급소는 제외)
주유취급소	별표 13 Ⅴ 제2호에 따른 면적의 합이 500m^2를 초과하는 것
옥내저장소	지정수량의 150배 이상인 것 (고인화점 위험물만을 저장하는 것 및 規 48의 위험물을 저장하는 것은 제외)
	연면적 150m^2를 초과하는 것(150m^2 이내마다 불연재료로 개구부 없이 구획된 것 및 인화성 고체 외의 제2류 위험물 또는 인화점 70℃ 이상의 제4류 위험물만을 저장하는 것은 제외)
	처마높이가 6m 이상인 단층건물의 것
	옥내저장소로 사용되는 부분 외의 부분이 있는 건축물에 설치된 것 (내화구조로 개구부 없이 구획된 것 및 인화성 고체 외의 제2류 위험물 또는 인화점 70℃ 이상의 제4류 위험물만을 저장하는 것은 제외)
옥외탱크 저장소	액표면적이 40m^2 이상인 것(제6류 위험물을 저장하는 것 및 고인화점 위험물만을 100℃ 미만의 온도에서 저장하는 것은 제외)
	지반면으로부터 탱크 옆판의 상단까지 높이가 6m 이상인 것(제6류 위험물을 저장하는 것 및 고인화점 위험물만을 100℃ 미만의 온도에서 저장하는 것은 제외)
	지중탱크 또는 해상탱크로서 지정수량의 100배 이상인 것(제6류 위험물을 저장하는 것 및 고인화점 위험물만을 100℃ 미만의 온도에서 저장하는 것은 제외)
	고체위험물을 저장하는 것으로서 지정수량의 100배 이상인 것
옥내탱크 저장소	액표면적이 40m^2 이상인 것(제6류 위험물을 저장하는 것 및 고인화점 위험물만을 100℃ 미만의 온도에서 저장하는 것은 제외)
	바닥면으로부터 탱크 옆판의 상단까지 높이가 6m 이상인 것(제6류 위험물을 저장하는 것 및 고인화점 위험물만을 100℃ 미만의 온도에서 저장하는 것은 제외)
	탱크전용실이 단층건물 외의 건축물에 있는 것으로서 인화점 38℃ 이상 70℃ 미만의 위험물을 지정수량의 5배 이상 저장하는 것(내화구조로 개구부 없이 구획된 것은 제외)
옥외저장소	덩어리 상태의 유황을 저장하는 것으로서 경계표시 내부의 면적(2 이상의 경계표시가 있는 경우에는 각 경계표시의 내부의 면적을 합한 면적)이 100m^2 이상인 것
	규칙 별표 11 Ⅲ의 위험물을 저장하는 것으로서 지정수량의 100배 이상인 것
암반탱크 저장소	액표면적이 40m^2 이상인 것(제6류 위험물을 저장하는 것 및 고인화점 위험물만을 100℃ 미만의 온도에서 저장하는 것은 제외)
	고체위험물을 저장하는 것으로서 지정수량의 100배 이상인 것
이송취급소	모든 대상

[비고] 제조소등의 구분별로 오른쪽란에 정한 규모 등에서 어느 하나에 해당하면 등급 Ⅰ에 해당함.

② 소화난이도 등급 Ⅰ의 제조소등에 설치하여야 하는 소화설비

<table>
<tr><th colspan="3">제조소등 구분</th><th>소화설비</th></tr>
<tr><td colspan="3">제조소 및 일반취급소</td><td>옥내소화전설비, 옥외소화전설비, 스프링클러설비 또는 물분무등소화설비(화재발생 시 연기가 충만할 우려가 있는 장소에는 스프링클러설비 또는 이동식 외의 물분무등소화설비에 한한다)</td></tr>
<tr><td colspan="3">주유취급소</td><td>스프링클러설비(건축물에 한정한다), 소형수동식소화기 등(능력단위의 수치가 건축물 그 밖의 공작물 및 위험물의 소요단위의 수치에 이르도록 설치할 것)</td></tr>
<tr><td rowspan="2">옥내 저장소</td><td colspan="2">처마높이가 6m 이상인 단층 건물 또는 다른 용도의 부분이 있는 건축물에 설치한 것</td><td>스프링클러설비 또는 이동식 외의 물분무등소화설비</td></tr>
<tr><td colspan="2">그 밖의 것</td><td>옥외소화전설비, 스프링클러설비, 이동식 외의 물분무등소화설비 또는 이동식 포소화설비(포소화전을 옥외에 설치하는 것에 한한다)</td></tr>
<tr><td rowspan="5">옥외 탱크 저장소</td><td rowspan="3">지중탱크 또는 해상탱크 외의 것</td><td>유황만을 저장 취급하는 것</td><td>물분무소화설비</td></tr>
<tr><td>인화점 70℃ 이상의 제4류 위험물만을 저장 취급하는 것</td><td>물분무소화설비 또는 고정식 포소화설비</td></tr>
<tr><td>그 밖의 것</td><td>고정식 포소화설비(포소화설비가 적응성이 없는 경우에는 분말소화설비)</td></tr>
<tr><td colspan="2">지중탱크</td><td>고정식 포소화설비, 이동식 외의 불활성 가스 소화설비 또는 이동식 외의 할로겐화합물소화설비</td></tr>
<tr><td colspan="2">해상탱크</td><td>고정식 포소화설비, 물분무소화설비, 이동식 외의 불활성 가스 소화설비 또는 이동식 외의 할로겐화합물소화설비</td></tr>
<tr><td rowspan="3">옥내 탱크 저장소</td><td colspan="2">유황만을 저장 취급하는 것</td><td>물분무소화설비</td></tr>
<tr><td colspan="2">인화점 70℃ 이상의 제4류 위험물만을 저장 취급하는 것</td><td>물분무소화설비, 고정식 포소화설비, 이동식 외의 불활성 가스 소화설비, 이동식 외의 할로겐화합물소화설비 또는 이동식 외의 분말소화설비</td></tr>
<tr><td colspan="2">그 밖의 것</td><td>고정식 포소화설비, 이동식 외의 불활성 가스 소화설비, 이동식 외의 할론겐화합물소화설비 또는 이동식 외의 분말소화설비</td></tr>
<tr><td colspan="3">옥외저장소 및 이송취급소</td><td>옥내소화전설비, 옥외소화전설비, 스프링클러설비 또는 물분무등소화설비(화재발생 시 연기가 충만할 우려가 있는 장소에는 스프링클러설비 또는 이동식 외의 물분무등소화설비에 한한다)</td></tr>
<tr><td rowspan="3">암반 탱크 저장소</td><td colspan="2">유황만을 저장 취급하는 것</td><td>물분무소화설비</td></tr>
<tr><td colspan="2">인화점 70℃ 이상의 제4류 위험물만을 저장 취급하는 것</td><td>물분무소화설비 또는 고정식 포소화설비</td></tr>
<tr><td colspan="2">그 밖의 것</td><td>고정식 포소화설비(포소화설비가 적응성이 없는 경우에는 분말소화설비)</td></tr>
</table>

[비고] 1. 위 표 오른쪽란의 소화설비를 설치함에 있어서는 당해 소화설비의 방사범위가 당해 제조소, 일반취급소, 옥내저장소, 옥외탱크저장소, 옥내탱크저장소, 옥외저장소, 암반탱크저장소(암반탱크에 관계되는 부분을 제외한다) 또는 이송취급소(이송기지 내에 한한다)의 건축물, 그 밖의 공작물 및 위험물을 포함하도록 하여야 한다. 다만, 고인화점 위험물만을 100℃ 미만의 온도에서 취급하는 제조소 또는 일반취급소의 경우에는 당해 제조소 또는 일반취급소의 건축물 및 그 밖의 공작물만 포함하도록 할 수 있다.

2. 고인화점 위험물만을 100℃ 미만의 온도에서 취급하는 제조소 또는 일반취급소의 위험물에 대해서는 대형수동식소화기 1개 이상과 당해 위험물의 소요단위에 해당하는 능력단위의 소형수동식소화기를 설치하여야 한다. 다만, 당해 제조소 또는 일반취급소에 옥내·외소화전설비, 스프링클러설비 또는 물분무등소화설비를 설치한 경우에는 당해 소화설비의 방사능력범위 내에는 대형수동식소화기를 설치하지 아니할 수 있다.

3. 가연성 증기 또는 가연성 미분이 체류할 우려가 있는 건축물 또는 실내에는 대형수동식소화기 1개 이상과 당해 건축물, 그 밖의 공작물 및 위험물의 소요단위에 해당하는 능력단위의 소형수동식소화기 등을 추가로 설치하여야 한다.

4. 제4류 위험물을 저장 또는 취급하는 옥외탱크저장소 또는 옥내탱크저장소에는 소형수동식소화기 등을 2개 이상 설치하여야 한다.

5. 제조소, 옥내탱크저장소, 이송취급소 또는 일반취급소의 작업공정상 소화설비의 방사능력범위 내에 당해 제조소등에서 저장 또는 취급하는 위험물의 전부가 포함되지 아니하는 경우에는 당해 위험물에 대하여 대형수동식소화기 1개 이상과 당해 위험물의 소요단위에 해당하는 능력단위의 소형수동식소화기 등을 추가로 설치하여야 한다.

2) 소화난이도 등급 Ⅱ에 해당하는 제조소등의 소화설비

① 소화난이도 등급 Ⅱ에 해당하는 제조소등

제조소등 구분	제조소등의 규모, 저장 또는 취급하는 위험물의 품명 및 최대수량 등
제조소 일반취급소	연면적 600m^2 이상인 것
	지정수량의 10배 이상인 것(고인화점 위험물만을 100℃ 미만의 온도에서 취급하는 것 및 제48조의 위험물을 취급하는 것은 제외)
	규칙 별표 16 Ⅱ·Ⅲ·Ⅳ·Ⅴ·Ⅷ·Ⅸ·Ⅹ 또는 Ⅹ의 2의 일반취급소로서 소화난이도 등급 Ⅰ의 제조소등에 해당하지 아니하는 것(고인화점 위험물만을 100℃ 미만의 온도에서 취급하는 것은 제외)
옥내저장소	단층건물 외의 것
	규칙 별표 5 Ⅱ 또는 Ⅳ 제1호의 옥내저장소
	지정수량의 10배 이상인 것(고인화점 위험물만을 저장하는 것 및 제48조의 위험물을 저장하는 것은 제외)
	연면적 150m^2 초과인 것
	규칙 별표 5 Ⅲ의 옥내저장소로서 소화난이도 등급 Ⅰ의 제조소등에 해당하지 아니하는 것
옥외탱크저장소 옥내탱크저장소	소화난이도 등급 Ⅰ의 제조소등 외의 것(고인화점 위험물만을 100℃ 미만의 온도로 저장하는 것 및 제6류 위험물만을 저장하는 것은 제외)
옥외저장소	덩어리 상태의 유황을 저장하는 것으로서 경계표시 내부의 면적(2 이상의 경계표시가 있는 경우에는 각 경계표시의 내부의 면적을 합한 면적)이 5m^2 이상 100m^2 미만인 것
	규칙 별표 11 Ⅲ의 위험물을 저장하는 것으로서 지정수량의 10배 이상 100배 미만인 것

제조소등 구분	제조소등의 규모, 저장 또는 취급하는 위험물의 품명 및 최대수량 등
옥외저장소	지정수량의 100배 이상인 것(덩어리 상태의 유황 또는 고인화점 위험물을 저장하는 것은 제외)
주유취급소	옥내주유취급소로서 소화난이도 등급 Ⅰ의 제조소등에 해당하지 아니하는 것
판매취급소	제2종 판매취급소

[비고] 제조소등의 구분별로 오른쪽란에 정한 제조소등의 규모, 저장 또는 취급하는 위험물의 수량 및 최대수량 등의 어느 하나에 해당하는 제조소등은 소화난이도 등급 Ⅱ에 해당함.

② 소화난이도 등급 Ⅱ의 제조소등에 설치하여야 하는 소화설비

제조소등 구분	소화설비
제조소 옥내저장소 옥외저장소 주유취급소 판매취급소 일반취급소	방사능력범위 내에 당해 건축물, 그 밖의 공작물 및 위험물이 포함되도록 대형수동식소화기를 설치하고, 당해 위험물의 소요단위의 1/5 이상에 해당하는 능력단위의 소형수동식소화기 등을 설치할 것
옥외탱크저장소 옥내탱크저장소	대형수동식소화기 및 소형수동식소화기 등을 각각 1개 이상 설치할 것

[비고] 1. 옥내소화전설비, 옥외소화전설비, 스프링클러설비 또는 물분무등소화설비를 설치한 경우에는 당해 소화설비의 방사능력범위 내의 부분에 대해서는 대형수동식소화기를 설치하지 아니할 수 있다.
2. 소형수동식소화기 등이란 소형수동식소화기 또는 기타 소화설비를 말한다.

3) 소화난이도 등급 Ⅲ에 해당하는 제조소등의 소화설비

① 소화난이도 등급 Ⅲ에 해당하는 제조소등

제조소등 구분	제조소등의 규모, 저장 또는 취급하는 위험물의 품명 및 최대수량 등
제조소 일반취급소	규칙 제48조의 위험물(화약류)을 취급하는 것
	규칙 제48조의 위험물 외의 것을 취급하는 것으로서 소화난이도 등급 Ⅰ 또는 소화난이도 등급 Ⅱ의 제조소등에 해당하지 아니하는 것
옥내저장소	규칙 제48조의 위험물을 취급하는 것
	규칙 제48조의 위험물 외의 것을 취급하는 것으로서 소화난이도 등급 Ⅰ 또는 소화난이도 등급 Ⅱ의 제조소등에 해당하지 아니하는 것
지하탱크저장소 간이탱크저장소 이동탱크저장소	모든 대상
옥외저장소	덩어리 상태의 유황을 저장하는 것으로서 경계표시 내부의 면적(2 이상의 경계표시가 있는 경우에는 각 경계표시의 내부의 면적을 합한 면적)이 $5m^2$ 미만인 것
	덩어리 상태의 유황 외의 것을 저장하는 것으로서 소화난이도 등급 Ⅰ 또는 소화난이도 등급 Ⅱ의 제조소등에 해당하지 아니하는 것
주유취급소	옥내주유취급소 외의 것으로서 소화난이도 등급 Ⅰ의 제조소등에 해당하지 아니하는 것
제1종 판매취급소	모든 대상

[비고] 제조소등의 구분별로 오른쪽란에 정한 제조소등의 규모, 저장 또는 취급하는 위험물의 수량 및 최대수량 등의 어느 하나에 해당하는 제조소등은 소화난이도 등급 Ⅲ에 해당하는 것으로 본다.

② 소화난이도 등급 Ⅲ의 제조소등에 설치하여야 하는 소화설비

제조소등 구분	소화설비	설치기준	
지하탱크 저장소	소형수동식소화기 등	능력단위의 수치가 3 이상	2개 이상
이동탱크 저장소	자동차용 소화기	무상의 강화액 8L 이상	2개 이상
		이산화탄소 3.2kg 이상	
		일브롬화일염화이플루오르화메탄(CF_2ClBr) 2L 이상	
		일브롬화삼플루오르화메탄(CF_3Br) 2L 이상	
		이브롬화사플루오르화에탄(C_2F4Br_2) 1L 이상	
		소화분말 3.3kg 이상	
	마른모래 및 팽창질석 또는 팽창진주암	마른모래 150L 이상	
		팽창질석 또는 팽창진주암 640L 이상	
그 밖의 제조소등	소형수동식소화기 등	능력단위의 수치가 건축물 그 밖의 공작물 및 위험물의 소요단위의 수치에 이르도록 설치할 것. 다만, 옥내소화전설비, 옥외소화전설비, 스프링클러설비, 물분무등소화설비 또는 대형수동식소화기를 설치한 경우에는 당해 소화설비의 방사능력범위 내의 부분에 대하여는 수동식 소화기 등을 그 능력단위의 수치가 당해 소요단위의 수치의 1/5 이상이 되도록 하는 것으로 족하다.	

[비고] 알킬알루미늄등을 저장 또는 취급하는 이동탱크저장소에 있어서는 자동차용 소화기를 설치하는 외에 마른모래나 팽창질석 또는 팽창진주암을 추가로 설치하여야 한다.

(5) 전기설비에 대한 소화설비

제조소등에 전기설비(전기배선, 조명기구 등은 제외)가 설치된 경우에는 당해 장소의 면적 $100m^2$마다 소형수동식소화기를 1개 이상 설치할 것

(6) 소화설비의 규격

소화설비 · 경보설비 및 피난설비는 「화재예방, 소방시설 설치유지 및 안전관리에 관한 법률」 제36조의 규정에 의한 형식승인을 받은 것이어야 한다(規 45).

참고

규칙 별표 17 Ⅰ 제5호 나목부터 라목까지의 규정은 소요단위 및 능력단위의 개념과 산정방법을 규정한 것이며, 소화설비의 설치 의무를 규정한 것은 아님을 유의해야 한다. 소화설비의 설치의무는 별도로 정한 바에 따른다. 예를 들어, 소요단위에 상응하는 능력단위를 갖추거나 소요단위의 1/5 이상에 상응하는 능력단위를 갖추어야 하는 경우 등이다.

2 경보설비 및 피난설비의 기준

(1) 경보설비의 설치대상(規 42 ①)

지정수량의 10배 이상의 위험물을 저장 또는 취급하는 제조소등(이동탱크저장소는 제외)에는 화재 시 이를 알릴 수 있는 경보설비를 설치하여야 한다.

(2) 경보설비의 종류(規 42 ②)

① 자동화재탐지설비
② 비상경보설비(비상벨장치 또는 경종을 포함한다)
③ 확성장치(휴대용확성기를 포함한다)
④ 비상방송설비

(3) 경보설비의 설치기준(規 42 ② ③ 및 별표 17 Ⅱ)

지정수량의 10배 이상의 위험물을 저장 또는 취급하는 제조소등(이동탱크저장소는 제외)에는 경보설비를 설치하여야 한다. 제조소등별로 설치하여야 하는 경보설비의 종류와 자동화재탐지설비의 설치기준은 다음과 같다.

1) 제조소등별로 설치하여야 하는 경보설비의 종류

제조소등 구분	제조소등의 규모, 저장 또는 취급하는 위험물의 종류 및 최대수량 등	경보설비
① 제조소 및 일반취급소	㉠ 연면적 500m² 이상인 것 ㉡ 옥내에서 지정수량의 100배 이상을 취급하는 것(고인화점 위험물만을 100℃ 미만의 온도에서 취급하는 것을 제외한다) ㉢ 일반취급소로 사용되는 부분 외의 부분이 있는 건축물에 설치된 일반취급소(일반취급소와 일반취급소 외의 부분이 내화구조의 바닥 또는 벽으로 개구부 없이 구획된 것을 제외한다)	자동화재탐지설비 ※ 자동신호장치를 갖춘 스프링클러설비 또는 물분무등소화설비를 설치한 제조소등에 있어서는 자동화재탐지설비를 설치한 것으로 본다.
② 옥내저장소	㉠ 지정수량의 100배 이상을 저장 또는 취급하는 것(고인화점 위험물만을 저장 또는 취급하는 것을 제외한다) ㉡ 저장창고의 연면적이 150m²를 초과하는 것[당해 저장창고가 연면적 150m² 이내마다 불연재료의 격벽으로 개구부 없이 완전히 구획된 것과 제2류 또는 제4류의 위험물(인화성 고체 및 인화점이 70℃ 미만인 제4류 위험물을 제외한다)만을 저장 또는 취급하는 것에 있어서는 저장창고의 연면적이 500m² 이상의 것에 한한다] ㉢ 처마높이가 6m 이상인 단층건물의 것 ㉣ 옥내저장소로 사용되는 부분 외의 부분이 있는 건축물에 설치된 옥내저장소[옥내저장소와 옥내저장소 외의 부분이 내화구조의 바닥 또는 벽으로 개구부 없이 구획된 것과 제2류 또는 제4류의 위험물(인화성 고체 및 인화점이 70℃ 미만인 제4류 위험물을 제외한다)만을 저장 또는 취급하는 것을 제외한다]	

제조소등 구분	제조소등의 규모, 저장 또는 취급하는 위험물의 종류 및 최대수량 등	경보설비
③ 옥내탱크저장소	단층건물 외의 건축물에 설치된 옥내탱크저장소로서 소화난이도 등급 Ⅰ에 해당하는 것	
④ 주유취급소	옥내주유취급소	
⑤ ① 내지 ④의 자동화재탐지설비 설치대상에 해당하지 아니하는 제조소등	지정수량의 10배 이상을 저장 또는 취급하는 것	자동화재탐지설비, 비상경보설비, 확성장치 또는 비상방송설비 중 1종 이상

[비고] 이송취급소의 경보설비는 규칙 별표 15 Ⅳ 제14호의 규정에 의한다.

2) 자동화재탐지설비의 설치기준

① 자동화재탐지설비의 경계구역(화재가 발생한 구역을 다른 구역과 구분하여 식별할 수 있는 최소단위의 구역을 말한다)은 건축물 그 밖의 공작물의 2 이상의 층에 걸치지 아니하도록 할 것. 다만, 하나의 경계구역의 면적이 $500m^2$ 이하이면서 당해 경계구역이 두 개의 층에 걸치는 경우이거나 계단·경사로·승강기의 승강로 그 밖에 이와 유사한 장소에 연기감지기를 설치하는 경우에는 그러하지 아니하다.

② 하나의 경계구역의 면적은 $600m^2$ 이하로 하고 그 한 변의 길이는 50m(광전식분리형 감지기를 설치할 경우에는 100m) 이하로 할 것. 다만, 당해 건축물 그 밖의 공작물의 주요한 출입구에서 그 내부의 전체를 볼 수 있는 경우에 있어서는 그 면적을 $1,000m^2$ 이하로 할 수 있다.

③ 자동화재탐지설비의 감지기는 지붕(상층이 있는 경우에는 상층의 바닥) 또는 벽의 옥내에 면한 부분(천장이 있는 경우에는 천장 또는 벽의 옥내에 면한 부분 및 천장의 뒷부분)에 유효하게 화재의 발생을 감지할 수 있도록 설치할 것

④ 자동화재탐지설비에는 비상전원을 설치할 것

(4) 피난설비의 기준(規 43 및 별표 17 Ⅲ)

1) 피난설비의 종류 : 유도등

2) 피난설비 설치대상 : 주유취급소 중 다음의 어느 하나에 해당하는 것

① 건축물의 2층 이상의 부분을 점포·휴게음식점 또는 전시장의 용도로 사용하는 것

② 옥내주유취급소

3) 유도등 설치기준

① 2) ①의 대상에 있어서는 당해 건축물의 2층 이상으로부터 주유취급소의 부지 밖으로 통하는 출입구와 당해 출입구로 통하는 통로·계단 및 출입구에 유도등을 설치할 것

② 옥내주유취급소에 있어서는 당해 사무소 등의 출입구 및 피난구와 당해 피난구로 통하는 통로·계단 및 출입구에 유도등을 설치할 것

③ 유도등에는 비상전원을 설치할 것

CHAPTER 02

핵심정리문제

01 **제1류 위험물 중 알칼리금속과산화물의 화재에 적응성이 있는 소화약제는?**

① 탄산수소염류　② 할로겐화합물
③ 인산염류　④ 이산화탄소

해설 알칼리금속과산화물 화재에는 탄산수소염류가 적응성이 있다.

02 **제5류 위험물을 저장하는 창고의 소화설비로 적당하지 않은 것은?**

① 포소화설비　② 옥내소화전설비
③ 물분무소화설비　④ 할로겐화합물소화설비

해설 제5류 위험물 화재에 있어서는 질식소화는 효과가 없고, 일반적으로 다량의 물에 의한 냉각소화가 효과적이다.

03 **물분무소화설비가 전부 적용될 수 있는 위험물의 유별은?**

① 제1류 위험물　② 제2류 위험물
③ 제3류 위험물　④ 제4류 위험물

해설 물분무소화설비는 알칼리금속과산화물(제1류), 철분 · 금속분 · 마그네슘(제2류) 및 금수성 물품(제3류)에는 적응성이 없다.

04 **「위험물안전관리법」상 제조소등에 대한 소화설비의 적용에 관한 설명으로 틀린 것은?**

① "소화난이도 등급 Ⅰ"에 해당하는 옥내탱크저장소도 있다.
② "소화난이도 등급 Ⅱ"에 해당하는 제조소등에는 수동식 소화기만 설치해도 된다.
③ 소화설비의 종류를 결정하기 위해서는 먼저 위험물제조소등의 소화난이도를 판단하여야 한다.
④ 위험물제조소등이 「화재예방, 소방시설 설치유지 및 안전관리에 관한 법률」상의 다른 특정소방대상물에 해당하는 경우에는 그에 따른 소화설비를 같이 설치해야 한다.

해설 「위험물안전관리법」에 의한 위험물제조소등에 대한 소화설비만 설치하면 된다(「화재예방, 소방시설 설치유지 및 안전관리에 관한 법률」 제3조 및 「위험물안전관리법 시행규칙」 제46조).

정답 01 ① 02 ④ 03 ④ 04 ④

05 **처마높이가 6m 이상인 단층건물에 설치된 옥내저장소의 소화설비로 고려될 수 없는 것은?**

① 포소화설비
② 옥내소화전설비
③ 이산화탄소소화설비
④ 할로겐화합물소화설비

해설 처마의 높이가 6m 이상인 단층건물에 설치된 옥내저장소는 '소화난이도 등급 Ⅰ'에 해당하는 제조소등이므로 스프링클러설비 또는 물분무등소화설비(이동식을 제외한다)를 설치하여야 한다.

06 **위험물제조소등에 5개의 옥외소화전을 설치할 경우 필요한 펌프의 최소 토출량은?**

① $0.7m^3$/분
② $1.75m^3$/분
③ $1.8m^3$/분
④ $2.25m^3$/분

해설 모든 옥외소화전(설치개수가 4개 이상인 경우에는 4개)을 동시에 사용할 경우에 각 노즐선단의 방수량이 1분당 450L 이상의 성능이 되도록 하여야 한다. Q = 4개 × 450L/min = $1.8m^3$/min

07 **단층건물로 된 위험물제조소에 5개의 옥내소화전을 설치할 경우 필요한 펌프의 최소 토출량은?**

① $0.26m^3$/분
② $0.52m^3$/분
③ $1.04m^3$/분
④ $1.30m^3$/분

해설 모든 옥내소화전(설치개수가 5개 이상인 경우에는 5개)을 동시에 사용할 경우에 각 노즐선단의 방수량이 1분당 260L 이상의 성능이 되도록 하여야 한다. Q = 5개 × 260L/min = $1.3m^3$/min

08 **위험물제조소등에 설치하는 다음의 소화설비 중 그 노즐 또는 헤드의 선단의 방사압력이 다른 세 가지 소화설비와 다른 것은?**

① 옥내소화전
② 옥외소화전
③ 스프링클러설비
④ 물분무소화설비

해설 스프링클러설비는 헤드 선단의 방사압력이 100kPa 이상이어야 하고, 나머지는 350kPa 이상이어야 한다.

09 **경보설비로 자동화재탐지설비를 설치하여야 하는 제조소등에 해당하지 않는 것은?**

① 제조하는 위험물이 제2석유류이고 연면적이 $500m^2$인 제조소
② 옥내에서 취급하는 위험물이 제2석유류이고 그 수량이 지정수량의 100배인 제조소
③ 저장·취급하는 위험물이 제2석유류이고 그 수량이 지정수량의 100배인 옥내저장소
④ 저장·취급하는 위험물이 제4석유류이고 그 수량이 지정수량의 200배인 옥내저장소

정답 05 ② 06 ③ 07 ④ 08 ③ 09 ④

해설 지정수량의 100배 이상을 저장 · 취급하는 옥내저장소 중에서 고인화점 위험물(인화점이 100℃ 이상인 제4류 위험물)만을 저장 · 취급하는 것은 자동화재탐지설비를 설치하는 대상에서 제외되므로 제4석유류(인화점이 200℃ 이상 250° 미만)만을 저장 · 취급하는 옥내저장소에는 자동화재탐지설비를 설치하지 않아도 된다.

10 **연면적이 1,000m^2이고 외벽이 내화구조로 된 제조소에 있어서 건축물에 대한 소화설비의 소요단위는?**

① 7단위
② 10단위
③ 14단위
④ 20단위

해설 제조소 또는 취급소의 건축물은 외벽이 내화구조이면 연면적 100m^2를 1소요단위로 하며, 외벽이 내화구조가 아니면 50m^2를 1소요단위로 한다. 1,000m^2 ÷ 100m^2 = 10(단위)

정답 10 ②

06 제조소등의 위치 · 구조 및 설비에 관한 보칙

1 제조소등 기준의 일반특례

관련법령

規則 제47조 【제조소등의 기준의 특례】 ① 시·도지사 또는 소방서장은 다음 각 호의 1에 해당하는 경우에는 이 장의 규정을 적용하지 아니한다.

1. 위험물의 품명 및 최대수량, 지정수량의 배수, 위험물의 저장 또는 취급의 방법 및 제조소등의 주위의 지형 그 밖의 상황 등에 비추어 볼 때 화재의 발생 및 연소의 정도나 화재 등의 재난에 의한 피해가 이 장(제3장 제조소등의 위치·구조 및 설비의 기준)의 규정에 의한 제조소등의 위치·구조 및 설비의 기준에 의한 경우와 동등 이하가 된다고 인정되는 경우
2. 예상하지 아니한 특수한 구조나 설비를 이용하는 것으로서 이 장의 규정에 의한 제조소등의 위치·구조 및 설비의 기준에 의한 경우와 동등 이상의 효력이 있다고 인정되는 경우

참고

[유의사항]

① 본 규정은 일정의 조건에 적합한 경우에는 위험물법령의 규정에 의한 제조소등의 위치, 구조 및 설비의 기준에 대하여 특례를 인정하는 규정이다.

② 특례기준의 적용은 시·도지사 또는 소방서장이 위험물의 품명 및 수량, 위험물의 저장 또는 취급방법과 위험물시설 주위의 지형 기타 상황으로부터 판단해서 실시하는 것으로 본 조 제1호 또는 제2호에 의한 객관적 조건에 의하여 판단하여야 한다.

③ 특례적용 허가권한은 시·도지사 또는 소방서장에게 있지만 특례의 인정 여부는 (규정상 허가청의 자유재량행위인 것처럼 오인할 수 있으나) 본 조의 취지와 위험물 규제의 성격상 법규재량권의 범위이기 때문에 관할 시·도지사 또는 소방서장의 주관에 의한 것이 아니라 전국적으로 통일된 객관성이 있는 기준에 의거할 필요성이 있다. 요컨대, 국가가 시행하는 지침이나 실례로 제시된 판단기준에 근거하여 본 조를 적용하는 등 지역에 따라 불공평이나 불균형이 생기지 않도록 할 필요가 있다.

④ 시·도지사 또는 소방서장은 제조소등의 기준의 특례 적용 여부를 심사함에 있어서 전문기술적인 판단이 필요하다고 인정하는 사항에 대해서는 한국소방산업기술원이 실시한 해당 제조소등의 안전성에 관한 평가를 참작할 수 있다.

2 화약류에 해당하는 위험물의 특례

관련법령

規則 제48조 【화약류에 해당하는 위험물의 특례】 염소산염류·과염소산염류·질산염류·유황·철분·금속분·마그네슘·질산에스테르류·니트로화합물 중 「총포·도검·화약류 등 단속법」에 따른 화약류에 해당하는 위험물을 저장 또는 취급하는 제조소등에 대하여는 별표 4 Ⅱ·Ⅳ·Ⅸ·Ⅹ 및 별표 5 Ⅰ 제1호·제2호·제4호부터 제8호까지 제14호·제16호·Ⅱ·Ⅲ의 규정을 적용하지 아니한다.

㈜ 「총포·도검·화약류 등 단속법」은 「총포·도검·화약류 등의 안전관리에 관한 법률」로 제명이 개정됨 (2016. 1. 7. 시행)

화약류 위험물의 제조소등에 대하여 적용하지 않는 규정

- 제조소의 기준(별표 4) 중 보유공지(Ⅱ)·건축물의 구조(Ⅳ)·위험물취급탱크(Ⅸ)·배관(Ⅹ)
- 옥내저장소의 기준(별표 5) 중 안전거리(Ⅰ ①)·보유공지(Ⅰ ②)·전용창고(Ⅰ ④)·처마높이(Ⅰ ⑤)·창고의 바닥면적(Ⅰ ⑥)·창고의 구조(Ⅰ ⑦)·창고의 지붕(Ⅰ ⑧)·채광조명환기설비(Ⅰ ⑭)·피뢰설비(Ⅰ ⑯)·다층건물의 옥내저장소(Ⅱ)·복합용도 건축물의 옥내저장소(Ⅲ)

CHAPTER

03

제조소등에서의 위험물의 저장 및 취급에 관한 기준

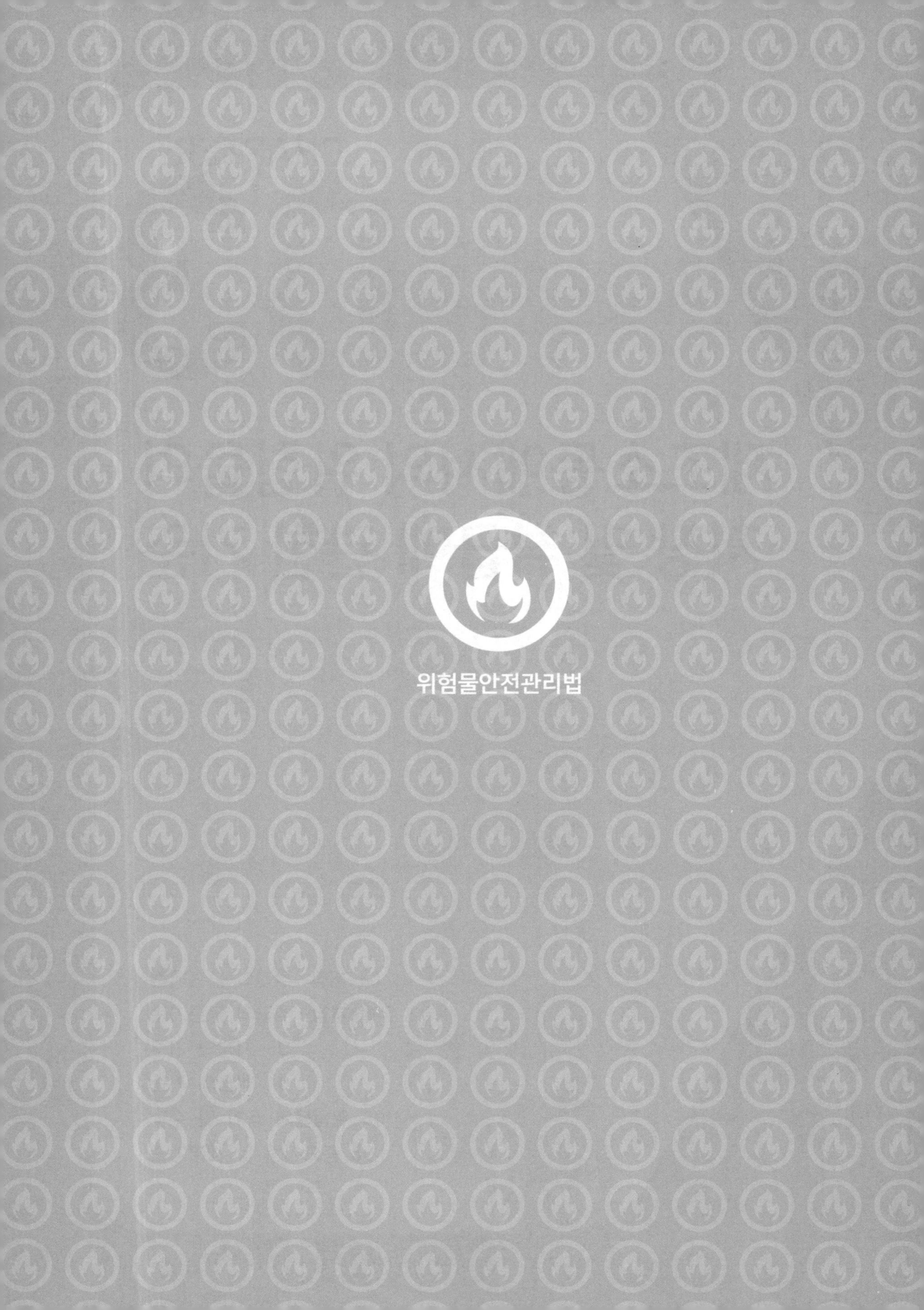
위험물안전관리법

CHAPTER 03

제조소등에서의 위험물의 저장 및 취급에 관한 기준

01 저장 · 취급의 공통기준(規 별표 18 Ⅰ)

(1) 제조소등에서 법 제6조 제1항의 규정에 의한 허가 및 법 제6조 제2항의 규정에 의한 신고와 관련되는 품명 외의 위험물 또는 이러한 허가 및 신고와 관련되는 수량 또는 지정수량의 배수를 초과하는 위험물을 저장 또는 취급하지 않아야 한다. 중요기준

(2) 위험물을 저장 또는 취급하는 건축물 그 밖의 공작물 또는 설비는 당해 위험물의 성질에 따라 차광 또는 환기를 실시하여야 한다.

(3) 위험물은 온도계, 습도계, 압력계 그 밖의 계기를 감시하여 당해 위험물의 성질에 맞는 적정한 온도, 습도 또는 압력을 유지하도록 저장 또는 취급하여야 한다.

(4) 위험물을 저장 또는 취급하는 경우에는 위험물의 변질, 이물의 혼입 등에 의하여 당해 위험물의 위험성이 증대되지 아니하도록 필요한 조치를 강구하여야 한다.[127)]

(5) 위험물이 남아 있거나 남아 있을 우려가 있는 설비, 기계 · 기구, 용기 등을 수리하는 경우에는 안전한 장소에서 위험물을 완전하게 제거한 후에 실시하여야 한다.

(6) 위험물을 용기에 수납하여 저장 또는 취급할 때에는 그 용기는 당해 위험물의 성질에 적응하고 파손 · 부식 · 균열 등이 없는 것으로 하여야 한다.[128)]

(7) 가연성의 액체 · 증기 또는 가스가 새거나 체류할 우려가 있는 장소 또는 가연성의 미분이 현저하게 부유할 우려가 있는 장소에서는 전선과 전기기구를 완전히 접속하고 불꽃을 발하는 기계 · 기구 · 공구 · 신발 등을 사용하지 않아야 한다.

---

127) 많은 위험물이 가연성 물질 또는 이물질과의 접촉에 의하여 발화하거나 위험성이 증가하게 되므로 저장 · 취급 시 주의하여야 한다.

128) 아세트알데히드나 산화프로필렌의 경우 은(Ag), 수은(Hg), 동(Cu), 마그네슘(Mg) 또는 이들 성분을 함유한 합금과 접촉하면 중합반응을 일으켜 폭발성 물질을 생성하므로 용기 또는 취급설비가 이들 성분이 함유되지 않도록 하여야 하며, 위험물의 종류에 따라 용기의 재료와 반응하는 경우가 있으므로 주의하여야 한다.

예 유리용기는 알칼리성으로 과산화수소의 분해를 촉진하므로 유리용기에 장기보관하지 않아야 한다.

(8) 위험물을 보호액 중에 보존하는 경우에는 당해 위험물이 보호액으로부터 노출되지 아니하도록 하여야 한다.[129)]

넓게 보기

① 중요기준을 위반하면 형사처벌 대상이 되고 그 외의 기준(세부기준)을 위반하면 과태료 부과 대상이 된다.
② 제조소등에서 저장·취급하는 위험물의 품명·수량 또는 지정수량의 배수를 신고하지 않고 변경한 경우 「위험물안전관리법」 제39조 제1항 제3호 및 제6조 제2항의 규정에 의하여 신고의무 위반에 따른 과태료 부과 대상인지 같은 법 제36조 제1호·제5조 제3항 제1호 및 같은 법 시행규칙 별표 18 Ⅰ 제1호의 규정에 의하여 저장·취급기준의 중요기준 위반에 따른 형사처벌 대상인지에 관한 의문이 발생하는데 전자는 절차적 의무위반에 대한 제재이고, 후자는 실체적 의무위반에 대한 제재이므로 각각 병과하는 것이 법리에 부합하는 것이나 규제저항과 입법목적 달성의 측면에서 **택일하여 처리하도록 지침**을 정하고 있다. [보다 구체적인 것은 「위험물 규제 관련 소방관서의 질의에 대한 업무지침(2015. 5. 1. 개정)」 제26호를 참조]

02 유별 저장·취급의 공통기준 중요기준 (規 별표 18 Ⅱ)

(1) 제1류 위험물은 가연물과의 접촉·혼합이나 분해를 촉진하는 물품과의 접근 또는 과열·충격·마찰 등을 피하는 한편, 알칼리금속의 과산화물 및 이를 함유한 것에 있어서는 물과의 접촉을 피하여야 한다.[130)]

(2) 제2류 위험물은 산화제와의 접촉·혼합이나 불티·불꽃·고온체와의 접근 또는 과열을 피하는 한편, 철분·금속분·마그네슘 및 이를 함유한 것에 있어서는 물이나 산과의 접촉을 피하고 인화성 고체에 있어서는 함부로 증기를 발생시키지 않아야 한다.[131)]

(3) 제3류 위험물 중 자연발화성 물질에 있어서는 불티·불꽃 또는 고온체와의 접근·과열 또는 공기와의 접촉을 피하고, 금수성 물질에 있어서는 물과의 접촉을 피하여야 한다.[132)]

---

129) 칼륨, 나트륨 및 알칼리금속은 석유, 등유 등의 산소가 함유되지 않는 석유류에 저장하며, 황린, 이황화탄소의 경우 물을 채운 수조탱크 중에 저장한다. 보호액이 증발하여 위험물이 공기 중에 노출되면 가연성 가스 또는 증기 발생으로 발화 또는 폭발한다.

130) 제1류 위험물을 가열·충격·마찰, 분해를 촉진하는 물품과의 접촉에 의하여 분해가 개시되어 가연물과 접촉, 혼합할 경우 심하게 연소하거나 폭발한다. 무기과산화물류 중 알칼리금속의 과산화물은 물과 격렬히 반응하여 산소를 방출하고 발열하며 부식성이 강한 알칼리액을 만든다.

131) 제2류 위험물은 가연성 고체로서 산화제와 혼합한 것은 가열·충격·마찰에 의하여 발화 또는 폭발의 위험이 있다.
철분·금속분·마그네슘의 경우 물과 산과의 접촉으로 수소를 발생하므로 폭발의 위험이 있다.

132) 공기에 노출되면 자연발화를 일으키는 물품이 있으며 물과 접촉하면 수소를 발생하므로 위험하다.

(4) 제4류 위험물은 불티·불꽃·고온체와의 접근 또는 과열을 피하고, 함부로 증기를 발생시키지 않아야 한다.[133)]

(5) 제5류 위험물은 불티·불꽃·고온체와의 접근이나 과열·충격 또는 마찰을 피하여야 한다.[134)]

(6) 제6류 위험물은 가연물과의 접촉·혼합이나 분해를 촉진하는 물품과의 접근 또는 과열을 피하여야 한다.

(7) (1) 내지 (6)의 기준은 위험물을 저장 또는 취급함에 있어서 당해 각 호의 기준에 의하지 아니하는 것이 통상인 경우는 당해 각 호를 적용하지 않는다. 이 경우 당해 저장 또는 취급에 대하여는 재해의 발생을 방지하기 위한 충분한 조치를 강구하여야 한다.

03 저장의 기준(規 별표 18 Ⅲ)

(1) 저장소에는 위험물 외의 물품을 저장하지 않아야 한다. **중요기준**

예외

다만, 다음의 어느 하나에 해당하는 경우에는 그러하지 아니하다.

1) 옥내저장소 또는 옥외저장소에서 다음의 규정에 의한 위험물과 위험물이 아닌 물품을 함께 저장하는 경우

* 이 경우 위험물과 위험물이 아닌 물품은 각각 모아서 저장하고 상호간에는 1m 이상의 간격을 두어야 한다.

① 위험물(제2류 위험물 중 인화성 고체와 제4류 위험물을 제외한다)과 영 별표 1에서 당해 위험물이 속하는 품명란에 정한 물품(동표 제1류의 품명란 제11호, 제2류의 품명란 제8호, 제3류의 품명란 제12호, 제5류의 품명란 제11호 및 제6류의 품명란 제5호의 규정에 의한 물품을 제외한다)을 주성분으로 함유한 것으로서 위험물에 해당하지 아니하는 물품

133) 제4류 위험물은 인화점이 매우 낮고 연소범위가 넓어 인화성, 발화성이 강한 액체로서 점화원을 차단하고 가연성 증기의 발생을 최대한 억제하여야 한다.

134) 제5류 위험물은 외부로부터 산소의 공급 없이도 가열·충격·마찰에 의하여 발열분해를 일으켜 급속한 가스의 발생이나 연소 폭발을 일으킨다.

② 제2류 위험물 중 인화성 고체와 위험물에 해당하지 아니하는 고체 또는 액체로서 인화점을 갖는 것 또는 합성수지류(「소방기본법 시행령」 별표 2 비고 제8호의 합성수지류를 말함)(이하 "합성수지류 등"이라 한다) 또는 이들 중 어느 하나 이상을 주성분으로 함유한 것으로서 위험물에 해당하지 아니하는 물품
③ 제4류 위험물과 합성수지류 등 또는 영 별표 1의 제4류의 품명란에 정한 물품을 주성분으로 함유한 것으로서 위험물에 해당하지 아니하는 물품
④ 제4류 위험물 중 유기과산화물 또는 이를 함유한 것과 유기과산화물 또는 유기과산화물만을 함유한 것으로서 위험물에 해당하지 아니하는 물품
⑤ 「총포・도검・화약류 등의 안전관리에 관한 법률」의 규정에 의한 화약류에 해당하는 위험물과 위험물에 해당하지 아니하는 화약류
⑥ 위험물과 위험물에 해당하지 아니하는 불연성의 물품(저장하는 위험물 및 위험물 외의 물품과 위험한 반응을 일으키지 아니하는 것에 한한다)

핵심 꼼꼼 체크

저장하는 위험물	함께 저장할 수 있는 비위험물	참고사항
대부분의 위험물(제2류 위험물 중 인화성 고체와 제4류를 제외)	위험물을 주성분으로 하나 위험물에 해당하지 않는 물질	인화성 고체 또는 제4류는 위험물이 주성분인 혼합물과 혼촉반응의 우려가 있으므로 제외함
제2류 위험물 중 인화성 고체	① 위험물에 해당하지 아니하는 고체 또는 액체로서 인화점을 갖는 것 ② 합성수지류 ③ ① 또는 ② 중 어느 하나 이상을 주성분으로 하나 위험물에 해당하지 않는 물품	"합성수지류"란 불연성 또는 난연성이 아닌 고체의 합성수지, 고무 등을 말한다. 구체적인 것은 「소방기본법 시행령」 별표 2 비고 제8호 참조
제4류 위험물	① 위험물에 해당하지 아니하는 고체 또는 액체로서 인화점을 갖는 것 ② 합성수지류 ③ 제4류를 주성분으로 하나 위험물에 해당하지 않는 물질	-
제4류 중 유기과산화물 또는 이를 함유한 것	① 유기과산화물로서 위험물에 해당하지 않는 물품 ② 유기과산화물만을 함유한 것으로서 위험물에 해당하지 않는 물품	유기과산화물은 성상에 따라 제4류에 속하는 것도 있고, 제5류에 속하는 것도 있음
「총포・도검・화약류 등의 안전관리에 관한 법률」상 화약류에 해당하는 위험물	「총포・도검・화약류 등의 안전관리에 관한 법률」상 화약류에 해당하면서 위험물에 해당하지 않는 것	-
모든 위험물	위험물에 해당하지 않는 불연성의 물품(저장하는 위험물 및 위험물 외의 물품과 위험한 반응을 일으키지 않는 것에 한함)	-

2) 옥외탱크저장소·옥내탱크저장소·지하탱크저장소 또는 이동탱크저장소(이하 이 목에서 "옥외탱크저장소등"이라 한다)에서 당해 옥외탱크저장소 등의 구조 및 설비에 나쁜 영향을 주지 아니하면서 다음에서 정하는 위험물이 아닌 물품을 저장하는 경우
   ① **제4류 위험물을 저장 또는 취급하는 옥외탱크저장소등** : 합성수지류 등 또는 영 별표 1의 제4류의 품명란에 정한 물품을 주성분으로 함유한 것으로서 위험물에 해당하지 아니하는 물품 또는 위험물에 해당하지 아니하는 불연성 물품(저장 또는 취급하는 위험물 및 위험물 외의 물품과 위험한 반응을 일으키지 아니하는 것에 한한다)
   ② **제6류 위험물을 저장 또는 취급하는 옥외탱크저장소등** : 영 별표 1의 제6류의 품명란에 정한 물품(동표 제6류의 품명란 제5호의 규정에 의한 물품을 제외한다)을 주성분으로 함유한 것으로서 위험물에 해당하지 아니하는 물품 또는 위험물에 해당하지 아니하는 불연성 물품(저장 또는 취급하는 위험물 및 위험물 외의 물품과 위험한 반응을 일으키지 아니하는 것에 한한다)

(2) 영 별표 1의 유별을 달리하는 위험물은 동일한 저장소(내화구조의 격벽으로 완전히 구획된 실이 2 이상 있는 저장소에 있어서는 동일한 실)에 저장하지 않아야 한다. 중요기준

예외

옥내저장소 또는 옥외저장소에 있어서 다음과 같이 위험물을 저장하는 경우로서 위험물을 유별로 정리하여 저장하는 한편, 서로 1m 이상의 간격을 두는 경우에는 그러하지 아니하다.

① 제1류 위험물(알칼리금속의 과산화물 또는 이를 함유한 것을 제외한다)과 제5류 위험물을 저장하는 경우
② 제1류 위험물과 제6류 위험물을 저장하는 경우
③ 제1류 위험물과 제3류 위험물 중 자연발화성 물질(황린 또는 이를 함유한 것에 한한다)을 저장하는 경우
④ 제2류 위험물 중 인화성 고체와 제4류 위험물을 저장하는 경우
⑤ 제3류 위험물 중 알킬알루미늄등과 제4류 위험물(알킬알루미늄 또는 알킬리튬을 함유한 것에 한한다)을 저장하는 경우
⑥ 제4류 위험물 중 유기과산화물 또는 이를 함유하는 것과 제5류 위험물 중 유기과산화물 또는 이를 함유한 것을 저장하는 경우

(3) 제3류 위험물 중 황린 그 밖에 물속에 저장하는 물품과 금수성 물질은 동일한 저장소에서 저장하지 않아야 한다.[135] 중요기준

135) 물속에 저장하는 위험물은 황린과 이황화탄소 등이 있다.

(4) 옥내저장소에 있어서 위험물은 규칙 별표 19 Ⅴ의 규정에 의한 바에 따라 용기에 수납하여 저장하여야 한다.
다만, 덩어리 상태의 유황과 화약류에 해당하는 위험물에 있어서는 그러하지 아니하다.

(5) 옥내저장소에서 동일 품명의 위험물이더라도 자연발화할 우려가 있는 위험물 또는 재해가 현저하게 증대할 우려가 있는 위험물을 다량 저장하는 경우에는 지정수량의 10배 이하마다 구분하여 상호간 0.3m 이상의 간격을 두어 저장하여야 한다.
다만, 제48조의 규정에 의한 위험물 또는 기계에 의하여 하역하는 구조로 된 용기에 수납한 위험물에 있어서는 그러하지 아니하다. **중요기준**

(6) 옥내저장소에서 위험물을 저장하는 경우에는 다음의 규정에 의한 높이를 초과하여 용기를 겹쳐 쌓지 않아야 한다.
① 기계에 의하여 하역하는 구조로 된 용기만을 겹쳐 쌓는 경우에 있어서는 6m
② 제4류 위험물 중 제3석유류, 제4석유류 및 동식물유류를 수납하는 용기만을 겹쳐 쌓는 경우에 있어서는 4m
③ 그 밖의 경우에 있어서는 3m

(7) 옥내저장소에서는 용기에 수납하여 저장하는 위험물의 온도가 55℃를 넘지 아니하도록 필요한 조치를 강구하여야 한다. **중요기준**

(8) 옥외저장탱크·옥내저장탱크 또는 지하저장탱크의 주된 밸브(액체의 위험물을 이송하기 위한 배관에 설치된 밸브 중 탱크의 바로 옆에 있는 것을 말한다) 및 주입구의 밸브 또는 뚜껑은 위험물을 넣거나 빼낼 때 외에는 폐쇄하여야 한다.

(9) 옥외저장탱크의 주위에 방유제가 있는 경우에는 그 배수구를 평상시 폐쇄하여 두고, 당해 방유제의 내부에 유류 또는 물이 괴었을 때에는 지체없이 이를 배출하여야 한다.[136)]

(10) 이동저장탱크에는 당해 탱크에 저장 또는 취급하는 위험물의 위험성을 알리는 표지를 부착하고 잘 보일 수 있도록 관리하여야 한다.

(11) 이동저장탱크 및 그 안전장치와 그 밖의 부속배관은 균열, 결합불량, 극단적인 변형, 주입호스의 손상 등에 의한 위험물의 누설이 일어나지 아니하도록 하고, 당해 탱크의 배출밸브는 사용 시 외에는 완전하게 폐쇄하여야 한다.

136) 배수구를 평상시 폐쇄하지 않으면 화재 시 누출된 위험물이 배수구를 통하여 다른 곳으로 연소확대 될 가능성이 있으므로 반드시 폐쇄하여야 한다.

(12) 피견인자동차에 고정된 이동저장탱크에 위험물을 저장할 때에는 당해 피견인자동차에 견인자동차를 결합한 상태로 두어야 한다.

예외

다만, 다음의 기준에 따라 피견인자동차를 철도·궤도상의 차량(이하 "차량"이라 한다)에 싣거나 차량으로부터 내리는 경우에는 그러하지 아니하다.

① 피견인자동차를 싣는 작업은 화재예방상 안전한 장소에서 실시하고, 화재가 발생하였을 경우에 그 피해의 확대를 방지할 수 있도록 필요한 조치를 강구할 것
② 피견인자동차를 실을 때에는 이동저장탱크에 변형 또는 손상을 주지 아니하도록 필요한 조치를 강구할 것
③ 피견인자동차를 차량에 싣는 것은 견인자동차를 분리한 즉시 실시하고, 피견인자동차를 차량으로부터 내렸을 때에는 즉시 당해 피견인자동차를 견인자동차에 결합할 것

(13) 컨테이너식 이동탱크저장소 외의 이동탱크저장소에 있어서는 위험물을 저장한 상태로 이동저장탱크를 옮겨 싣지 않아야 한다. 중요기준

(14) 이동탱크저장소에는 당해 이동탱크저장소의 완공검사필증 및 정기점검기록을 비치하여야 한다.

(15) 알킬알루미늄등을 저장 또는 취급하는 이동탱크저장소에는 긴급 시의 연락처, 응급조치에 관하여 필요한 사항을 기재한 서류, 방호복, 고무장갑, 밸브 등을 죄는 결합공구 및 휴대용확성기를 비치하여야 한다.

(16) 옥외저장소((19)의 규정에 의한 경우를 제외한다)에 있어서 위험물은 위험물의 용기 및 수납기준에 따라 용기에 수납하여 저장하여야 한다.

(17) 옥외저장소에서 위험물을 저장하는 경우에 있어서는 (6)에 정한 높이를 초과하여 용기를 겹쳐 쌓지 않아야 한다.

(18) 옥외저장소에서 위험물을 수납한 용기를 선반에 저장하는 경우에는 6m를 초과하여 저장하지 아니하여야 한다.

(19) 유황을 용기에 수납하지 아니하고 저장하는 옥외저장소에서는 유황을 경계표시의 높이 이하로 저장하고, 유황이 넘치거나 비산하는 것을 방지할 수 있도록 경계표시 내부의 전체를 난연성 또는 불연성의 천막 등으로 덮고 당해 천막 등을 경계표시에 고정하여야 한다.

(20) 알킬알루미늄등, 아세트알데히드등 및 디에틸에테르등(디에틸에테르 또는 이를 함유한 것을 말한다)의 저장기준은 (1)부터 (19)까지의 기준에 의하는 외에 다음과 같다.[137] 중요기준

① 옥외저장탱크 또는 옥내저장탱크 중 압력탱크(최대상용압력이 대기압을 초과하는 탱크를 말한다. 이하 이 호에서 같다)에 있어서는 알킬알루미늄등의 취출에 의하여 당해 탱크 내의 압력이 상용압력 이하로 저하하지 아니하도록 압력탱크 외의 탱크에 있어서는 알킬알루미늄등의 취출이나 온도의 저하에 의한 공기의 혼입을 방지할 수 있도록 불활성의 기체를 봉입할 것

② 옥외저장탱크・옥내저장탱크 또는 이동저장탱크에 새롭게 알킬알루미늄등을 주입하는 때에는 미리 당해 탱크 안의 공기를 불활성 기체와 치환하여 둘 것

③ 이동저장탱크에 알킬알루미늄등을 저장하는 경우에는 20kPa 이하의 압력으로 불활성의 기체를 봉입하여 둘 것

④ 옥외저장탱크・옥내저장탱크 또는 지하저장탱크 중 압력탱크에 있어서는 아세트알데히드등의 취출에 의하여 당해 탱크 내의 압력이 상용압력 이하로 저하하지 아니하도록 압력탱크 외의 탱크에 있어서는 아세트알데히드등의 취출이나 온도의 저하에 의한 공기의 혼입을 방지할 수 있도록 불활성 기체를 봉입할 것

⑤ 옥외저장탱크・옥내저장탱크・지하저장탱크 또는 이동저장탱크에 새롭게 아세트알데히드등을 주입하는 때에는 미리 당해 탱크 안의 공기를 불활성 기체와 치환하여 둘 것

⑥ 이동저장탱크에 아세트알데히드등을 저장하는 경우에는 항상 불활성의 기체를 봉입하여 둘 것

⑦ 옥외저장탱크・옥내저장탱크 또는 지하저장탱크 중 압력탱크 외의 탱크에 저장하는 디에틸에테르등 또는 아세트알데히드등의 온도는 산화프로필렌과 이를 함유한 것 또는 디에틸에테르등에 있어서는 30℃ 이하로, 아세트알데히드 또는 이를 함유한 것에 있어서는 15℃ 이하로 각각 유지할 것[138]

⑧ 옥외저장탱크・옥내저장탱크 또는 지하저장탱크 중 압력탱크에 저장하는 아세트알데히드등 또는 디에틸에테르등의 온도는 40℃ 이하로 유지할 것

⑨ 보랭장치가 있는 이동저장탱크에 저장하는 아세트알데히드등 또는 디에틸에테르등의 온도는 당해 위험물의 비점 이하로 유지할 것[139]

---

137) 알킬알루미늄은 공기 중에 노출되면 자연발화하고 아세트알데히드등 및 디에틸에테르등은 쉽게 인화하기 때문에 외부 공기와 차단하기 위하여 불연성 가스를 봉입하며, 탱크로부터 취출이나 주입 시 외부 공기가 유입되지 않도록 조치하여야 한다.

138) 디에틸에테르($C_2H_5OC_2H_5$), 아세트알데히드(CH_3CHO), 산화프로필렌(C_3H_6O)은 모두 제4류 위험물의 특수인화물이다.
디에틸에테르는 인화점 −45℃, 발화점 180℃이고, 아세트알데히드는 인화점 −39℃, 발화점 175℃, 산화프로필렌은 인화점 −37℃, 발화점 449℃로 매우 낮다.

⑩ 보랭장치가 없는 이동저장탱크에 저장하는 아세트알데히드등 또는 디에틸에테르 등의 온도는 40℃ 이하로 유지할 것

04 취급의 기준(規 별표 18 Ⅳ)

(1) 위험물의 취급 중 제조에 관한 기준은 다음과 같다. **중요기준**

① 증류공정에 있어서는 위험물을 취급하는 설비의 내부압력의 변동 등에 의하여 액체 또는 증기가 새지 아니하도록 할 것

② 추출공정에 있어서는 추출관의 내부압력이 비정상으로 상승하지 아니하도록 할 것

③ 건조공정에 있어서는 위험물의 온도가 국부적으로 상승하지 아니하는 방법으로 가열 또는 건조할 것

④ 분쇄공정에 있어서는 위험물의 분말이 현저하게 부유하고 있거나 위험물의 분말이 현저하게 기계・기구 등에 부착하고 있는 상태로 그 기계・기구를 취급하지 아니할 것

(2) 위험물을 용기에 옮겨 담는 경우에는 위험물의 용기 및 수납기준에 따라 수납할 것

(3) 위험물의 취급 중 소비에 관한 기준은 다음과 같다. **중요기준**

① 분사도장작업은 방화상 유효한 격벽 등으로 구획된 안전한 장소에서 실시할 것

② 담금질 또는 열처리작업은 위험물이 위험한 온도에 이르지 아니하도록 하여 실시할 것

③ 버너를 사용하는 경우에는 버너의 역화를 방지하고 위험물이 넘치지 아니하도록 할 것

(4) 주유취급소・판매취급소・이송취급소 또는 이동탱크저장소에서의 위험물의 취급기준은 다음과 같다.

① 주유취급소(항공기・선박 및 철도 주유취급소는 제외)에서의 취급기준

㉠ 자동차 등에 주유할 때에는 고정주유설비를 사용하여 직접 주유할 것 **중요기준**

㉡ 자동차 등에 인화점 40℃ 미만의 위험물을 주유할 때에는 자동차 등의 원동기를 정지시킬 것. 다만, 연료탱크에 위험물을 주유하는 동안 방출되는 가연성 증기를 회수하는 설비가 부착된 고정주유설비에 의하여 주유하는 경우에는 그러하지 아니하다.

㉢ 이동저장탱크에 급유할 때에는 고정급유설비를 사용하여 직접 급유할 것

---

139) 디에틸에테르의 비점은 35℃, 아세트알데히드의 비점은 21℃이다.

㉣ 고정주유설비 또는 고정급유설비에 접속하는 탱크에 위험물을 주입할 때에는 당해 탱크에 접속된 고정주유설비 또는 고정급유설비의 사용을 중지하고, 자동차 등을 당해 탱크의 주입구에 접근시키지 아니할 것

㉤ 고정주유설비 또는 고정급유설비에는 해당 설비에 접속한 전용탱크 또는 간이탱크의 배관 외의 것을 통하여서는 위험물을 공급하지 아니할 것

㉥ 자동차 등에 주유할 때에는 고정주유설비 또는 고정주유설비에 접속된 탱크의 주입구로부터 4m 이내의 부분(자동차 등의 점검 및 간이정비를 위한 작업장과 자동차 등의 세정을 위한 작업장의 용도에 제공하는 부분 중 바닥 및 벽으로 구획된 것의 내부를 제외한다)에, 이동저장탱크로부터 전용탱크에 위험물을 주입할 때에는 전용탱크의 주입구로부터 3m 이내의 부분 및 전용탱크 통기관의 선단으로부터 수평거리 1.5m 이내의 부분에는 다른 자동차 등의 주차를 금지하고 자동차 등의 점검·정비 또는 세정을 하지 아니할 것

㉦ 주유원간이대기실 내에서는 화기를 사용하지 아니할 것

㉧ 전기자동차 충전설비를 사용하는 때에는 다음의 기준을 준수할 것

ⓐ 충전기기와 전기자동차를 연결할 때에는 연장코드를 사용하지 아니할 것

ⓑ 전기자동차의 전지·인터페이스 등이 충전기기의 규격에 적합한지 확인한 후 충전을 시작할 것

ⓒ 충전 중에는 자동차 등을 작동시키지 아니할 것

② **항공기주유취급소에서의 취급기준은 ①[㉠ 및 ㉤을 제외한다]의 규정을 준용하는 외에 다음의 기준에 의할 것**

㉠ 항공기에 주유하는 때에는 고정주유설비, 주유배관의 선단부에 접속한 호스기기, 주유호스차 또는 주유탱크차를 사용하여 직접 주유할 것 **중요기준**

㉡ 고정주유설비에는 당해 주유설비에 접속한 전용탱크 또는 위험물을 저장 또는 취급하는 탱크의 배관 외의 것을 통하여서는 위험물을 주입하지 아니할 것

㉢ 주유호스차 또는 주유탱크차에 의하여 주유하는 때에는 주유호스의 선단을 항공기의 연료탱크의 급유구에 긴밀히 결합할 것. 다만, 주유탱크차에서 주유호스 선단부에 수동개폐장치를 설치한 주유노즐에 의하여 주유하는 때에는 그러하지 아니하다.

㉣ 주유호스차 또는 주유탱크차에서 주유하는 때에는 주유호스차의 호스기기 또는 주유탱크차의 주유설비를 접지하고 항공기와 전기적인 접속을 할 것

③ **철도주유취급소에서의 취급기준은 ① [㉠ 및 ㉤을 제외한다]의 규정 및 ② ㉢의 규정을 준용하는 외에 다음의 기준에 의할 것**

㉠ 철도 또는 궤도에 의하여 운행하는 차량에 주유하는 때에는 고정주유설비 또는 주유배관의 선단부에 접속한 호스기기를 사용하여 직접 주유할 것 **중요기준**

ⓛ 철도 또는 궤도에 의하여 운행하는 차량에 주유하는 때에는 콘크리트 등으로 포장된 부분에서 주유할 것

④ 선박주유취급소에서의 취급기준은 ① [㉠ 및 ㉤을 제외한다]의 규정 및 ② ㉢의 규정을 준용하는 외에 다음의 기준에 의할 것

㉠ 선박에 주유하는 때에는 고정주유설비 또는 주유배관의 선단부에 접속한 호스기기를 사용하여 직접 주유할 것 중요기준

㉡ 선박에 주유하는 때에는 선박이 이동하지 아니하도록 계류시킬 것

㉢ 수상구조물에 설치하는 고정주유설비를 이용하여 주유작업을 할 때에는 5m 이내에 다른 선박의 정박 또는 계류를 금지할 것

㉣ 수상구조물에 설치하는 고정주유설비의 주위에 설치하는 집유설비 내에 고인 빗물 또는 위험물은 넘치지 않도록 수시로 수거하고, 수거물은 유분리장치를 이용하거나 폐기물 처리방법에 따라 처리할 것

㉤ 수상구조물에 설치하는 고정주유설비를 이용한 주유작업은 위험물을 공급하는 배관·펌프 및 그 부속설비의 안전을 확인한 후에 시작할 것 중요기준

㉥ 수상구조물에 설치하는 고정주유설비를 이용한 주유작업이 종료된 후에는 위험물을 공급하는 배관계의 차단밸브를 모두 잠글 것 중요기준

㉦ 수상구조물에 설치하는 고정주유설비를 이용한 주유작업은 총 톤수가 300 미만인 선박에 대해서만 실시할 것 중요기준

⑤ 고객이 직접 주유하는 주유취급소에서의 기준

㉠ 셀프용 고정주유설비 및 셀프용 고정급유설비 외의 고정주유설비 또는 고정급유설비를 사용하여 고객에 의한 주유 또는 용기에 옮겨 담는 작업을 행하지 아니할 것 중요기준

㉡ 감시대에서 고객이 주유하거나 용기에 옮겨 담는 작업을 직시하는 등 적절한 감시를 할 것

㉢ 고객에 의한 주유 또는 용기에 옮겨 담는 작업을 개시할 때에는 안전상 지장이 없음을 확인한 후 제어장치에 의하여 호스기기에 대한 위험물의 공급을 개시할 것

㉣ 고객에 의한 주유 또는 용기에 옮겨 담는 작업을 종료한 때에는 제어장치에 의하여 호스기기에 대한 위험물의 공급을 정지할 것

㉤ 비상시 그 밖에 안전상 지장이 발생한 경우에는 제어장치에 의하여 호스기기에 위험물의 공급을 일제히 정지하고, 주유취급소 내의 모든 고정주유설비 및 고정급유설비에 의한 위험물 취급을 중단할 것

㉥ 감시대의 방송설비를 이용하여 고객에 의한 주유 또는 용기에 옮겨 담는 작업에 대한 필요한 지시를 할 것

㉦ 감시대에서 근무하는 감시원은 안전관리자 또는 위험물안전관리에 관한 전문지식이 있는 자일 것

⑥ 판매취급소에서의 취급기준

㉠ 판매취급소에서는 도료류, 제1류 위험물 중 염소산염류 및 염소산염류만을 함유한 것, 유황 또는 인화점이 38℃ 이상인 제4류 위험물을 배합실에서 배합하는 경우 외에는 위험물을 배합하거나 옮겨 담는 작업을 하지 아니할 것

㉡ 위험물은 위험물의 운반에 관한 기준에 의한 운반용기에 수납한 채로 판매할 것

㉢ 판매취급소에서 위험물을 판매할 때에는 위험물이 넘치거나 비산하는 계량기(액용되를 포함한다)를 사용하지 아니할 것

⑦ 이송취급소에서의 취급기준

㉠ 위험물의 이송은 위험물을 이송하기 위한 배관·펌프 및 그에 부속한 설비(위험물을 운반하는 선박으로부터 육상으로 위험물의 이송취급을 하는 이송취급소에 있어서는 위험물을 이송하기 위한 배관 및 그에 부속된 설비를 말한다. 이하 ㉡에서 같다)의 안전을 확인한 후에 개시할 것 **중요기준**

㉡ 위험물을 이송하기 위한 배관·펌프 및 이에 부속한 설비의 안전을 확인하기 위한 순찰을 행하고, 위험물을 이송하는 중에는 이송하는 위험물의 압력 및 유량을 항상 감시할 것 **중요기준**

㉢ 이송취급소를 설치한 지역의 지진을 감지하거나 지진의 정보를 얻은 경우에는 고시(137)로 정하는 바에 따라 재해의 발생 또는 확대를 방지하기 위한 조치를 강구할 것

⑧ 이동탱크저장소(컨테이너식 이동탱크저장소를 제외한다)에서의 취급기준

㉠ 이동저장탱크로부터 위험물을 저장 또는 취급하는 탱크에 액체의 위험물을 주입할 경우에는 그 탱크의 주입구에 이동저장탱크의 주입호스를 견고하게 결합할 것

예외

다만, 주입호스의 선단부에 수동개폐장치를 한 주입노즐(수동개폐장치를 개방상태로 고정하는 장치를 한 것은 제외)을 사용하여 지정수량 미만의 양의 위험물을 저장 또는 취급하는 탱크에 인화점이 40℃ 이상인 위험물을 주입하는 경우에는 그러하지 아니하다.

㉡ 이동저장탱크로부터 액체위험물을 용기에 옮겨 담지 아니할 것

예외

다만, 주입호스의 선단부에 수동개폐장치를 한 주입노즐(수동개폐장치를 개방상태로 고정하는 장치를 한 것을 제외한다)을 사용하여 위험물의 운반에 관한 기준에 적합한 운반용기에 인화점 40℃ 이상의 제4류 위험물을 옮겨 담는 경우에는 그러하지 아니하다.

㉢ 이동저장탱크로부터 위험물을 저장 또는 취급하는 탱크에 인화점이 40℃ 미만인 위험물을 주입할 때에는 이동탱크저장소의 원동기를 정지시킬 것
㉣ 이동저장탱크로부터 직접 위험물을 자동차(「자동차관리법」 제2조 제1호의 규정에 의한 자동차와 「건설기계관리법」 제2조 제1항 제1호에 의한 건설기계 중 덤프트럭 및 콘크리트믹서트럭을 말한다)의 연료탱크에 주입하지 말 것

예외

다만, 「건설산업기본법」 제2조 제4호에 따른 건설공사[140])를 하는 장소에서 별표 10 Ⅳ 제3호에 따른 주입설비를 부착한 이동탱크저장소로부터 해당 건설공사와 관련된 자동차(「건설기계관리법」에 따른 건설기계 중 덤프트럭과 콘크리트믹서트럭으로 한정한다)의 연료탱크에 인화점 40℃ 이상의 위험물을 주입하는 경우에는 그러하지 아니하다.

㉤ 휘발유·벤젠 그 밖에 정전기에 의한 재해발생의 우려가 있는 액체의 위험물을 이동저장탱크에 주입하거나 이동저장탱크로부터 배출하는 때에는 도선으로 이동저장탱크와 접지전극 등과의 사이를 긴밀히 연결하여 당해 이동저장탱크를 접지할 것
㉥ 휘발유·벤젠 그 밖에 정전기에 의한 재해발생의 우려가 있는 액체의 위험물을 이동저장탱크의 상부로 주입하는 때에는 주입관을 사용하되, 당해 주입관의 선단을 이동저장탱크의 밑바닥에 밀착할 것
㉦ 휘발유를 저장하던 이동저장탱크에 등유나 경유를 주입할 때 또는 등유나 경유를 저장하던 이동저장탱크에 휘발유를 주입할 때에는 다음의 기준에 따라 정전기 등에 의한 재해를 방지하기 위한 조치를 할 것
  ⓐ 이동저장탱크의 상부로부터 위험물을 주입할 때에는 위험물의 액표면이 주입관의 선단을 넘는 높이가 될 때까지 그 주입관 내의 유속을 초당 1m 이하로 할 것
  ⓑ 이동저장탱크의 밑부분으로부터 위험물을 주입할 때에는 위험물의 액표면이 주입관의 정상부분을 넘는 높이가 될 때까지 그 주입배관 내의 유속을 초당 1m 이하로 할 것
  ⓒ 그 밖의 방법에 의한 위험물의 주입은 이동저장탱크에 가연성 증기가 잔류하지 아니하도록 조치하고 안전한 상태로 있음을 확인한 후에 할 것

140) "건설공사"라 함은 토목공사·건축공사·산업설비공사·조경공사 및 환경시설공사 등 시설물을 설치·유지·보수하는 공사(시설물을 설치하기 위한 부지조성공사를 포함한다), 기계설비 기타 구조물의 설치 및 해체공사 등을 말한다(다만, 「전기공사업법」에 의한 전기공사, 「정보통신공사업법」에 의한 정보통신공사, 「소방시설공사업법」에 따른 소방시설공사 및 「문화재보호법」에 의한 문화재수리공사를 포함하지 아니함).

ⓞ 이동탱크저장소는 이동탱크저장소의 위치·구조 및 설비의 기준에 의한 상치장소에 주차할 것

예외

다만, 원거리 운행 등으로 상치장소에 주차할 수 없는 경우에는 다음의 장소에도 주차할 수 있다.

ⓐ 다른 이동탱크저장소의 상치장소
ⓑ 「화물자동차 운수사업법」에 의한 일반화물자동차운송사업을 위한 차고로서 이동탱크저장소의 위치·구조 및 설비의 기준의 상치장소에 관한 규정에 적합한 장소
ⓒ 「물류시설의 개발 및 운영에 관한 법률」에 의한 물류터미널의 주차장으로서 이동탱크저장소의 위치·구조 및 설비의 기준의 상치장소에 관한 규정에 적합한 장소
ⓓ 「주차장법」에 의한 주차장 중 노외의 옥외주차장으로서 이동탱크저장소의 위치·구조 및 설비의 기준의 상치장소에 관한 규정에 적합한 장소
ⓔ 제조소등이 설치된 사업장 내의 안전한 장소
ⓕ 도로(길어깨 및 노상주차장을 포함한다) 외의 장소로서 화기취급장소 또는 건축물로부터 10m 이상 이격된 장소
ⓖ 벽·기둥·바닥·보·서까래 및 지붕이 내화구조로 된 건축물의 1층으로서 개구부가 없는 내화구조의 격벽 등으로 당해 건축물의 다른 용도의 부분과 구획된 장소
ⓗ 소방본부장 또는 소방서장으로부터 승인을 받은 장소

ⓙ 이동저장탱크를 ⓞ의 규정에 의한 상치장소 등에 주차시킬 때에는 완전히 빈 상태로 할 것

예외

다만, 당해 장소가 옥외탱크저장소의 위치·구조 및 설비의 기준 중 안전거리, 보유공지, 방유제의 규정에 적합한 경우에는 그러하지 아니하다.

ⓚ 이동저장탱크로부터 직접 위험물을 선박의 연료탱크에 주입하는 경우에는 다음의 기준에 따를 것

ⓐ 선박이 이동하지 아니하도록 계류(繫留)시킬 것
ⓑ 이동탱크저장소가 움직이지 않도록 조치를 강구할 것
ⓒ 이동탱크저장소의 주입호스의 선단을 선박의 연료탱크의 급유구에 긴밀히 결합할 것

예외

다만, 주입호스 선단부에 수동개폐장치를 설치한 주유노즐로 주입하는 때에는 그러하지 아니하다.

ⓓ 이동탱크저장소의 주입설비를 접지할 것. 다만, 인화점 40℃ 이상의 위험물을 주입하는 경우에는 그러하지 아니하다.

⑨ 컨테이너식 이동탱크저장소에서의 위험물 취급은 ⑧[㉠를 제외한다]의 규정을 준용하는 외에 다음의 기준에 의할 것

㉠ 이동저장탱크에서 위험물을 저장 또는 취급하는 탱크에 액체위험물을 주입하는 때에는 주입구에 주입호스를 긴밀히 연결할 것

예외

다만, 주입호스의 선단부에 수동개폐장치를 설비한 주입노즐(수동개폐장치를 개방상태로 고정하는 장치를 한 것을 제외한다)에 의하여 지정수량 미만의 탱크에 인화점이 40℃ 이상인 제4류 위험물을 주입하는 때에는 그러하지 아니하다.

㉡ 이동저장탱크를 체결금속구, 변형금속구 또는 샤시프레임에 긴밀히 결합한 구조의 유(U)볼트를 이용하여 차량에 긴밀히 연결할 것

(5) 알킬알루미늄등 및 아세트알데히드등의 취급기준은 (1) 내지 (5)에 정하는 것 외에 당해 위험물의 성질에 따라 다음에서 정하는 바에 의한다. **중요기준**

① 알킬알루미늄등의 제조소 또는 일반취급소에 있어서 알킬알루미늄등을 취급하는 설비에는 불활성의 기체를 봉입할 것[141]

② 알킬알루미늄등의 이동탱크저장소에 있어서 이동저장탱크로부터 알킬알루미늄등을 꺼낼 때에는 동시에 200kPa 이하의 압력으로 불활성의 기체를 봉입할 것

③ 아세트알데히드등의 제조소 또는 일반취급소에 있어서 아세트알데히드등을 취급하는 설비에는 연소성 혼합기체의 생성에 의한 폭발의 위험이 생겼을 경우에 불활성의 기체 또는 수증기[아세트알데히드등을 취급하는 탱크(옥외에 있는 탱크 또는 옥내에 있는 탱크로서 그 용량이 지정수량의 1/5 미만의 것을 제외한다)에 있어서는 불활성의 기체]를 봉입할 것[142]

141) 알킬알루미늄은 제3류 위험물로서 공기 중 자연발화하므로 공기와의 접촉을 차단하기 위하여 불활성 기체를 봉입한다.

142) 아세트알데히드는 제4류 위험물의 특수인화물에 해당하며 반응성이 풍부하여 공기 중에 노출되면 산화되며, 가연성의 증기 공기와 혼합되면 인화, 폭발의 위험이 높으므로 공기와의 접촉을 차단하기 위하여 불활성 기체를 봉입한다.

④ 아세트알데히드등의 이동탱크저장소에 있어서 이동저장탱크로부터 아세트알데히드등을 꺼낼 때에는 동시에 100kPa 이하의 압력으로 불활성의 기체를 봉입할 것

05 위험물의 용기 및 수납(規 별표 18 V)

(1) 옥내저장소 또는 옥외저장소에서 위험물을 용기에 수납할 때 또는 위험물의 취급 중 위험물을 용기에 옮겨 담을 때에는 다음에 정하는 용기의 구분에 따른 기준에 의한다.

예외

다만, 제조소등이 설치된 부지와 동일한 부지 내에서 위험물을 저장 또는 취급하기 위하여 다음에 정하는 용기 외의 용기에 수납하거나 옮겨 담는 경우에 있어서 당해 용기의 저장 또는 취급이 화재의 예방상 안전하다고 인정될 때에는 그러하지 아니하다.

① **②에서 정하는 용기 외의 용기** : 고체위험물에 있어서는 〈표 1〉의 1, 액체위험물에 있어서는 〈표 1〉의 2에 정하는 기준에 적합한 내장용기(내장용기의 용기의 종류란이 공란인 것에 있어서는 외장용기) 또는 저장 또는 취급의 안전상 이러한 기준에 적합한 용기와 동등 이상이라고 인정하여 고시(138)로 정하는 것(이하 "내장용기 등"이라고 한다)으로서 규칙 별표 19 Ⅱ(위험물의 운반에 관한 기준 중 적재방법)의 제1호에 정하는 수납의 기준에 적합할 것(規 별표 18 V ① 가)

② **기계에 의하여 하역하는 구조로 된 용기**(기계에 의하여 들어올리기 위한 고리 · 기구 · 포크리프트포켓 등이 있는 용기를 말한다. 이하 같음) : 규칙 별표 19 Ⅰ 제3호 나목에 규정하는 운반용기로서 규칙 별표 19 Ⅱ(위험물의 운반에 관한 기준 중 적재방법)의 제2호에 정하는 수납의 기준에 적합할 것

(2) (1) ①의 내장용기 등(내장용기 등을 다른 용기에 수납하는 경우에 있어서는 당해 용기를 포함한다. 이하 이 절에서 같다)에 있어서는 별표 19 Ⅱ 제8호에 정하는 표시를, (1) ②의 용기에 있어서는 별표 19 Ⅱ 제8호 및 별표 19 Ⅱ 제13호에 정하는 표시를 각각 보기 쉬운 위치에 하여야 한다.

(3) (2)의 규정에 불구하고 제1류 · 제2류 또는 제4류의 위험물(별표 19 V 제1호의 규정에 의한 위험등급 Ⅰ의 위험물을 제외한다)의 내장용기 등으로서 최대용적이 1L 이하의 것에 있어서는 별표 19 Ⅱ 제8호 가목 및 다목의 표시를 각각 위험물의 통칭명 및 동호의 규정에 의한 표시와 동일한 의미가 있는 다른 표시로 대신할 수 있다.

(4) (2) 및 (3)의 규정에 불구하고 제4류 위험물에 해당하는 화장품(에어졸을 제외한다)의 내장용기 등으로서 최대용적이 150mL 이하의 것에 있어서는 별표 19 Ⅱ 제8호 가목 및 다목에 정하는 표시를 하지 아니할 수 있고, 최대용적이 150mL 초과 300mL 이하의 것에 있어서는 별표 19 Ⅱ 제8호 가목에 정하는 표시를 하지 아니할 수 있으며, 별표 19 Ⅱ 제8호 다목의 주의사항은 동목의 규정에 의한 표시와 동일한 의미가 있는 다른 표시로 대신할 수 있다.

(5) (2) 및 (3)의 규정에 불구하고 제4류 위험물에 해당하는 에어졸의 내장용기 등으로서 최대용적이 300mL 이하의 것에 있어서는 별표 19 Ⅱ 제8호 가목의 규정에 의한 표시를 하지 아니할 수 있고, 별표 19 Ⅱ 제8호 다목의 주의사항을 동목의 규정에 의한 표시와 동일한 의미가 있는 다른 표시로 대신할 수 있다.

(6) (2) 및 (3)의 규정에 불구하고 제4류 위험물 중 동식물유류의 내장용기 등으로서 최대용적이 3L 이하의 것에 있어서는 별표 19 Ⅱ 제8호 가목 및 다목의 표시를 각각 당해 위험물의 통칭명 및 동호의 규정에 의한 표시와 동일한 의미가 있는 다른 표시로 대신할 수 있다.

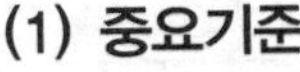

06 중요기준 및 세부기준(規 별표 18 Ⅵ)

(1) 중요기준

01 내지 05의 저장 또는 취급기준 중 "중요기준"이라 표기한 것

(2) 세부기준

중요기준 외의 것

▶ 위험물 용기의 최대용적 또는 중량

1. 고체위험물

운반용기				수납위험물의 종류									
내장용기		외장용기		제1류			제2류		제3류			제5류	
용기의 종류	최대용적 또는 중량	용기의 종류	최대용적 또는 중량	Ⅰ	Ⅱ	Ⅲ	Ⅱ	Ⅲ	Ⅰ	Ⅱ	Ⅲ	Ⅰ	Ⅱ
유리용기 또는 플라스틱 용기	10L	나무상자 또는 플라스틱상자(필요에 따라 불활성의 완충재를 채울 것)	125kg	○	○	○	○	○	○	○	○	○	○
			225kg		○	○		○		○	○		○
		파이버판상자(필요에 따라 불활성의 완충재를 채울 것)	40kg	○	○	○	○	○	○	○	○	○	○
			55kg		○	○		○		○	○		○
금속제 용기	30L	나무상자 또는 플라스틱상자	125kg	○	○	○	○	○	○	○	○	○	○
			225kg		○	○		○		○	○		○
		파이버판상자	40kg	○	○	○	○	○	○	○	○	○	○
			55kg		○	○		○		○	○		○
플라스틱 필름포대 또는 종이포대	5kg	나무상자 또는 플라스틱상자	50kg	○	○	○	○	○		○	○	○	○
	50kg		50kg	○	○	○	○	○					○
	125kg		125kg		○	○	○	○					
	225kg		225kg			○		○					
	5kg	파이버판상자	40kg	○	○	○	○	○		○	○	○	○
	40kg		40kg	○	○	○	○	○					○
	55kg		55kg			○		○					
		금속제 용기(드럼 제외)	60L	○	○	○	○	○	○	○	○	○	○
		플라스틱 용기(드럼 제외)	10L		○	○	○	○		○	○		○
			30L			○		○					○
용기의 종류	최대용적 또는 중량	용기의 종류	최대용적 또는 중량	Ⅰ	Ⅱ	Ⅲ	Ⅱ	Ⅲ	Ⅰ	Ⅱ	Ⅲ	Ⅰ	Ⅱ
		금속제 드럼	250L	○	○	○	○	○	○	○	○	○	○
		플라스틱 드럼 또는 파이버 드럼(방수성이 있는 것)	60L	○	○	○	○	○	○	○	○	○	○
			250L		○	○		○		○	○		○
		합성수지포대(방수성이 있는 것), 플라스틱필름포대, 섬유포대(방수성이 있는 것) 또는 종이포대(여러 겹으로서 방수성이 있는 것)	50kg		○	○	○	○		○	○		○

[비고] 1. "○" 표시는 수납위험물의 종류별 각 란에 정한 위험물에 대하여 해당 각 란에 정한 운반용기가 적응성이 있음을 표시한다.

2. 내장용기는 외장용기에 수납하여야 하는 용기로서 위험물을 직접 수납하기 위한 것을 말한다.

3. 내장용기의 용기의 종류란이 공란인 것은 외장용기에 위험물을 직접 수납하거나 유리용기, 플라스틱 용기, 금속제 용기, 폴리에틸렌포대 또는 종이포대를 내장용기로 할 수 있음을 표시한다.

2. 액체위험물

운반용기				수납위험물의 종류								
내장용기		외장용기		제3류			제4류			제5류		제6류
용기의 종류	최대용적 또는 중량	용기의 종류	최대용적 또는 중량	Ⅰ	Ⅱ	Ⅲ	Ⅰ	Ⅱ	Ⅲ	Ⅰ	Ⅱ	Ⅰ
유리용기	5L	나무 또는 플라스틱상자 (불활성의 완충재를 채울 것)	75kg	○	○	○	○	○	○	○	○	○
	10L		125kg		○	○		○	○		○	
			225kg						○			
	5L	파이버판상자 (불활성의 완충재를 채울 것)	40kg	○	○	○	○	○	○	○	○	○
	10L		55kg						○			
플라스틱용기	10L	나무 또는 플라스틱상자 (필요에 따라 불활성의 완충재를 채울 것)	75kg	○	○	○	○	○	○	○	○	○
			125kg		○	○		○	○		○	
			225kg						○			
		파이버판상자(필요에 따라 불활성의 완충재를 채울 것)	40kg	○	○	○	○	○	○	○	○	○
			55kg						○			
금속제용기	30L	나무 또는 플라스틱상자	125kg	○	○	○	○	○	○	○	○	○
			225kg						○			
		파이버판상자	40kg	○	○	○	○	○	○	○	○	○
			55kg		○	○		○	○		○	
		금속제 용기(금속제 드럼 제외)	60L		○	○		○	○		○	
용기의 종류	최대용적 또는 중량	용기의 종류	최대용적 또는 중량	Ⅰ	Ⅱ	Ⅲ	Ⅰ	Ⅱ	Ⅲ	Ⅰ	Ⅱ	Ⅰ
		플라스틱 용기 (플라스틱 드럼 제외)	10L		○	○		○	○		○	
			20L					○	○			
			30L						○		○	
		금속제 드럼(뚜껑 고정식)	250L	○	○	○	○	○	○	○	○	○
		금속제 드럼(뚜껑 탈착식)	250L					○	○			
		플라스틱 또는 파이버 드럼 (플라스틱 내용기 부착의 것)	250L		○	○			○		○	

[비고] 1. "○" 표시는 수납위험물의 종류별 각 란에 정한 위험물에 대하여 해당 각 란에 정한 운반용기가 적응성이 있음을 표시한다.
2. 내장용기는 외장용기에 수납하여야 하는 용기로서 위험물을 직접 수납하기 위한 것을 말한다.
3. 내장용기의 용기의 종류란이 공란인 것은 외장용기에 위험물을 직접 수납하거나 유리용기, 플라스틱용기 또는 금속제 용기를 내장용기로 할 수 있음을 표시한다.

CHAPTER 03

핵심정리문제

01 위험물의 저장·취급기준에 관한 설명으로 틀린 것은?

① 위험물의 유별 저장·취급의 공통기준은 중요기준과 세부기준으로 구성되어 있다.
② 저장의 기준은 모두 저장소에만 해당성이 있다.
③ 취급의 기준은 제조소 또는 취급소뿐 아니라 저장소에도 적용되는 것이 있다.
④ 위험물의 용기 및 수납에 관한 기준은 모두 세부기준에 해당한다.

해설 ① 위험물의 유별 저장·취급의 공통기준은 모두 중요기준이다.
② 저장의 기준은 모두 저장소에만 해당한다.
③ 취급의 기준은 제조소·취급소 및 저장소에 적용된다.
④ 위험물의 용기 및 수납에 관한 기준은 모두 세부기준이다.

02 위험물의 저장·취급기준에 관한 설명으로 틀린 것은?

① 준수 의무가 제조소등의 관계자 또는 위험물안전관리자 외의 사람에게도 적용되는 기준이 있다.
② 건조공정에 있어서 위험물의 온도가 국부적으로 상승하지 않는 방법으로 가열 또는 건조하여야 하는 것은 중요기준에 해당한다.
③ 위험물의 취급 중 소비에 관한 기준은 모두 중요기준에 해당한다.
④ 제5류 위험물 중 유기과산화물과 위험물에 해당하지 않는 유기과산화물은 상호간 1m 이격하여 동일한 옥내저장소에 함께 저장할 수 있다.

해설 ① 위험물시설의 수리 시에 준수하여야 하는 기준 등 제조소등의 관계자 또는 종사자 외의 사람이 준수하여야 하는 기준도 있다.
④ 유기과산화물 관련 저장기준은 제4류에 해당하는 유기과산화물에 적용되는 것이며, 제5류에 해당하는 유기과산화물에는 적용되지 않는다. 유기과산화물은 그 성상에 따라 제5류에 해당하는 것도 있고, 제4류에 해당하는 것도 있음을 유의하여야 한다.

정답 01 ① 02 ④

03 **이동저장탱크에 알킬알루미늄등을 저장하는 경우에는 (㉠) 이하의 압력으로 불활성 기체를 봉입하여 두어야 하고, 이동저장탱크로부터 알킬알루미늄등을 꺼낼 때에는 동시에 (㉡) 이하의 압력으로 불활성 기체를 봉입하여야 한다.**

① ㉠ 20kPa, ㉡ 200kPa
② ㉠ 20kPa, ㉡ 20kPa
③ ㉠ 200kPa, ㉡ 200kPa
④ ㉠ 200kPa, ㉡ 20kPa

해설 이동저장탱크에 알킬알루미늄등을 저장할 때와 이동저장탱크로부터 알킬알루미늄등을 꺼낼 때에 불활성 기체를 봉입하는 압력이 다름을 유의하여야 한다. 저장할 때에는 봉입된 상태로 지속되므로 낮은 압력으로 봉입해도 되지만 꺼낼 때에는 탱크 내 배출로 생기는 공간에 공기가 혼입되지 않도록 불활성 기체를 동시에 채워줘야 하므로 그 압력을 높게 하여야 한다.

04 **주유취급소의 취급기준에 관한 설명으로 옳은 것은?**

① 주유원간이대기실 내에서는 전기기기를 사용하지 않아야 한다.
② 수상구조물에 설치하는 고정주유설비를 이용하여 주유작업을 할 때에는 3m 이내에 다른 선박의 정박 또는 계류를 금지하여야 한다.
③ 수상구조물에 설치하는 고정주유설비를 이용한 주유작업은 총 톤수가 500 미만인 선박에 대해서만 하여야 한다.
④ 충전기기와 전기자동차를 연결할 때에는 연장코드를 사용하지 않아야 한다.

해설 주유원간이대기실 내에서 화기 사용은 금지되나 전기기기 사용은 허용된다. 화기란 불꽃이 대기에 노출되는 것을 의미한다. 최근에 개정된 저장·취급기준을 유의할 필요가 있다.

05 **보랭장치가 없는 이동저장탱크에 저장하는 아세트알데히드등의 온도는 ( ) 이하로 유지하여야 한다.**

① 15℃
② 30℃
③ 40℃
④ 50℃

해설 위험물의 종류와 저장소의 종류에 따라 각각 저장온도가 규정되어 있음을 유의하여야 한다.

03 ① 04 ④ 05 ③ 정답

MEMO

CHAPTER 04

위험물의 운반에 관한 기준

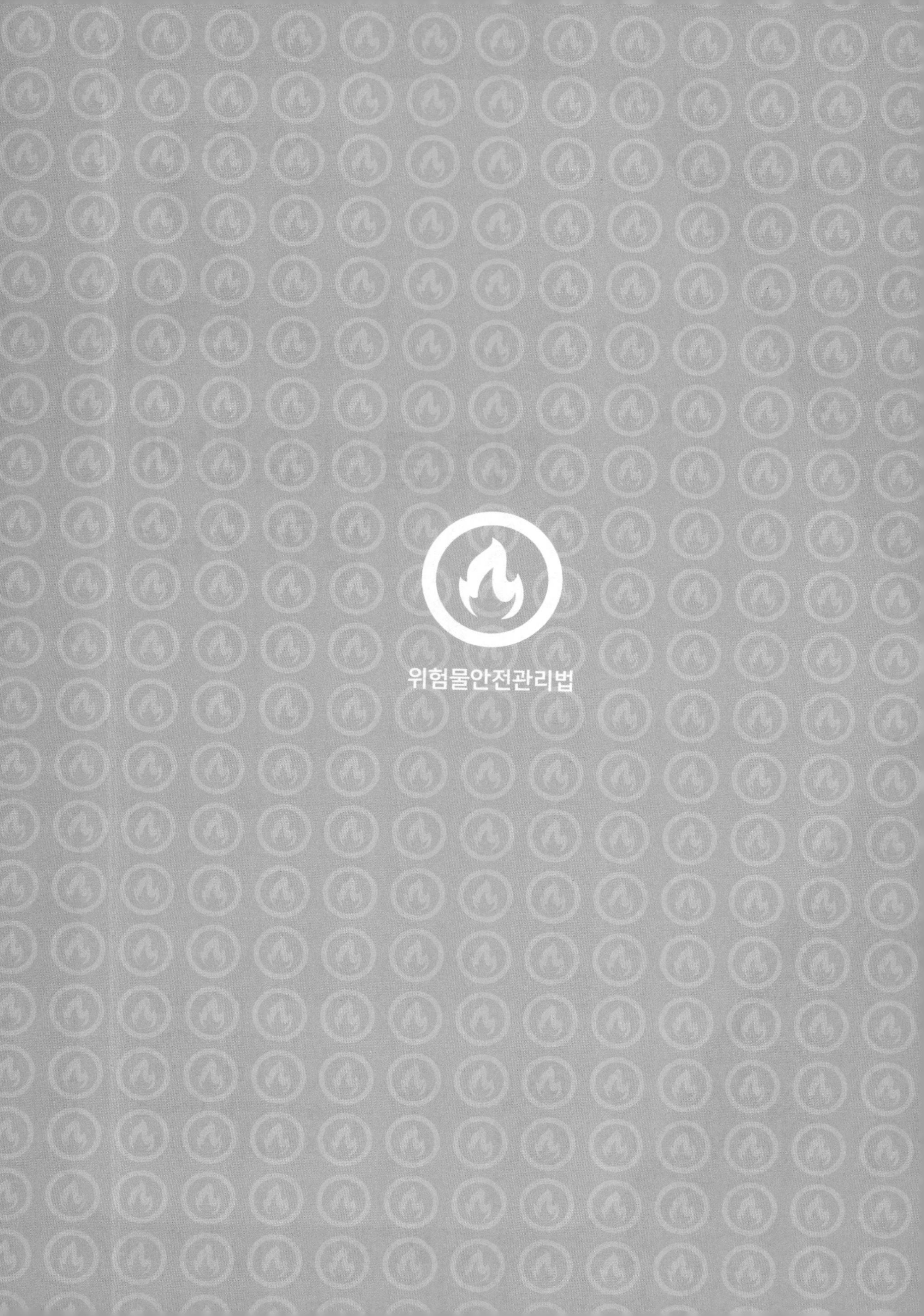
위험물안전관리법

CHAPTER

04 위험물의 운반에 관한 기준

01 운반용기(規 별표 19 Ⅰ)

(1) 운반용기의 재질은 강판·알루미늄판·양철판·유리·금속판·종이·플라스틱·섬유판·고무류·합성섬유·삼·짚 또는 나무로 한다(規 별표 19 Ⅰ ①).

(2) 운반용기는 견고하여 쉽게 파손될 우려가 없고, 그 입구로부터 수납된 위험물이 샐 우려가 없도록 하여야 한다(規 별표 19 Ⅰ ②).

(3) 운반용기의 구조 및 최대용적은 다음의 규정에 의한 용기의 구분에 따라 다음에 정하는 바에 의한다(規 별표 19 Ⅰ ③).

① **②의 규정에 의한 용기 외의 용기**(規 별표 19 Ⅰ③ 가)
고체의 위험물을 수납하는 것에 있어서는 부표 1 제1호, 액체의 위험물을 수납하는 것에 있어서는 부표 1 제2호에 정하는 기준에 적합할 것. 다만, 운반의 안전상 이러한 기준에 적합한 운반용기와 동등 이상이라고 인정하여 고시(139)로 정하는 것에 있어서는 그러하지 아니하다(規 별표 19 Ⅰ③ 가).

② **기계에 의하여 하역하는 구조로 된 용기**(規 별표 19 Ⅰ③ 나)
고체의 위험물을 수납하는 것에 있어서는 별표 20 제1호, 액체의 위험물을 수납하는 것에 있어서는 별표 20 제2호에 정하는 기준 및 다음의 ㉠ 내지 ㉥에 정하는 기준에 적합할 것. 다만, 운반의 안전상 이러한 기준에 적합한 운반용기와 동등 이상이라고 인정하여 고시(140)로 정하는 것과 UN의 위험물 운송에 관한 권고(RTDG, Recommendations on the Transport of Dangerous Goods)에서 정한 기준에 적합한 것으로 인정된 용기에 있어서는 그러하지 아니하다.

㉠ 운반용기는 부식 등의 열화에 대하여 적절히 보호될 것

㉡ 운반용기는 수납하는 위험물의 내압 및 취급 시와 운반 시의 하중에 의하여 당해 용기에 생기는 응력에 대하여 안전할 것

㉢ 운반용기의 부속설비에는 수납하는 위험물이 당해 부속설비로부터 누설되지 아니하도록 하는 조치가 강구되어 있을 것

㉣ 용기본체가 틀로 둘러싸인 운반용기는 다음의 요건에 적합할 것

ⓐ 용기본체는 항상 틀 내에 보호되어 있을 것

ⓑ 용기본체는 틀과의 접촉에 의하여 손상을 입을 우려가 없을 것

ⓒ 운반용기는 용기본체 또는 틀의 신축 등에 의하여 손상이 생기지 아니할 것

㉤ 하부에 배출구가 있는 운반용기는 다음의 요건에 적합할 것

ⓐ 배출구에는 개폐위치에 고정할 수 있는 밸브가 설치되어 있을 것

ⓑ 배출을 위한 배관 및 밸브에는 외부로부터의 충격에 의한 손상을 방지하기 위한 조치가 강구되어 있을 것

ⓒ 폐지판 등에 의하여 배출구를 이중으로 밀폐할 수 있는 구조일 것. 다만, 고체의 위험물을 수납하는 운반용기에 있어서는 그러하지 아니하다.

㉥ ㉠ 내지 ㉤에 규정하는 것 외의 운반용기의 구조에 관하여 필요한 사항은 고시(141)로 정하고 있다(規 별표 19 Ⅰ ③ 나 6)).

(4) (3)의 규정에 불구하고 승용차량(승용으로 제공하는 차실 내에 화물용으로 제공하는 부분이 있는 구조의 것을 포함한다)으로 인화점이 40℃ 미만인 위험물 중 고시(142 Ⅰ)로 정하는 것을 운반하는 경우의 운반용기의 구조 및 최대용적의 기준은 고시(142 Ⅱ)로 정하는 바에 의하여야 한다(規 별표 19 Ⅰ ④).

(5) (3)의 규정에 불구하고 운반의 안전상 제한이 필요하다고 인정되는 경우에는 위험물의 종류, 운반용기의 구조 및 최대용적의 기준을 고시(미정)로 정할 수 있다(規 별표 19 Ⅰ ⑤).

(6) (3) 내지 (5)의 운반용기는 다음의 규정에 의한 용기의 구분에 따라 다음에 정하는 성능이 있어야 한다(規 별표 19 Ⅰ ⑥).

① ②의 규정에 의한 용기 외의 용기(規 별표 19 Ⅰ⑥ 가)

고시(143)로 정하는 낙하시험, 기밀시험, 내압시험 및 겹쳐쌓기 시험에서 고시(143)로 정하는 기준에 적합할 것. 다만, 수납하는 위험물의 품명, 수량, 성질과 상태 등에 따라 고시(144)로 정하는 용기에 있어서는 그러하지 아니하다.

② 기계에 의하여 하역하는 구조로 된 용기(規 별표 19 Ⅰ⑥ 나)

고시(145)로 정하는 낙하시험, 기밀시험, 내압시험, 겹쳐쌓기 시험, 아랫부분 인상시험, 윗부분 인상시험, 파열전파시험, 넘어뜨리기 시험 및 일으키기 시험에서 고시(145)로 정하는 기준에 적합할 것. 다만, 수납하는 위험물의 품명, 수량, 성질과 상태 등에 따라 고시(146)로 정하는 용기에 있어서는 그러하지 아니하다.

02 적재방법(規 별표 19 Ⅱ)

(1) 위험물은 규칙 별표 19 Ⅰ의 규정(앞의 01)에 의한 운반용기에 다음의 기준에 따라 수납하여 적재하여야 한다. 다만, 덩어리 상태의 유황을 운반하기 위하여 적재하는 경우 또는 위험물을 동일 구내에 있는 제조소등의 상호간에 운반하기 위하여 적재하는 경우에는 그러하지 아니하다(規 별표 19 Ⅱ ①). 중요기준

① 위험물이 온도변화 등에 의하여 누설되지 아니하도록 운반용기를 밀봉하여 수납할 것. 다만, 온도변화 등에 의한 위험물로부터의 가스의 발생으로 운반용기 안의 압력이 상승할 우려가 있는 경우(발생한 가스가 독성 또는 인화성을 갖는 등 위험성이 있는 경우를 제외한다)에는 가스의 배출구(위험물의 누설 및 다른 물질의 침투를 방지하는 구조로 된 것에 한한다)를 설치한 운반용기에 수납할 수 있다.

② 수납하는 위험물과 위험한 반응을 일으키지 아니하는 등 당해 위험물의 성질에 적합한 재질의 운반용기에 수납할 것

③ 고체위험물은 운반용기 내용적의 95% 이하의 수납률로 수납할 것(規 별표 19 Ⅱ ① 다)

④ 액체위험물은 운반용기 내용적의 98% 이하의 수납률로 수납하되, 55°의 온도에서 누설되지 아니하도록 충분한 공간용적을 유지하도록 할 것(規 별표 19 Ⅱ ① 라)

⑤ 하나의 외장용기에는 다른 종류의 위험물을 수납하지 아니할 것

⑥ 제3류 위험물은 다음의 기준에 따라 운반용기에 수납할 것

㉠ 자연발화성 물질에 있어서는 불활성 기체를 봉입하여 밀봉하는 등 공기와 접하지 아니하도록 할 것

㉡ 자연발화성 물질 외의 물품에 있어서는 파라핀・경유・등유 등의 보호액으로 채워 밀봉하거나 불활성 기체를 봉입하여 밀봉하는 등 수분과 접하지 아니하도록 할 것[143]

㉢ ④의 규정에 불구하고 자연발화성 물질 중 알킬알루미늄등은 운반용기의 내용적의 90% 이하의 수납률로 수납하되, 50℃의 온도에서 5% 이상의 공간용적을 유지하도록 할 것

(2) 기계에 의하여 하역하는 구조로 된 운반용기에 대한 수납은 (1)(③을 제외한다)의 규정을 준용하는 외에 다음의 기준에 따라야 한다(規 별표 19 Ⅱ ②). 중요기준

① 다음의 규정에 의한 요건에 적합한 운반용기에 수납할 것

㉠ 부식, 손상 등 이상이 없을 것

143) 금수성 물질인 칼륨, 나트륨 및 알칼리금속은 물 또는 공기 중의 습기와 접촉하면 발열하고 가연성 가스를 발생하므로 수분이 함유되지 않은 보호액 속에 저장한다.

㉡ 금속제의 운반용기, 경질플라스틱제의 운반용기 또는 플라스틱내용기 부착의 운반용기에 있어서는 다음에 정하는 시험 및 점검에서 누설 등 이상이 없을 것

ⓐ 2년 6개월 이내에 실시한 기밀시험(액체의 위험물 또는 10kPa 이상의 압력을 가하여 수납 또는 배출하는 고체의 위험물을 수납하는 운반용기에 한한다)

ⓑ 2년 6개월 이내에 실시한 운반용기의 외부의 점검·부속설비의 기능점검 및 5년 이내의 사이에 실시한 운반용기의 내부의 점검

② 복수의 폐쇄장치가 연속하여 설치되어 있는 운반용기에 위험물을 수납하는 경우에는 용기본체에 가까운 폐쇄장치를 먼저 폐쇄할 것

③ 휘발유, 벤젠 그 밖의 정전기에 의한 재해가 발생할 우려가 있는 액체의 위험물을 운반용기에 수납 또는 배출할 때에는 당해 재해의 발생을 방지하기 위한 조치를 강구할 것

④ 온도변화 등에 의하여 액상이 되는 고체의 위험물은 액상으로 되었을 때 당해 위험물이 새지 아니하는 운반용기에 수납할 것

⑤ 액체위험물을 수납하는 경우에는 55℃의 온도에서의 증기압이 130kPa 이하가 되도록 수납할 것

⑥ 경질플라스틱제의 운반용기 또는 플라스틱내용기 부착의 운반용기에 액체위험물을 수납하는 경우에는 당해 운반용기는 제조된 때로부터 5년 이내의 것으로 할 것

⑦ ① 내지 ⑥에 정하는 것 외에 운반용기에의 수납에 관하여 필요한 사항은 고시(148)로 정하고 있다(規 별표 19 Ⅱ ② 사).

(3) 위험물은 당해 위험물이 전락(轉落)하거나 위험물을 수납한 운반용기가 전도·낙하 또는 파손되지 아니하도록 적재하여야 한다. **중요기준**

(4) 운반용기는 수납구를 위로 향하게 하여 적재하여야 한다. **중요기준**

(5) 적재하는 위험물의 성질에 따라 일광의 직사 또는 빗물의 침투를 방지하기 위하여 유효하게 피복하는 등 다음에 정하는 기준에 따른 조치를 하여야 한다. **중요기준**

① 제1류 위험물, 제3류 위험물 중 자연발화성 물질, 제4류 위험물 중 특수인화물, 제5류 위험물 또는 제6류 위험물은 차광성이 있는 피복으로 가릴 것

② 제1류 위험물 중 알칼리금속의 과산화물 또는 이를 함유한 것, 제2류 위험물 중 철분·금속분·마그네슘 또는 이들 중 어느 하나 이상을 함유한 것 또는 제3류 위험물 중 금수성 물질은 방수성이 있는 피복으로 덮을 것

③ 제5류 위험물 중 55℃ 이하의 온도에서 분해될 우려가 있는 것은 보랭 컨테이너에 수납하는 등 적정한 온도관리를 할 것[144)]

---

144) 유기과산화물류, 질산에스테르류, 니트로화합물 등은 매우 불안정하여 낮은 온도에서 분해가 일어나는 물질이다.

④ 액체위험물 또는 위험등급 Ⅱ의 고체위험물을 기계에 의하여 하역하는 구조로 된 운반용기에 수납하여 적재하는 경우에는 당해 용기에 대한 충격 등을 방지하기 위한 조치를 강구할 것. 다만, 위험등급 Ⅱ의 고체위험물을 플렉시블(Flexible)의 운반용기, 파이버판제의 운반용기 및 목제의 운반용기 외의 운반용기에 수납하여 적재하는 경우에는 그러하지 아니하다.

(6) 위험물은 다음의 기준에 따라 종류를 달리하는 그 밖의 위험물 또는 재해를 발생시킬 우려가 있는 물품과 함께 적재하지 아니하여야 한다. **중요기준**

① 규칙 별표 19 [부표 2]에서 혼재가 금지되고 있는 위험물

▶ 유별을 달리하는 위험물의 혼재기준

위험물의 구분	제1류	제2류	제3류	제4류	제5류	제6류
제1류		×	×	×	×	○
제2류	×		×	○	○	×
제3류	×	×		○	×	×
제4류	×	○	○		○	×
제5류	×	○	×	○		×
제6류	○	×	×	×	×	

[비고] 1. "×" 표시는 혼재할 수 없음을 표시한다.
2. "○" 표시는 혼재할 수 있음을 표시한다.
3. 이 표는 지정수량의 1/10 이하의 위험물에 대하여는 적용하지 않는다.

② 「고압가스안전관리법」에 의한 고압가스[고시(149)로 정하는 것을 제외한다]

(7) 위험물을 수납한 운반용기를 겹쳐 쌓는 경우에는 그 높이를 3m 이하로 하고, 용기의 상부에 걸리는 하중은 당해 용기 위에 당해 용기와 동종의 용기를 겹쳐 쌓아 3m의 높이로 하였을 때에 걸리는 하중 이하로 하여야 한다. **중요기준**

(8) 위험물은 그 운반용기의 외부에 다음에 정하는 바에 따라 위험물의 품명, 수량 등을 표시하여 적재하여야 한다. 다만, UN의 위험물 운송에 관한 권고(RTDG, Recommendations on the Transport of Dangerous Goods)에서 정한 기준 또는 고시(「위험물의 분류 및 표지에 관한 기준」, GHS)로 정하는 기준에 적합한 표시를 한 경우에는 그러하지 아니하다(規 별표 19 Ⅱ ⑧).

① 위험물의 품명·위험등급·화학명 및 수용성("수용성" 표시는 제4류 위험물로서 수용성인 것에 한한다)(規 별표 19 Ⅱ ⑧ 가)

② 위험물의 수량

③ 수납하는 위험물에 따라 다음의 규정에 의한 주의사항(規 별표 19 Ⅱ ⑧ 다)

㉠ 제1류 위험물 중 알칼리금속의 과산화물 또는 이를 함유한 것에 있어서는 "화기・충격주의", "물기엄금" 및 "가연물접촉주의", 그 밖의 것에 있어서는 "화기・충격주의" 및 "가연물접촉주의"

㉡ 제2류 위험물 중 철분・금속분・마그네슘 또는 이들 중 어느 하나 이상을 함유한 것에 있어서는 "화기주의" 및 "물기엄금", 인화성 고체에 있어서는 "화기엄금", 그 밖의 것에 있어서는 "화기주의"

㉢ 제3류 위험물 중 자연발화성 물질에 있어서는 "화기엄금" 및 "공기접촉엄금", 금수성 물질에 있어서는 "물기엄금"

㉣ 제4류 위험물에 있어서는 "화기엄금"

㉤ 제5류 위험물에 있어서는 "화기엄금" 및 "충격주의"

㉥ 제6류 위험물에 있어서는 "가연물접촉주의"

(9) (8)의 규정에 불구하고 제1류・제2류 또는 제4류 위험물(위험등급 Ⅰ의 위험물을 제외한다)의 운반용기로서 최대용적이 1L 이하인 운반용기의 품명 및 주의사항은 위험물의 통칭명 및 당해 주의사항과 동일한 의미가 있는 다른 표시로 대신할 수 있다.

(10) (8) 및 (9)의 규정에 불구하고 제4류 위험물에 해당하는 화장품(에어졸을 제외한다)의 운반용기 중 최대용적이 150mL 이하인 것에 대하여는 (8) ① 및 ③의 규정에 의한 표시를 하지 아니할 수 있고, 최대용적이 150mL 초과 300mL 이하의 것에 대하여는 (8) ①의 규정에 의한 표시를 하지 아니할 수 있으며, (8) ③의 규정에 의한 주의사항을 당해 주의사항과 동일한 의미가 있는 다른 표시로 대신할 수 있다.

(11) (8) 및 (9)의 규정에 불구하고 제4류 위험물에 해당하는 에어졸의 운반용기로서 최대용적이 300mL 이하의 것에 대하여는 (8) ①의 규정에 의한 표시를 하지 아니할 수 있으며, (8) ③의 규정에 의한 주의사항을 당해 주의사항과 동일한 의미가 있는 다른 표시로 대신할 수 있다.

(12) (8) 및 (9)의 규정에 불구하고 제4류 위험물 중 동식물유류의 운반용기로서 최대용적이 3L 이하인 것에 대하여는 (8) ① 및 ③의 표시에 대하여 각각 위험물의 통칭명 및 동호의 규정에 의한 표시와 동일한 의미가 있는 다른 표시로 대신할 수 있다.

(13) 기계에 의하여 하역하는 구조로 된 운반용기의 외부에 행하는 표시는 (8) 각 목의 규정에 의하는 외에 다음의 사항을 포함하여야 한다. 다만, UN의 위험물 운송에 관한 권고(RTDG, Recommendations on the Transport of Dangerous Goods)에서 정한 기준 또는 고시(「위험물의 분류 및 표지에 관한 기준」, GHS)로 정하는 기준에 적합한 표시를 한 경우에는 그러하지 아니하다(規 별표 19 Ⅱ ⑬).

① 운반용기의 제조년월 및 제조자의 명칭
② 겹쳐쌓기 시험하중
③ 운반용기의 종류에 따라 다음의 규정에 의한 중량
  ㉠ 플렉시블 외의 운반용기 : 최대총중량(최대수용중량의 위험물을 수납하였을 경우의 운반용기의 전중량을 말한다)
  ㉡ 플렉시블 운반용기 : 최대수용중량
④ ① 내지 ③에 정하는 것 외에 운반용기의 외부에 행하는 표시에 관하여 필요한 사항으로서 고시(150)로 정하는 것

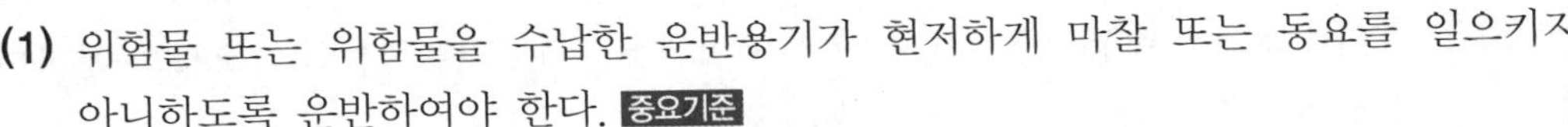

03 운반방법(規 별표 19 Ⅲ)

(1) 위험물 또는 위험물을 수납한 운반용기가 현저하게 마찰 또는 동요를 일으키지 아니하도록 운반하여야 한다. 중요기준

(2) 지정수량 이상의 위험물을 차량으로 운반하는 경우에는 해당 차량에 고시(「위험물 운송·운반 시의 위험성 경고표지에 관한 기준」)로 정하는 바에 따라 운반하는 위험물의 위험성을 알리는 표지를 설치하여야 한다.

(3) 지정수량 이상의 위험물을 차량으로 운반하는 경우에 있어서 다른 차량에 바꾸어 싣거나 휴식·고장 등으로 차량을 일시 정차시킬 때에는 안전한 장소를 택하고 운반하는 위험물의 안전 확보에 주의하여야 한다.

(4) 지정수량 이상의 위험물을 차량으로 운반하는 경우에는 당해 위험물에 적응성이 있는 소형수동식소화기를 당해 위험물의 소요단위에 상응하는 능력단위 이상 갖추어야 한다.

(5) 위험물의 운반 도중 위험물이 현저하게 새는 등 재난발생의 우려가 있는 경우에는 응급조치를 강구하는 동시에 가까운 소방관서 그 밖의 관계기관에 통보하여야 한다.

(6) (1) 내지 (5)의 적용에 있어서 품명 또는 지정수량을 달리하는 2 이상의 위험물을 운반하는 경우에 있어서 운반하는 각각의 위험물의 수량을 당해 위험물의 지정수량으로 나누어 얻은 수의 합이 1 이상인 때에는 지정수량 이상의 위험물을 운반하는 것으로 본다.

04 중요기준 및 세부기준(規 별표 19 Ⅳ)

(1) 중요기준

01 내지 03의 운반기준 중 "중요기준"이라 표기한 것

(2) 세부기준

중요기준 외의 것

05 위험물의 위험등급(規 별표 19 Ⅴ)

위험물의 위험등급은 위험등급 Ⅰ · 위험등급 Ⅱ 및 위험등급 Ⅲ으로 구분하며, 각 위험등급에 해당하는 위험물은 다음과 같다.

(1) 위험등급 Ⅰ의 위험물

① 제1류 위험물 중 아염소산염류, 염소산염류, 과염소산염류, 무기과산화물 그 밖에 지정수량이 50kg인 위험물

② 제3류 위험물 중 칼륨, 나트륨, 알킬알루미늄, 알킬리튬, 황린 그 밖에 지정수량이 10kg 또는 20kg인 위험물

③ 제4류 위험물 중 특수인화물

④ 제5류 위험물 중 유기과산화물, 질산에스테르류 그 밖에 지정수량이 10kg인 위험물

⑤ 제6류 위험물

(2) 위험등급 Ⅱ의 위험물

① 제1류 위험물 중 브롬산염류, 질산염류, 요오드산염류 그 밖에 지정수량이 300kg인 위험물

② 제2류 위험물 중 황화린, 적린, 유황 그 밖에 지정수량이 100kg인 위험물

③ 제3류 위험물 중 알칼리금속(칼륨 및 나트륨을 제외) 및 알칼리토금속, 유기금속화합물(알킬알루미늄 및 알킬리튬을 제외) 그 밖에 지정수량이 50kg인 위험물

④ 제4류 위험물 중 제1석유류 및 알코올류

⑤ 제5류 위험물 중 (1)의 ④에 정하는 위험물 외의 것

(3) 위험등급 Ⅲ의 위험물 : (1) 및 (2)에 정하지 아니한 위험물

① 제1류 위험물 중 지정수량이 1,000kg인 위험물 : 과망간산염류, 중크롬산염류, 기타
② 제2류 위험물 중 지정수량이 500kg인 위험물 : 철분, 금속분, 마그네슘, 기타
③ 제3류 위험물 중 지정수량이 300kg인 위험물 : 금속의 수소화물, 금속의 인화물, 칼슘 또는 알루미늄의 탄화물, 기타
④ 제4류 위험물 중 제2석유류, 제3석유류, 제4석유류 및 동식물유류

▶ 위험물의 유별 · 성질 · 위험등급 · 품명 및 지정수량 일람표

위 험 물				지정수량
유별	성질	위험등급	품 명	
제1류	산화성 고체	Ⅰ	① 아염소산염류	50kg
			② 염소산염류	
			③ 과염소산염류	
			④ 무기과산화물	
		Ⅱ	⑤ 브롬산염류	300kg
			⑥ 질산염류	
			⑦ 요오드산염류	
		Ⅲ	⑧ 과망간산염류	1,000kg
			⑨ 중크롬산염류	
		Ⅰ, Ⅱ 또는 Ⅲ	⑩ 그 밖에 행정안전부령으로 정하는 것 : 과요오드산염류 / 과요오드산 / 크롬, 납 또는 요오드의 산화물 / 아질산염류 / 차아염소산염류 / 염소화이소시아눌산 / 퍼옥소이황화산염류 / 퍼옥소붕산염류 ⑪ ① 내지 ⑩의 1에 해당하는 어느 하나 이상을 함유한 것	50kg, 300kg 또는 1,000kg
제2류	가연성 고체	Ⅱ	① 황화린	100kg
			② 적린	
			③ 유황	
		Ⅲ	④ 철분	500kg
			⑤ 금속분	500kg
			⑥ 마그네슘	500kg
		Ⅱ 또는 Ⅲ	⑦ 그 밖에 행정안전부령으로 정하는 것(미정) ⑧ ① 내지 ⑦의 1에 해당하는 어느 하나 이상을 함유한 것	100kg 또는 500kg
		Ⅲ	⑨ 인화성 고체	1,000kg
제3류	자연발화성 물질 및 금수성 물질	Ⅰ	① 칼륨	10kg
			② 나트륨	
			③ 알킬알루미늄	
			④ 알킬리튬	
			⑤ 황린	20kg

위험물					지정수량
유별	성질	위험등급	품명		
제3류	자연발화성 물질 및 금수성 물질	Ⅱ	⑥ 알칼리금속(칼륨 및 나트륨을 제외한다) 및 알칼리토금속		50kg
			⑦ 유기금속화합물(알킬알루미늄 및 알킬리튬을 제외한다)		
		Ⅲ	⑧ 금속의 수소화물		300kg
			⑨ 금속의 인화물		300kg
			⑩ 칼슘 또는 알루미늄의 탄화물		
		Ⅰ, Ⅱ 또는 Ⅲ	⑪ 그 밖에 행정안전부령으로 정하는 것 : 염소화규소화합물 ⑫ ① 내지 ⑪의 1에 해당하는 어느 하나 이상을 함유한 것		10kg, 50kg 또는 300kg
제4류	인화성 액체	Ⅰ	① 특수인화물		50L
		Ⅱ	② 제1석유류	비수용성 액체	200L
				수용성 액체	400L
			③ 알코올류		400L
		Ⅲ	④ 제2석유류	비수용성 액체	1,000L
				수용성 액체	2,000L
			⑤ 제3석유류	비수용성 액체	2,000L
				수용성 액체	4,000L
			⑥ 제4석유류		6,000L
			⑦ 동식물유류		10,000L
제5류	자기반응성 물질	Ⅰ	① 유기과산화물		10kg
			② 질산에스테르류		
		Ⅱ	③ 니트로화합물		200kg
			④ 니트로소화합물		200kg
			⑤ 아조화합물		200kg
			⑥ 디아조화합물		200kg
			⑦ 히드라진 유도체		200kg
			⑧ 히드록실아민		100kg
			⑨ 히드록실아민염류		100kg
		Ⅰ, Ⅱ 또는 Ⅲ	⑩ 그 밖에 행정안전부령으로 정하는 것 : 금속의 아지화합물 / 질산구아니딘 ⑪ ① 내지 ⑩의 1에 해당하는 어느 하나 이상을 함유한 것		10kg, 100kg 또는 200kg
제6류	산화성 액체	Ⅰ	① 과염소산		300kg
			② 과산화수소		300kg
			③ 질산		300kg
			④ 그 밖에 행정안전부령으로 정하는 것 : 할로겐간화합물		300kg
			⑤ ① 내지 ④의 1에 해당하는 어느 하나 이상을 함유한 것		300kg

핵심정리문제

01 다음 중 위험등급에 관한 설명으로 옳은 것은?

① 위험물의 운반기준에 적용되는 것으로 모든 위험물은 Ⅰ등급, Ⅱ등급 또는 Ⅲ등급의 어느 하나에 해당한다.
② 제4류 중 특수인화물과 제1석유류는 위험등급 Ⅰ에 해당한다.
③ 제6류 위험물은 모두 위험등급 Ⅱ에 해당한다.
④ 제5류 위험물 중 유기과산화물은 위험등급 Ⅰ에 해당하고, 질산에스테르류는 위험등급 Ⅱ에 해당한다.

해설 모든 위험물은 운반기준을 적용하기 위하여 위험등급을 세 가지로 분류하고 있으며 각각의 위험물 등급에 속하는 위험물 품명을 숙지할 필요가 있다.

02 운반용기의 최대용적 또는 중량의 기준에 있어서 내장용기의 용기의 종류란이 공란인 것은 외장용기에 위험물을 직접 수납하거나 일정한 용기를 내장용기로 할 수 있음을 의미한다. 이 일정한 용기 기준에 관한 설명으로 옳은 것은?

① 고체위험물의 경우에는 플라스틱용기, 금속제용기 또는 폴리에틸렌포대
② 고체위험물의 경우에는 유리용기, 플라스틱용기, 금속제용기, 폴리에틸렌포대 또는 종이포대
③ 액체위험물의 경우에는 플라스틱용기 또는 금속제용기
④ 액체위험물의 경우에는 금속제용기

해설 고체위험물의 경우에는 유리용기, 플라스틱용기, 금속제용기, 폴리에틸렌포대 또는 종이포대에 수납할 수 있고, 액체위험물의 경우에는 유리용기, 플라스틱용기 또는 금속제용기에 수납할 수 있다. 운반용기의 최대용적 또는 중량의 기준상 내장용기의 용기의 종류란이 공란인 것은 내장용기에 수납할 필요 없이 외장용기에 위험물을 직접 수납하거나 일정한 용기에 위험물을 수납할 수 있음을 의미하는데 고체위험물과 액체위험물에 따라 허용되는 일정한 용기의 종류가 다름을 유의하여야 한다.

01 ① 02 ② 정답

03 유별을 달리하는 위험물의 혼재기준에 관한 설명으로 옳은 것은?

① 제1류 위험물과 제3류 위험물 중 황린 또는 이를 함유한 것은 혼재할 수 있다.
② 제5류 위험물과 혼재할 수 있는 위험물은 제2류 위험물 또는 제4류 위험물이다.
③ 유별을 달리하는 위험물의 혼재기준은 지정수량 미만의 위험물에 대해서는 적용하지 않는다.
④ 유별을 달리하는 위험물의 혼재기준은 세부기준에 해당한다.

해설 제1류 위험물과 제3류 위험물 중 황린은 동일한 저장소에 함께 저장할 수는 있으나 운반 시에 동일한 차량에 함께 적재할 수는 없다. 저장기준 중 유별을 달리하는 위험물을 함께 저장할 수 없는 기준과 운반기준 중 유별을 달리하는 위험물을 함께 적재할 수 없는 기준은 다른 것임을 유의하여야 한다. 위험물 운반에 관한 규제는 지정수량 미만인 경우에도 규칙을 적용하는 것이 원칙이며, 지정수량의 1/10 이하인 경우에는 그 위험도가 낮으므로 혼재기준의 적용을 면제하는 것이다. 유별을 달리하는 위험물의 혼재기준은 중요기준인데 이는 규칙 별표 19의 부표에 규정되어 있지 않고 규칙 별표 19의 Ⅱ 제6호에 규정하고 있다. 표를 볼 때에는 반드시 그 표의 근거가 되는 관련 규정을 함께 보아야 전체적인 맥락을 이해하는데 도움이 된다.

04 다음 중 위험물의 운반기준 중 중요기준에 해당하는 것은?

㉠ 운반용기의 수납구를 위로 향하게 하는 조치
㉡ 위험물이 전락하지 아니하도록 적재하는 조치
㉢ 위험물의 성질에 따른 일광의 직사 또는 빗물의 침투방지조치
㉣ 운반용기를 겹쳐 쌓는 경우의 높이 제한 및 하중 제한
㉤ 운반용기가 현저하게 마찰 또는 동요를 일으키지 않도록 하는 조치
㉥ 하나의 외장용기에 다른 종류의 위험물을 수납하지 않는 조치

① ㉠, ㉡, ㉢
② ㉠, ㉡, ㉢, ㉣
③ ㉠, ㉡, ㉢, ㉣, ㉤
④ ㉠, ㉡, ㉢, ㉣, ㉤, ㉥

해설 위험물 운반기준 중 중요기준과 세부기준을 구분하여 정리해 둘 필요가 있다. 용기 표시기준 등 상대적으로 경미한 사항은 세부기준으로 분류하고 그 외의 것은 중요기준으로 분류하고 있다.

정답 03 ② 04 ④

부록

기출복원문제

01 2019년도 소방위 승진 기출복원문제

02 2019년도 소방장 승진 기출복원문제

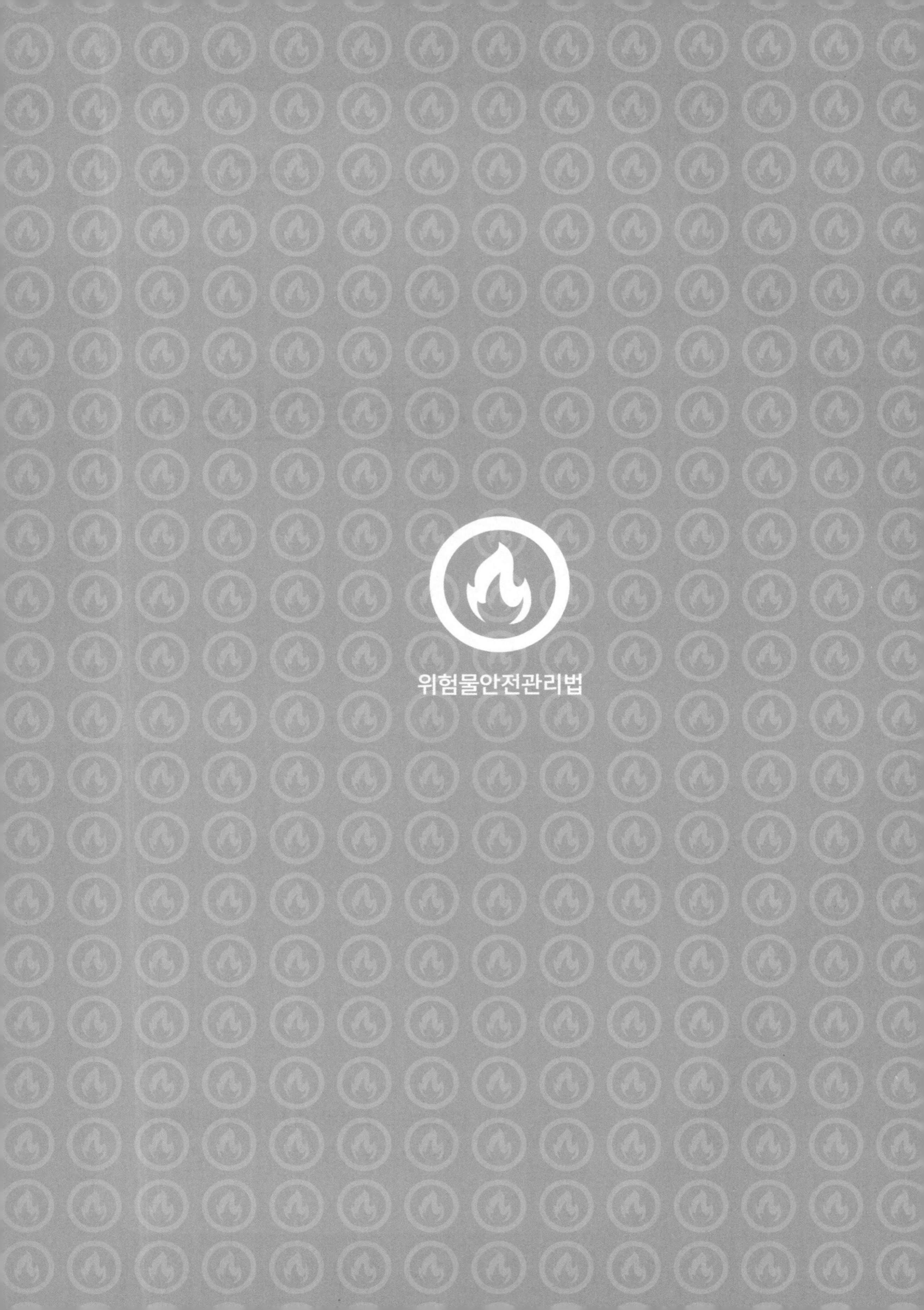
위험물안전관리법

01 2019년도 소방위 승진 기출복원문제

※ 수험생의 기억을 바탕으로 일부 문제의 요지를 복원한 것으로 출제된 문제와 다를 수 있음.

01 행정안전부령으로 정하는 제5류 위험물로만 이루어진 것은?

① 염소화이소시아눌산, 퍼옥소이황산염류
② 금속의 아지화합물, 질산구아니딘
③ 염소화규소화합물, 할로겐간화합물
④ 아질산염류, 차아염소산염류

해설 염소화이소시아눌산, 퍼옥소이황산염류, 아질산염류 및 차아염소산염류는 제1류, 염소화규소화합물은 제3류, 할로겐간화합물은 제6류임.

출제근거 규칙 제3조

유의사항 ㉠ 할로겐간화합물과 할로겐화합물은 다른 물질임을 유의하여야 함.
㉡ 규칙 제3조 제1항 및 제3항 각 호에 열거된 위험물은 시행령 별표 1의 위임근거가 동일한 품명란임에도 불구하고 각각 다른 품명의 위험물임(규칙 제4조 제1항).
㉢ 제2류 위험물의 추가 지정을 행정안전부령에 위임하고 있으나 현재까지 미정이며, 이는 향후 새로운 위험물의 출현을 대비한 입법임.

02 위험물시설의 설치 및 변경 등에 대한 설명으로 옳은 것은?

① 축산용으로 필요한 난방시설을 위한 지정수량 20배 이하의 취급소에서는 허가를 받지 않고 당해 시설의 위치·구조 또는 설비를 변경할 수 있다.
② 군사목적 또는 군부대시설을 위한 제조소등을 설치하거나 그 위치·구조 또는 설비를 변경하고자 하는 군부대의 장은 대통령령이 정하는 바에 따라 미리 제조소등의 소재지를 관할하는 시·도지사에게 신고하여야 한다.
③ 위험물의 품명·수량 또는 지정수량의 배수를 변경하고자 하는 자는 변경하고자 하는 날의 1일 전까지 행정안전부령이 정하는 바에 따라 시·도지사에게 신고하여야 한다.
④ 수산용으로 필요한 건조시설을 위한 지정수량 20배 이하의 저장소를 설치하는 경우에 시·도지사에게 허가를 받아야 한다.

해설 ① 축산용의 난방시설을 위한 위험물시설로서 허가가 면제되는 것은 지정수량 20배 이하의 저장소이며, 취급소는 해당 없음.
② 군용위험물시설의 설치 또는 변경은 군부장이 관할 시·도지사(소방서장)와 협의하여야 함.
④ 수산용의 건조시설을 위한 지정수량 20배 이하의 저장소는 설치허가를 면제함.

01 ② 02 ③ 정답

출제근거 법 제6조 및 제7항

유의사항 ㉠ 설치허가 면제대상의 조건 중 제조소등의 구분을 유의하여야 함.
㉡ 품명등의 변경신고는 변경행위를 하기 전에 미리 신고하여야 함.

03 위험물제조소등의 완공검사 신청시기에 대한 내용으로 틀린 것은?

① 지하탱크가 있는 제조소등의 경우에는 당해 지하탱크를 매설한 후에 신청한다.

② 이동탱크저장소의 경우에는 이동저장탱크를 완공하고 상치장소를 확보한 후에 신청한다.

③ 이송취급소의 경우에는 이송배관 공사의 전체 또는 일부를 완료한 후 신청한다. 다만, 지하·하천 등에 매설하는 이송배관의 공사의 경우에는 이송배관을 매설하기 전에 신청한다.

④ 상기의 ① 내지 ③에 해당하지 아니하는 제조소등의 경우에는 제조소등의 공사를 완료한 후에 신청한다.

해설 지하탱크가 있는 제조소등의 경우에는 당해 지하탱크를 매설하기 전에 신청하여야 함.

출제근거 규칙 제20조

유의사항 제조소등의 종류뿐 아니라 구조에 따라서도 완공검사 신청시기가 달라짐을 유의하여야 함.

04 위험물제조소등의 용도폐지, 사용정지 처분 및 안전관리자 선임신고에 대한 내용으로 옳은 것은?

① 위험물제조소등의 용도를 폐지한 날부터 30일 이내에 신고하고, 사용정지처분에 갈음하여 3억원 이하의 과징금을 부과한다. 또한, 위험물 안전관리자 선임신고는 14일 이내에 한다.

② 위험물제조소등의 용도를 폐지한 날부터 14일 이내에 신고하고, 사용정지처분에 갈음하여 2억원 이하의 과징금을 부과한다. 또한, 위험물 안전관리자 선임신고는 14일 이내에 한다.

③ 위험물제조소등의 용도를 폐지한 날부터 14일 이내에 신고하고, 사용정지처분에 갈음하여 2억원 이하의 과징금을 부과한다. 또한, 위험물 안전관리자 선임신고는 30일 이내에 한다.

④ 위험물제조소등의 용도를 폐지한 날부터 30일 이내에 신고하고, 사용정지처분에 갈음하여 3억원 이하의 과징금을 부과한다. 또한, 위험물 안전관리자 선임신고는 30일 이내에 한다.

해설 용도폐지 신고기한은 14일, 과징금 액수상한은 2억원, 안전관리자 선임신고기한은 14일임.

출제근거 법 제6조 제2항, 제11조 및 제13조 제1항

유의사항 ㉠ 각종 신고기한, 과징금 액수상한, 과태료 액수상한 등을 일괄적으로 숙지할 필요가 있음.
㉡ 과징금의 산정기준은 위반행위의 시기에 따라 다름을 유의하여야 함(규칙 제26조).

정답 03 ① 04 ②

05 **다수의 위험물저장소를 설치한 자가 1인의 안전관리자를 중복하여 선임할 수 있는 대상에 해당하지 않는 것은?**

① 동일 구내에 있는 11개의 옥내저장소
② 동일 구내에 있는 21개의 옥외탱크저장소
③ 동일 구내에 있는 10개의 옥내탱크저장소
④ 동일 구내에 있는 20개의 지하탱크저장소

해설 안전관리자를 중복선임 할 수 있는 옥내저장소의 개수 상한은 10임.

출제근거 시행령 제12조 제1항 제3호 및 규칙 제56조

유의사항 ㉠ 저장소가 동일 구내에 있거나 상호 100m 이내의 거리에 있고 설치자가 동일인이어야 함.
㉡ 규칙 제56조 각 호에 개수 상한이 규정되지 않은 저장소는 중복선임에 있어서 개수 제한이 없는 것임.
㉢ 시행령 제12조에 규정된 여러 중복선임 기준 중 둘 이상에 적용되는 경우에는 설치자에게 유리한 기준을 적용함.

06 **위험물안전관리자를 선임하여야 하는 제조소등으로 적합하지 않은 것은?**

① 판매취급소, 옥내탱크저장소, 간이탱크저장소
② 옥내저장소, 암반탱크저장소, 지하탱크저장소
③ 일반취급소, 이동탱크저장소, 옥외저장소
④ 일반취급소, 암반탱크저장소, 옥외탱크저장소

해설 이동탱크저장소는 위험물운송자가 운행하도록 하고 있으므로 안전관리자를 별도로 선임할 필요가 없음. 위험물운송자는 자격만 소지하고 있으면 모든 이동탱크저장소를 운행할 수 있으므로 선임의 개념이 없음.

출제근거 법 제15조 제1항

유의사항 ㉠ 주택의 난방시설을 위한 저장소 등 일정한 제조소등은 설치허가를 면제하며 이들에 대해서는 안전관리자 선임의무도 면제하고 있음. 설치허가를 면제하는 시설도 제조소등임은 마찬가지이며, 다른 규제는 제조소등과 동일하게 적용됨을 유의하여야 함.
㉡ 군용위험물시설도 안전관리자 선임 대상임을 유의하여야 함.

정답 05 ① 06 ③

07 위험물제조소에서 취급하는 보기의 옥외탱크의 주위에 하나의 방유제를 설치하는 경우의 방유제의 용량이 옳은 것은?

• A탱크 : 60,000L	• B탱크 : 20,000L	• C탱크 : 10,000L

① 30,000L
② 33,000L
③ 40,000L
④ 44,000L

해설 제조소의 옥외 취급탱크가 둘 이상 있는 경우에는 최대용량인 탱크의 50%에 나머지 탱크용량의 합계의 10%를 합한 용량임.

출제근거 규칙 별표 4 Ⅸ 제1호 나목 1)

유의사항 ㉠ 옥외탱크저장소의 방유제 용량 계산기준과 옥외 취급탱크의 용량 계산기준이 다름을 유의하여야 함.
㉡ 다른 탱크의 방유제 높이 이하의 용적, 기초의 체적 등을 공제하는 이유는 해당 부분은 방유기능을 할 수 없기 때문이며, 최대탱크의 방유제 높이 이하의 용적은 방유기능을 할 수 있으므로 공제하지 않음.
㉢ 옥외탱크저장소의 경우 인화성 액체 위험물의 탱크는 탱크용량의 110%로 하고, 비인화성 위험물의 탱크는 탱크용량의 100%로 함을 유의하여야 함. 인화성 액체 위험물의 탱크의 방유제에는 포소화약제가 투입되는 용적을 확보하기 위함임.

08 벽 · 기둥 · 바닥이 내화구조인 옥내저장소에서 보유공지를 두지 않아도 되는 위험물은?

① 아세톤 3,000L
② 클로로벤젠 10,000L
③ 글리세린 15,000L
④ 니트로벤젠 15,000L

해설 지정수량 5배 이하를 저장하는 옥내저장소가 벽 · 기둥 · 바닥이 내화구조인 경우에는 보유공지가 필요 없음. 글리세린은 제4류 제3석유류 수용성이므로 지정수량은 4,000L임.

출제근거 규칙 별표 5 Ⅰ 제2호

유의사항 지정수량 20배를 초과하는 옥내저장소는 인접한 다른 옥내저장소와의 사이에 보유공지 단축기준이 있음을 유의하여야 함.

정답 07 ② 08 ③

09 판매취급소의 설치기준에 대한 설명으로 옳지 않은 것은?

① 제2종 판매취급소는 지정수량의 40배 이하로 한다.

② 제1종 판매취급소의 용도로 사용하는 부분에 천장을 설치하는 경우에는 천장을 불연재료로 하여야 한다.

③ 제2종 판매취급소의 용도로 사용하는 부분 중 연소의 우려가 없는 부분에 한하여 창을 두되 당해 창에는 갑종방화문 또는 을종방화문을 설치하여야 한다.

④ 제1종 판매취급소의 용도로 사용되는 건축물의 부분은 내화구조 또는 난연재료로 하고 판매취급소로 사용되는 부분과 다른 부분과의 격벽은 내화구조로 하여야 한다.

해설 제1종 판매취급소의 용도로 사용되는 건축물의 부분은 내화구조 또는 불연재료로 하여야 함.

출제근거 규칙 별표 14

유의사항 ㉠ 지정수량의 배수에 따라 제1종과 제2종으로 구분함.
㉡ 위치, 구조 및 설비에 관한 기술기준은 제1종 판매취급소의 것을 기본적으로 규정하고 제2종 판매취급소는 제1종 판매취급소의 기술기준 중 일부를 준용하면서 추가로 강화된 것을 규정함.

10 위험물제조소등의 건축물 그 밖의 공작물 또는 위험물의 소요단위 계산방법 기준이 옳지 않은 것은?

① 위험물은 지정수량의 10배를 1소요단위로 할 것

② 저장소의 건축물은 외벽에 내화구조인 것은 연면적 75m^2를 1소요단위로 할 것

③ 취급소의 건축물은 외벽이 내화구조가 아닌 것은 연면적 50m^2를 1소요단위로 할 것

④ 제조소 또는 취급소용으로 옥외에 있는 공작물인 경우 외벽이 내화구조인 것으로 간주하고 최대수평 투영면적 100m^2를 1소요단위로 할 것

해설 저장소의 건축물은 외벽에 내화구조인 것은 연면적 150m^2를 1소요단위로 함.

출제근거 규칙 별표 17 Ⅰ 제5호 다목

유의사항 ㉠ 제조소등의 구분, 건축물 여부, 내화구조 여부에 따라 계산방법이 다름.
㉡ 위험물에 대한 소요단위는 일률적으로 지정수량 10배를 1소요단위로 함.
㉢ 본 기준은 대상물의 소요단위를 계산하는 기준이며, 이 자체가 소화설비 설치기준이 아님. 따라서 규칙 별표 17 Ⅰ 제1호, 제2호 및 제3호에 정한 소화설비 기술기준에 따라 소화설비를 설치하여야 하며, 이 기준에 소요단위에 따른 소화설비 설치를 규정한 경우에 이 계산방법을 적용하는 것임.

09 ④ 10 ② 정답

11 옥내저장소에서 위험물을 수납한 용기를 겹쳐 쌓는 경우의 높이 제한에 대한 설명으로 옳지 않은 것은?

① 기계에 의하여 하역하는 구조로 된 용기만을 겹쳐 쌓는 경우는 6m 이하로 한다.
② 제4류 위험물 중 제2석유류를 수납하는 용기만을 겹쳐 쌓는 경우는 4m 이하로 한다.
③ 제2류 위험물을 수납하여 겹쳐 쌓는 경우는 3m 이하로 한다.
④ 제4류 위험물 중 제3석유류를 수납하는 용기만을 겹쳐 쌓는 경우는 4m 이하로 한다.

해설 제2석유류를 수납하는 용기를 겹쳐 쌓는 경우는 3m 이하로 하여야 함.

출제근거 규칙 별표 18 Ⅲ 제6호

유의사항 ㉠ 본 기준은 용기와 용기를 상하로 겹쳐 쌓는 경우에 적용하는 것으로 선반에 적재하는 경우에는 선반 전체의 높이 제한은 없으며, 선반의 각 단별로 용기를 겹쳐 쌓는 높이에는 본 기준이 적용됨. 즉, 용기를 상하로 겹쳐 쌓는 형태의 불안정성을 감안한 기준임.
㉡ 옥외저장소의 경우에도 본 기준이 준용되며, 선반 전체의 높이 제한이 있음을 유의하여야 함.

12 위험물을 수납한 운반용기의 외부에 표시하는 주의사항이 옳지 않은 것은?

① 차아염소산염류 – 화기·충격주의 및 가연물접촉주의
② 황린 – 화기주의 및 공기접촉엄금
③ 요오드산염류 – 화기·충격주의 및 가연물접촉주의
④ 할로겐간화합물 – 가연물접촉주의

해설 황린은 제3류 자연발화성 물질로서 화기엄금 및 공기접촉엄금을 표시하여야 함.

출제근거 규칙 별표 19 Ⅱ 제8호

유의사항 ㉠ 운반용기에 표기하는 주의사항은 제조소등의 게시판에 표기하는 주의사항과 다름을 유의하여야 함. 이는 운반 도중에 발생하는 위험성을 감안한 것임.
㉡ 규칙 별표 19 Ⅱ 제8호 각 호에 정한 표기뿐 아니라 UN RTDG 또는 GHS에 따른 표지도 가능함.
㉢ 규칙 별표 19 Ⅱ 제8호는 중소형 용기에 관한 표시기준이고, 대형용기(기계에 의하여 하역하는 구조로 된 용기)에 관한 표시기준은 다름을 유의하여야 함.

미완성 문제 위험물의 지정수량에 관한 문제

출제유형 • 몇 가지의 품명을 묶어서 나열하고 지정수량이 다른 품명이 포함된 것을 물음.
• 하나의 물질과 지정수량의 연결을 나열하고 틀린 것을 물음.

출제근거 시행령 별표 1

유의사항 ㉠ 제4류 위험물 중 수용성 여부에 따라 지정수량이 달라지는 것은 동일 품명 내에서 지정수량 구분임. 즉, 수용성 여부에 따라 품명이 달라지는 것은 아님.
㉡ 각 품명에 속하는 대표적인 물질은 숙지할 필요가 있음.

정답 11 ② 12 ②

02 2019년도 소방장 승진 기출복원문제

※ 수험생의 기억을 바탕으로 일부 문제의 요지를 복원한 것으로 출제된 문제와 다를 수 있음.

01 위험물의 유별 및 지정수량이 옳은 것은?

① 가연성 고체 : 황린 100kg
② 가연성 고체 : 적린 100kg
③ 가연성 고체 : 나트륨 100kg
④ 산화성 고체 : 질산 100kg

해설 황린은 제3류 자연발화성 물질로서 지정수량이 20kg, 나트륨은 제3류 금수성 물질로서 지정수량이 10kg, 질산은 제6류 산화성 액체로서 지정수량이 300kg임.

출제근거 시행령 별표 1

유의사항 ㉠ 제4류 위험물 중 수용성 여부에 따라 지정수량이 달라지는 것은 동일 품명 내에서 지정수량 구분임. 즉, 수용성 여부에 따라 품명이 달라지는 것은 아님.
㉡ 각 품명에 속하는 대표적인 물질은 숙지할 필요가 있음.
㉢ 지정수량의 단위가 제4류 위험물만 리터이며, 나머지는 kg임.

02 제1류 위험물에 해당되지 않는 것은?

① 차아염소산염류
② 과요오드산염류
③ 염소화이소시아눌산
④ 염소화규소화합물

해설 염소화규소화합물은 제3류 위험물임.

출제근거 규칙 제3조 제2항

유의사항 ㉠ 할로겐간화합물과 할로겐화합물은 다른 물질임을 유의하여야 함.
㉡ 규칙 제3조 제1항 및 제3항 각 호에 열거된 위험물은 시행령 별표 1의 위임근거가 동일한 품명란임에도 불구하고 각각 다른 품명의 위험물임(규칙 제4조 제1항).
㉢ 제2류 위험물의 추가 지정을 행정안전부령에 위임하고 있으나 현재까지 미정이며, 이는 향후 새로운 위험물의 출현을 대비한 입법임.

01 ② 02 ④ **정답**

03 위험물시설의 설치 및 변경 등에 관한 설명으로 옳지 않은 것은?

① 제조소등을 설치하고자 하는 자는 그 설치장소를 관할하는 시·도지사의 허가를 받아야 한다.

② 위험물의 품명·수량 또는 지정수량의 배수를 변경하고자 하는 자는 변경하고자 하는 날의 1일 전까지 행정안전부령이 정하는 바에 따라 시·도지사에게 허가를 받아야 한다.

③ 주택의 난방시설(공동주택의 중앙난방시설을 제외한다)을 위한 저장소를 설치하는 경우 시·도지사에게 신고를 하지 아니하고 위험물의 품명·수량 또는 지정수량의 배수를 변경할 수 있다.

④ 농예용·축산용 또는 수산용으로 필요한 난방시설 또는 건조시설을 위한 지정수량 10배의 저장소를 설치하는 경우 시·도지사에게 허가를 받지 않아도 된다.

해설 품명등을 변경하고자 하는 때에는 1일 전까지 변경신고를 하여야 함.

출제근거 법 제6조

유의사항 설치허가 면제대상의 조건 중 제조소등의 구분을 유의하여야 함.

04 위험물 탱크안전성능검사의 내용이 옳지 않은 것은?

① 암반탱크검사는 암반탱크의 본체에 관한 공사의 개시 후에 검사를 신청한다.

② 옥외탱크저장소의 액체위험물탱크 중 그 용량이 100만L 이상인 탱크는 용접부 검사를 받아야 한다.

③ 용량이 100만L 이상인 액체위험물저장탱크는 한국소방산업기술원이 실시하는 탱크안전성능검사 대상이다.

④ 시·도지사는 제출받은 탱크시험필증과 해당 위험물탱크를 확인한 결과 기술기준에 적합하다고 인정되는 때에는 당해 충수·수압검사를 면제한다.

해설 암반탱크 안전성능검사는 암반탱크의 본체를 완공한 후 실시함.

출제근거 법 제8조 제1항 및 시행령 별표 4

유의사항 ㉠ 탱크의 종류와 용량에 따라 적용되는 탱크안전성능검사가 다름.
㉡ 허가청이 실시하는 것을 탱크안전성능검사라 하고, 탱크시험자가 실시하는 것을 탱크안전성능시험이라 함.
㉢ 소방산업기술원은 허가청의 권한을 위탁받아서 하는 탱크안전성능검사도 하고, 민간 시험자의 지위에서 하는 탱크안전성능시험도 함.

정답 03 ② 04 ①

05 다수의 제조소등을 동일인이 설치한 경우에 제조소등의 규모와 위치 · 거리 등을 감안하여 1인의 안전관리자를 중복하여 선임할 수 있는 제조소등에 해당하지 않는 것은?

① 위험물을 차량에 고정된 탱크 또는 운반용기에 옮겨 담기 위한 7개 이하의 일반취급소와 그 일반취급소에 공급하기 위한 위험물을 저장하는 저장소를 동일인이 설치한 경우
② 보일러 · 버너 또는 이와 비슷한 것으로서 위험물을 소비하는 장치로 이루어진 7개 이하의 일반취급소와 그 일반취급소에 공급하기 위한 위험물을 저장하는 저장소를 동일인이 설치한 경우
③ 동일 구내에 있거나 상호 100m 이내의 거리에 있는 9개의 옥내탱크저장소
④ 저장 또는 취급하는 위험물의 최대수량이 지정수량의 3천배 미만인 4개 제조소

해설 위험물을 차량에 고정된 탱크 또는 운반용기에 옮겨 담기 위한 5개 이하의 일반취급소와 그 일반취급소에 공급하기 위한 위험물을 저장하는 저장소를 동일인이 설치한 경우에 안전관리자를 중복선임 할 수 있음.

출제근거 시행령 제12조 제1항 및 규칙 제56조

유의사항 ㉠ 제조소등 종류별로 안전관리자를 중복선임 할 수 있는 위치조건이 다름을 유의하여야 함.
㉡ 규칙 제56조 각 호에 개수 상한이 규정되지 않은 저장소는 중복선임에 있어서 개수 제한이 없는 것임.

06 예방규정을 정하여야 하는 제조소등에 해당하지 않는 것은?

① 지정수량 10배 제조소
② 지정수량 150배 옥외저장소
③ 지정수량 200배 옥내탱크저장소
④ 지정수량 300배 옥외탱크저장소

해설 옥내탱크저장소는 예방규정 작성 대상이 아님.

출제근거 시행령 제15조

유의사항 보일러, 버너 등 일반취급소 또는 출하설비의 일반취급소는 위험물의 종류와 취급량에 따라 예방규정 작성 면제 대상이 있음.

05 ① 06 ③ 정답

07 위험물제조소의 배출설비 설치기준에 대한 설명으로 옳지 않은 것은?

① 전역방식의 경우에는 바닥면적 $1m^2$당 $18m^3$ 이상으로 할 수 있다.

② 배출덕트가 관통하는 벽부분의 바로 가까이에 화재 시 자동으로 폐쇄되는 방화댐퍼를 설치하여야 한다.

③ 급기구는 낮은 곳에 설치하고, 가는 눈의 구리망 등으로 인화방지망을 설치해야 한다.

④ 배풍기는 강제배기방식으로 하고 옥내덕트의 내압이 대기압 이상이 되지 아니하는 위치에 설치하여야 한다.

해설 배출설비의 급기구는 높은 곳에 설치하여야 함.

출제근거 규칙 별표 4 Ⅵ

유의사항 배출설비의 급기구는 높은 곳에 설치하는 반면 환기설비의 급기구는 낮은 곳에 설치함을 유의하여야 함. 배출설비는 유증기 체류 우려가 큰 장소에 설치하는 것이므로 비중이 공기보다 높은 유증기의 외부 유출을 방지하기 위함임.

08 제조소의 위치 · 구조 및 설비의 기준에서 건축물의 구조에 대한 설명으로 옳지 않은 것은?

① 위험물제조소의 벽 · 기둥 · 바닥 · 보 · 서까래 및 계단은 난연재료로 하여야 하며, 제조소는 2층 이하의 지하층에 설치하여야 한다.

② 연소의 우려가 있는 외벽은 출입구 외의 개구부가 없는 내화구조의 벽으로 하여야 한다.

③ 지붕은 폭발력이 위로 방출될 정도의 가벼운 불연재료로 덮어야 한다.

④ 위험물을 취급하는 건축물의 창 및 출입구에 유리를 사용하는 경우에는 망입유리로 하여야 한다.

해설 제조소의 벽 · 기둥 · 바닥 · 보 · 서까래 및 계단은 불연재료로 하여야 하며, 제조소는 지하층이 없도록 하는 것이 원칙임.

출제근거 규칙 별표 4 Ⅳ

유의사항 제조소의 건축물 기술기준과 기타 제조소등의 건축물의 기술기준에 상이한 사항이 있음을 유의하여야 함.

정답 07 ③ 08 ①

09 다음 보기의 위험물 옥외취급탱크 주위에 하나의 방유제를 설치하는 경우의 방유제의 용량이 옳은 것은?

• A탱크 : 20,000L	• B탱크 : 30,000L
• C탱크 : 50,000L	• D탱크 : 100,000L

① 30,000L
② 40,000L
③ 50,000L
④ 60,000L

해설 제조소의 옥외취급탱크가 둘 이상 있는 경우에는 최대용량인 탱크의 50%에 나머지 탱크용량의 합계의 10%를 합한 용량임.

출제근거 규칙 별표 4 Ⅸ 제1호 나목 1)

유의사항 ㉠ 옥외탱크저장소의 방유제 용량 계산기준과 옥외 취급탱크의 용량 계산기준이 다름을 유의하여야 함.
㉡ 다른 탱크의 방유제 높이 이하의 용적, 기초의 체적 등을 공제하는 이유는 해당 부분은 방유기능을 할 수 없기 때문이며, 최대탱크의 방유제 높이 이하의 용적은 방유기능을 할 수 있으므로 공제하지 않음.
㉢ 옥외탱크저장소의 경우 인화성 액체 위험물의 탱크는 탱크용량의 110%로 하고, 비인화성 위험물의 탱크는 탱크용량의 100%로 함을 유의하여야 함. 인화성 액체 위험물의 탱크의 방유제에는 포소화약제가 투입되는 용적을 확보하기 위함임.

10 지정과산화물을 저장 또는 취급하는 옥내저장소에 대한 설명으로 옳지 않은 것은?

① 저장창고의 외벽은 두께 15cm 이상의 철근콘크리트조나 철골철근콘크리트조 또는 두께 30cm 이상의 보강콘크리트블록조로 할 것
② 저장창고는 150cm^2 이내마다 격벽으로 완전하게 구획할 것
③ 저장창고의 지붕은 두께 5cm 이상, 너비 30cm 이상의 목재로 만든 받침대를 설치할 것
④ 저장창고의 지붕은 중도리 또는 서까래의 간격은 30cm 이하로 할 것

해설 저장창고의 외벽은 두께 20cm 이상의 철근콘크리트조나 철골철근콘크리트조 또는 두께 30cm 이상의 보강콘크리트블록조로 하여야 함.

출제근거 규칙 별표 5 Ⅷ 제2호 다목

유의사항 ㉠ 지정과산화물을 저장하는 경우에는 다층, 복합용도 또는 소규모의 옥내저장소는 허용되지 않음.
㉡ 지정과산화물이란 제5류 위험물 중 유기과산화물 또는 이를 함유한 것으로서 지정수량 10㎏인 것을 말함.
㉢ 유기과산화물에 속하는 물질 중 제4류에 해당하는 것도 있음을 유의하여야 함.

정답 09 ④ 10 ①

11 탱크의 높이 3m, 지름 12m의 옥외저장탱크에 인화점이 섭씨 200도 미만의 위험물을 저장할 경우에 방유제와 옥외저장탱크의 옆판 사이에 두는 최소의 거리는?

① 1m
② 1.5m
③ 3m
④ 6m

해설 탱크의 지름이 15m 미만인 것은 탱크 높이의 3분의 1 이상 이격하여야 함.

출제근거 규칙 별표 6 Ⅸ 제1호 바목

유의사항 여기서 탱크 높이란 지반면을 기산점으로 하므로 탱크의 기초를 포함하는 개념임. 탱크의 상부로 위험물이 폭발 또는 비산하는 경우에 방유제 내부에 위험물을 국한시키기 위한 취지이기 때문임.

12 지하탱크저장소의 누유검사관에 대한 설명으로 옳지 않은 것은?

① 관은 이중관으로 할 것. 다만, 소공이 없는 상부는 단관으로 할 수 있다.
② 재료는 금속관 또는 경질합성수지관으로 할 것
③ 관은 탱크전용실의 바닥 또는 탱크의 기초까지 닿게 할 것
④ 관의 상부는 물이 침투하는 구조로 하고, 뚜껑은 검사 시에 쉽게 열 수 있도록 할 것

해설 상부는 물이 침투하지 않는 구조로 하여야 함.

출제근거 규칙 별표 8 Ⅰ 제15호

13 위험물제조소등에 옥외소화전의 설치개수가 4개인 경우에 확보하는 수원의 수량은?

① $13.5m^3$
② $27m^3$
③ $52m^3$
④ $54m^3$

해설 수원의 수량은 옥내소화전의 개수(설치개수가 4 이상인 경우에는 4)에 $13.5m^3$를 곱한 양으로 하여야 함.

출제근거 규칙 별표 17 Ⅰ 제5호 바목 2)

유의사항 제조소등의 소화설비 기준은 일반 대상물의 그것과 기본원리는 동일하나 성능을 더 강화시키도록 규정하고 있음.

정답 11 ① 12 ④ 13 ④

주요 참고문헌

- 「위험물시설의 설치허가 및 안전관리제도 개선방안에 관한 연구」, 이종영 외 2인, 한국공법학회, 2000.
- 「일반행정법론(상)」, 김도창, 1990.
- 위험물안전관리법 제정안 규제심사안, 행정자치부, 2002a.
- 위험물안전관리법 제정안 설명자료(내부), 행정자치부, 2002b.
- 위험물안전관리법시행령 제정안 규제심사안, 행정자치부, 2004a.
- 위험물안전관리법시행규칙 제정안 규제심사안, 행정자치부, 2004b.
- 위험물안전관리에 관한 세부기준 제정안 규제심사안, 행정자치부, 2004c.
- 일본자료
  - 「圖解 危險物施設基準の 早わかり」, 危險物行政研究會 編著, 東京消防廳豫防部 監修
  - 「危險物關係 事項別 解說・通達 HANDBOOK」, 危險物法令硏究會 編輯

MEMO

소방공무원 승진시험 위험물안전관리법

소방위 소방장 계급 해당

2020. 2. 18. 초 판 1쇄 인쇄
2020. 2. 28. 초 판 1쇄 발행

지은이 | 김종근, 이동원
펴낸이 | 이종춘
펴낸곳 | BM (주)도서출판 **성안당**
주소 | 04032 서울시 마포구 양화로 127 첨단빌딩 3층(출판기획 R&D 센터)
10881 경기도 파주시 문발로 112 출판문화정보산업단지(제작 및 물류)
전화 | 02) 3142-0036
031) 950-6300
팩스 | 031) 955-0510
등록 | 1973. 2. 1. 제406-2005-000046호
출판사 홈페이지 | **www.cyber.co.kr**
ISBN | 978-89-315-3891-5 (13530)
정가 | 25,000원

이 책을 만든 사람들
기획 | 최옥현
진행 | 박경희
교정·교열 | 이은화
전산편집 | J디자인
표지 디자인 | 박현정
홍보 | 김계향
국제부 | 이선민, 조혜란, 김혜숙
마케팅 | 구본철, 차정욱, 나진호, 이동후, 강호묵
제작 | 김유석